WPS Office高效办公从入门到精通（微课视频版）

精英资讯◎编著

中国水利水电出版社
www.waterpub.com.cn
·北京·

内容提要

《WPS Office高效办公从入门到精通（微课视频版）》以国产办公软件WPS为蓝本，系统全面地讲解了WPS在职场办公中的应用技能和技巧。全书内容包含4个篇章：第1篇为WPS文字篇，讲解了办公文档的基本操作、图文混合文档的编排操作、数据文档的编排操作、商务文档的美化操作以及文档审阅及自动化批量文档；第2篇为WPS表格篇，讲解了表格的基本操作，表格数据的计算操作，表格数据的分析、筛选、分类汇总，办公中的统计报表以及办公中的专业图表；第3篇为WPS演示篇，讲解了用好PPT模板与母版、文本型PPT的编排操作、图文混排型PPT的编排操作以及动感PPT的动画设计与播放效果设置；第4篇为WPS AI篇，讲解了生成式人工智能WPS AI。

本书配有丰富的学习资源，包括1193分钟同步视频讲解和全书实例的源文件，附赠资源包括3套WPS二级考试模拟试题、WPS功能区介绍、2000套办公模板和教学视频，帮助读者系统全面地学习WPS。

本书内容的设计结合了计算机等级考试二级WPS考试大纲的要求，配备了课后习题、教学视频，既适合作为各大职高院校的教学用书，又适合作为职场新人的办公入门用书，也适合作为广大读者提高办公技能的自学用书。

图书在版编目（CIP）数据

WPS Office 高效办公从入门到精通：微课视频版 / 精英资讯编著 . — 北京：中国水利水电出版社，2023.9（2024.2 重印）

ISBN 978-7-5226-1596-7

Ⅰ . ① W… Ⅱ . ①精… Ⅲ . ①办公自动化—应用软件 Ⅳ . ① TP317.1

中国国家版本馆 CIP 数据核字 (2023) 第 118091 号

书　　名	WPS Office 高效办公从入门到精通（微课视频版） WPS Office GAOXIAO BANGONG CONG RUMEN DAO JINGTONG
作　　者	精英资讯　编著
出版发行	中国水利水电出版社 （北京市海淀区玉渊潭南路 1 号 D 座　100038） 网址：www.waterpub.com.cn E-mail：zhiboshangshu@163.com 电话：（010）62572966-2205/2266/2201（营销中心）
经　　售	北京科水图书销售有限公司 电话：（010）68545874、63202643 全国各地新华书店和相关出版物销售网点
排　　版	北京智博尚书文化传媒有限公司
印　　刷	河北文福旺印刷有限公司
规　　格	190mm×235mm　16 开本　22 印张　659 千字
版　　次	2023 年 9 月第 1 版　2024 年 2 月第 2 次印刷
印　　数	5001—10000册
定　　价	79.80 元

PREFACE

前　言

现代办公理念深入人心，让办公自动化（Office automation，OA）系统得到了长足发展。办公自动化软件在提高办公效率、增强企业竞争力等方面起到了决定性的作用，已成为人们日常工作中不可或缺的一部分。在如今的信息科技时代，作为初入职场的新人，想要在职场中快速站稳脚跟，提升职场竞争力，不仅需要拥有丰富的知识储备量、精准的专业技能，还需要掌握科学的工作方式，能够利用办公软件提供的强大功能和借助智能化的办公工具及服务来提升工作效率。因此，如何选择和使用办公软件是新职场人开启职业生涯的第一步。

在国内OA软件市场中，闪亮且具有较强竞争力的当属金山WPS Office。与前几个版本的WPS相比，WPS Office不再是单纯的文字处理软件，而是集文字处理、电子表格、演示制作于一体并提供企业云文档、文档安全管理、企业邮箱等现代化办公所需的一整套基础云服务。它同时支持Web端、手机端和PC端，仅需一个账号，就能随时随地实现办公文档的上传、下载与共享协作，真正实现办公文档的一站式高效管理。因此，WPS Office也被称为现代办公全面解决方案，是现在办公人员热衷使用的办公软件。

本书以讲解WPS Office基础知识为主线，应用职场商务文档和数据进行配图讲解，结构清晰，实用性强，简单易学，在潜移默化中培养读者处理文档的专业度、规范性、商务化，有效帮助读者快速从办公入门级普通用户进阶到办公高手，以高效的办公方式快速建立职场信心。同时，本书还附加了WPS Office二级考试试题，可以更好地满足考级用户的学习需求。

本书特色

① 视频讲解，快速入门：本书录制了1193分钟的同步视频讲解，读者用手机扫描书中二维码，或者下载到计算机中观看。看视频讲解，快速入门。

② 内容全面，讲解细致：本书全面涵盖了WPS文字、表格、演示文稿以及WPS AI的使用方法和技巧，同时也包含了思维导图、流程图、公式与函数、数据透视表等较深层次的应用。每章配有过关练习题，帮助读者巩固所学知识，掌握重难点。

③ 图解操作，步骤清晰：本书采用图解模式逐步介绍各个功能及其应用技巧，一步一图，清晰直观，简洁明了，可使读者在最短的时间内掌握相关知识点，快速解决办公中的疑难问题。

④ 在线交流学习：本书提供QQ交流群，“三人行，必有我师”，读者可以在群里相互交流，共同进步。

本书资源列表

① 配套视频：本书配套254集同步讲解视频，读者使用手机微信“扫一扫”扫码即可看视频讲解。

② 配套源文件：本书提供配套的源文件，读者可以下载到计算机中进行练习操作。

③ 附赠学习资源：3套WPS二级考试模拟试题及讲解视频、WPS功能区介绍电子书、2000套办公模板和教学视频，帮助读者系统全面地学习WPS。

资源的获取及联系方式

“办公那点事儿”微信公众号

① 读者可以扫描左侧的二维码，或在微信公众号中搜索“办公那点事儿”，关注后发送WPS15967到公众号后台，获取本书资源下载链接。将该链接复制到计算机浏览器的地址栏中（一定要复制到计算机浏览器的地址栏，在计算机端下载，手机不能下载，也不能在线解压，没有解压密码）。

② 加入本书QQ交流群712370111（若群满，会创建新群，请注意加群时的提示，并根据提示加入对应的群），读者间可互相交流学习，作者也会不定期在线答疑解惑。

作者简介

本书由精英资讯组织编写。精英资讯是一个Excel技术研讨、项目管理、培训咨询和图书创作的Excel办公协作联盟，他们多为长期从事行政管理、人力资源管理、财务管理、营销管理、市场分析及Office相关培训的工作者。在此对他们的付出表示衷心的感谢。

致谢

本书能够顺利出版，是作者、编辑和所有审校人员共同努力的结果，在此表示深深的感谢。同时，祝福所有读者在职场一帆风顺。

编 者

Contents 目录

第1篇 WPS文字

第1章 办公文档的基本操作

第2章 图文混合文档的编排操作

第3章 数据文档的编排操作

第4章 商务文档的美化操作

Contents 目录

第7章 表格数据的计算操作

第8章 表格数据的分析、筛选、分类汇总

第3篇 WPS演示

第11章 用好PPT模板与母版

第12章 文本型PPT的编排操作

Contents 目录

第4篇 WPS AI

第15章 生成式人工智能WPS AI

第1篇
WPS文字

第1章 办公文档的基本操作

1.1 开启新文档

要想使用WPS程序编辑文档，首先必须创建文档。WPS将3种文档集中在一起，在启动程序时可以根据需要选择创建的文档类型。

1.1.1 新建并保存新文档

扫一扫，看视频

❶ 单击屏幕左下角的⊞按钮，然后单击“所有程序”，在列表中找到WPS Office（见图1-1），单击即可进入启动界面。

❷ 在左侧单击 新建 按钮，接着在左侧界面上可以看到【新建文字】【新建表格】【新建演示】【新建PDF】等多个标签，根据要创建的文档类型进行选择。这里单击【新建文字】标签，接着在右边单击【新建空白文字】即可创建新文档，如图1-2所示，新建的文档如图1-3所示。

图1-1

图1-2

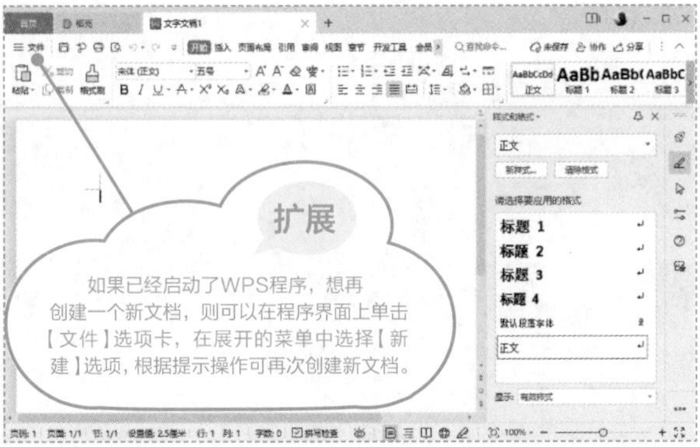

扩展
如果已经启动了WPS程序，想再创建一个新文档，则可以在程序界面上单击【文件】选项卡，在展开的菜单中选择【新建】选项，根据提示操作可再次创建新文档。

图1-3

创建文档并编辑后如果不进行保存，在关闭程序后此文件将不再存在。因此，为了保证后期能够再次使用，必须进行保存操作。

❶ 创建文档后，单击【快速访问工具栏】中的【保存】按钮（见图1-4），弹出【另存文件】对话框。

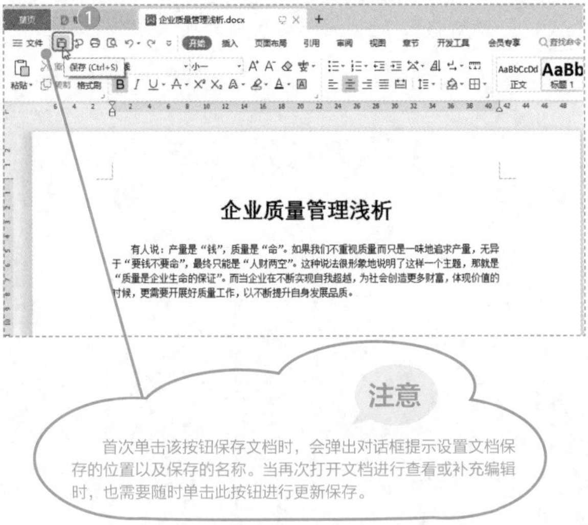

首次单击该按钮保存文档时，会弹出对话框提示设置文档保存的位置以及保存的名称。当再次打开文档进行查看或补充编辑时，也需要随时单击此按钮进行更新保存。

图1-4

❷ 在【位置】下拉列表框中确定要将文档保存到本地计算机的哪个位置，然后在【文件名】文本框中输入要保存的文件名，如图1-5所示。

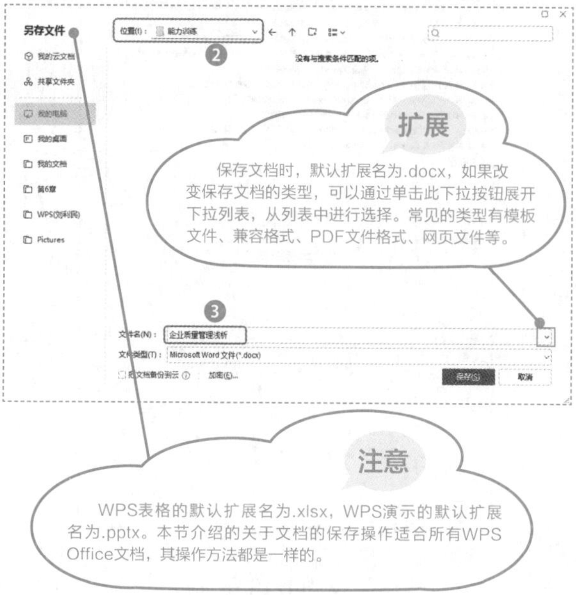

另存文件
扩展
保存文档时，默认扩展名为.docx，如果改变保存文档的类型，可以通过单击此下拉按钮展开下拉列表，从列表中进行选择。常见的类型有模板文件、兼容格式、PDF文件格式、网页文件等。
注意
WPS表格的默认扩展名为.xlsx，WPS演示的默认扩展名为.pptx。本节介绍的关于文档的保存操作适合所有WPS Office文档，其操作方法都是一样的。

图1-5

❸ 单击【保存】按钮保存文档。后期需要使用该文档时，直接进入保存目录中双击文件打开即可。

技巧点拨

当准备打开之前保存的文档再次使用时，可以进入保存文件的目录，然后双击该文件；也可以先打开程序，当进入启动页面时，可以看到页面中部显示的是最近使用的文件列表，可以在这里找一找是否有自己想要打开的文件，如图1-6所示；还可以单击【打开】按钮，弹出【打开文件】对话框，此时对话框中显示的也是最近使用的文件列表（见图1-7），同时还可以通过右上角的文件类型的分类标签快速寻找某一类型的文件。这3种方式一般都可以实现迅速打开最近使用的文档。

如果想打开的文档不是最近使用过的，则到【位置】下拉列表中确定文档的保存位置，找到后再双击打开。

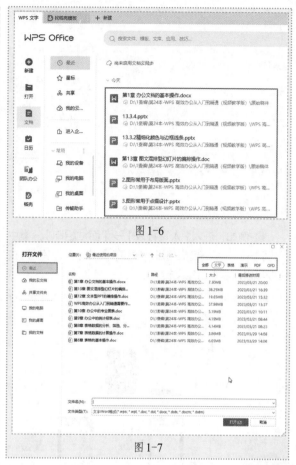

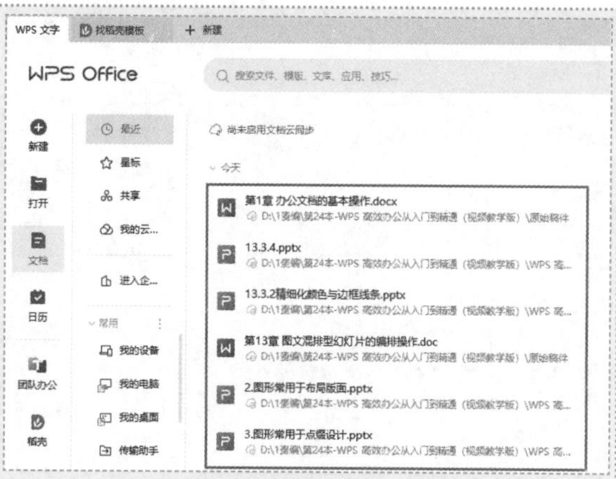

图1-6

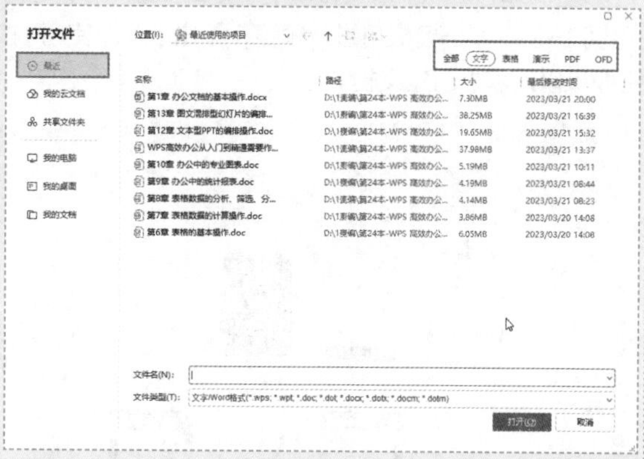

图1-7

1.1.2 应用“短、平、快”的模板文档

扫一扫，看视频

如果通过给定的模板创建文档，则可以在排版后的基础上进行补充编辑和修改，从而省去各项设置及美化的操作。WPS借助稻壳商城为用户提供了非常多拿来即用的精美模板，相较于Microsoft Office来说，WPS在这一点上的优势更加突出。无论是WPS文字、WPS表格，还是WPS演示，都有丰富的模板。这里以WPS文字为例进行介绍。

❶ 启动程序时，进入新建文档的界面，在【从稻壳模板新建】一栏中可以看到多种类型的模板分类（见图1-8），每种类型下还有细分的类型。

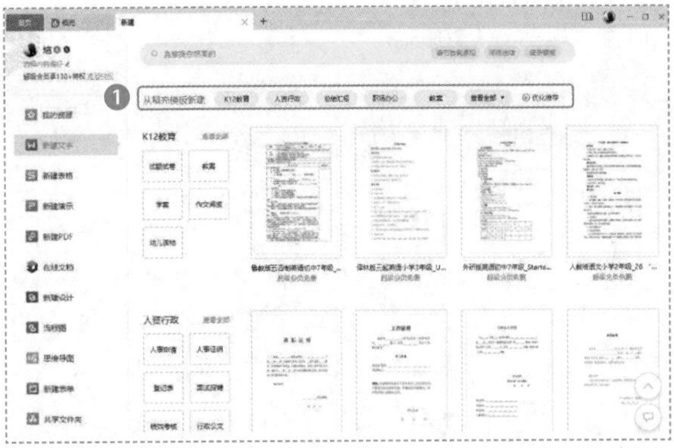

图 1-8

❷ 例如，进入【人资行政】→【面试招聘】分类中（见图1-9），单击模板可进行预览，单击【立即使用】按钮即可以此模板创建文档。

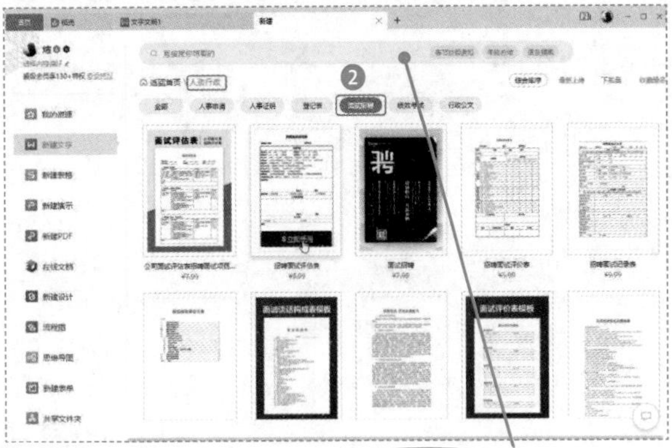

扩展

也可以在搜索框中直接输入关键词来搜索目标模板，搜索到的结果会显示在下方的列表中。

图 1-9

❸ 图1-10和图1-11所示为使用模板创建的文档，这样的文档已经做了排版，根据自己的情况编辑内容或补充修改即可使用。

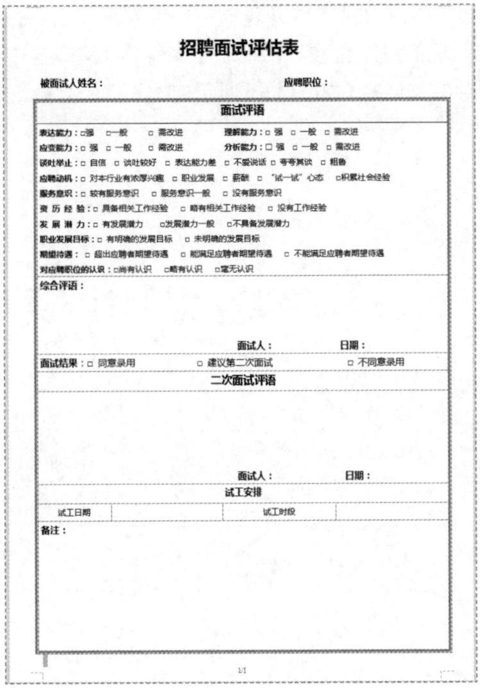

招聘面试评估表

被面试人姓名：　　　　应聘职位：

面试评语

表达能力：□强 □一般 □需改进　理解能力：□强 □一般 □需改进
应变能力：□强 □一般 □需改进　分析能力：□强 □一般 □需改进
谈吐举止：□自信 □谈吐较好 □表达能力差 □不爱说话 □夸夸其谈 □粗鲁
应聘动机：□对本行业有浓厚兴趣 □职业发展 □薪酬 □"试一试"心态 □积累社会经验
服务意识：□较有服务意识 □服务意识一般 □没有服务意识
资历经验：□具备相关工作经验 □略有相关工作经验 □没有工作经验
发展潜力：□有发展潜力 □发展潜力一般 □不具备发展潜力
职业发展目标：□有明确的发展目标 □未明确的发展目标
期望待遇：□超出应聘者期望待遇 □能满足应聘者期望待遇 □不能满足应聘者期望待遇
对应聘职位的认识：□尚有认识 □略有认识 □毫无认识

综合评语：

面试人：　　日期：

面试结果：□同意录用　□建议第二次面试　□不同意录用

二次面试评语

面试人：　　日期：

试工安排

试工日期		试工时段	

备注：

1/1

图 1-10

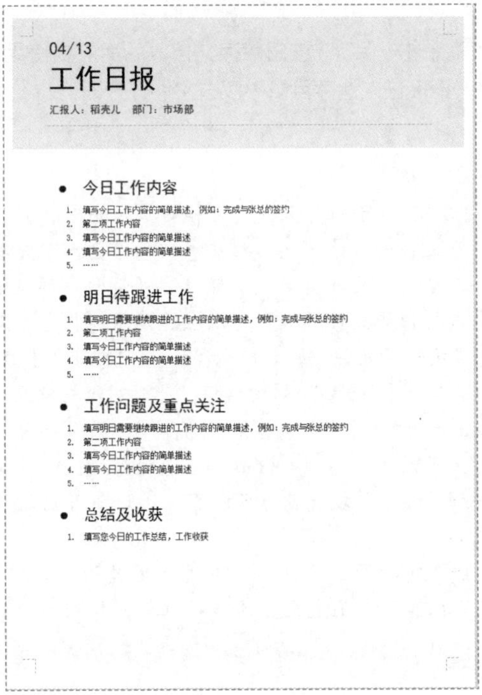

04/13

工作日报

汇报人：稻壳儿　部门：市场部

- 今日工作内容
  1. 填写今日工作内容的简单描述，例如：完成与张总的签约
  2. 第二项工作内容
  3. 填写今日工作内容的简单描述
  4. 填写今日工作内容的简单描述
  5. ……
- 明日待跟进工作
  1. 填写明日需要继续跟进的工作内容的简单描述，例如：完成与张总的签约
  2. 第二项工作内容
  3. 填写今日工作内容的简单描述
  4. 填写今日工作内容的简单描述
  5. ……
- 工作问题及重点关注
  1. 填写明日需要继续跟进的工作内容的简单描述，例如：完成与张总的签约
  2. 第二项工作内容
  3. 填写今日工作内容的简单描述
  4. 填写今日工作内容的简单描述
  5. ……
- 总结及收获
  1. 填写您今日的工作总结，工作收获

图 1-11

技巧点拨

在稻壳模板中还有【教案】和【试题试卷】分类，如图1-12所示。其中都包含几百页的模板，这为教育工作者提供了很大的便利。

图 1-12

1.2　文本的录入

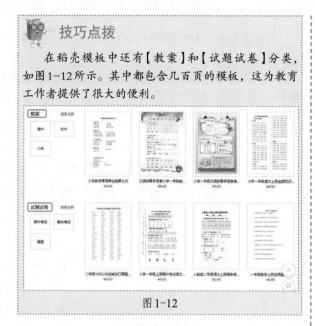

使用WPS编辑文本文档时，最基础的操作是输入文本，因为它是文档的主体。在输入文本时，会包括中文文本、英文文本、特殊符号等。同时，为了提升输入效率，文本的快速选取、复制、粘贴等也是必备操作。

1.2.1　特殊符号的插入

扫一扫，看视频

有的文本中需要使用一些符号，如在文档的小标题前插入符号，可以突出小标题，起到代替编号的作用；还可以输入特殊符号，如输入商标符号或版权符号等。

❶ 在文档中将光标定位到要插入符号的位置，在【插入】选项卡中单击【符号】下拉按钮，展开下拉列表。在此列表中有着丰富的符号可供选择，第一栏是【近期使用的符号】列表，第二栏是【自定义符号】(这一栏中的符号可以按照日常需求自定义)，第三栏是【符号大全】，可以通过左侧的分类标签进行切换，如图1-13所示。

扩展
这里的符号非常丰富，左侧提供了分类标签，如“几何”“单位”标签下提供了众多关于数学计算方面的符号；“语文”标签则提供了拼音、汉字偏旁部首等符号。这给用户编辑各种类型的文本提供了方便。

图 1-13

❷ 如果在列表中找到想要使用的符号，单击符号即可插入；如果找不到想要使用的符号，可以单击【其他符号】，打开【符号】对话框，这里有更加丰富的符号可供选择，如图1-14所示。选中后单击【插入】按钮即可插入符号，如图1-15所示。

图 1-14

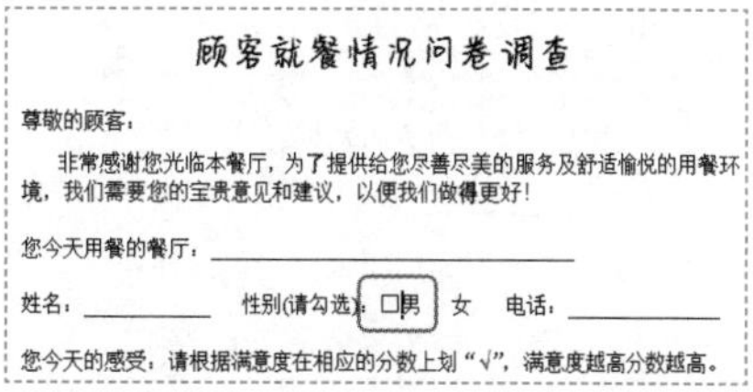
顾客就餐情况问卷调查

尊敬的顾客：

非常感谢您光临本餐厅，为了提供给您尽善尽美的服务及舒适愉悦的用餐环境，我们需要您的宝贵意见和建议，以便我们做得更好！

您今天用餐的餐厅：__________

姓名：________　性别(请勾选)：□男　女　电话：________

您今天的感受：请根据满意度在相应的分数上划“√”，满意度越高分数越高。

图 1-15

❸ 本例文档中使用了多个方框，在插入首个方框后，通过复制、粘贴可以得到相同的符号，如图1-16所示。

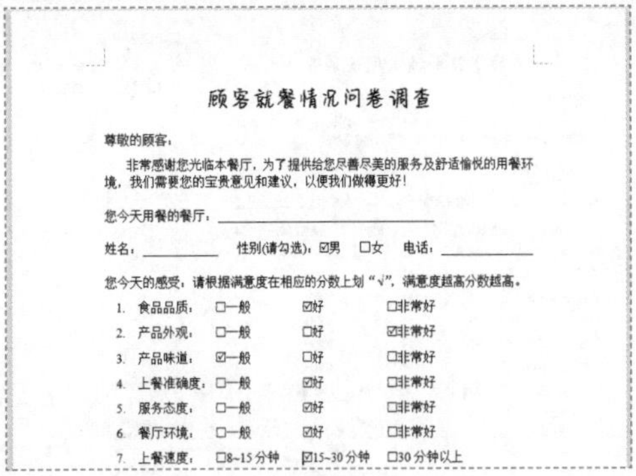
顾客就餐情况问卷调查

尊敬的顾客：

非常感谢您光临本餐厅，为了提供给您尽善尽美的服务及舒适愉悦的用餐环境，我们需要您的宝贵意见和建议，以便我们做得更好！

您今天用餐的餐厅：________________

姓名：________ 性别(请勾选)：☑男 □女 电话：__________

您今天的感受：请根据满意度在相应的分数上划“√”，满意度越高分数越高。

1. 食品品质：□一般 ☑好 □非常好
2. 产品外观：□一般 □好 ☑非常好
3. 产品味道：☑一般 □好 □非常好
4. 上餐准确度：□一般 ☑好 □非常好
5. 服务态度：□一般 ☑好 □非常好
6. 餐厅环境：□一般 ☑好 □非常好
7. 上餐速度：□8~15分钟 ☑15~30分钟 □30分钟以上

图1-16

1.2.2 文本的快速选取

扫一扫，看视频

在对文档进行编辑时，要进行移动、复制、删除等操作，必须先准确选取文本。因此，能够做到准确无误、快速地选取文本是操作文本前的一项重要工作。

要选中连续的文本，只要按住鼠标左键在文本上拖动即可，如果要选中不连续的多处文本，则需要配合Ctrl键执行操作。

首先选中第一处文本，接着按住Ctrl键不放，继续用鼠标拖动的方法选取不连续的第二处文本，直到最后一个区域选取完成后，松开Ctrl键，即可一次性选取几个不连续的区域，如图1-17所示。

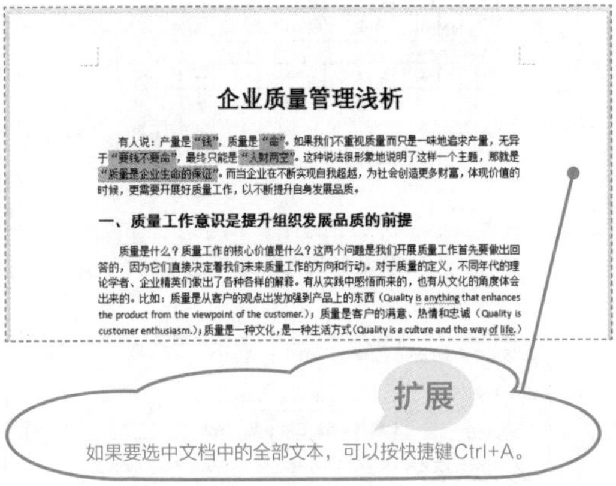
企业质量管理浅析

有人说：产量是“钱”，质量是“命”。如果我们不重视质量而只是一味地追求产量，无异于“要钱不要命”，最终只能是“人财两空”。这种说法很形象地说明了这样一个主题，那就是“质量是企业生命的保证”。而当企业在不断实现自我超越，为社会创造更多财富，体现价值的时候，更需要开展好质量工作，以不断提升自身发展品质。

一、质量工作意识是提升组织发展品质的前提

质量是什么？质量工作的核心价值是什么？这两个问题是我们开展质量工作首先要做出回答的，因为它们直接决定着我们未来质量工作的方向和行动。对于质量的定义，不同年代的理论学者、企业精英们做出了各种各样的解释。有从实践中感悟而来的，也有从文化的角度体会出来的。比如：质量是从客户的观点出发加强到产品上的东西（Quality is anything that enhances the product from the viewpoint of the customer.）；质量是客户的满意、热情和忠诚（Quality is customer enthusiasm.）；质量是一种文化，是一种生活方式（Quality is a culture and the way of life.）

扩展

如果要选中文档中的全部文本，可以按快捷键Ctrl+A。

图1-17

1. 行的快速选取

当要在文档中快速选取一行文本时，可以通过以下操作实现。

❶ 将鼠标指针指向要选择的行的左侧空白位置，如图1-18所示。

企业质量管理浅析

有人说：产量是“钱”，质量是“命”。如果我们不重视质量而只是一
于“要钱不要命”，最终只能是“人财两空”。这种说法很形象地说明了这
“质量是企业生命的保证”。而当企业在不断实现自我超越，为社会创造更
时候，更需要开展好质量工作，以不断提升自身发展品质。

图1-18

❷ 单击即可选中该行，如图1-19所示。

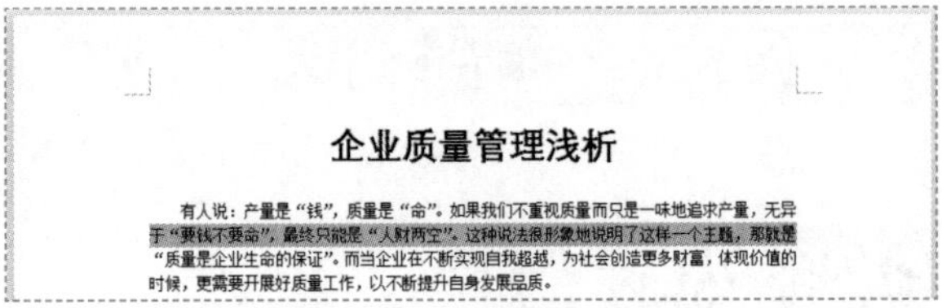
企业质量管理浅析

有人说：产量是“钱”，质量是“命”。如果我们不重视质量而只是一味地追求产量，无异于“要钱不要命”，最终只能是“人财两空”。这种说法很形象地说明了这样一个主题，那就是“质量是企业生命的保证”。而当企业在不断实现自我超越，为社会创造更多财富，体现价值的时候，更需要开展好质量工作，以不断提升自身发展品质。

图1-19

2. 段落的快速选取

当要在文档中快速选取某段落时，可以通过以下操作实现。

❶ 将鼠标指针指向要选择的段落的左侧空白位置，如图1-20所示。

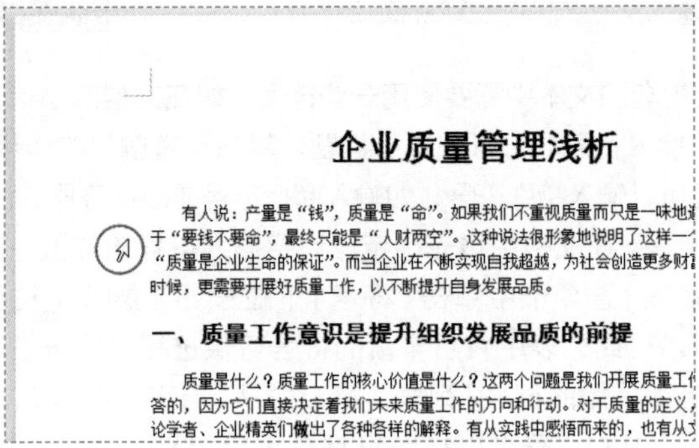
企业质量管理浅析

有人说：产量是“钱”，质量是“命”。如果我们不重视质量而只是一味地追
于“要钱不要命”，最终只能是“人财两空”。这种说法很形象地说明了这样一个
“质量是企业生命的保证”。而当企业在不断实现自我超越，为社会创造更多财富
时候，更需要开展好质量工作，以不断提升自身发展品质。

一、质量工作意识是提升组织发展品质的前提

质量是什么？质量工作的核心价值是什么？这两个问题是我们开展质量工
答的，因为它们直接决定着我们未来质量工作的方向和行动。对于质量的定义，
论学者、企业精英们做出了各种各样的解释。有从实践中感悟而来的，也有从文

图1-20

❷ 双击即可选中该段落，如图1-21所示。

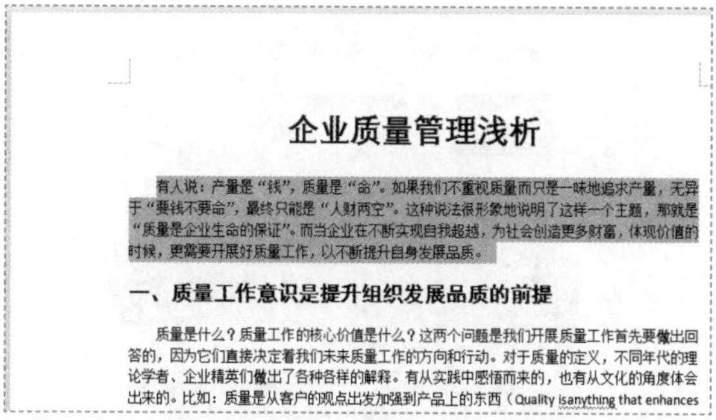

企业质量管理浅析

有人说：产量是“钱”，质量是“命”。如果我们不重视质量而只是一味地追求产量，无异于“要钱不要命”，最终只能是“人财两空”。这种说法很形象地说明了这样一个主题，那就是“质量是企业生命的保证”。而当企业在不断实现自我超越，为社会创造更多财富，体现价值的时候，更需要开展好质量工作，以不断提升自身发展品质。

一、质量工作意识是提升组织发展品质的前提

质量是什么？质量工作的核心价值是什么？这两个问题是我们开展质量工作首先要做出回答的，因为它们直接决定着我们未来质量工作的方向和行动。对于质量的定义，不同年代的理论学者、企业精英们做出了各种各样的解释。有从实践中感悟而来的，也有从文化的角度体会出来的。比如：质量是从客户的观点出发加强到产品上的东西（Quality isanything that enhances

图 1-21

3. 块区域文本的快速选取

若要选取文档中某块区域的内容，则需要配合Alt键执行操作。

先将光标定位在想要选取的区域的开始位置，然后按住Alt键不放，按住鼠标左键拖动至结束位置，释放鼠标，即可实现块区域文本的选取，如图1-22所示。

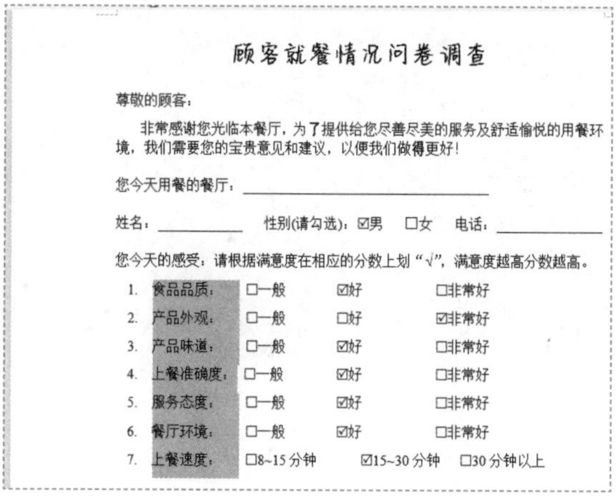

顾客就餐情况问卷调查

尊敬的顾客：

非常感谢您光临本餐厅，为了提供给您尽善尽美的服务及舒适愉悦的用餐环境，我们需要您的宝贵意见和建议，以便我们做得更好！

您今天用餐的餐厅：________________

姓名：________ 性别(请勾选)：☑男 ☐女 电话：________

您今天的感受：请根据满意度在相应的分数上划“√”，满意度越高分数越高。

1.	食品品质：	☐一般	☑好	☐非常好
2.	产品外观：	☐一般	☐好	☑非常好
3.	产品味道：	☐一般	☑好	☐非常好
4.	上餐准确度：	☐一般	☑好	☐非常好
5.	服务态度：	☐一般	☑好	☐非常好
6.	餐厅环境：	☐一般	☑好	☐非常好
7.	上餐速度：	☐8~15分钟	☑15~30分钟	☐30分钟以上

图 1-22

4. 较长文本的快速选取

选中长文本时(如跨多页)，使用鼠标拖动的方法选取可能会选取不便或选取不准确，此时可以使用如下方法选择。(注：由于篇幅限制，本例中选择的长文本并非很长，但操作方法相同。)

将光标定位到想要选取的内容的开始位置，接着滑动鼠标到要选择内容的结束位置(见图1-23)，先按住Shift键，再在想要选取的内容的结束位置单击，即可将两端内的全部内容选中，如图1-24所示。

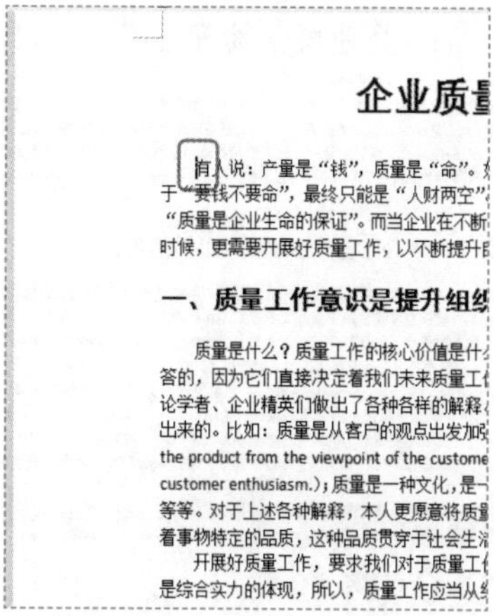

企业质量
有人说：产量是“钱”，质量是“命”。
于“要钱不要命”，最终只能是“人财两空”
“质量是企业生命的保证”。而当企业在不断
时候，更需要开展好质量工作，以不断提升自
一、质量工作意识是提升组织
质量是什么？质量工作的核心价值是什么
答的，因为它们直接决定着我们未来质量工作
论学者、企业精英们做出了各种各样的解释
出来的。比如：质量是从客户的观点出发加强
the product from the viewpoint of the custome
customer enthusiasm.)；质量是一种文化，是一
等等。对于上述各种解释，本人更愿意将质量
着事物特定的品质，这种品质贯穿于社会生活
开展好质量工作，要求我们对于质量工作
是综合实力的体现，所以，质量工作应当从组

图 1-23

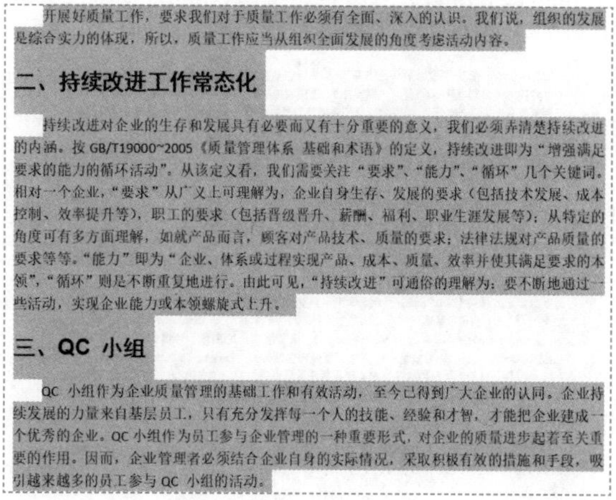

开展好质量工作，要求我们对于质量工作必须有全面、深入的认识。我们说，组织的发展是综合实力的体现，所以，质量工作应当从组织全面发展的角度考虑活动内容。

二、持续改进工作常态化

持续改进对企业的生存和发展具有必要而又有十分重要的意义，我们必须弄清楚持续改进的内涵。按GB/T19000~2005《质量管理体系 基础和术语》的定义，持续改进即为“增强满足要求的能力的循环活动”。从该定义看，我们需要关注“要求”、“能力”、“循环”几个关键词。相对一个企业，“要求”从广义上可理解为，企业自身生存、发展的要求（包括技术发展、成本控制、效率提升等），职工的要求（包括晋级晋升、薪酬、福利、职业生涯发展等）；从特定的角度可有多方面理解，如就产品而言，顾客对产品技术、质量的要求；法律法规对产品质量的要求等等。“能力”即为“企业、体系或过程实现产品、成本、质量、效率并使其满足要求的本领”，“循环”则是不断重复地进行。由此可见，“持续改进”可通俗的理解为：要不断地通过一些活动，实现企业能力或本领螺旋式上升。

三、QC 小组

QC 小组作为企业质量管理的基础工作和有效活动，至今已得到广大企业的认同。企业持续发展的力量来自基层员工，只有充分发挥每一个人的技能、经验和才智，才能把企业建成一个优秀的企业。QC 小组作为员工参与企业管理的一种重要形式，对企业的质量进步起着至关重要的作用。因而，企业管理者必须结合企业自身的实际情况，采取积极有效的措施和手段，吸引越来越多的员工参与QC 小组的活动。

图 1-24

1.2.3 文本的快速复制与粘贴

扫一扫，看视频

在文档录入和编辑过程中，复制、移动、查找、替换文本是最常用的操作，学会这些操作是编辑文档的必备技能。

1. 文本的移动、复制

如果要在当前页中移动文档，建议在准确选中文本后，直接拖动鼠标移动，方法如下：

准确选中文本，按住鼠标左键不放将其拖至目标位置(见图1-25)，释放鼠标即可完成文本的移动，如图1-26所示。

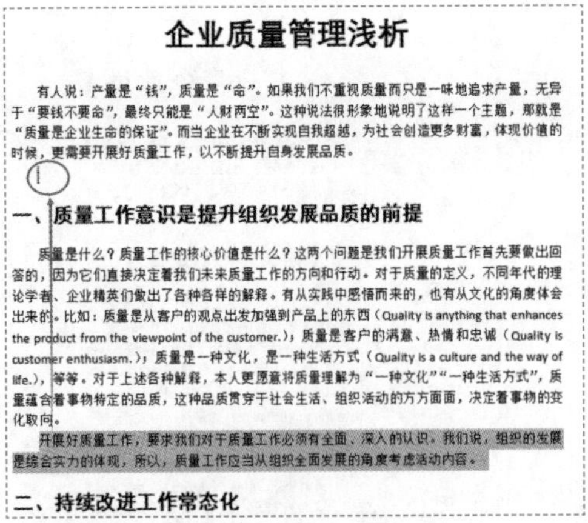
企业质量管理浅析

有人说：产量是"钱"，质量是"命"。如果我们不重视质量而只是一味地追求产量，无异于"要钱不要命"，最终只能是"人财两空"。这种说法很形象地说明了这样一个主题，那就是"质量是企业生命的保证"。而当企业在不断实现自我超越，为社会创造更多财富，体现价值的时候，更需要开展好质量工作，以不断提升自身发展品质。

一、质量工作意识是提升组织发展品质的前提

质量是什么？质量工作的核心价值是什么？这两个问题是我们开展质量工作首先要做出回答的，因为它们直接决定着我们未来质量工作的方向和行动。对于质量的定义，不同年代的理论学者、企业精英们做出了各种各样的解释。有从实践中感悟而来的，也有从文化的角度体会出来的。比如：质量是从客户的观点出发加强到产品上的东西（Quality is anything that enhances the product from the viewpoint of the customer.）；质量是客户的满意、热情和忠诚（Quality is customer enthusiasm.）；质量是一种文化，是一种生活方式（Quality is a culture and the way of life.），等等。对于上述各种解释，本人更愿意将质量理解为"一种文化""一种生活方式"，质量蕴含着事物特定的品质，这种品质贯穿于社会生活、组织活动的方方面面，决定着事物的变化取向。

开展好质量工作，要求我们对于质量工作必须有全面、深入的认识。我们说，组织的发展是综合实力的体现，所以，质量工作应当从组织全面发展的角度考虑活动内容。

二、持续改进工作常态化

图 1-25

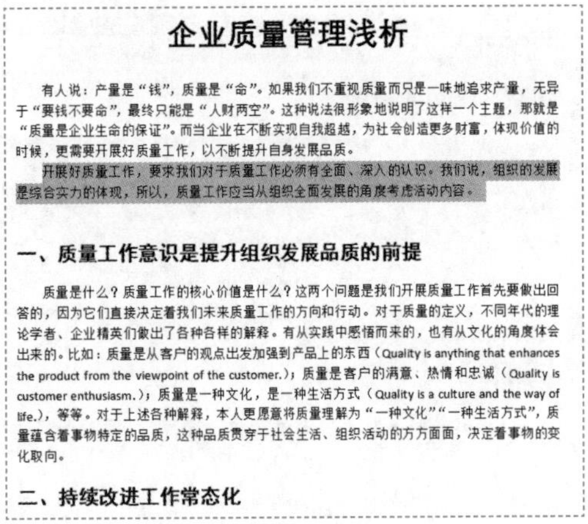
企业质量管理浅析

有人说：产量是"钱"，质量是"命"。如果我们不重视质量而只是一味地追求产量，无异于"要钱不要命"，最终只能是"人财两空"。这种说法很形象地说明了这样一个主题，那就是"质量是企业生命的保证"。而当企业在不断实现自我超越，为社会创造更多财富，体现价值的时候，更需要开展好质量工作，以不断提升自身发展品质。

开展好质量工作，要求我们对于质量工作必须有全面、深入的认识。我们说，组织的发展是综合实力的体现，所以，质量工作应当从组织全面发展的角度考虑活动内容。

一、质量工作意识是提升组织发展品质的前提

质量是什么？质量工作的核心价值是什么？这两个问题是我们开展质量工作首先要做出回答的，因为它们直接决定着我们未来质量工作的方向和行动。对于质量的定义，不同年代的理论学者、企业精英们做出了各种各样的解释。有从实践中感悟而来的，也有从文化的角度体会出来的。比如：质量是从客户的观点出发加强到产品上的东西（Quality is anything that enhances the product from the viewpoint of the customer.）；质量是客户的满意、热情和忠诚（Quality is customer enthusiasm.）；质量是一种文化，是一种生活方式（Quality is a culture and the way of life.），等等。对于上述各种解释，本人更愿意将质量理解为"一种文化""一种生活方式"，质量蕴含着事物特定的品质，这种品质贯穿于社会生活、组织活动的方方面面，决定着事物的变化取向。

二、持续改进工作常态化

图 1-26

如果是跨页的移动，拖动移动则不太方便，此时可以使用快捷键，方法如下：

准确选中文本，按快捷键Ctrl+X剪切，然后将光标定位到目标位置处，按快捷键Ctrl+V粘贴。

如果要复制文档，可以直接使用快捷键，方法如下：

准确选中文本，按快捷键Ctrl+C复制，然后将光标定位到目标位置处，按快捷键Ctrl+V粘贴。

2. 无格式粘贴网络资料

在日常工作中，经常需要从网上复制资料，由于网上资料的格式丰富，为方便对文本的使用及排版，这时一般都需要以无格式的形式来粘贴文本。

❶ 在网页中选中目标文本并按快捷键Ctrl+C复制，如图1-27所示。

图 1-27

❷ 切换到WPS文档中，定位光标的位置，在【开始】选项卡中单击【粘贴】按钮右下角的下拉按钮，在打开的下拉列表中选择【只粘贴文本】命令（见图1-28），即可以无格式的形式引用网页中的文本，如图1-29所示。

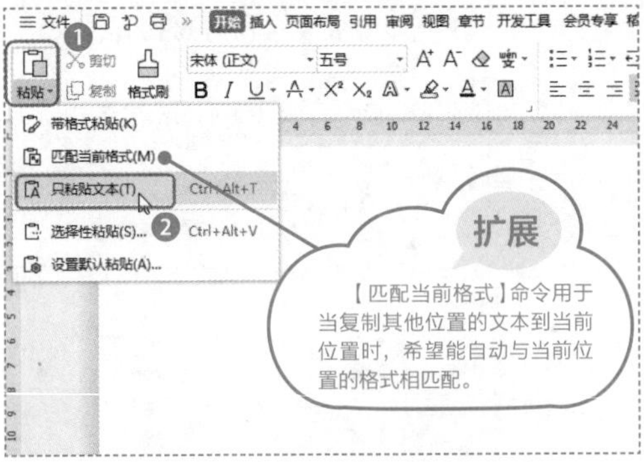

图 1-28

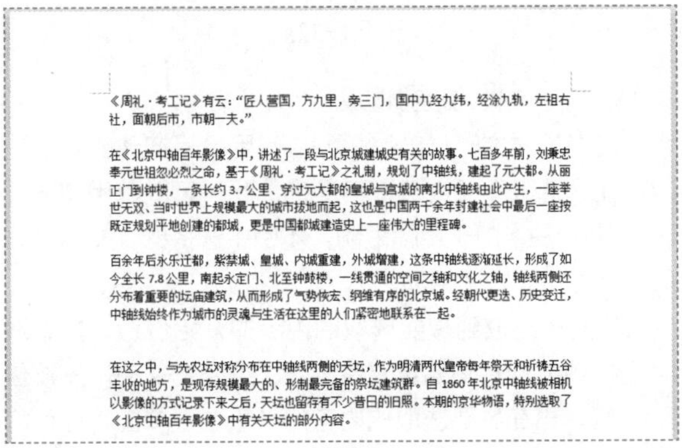
《周礼·考工记》有云："匠人营国，方九里，旁三门，国中九经九纬，经涂九轨，左祖右社，面朝后市，市朝一夫。"

在《北京中轴百年影像》中，讲述了一段与北京城建城史有关的故事。七百多年前，刘秉忠奉元世祖忽必烈之命，基于《周礼·考工记》之礼制，规划了中轴线，建起了元大都。从丽正门到钟楼，一条长约 3.7 公里、穿过元大都的皇城与宫城的南北中轴线由此产生，一座举世无双、当时世界上规模最大的城市拔地而起，这也是中国两千余年封建社会中最后一座按既定规划平地创建的都城，更是中国都城建造史上一座伟大的里程碑。

百余年后永乐迁都，紫禁城、皇城、内城重建，外城增建，这条中轴线逐渐延长，形成了如今全长 7.8 公里，南起永定门、北至钟鼓楼，一线贯通的空间之轴和文化之轴，轴线两侧还分布着重要的坛庙建筑，从而形成了气势恢宏、纲维有序的北京城。经朝代更迭、历史变迁，中轴线始终作为城市的灵魂与生活在这里的人们紧密地联系在一起。

在这之中，与先农坛对称分布在中轴线两侧的天坛，作为明清两代皇帝每年祭天和祈祷五谷丰收的地方，是现存规模最大的、形制最完备的祭坛建筑群。自 1860 年北京中轴线被相机以影像的方式记录下来之后，天坛也留存有不少昔日的旧照。本期的京华物语，特别选取了《北京中轴百年影像》中有关天坛的部分内容。

图 1-29

1.3 文本的特殊格式

文本是文档中最重要的元素，而要更好地展现文档的层次、突出重点，则可以通过对文本的字体、下划线、底纹、艺术效果等格式的设置来实现。

1.3.1 设置文字下划线效果

扫一扫，看视频

下划线效果是一种常用的装饰效果，启用该效果的操作也非常简单，只需了解此功能按钮在什么位置即可。

❶ 选中要设置的文本，在【开始】选项卡中单击【下划线】按钮的下拉按钮，在展开的下拉列表中可以看到多种下划线样式，如图1-30所示。

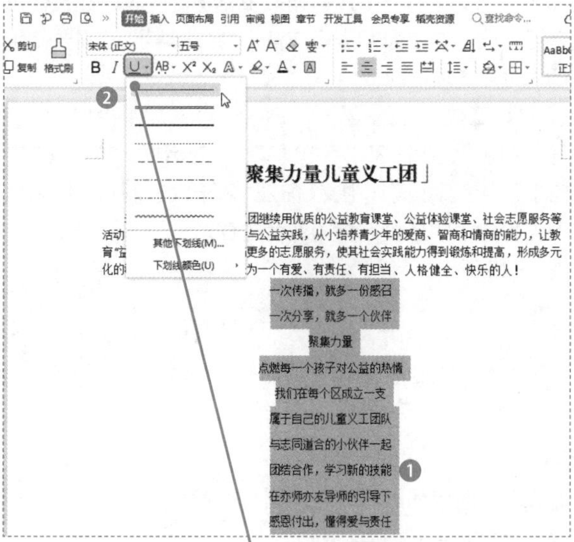

扩展

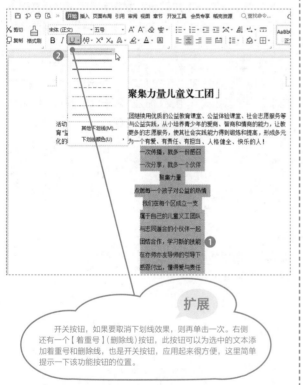

开关按钮，如果要取消下划线效果，则再单击一次。右侧还有一个【着重号】（删除线）按钮，此按钮可以为选中的文本添加着重号和删除线，也是开关按钮，应用起来很方便，这里简单提示一下该功能按钮的位置。

图 1-30

❷ 单击一种线条就会应用相应的样式，如图1-31所示。

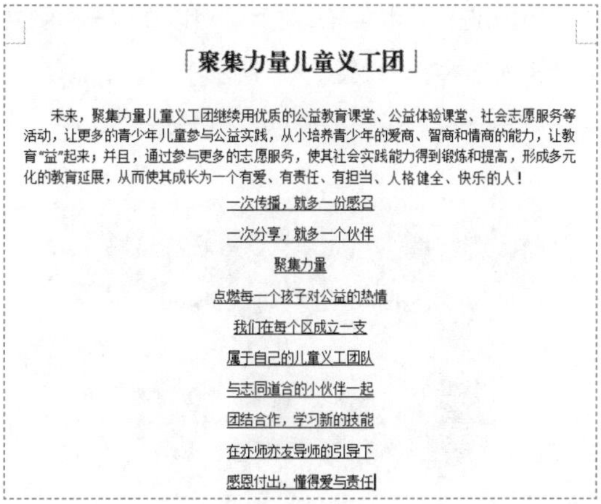

「聚集力量儿童义工团」

未来，聚集力量儿童义工团继续用优质的公益教育课堂、公益体验课堂、社会志愿服务等活动，让更多的青少年儿童参与公益实践，从小培养青少年的爱商、智商和情商的能力，让教育"益"起来；并且，通过参与更多的志愿服务，使其社会实践能力得到锻炼和提高，形成多元化的教育延展，从而使其成长为一个有爱、有责任、有担当、人格健全、快乐的人！

一次传播，就多一份感召

一次分享，就多一个伙伴

聚集力量

点燃每一个孩子对公益的热情

我们在每个区成立一支

属于自己的儿童义工团队

与志同道合的小伙伴一起

团结合作，学习新的技能

在亦师亦友导师的引导下

感恩付出，懂得爱与责任

图 1-31

1.3.2 文本的艺术效果

扫一扫，看视频

艺术字效果应用在一些特定的文本中，可以提升文档的视觉效果。但要注意，不是任何文本都适合使用艺术字，使用得当才能得到最好的效果。

❶ 选中要设置的文本，在【插入】选项卡中单击【艺术字】按钮，展开下拉列表，可以看到多种艺术字效果，当然绝大多数效果来自稻壳商城，可以根据预览效果选择使用，如图1-32所示。

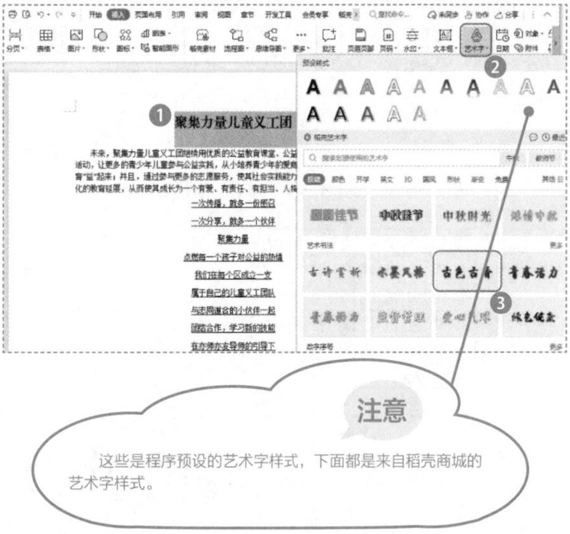

注意

这些是程序预设的艺术字样式，下面都是来自稻壳商城的艺术字样式。

图 1-32

❷ 单击选择艺术字样式之后，可以看到选中的文本已经转换为艺术字，如图1-33所示。

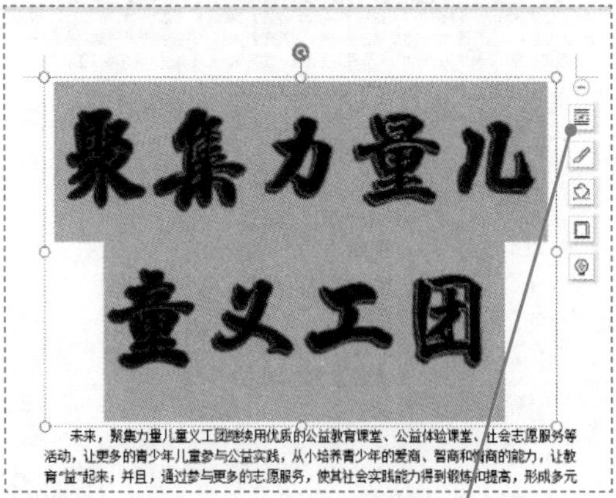

注意

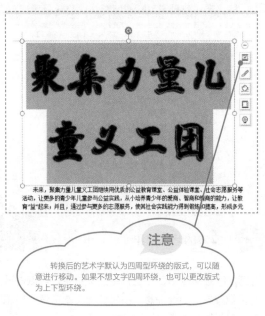

转换后的艺术字默认为四周型环绕的版式，可以随意进行移动。如果不想文字四周环绕，也可以更改版式为上下型环绕。

图 1-33

❸ 此时可以对艺术字的位置及字号进行调整，以适应当前文档的排版，如图1-34所示。

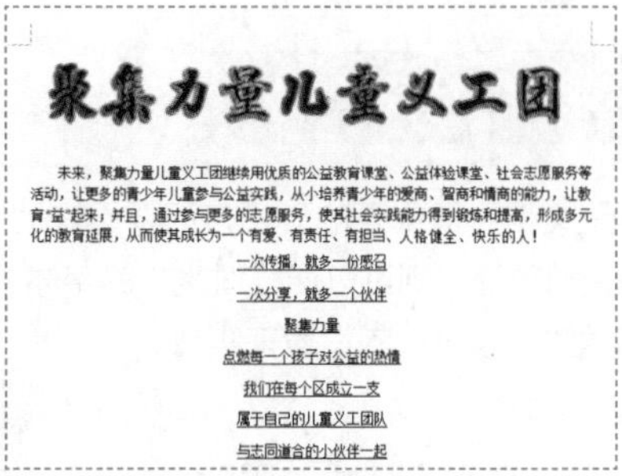

图 1-34

扫一扫，看视频

1.3.3 输入生僻字并注音

由于文本编辑的多样性，有些文档中会出现多处生僻字，部分用户遇到了生僻字就不知道该如何输入了。此时首先要学习一下如何输入生僻字，同时这些文档也有可能要求为生僻字进行注音。为生僻字注音需要使用插入符号这项功能。

❶ 定位光标的位置，在【插入】选项卡中单击【符号】按钮(见图1-35)，弹出【符号】对话框。首先在【来自】框中选择【简体中文GB2312(十六进制)】，然后找到与想输入的生僻字相同偏旁的任意一个字并选中，如图1-36所示。

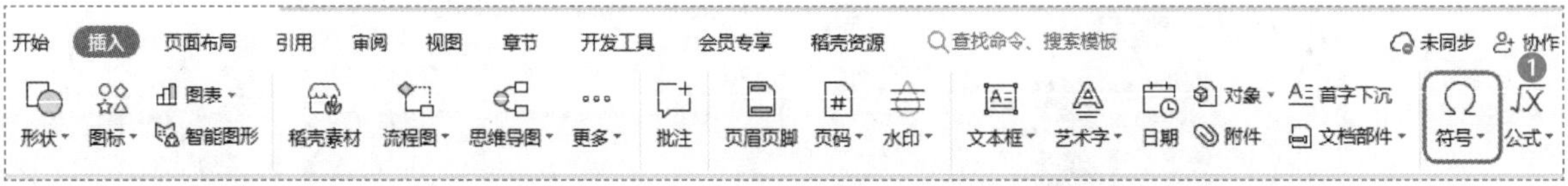

图 1-35

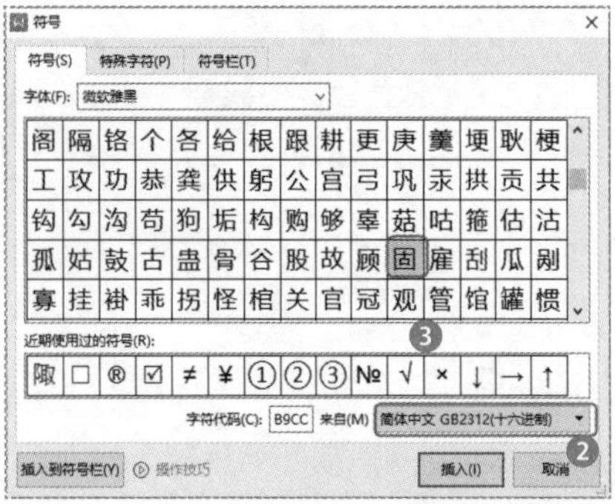

图 1-36

❷ 在【来自】框中切换回【Unicode(十六进制)】，拖动滚动条，就能找到我们需要的生僻字了，如图1-37所示。

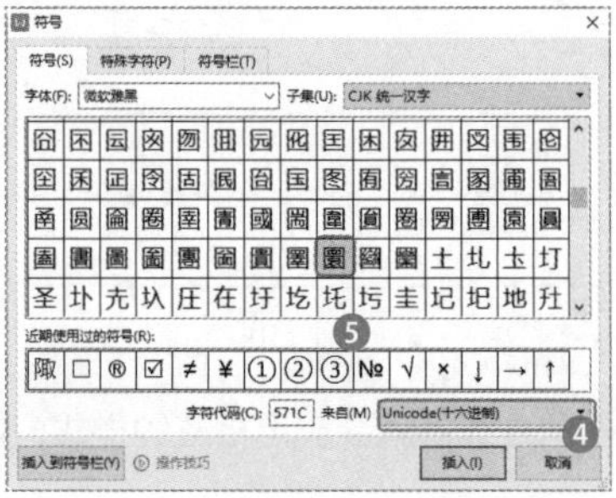

图 1-37

❸ 单击【插入】按钮即可插入生僻字，如图1-38所示。

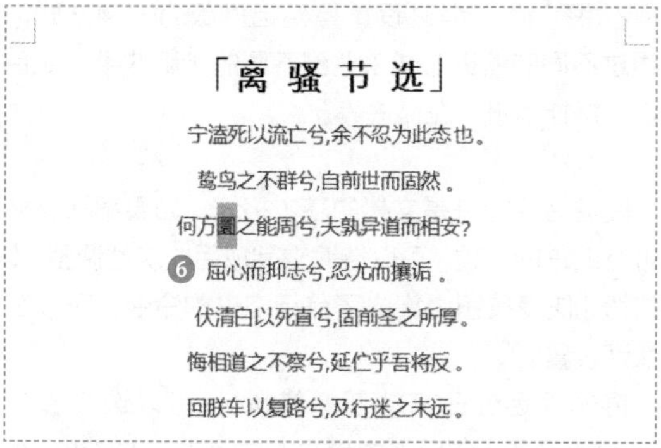
「离 骚 节 选」
宁溘死以流亡兮,余不忍为此态也。
鸷鸟之不群兮,自前世而固然。
何方圜之能周兮,夫孰异道而相安?
❻ 屈心而抑志兮,忍尤而攘诟。
伏清白以死直兮,固前圣之所厚。
悔相道之不察兮,延伫乎吾将反。
回朕车以复路兮,及行迷之未远。

图1-38

❹ 在【开始】选项卡中单击【拼音指南】按钮(见图1-39)，弹出【拼音指南】对话框，在此建议将字号调大一些，其他选项一般无须调整，如图1-40所示。

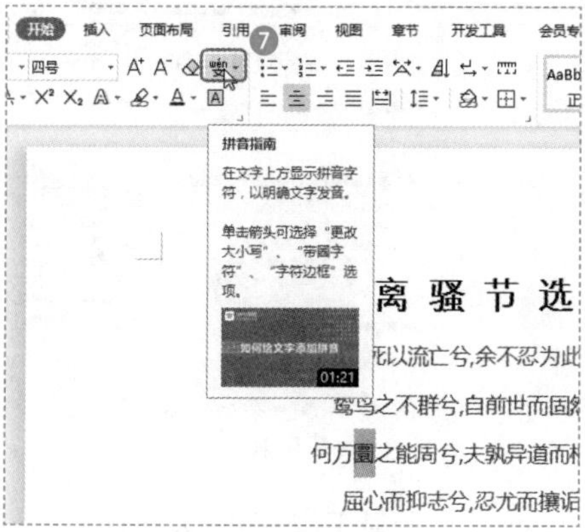
开始
插入
页面布局
引用
审阅
视图
章节
开发工具
会员专
四号
拼音指南
在文字上方显示拼音字符，以明确文字发音。
单击箭头可选择"更改大小写"、"带圈字符"、"字符边框"选项。
如何给文字添加拼音
01:21
离 骚 节 选
死以流亡兮,余不忍为此
鸷鸟之不群兮,自前世而固
何方圜之能周兮,夫孰异道而
屈心而抑志兮,忍尤而攘诟
❼

图1-39

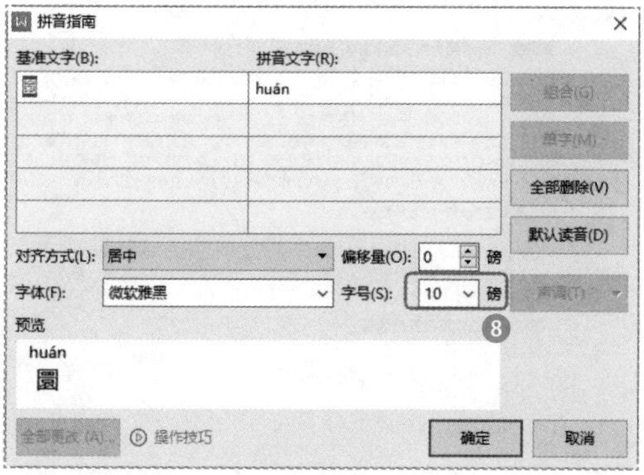
拼音指南
基准文字(B):
拼音文字(R):
圜
huán
组合(G)
单字(M)
全部删除(V)
默认读音(D)
对齐方式(L):
居中
偏移量(O):
0
磅
字体(F):
微软雅黑
字号(S):
10
磅
预览
huán
圜
全部更改(A)...
操作技巧
确定
取消
❽

图1-40

❺ 单击【确定】按钮，即可为该生僻字添加拼音，如图1-41所示。按相同的方法可以依次为文档中的生僻字添加拼音，如图1-42所示。

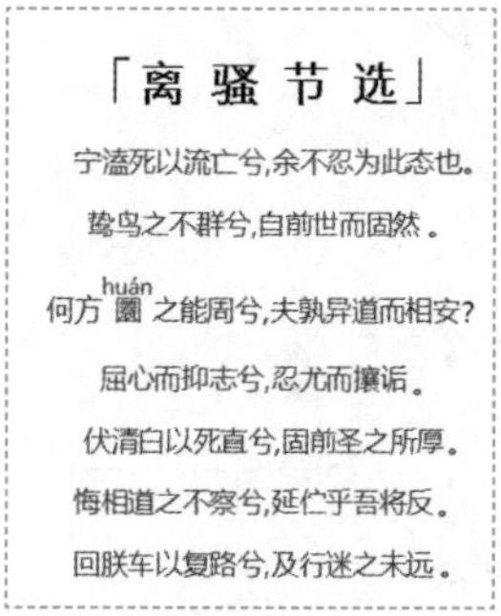
「离 骚 节 选」
宁溘死以流亡兮,余不忍为此态也。
鸷鸟之不群兮,自前世而固然。
huán
何方圜之能周兮,夫孰异道而相安?
屈心而抑志兮,忍尤而攘诟。
伏清白以死直兮,固前圣之所厚。
悔相道之不察兮,延伫乎吾将反。
回朕车以复路兮,及行迷之未远。

图1-41

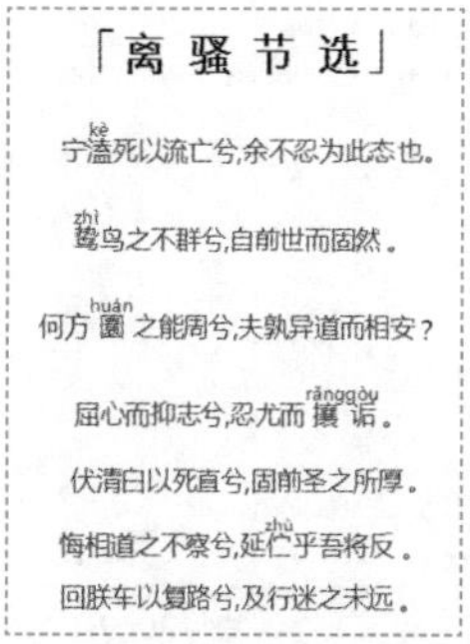
「离 骚 节 选」
kè
宁溘死以流亡兮,余不忍为此态也。
zhì
鸷鸟之不群兮,自前世而固然。
huán
何方圜之能周兮,夫孰异道而相安?
rǎnggòu
屈心而抑志兮,忍尤而攘诟。
伏清白以死直兮,固前圣之所厚。
zhù
悔相道之不察兮,延伫乎吾将反。
回朕车以复路兮,及行迷之未远。

图1-42

扫一扫，看视频

1.3.4 加宽字符间距

字符间距的调整在文档的排版过程中也是必要的，其目的是提升文档的整体视觉效果。

❶ 看一下【分散对齐】按钮。选中目标文本，在【开始】选项卡中单击【分散对齐】按钮，则可以立即实现让文本按当前页面的宽度分散对齐的效果，如图1-43所示。

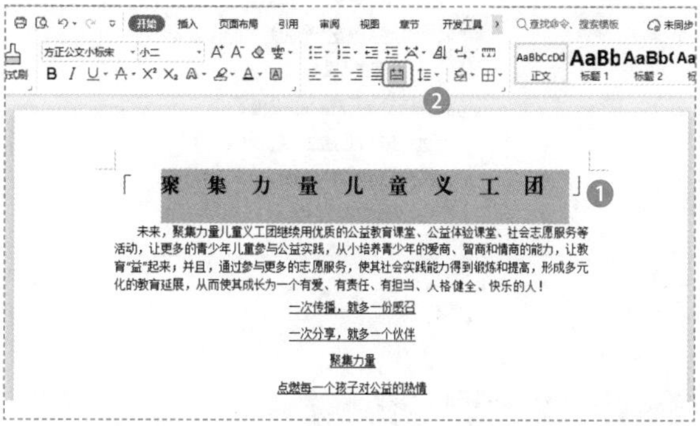
开始
插入
页面布局
引用
审阅
视图
章节
开发工具
方正公文小标宋
小二
正文
标题 1
标题 2
❷
聚 集 力 量 儿 童 义 工 团
❶
一次传播，就多一份感召
一次分享，就多一个伙伴
聚集力量
点燃每一个孩子对公益的热情

图1-43

❷ 在【字体】对话框中可以进行自定义设置。选中目标文本后右击，在弹出的快捷菜单中选择【字体】命令，打开【字体】对话框，切换到【字符间距】选项卡。

❸ 在【间距】设置框中选择【加宽】，并设置具体的值，如图1-44所示。

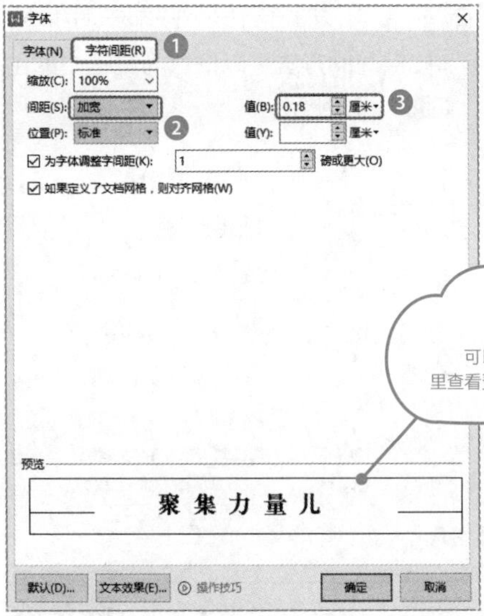

图 1-44

❹ 达到理想的间距后，单击【确定】按钮即可完成设置。图1-45所示的文档的标题为设置后的效果。

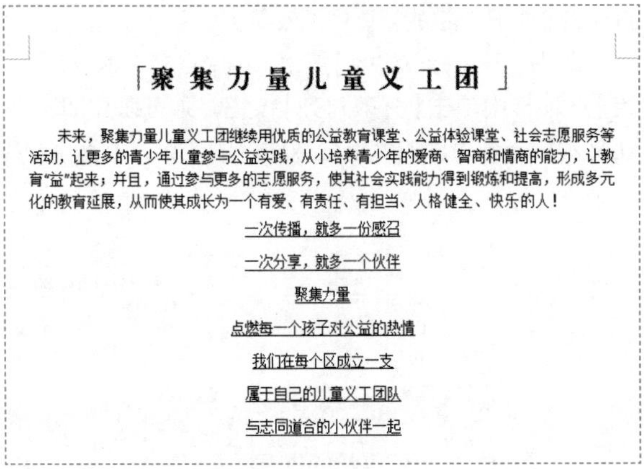

「聚 集 力 量 儿 童 义 工 团 」

未来，聚集力量儿童义工团继续用优质的公益教育课堂、公益体验课堂、社会志愿服务等活动，让更多的青少年儿童参与公益实践，从小培养青少年的爱商、智商和情商的能力，让教育"益"起来；并且，通过参与更多的志愿服务，使其社会实践能力得到锻炼和提高，形成多元化的教育延展，从而使其成长为一个有爱、有责任、有担当、人格健全、快乐的人！

一次传播，就多一份感召

一次分享，就多一个伙伴

聚集力量

点燃每一个孩子对公益的热情

我们在每个区成立一支

属于自己的儿童义工团队

与志同道合的小伙伴一起

图 1-45

1.4 文本的段落排版

文档是由多个段落组成的，段落格式的设置在文档的排版中是较为重要的一个环节，包括段落缩进调整、段前段后间距、行间距等。经过段落排版后，文档结构会更加清晰，因此该操作是纯文本办公文档的一个重要的处理环节。

扫一扫，看视频

1.4.1 文档的缩进排版

缩进设置是文档排版的一种方式，可以通过不同的缩进方式来达到不同的排版效果，如首行缩进、悬挂缩进、左缩进等。

1. 首行缩进

段落首行缩进是文档的基本格式，如果编辑文档时未进行缩进的整理，可以待编辑完成后一次性调整。【文字排版】快捷按钮中集成了首行缩进的命令，可以在此处快速设置。

将光标定位在文档任意位置(也可以选中部分段落)，在【开始】选项卡中单击【文字排版】按钮，在打开的下拉列表中选择【段落首行缩进2字符】命令(见图1-46)，这时可以看到文档的所有段落都进行了缩进处理，如图1-47所示。

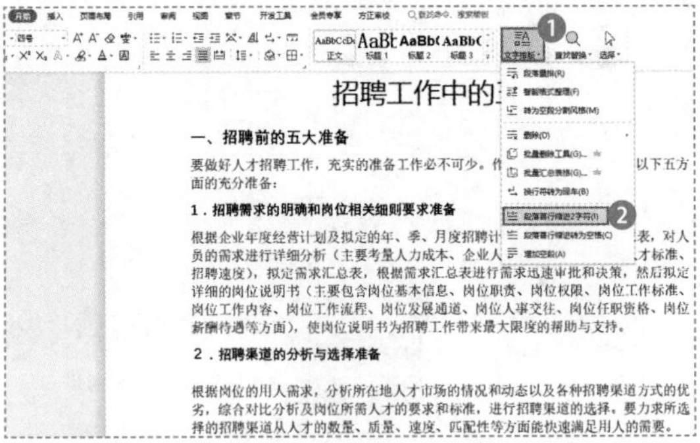

图 1-46

招聘工作中的三大细节

一、招聘前的五大准备

要做好人才招聘工作，充实的准备工作必不可少。作为HR招聘专员要做好以下五方面的充分准备：

1．招聘需求的明确和岗位相关细则要求准备

根据企业年度经营计划及拟定的年、季、月度招聘计划制订各部门人员需求表，对人员的需求进行详细分析（主要考量人力成本、企业人才梯队、人才来源、人才标准、招聘速度），拟定需求汇总表，根据需求汇总表进行需求迅速审批和决策，然后拟定详细的岗位说明书（主要包含岗位基本信息、岗位职责、岗位权限、岗位工作标准、岗位工作内容、岗位工作流程、岗位发展通道、岗位人事交往、岗位任职资格、岗位薪酬待遇等方面），使岗位说明书为招聘工作带来最大限度的帮助与支持。

2．招聘渠道的分析与选择准备

根据岗位的用人需求，分析所在地人才市场的情况和动态以及各种招聘渠道方式的优劣，综合对比分析及岗位所需人才的要求和标准，进行招聘渠道的选择。要力求所选择的招聘渠道从人才的数量、质量、速度、匹配性等方面能快速满足用人的需要。

3．招聘信息的拟定与宣传准备

图 1-47

2. 悬挂缩进

悬挂缩进的效果是让选中文本所在段落除首行之外

的所有行都进行缩进。在一些特定的场合下是需要进行此项调整的。可以在文档中启用标尺，有了标尺就可以轻松地调整边距、改变段落的缩进值、进行对齐方式的设置等，并且所有调节操作都是直观可见的。

❶ 在【视图】选项卡中勾选【标尺】复选框，启用标尺。在标尺的最左端可以看到几个调节按钮，分别是【首行缩进】【悬挂缩进】【左缩进】，如图1-48所示（将鼠标指针停留在按钮上1秒，会显示出按钮名称）。

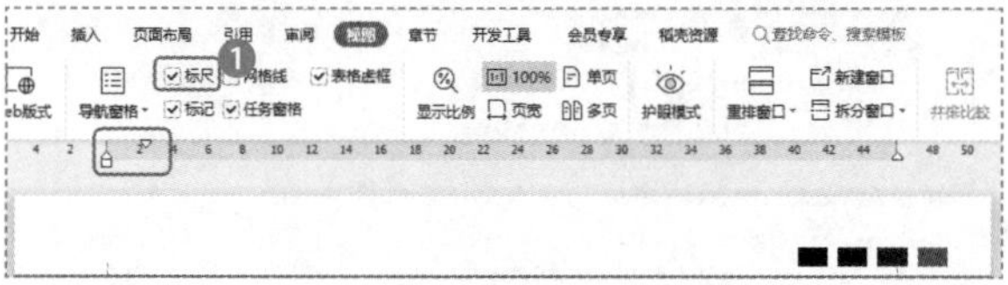
开始
插入
页面布局
引用
审阅
视图
章节
开发工具
会员专享
稻壳资源
标尺
网格线
表格虚框
标记
任务窗格
导航窗格
显示比例
100%
单页
多页
页宽
护眼模式
重排窗口
新建窗口
拆分窗口
并排比较

图1-48

❷ 选中要调整首行缩进值的段落，将鼠标指针指向【悬挂缩进】调节按钮（见图1-49），按住鼠标左键向右拖动，如图1-50所示。

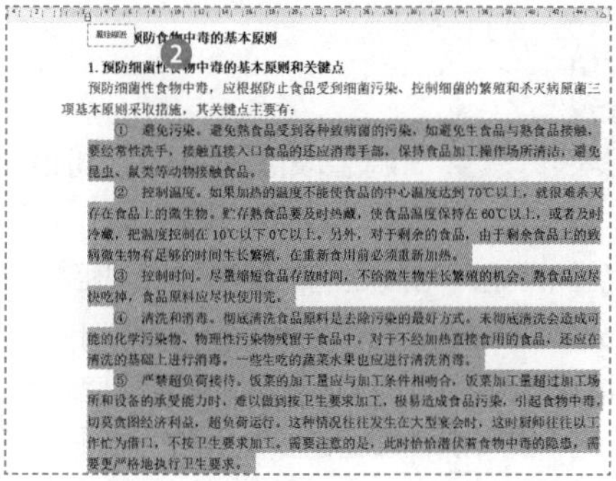

图1-49

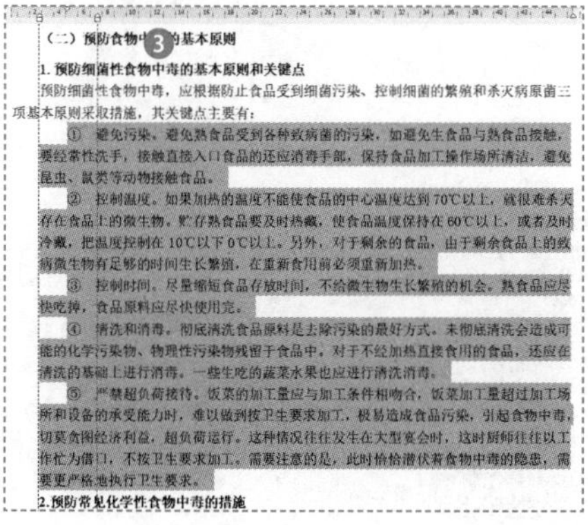

图1-50

❸ 释放鼠标即可看到文本悬挂缩进的效果，如图1-51所示。

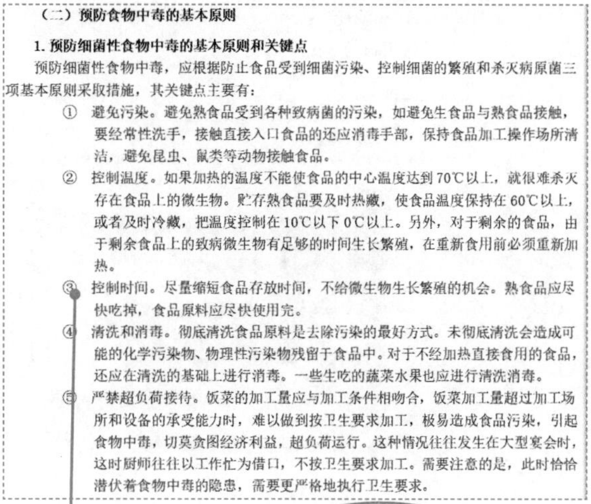

（二）预防食物中毒的基本原则

1. 预防细菌性食物中毒的基本原则和关键点

预防细菌性食物中毒，应根据防止食品受到细菌污染、控制细菌的繁殖和杀灭病原菌三项基本原则采取措施，其关键点主要有：

① 避免污染。避免熟食品受到各种致病菌的污染，如避免生食品与熟食品接触，要经常性洗手，接触直接入口食品的还应消毒手部，保持食品加工操作场所清洁，避免昆虫、鼠类等动物接触食品。

② 控制温度。如果加热的温度不能使食品的中心温度达到70℃以上，就很难杀灭存在食品上的微生物。贮存熟食品要及时热藏，使食品温度保持在60℃以上，或者及时冷藏，把温度控制在10℃以下0℃以上。另外，对于剩余的食品，由于剩余食品上的致病微生物有足够的时间生长繁殖，在重新食用前必须重新加热。

③ 控制时间。尽量缩短食品存放时间，不给微生物生长繁殖的机会。熟食品应尽快吃掉，食品原料应尽快使用完。

④ 清洗和消毒。彻底清洗食品原料是去除污染的最好方式。未彻底清洗会造成可能的化学污染物、物理性污染物残留于食品中。对于不经加热直接食用的食品，还应在清洗的基础上进行消毒。一些生吃的蔬菜水果也应进行清洗消毒。

⑤ 严禁超负荷接待。饭菜的加工量应与加工条件相吻合，饭菜加工量超过加工场所和设备的承受能力时，难以做到按卫生要求加工，极易造成食品污染，引起食物中毒，切莫贪图经济利益，超负荷运行。这种情况往往发生在大型宴会时，这时厨师往往以工作忙为借口，不按卫生要求加工。需要注意的是，此时恰恰潜伏着食物中毒的隐患，需要更严格地执行卫生要求。

注意

悬挂缩进实现了让文字都沿序号对齐，可与图1-49所示的文本进行对比。

图1-51

3. 左缩进

左缩进是指让文本整体向左缩进。

❶ 选中要调整左缩进值的段落，鼠标指针指向【左缩进】调节按钮（见图1-52），按住鼠标左键向右拖动。

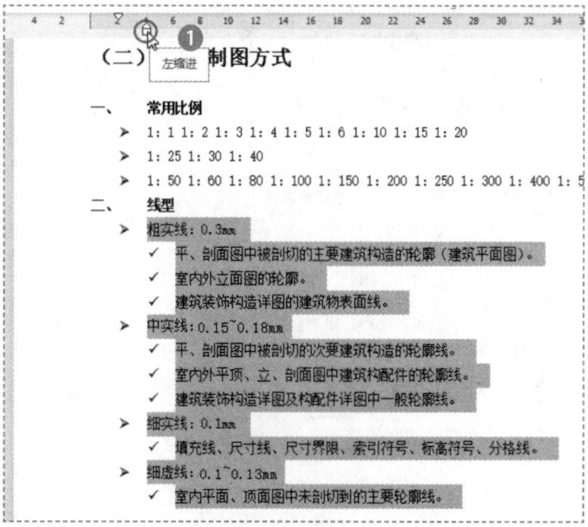
左缩进
（二）制图方式
一、 常用比例
1：1 1：2 1：3 1：4 1：5 1：6 1：10 1：15 1：20
1：25 1：30 1：40
1：50 1：60 1：80 1：100 1：150 1：200 1：250 1：300 1：400 1：5
二、 线型
粗实线：0.3mm
平、剖面图中被剖切的主要建筑构造的轮廓（建筑平面图）。
室内外立面图的轮廓。
建筑装饰构造详图的建筑物表面线。
中实线：0.15~0.18mm
平、剖面图中被剖切的次要建筑构造的轮廓线。
室内外平顶、立、剖面图中建筑构配件的轮廓线。
建筑装饰构造详图及构配件详图中一般轮廓线。
细实线：0.1mm
填充线、尺寸线、尺寸界限、索引符号、标高符号、分格线。
细虚线：0.1~0.13mm
室内平面、顶面图中未剖切到的主要轮廓线。

图1-52

❷ 释放鼠标即可看到文本左缩进的效果，如图1-53所示。

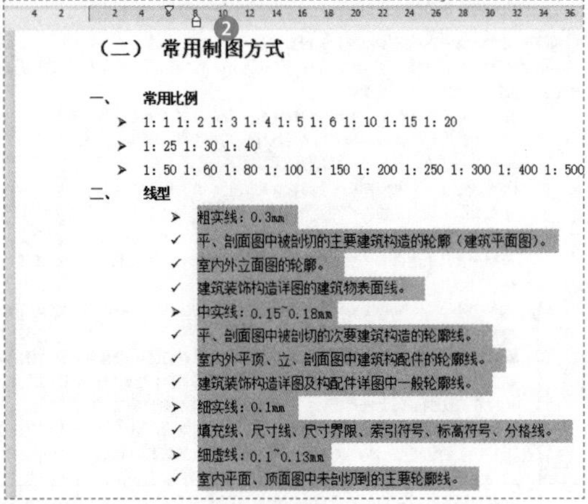
（二） 常用制图方式
一、 常用比例
1：1 1：2 1：3 1：4 1：5 1：6 1：10 1：15 1：20
1：25 1：30 1：40
1：50 1：60 1：80 1：100 1：150 1：200 1：250 1：300 1：400 1：500
二、 线型
粗实线：0.3mm
平、剖面图中被剖切的主要建筑构造的轮廓（建筑平面图）。
室内外立面图的轮廓。
建筑装饰构造详图的建筑物表面线。
中实线：0.15~0.18mm
平、剖面图中被剖切的次要建筑构造的轮廓线。
室内外平顶、立、剖面图中建筑构配件的轮廓线。
建筑装饰构造详图及构配件详图中一般轮廓线。
细实线：0.1mm
填充线、尺寸线、尺寸界限、索引符号、标高符号、分格线。
细虚线：0.1~0.13mm
室内平面、顶面图中未剖切到的主要轮廓线。

图 1-53

1.4.2 自定义标题与正文的间距

扫一扫，看视频

一般情况下，需要放大标题的字号，同时也需要让其与正文间保持一定的间距。因此，在排版时一般都需要单独调整。

❶ 将光标定位在标题中任意位置，右击，在弹出的快捷菜单中选择【段落】命令，如图1-54所示。

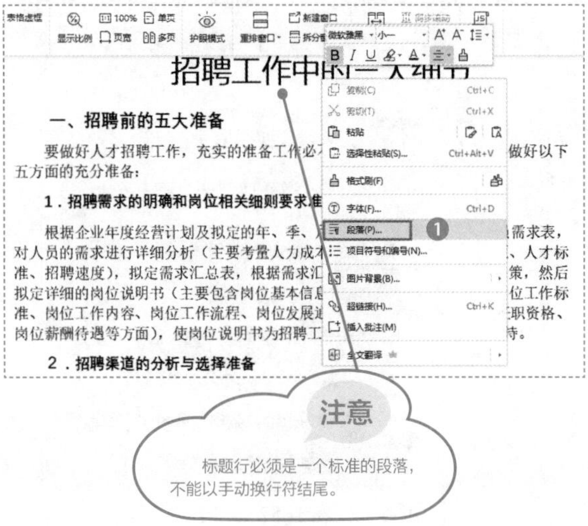

注意

标题行必须是一个标准的段落，不能以手动换行符结尾。

图 1-54

❷ 打开【段落】对话框，在【段后】文本框中设置具体的间隔值，如图1-55所示。

间距的单位是可以更改的，单击【段后】文本框右侧的下拉按钮，可以看到多种单位，如图1-56所示。如果在考试检测时，遇到对单位有特殊要求的情况，要知道可以在这里更改。

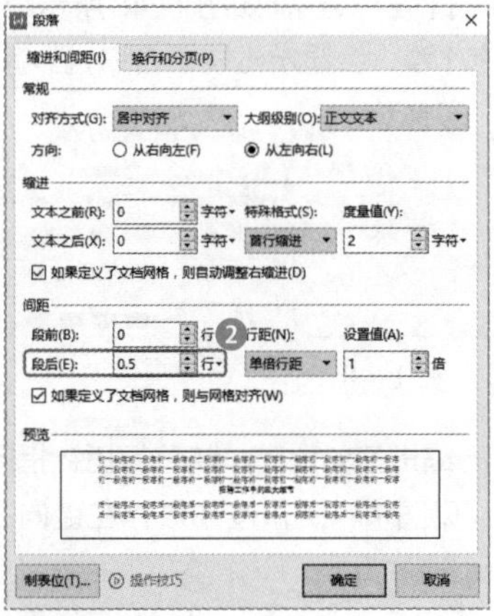

图 1-55

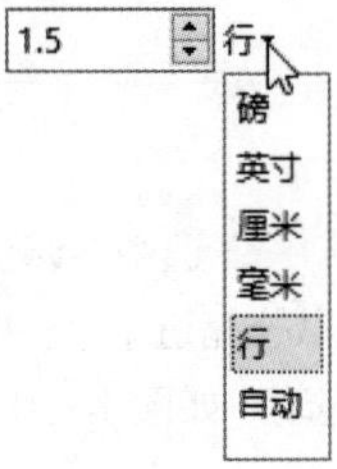
1.5
行
磅
英寸
厘米
毫米
行
自动

图 1-56

1.4.3 调整段落间距和行间距

扫一扫，看视频

段落间距是段与段之间的距离；行间距是指不考虑段落，只考虑每行之间的间距。在文档的排版过程中，根据排版思路的不同，这些功能都有可能使用到。

❶ 选中要一次性设置的多个段落，右击，在弹出的快捷菜单中选择【段落】命令，如图1-57所示。

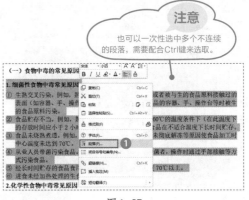

注意

也可以一次性选中多个不连续的段落，需要配合Ctrl键来选取。

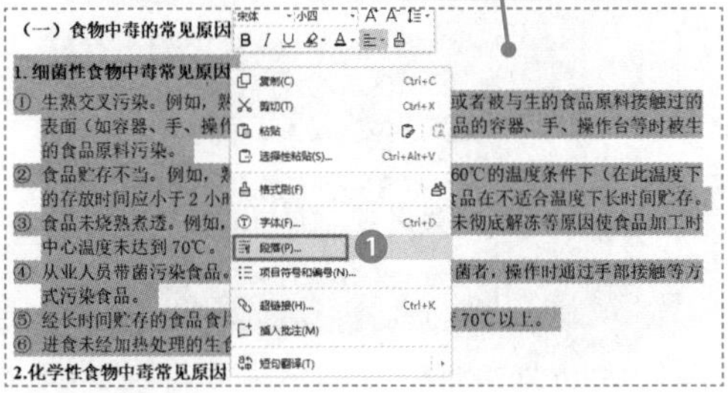

图 1-57

❷ 打开【段落】对话框，在【段后】文本框中设置具体的间隔值，如图1-58所示。

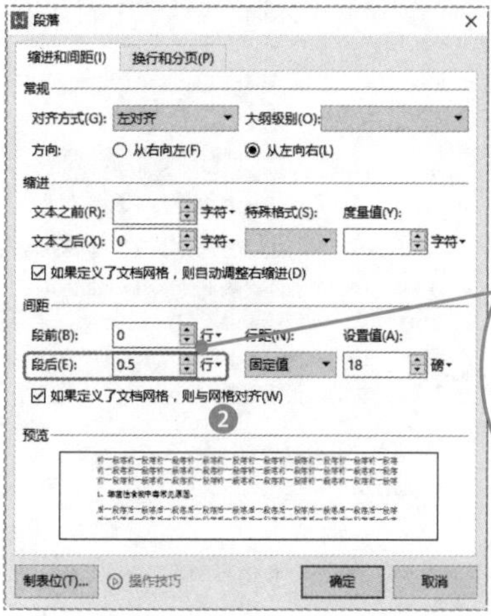

图1-58

注意

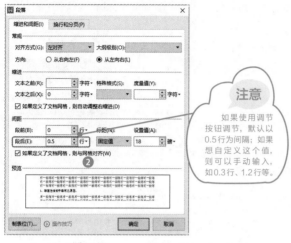

如果使用调节按钮调节，默认以0.5行为间隔；如果想自定义这个值，则可以手动输入，如0.3行、1.2行等。

❸ 单击【确定】按钮完成设置，可以看到选中的文本各个段落的段后都增加了间距，如图1-59所示。

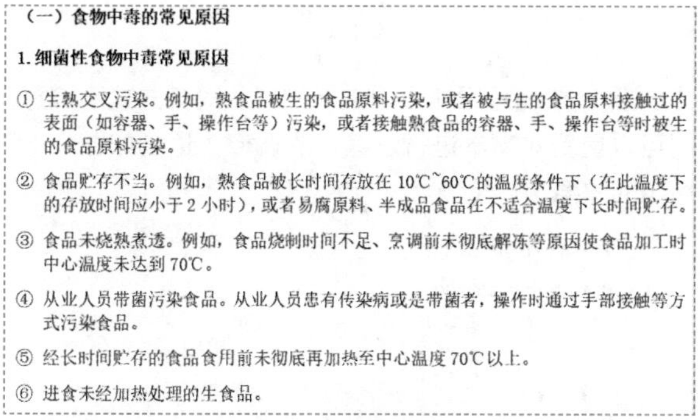
（一）食物中毒的常见原因

1. 细菌性食物中毒常见原因

① 生熟交叉污染。例如，熟食品被生的食品原料污染，或者被与生的食品原料接触过的表面（如容器、手、操作台等）污染，或者接触熟食品的容器、手、操作台等时被生的食品原料污染。

② 食品贮存不当。例如，熟食品被长时间存放在10℃~60℃的温度条件下（在此温度下的存放时间应小于2小时），或者易腐原料、半成品食品在不适合温度下长时间贮存。

③ 食品未烧熟煮透。例如，食品烧制时间不足、烹调前未彻底解冻等原因使食品加工时中心温度未达到70℃。

④ 从业人员带菌污染食品。从业人员患有传染病或是带菌者，操作时通过手部接触等方式污染食品。

⑤ 经长时间贮存的食品食用前未彻底再加热至中心温度70℃以上。

⑥ 进食未经加热处理的生食品。

图1-59

通过行间距的设置可以让文档排版更加稀疏一些，尤其是对于那些内容不足一页纸的文档，排版时一般都需要进行此项设置。

选中文本，在【开始】选项卡中单击【行距】按钮，弹出下拉列表，这里有几种最基本的行距选择项，如图1-60所示。若要进行其他更加精确的设置，则选择【其他】命令，打开【段落】对话框，在【行距】下拉列表中选择【固定值】，然后设置具体的值，如图1-61所示。

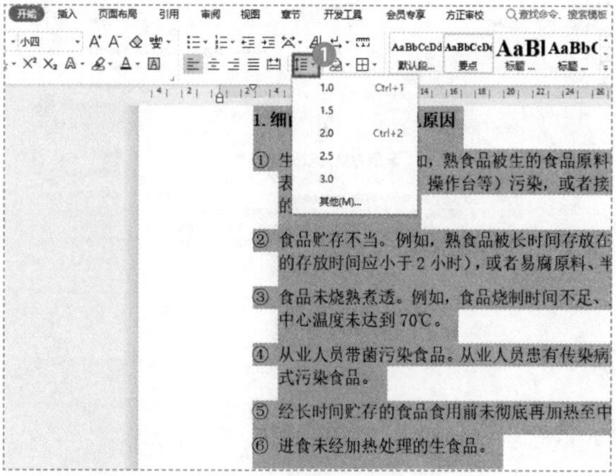

图1-60

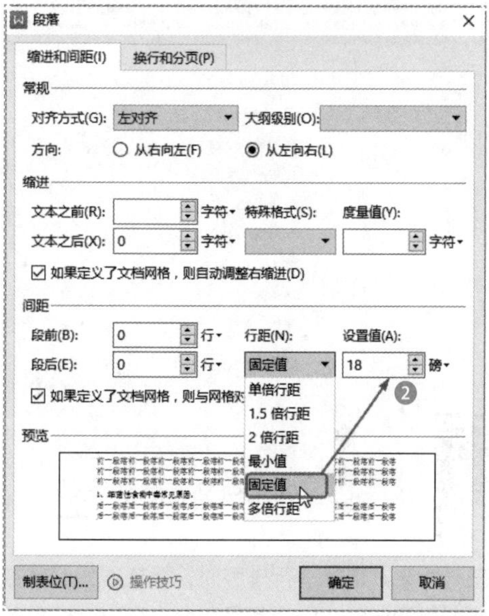

图1-61

技巧点拨

在【文字排版】下拉列表中还有一个【增加空段】命令，使用该命令也可以实现增加段落的间距，并且这个间距是一行的距离。

选中要设置的段落，在【开始】选项卡中单击【文字排版】按钮，在打开的下拉列表中选择【增加空段】命令（见图1-62），此时可以看到选中的段落每个段后都增加了一个空行，如图1-63所示。

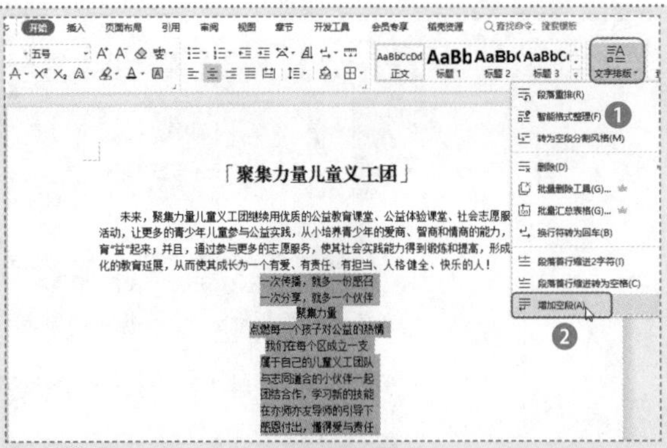

图 1-62

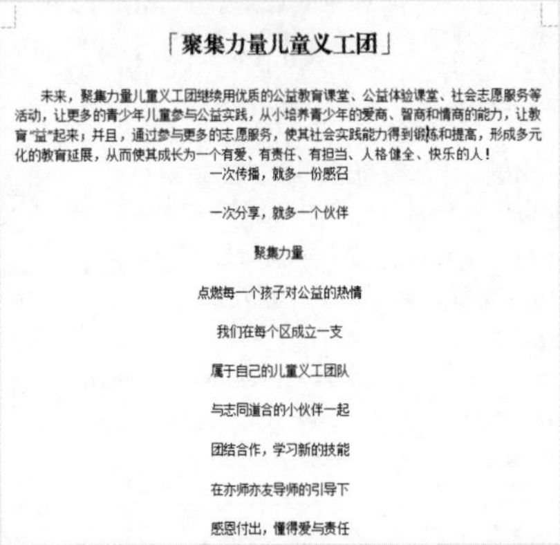

图 1-63

扫一扫，看视频

1.4.4 为条目文本添加编号

在对纯文本文档进行排版时，能梳理出分类或条目的，建议尽量梳理，因为条目和分类可以让文档的层次更加分明，容易阅读。那么这时则需要使用编号和项目符号。

1. 快速应用编号

编号可以是以大写数字、阿拉伯数字、字母等不同格式展现的连续编号。WPS文字程序内置了几种项目符号与编号的样式，可以快速选择和应用。

❶ 选中文本，在【开始】选项卡中单击【编号】按钮，弹出下拉列表，这里有几种最基本的编号格式（见图1-64），可以满足一般的应用需求。单击编号即可应用，如图1-65所示。

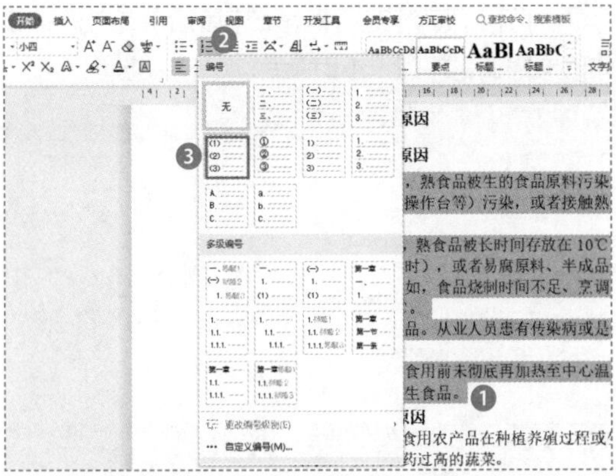

图 1-64

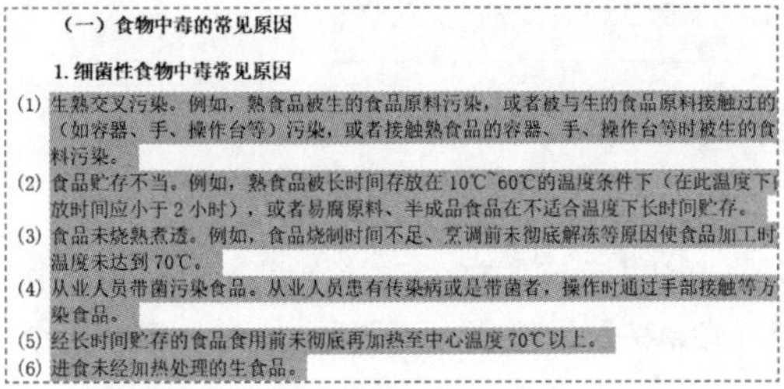

图 1-65

❷ 添加编号后如果对文本的默认对齐方式不满意，则可以重新对文本进行左缩进的调节，达到如图1-66所示的效果。

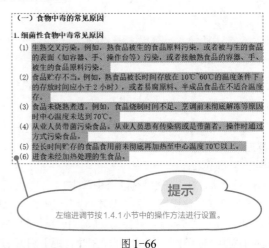

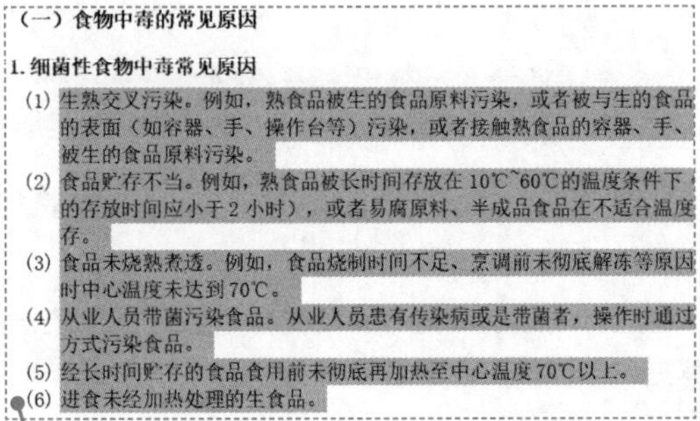

提示

左缩进调节按1.4.1小节中的操作方法进行设置。

图 1-66

2. 重新开始编号

如果继续为其他文本添加编号，编号会延续上面的编号继续编号（见图1-67），而文本已经是下一节或下一个分类了，这时就一定要学会重新开始编号。

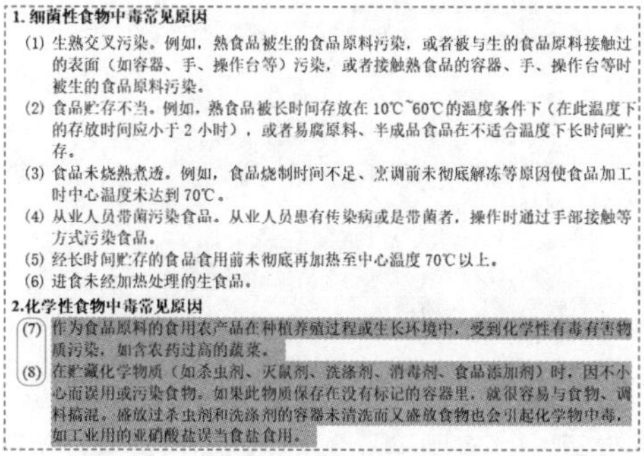
1. 细菌性食物中毒常见原因
(1) 生熟交叉污染。例如，熟食品被生的食品原料污染，或者被与生的食品原料接触过的表面（如容器、手、操作台等）污染，或者接触熟食品的容器、手、操作台等时被生的食品原料污染。
(2) 食品贮存不当。例如，熟食品被长时间存放在 10℃~60℃的温度条件下（在此温度下的存放时间应小于 2 小时），或者易腐原料、半成品食品在不适合温度下长时间贮存。
(3) 食品未烧熟煮透。例如，食品烧制时间不足、烹调前未彻底解冻等原因使食品加工时中心温度未达到 70℃。
(4) 从业人员带菌污染食品。从业人员患有传染病或是带菌者，操作时通过手部接触等方式污染食品。
(5) 经长时间贮存的食品食用前未彻底再加热至中心温度 70℃以上。
(6) 进食未经加热处理的生食品。
2.化学性食物中毒常见原因
(7) 作为食品原料的食用农产品在种植养殖过程或生长环境中，受到化学性有毒有害物质污染，如含农药过高的蔬菜。
(8) 在贮藏化学物质（如杀虫剂、灭鼠剂、洗涤剂、消毒剂、食品添加剂）时，因不小心而误用或污染食物。如果此物质保存在没有标记的容器里，就很容易与食物、调料搞混。盛放过杀虫剂和洗涤剂的容器未清洗而又盛放食物也会引起化学物中毒，如工业用的亚硝酸盐误当食盐食用。

图 1-67

当在某处需要重新编号时，就在编号上右击，在弹出的快捷菜单中选择【重新开始编号】命令（见图1-68），编号又从1重新开始了，如图1-69所示。

图 1-68

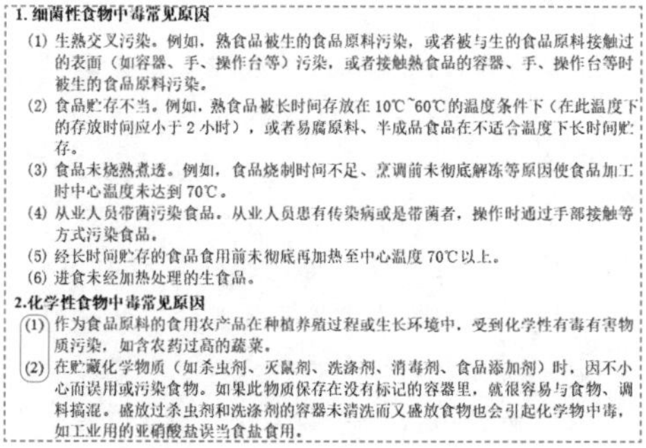
1. 细菌性食物中毒常见原因
(1) 生熟交叉污染。例如，熟食品被生的食品原料污染，或者被与生的食品原料接触过的表面（如容器、手、操作台等）污染，或者接触熟食品的容器、手、操作台等时被生的食品原料污染。
(2) 食品贮存不当。例如，熟食品被长时间存放在 10℃~60℃的温度条件下（在此温度下的存放时间应小于 2 小时），或者易腐原料、半成品食品在不适合温度下长时间贮存。
(3) 食品未烧熟煮透。例如，食品烧制时间不足、烹调前未彻底解冻等原因使食品加工时中心温度未达到 70℃。
(4) 从业人员带菌污染食品。从业人员患有传染病或是带菌者，操作时通过手部接触等方式污染食品。
(5) 经长时间贮存的食品食用前未彻底再加热至中心温度 70℃以上。
(6) 进食未经加热处理的生食品。
2.化学性食物中毒常见原因
(1) 作为食品原料的食用农产品在种植养殖过程或生长环境中，受到化学性有毒有害物质污染，如含农药过高的蔬菜。
(2) 在贮藏化学物质（如杀虫剂、灭鼠剂、洗涤剂、消毒剂、食品添加剂）时，因不小心而误用或污染食物。如果此物质保存在没有标记的容器里，就很容易与食物、调料搞混。盛放过杀虫剂和洗涤剂的容器未清洗而又盛放食物也会引起化学物中毒，如工业用的亚硝酸盐误当食盐食用。

图 1-69

技巧点拨

添加编号后显示的是默认的格式，若对格式有更加精确的要求，则可以进行修改。

❶ 在编号上右击，在弹出的快捷菜单中选择【字体】命令（见图1-70），打开【字体】对话框，根据需要可对字形、字号、字体、颜色等进行设置，如图1-71所示。

图 1-70

图 1-71

❷ 设置完成后单击【确定】按钮即可在文本中看到效果，如图1-72所示。

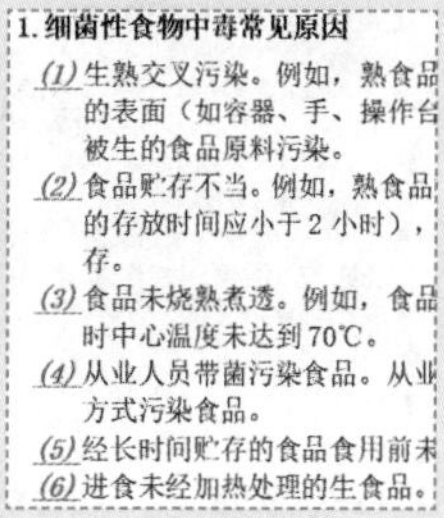
1. 细菌性食物中毒常见原因
(1) 生熟交叉污染。例如，熟食品
的表面（如容器、手、操作台
被生的食品原料污染。
(2) 食品贮存不当。例如，熟食品
的存放时间应小于 2 小时），
存。
(3) 食品未烧熟煮透。例如，食品
时中心温度未达到 70℃。
(4) 从业人员带菌污染食品。从业
方式污染食品。
(5) 经长时间贮存的食品食用前未
(6) 进食未经加热处理的生食品。

图 1-72

1.4.5 为条目文本添加项目符号

扫一扫，看视频

项目符号就是添加在文本前的符号，对文本起到强调作用，可以使文档的层次结构更清晰、更有条理，同时也能提升文档的排版效果。

❶ 选中文本（本例选中了不连续的同级文本），在【开始】选项卡中单击【插入项目符号】按钮，弹出下拉列表，这里提供了程序内置的几种项目符号，同时也有众多稻壳商城的项目符号，如图1-73所示。

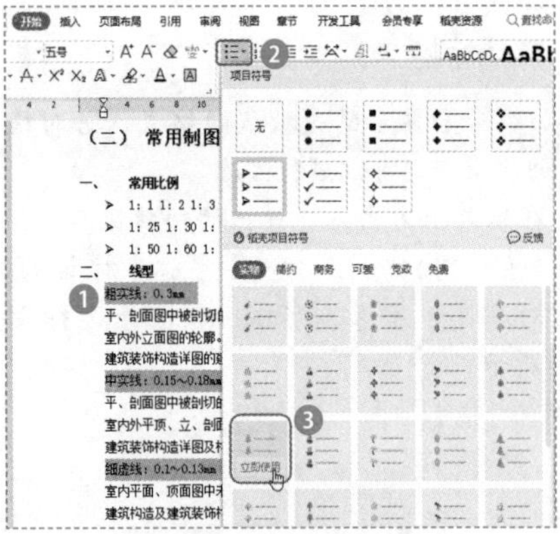

图 1-73

❷ 单击想使用的项目符号即可应用到文本，如图1-74所示。

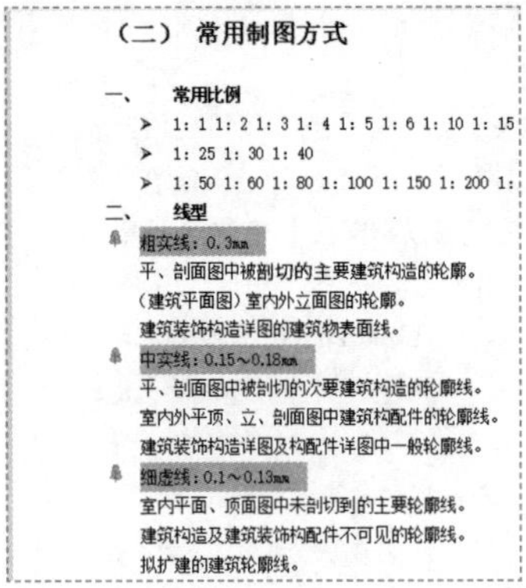
（二） 常用制图方式
一、 常用比例
➢ 1：1 1：2 1：3 1：4 1：5 1：6 1：10 1：15
➢ 1：25 1：30 1：40
➢ 1：50 1：60 1：80 1：100 1：150 1：200 1：
二、 线型
粗实线：0.3mm
平、剖面图中被剖切的主要建筑构造的轮廓。
（建筑平面图）室内外立面图的轮廓。
建筑装饰构造详图的建筑物表面线。
中实线：0.15～0.18mm
平、剖面图中被剖切的次要建筑构造的轮廓线。
室内外平顶、立、剖面图中建筑构配件的轮廓线。
建筑装饰构造详图及构配件详图中一般轮廓线。
细虚线：0.1～0.13mm
室内平面、顶面图中未剖切到的主要轮廓线。
建筑构造及建筑装饰构配件不可见的轮廓线。
拟扩建的建筑轮廓线。

图 1-74

❸ 再次选中下一级需要应用的文本，在【插入项目符号】下拉列表中选择项目符号（见图1-75），单击即可应用，如图1-76所示。

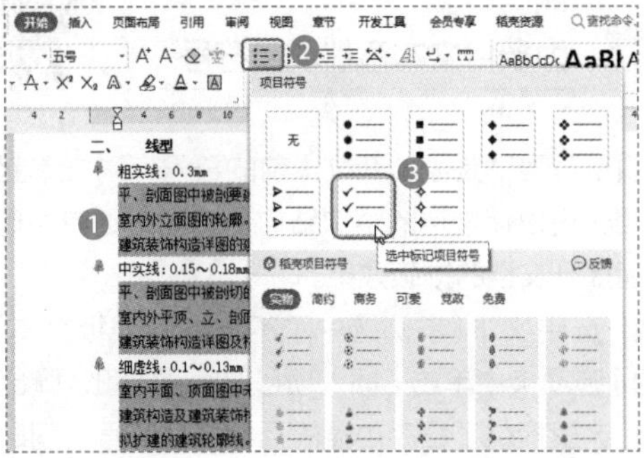

图 1-75

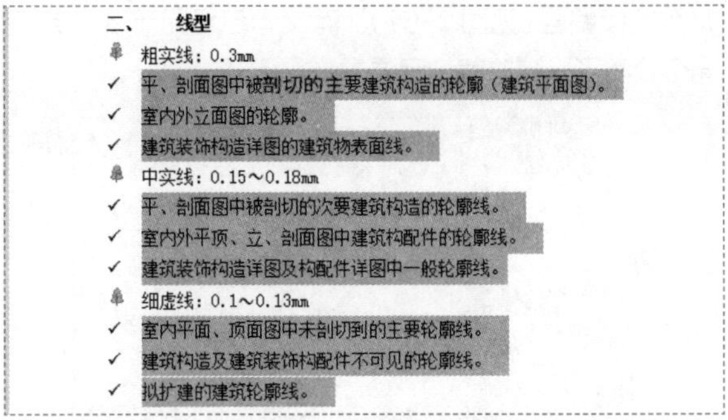
二、 线型
粗实线：0.3mm
✓ 平、剖面图中被剖切的主要建筑构造的轮廓（建筑平面图）。
✓ 室内外立面图的轮廓。
✓ 建筑装饰构造详图的建筑物表面线。
中实线：0.15～0.18mm
✓ 平、剖面图中被剖切的次要建筑构造的轮廓线。
✓ 室内外平顶、立、剖面图中建筑构配件的轮廓线。
✓ 建筑装饰构造详图及构配件详图中一般轮廓线。
细虚线：0.1～0.13mm
✓ 室内平面、顶面图中未剖切到的主要轮廓线。
✓ 建筑构造及建筑装饰构配件不可见的轮廓线。
✓ 拟扩建的建筑轮廓线。

图 1-76

在本例中，应用了两个级别的项目符号，但在默认情况下，虽然项目符号样式不同，但都是左对齐的。这时则需要对缩进值进行调整。将光标定位到要调整的那一级文本的任意位置，在【开始】选项卡中单击【增加缩进量】按钮即可向右缩进，如果感觉缩进量不够，则继续单击。图1-77所示为调整缩进量后的效果。

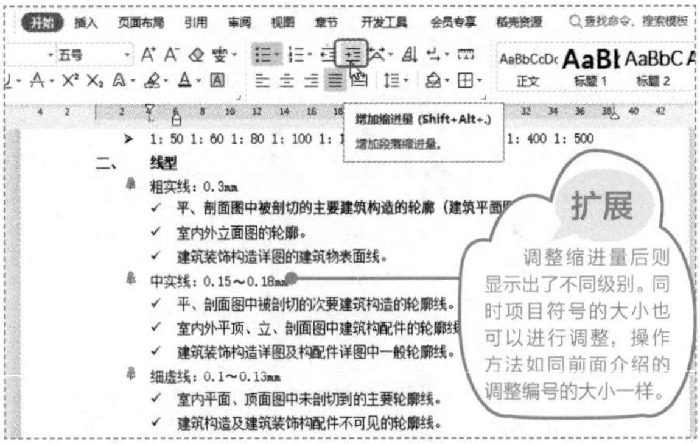
增加缩进量（Shift+Alt+.）
增加段落缩进量。
扩展
调整缩进量后则显示出了不同级别。同时项目符号的大小也可以进行调整，操作方法如同前面介绍的调整编号的大小一样。

图 1-77

技巧点拨

【格式刷】是WPS文本编辑过程中非常实用的一个工具。利用它可以快速引用文本的格式，而且一次性可以引用多种格式，如字体、字号、颜色、下划线、缩进、项目符号等。图1-78所示的小标题应用了比较复杂的格式，当同一级小标题想使用相同的格式时，如果每次都重新设置显然是不合理的。这时则可以使用【格式刷】非常快速地引用格式。

❶ 选中要引用其格式的文本，在【开始】选项卡中单击【格式刷】按钮，如图1-79所示。

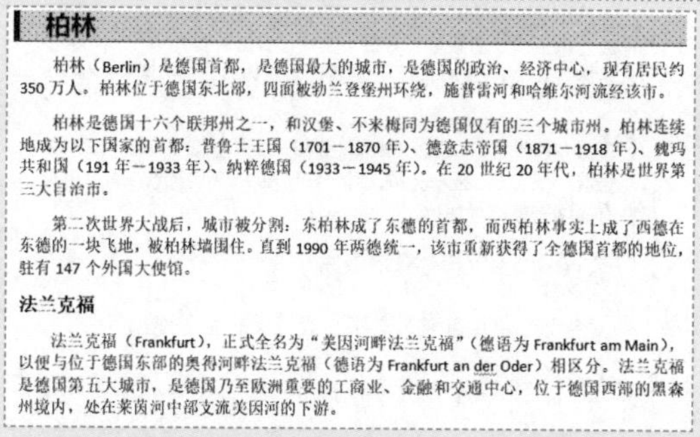
柏林

柏林（Berlin）是德国首都，是德国最大的城市，是德国的政治、经济中心，现有居民约350万人。柏林位于德国东北部，四面被勃兰登堡州环绕，施普雷河和哈维尔河流经该市。

柏林是德国十六个联邦州之一，和汉堡、不来梅同为德国仅有的三个城市州。柏林连续地成为以下国家的首都：普鲁士王国（1701－1870年）、德意志帝国（1871－1918年）、魏玛共和国（191年－1933年）、纳粹德国（1933－1945年）。在20世纪20年代，柏林是世界第三大自治市。

第二次世界大战后，城市被分割：东柏林成了东德的首都，而西柏林事实上成了西德在东德的一块飞地，被柏林墙围住。直到1990年两德统一，该市重新获得了全德国首都的地位，驻有147个外国大使馆。

法兰克福

法兰克福（Frankfurt），正式全名为“美因河畔法兰克福”（德语为 Frankfurt am Main），以便与位于德国东部的奥得河畔法兰克福（德语为 Frankfurt an der Oder）相区分。法兰克福是德国第五大城市，是德国乃至欧洲重要的工商业、金融和交通中心，位于德国西部的黑森州境内，处在莱茵河中部支流美因河的下游。

图1-78

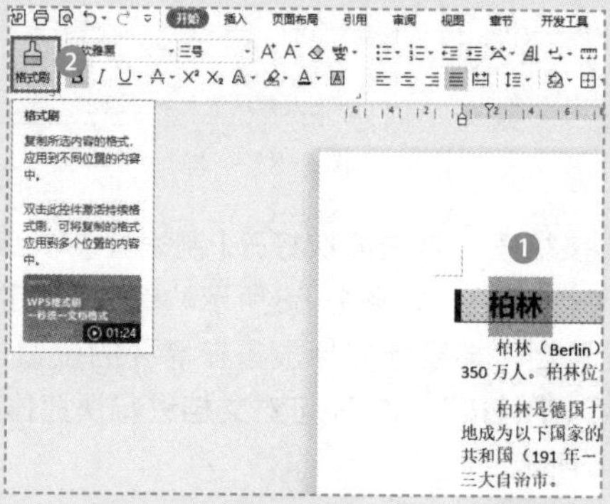

开始
插入
页面布局
引用
审阅
视图
章节
开发工具
格式刷
复制所选内容的格式，应用到不同位置的内容中。
双击此按钮激活持续格式刷，可将复制的格式应用到多个位置的内容中。
WPS格式刷 一秒统一文档格式
01:24
柏林

图1-79

❷ 此时鼠标指针变成小刷子样式，选中要引用格式的文本(见图1-80)，释放鼠标即可与刚才选中的文本应用相同的格式，如图1-81所示。

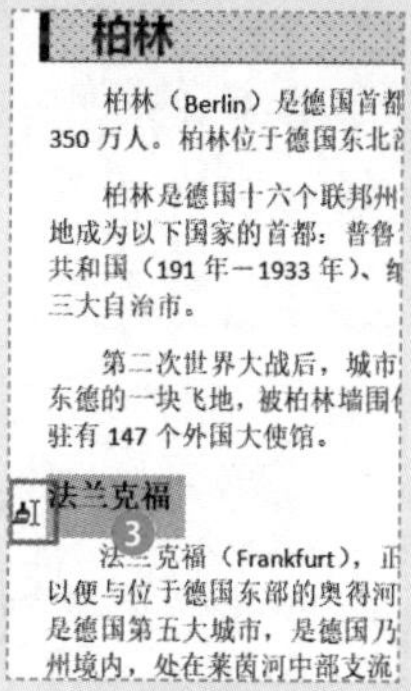

柏林
法兰克福

图1-80

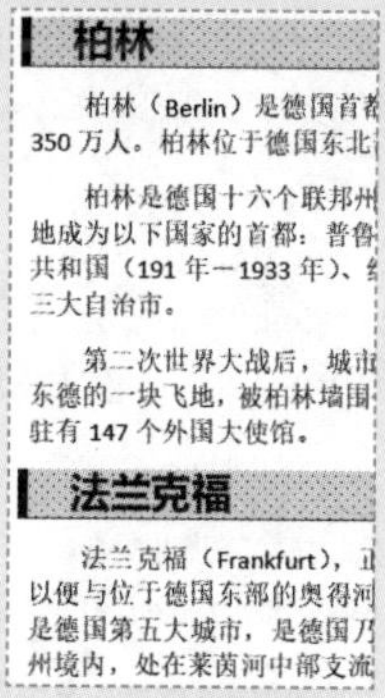

柏林
法兰克福

图1-81

注意：单击【格式刷】按钮后，在引用一次格式后自动退出启用状态。如果多处文档需要使用相同格式，则可以在选中目标文本后双击【格式刷】按钮，这样格式刷就一直处于启用状态，可以多次刷取格式，直到不再需要使用格式刷时，再次单击【格式刷】按钮退出其启用状态。

1.4.6 运用制表符排版文本

扫一扫，看视频

制表符是一种定位符号，它可以协助在编辑文档过程中输入内容时快速定位至某一指定的位置，从而以纯文本的方式制作出形如表格般整齐的内容。下面进行效果对比，图1-82所示为未使用制表符排版的效果，图1-83所示为使用制表符排版的效果。

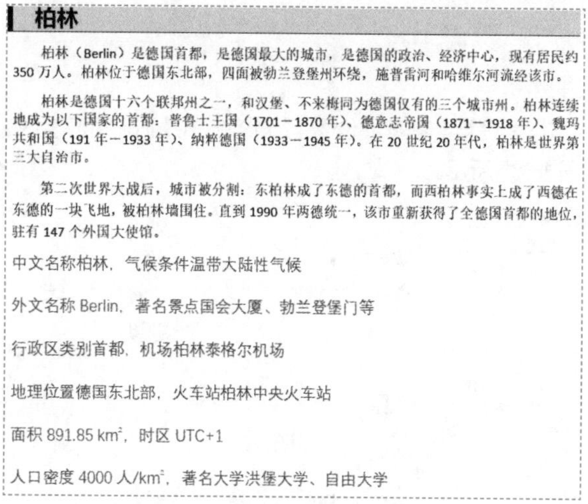
柏林

柏林（Berlin）是德国首都，是德国最大的城市，是德国的政治、经济中心，现有居民约350万人。柏林位于德国东北部，四面被勃兰登堡州环绕，施普雷河和哈维尔河流经该市。

柏林是德国十六个联邦州之一，和汉堡、不来梅同为德国仅有的三个城市州。柏林连续地成为以下国家的首都：普鲁士王国（1701－1870年）、德意志帝国（1871－1918年）、魏玛共和国（191年－1933年）、纳粹德国（1933－1945年）。在20世纪20年代，柏林是世界第三大自治市。

第二次世界大战后，城市被分割：东柏林成了东德的首都，而西柏林事实上成了西德在东德的一块飞地，被柏林墙围住。直到1990年两德统一，该市重新获得了全德国首都的地位，驻有147个外国大使馆。

中文名称柏林，气候条件温带大陆性气候

外文名称 Berlin，著名景点国会大厦、勃兰登堡门等

行政区类别首都，机场柏林泰格尔机场

地理位置德国东北部，火车站柏林中央火车站

面积891.85 km²，时区 UTC+1

人口密度4000人/km²，著名大学洪堡大学、自由大学

图1-82

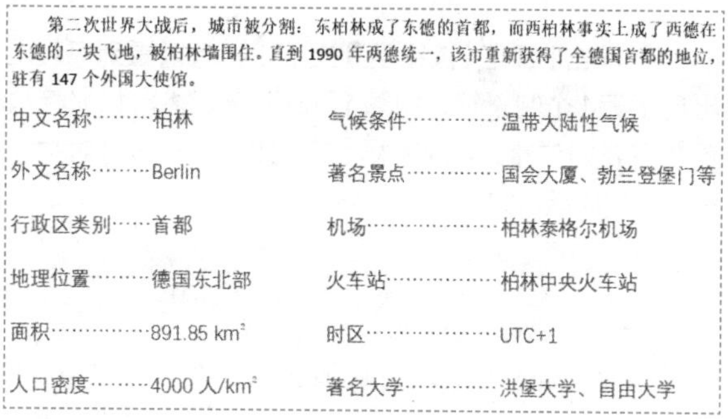
第二次世界大战后，城市被分割：东柏林成了东德的首都，而西柏林事实上成了西德在东德的一块飞地，被柏林墙围住。直到1990年两德统一，该市重新获得了全德国首都的地位，驻有147个外国大使馆。

中文名称………柏林　　气候条件……………温带大陆性气候

外文名称………Berlin　　著名景点……………国会大厦、勃兰登堡门等

行政区类别……首都　　机场……………………柏林泰格尔机场

地理位置………德国东北部　　火车站………………柏林中央火车站

面积……………891.85 km²　　时区……………………UTC+1

人口密度………4000人/km²　　著名大学……………洪堡大学、自由大学

图1-83

❶ 在【视图】选项卡中勾选【标尺】复选框，启用文档的标尺。

❷ 将光标定位到要设置的文档段落中，在【开始】选项卡中单击【制表位】按钮，如图1-84所示，打开【制表位】对话框。

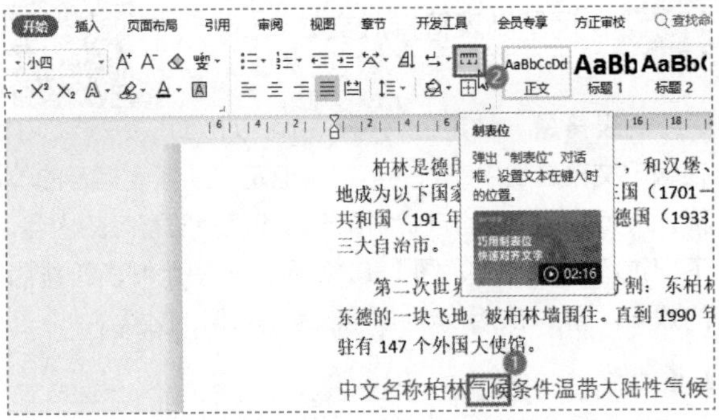
开始
插入
页面布局
引用
审阅
视图
章节
开发工具
会员专享
方正审校
制表位
弹出“制表位”对话框，设置文本在键入时的位置。
巧用制表位 快速对齐文字
02:16
柏林是德国
和汉堡、
地成为以下国家
共和国（191 年
三大自治市。
第二次世界
东德的一块飞地，被柏林墙围住。直到 1990 年
驻有 147 个外国大使馆。
中文名称柏林气候条件温带大陆性气候

图 1-84

❸ 设置【制表位位置】【对齐方式】【前导符】，如图1-85所示。

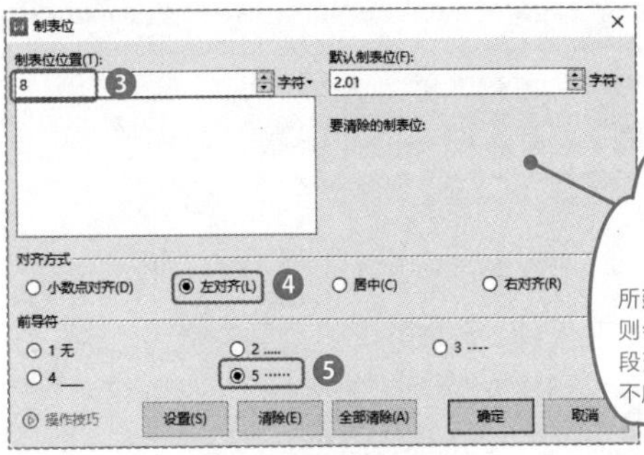
制表位
制表位位置(T):
8
字符
默认制表位(F):
2.01
要清除的制表位:
对齐方式
小数点对齐(D)
左对齐(L)
居中(C)
右对齐(R)
前导符
1 无
2 .....
3 ----
4 ___
5 ······
操作技巧
设置(S)
清除(E)
全部清除(A)
确定
取消

图 1-85

注意

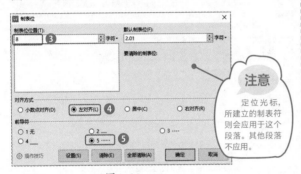

定位光标，所建立的制表符则会应用于这个段落。其他段落不应用。

❹ 单击【确定】按钮回到文档中，可以看到标尺上出现了第1个制表符，如图1-86所示。将鼠标光标放置在需要的位置（如“柏林”前），按Tab键即可对文档进行快捷排版，如图1-87所示。

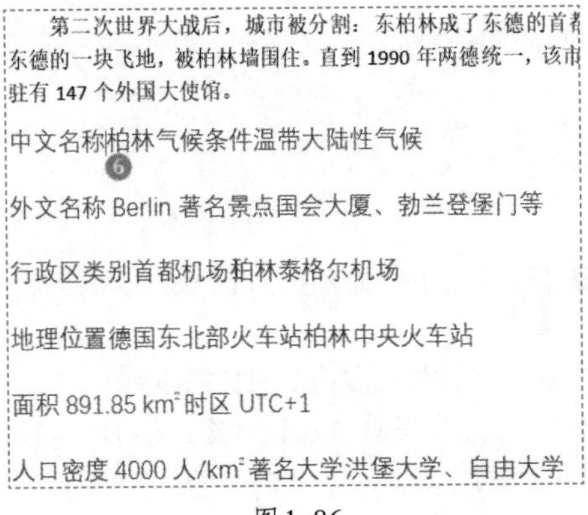
第二次世界大战后，城市被分割：东柏林成了东德的首都
东德的一块飞地，被柏林墙围住。直到 1990 年两德统一，该市
驻有 147 个外国大使馆。
中文名称柏林气候条件温带大陆性气候
外文名称 Berlin 著名景点国会大厦、勃兰登堡门等
行政区类别首都机场柏林泰格尔机场
地理位置德国东北部火车站柏林中央火车站
面积 891.85 km² 时区 UTC+1
人口密度 4000 人/km² 著名大学洪堡大学、自由大学

图 1-86

柏林是德国十六个联邦州之一，和汉堡、不来梅同为德国
地成为以下国家的首都：普鲁士王国（1701－1870 年）、德意志
共和国（191 年－1933 年）、纳粹德国（1933－1945 年）。在 20
三大自治市。
第二次世界大战后，城市被分割：东柏林成了东德的首都，
东德的一块飞地，被柏林墙围住。直到 1990 年两德统一，该市
驻有 147 个外国大使馆。
中文名称………柏林气候条件温带大陆性气候
外文名称 Berlin 著名景点国会大厦、勃兰登堡门等
行政区类别首都机场柏林泰格尔机场
地理位置德国东北部火车站柏林中央火车站
面积 891.85 km² 时区 UTC+1
人口密度 4000 人/km² 著名大学洪堡大学、自由大学

图 1-87

❺ 按相同的方法再次打开【制表位】对话框，设置第2个制表位，如图1-88所示。单击【确定】按钮完成设置后，将鼠标光标放置在需要的位置（如“气候条件”前），按Tab键即可对文档进行快捷排版，如图1-89所示。

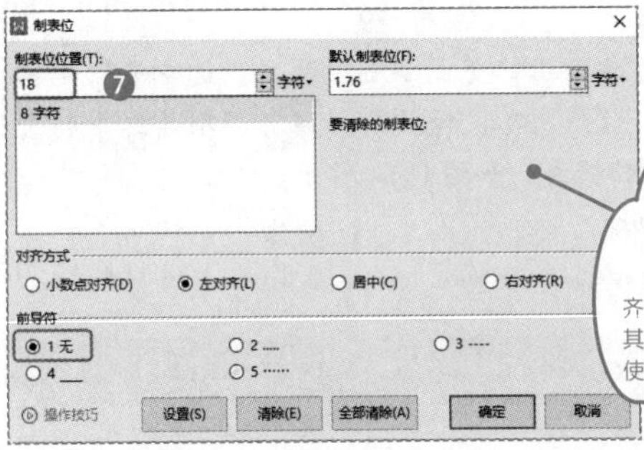
制表位
制表位位置(T):
18
字符
默认制表位(F):
1.76
8 字符
要清除的制表位:
对齐方式
小数点对齐(D)
左对齐(L)
居中(C)
右对齐(R)
前导符
1 无
2 .....
3 ----
4 ___
5 ······
操作技巧
设置(S)
清除(E)
全部清除(A)
确定
取消

图 1-88

扩展

制表符的对齐方式有多种，其中【左对齐】使用次数最多。

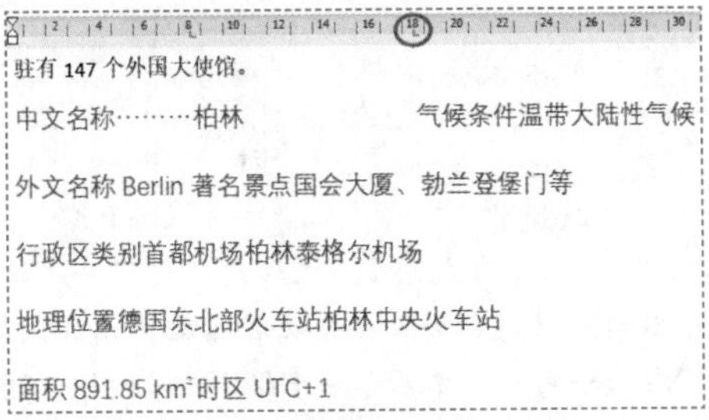
驻有 147 个外国大使馆。
中文名称………柏林
气候条件温带大陆性气候
外文名称 Berlin 著名景点国会大厦、勃兰登堡门等
行政区类别首都机场柏林泰格尔机场
地理位置德国东北部火车站柏林中央火车站
面积 891.85 km² 时区 UTC+1

图 1-89

❻ 按相同的方法再次打开【制表位】对话框，设置第3个制表位，如图1–90所示。单击【确定】按钮完成设置后，将鼠标光标放置在需要的位置(如“温带大陆性气候”前)，按Tab键即可对文档进行快捷排版，如图1–91所示。

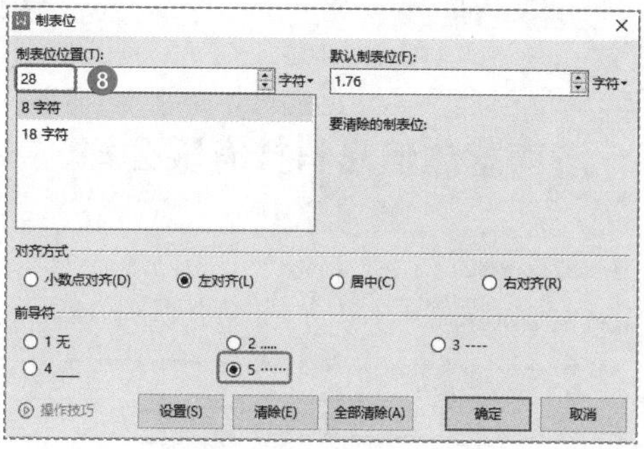

图 1–90

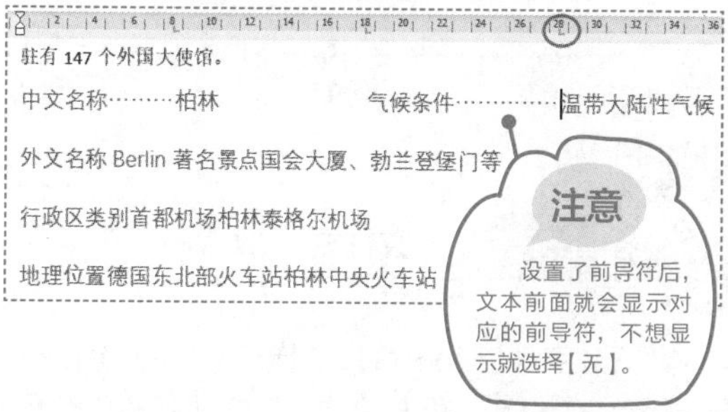

图 1–91

❼ 选中剩下的文档，在【开始】选项卡中单击【制表位】按钮(见图1–92)，打开【制表位】对话框，并依次重复上面的步骤建立3个制表位，如图1–93所示。

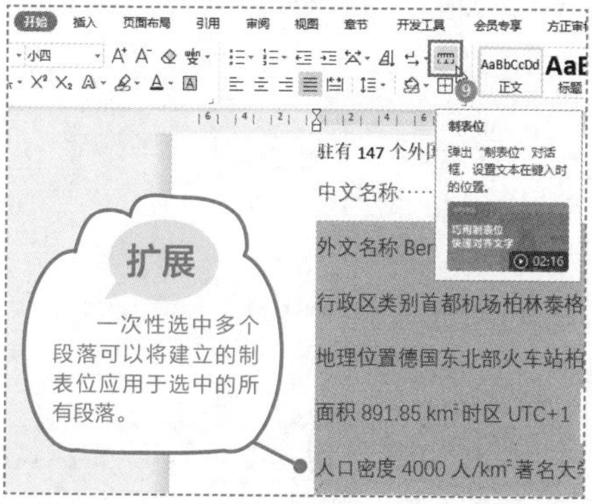

图 1–92

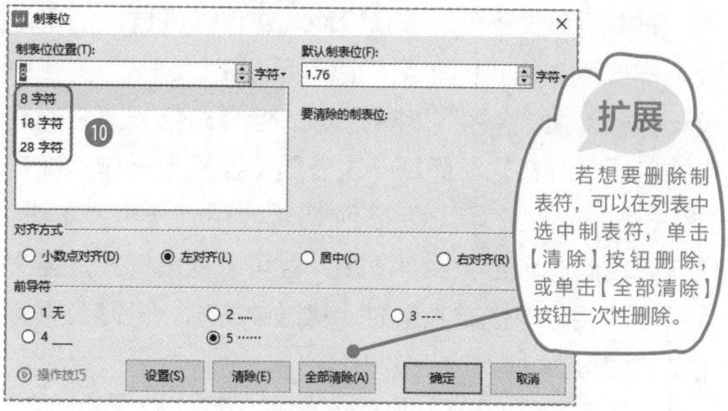

图 1–93

❽ 完成制表位的建立后，依次在每一行中定位光标，按Tab键进行排版，就能让文档达到对齐效果，如图1–94所示。

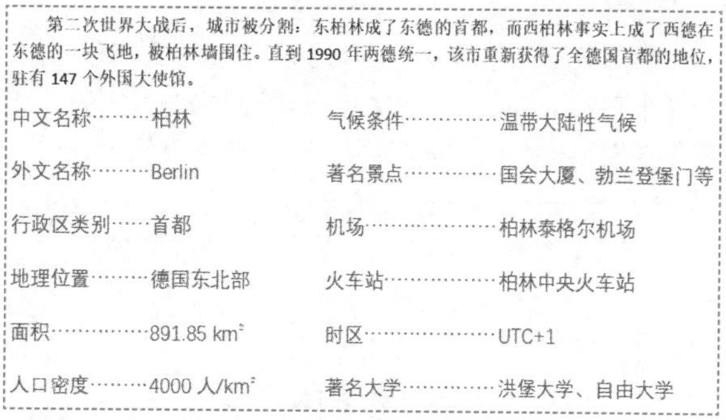
第二次世界大战后，城市被分割：东柏林成了东德的首都，而西柏林事实上成了西德在东德的一块飞地，被柏林墙围住。直到 1990 年两德统一，该市重新获得了全德国首都的地位，驻有 147 个外国大使馆。

中文名称………柏林	气候条件……………温带大陆性气候
外文名称………Berlin	著名景点……………国会大厦、勃兰登堡门等
行政区类别……首都	机场………………柏林泰格尔机场
地理位置………德国东北部	火车站………………柏林中央火车站
面积……………891.85 km²	时区………………UTC+1
人口密度………4000 人/km²	著名大学……………洪堡大学、自由大学

图 1–94

1.5 建立样式辅助排版

1.5.1 样式的作用及其应用

扫一扫，看视频

输入文字后，一般都需要通过设置字体、字号、标题特殊化设计等操作来改变文字的格式；通过缩进、调整段前和段后间距等操作来设置段落的格式，但是这样的操作可能要重复多次，一旦设置得不合理，还要逐一重新修改。虽然可以通过格式刷将修改后的格式依次应用到其他需要改变格式的地方。然而，如果有几十个、上百个这样的修改，也要用格式刷刷上几十次、上百次……

而使用样式就可以很轻松地解决这类问题。简单地说，样式就是格式的集合。通常所说的“格式”往往指单一格式，如“字体”“字号”等。但有时某一部分的文字要应用多种格式，而每一次使用又要反复操作。样式作为格式的集合，可以将多种格式应用到一个文本中，操作好后起一个名字保存下来，就可以变成样式。当文档需要使用这种格式效果时，就选中文本，一键应用这个样式即可。

通常情况下，可以使用WPS文字程序自带的样式。如果预设样式不能满足要求，则在预设样式的基础上略加修改。

另外，通过添加目录样式，可以提取文档的目录。因此，如果希望完整地看到文档的目录结构，或者最终想提取文档的目录，则必须先建立目录。

❶ 打开文档，将光标定位到要设置格式的段落中，单击【开始】选项卡，这时可以看到【样式】列表，如图1-95所示。

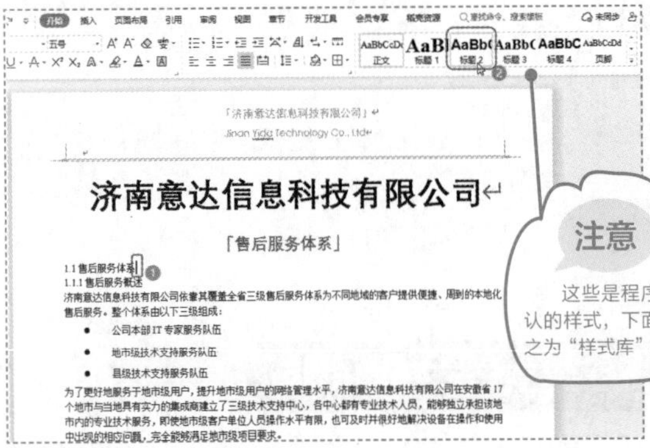

注意

这些是程序默认的样式，下面称之为“样式库”。

图 1-95

❷ 此处选择【标题2】样式，单击即可应用，应用效果如图1-96所示。

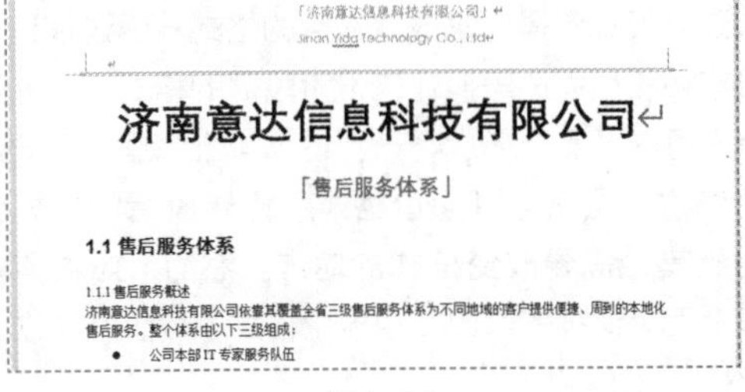

图 1-96

❸ 将光标定位到下一个目标文本中（本例定位到三级标题），选择【标题3】样式，单击后应用效果如图1-97所示。

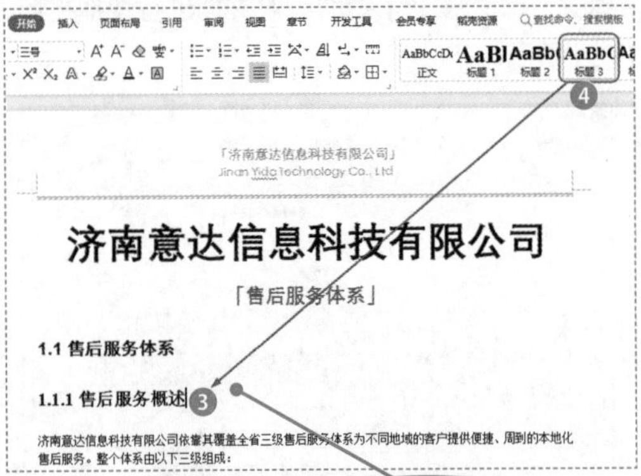

注意

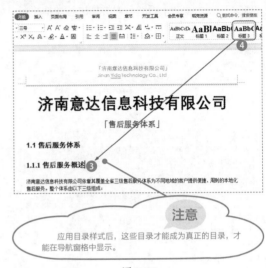

应用目录样式后，这些目录才能成为真正的目录，才能在导航窗格中显示。

图 1-97

1.5.2 修改样式

扫一扫，看视频

WPS文字程序会内置几个样式，如果内置的样式不符合我们的应用习惯与需求，可以进行修改。例如，本例中要修改正文样式实现段落自动首行缩进。

❶ 在样式列表中选中【正文】样式，右击，在弹出的快捷菜单中选择【修改样式】命令（见图1-98），打开【修改样式】对话框，在【格式】栏下可以对字体、字形等进行修改，如图1-99所示。

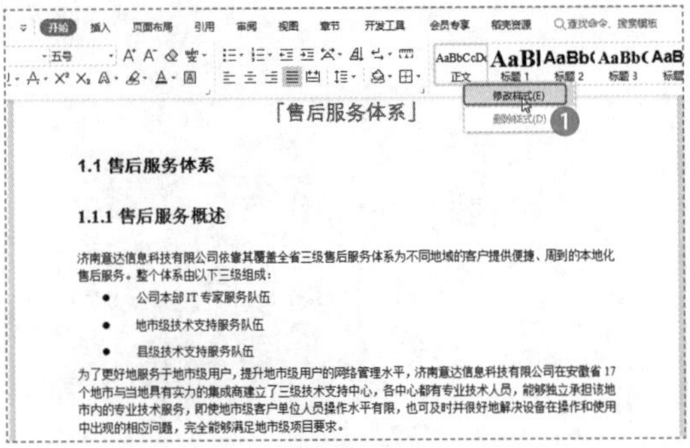

图 1-98

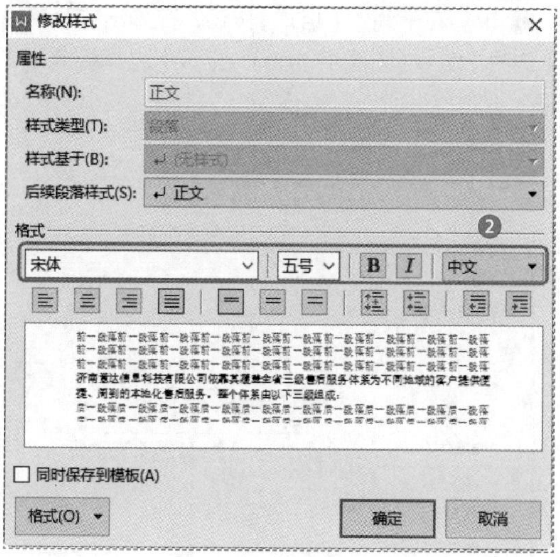

图 1-99

❷ 单击左下角的【格式】按钮，在弹出的菜单中选择【段落】命令（见图1-100），打开【段落】对话框。

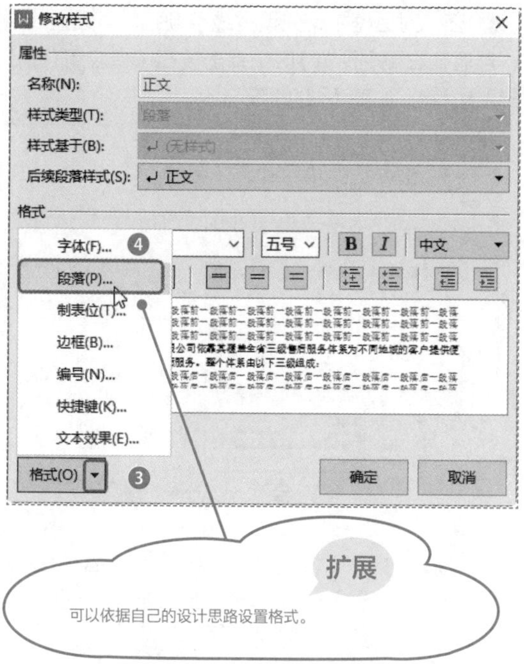

扩展
可以依据自己的设计思路设置格式。

图 1-100

❸ 设置文本为【首行缩进】的特殊格式（默认缩进2个字符），并设置【段后】间距为【0.5行】，如图1-101所示。

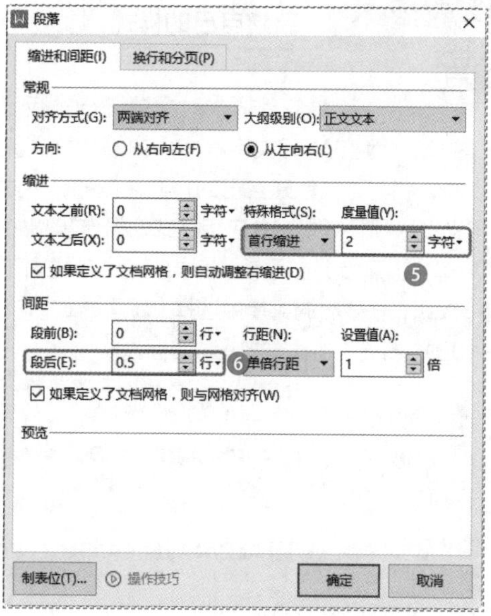

图 1-101

❹ 依次单击【确定】按钮完成设置。这时只要将光标定位到正文段落中，在样式库中单击【正文】样式，即可自动进行首行缩进，并在段后空出0.5行，如图1-102所示。

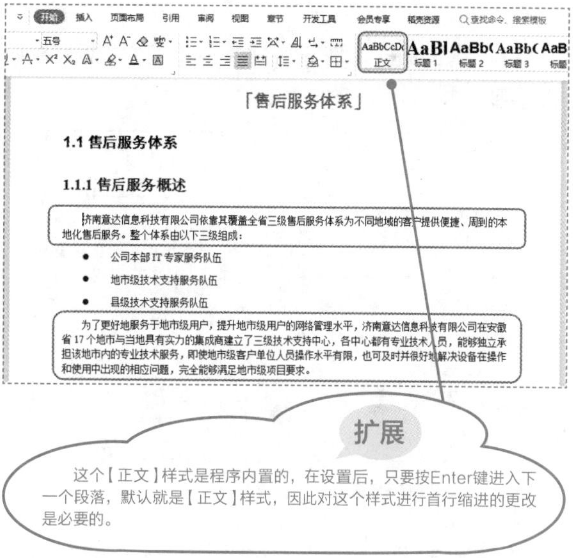

扩展
这个【正文】样式是程序内置的，在设置后，只要按Enter键进入下一个段落，默认就是【正文】样式，因此对这个样式进行首行缩进的更改是必要的。

图 1-102

扫一扫，看视频

1.5.3 新建自己的样式

通过应用样式对文档进行排版可以提高工作效率，而当WPS文字程序中内置的样式无法满足要求时，我们可以新建自己的样式。例如，要建立一个自定义二级标题样式，并应用样式，操作步骤如下。

❶ 单击【开始】选项卡，在样式库中单击右下角的【其他】按钮，在弹出的菜单中选择【新建样式】命令（见图1-103），打开【新建样式】对话框。

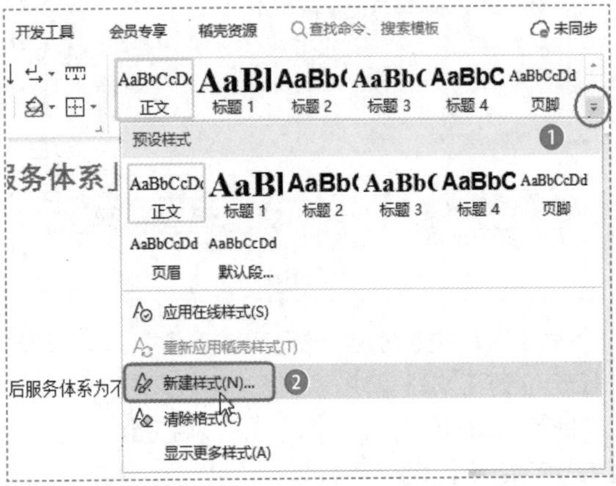

图 1-103

❷ 为建立的样式取一个名称，接着可以根据需要设置字体，如图1-104所示。

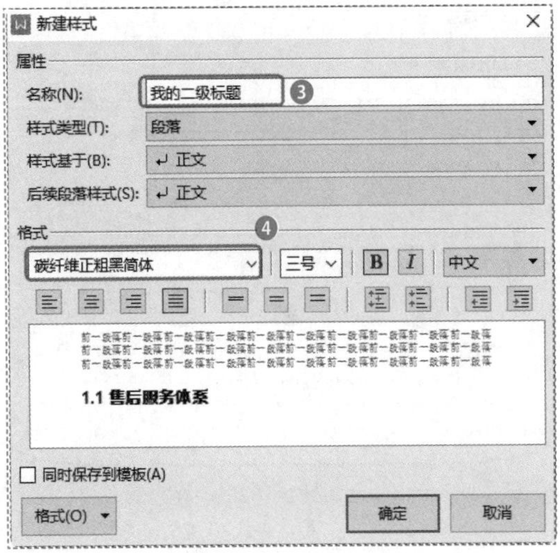

图 1-104

❸ 单击左下角的【格式】按钮，在弹出的菜单中选择【边框】命令（见图1-105），打开【边框和底纹】对话框。

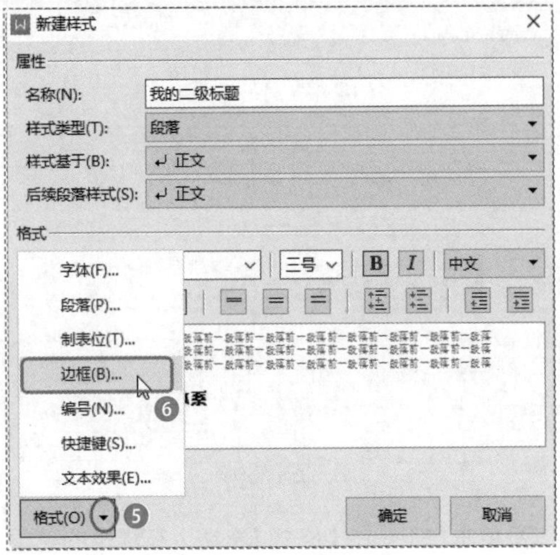

图 1-105

❹ 在此对话框中，先设置线条颜色，再设置线条宽度，然后在右侧【预览】区中单击按钮选择应用（此步只应用左边框），如图1-106所示。

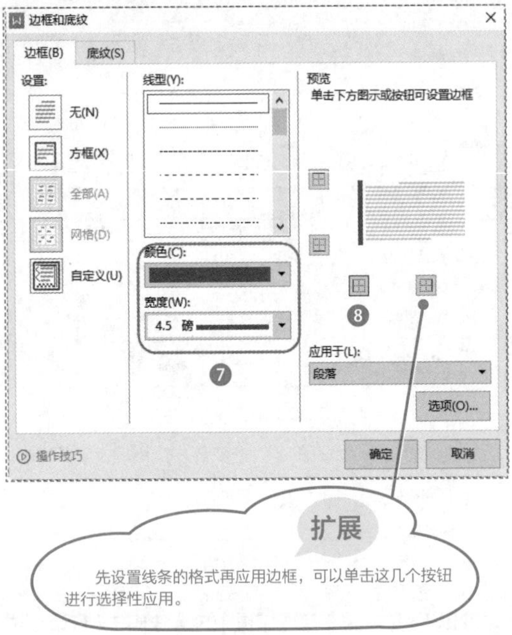

图 1-106

❺ 重新设置线条宽度，然后在右侧【预览】区中单击按钮选择应用(此步只应用下边框)，如图1-107所示。

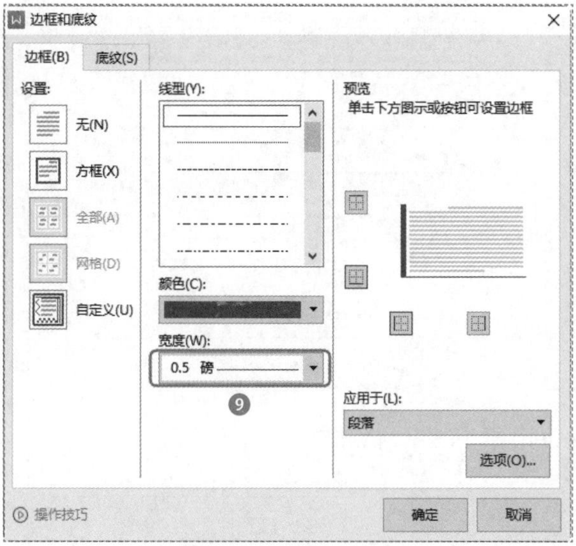

图1-107

❻ 切换到【底纹】选项卡，设置填充色为蓝色，如图1-108所示。

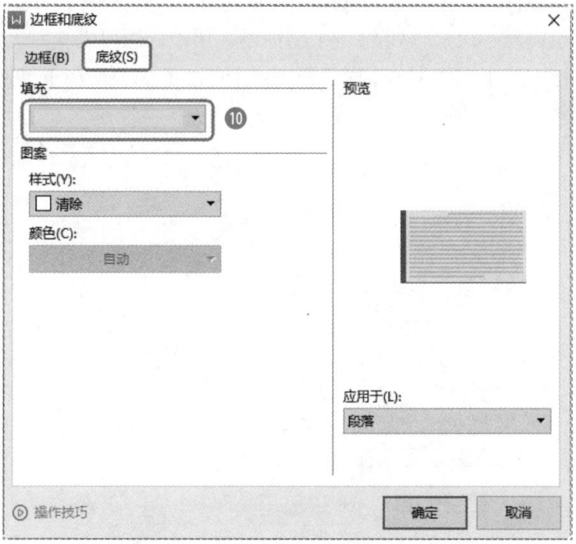

图1-108

❼ 依次单击【确定】按钮回到文档中，在样式库中则可以看到所创建的样式，如图1-109所示。

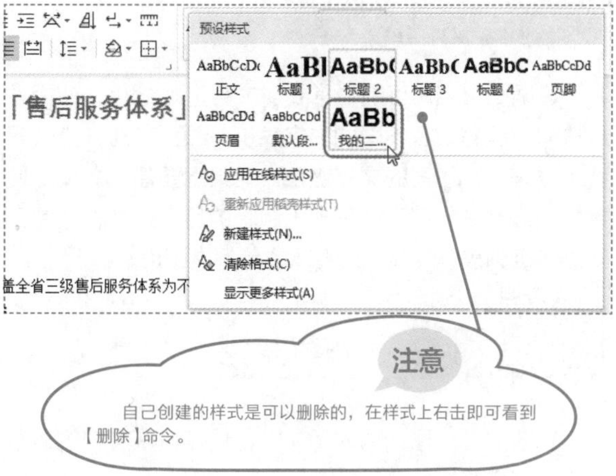

图1-109

❽ 将光标定位到"1.1 售后服务体系"这个目录上，在样式库中单击【我的二级标题】样式即可应用。如图1-110所示，1.1和1.2都应用了上面所创建的样式。

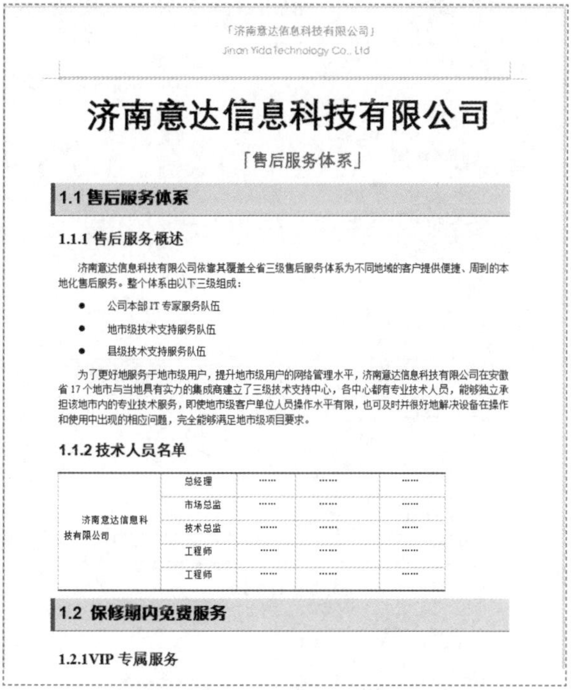

图1-110

1.6 建立多级列表

在编辑文档时可能经常要对文档进行分级，如用项目符号、编号或者不同的文字大小、颜色、对齐方式等都可以表达出不同的文档级别。如果想要建立能反复使用的分级样式，并且能呈现出清晰的目录结构，则需要建立多级列表。下面通过具体的范例进行讲解。

扫一扫，看视频

1.6.1 应用多级编号

当前文档中已经输入了文本，现在将该文档的目录文本应用多级编号。

❶ 在文档中选中目录文本(可以一次性选中多处)，在【开始】选项卡中单击【编号】按钮右侧的下拉按钮，在打开的下拉列表中选择一种多级编号样式，如图1-111所示。这时可以看到选中的文本都应用了编号，依次是第一章、第二章、第三章……如图1-112所示。

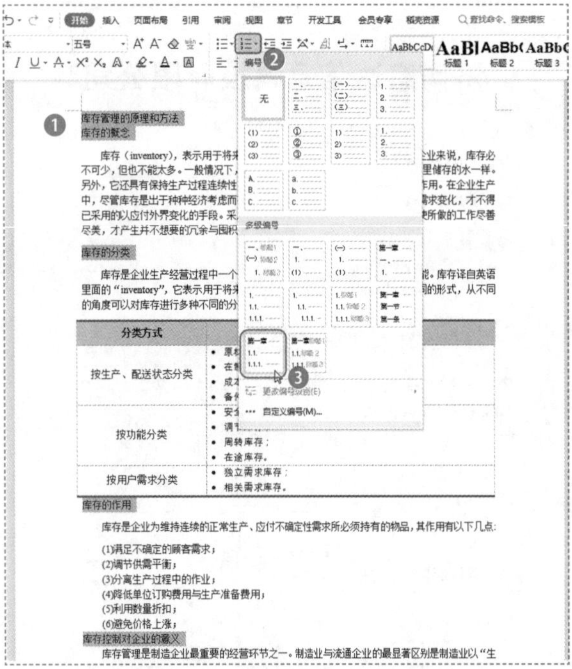
编号
无
多级编号
更改编号级别(E)
自定义编号(M)...
库存管理的原理和方法
库存的概念
库存的分类
分类方式
按生产、配送状态分类
按功能分类
按用户需求分类
库存的作用
库存控制对企业的意义

图 1-111

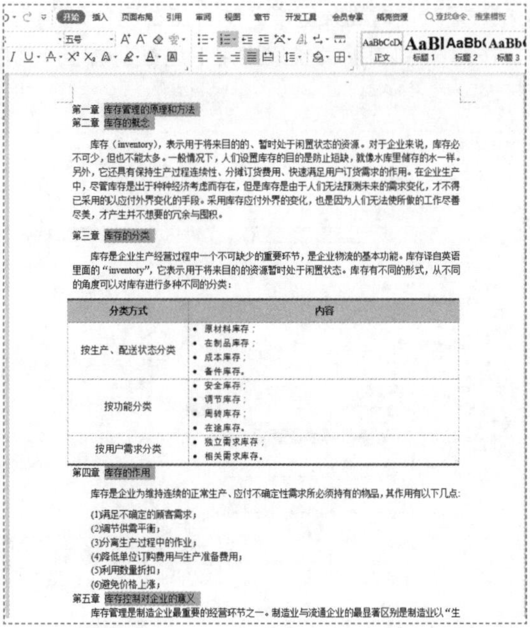
第一章 库存管理的原理和方法
第二章 库存的概念
库存（inventory），表示用于将来目的的、暂时处于闲置状态的资源。对于企业来说，库存必不可少，但也不能太多。一般情况下，人们设置库存的目的是防止短缺，就像水库里储存的水一样。另外，它还具有保持生产过程连续性、分摊订货费用、快速满足用户订货需求的作用。在企业生产中，尽管库存是出于种种经济考虑而存在，但是库存是由于人们无法预测未来的需求变化，才不得已采用的以应付外界变化的手段。采用库存应付外界的变化，也是因为人们无法使所做的工作尽善尽美，才产生并不想要的冗余与囤积。
第三章 库存的分类
库存是企业生产经营过程中一个不可缺少的重要环节，是企业物流的基本功能。库存译自英语里面的“inventory”，它表示用于将来目的的资源暂时处于闲置状态。库存有不同的形式，从不同的角度可以对库存进行多种不同的分类：
分类方式
内容
按生产、配送状态分类
原材料库存；
在制品库存；
成本库存；
备件库存。
按功能分类
安全库存；
调节库存；
周转库存；
在途库存。
按用户需求分类
独立需求库存；
相关需求库存。
第四章 库存的作用
库存是企业为维持连续的正常生产、应付不确定性需求所必须持有的物品，其作用有以下几点：
(1)满足不确定的顾客需求；
(2)调节供需平衡；
(3)分离生产过程中的作业；
(4)降低单位订购费用与生产准备费用；
(5)利用数量折扣；
(6)避免价格上涨；
第五章 库存控制对企业的意义
库存管理是制造企业最重要的经营环节之一。制造业与流通企业的最显著区别是制造业以“生

图 1-112

❷ 这些文本都是默认应用了最高级别的编号，根据文档的目录层次，显然有些编号是需要降级的。将光标定位到【第二章……】中，再次打开【编号】下拉列表，将鼠标指针指向【更改编号级别】，在子列表中可重新更改编号的级别，如图1-113所示。更改之后可以看到文档中的标题编号从【第二章……】变为了【1.1……】，如图1-114所示。

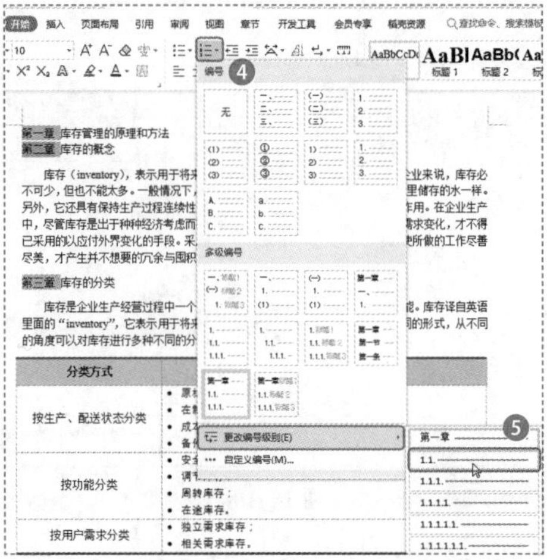
编号
无
多级编号
更改编号级别(E)
自定义编号(M)...
第一章
1.1.
1.1.1.
1.1.1.1.
1.1.1.1.1.

图 1-113

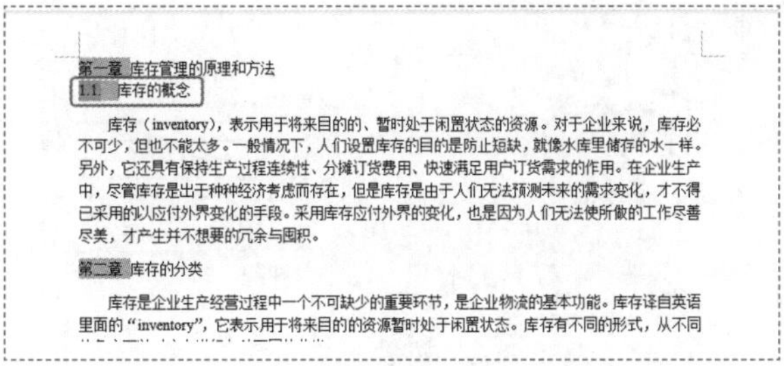

图 1-114

❸ 按相同的方法依次按级别将其他目录进行降级，从而形成级别清晰的结构，如图1-115所示。

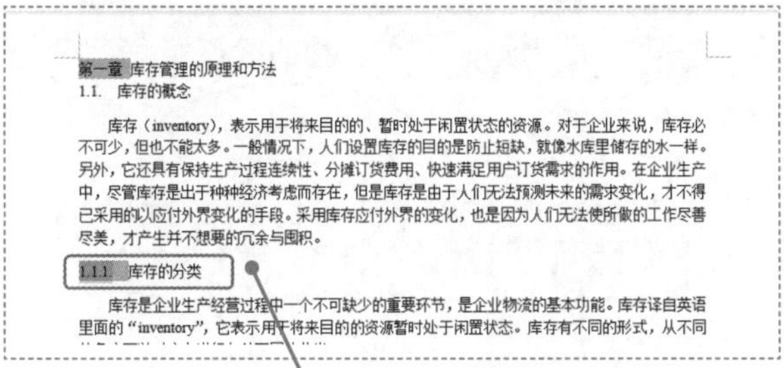

注意

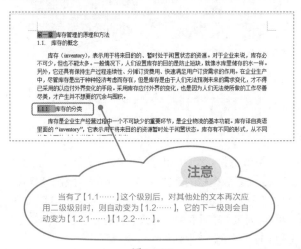

当有了【1.1……】这个级别后，对其他处的文本再次应用二级级别时，则自动变为【1.2……】，它的下一级则会自动变为【1.2.1……】【1.2.2……】。

图 1-115

1.6.2 自定义多级编号样式

扫一扫，看视频

除了程序所提供的多级编号样式外，还可以自定义编号的样式。

❶ 将光标定位到任意应用了编号的文本中，在【开始】选项卡中单击【编号】按钮右侧的下拉按钮，在打开的下拉列表中选择【自定义编号】命令（见图1-116），打开【项目符号和编号】对话框，如图1-117所示。

❷ 单击【自定义】按钮，打开【自定义多级编号列表】对话框，在【级别】列表中选中【1】，并设置【起始编号】为【4】（因为本例章节序号为第四章，所以首先要更改这个起始编号），如图1-118所示。

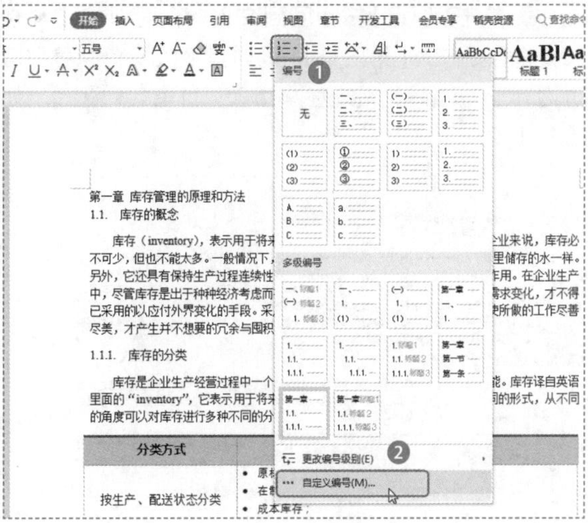

图 1-116

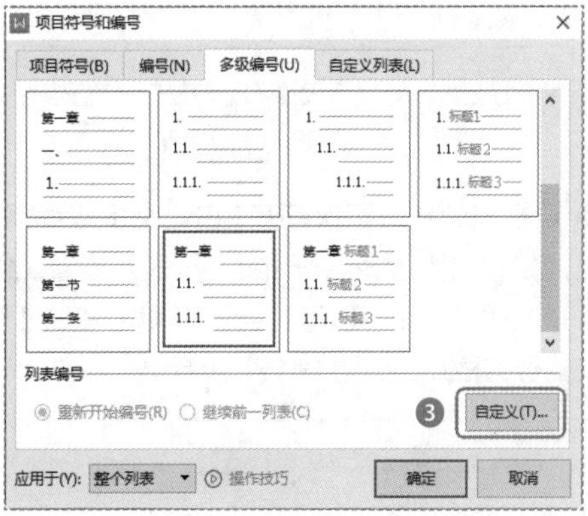

图 1-117

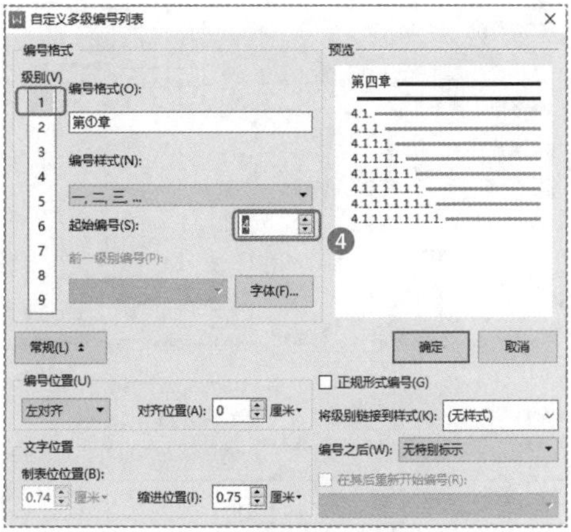

图 1-118

❸ 单击【确定】按钮回到文档中，可以看到文档一级编号更改为【第四章】，同时其下级所有编号都自动沿用上级编号，变为【4.1……】【4.1.1……】，如图1-119所示。

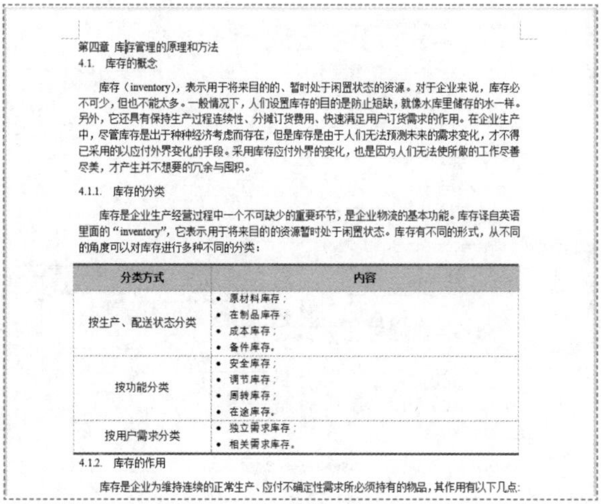

第四章 库存管理的原理和方法

4.1. 库存的概念

库存（inventory），表示用于将来目的的、暂时处于闲置状态的资源。对于企业来说，库存必不可少，但也不能太多。一般情况下，人们设置库存的目的是防止短缺，就像水库里储存的水一样。另外，它还具有保持生产过程连续性、分摊订货费用、快速满足用户订货需求的作用。在企业生产中，尽管库存是出于种种经济考虑而存在，但是库存是由于人们无法预测未来的需求变化，才不得已采用的以应付外界变化的手段。采用库存应付外界的变化，也是因为人们无法使所做的工作尽善尽美，才产生并不想要的冗余与囤积。

4.1.1. 库存的分类

库存是企业生产经营过程中一个不可缺少的重要环节，是企业物流的基本功能。库存译自英语里面的“inventory”，它表示用于将来目的的资源暂时处于闲置状态。库存有不同的形式，从不同的角度可以对库存进行多种不同的分类：

分类方式	内容
按生产、配送状态分类	• 原材料库存； • 在制品库存； • 成本库存； • 备件库存。
按功能分类	• 安全库存； • 调节库存； • 周转库存； • 在途库存。
按用户需求分类	• 独立需求库存； • 相关需求库存。

4.1.2. 库存的作用

库存是企业为维持连续的正常生产、应付不确定性需求所必须持有的物品，其作用有以下几点：

图1-119

❹ 按相同的方法再次打开【自定义多级编号列表】对话框，在【级别】列表中选中【2】（表示设置二级编号的样式），如图1-120所示。接着在【编号格式】设置框中更改编号的格式，如图1-121所示。

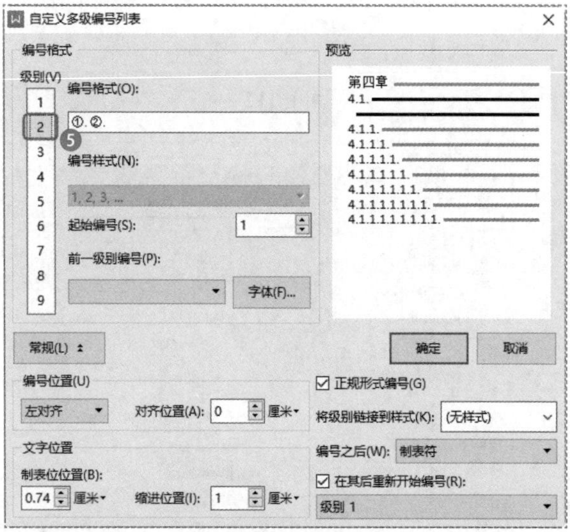

图1-120

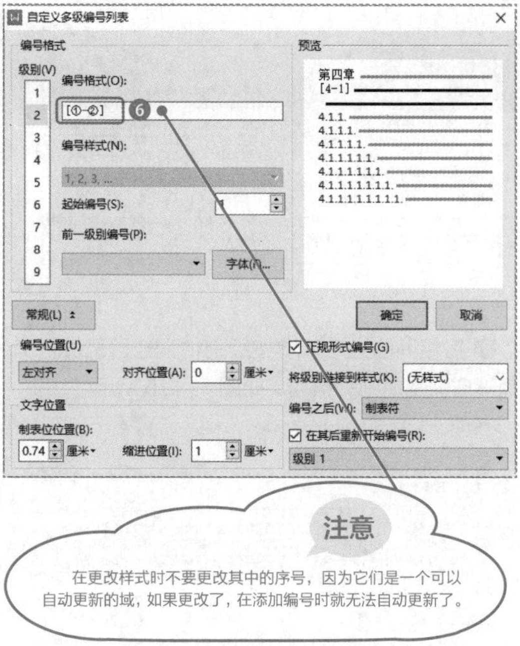

图1-121

❺ 单击【字体】按钮打开【字体】对话框，在此可以自定义本级编号的字体、字形、字号、颜色等格式，如图1-122所示。单击【确定】按钮回到【自定义多级编号列表】对话框中，增大【制表位位置】的值，如图1-123所示。

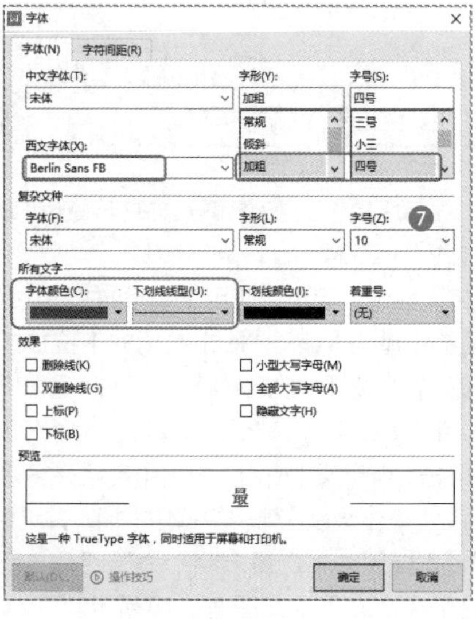

图1-122

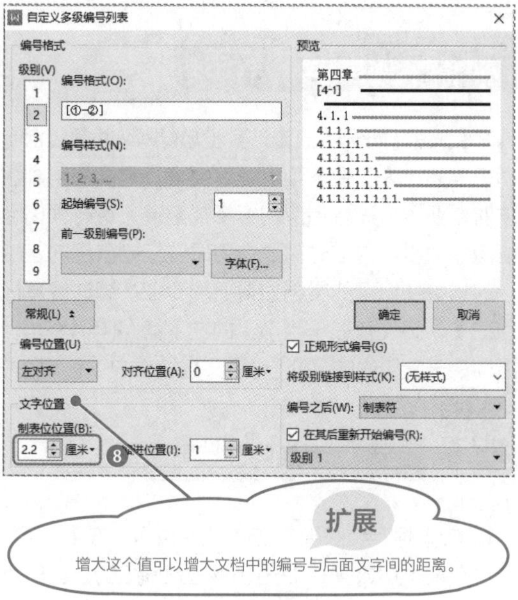
扩展
增大这个值可以增大文档中的编号与后面文字间的距离。

图 1-123

❻ 单击【确定】按钮回到文档中，可以看到二级编号的应用效果，如图 1-124 和图 1-125 所示。

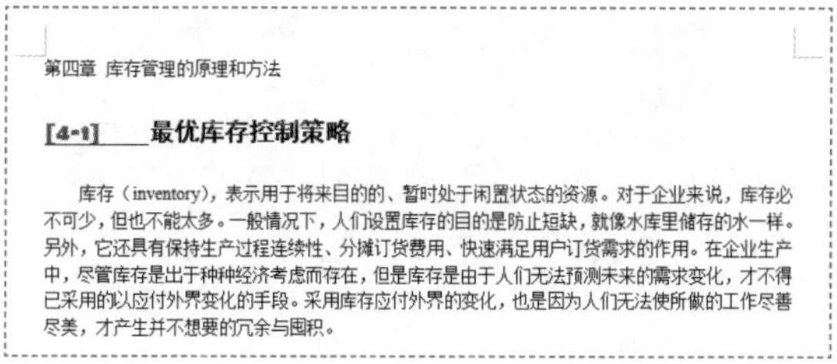

第四章 库存管理的原理和方法

【4-1】 最优库存控制策略

库存（inventory），表示用于将来目的的、暂时处于闲置状态的资源。对于企业来说，库存必不可少，但也不能太多。一般情况下，人们设置库存的目的是防止短缺，就像水库里储存的水一样。另外，它还具有保持生产过程连续性、分摊订货费用、快速满足用户订货需求的作用。在企业生产中，尽管库存是出于种种经济考虑而存在，但是库存是由于人们无法预测未来的需求变化，才不得已采用的以应付外界变化的手段。采用库存应付外界的变化，也是因为人们无法使所做的工作尽善尽美，才产生并不想要的冗余与囤积。

图 1-124

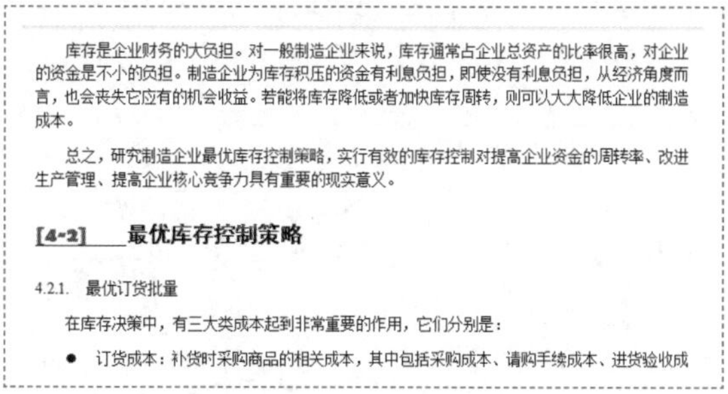

库存是企业财务的大负担。对一般制造企业来说，库存通常占企业总资产的比率很高，对企业的资金是不小的负担。制造企业为库存积压的资金有利息负担，即使没有利息负担，从经济角度而言，也会丧失它应有的机会收益。若能将库存降低或者加快库存周转，则可以大大降低企业的制造成本。

总之，研究制造企业最优库存控制策略，实行有效的库存控制对提高企业资金的周转率、改进生产管理、提高企业核心竞争力具有重要的现实意义。

【4-2】 最优库存控制策略

4.2.1. 最优订货批量

在库存决策中，有三大类成本起到非常重要的作用，它们分别是：

- 订货成本：补货时采购商品的相关成本，其中包括采购成本、请购手续成本、进货验收成

图 1-125

❼ 按相同的方法再次打开【自定义多级编号列表】对话框，在【级别】列表中选中【3】(表示现在开始设置三级编号的样式)，接着在【编号格式】设置框中更改编号的格式，如图 1-126 所示。单击【字体】按钮打开【字体】对话框，在此可以自定义本级编号的字体、字形、字号、颜色等格式，如图 1-127 所示。

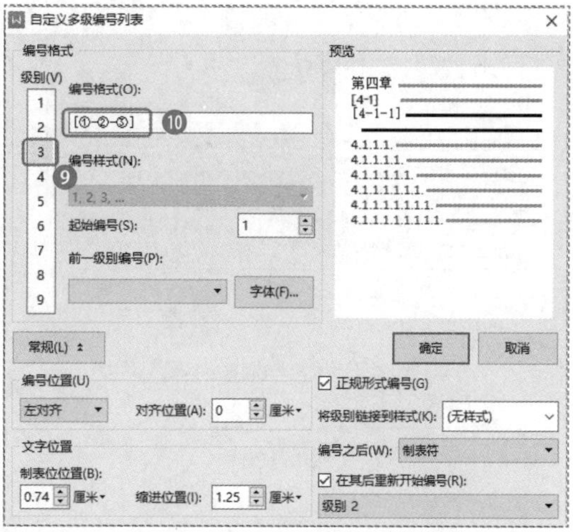

图 1-126

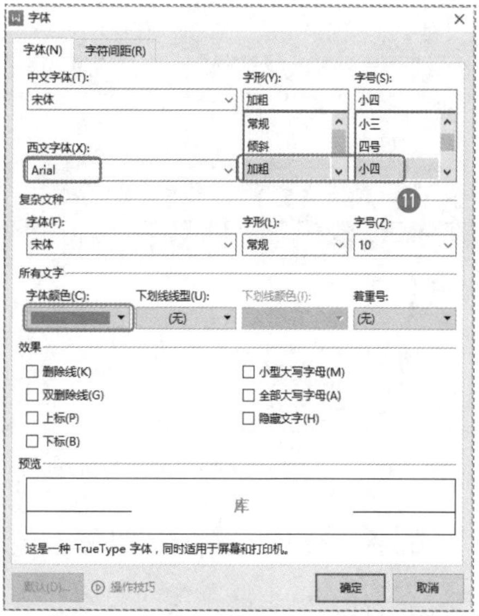

图 1-127

❽ 单击【确定】按钮回到【自定义多级编号列表】对话框中，设置【对齐位置】的值，增大【制表位位置】的值，如图 1-128 所示。单击【确定】按钮回到文档中，可以看到三级编号的应用效果，如图 1-129 所示。

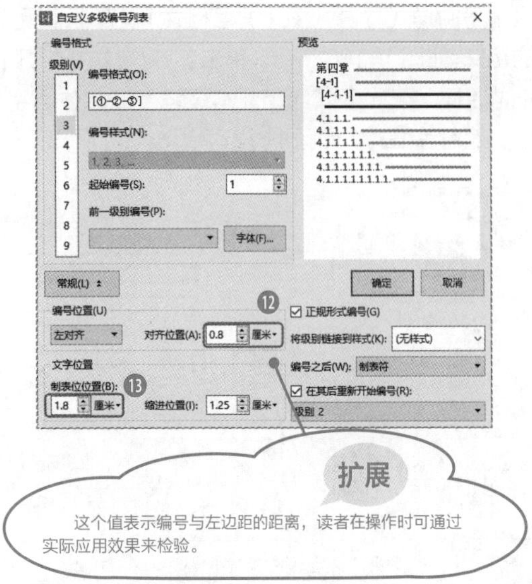
自定义多级编号列表
编号格式
级别(V)
编号格式(O):
[①-②-③]
编号样式(N):
1, 2, 3, ...
起始编号(S):
1
前一级别编号(P):
字体(F)...
预览
第四章
[4-1]
[4-1-1]
常规(L)
确定
取消
编号位置(U)
左对齐
对齐位置(A):
0.8
厘米
正规形式编号(G)
将级别链接到样式(K):
(无样式)
文字位置
编号之后(W):
制表符
制表位位置(B):
1.8
厘米
缩进位置(I):
1.25
在其后重新开始编号(R):
级别 2
扩展
这个值表示编号与左边距的距离，读者在操作时可通过实际应用效果来检验。

图 1-128

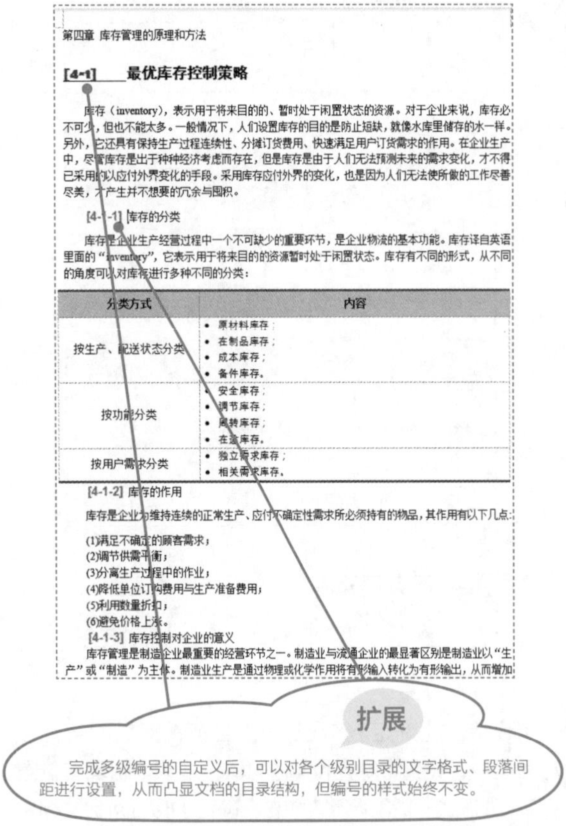
第四章 库存管理的原理和方法
[4-1] 最优库存控制策略
库存（inventory），表示用于将来目的的、暂时处于闲置状态的资源。对于企业来说，库存必不可少，但也不能太多。一般情况下，人们设置库存的目的是防止短缺，就像水库里储存的水一样。另外，它还具有保持生产过程连续性、分摊订货费用、快速满足用户订货需求的作用。在企业生产中，尽管库存是出于种种经济考虑而存在，但是库存是由于人们无法预测未来的需求变化，才不得已采用的以应付外界变化的手段。采用库存应付外界的变化，也是因为人们无法使所做的工作尽善尽美，才产生并不想要的冗余与囤积。
[4-1-1] 库存的分类
库存是企业生产经营过程中一个不可缺少的重要环节，是企业物流的基本功能。库存译自英语里面的“inventory”，它表示用于将来目的的资源暂时处于闲置状态。库存有不同的形式，从不同的角度可以对库存进行多种不同的分类：
分类方式
内容
按生产、配送状态分类
原材料库存；
在制品库存；
成本库存；
备件库存。
按功能分类
安全库存；
调节库存；
周转库存；
在途库存。
按用户需求分类
独立需求库存；
相关需求库存。
[4-1-2] 库存的作用
库存是企业为维持连续的正常生产、应付不确定性需求所必须持有的物品，其作用有以下几点：
(1)满足不确定的顾客需求；
(2)调节供需平衡；
(3)分离生产过程中的作业；
(4)降低单位订购费用与生产准备费用；
(5)利用数量折扣；
(6)避免价格上涨。
[4-1-3] 库存控制对企业的意义
库存管理是制造企业最重要的经营环节之一。制造业与流通企业的最显著区别是制造业以“生产”或“制造”为主体。制造业生产是通过物理或化学作用将有形输入转化为有形输出，从而增加
扩展
完成多级编号的自定义后，可以对各个级别目录的文字格式、段落间距进行设置，从而凸显文档的目录结构，但编号的样式始终不变。

图 1-129

1.7 脚注和尾注的应用

专业文档（如学术报告、实验总结等）通常包含专业的词语描述，为了便于读者理解文章，需要使用脚注或尾注对专业术语进行相应的解释或翻译。有时候因为版权的问题，引用内容时需要使用尾注标明引用内容的出处，这样会使编撰的文档显得更加专业。脚注或尾注的区别在于，脚注存在于当前页的左下角（不可移动），而尾注存在于文档的结尾处（可随文档编辑向下移动）。

1.7.1 添加脚注和尾注

扫一扫，看视频

❶ 将光标定位在要插入脚注的位置，在【引用】选项卡中单击【插入脚注】按钮（见图1-130），这时可以看到当前页面的左下角位置出现了脚注的序号。

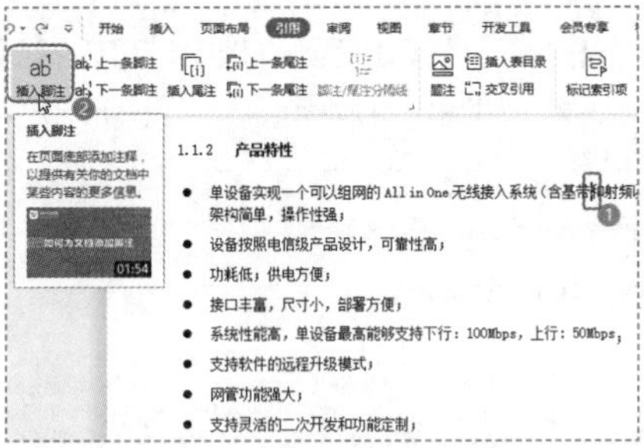
开始
插入
页面布局
引用
审阅
视图
章节
开发工具
会员专享
插入脚注
上一条脚注
下一条脚注
插入尾注
上一条尾注
下一条尾注
脚注/尾注分隔线
题注
插入表目录
交叉引用
标记索引项
插入脚注
在页面底部添加注释，以提供有关您的文档中某些内容的更多信息。
1.1.2 产品特性
单设备实现一个可以组网的 All in One 无线接入系统（含基带和射频）架构简单，操作性强；
设备按照电信级产品设计，可靠性高；
功耗低；供电方便；
接口丰富，尺寸小，部署方便；
系统性能高，单设备最高能够支持下行：100Mbps，上行：50Mbps；
支持软件的远程升级模式；
网管功能强大；
支持灵活的二次开发和功能定制；

图 1-130

❷ 在序号处输入脚注内容（见图1-131），文档的光标处出现了一个小序号，将鼠标指针指向该序号时指针变为▢样式，并显示脚注文字，如图1-132所示。

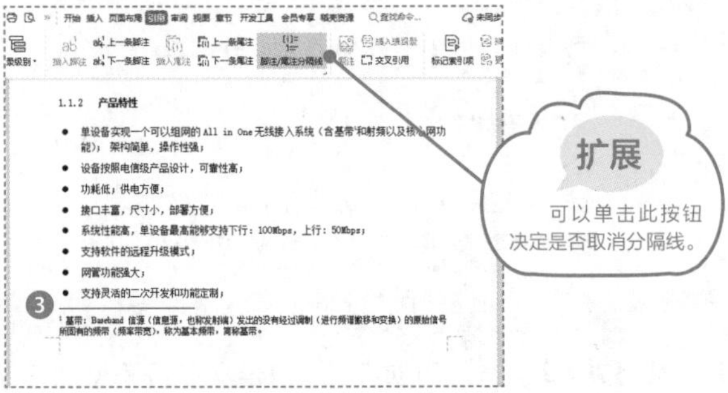
1.1.2 产品特性
单设备实现一个可以组网的 All in One 无线接入系统（含基带和射频以及核心网功能）；架构简单，操作性强；
设备按照电信级产品设计，可靠性高；
功耗低；供电方便；
接口丰富，尺寸小，部署方便；
系统性能高，单设备最高能够支持下行：100Mbps，上行：50Mbps；
支持软件的远程升级模式；
网管功能强大；
支持灵活的二次开发和功能定制；
扩展
可以单击此按钮决定是否取消分隔线。

图 1-131

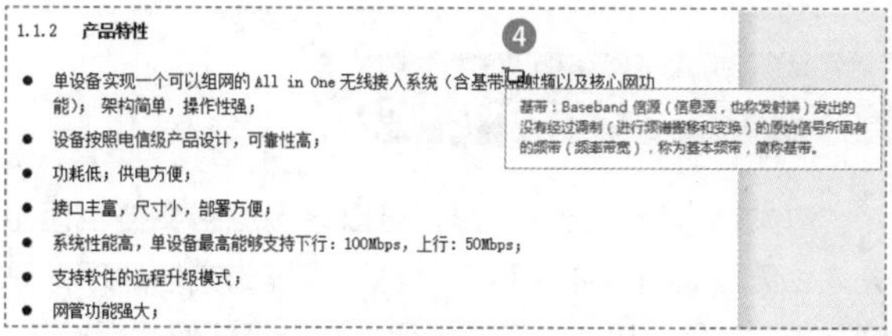
1.1.2 产品特性
单设备实现一个可以组网的 All in One 无线接入系统（含基带和射频以及核心网功
能）；架构简单，操作性强；
基带：Baseband 信源（信息源，也称发射端）发出的没有经过调制（进行频谱搬移和变换）的原始信号所固有的频带（频率带宽），称为基本频带，简称基带。
设备按照电信级产品设计，可靠性高；
功耗低；供电方便；
接口丰富，尺寸小，部署方便；
系统性能高，单设备最高能够支持下行：100Mbps，上行：50Mbps；
支持软件的远程升级模式；
网管功能强大；

图 1-132

如果要添加尾注，其操作方法如下：

❶ 将光标定位在要插入尾注的位置，在【引用】选项卡中单击【插入尾注】按钮(见图1-133)，这时可以看到文档的尾部出现了尾注的序号。

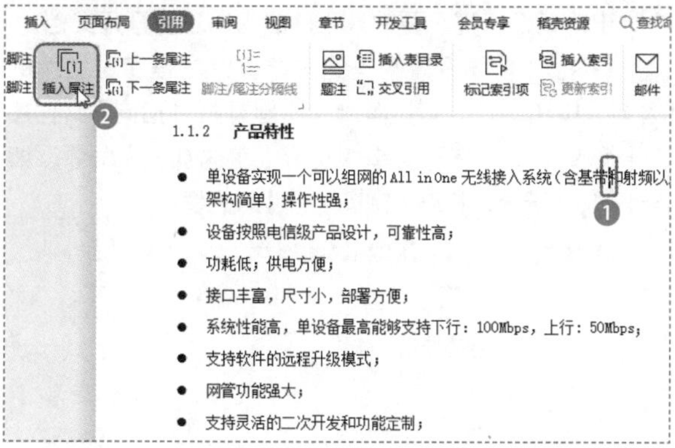
插入
页面布局
引用
审阅
视图
章节
开发工具
会员专享
稻壳资源
插入尾注
上一条尾注
下一条尾注
脚注/尾注分隔线
插入表目录
交叉引用
题注
标记索引项
插入索引
更新索引
邮件
1.1.2 产品特性
单设备实现一个可以组网的 All in One 无线接入系统（含基带和射频以
架构简单，操作性强；
设备按照电信级产品设计，可靠性高；
功耗低；供电方便；
接口丰富，尺寸小，部署方便；
系统性能高，单设备最高能够支持下行：100Mbps，上行：50Mbps；
支持软件的远程升级模式；
网管功能强大；
支持灵活的二次开发和功能定制；

图 1-133

❷ 输入尾注内容，如图1-134 所示。

接收机电性能
编号 项目 性能
1 Reference sensitivity level -104dBm
2 Gain Control ≥20dB
3 Rejection 见 3GPP 36.104
4 Blocking 见 3GPP 36.104
联系方式：
以上即为本公司产品的介绍，未来，公司将继续致力于通信产业的发
日新月异的挑战。
联系人：刘经理
电话：2356564б
公司地址：常州市江滩区翡翠路黄金大厦B栋306室
公司网址：http://xinwangtu.soso.com/ShowLemma.e
基带：Baseband 信源（信息源，也称发射端）发出的没有经过调制（进行频谱搬移和变换）的原始信号所固有的频带（频率带宽），称为基本频带，简称基带。
扩展
添加的尾注显示在文档的末尾处。

图 1-134

另外，脚注和尾注是可以相互转换的。在脚注上右击，在弹出的快捷菜单中选择【转换至尾注】命令(见图1-135)，即可将脚注转换成尾注。

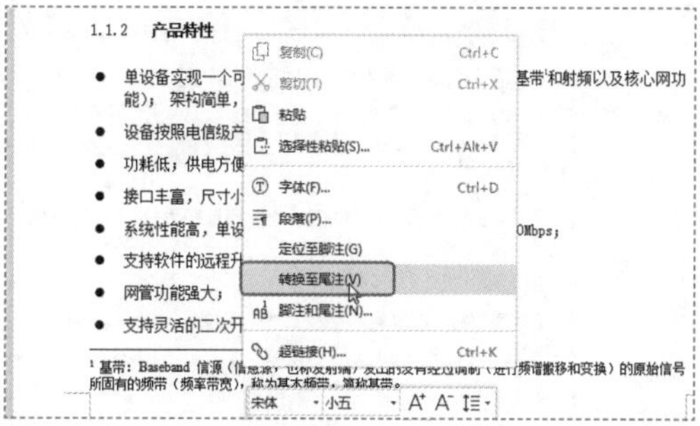
1.1.2 产品特性
复制(C) Ctrl+C
剪切(T) Ctrl+X
粘贴
选择性粘贴(S)... Ctrl+Alt+V
字体(F)... Ctrl+D
段落(P)...
定位至脚注(G)
转换至尾注(V)
脚注和尾注(N)...
超链接(H)... Ctrl+K
基带：Baseband 信源（信息源，也称发射端）发出的没有经过调制（进行频谱搬移和变换）的原始信号所固有的频带（频率带宽），称为基本频带，简称基带。

图 1-135

1.7.2 让尾注显示在当前段落的末尾

扫一扫，看视频

由于尾注会显示在文档的末尾处，如果一篇文档很长，查看起来会有所不便，现在要求实现的效果是：让尾注显示在当前段落的末尾，或者任意想显示的位置。完成这项操作需要用到分隔符。

❶ 将光标定位在想在其下面显示尾注的末尾处，在【页面布局】选项卡中单击【分隔符】按钮，在打开的下拉列表中选择【连续分节符】命令(见图1-136)，这时可以看到文档中多出了一行。

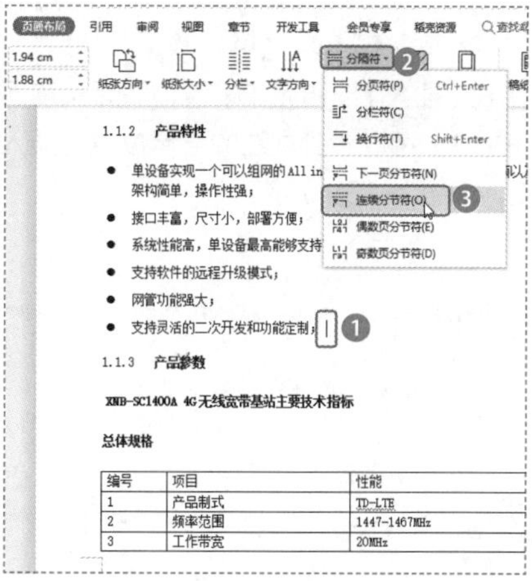
页面布局
引用
审阅
视图
章节
开发工具
会员专享
稻壳资源
分隔符
分页符(P) Ctrl+Enter
分栏符(C)
换行符(T) Shift+Enter
下一页分节符(N)
连续分节符(O)
偶数页分节符(E)
奇数页分节符(D)
1.1.2 产品特性
1.1.3 产品参数
XNB-SC1400A 4G无线宽带基站主要技术指标
总体规格
编号 项目 性能
1 产品制式 TD-LTE
2 频率范围 1447-1467MHz
3 工作带宽 20MHz

图 1-136

❷ 在【引用】选项卡中单击右下角的【脚注和尾注】扩展按钮(见图1-137)，打开【脚注和尾注】对话框，选中【尾注】单选按钮，并设置位置在【节的结尾】，如图1-138 所示。

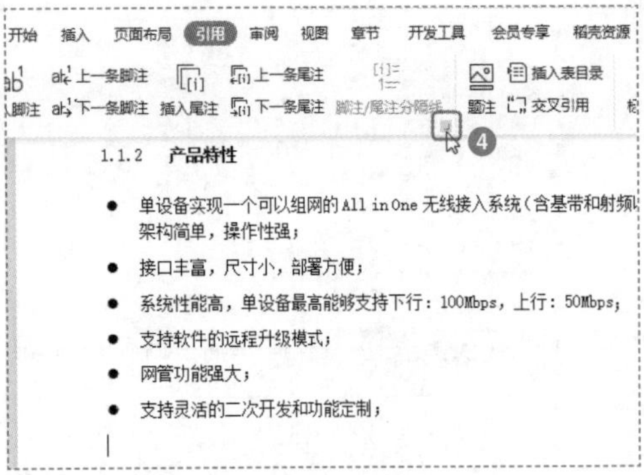

图 1-137

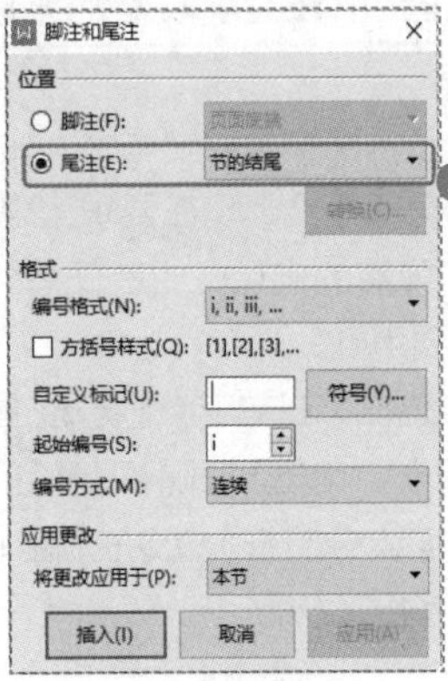

图 1-138

❸ 单击【插入】按钮完成设置，然后按前面相同的方法添加尾注，可以看到尾注的显示位置为插入了分节符的位置，如图 1-139 所示。

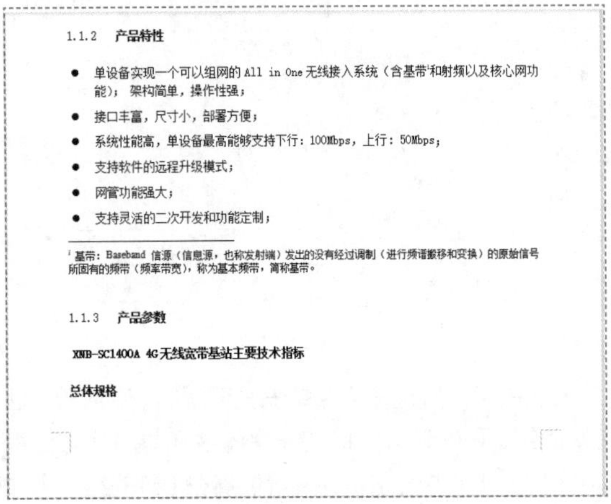

图 1-139

1.8 文档的安全保护

对文档进行安全保护时，可以直接加密文档，让无关人士无法打开文档；也可以将编辑好的文档处理为只读文档，让用户可以打开查看但无法进行任何编辑操作。

1.8.1 文档密码保护

扫一扫，看视频

对于比较重要的文档，为了防止他人随意打开，可以对文档进行加密。设置密码后，每次打开该文档时都会弹出对话框，提示要输入正确的密码才能打开文档。

❶ 打开需要设置密码的文档。单击程序左上角的【文件】按钮，打开下拉菜单，将鼠标指针指向【文档加密】菜单命令，在子菜单中选择【密码加密】命令，如图 1-140 所示，打开【密码加密】对话框。

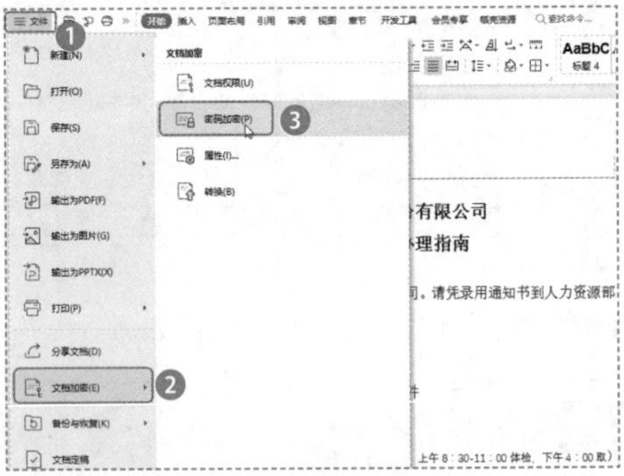

图 1-140

❷ 分别设置【打开权限】和【编辑权限】的密码，如图 1-141 所示。

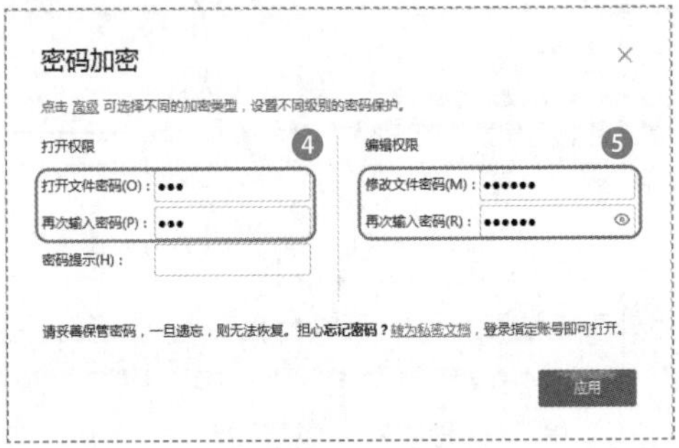

图 1-141

❸ 单击【应用】按钮完成设置。当再次打开此文档时，首先提示输入打开权限密码，如图1-142所示。正确输入密码后，则弹出对话框提示输入编辑权限密码，如图1-143所示，正确输入密码后才能正常打开文档。

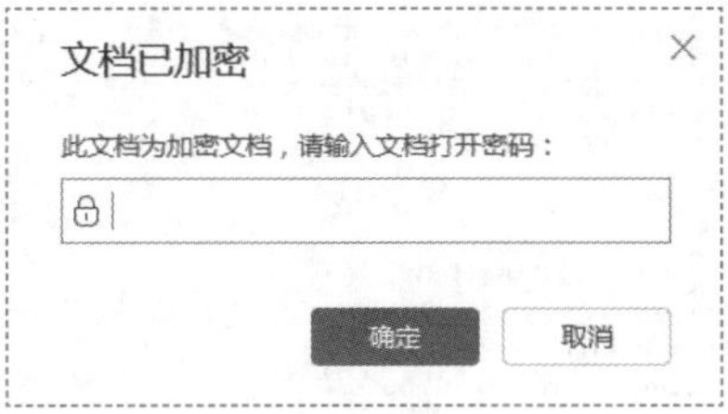

图1-142

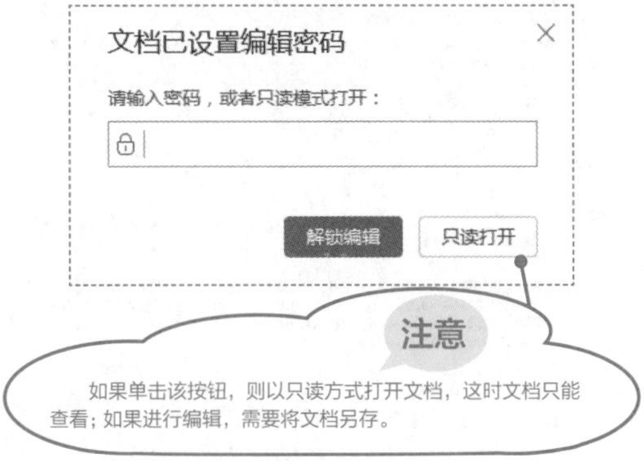

图1-143

1.8.2 将文档转换为只读文档

扫一扫，看视频

如果Word文档中有很重要的信息，可以设置密码加以保护。但是如果文档在传阅过程中不希望被修改，只能被阅读，可以将Word文档设置为只读文档。

❶ 打开文档，在【审阅】选项卡中单击【限制编辑】按钮，如图1-144所示。打开【限制编辑】右侧窗格，选中【只读】单选按钮，如图1-145所示。

❷ 单击下面的【启动保护】按钮，弹出【启动保护】对话框，设置密码，如图1-146所示。

图1-144

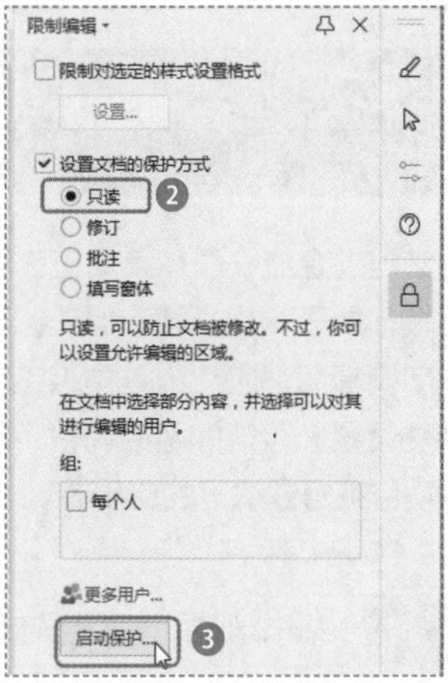

图1-145

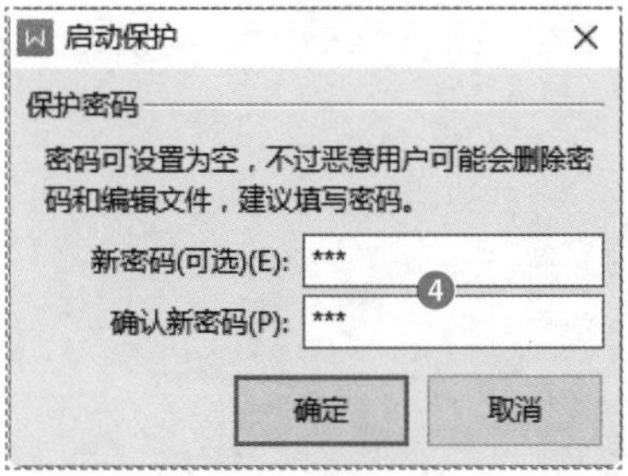

图1-146

❸ 单击【确定】按钮完成设置。这时可以看到WPS中的很多命令都是灰色状态，并且无法在文档中进行任何操作，如图1-147所示。

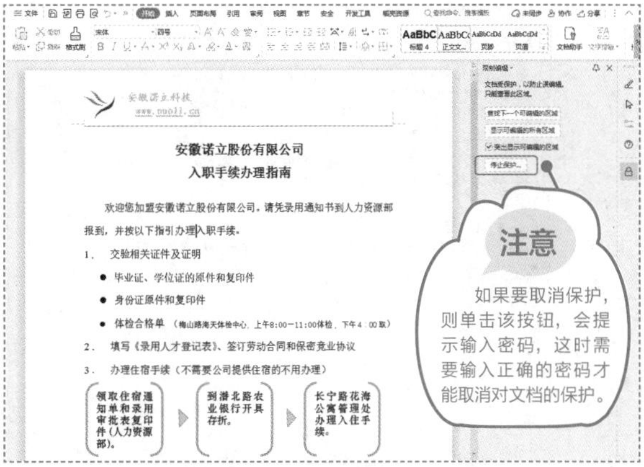

图1-147

1.9 过关练习：员工培训方案的制作与编排

工作计划文档是企业一般在某项工作开始之时要求递交的简易汇报，属于常规文档。但无论哪种类型的文档，在经过文字编辑后都应注重其排版工作，如对文档标题文字的特殊设置、段落间距的调整、结构层次的调整、条目文本项目符号或编号的应用等。

1.9.1 编排前后的文档对比

扫一扫，看视频

图1-148所示为一篇初次录入的“公司新员工培训计划”原始文档；图1-149所示为对该文档进行排版完善后的文档。

公司新员工培训计划
一、 新员工培训目的
1. 为新员工提供正确的、相关的公司及工作岗位信息，鼓励新员工的士气。
2. 让新员工了解公司所能提供给他的相关工作情况及公司对他的期望。
3. 让新员工了解公司历史、政策、企业文化，提供讨论的平台。
4. 让新员工感受到公司对他的欢迎，让新员工体会到归属感。
5. 使新员工更进一步明白自己工作的职责、加强同事之间的关系。
二、 新员工培训内容
（一）就职前的培训（由部门经理负责）
主要是对新员工的到来表示欢迎，指定新员工工作部门的经理或组长作为新员工贴身学习的辅导老师，解答新员工提出的问题。
（二）部门岗位培训（新员工实际工作部门负责）
介绍新员工认识本部门员工；参观工作部门；介绍部门环境与工作内容、部门内的特殊规定；讲解新员工岗位职责要求、工作流程以及工作待遇，指定 1 名老职工带教新员工；1 周内部门负责人与新员工进行交换意见，重申工作职责，指出新员工工作中出现的问题，回答新员工的提问；对新员工 1 周的表现进行评估,给新员工下一步工作提出一些具体要求。
（三）公司整体培训（内部培训师负责）
分发《员工培训手册》——(简述公司的历史与现状，描述公司在 xx 市地理位置，交通情况；公司历史与发展前景，公司的企业文化与经营理念；公司组织结构及主要领导，公司各部门职能介绍，主要服务对象，服务内容，服务质量标准等；公司有关政策与福利，公司有关规章制度，员工合理化建议采纳的渠道；解答新员工提出的问题。)
三、 培训对象
xxx 公司全体新进员工。
四、 新员工培训实施
1. 召集公司负责培训人员,就有关公司新职工培训实施方案,征求与会者意见,完善培训方案。
2. 尽快拿出具有针对性的培训教材,落实培训人选,配合公司组建从上至下的培训管理网络。
3. 公司内部宣传“新员工培训方案”，通过多种形式让全体职工了解这套新员工培训系统，宣传开展新员工培训工作的重要意义。
4. 所有新员工在正式上岗前,都必须在公司集中培训 1 次(培训内容见中心岗前培训)，然后再到具体工作部门进行培训(培训内容见部门岗位培训)，公司可根据新员工基本情况实施相应的培训教材，培训合格发放结业证书，培训合格名单报集团人力资源部。
五、 培训反馈与考核
1． 培训所进行的公司→部门培训应在公司选定培训师指导下进行，公司每培训一批新员工都必须完成一套“新员工培训”表。
2． 培训实施过程应认真严格，保证质量，所有培训资料注意保存并注意在实施过程中不断修改和完善。
3． 培训结果经公司相关人员抽查后，统一发放培训结业证书，对新员工培训情况每季度给公司总结反馈一次 。

图 1-148

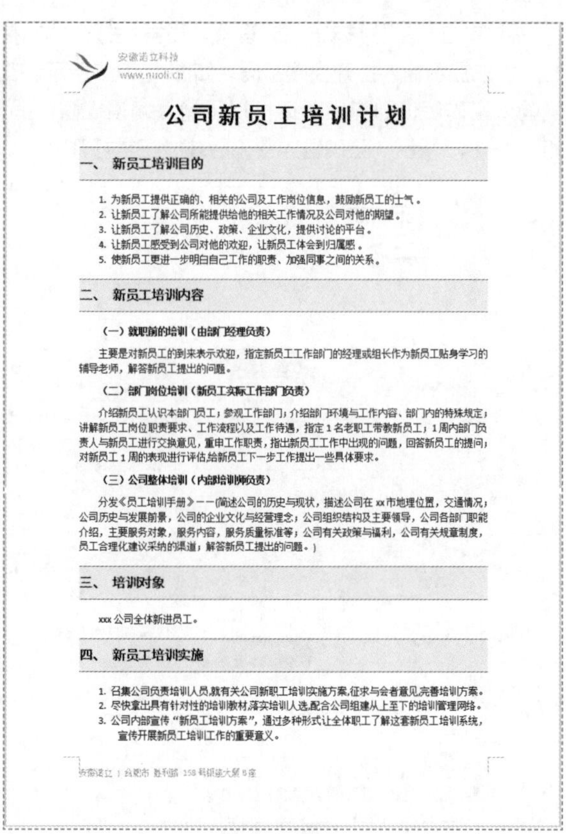

安徽诺立科技
www.nuoli.cn

公司新员工培训计划

一、 新员工培训目的

1. 为新员工提供正确的、相关的公司及工作岗位信息，鼓励新员工的士气。
2. 让新员工了解公司所能提供给他的相关工作情况及公司对他的期望。
3. 让新员工了解公司历史、政策、企业文化，提供讨论的平台。
4. 让新员工感受到公司对他的欢迎，让新员工体会到归属感。
5. 使新员工更进一步明白自己工作的职责、加强同事之间的关系。

二、 新员工培训内容

（一）就职前的培训（由部门经理负责）

主要是对新员工的到来表示欢迎，指定新员工工作部门的经理或组长作为新员工贴身学习的辅导老师，解答新员工提出的问题。

（二）部门岗位培训（新员工实际工作部门负责）

介绍新员工认识本部门员工；参观工作部门；介绍部门环境与工作内容、部门内的特殊规定；讲解新员工岗位职责要求、工作流程以及工作待遇，指定 1 名老职工带教新员工；1 周内部门负责人与新员工进行交换意见，重申工作职责，指出新员工工作中出现的问题，回答新员工的提问；对新员工 1 周的表现进行评估,给新员工下一步工作提出一些具体要求。

（三）公司整体培训（内部培训师负责）

分发《员工培训手册》——(简述公司的历史与现状，描述公司在 xx 市地理位置，交通情况；公司历史与发展前景，公司的企业文化与经营理念；公司组织结构及主要领导，公司各部门职能介绍，主要服务对象，服务内容，服务质量标准等；公司有关政策与福利，公司有关规章制度，员工合理化建议采纳的渠道；解答新员工提出的问题。)

三、 培训对象

xxx 公司全体新进员工。

四、 新员工培训实施

1. 召集公司负责培训人员,就有关公司新职工培训实施方案,征求与会者意见,完善培训方案。
2. 尽快拿出具有针对性的培训教材,落实培训人选,配合公司组建从上至下的培训管理网络。
3. 公司内部宣传“新员工培训方案”，通过多种形式让全体职工了解这套新员工培训系统，宣传开展新员工培训工作的重要意义。

图 1-149

1.9.2 制作与编排要点

扫一扫，看视频

下面以此文档为例，罗列出文档的制作与编排要点。

<table>
<tr><th>序号</th><th>制作与编排要点</th><th>知识点对应</th></tr>
<tr><td>1</td><td>标题文字居中显示，设置字体样式为：黑体、二号、加粗，然后设置加宽字符间距为0.1厘米。</td><td>1.3.4小节</td></tr>
<tr><td>2</td><td>设置段前间距为0.5行，段后间距为1.5行。</td><td>1.4.3小节</td></tr>
<tr><td>3</td><td>全选除标题之外的所有文本，设置首行缩进2个字符。</td><td>1.4.1小节</td></tr>
<tr><td>4</td><td>“(一)就职前的培训(由部门经理负责)” 这一级小标题段前和段后间距设置为0.5行。</td><td>1.4.3小节</td></tr>
<tr><td>5</td><td>“一、新员工培训目的” 这一级标题的格式设置为自定义样式，样式的命名及预览效果如图1-150所示。
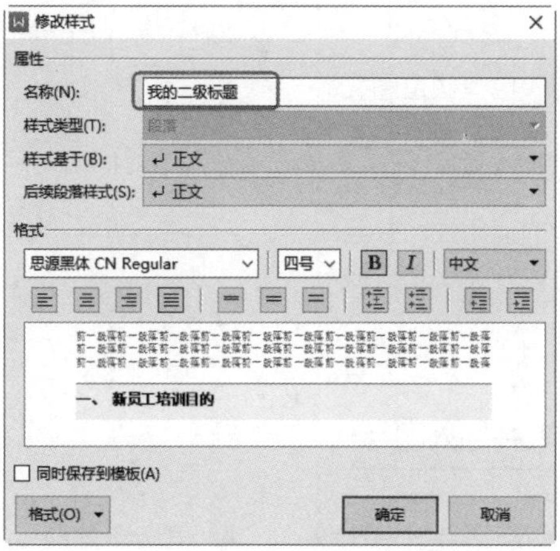

图1-150</td><td>1.5.3小节</td></tr>
<tr><td>6</td><td>当图1-151中带序号的文本超过一行时应设置为【悬挂缩进】的方式。
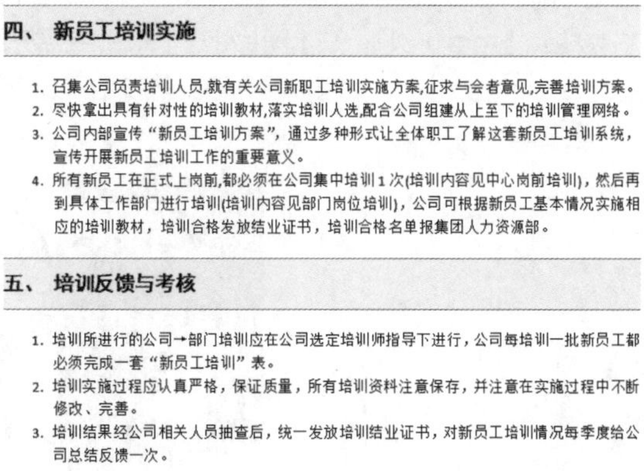
四、 新员工培训实施
1. 召集公司负责培训人员,就有关公司新职工培训实施方案,征求与会者意见,完善培训方案。
2. 尽快拿出具有针对性的培训教材,落实培训人选,配合公司组建从上至下的培训管理网络。
3. 公司内部宣传“新员工培训方案”，通过多种形式让全体职工了解这套新员工培训系统，宣传开展新员工培训工作的重要意义。
4. 所有新员工在正式上岗前,都必须在公司集中培训1次(培训内容见中心岗前培训)，然后再到具体工作部门进行培训(培训内容见部门岗位培训)，公司可根据新员工基本情况实施相应的培训教材，培训合格发放结业证书，培训合格名单报集团人力资源部。
五、 培训反馈与考核
1. 培训所进行的公司→部门培训应在公司选定培训师指导下进行，公司每培训一批新员工都必须完成一套“新员工培训”表。
2. 培训实施过程应认真严格，保证质量，所有培训资料注意保存，并注意在实施过程中不断修改、完善。
3. 培训结果经公司相关人员抽查后，统一发放培训结业证书，对新员工培训情况每季度给公司总结反馈一次。
图1-151</td><td>1.4.1小节</td></tr>
<tr><td>7</td><td>设计页眉、页脚。</td><td>第4章</td></tr>
</table>

第 2 章
图文混合文档的编排操作

2.1　将图片应用于文档

日常办公中的文档有些是纯文本的，也有些是图文混排的。图片的应用有的来源于实拍，有的来源于与文档匹配的素材图片，有的为了满足文档设计需要去搜索相关图片。在应用图片时，要考虑图片的适用性，并且在插入图片后也要调整图片的大小、位置及效果，以使图片与文本相互协调、统一、美观。

扫一扫，看视频

2.1.1　从稻壳商城中搜索并插入图片

WPS文字程序借助稻壳商城，在使用图片方面比Word程序更加便捷，不仅提供了众多图片分类，而且可以进行图片搜索。

❶ 将光标定位到文档中，在【插入】选项卡中单击【图片】按钮，打开下拉列表，在【稻壳图片】栏中可以看到多个主题分类，如图2-1所示。

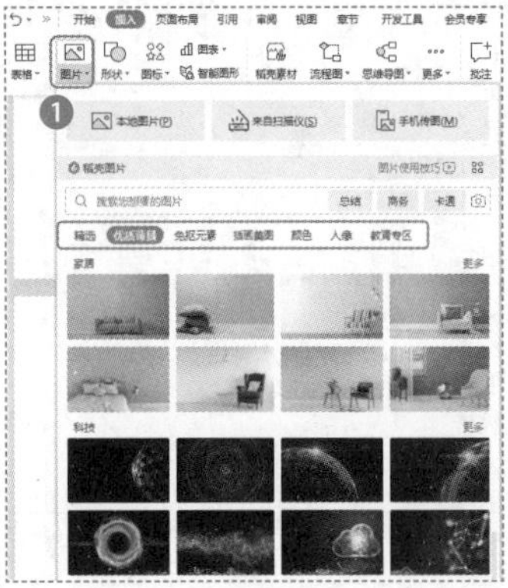

图 2-1

❷ 也可以在搜索框中输入关键词，按Enter键即可搜索到相关的图片，如图2-2所示。

图 2-2

❸ 单击图片即可插入图片到文档的光标位置。在WPS文字程序中插入图片后还有一个非常实用的功能，即快速找到相似图片，这非常有利于在一篇文章中使用相同风格的组图。选中图片，右侧出现一列快速工具栏，单击【图片处理】按钮，在展开的列表中选择【找相似】标签，可以看到与当前图片风格类似的图片列表，如图2-3所示。

注意
在这里单击选用的图片时会替换原图片，所以如果原图片需要保留使用，建议先将其复制下来，然后用复制的图片来查找相似图片。

图 2-3

2.1.2 插入精选图标

扫一扫，看视频

WPS文字程序借助稻壳商城，在使用图标时也是非常方便的，图标种类众多，完全可以根据所编辑的文档选用合适的图标，以辅助文档排版。

❶ 将光标定位到文档中，在【插入】选项卡中单击【图标】按钮，打开下拉列表，可以看到多个主题分类，如图2-4所示。

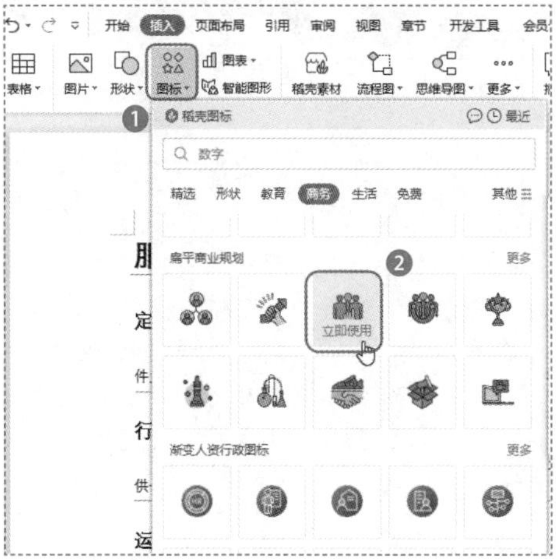

图 2-4

❷ 先选择需要的主题，然后拖动滑块查看，找到想使用的图标后，在图标上单击即可将其插入文档，如图2-5所示。

图 2-5

❸ 按相同的方法插入多个图标，放置到文档的合适位置，排版之后可以达到装饰文档的目的，如图2-6所示。

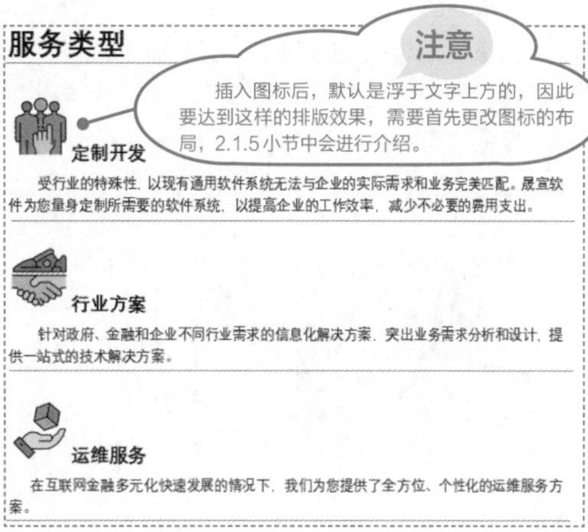

注意

插入图标后，默认是浮于文字上方的，因此要达到这样的排版效果，需要首先更改图标的布局，2.1.5小节中会进行介绍。

图 2-6

2.1.3 裁剪修整图片

扫一扫，看视频

将图片插入文档后，其大小、周边留白、外观样式等都可以进行调节，从而让其以最合适的样式应用于当前文档。

❶ 插入图片后，在选中图片时，四周会出现可调节的控制点，如果图片大小不合适，可以将鼠标指针指向控制点，按住鼠标左键进行拖动即可调节。一般建议拖动拐角的控制点，这样可以让图片保持原来的横纵比例，如图2-7所示。

扩展

选中图片时右侧出现的这些按钮都是用于调节图片的，读者可自行进行尝试。

图 2-7

❷ 如果图片的周边有留白也可以快速裁剪掉。单击图片旁的【裁剪图片】按钮，这时图片周边便出现裁剪控制点，将鼠标指针指向控制点，按住鼠标左键进行拖动即可调节，如图2-8所示。裁剪后，在图片外部单击即可完成裁剪，如图2-9所示。

满异国情调的地方，晚餐后返回酒店。
用餐：早、中、晚
住宿：⊛⊛⊛⊛ 韩国四花酒店（或商务型酒店）
按形状裁剪
按比例裁剪
流程图
星与旗帜
重设形状和大小

图2-8

满异国情调的地方，晚餐后返回酒店。
用餐：早、中、晚
住宿：⊛⊛⊛⊛ 韩国四花酒店（或商务型酒店）

图2-9

❸ 图片也可以裁剪为自选图形的样式。单击【裁剪图片】按钮后可以出现【裁剪面板】，这时可以看到有【按形状裁剪】标签，如图2-10所示，单击某个形状即可将图片裁剪为与图形匹配的外观样式，如图2-11所示。

作用之下照成的胜景将军石（约30分钟），前往乐天酒店荷兰风车后花园（约90分钟），充
满异国情调的地方，晚餐后返回酒店。
用餐：早、中、晚
住宿：⊛⊛⊛⊛ 韩国四花酒店（或商务型酒店）
按形状裁剪
按比例裁剪
流程图
流程图：多文档
星与旗帜
重设形状和大小

图2-10

早餐后，参观泰迪熊博物馆（约60分钟），前往参观骏马乐园（约60分钟）并观看马术秀，午餐品尝韩国炸酱面，之后参观亚洲唯一的直接流入海中的海岸瀑布正房瀑布（约40分钟），之后参观约150万年前的火山爆发时期，大量火山熔岩在难以形容的伟大自然力作用之下照成的胜景将军石（约30分钟），前往乐天酒店荷兰风车后花园（约90分钟），充满异国情调的地方，晚餐后返回酒店。
用餐：早、中、晚
住宿：⊛⊛⊛⊛ 韩国四花酒店（或商务型酒店）

图2-11

技巧点拨

在使用图片时，相同的外观、对齐的版面是相当重要的，它决定了整篇文档的整齐程度。如图2-12所示，可以看到3幅图片都保持了相同的横纵比例，同时将它们统一裁剪成了圆角矩形的外观，然后整齐地排列在一起。如果图片大小不一且随意放置，文档显然是粗糙且不专业的。

最美济州岛
泰迪熊博物馆（济州）
济州泰迪熊博物馆罗列了来自世界各地的不同玩具商家生产的泰迪们，当然也是极少数以玩具为主题的博物馆之一。形态各异的泰迪被装扮成不同的角色，或是美丽的女佯，或是王室大臣，或是成群结对的一家人，或是淘气的小宝宝，小巧玲珑的身躯笨拙而又可爱。对于泰迪迷来说，这间博物馆应当是再好不过了，狠狠地游览一遍，充分地补充一下自己喜爱泰迪的心灵。

图2-12

扫一扫，看视频

2.1.4 图片与文档的混排设置

将图片插入文档后默认是浮于文字上方的，图2-13中的图片为刚插入的，显然它遮挡了正文的内容，这时要调节其布局样式。

❶ 选中图片，右侧出现快速工具栏，单击【布局选项】按钮，在展开的列表中选择【嵌入型】布局，如图2-13所示。

图 2-13

❷ 在更换布局后，可以看到图片上下分隔文档，这时可以将图片移到需要的位置，如图 2-14 所示。

图 2-14

另外，还有四周型环绕的混排方式也比较常用。

❶ 选中图片，单击【布局选项】按钮，在展开的列表中选择【四周型环绕】布局，如图 2-15 所示。

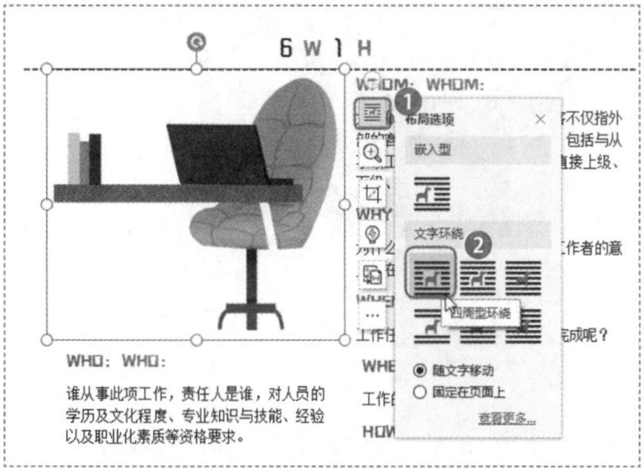

图 2-15

❷ 选择布局后，可以拖动图片改变其位置，文字会自动在图片四周进行环绕。图 2-16 和图 2-17 所示为两种不同的放置位置，其排版效果都是合适的。

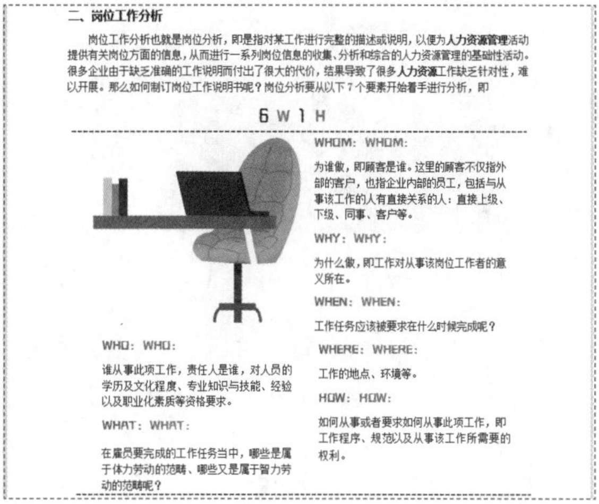

图 2-16

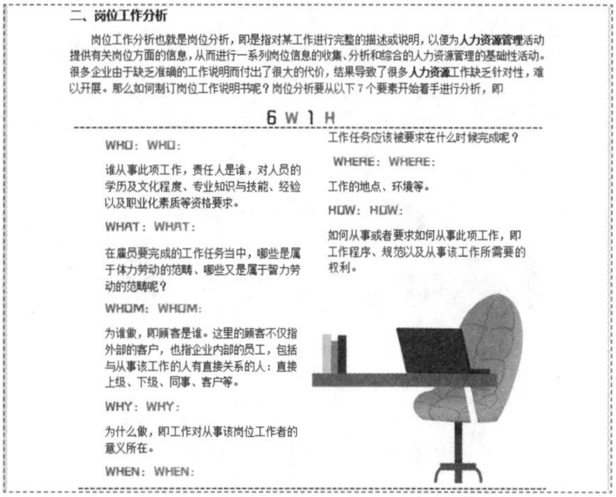

图 2-17

技巧点拨

如果将图片的布局改为衬于文字之下，还可以实现图片衬于文字下方的底图效果。

❶ 选中图片，单击【布局选项】按钮，在展开的列表中选择【衬于文字下方】布局，如图 2-18 所示。

❷ 选中图片，在【图片工具】选项卡中单击【色彩】按钮，在打开的列表中选择【冲蚀】命令，如

图2-19所示，转换图片的色彩，因为用于底图的图片色彩不宜过于突出，否则会干扰正文，因此一般进行这种处理。

图2-18

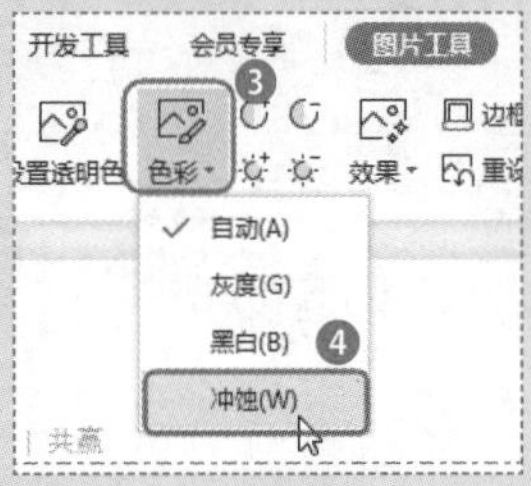

图2-19

❸ 调节图片的大小、移动图片的位置，直到达到满意的排版效果，如图2-20所示。

注意

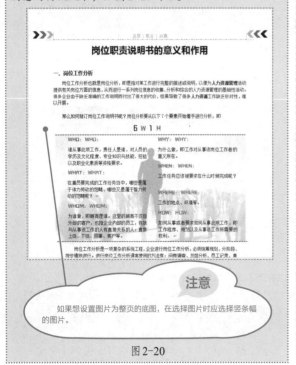

如果想设置图片为整页的底图，在选择图片时应选择竖条幅的图片。

图2-20

扫一扫，看视频

2.1.5 为图片添加版权保护水印

在日常工作中可能会看到在很多场合中使用的图片被添加了水印标记，这对图片的版权起到了保护作用，在WPS文字程序中可以非常方便地为图片添加水印。

❶ 选中图片，单击右侧出现的【图片编辑】按钮，如图2-21所示，打开【WPS图片编辑】编辑框，在右侧单击【标注】标签按钮并选择【自定义文字水印】，这时图片上出现了文字编辑框，如图2-22所示。

图2-21

图2-22

❷ 在底部设置好水印的颜色并调节透明度，然后在图片上的文本框中输入水印文字，如图2-23所示。

图 2-23

❸ 输入文字后可以通过拖动拐角的控制点调节水印文字的大小，利用顶部的旋转控制点调整文字旋转角度。另外，还可以将鼠标指针指向编辑框的边框，通过拖动改变其位置，如图2-24所示。

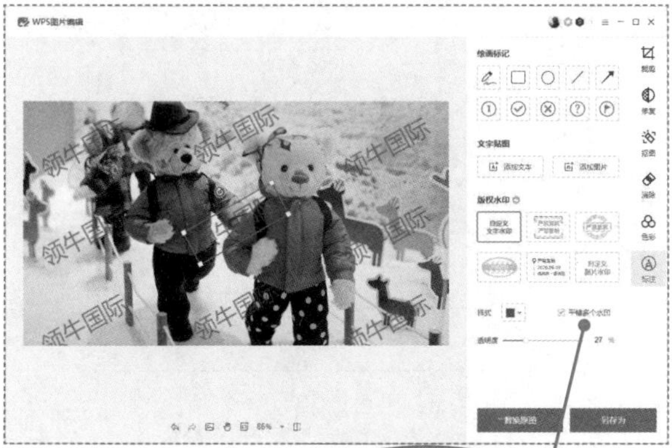

扩展

如果不想使用满图水印，可以取消勾选此复选框，并将水印移动到合适的位置。

图 2-24

技巧点拨

在WPS文字程序中还可以很方便地提取图片中的文字。选中图片，在右侧出现的一组按钮中单击【图片转文字】按钮，如图2-25所示，打开【图片转文字】对话框，在右侧窗格中会呈现提取的文字，如图2-26所示，可单击【复制】按钮实现文字的提取。

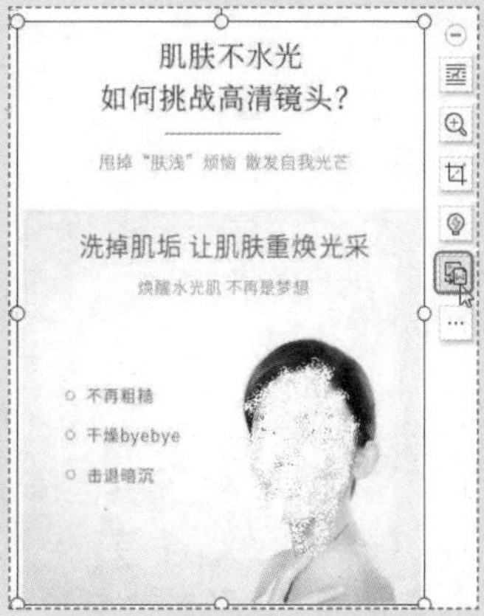

图 2-25

图 2-26

2.1.6 运用题注为多图片编号

扫一扫，看视频

在编辑文档时，如果文档中包含很多图片或表格，可以使用题注功能进行编号。通过建立题注为图片编号的好处在于：当文档图片非常多时，如果手动进行编号，在修改文档的过程中，一旦增加或删除一张图片，所有图片都必须重新编号；如果采用题注的方式为图片进行编号，当移动、插入或删除带题注的项目时，程序可以自动更新题注的编号。下面通过范例进行讲解。

❶ 打开文档，选中第1张图片，在【引用】选项卡中单击【题注】按钮(见图2-27)，打开【题注】对话框，设置【标签】为【图】，如图2-28所示。

图 2-27

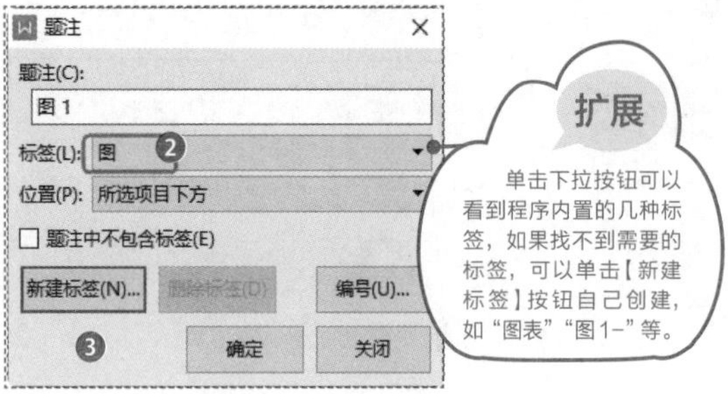

图 2-28

❷ 单击【编号】按钮打开【题注编号】对话框，可以单击【格式】右侧的下拉按钮展开列表重新选择编号的样式，如图2-29所示。

❸ 选择后依次单击【确定】按钮，可以看到文档中的图片下方已出现编号，如图2-30所示。

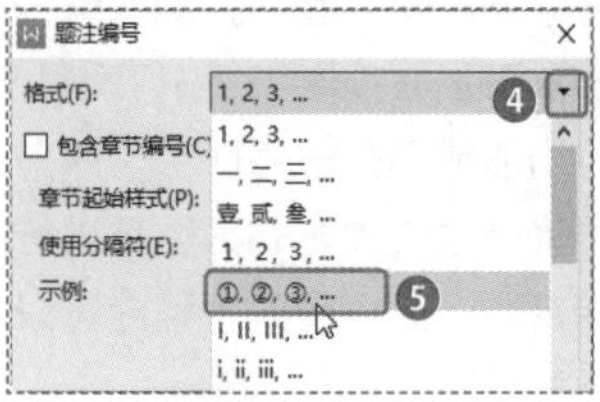

图 2-29

图 2-30

❹ 将光标定位到文档中要引用编号的位置上，在【引用】选项卡中单击【交叉引用】按钮(见图2-31)，打开【交叉引用】对话框，单击【引用类型】右侧的下拉按钮，在列表中选择刚刚建立的标签，如图2-32所示。选择后，就会出现题注列表，如图2-33所示。

图 2-31

图 2-32

图 2-33

❺ 选择题注后，单击【插入】按钮即可在文档中显示与图片对应的题注，如图2-34所示。

图 2-34

❻ 选中第 2 张图片，按相同的方法执行建立题注的操作时，会自动进行编号（见图 2-35），直接单击【确定】按钮则可为图片编号；接着在文档中定位光标，打开【交叉引用】对话框，在列表中选择与图片编号对应的题注，如图 2-36 所示。这时可以看到第 2 张图片的题注，如图 2-37 所示。

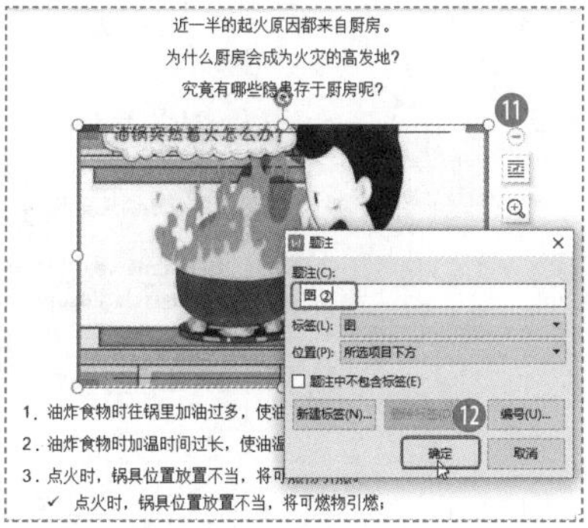

图 2-35

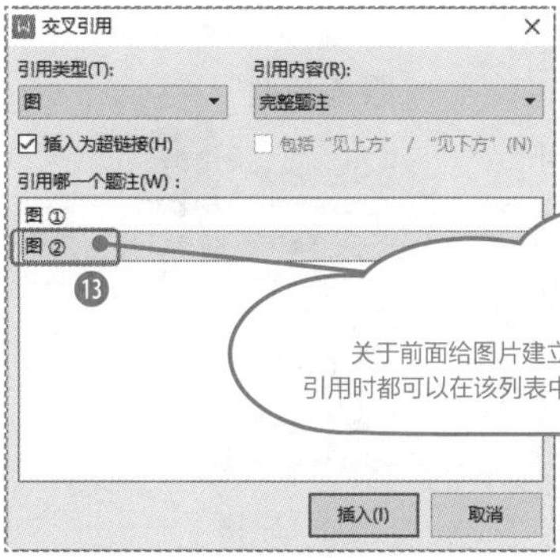

图 2-36

然而每年发生在餐厅和家庭里的火灾，
近一半的起火原因都来自厨房【图 ②】。
为什么厨房会成为火灾的高发地？
究竟有哪些隐患存于厨房呢？
油锅突然着火怎么办？
图 ②
1. 油炸食物时在锅里加油过多，使油面偏高，油液受热后溢出，遇明火燃烧。
2. 油炸食物时加温时间过长，使油温过高引起自燃。

图 2-37

❼ 选中第 3 张图片，依次按相同的方法进行编号。

当完成所有编号后，可以检验一下使用题注对图片进行编号的优势所在。假设不再使用第 2 张图片，先按快捷键 Ctrl+A 全选文档，将鼠标指针移到任意一个题注上并右击，在弹出的快捷菜单中选择【更新域】命令（见图 2-38）即可更新编号。再将鼠标指针移到正文中任意一个交叉引用上，同样右击，在弹出的快捷菜单中选择【更新域】命令即可完成图片编号的更新。注意观察一下图片编号，从中可以看到原来的图③自动变成了图②（见图 2-39），后面的依次更改。这样就自动完成了一篇文档中所有图片编号的自动修改。

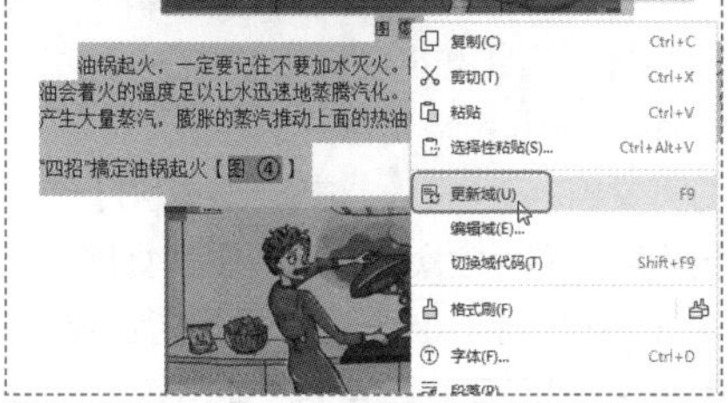

图 2-38

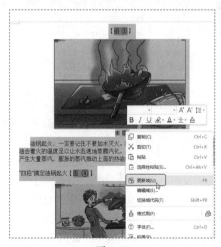

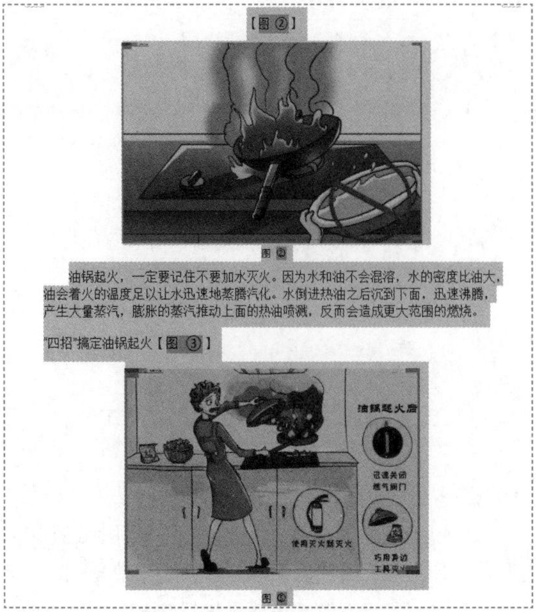
【图②】
图②
油锅起火，一定要记住不要加水灭火。因为水和油不会混溶，水的密度比油大，油会着火的温度足以让水迅速地蒸腾汽化。水倒进热油之后沉到下面，迅速沸腾，产生大量蒸汽，膨胀的蒸汽推动上面的热油喷溅，反而会造成更大范围的燃烧。
"四招"搞定油锅起火【图③】
图③

图 2-39

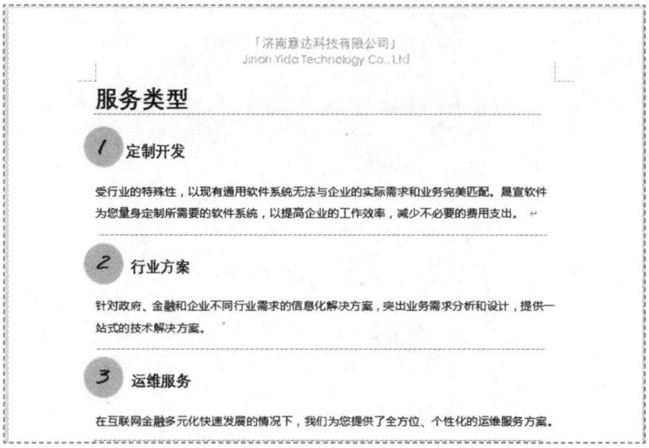
「济南意达科技有限公司」
Jinan Yida Technology Co., Ltd
服务类型
1 定制开发
受行业的特殊性，以现有通用软件系统无法与企业的实际需求和业务完美匹配。量宜软件为您量身定制所需要的软件系统，以提高企业的工作效率，减少不必要的费用支出。
2 行业方案
针对政府、金融和企业不同行业需求的信息化解决方案，突出业务需求分析和设计，提供一站式的技术解决方案。
3 运维服务
在互联网金融多元化快速发展的情况下，我们为您提供了全方位、个性化的运维服务方案。

图 2-40

2.2 添加装饰元素打造精致感

图形属于文档的修饰元素，合理地使用它们可以打造文档的美观度、精致感，甚至专业度，但要注意在使用时一定要贴合文档内容与设计思路，切忌无目的地滥用图形。

2.2.1 绘制单图形和多图形

扫一扫，看视频

图形的绘制很简单，而合理的设计思路却不简单，在拥有了好的设计思路之后，再去绘制和添加图形则并非难事。例如，在图2-40所示的文档中，序号上的装饰图及分隔线条都是绘制图形的结果。

❶ 打开文档，在【插入】选项卡中单击【形状】按钮，弹出下拉列表，这里包含众多的基本图形，如图2-41所示。

❷ 单击自己想使用的图形，鼠标指针变为十字状，按住鼠标左键拖动即可进行绘制，如图2-42所示。

❸ 绘制结束后松开鼠标即可生成图形，如图2-43所示。

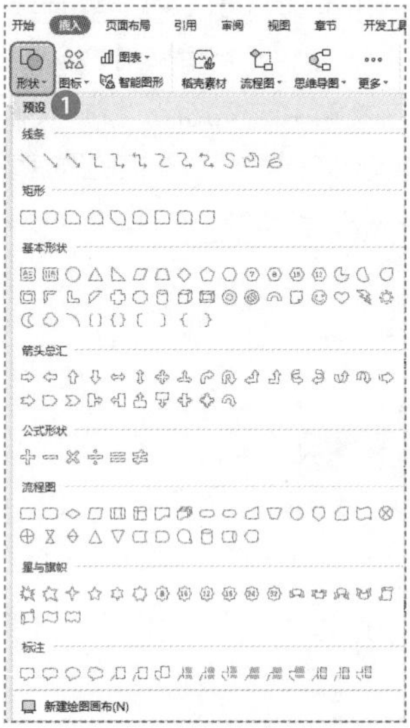
开始
插入
页面布局
引用
审阅
视图
章节
形状
图标
图表
智能图形
稻壳素材
流程图
思维导图
更多
预设
线条
矩形
基本形状
箭头总汇
公式形状
流程图
星与旗帜
标注
新建绘图画布(N)

图 2-41

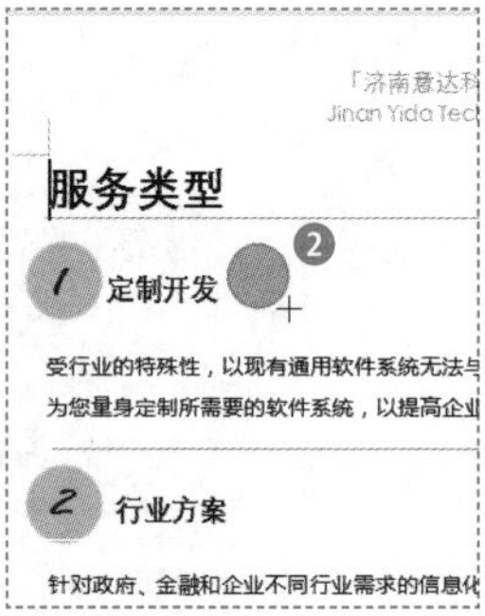
「济南意达科
Jinan Yida Tec
服务类型
1 定制开发
受行业的特殊性，以现有通用软件系统无法与
为您量身定制所需要的软件系统，以提高企业
2 行业方案
针对政府、金融和企业不同行业需求的信息化

图 2-42

扩展

如果想绘制正图形，在绘制时按住Shift键即可。

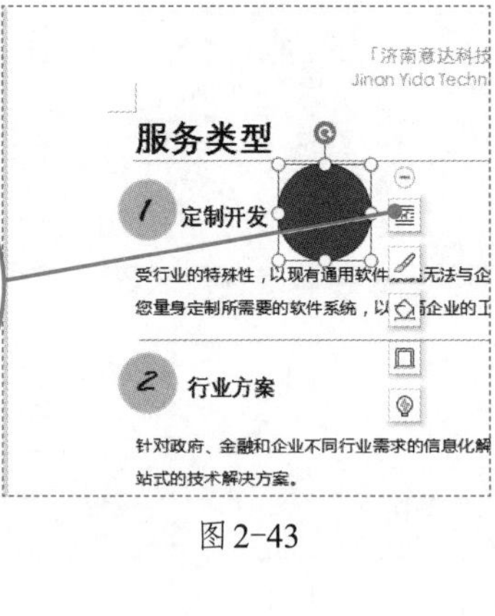
「济南意达科技
Jinan Yida Techn
服务类型
1 定制开发
2 行业方案
针对政府、金融和企业不同行业需求的信息化解
站式的技术解决方案。

图 2-43

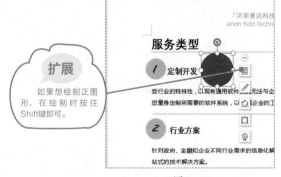

❹ 当对图形的样式不满意时，也可以快速在原图上进行修改，而不必重新绘制。选中图形(也可以一次性选中多个)，在【绘图工具】选项卡中单击【编辑形状】按钮，接着指向【更改形状】，在子列表中选择想使用的图形，如图2-44所示。在目标图形上单击即可应用，如图2-45所示。

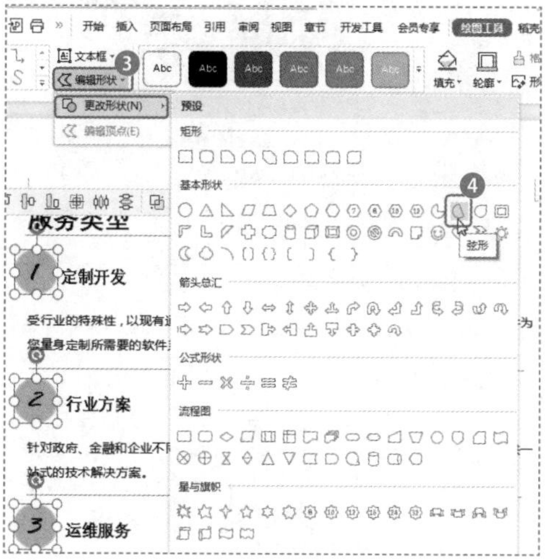

图2-44

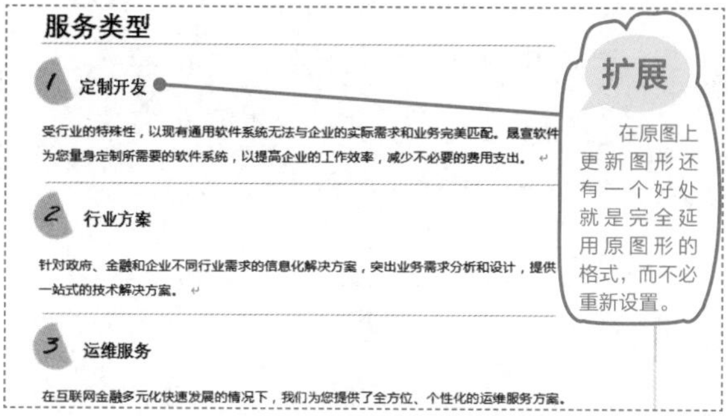

图2-45

扩展

在原图上更新图形还有一个好处就是完全延用原图形的格式，而不必重新设置。

技巧点拨

图形的设计效果取决于设计思路，可以说只要有思路，就可以呈现无限种效果图。当然，这少不了多种图形的配合与独特且新颖的设计思路。例如，可以搭配多图形呈现如图2-46所示的效果。

四、活动流程
1 网上报名 在活动页左上角点
2 签到入场 09:00-9:30
3 产品介绍 09:30-10:30
4 热销品限时购 10:30 柜体抢购
5 网友自由下定 11:30-16:00
6 凭订单抽奖 16:00-17:00

图2-46

2.2.2 在图形上添加文字

扫一扫，看视频

图形经常会用来装饰文字，因此当绘制了图形后，在其上添加文字是常见的做法。图2-47所示为绘制图形并添加文字，同时进行了格式美化后的效果。

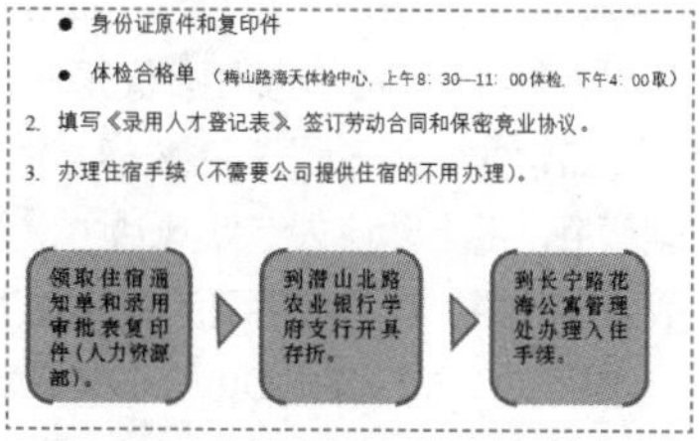
身份证原件和复印件
体检合格单
2. 填写《录用人才登记表》，签订劳动合同和保密竞业协议。
3. 办理住宿手续（不需要公司提供住宿的不用办理）。
领取住宿通知单和录用审批表复印件（人力资源部）。
到潜山北路农业银行学府支行开具存折。
到长宁路花海公寓管理处办理入住手续。

图2-47

在图形上右击，在弹出的快捷菜单中选择【添加文字】命令(见图2-48)，这时图形上就出现了闪烁的光标，可以直接编辑文字，也可以在【开始】选项卡中重新设置文字的字体、字号及对齐方式等格式，如图2-49所示。

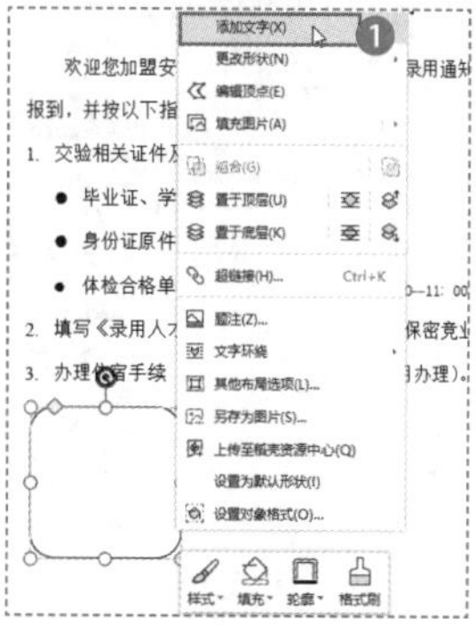

图2-48

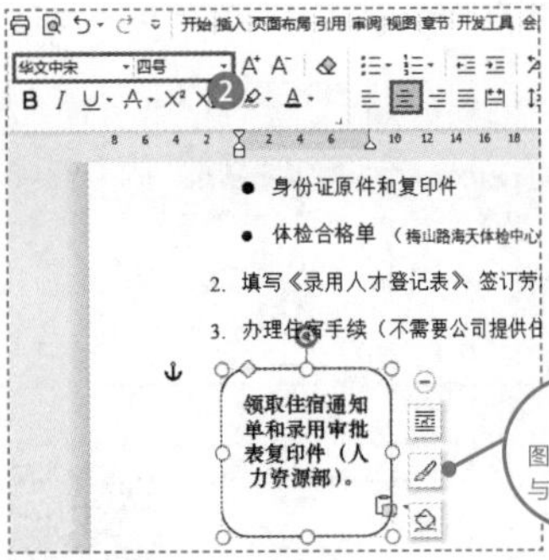
身份证原件和复印件
体检合格单
2. 填写《录用人才登记表》，签订劳
3. 办理住宿手续（不需要公司提供住
领取住宿通知单和录用审批表复印件（人力资源部）。

扩展

默认的图形是这样的，要达到图2-47所示的效果，需要填充颜色与设置边框（见2.2.3小节）。

图 2-49

扫一扫，看视频

2.2.3 提升图形美感

提升图形美感可以从多个方面做起，如填充颜色、设置边框、设置半透明效果等。在使用多图形时，多图形的配色尤其重要。如果要使用多图形完成一项设计而又不知道该如何搭配颜色，那么建议去专业网站中借鉴颜色，可以将图片截取到文档中，然后使用取色器拾取颜色。

❶ 选中图形，单击右侧出现的【形状填充】按钮，可以在列表中选择想使用的填充色，如图2-50所示。如果要拾取填充色，则选择【取色器】选项。

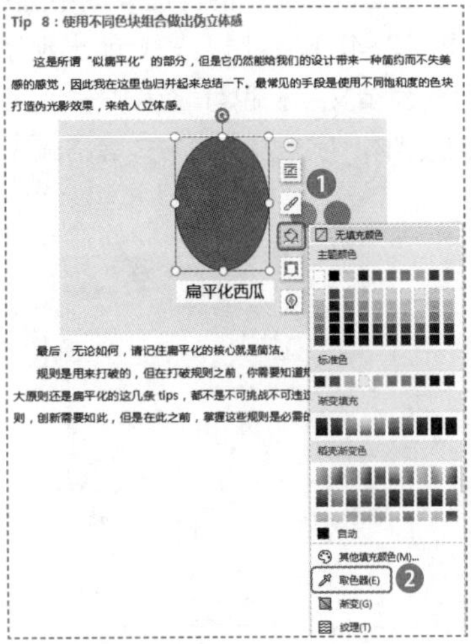
Tip 8：使用不同色块组合做出伪立体感
扁平化西瓜
无填充颜色
取色器(E)

图 2-50

❷ 此时光标箭头变为类似于笔的形状，将取色器移到想拾取其颜色的位置（见图2-51），单击就会拾取该位置的色彩，如图2-52所示。

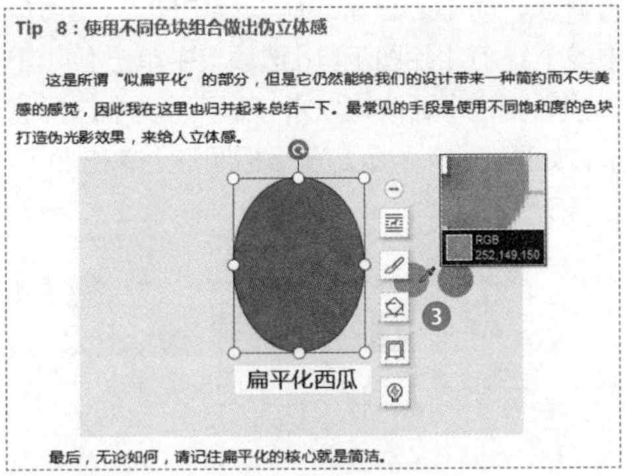
Tip 8：使用不同色块组合做出伪立体感
这是所谓“似扁平化”的部分，但是它仍然能给我们的设计带来一种简约而不失美感的感觉，因此我在这里也归并起来总结一下。最常见的手段是使用不同饱和度的色块打造伪光影效果，来给人立体感。
RGB
252,149,150
扁平化西瓜
最后，无论如何，请记住扁平化的核心就是简洁。

图 2-51

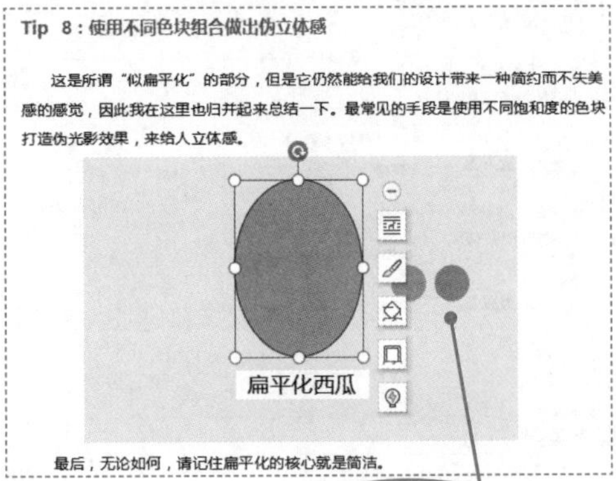
Tip 8：使用不同色块组合做出伪立体感
这是所谓“似扁平化”的部分，但是它仍然能给我们的设计带来一种简约而不失美感的感觉，因此我在这里也归并起来总结一下。最常见的手段是使用不同饱和度的色块打造伪光影效果，来给人立体感。
扁平化西瓜
最后，无论如何，请记住扁平化的核心就是简洁。

扩展

为了借鉴一些配色方案，可以将想引用的配色方案以图片的形式插入当前文档，再使用取色器去引用。引用结束后再删除图片。

图 2-52

❸ 如果要设置图形的边框，可以选中图形，单击右侧的【形状轮廓】按钮，在打开的列表中可以选择轮廓颜色，设置线型和虚线线型，如图2-53所示。也可以在图形上双击，打开【属性】右侧窗格，选择【填充与线条】标签，在其下展开【线条】栏，这里有关于线条的更加详细的参数设置项目，如图2-54所示。在设置的同时，选中图形会立即呈现相应的效果，如图2-55所示。

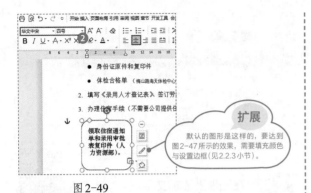

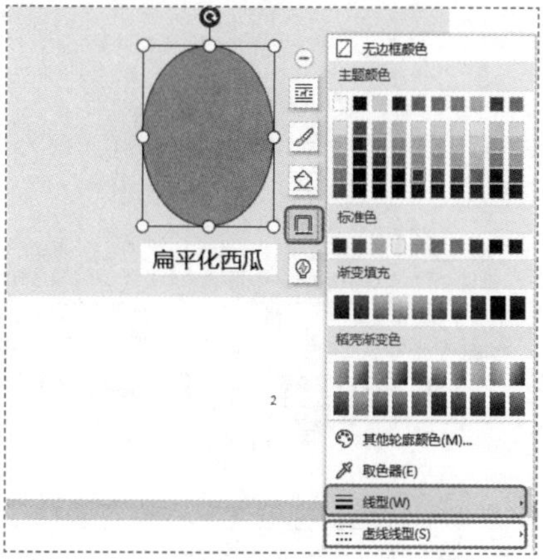

图 2-53

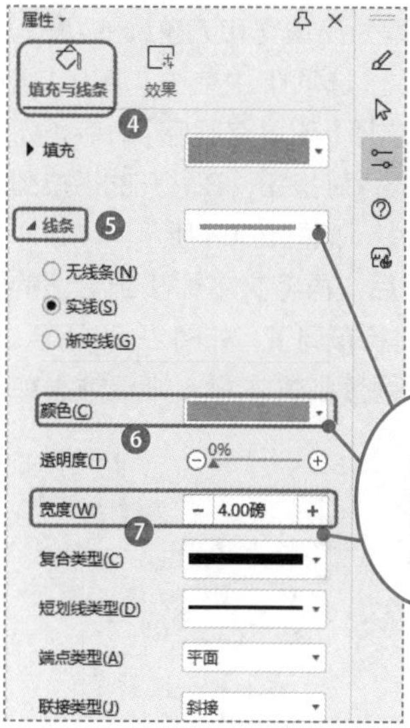

图 2-54

扩展

在下拉列表中可以选择其他线条样式；在下拉列表有众多颜色可以选择，也可以选择取色器；在下拉列表中可以选择不同的宽度值。

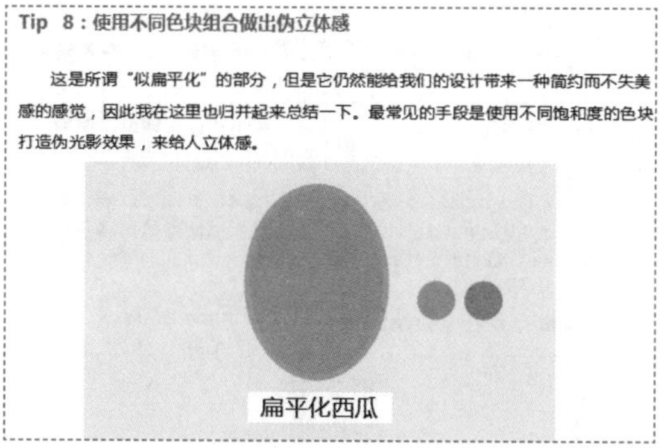
Tip 8：使用不同色块组合做出伪立体感
这是所谓“似扁平化”的部分，但是它仍然能给我们的设计带来一种简约而不失美感的感觉，因此我在这里也归并起来总结一下。最常见的手段是使用不同饱和度的色块打造伪光影效果，来给人立体感。
扁平化西瓜

图 2-55

❹ 为完成本例设计，在第一个图形上又叠加了一个半椭圆形，并设置了不同的填充色，从而实现使用不同色块组合制作立体感的效果，如图 2-56 所示。本设计最终完成效果如图 2-57 所示。

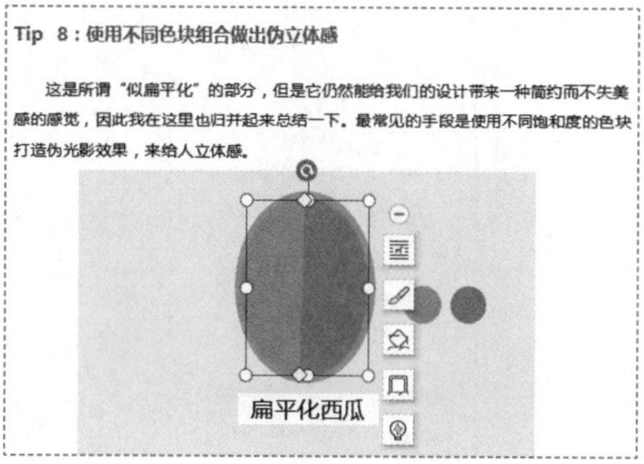

图 2-56

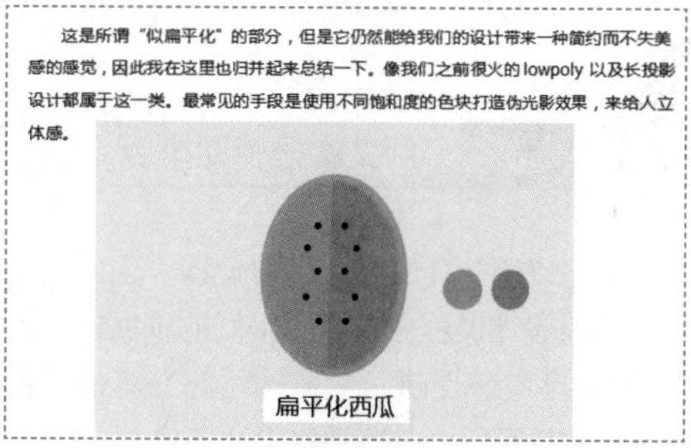

图 2-57

技巧点拨

（1）右侧的半椭圆图形使用（饼形）图形调节而来，绘制图形后，拖动控制点可以调节饼形的角度（见图 2-58），调节后得到的图形如图 2-59 所示。然后进行一次水平翻转。

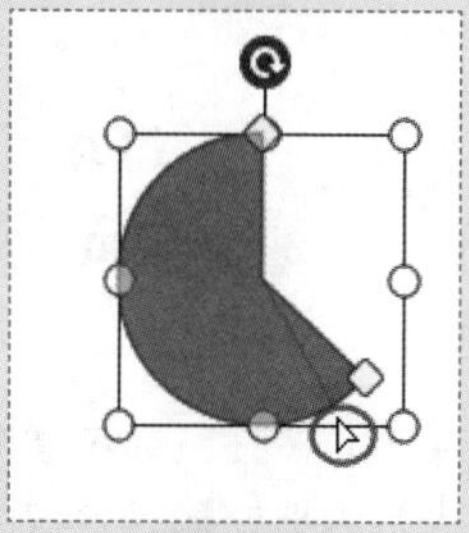

图 2-58

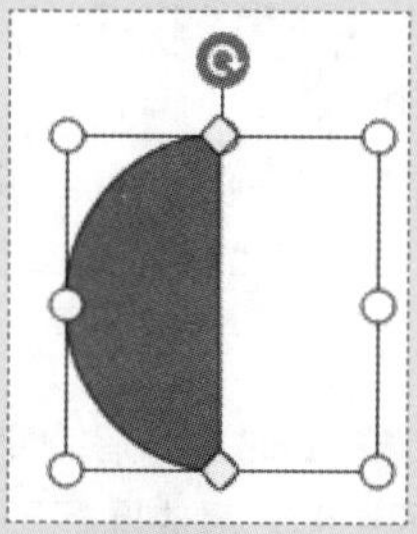

图 2-59

（2）在图形的应用过程中，有时需要使用半透明的效果。在图形上双击，打开【属性】右侧窗格，单击【填充与线条】标签，选中【纯色填充】单选按钮，然后分别设置填充颜色并拖动滑块调节透明度，如图2-60所示。

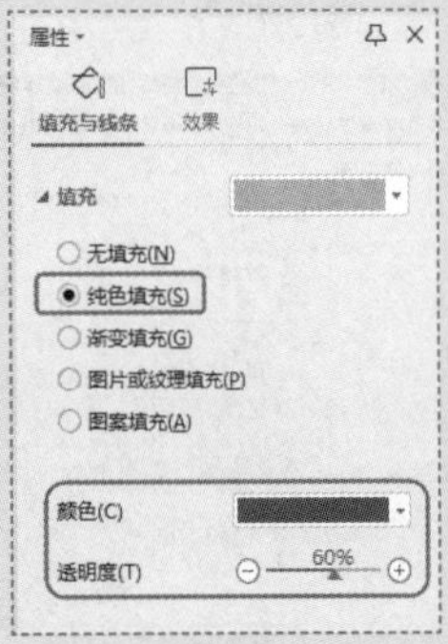

图2-60

扫一扫，看视频

2.2.4 用文本框辅助排版

文本框可以绘制在文档的任意位置，因此文本框在文档的排版及设计过程中起到了很好的辅助作用，同时WPS文字程序中还提供了众多的稻壳文本框，合理地选用这些文本框可以为一些特殊设计加分。

1. 应用文本框及格式设置

❶ 打开文档，在【插入】选项卡中单击【文本框】按钮，弹出下拉列表，选择【横向文本框】，如图2-61所示。

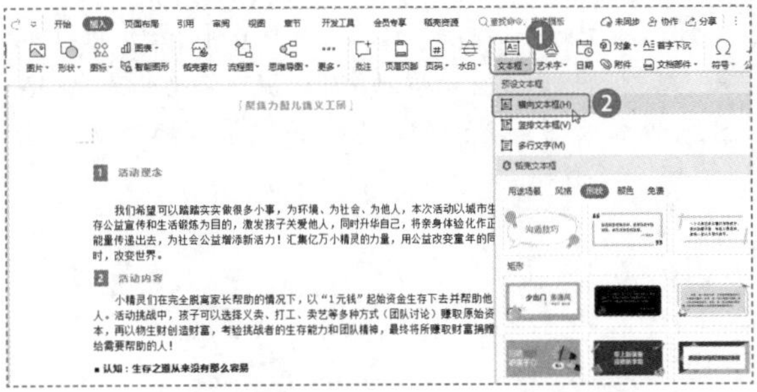

图2-61

❷ 此时鼠标指针变为十字形，按住鼠标左键拖动即可绘制，释放鼠标即可在光标闪烁处输入内容，如图2-62所示。

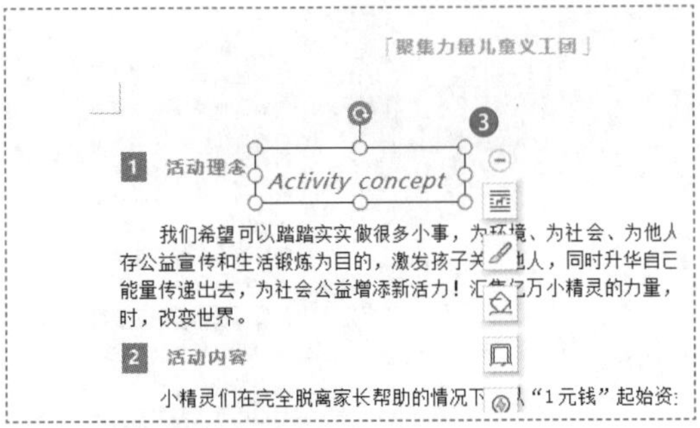

图2-62

❸ 将文本框移至目标位置时发现它遮挡了原有内容，这是因为文本框实际是一个填充色为白色、边框为黑色的图形。因此，为了更好地让文本框与文档内容相融合，可以将文本框处理为无填充和无轮廓的状态。选中文本框，在【绘图工具】选项卡中单击【填充】按钮，在打开的下拉列表中选择【无填充颜色】命令，如图2-63所示；接着单击【轮廓】按钮，在打开的下拉列表中选择【无边框颜色】命令，如图2-64所示。

❹ 经过上一步的处理后，再将文本框移到合适的位置，就可以更加合理地进行布局了，如图2-65所示。按相同的方法为其他小标题添加文本框，排版效果如图2-66所示。

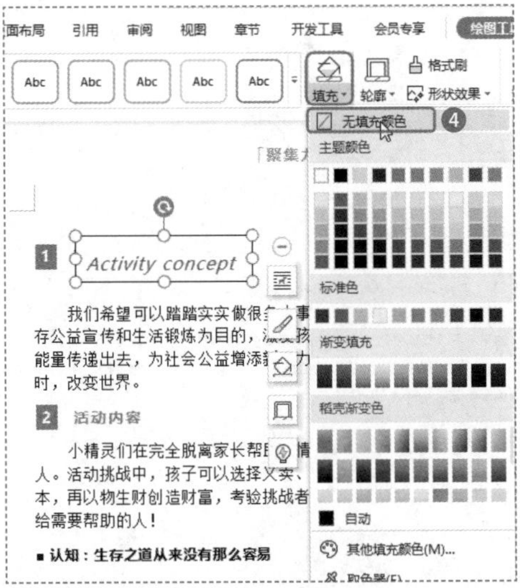

图2-63

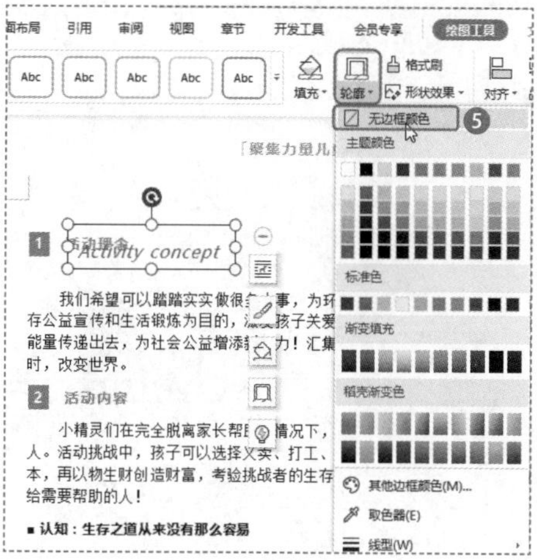

图 2-64

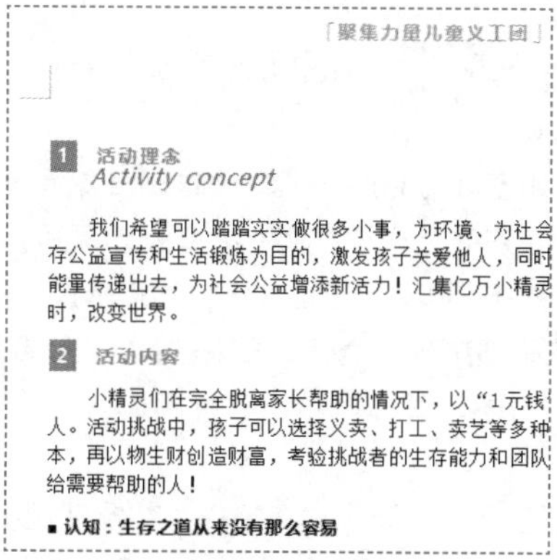

图 2-65

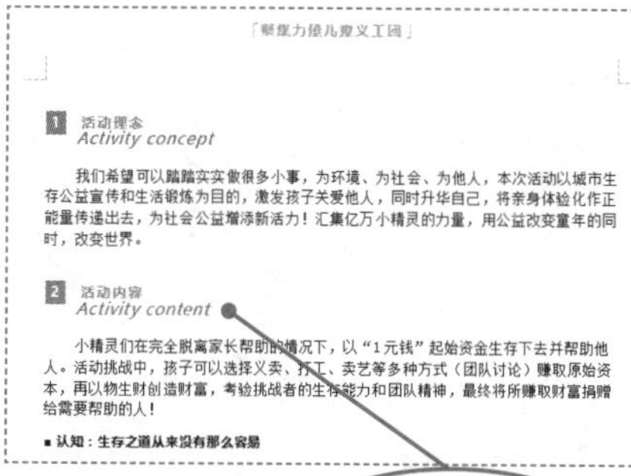

扩展

相同的文本框可以利用复制的方法快速得到。复制后只要修改其中的文本即可。

图 2-66

2. 应用稻壳商城的艺术文本框

合理地应用来自稻壳商城的艺术文本框也可以为文档的排版增色。

❶ 打开文档，在【插入】选项卡中单击【文本框】按钮，弹出列表，在列表中可以看到较多的文本框分类，可以通过翻阅找到想使用的文本框样式，如图2-67所示。

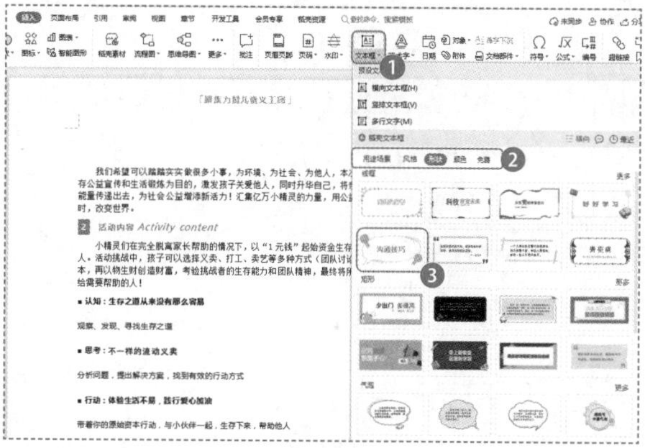

图 2-67

❷ 单击选用的文本框样式即可在文档中插入文本框，这时它就是一个浮于文字上方的图形及文字的组合，如图2-68所示。

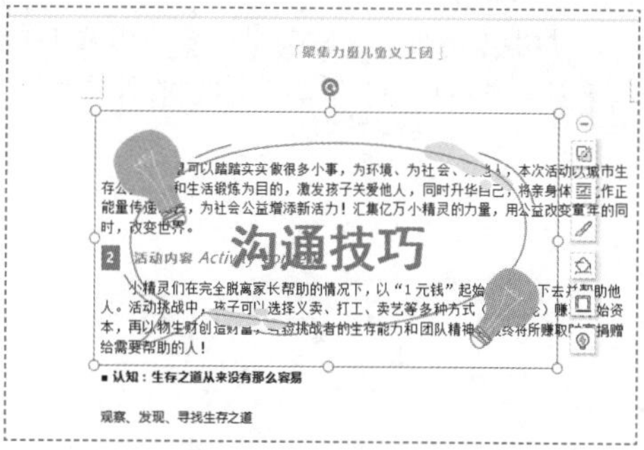

图 2-68

❸ 在文档中需要的位置留出空位，对文本框的大小及文字格式等进行合理的调整，然后移至目标位置，如图2-69所示。

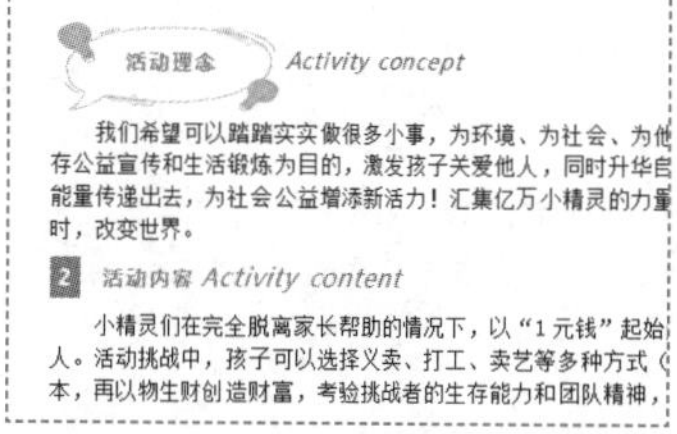

图 2-69

❹ 图2-70展现的就是使用艺术文本框来装饰文档小标题的排版效果。

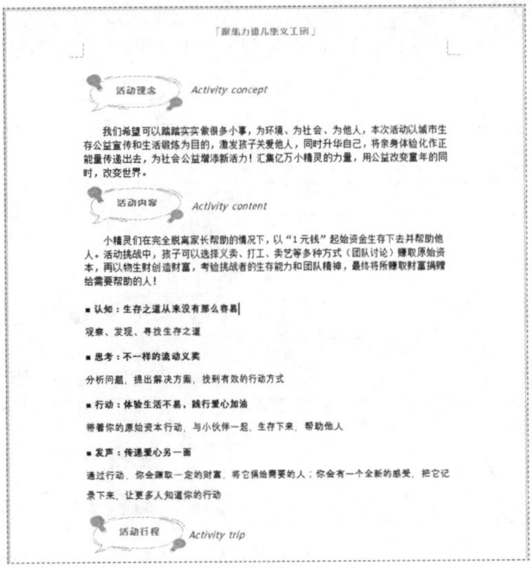
活动理念
Activity concept
我们希望可以踏踏实实做很多小事，为环境、为社会、为他人，本次活动以城市生存公益宣传和生活锻炼为目的，激发孩子关爱他人，同时升华自己，将亲身体验化作正能量传递出去，为社会公益增添新活力！汇集亿万小精灵的力量，用公益改变童年的同时，改变世界。
活动内容
Activity content
小精灵们在完全脱离家长帮助的情况下，以“1元钱”起始资金生存下去并帮助他人。活动挑战中，孩子可以选择义卖、打工、卖艺等多种方式（团队讨论）赚取原始资本，再以物生财创造财富，考验挑战者的生存能力和团队精神，最终将所赚取财富捐赠给需要帮助的人！
■ 认知：生存之道从来没有那么容易
观察、发现、寻找生存之道
■ 思考：不一样的流动义卖
分析问题，提出解决方案，找到有效的行动方式
■ 行动：体验生活不易，践行爱心加油
带着你的原始资本行动，与小伙伴一起，生存下来，帮助他人
■ 发声：传递爱心另一面
通过行动，你会赚取一定的财富，将它捐给需要的人；你会有一个全新的感受，把它记录下来，让更多人知道你的行动
活动行程
Activity trip

图2-70

技巧点拨

巧妙地应用艺术文本框可以达到不错的设计效果。例如，先在文档中插入图片（见图2-71），然后在图片中插入了艺术文本框，并对其中的文字进行格式设置及合理排版，可以得到如图2-72所示的设计效果。

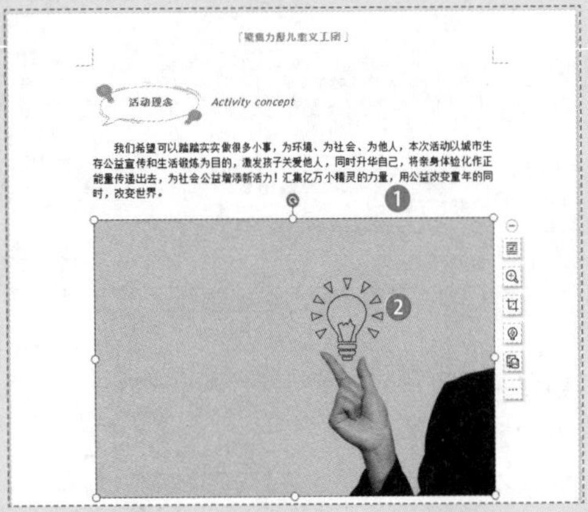
活动理念
Activity concept

图2-71

活动理念
Activity concept
“放肆”
去创造
活动内容
Activity content

图2-72

扫一扫，看视频

2.2.5 多图形对齐是关键

在使用多图形完成一项设计时，对齐是一个关键的排版要点。对齐是一种强调，能增强元素间、页面间的结构性；对齐还能调整画面的顺序和方向。手动的对齐方式往往不够精确，而在WPS程序中，只要选中两个及以上的对象，就会显示出各种不同对齐方式的快捷按钮。

❶ 在图2-73所示的文档中，需要使用多个图形，当绘制出图形时可能是图中的样式，因此需要进行排版对齐。

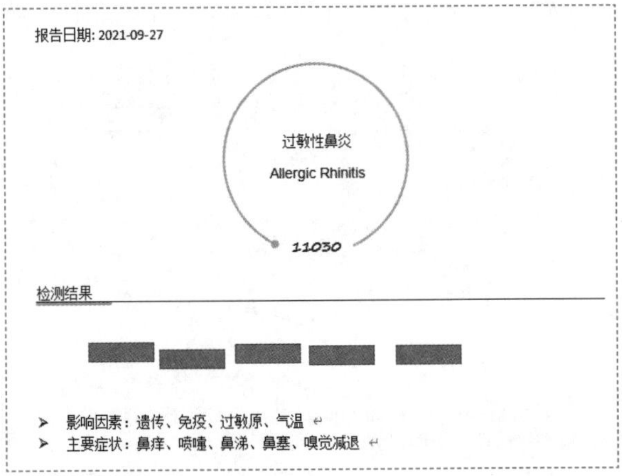
报告日期: 2021-09-27
过敏性鼻炎
Allergic Rhinitis
11030
检测结果
影响因素：遗传、免疫、过敏原、气温
主要症状：鼻痒、喷嚏、鼻涕、鼻塞、嗅觉减退

图2-73

❷ 一次性选中多个图形，这时可以看到出现多个对齐方式设置按钮，单击【顶端对齐】按钮，如图2–74所示；保持选中状态，再单击【横向分布】按钮，如图2–75所示。两步操作得到的排列结果是：多图形顶端对齐，并且均匀横向地分布，如图2–76所示。

❸ 对图形进行填充颜色及排版处理，最终得到的设计效果如图2–77所示。

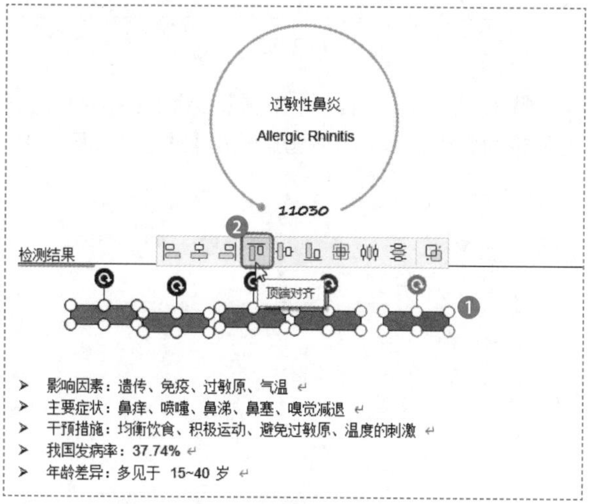

图 2–74

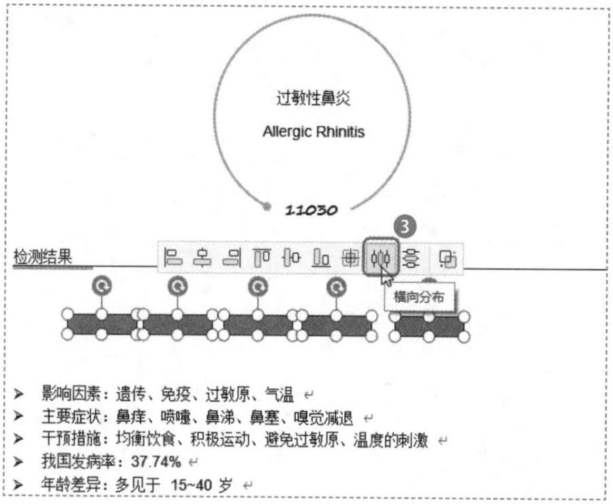

图 2–75

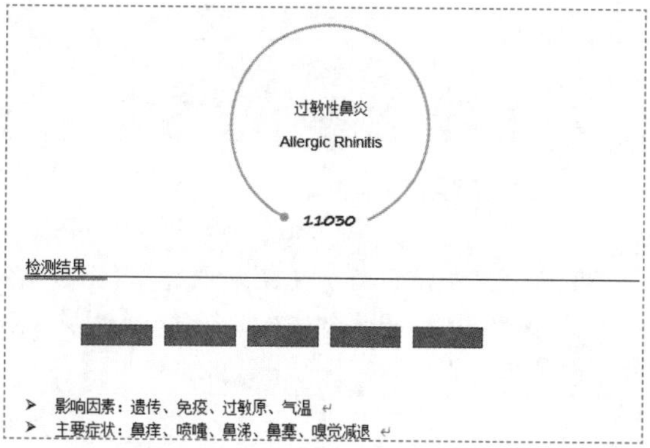

图 2–76

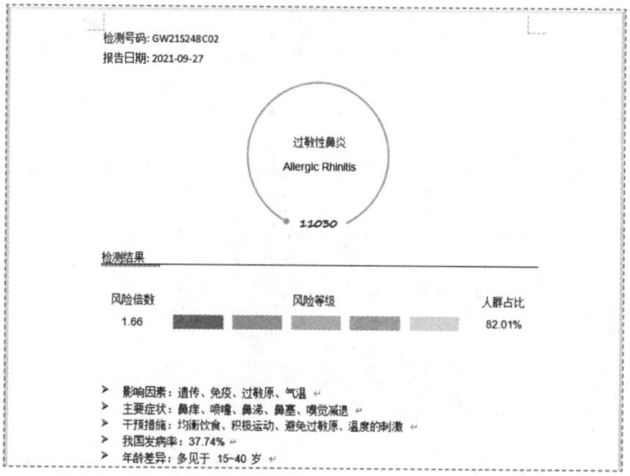

图 2–77

技巧点拨

当使用多个图形进行一项设计时，在完成设计后，可以将多个对象进行组合，从而方便统一移动、复制使用等。

❶ 在【开始】选项卡中单击【选择】按钮，在打开的下拉列表中选择【选择对象】命令，如图2–78所示。从对象以外的位置开始，按住鼠标左键框选目标对象（见图2–79），所有被框住的对象一次性被选中。

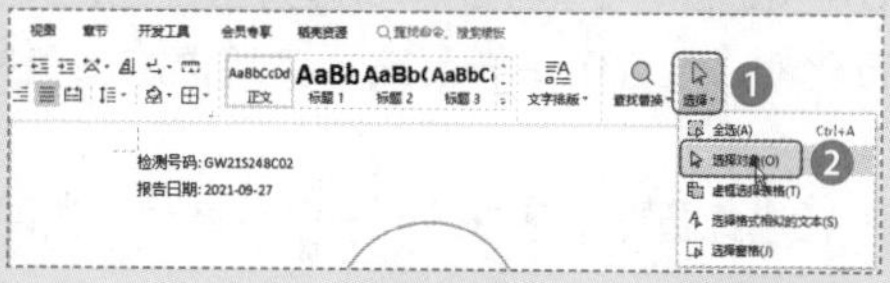

图 2–78

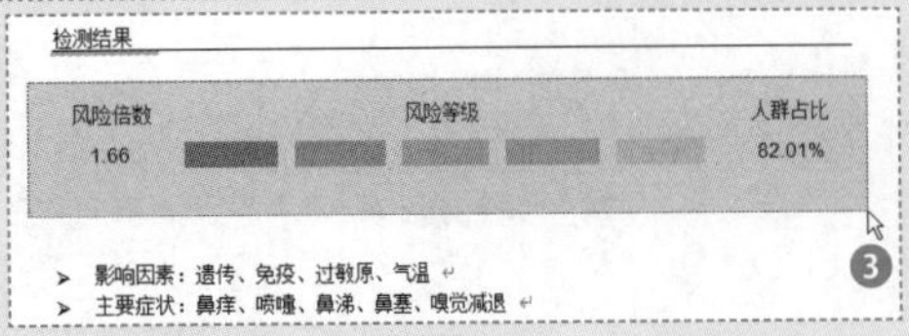

图 2-79

❷ 右击，在弹出的快捷菜单中选择【组合】命令(见图 2-80)即可将多个对象组合为一个对象，如图 2-81 所示。

图 2-80

图 2-81

一次性选中多个对象并对多个对象进行组合是在处理多图形时常常要进行的操作。

2.2.6 图文结合的小标题设计效果

扫一扫，看视频

图文结合的小标题是在文档排版与设计过程中经常采用的一种修饰文档的方式，它可以提升纯文本文档的设计感，同时可以对标题起到强调作用。本小节中将通过一个范例讲解操作方法，但设计思路是千变万化的，读者可举一反三地实现更加精美的设计效果。

❶ 在小标题文字下方绘制一条长直线，如图 2-82 所示。

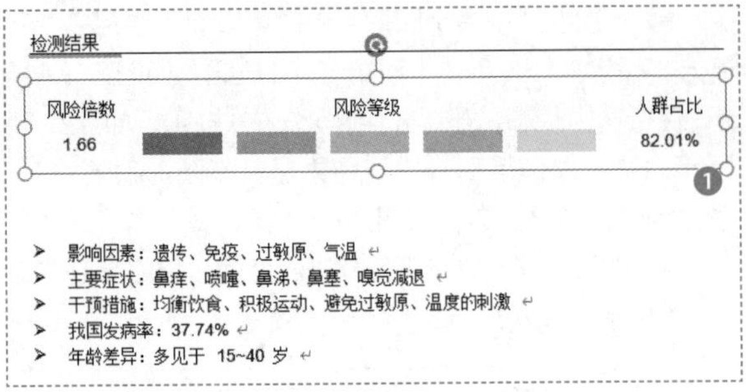

图 2-82

❷ 在【插入】选项卡中单击【形状】按钮，在打开的下拉列表中选择【同侧圆角矩形】图形，如图 2-83 所示。

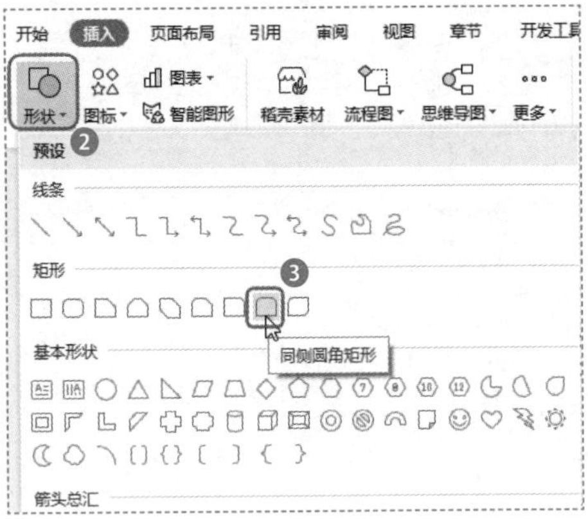

图 2-83

❸ 在文档中绘制图形，接着在快速工具栏中单击【布局选项】按钮，在弹出的列表中选择【衬于文字下方】选项，如图 2-84 所示。

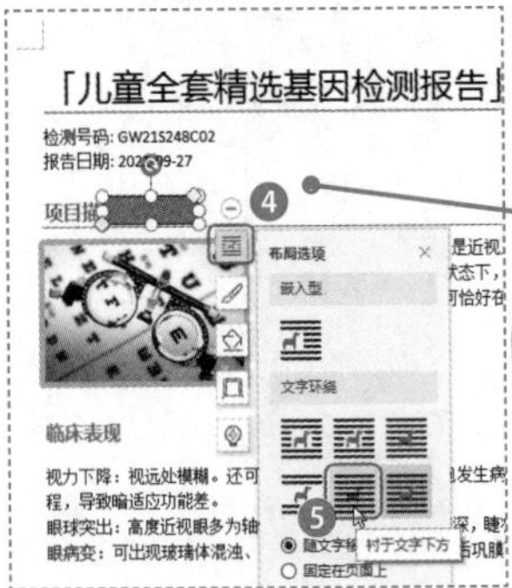

图 2-84

扩展

绘制图形后，默认状态下是浮于文字上方的，会覆盖文字。

❹ 设置图形的填充颜色，并在快速工具栏中单击【形状轮廓】按钮，在弹出的列表中选择【无边框颜色】选项，如图 2-85 所示。

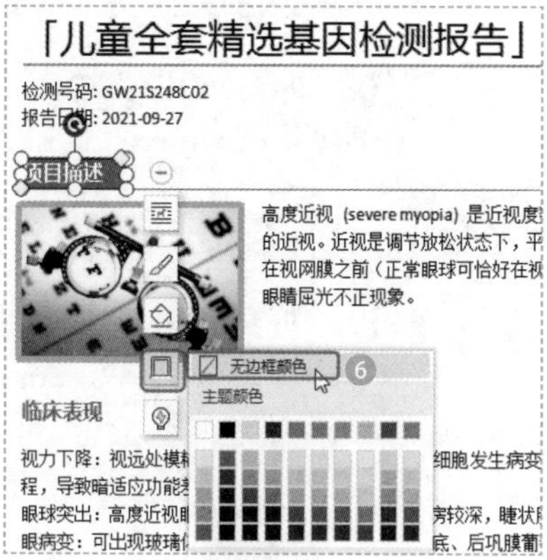
「儿童全套精选基因检测报告」
检测号码: GW21S248C02
项目描述
高度近视（severe myopia）是近视度
的近视。近视是调节放松状态下，平
在视网膜之前（正常眼球可恰好在视
眼睛屈光不正现象。
无边框颜色
6
主题颜色
临床表现

图 2-85

❺ 完成设计后可以补充添加其他设计图形，当前范例达到的效果如图 2-86 所示。

「儿童全套精选基因检测报告」
检测号码: GW21S248C02
报告日期: 2021-09-27
项目描述
高度近视（severe myopia）是近视度数大于 600 度（儿童 >400 度）的近视。近视是调节放松状态下，平行光线经眼球屈光系统后聚焦在视网膜之前（正常眼球可恰好在视网膜黄斑中心凹聚焦）的一种眼睛屈光不正现象。
临床表现
视力下降：视远处模糊。还可因为视网膜的色素上皮细胞发生病变，影响视细胞的光化学反应过程，导致暗适应功能差。
眼球突出：高度近视眼多为轴性，眼球明显变长，前房较深，睫状肌萎缩，部分人眼球向外突出。
眼病变：可出现玻璃体混浊、近视弧形斑、豹纹状眼底、后巩膜葡萄肿、视网膜病变等。

图 2-86

❻ 完成第一个标题的设计后，可以将多个设计元素组合起来，复制到其他小标题上使用，最终文档的设计效果如图 2-87 所示。

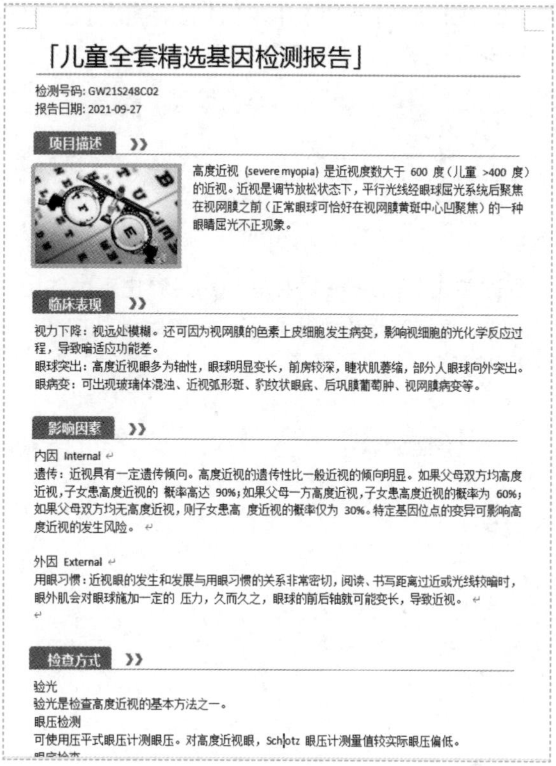
「儿童全套精选基因检测报告」
检测号码: GW21S248C02
报告日期: 2021-09-27
项目描述
高度近视（severe myopia）是近视度数大于 600 度（儿童 >400 度）的近视。近视是调节放松状态下，平行光线经眼球屈光系统后聚焦在视网膜之前（正常眼球可恰好在视网膜黄斑中心凹聚焦）的一种眼睛屈光不正现象。
临床表现
视力下降：视远处模糊。还可因为视网膜的色素上皮细胞发生病变，影响视细胞的光化学反应过程，导致暗适应功能差。
眼球突出：高度近视眼多为轴性，眼球明显变长，前房较深，睫状肌萎缩，部分人眼球向外突出。
眼病变：可出现玻璃体混浊、近视弧形斑、豹纹状眼底、后巩膜葡萄肿、视网膜病变等。
影响因素
内因 Internal
遗传：近视具有一定遗传倾向。高度近视的遗传性比一般近视的倾向明显。如果父母双方均高度近视，子女患高度近视的概率高达 90%；如果父母一方高度近视，子女患高度近视的概率为 60%；如果父母双方均无高度近视，则子女患高度近视的概率仅为 30%。特定基因位点的变异可影响高度近视的发生风险。
外因 External
用眼习惯：近视眼的发生和发展与用眼习惯的关系非常密切，阅读、书写距离过近或光线较暗时，眼外肌会对眼球施加一定的压力，久而久之，眼球的前后轴就可能变长，导致近视。
检查方式
验光
验光是检查高度近视的基本方法之一。
眼压检测
可使用压平式眼压计测眼压。对高度近视眼，Schiotz 眼压计测量值较实际眼压偏低。

图 2-87

2.3 合理运用智能图形

在WPS程序中，智能图形指的是利用多图形的组合表达一些数据关系，如列表关系、流程关系、循环关系、层次结构关系、时间轴等。在文档中搭配使用这些图形，一般有两方面需求，一是让数据关系显示得更直观，易于理解；二是提升整个文档的视觉效果。

2.3.1 建立组织结构图

扫一扫，看视频

图形的种类有很多种，用于表达不同的数据关系，其创建的过程基本是类似的，下面举例介绍组织结构图。建立组织结构图，可以方便快捷地展示组织结构之间的关系。在建立组织结构图前，要先了解上下逻辑关系。

❶ 在【插入】选项卡中单击【智能图形】按钮（见图2-88），打开【智能图形】对话框。

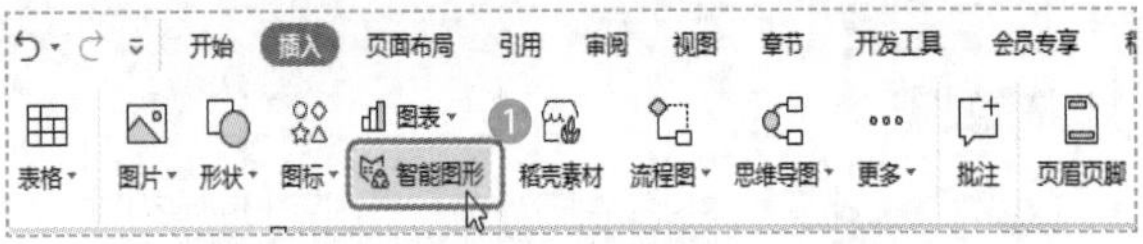

图 2-88

❷ 单击【层次结构】标签，然后单击下面的组织结构图。这时文档中即插入了基础的组织结构图，如图2-89所示。

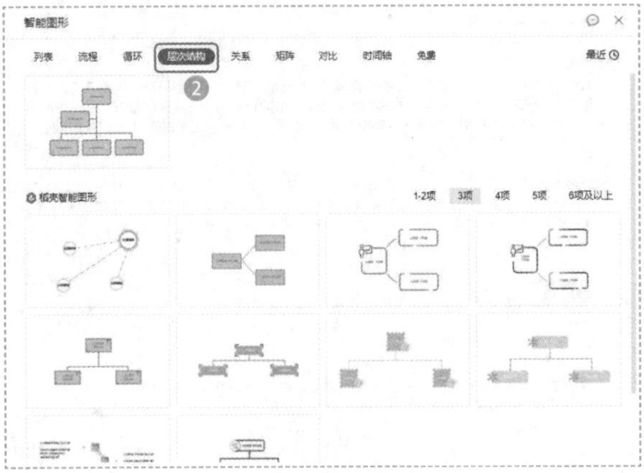

图 2-89

❸ 根据自己想建立的图形的逻辑关系逐一添加图形。选中图形，右侧会出现几个快捷按钮（见图2-90）。单击【添加项目】按钮，在展开的列表中选择【在下方添加项目】（见图2-91），则在选中图形的下面添加一个下一级的图形，并处于选中状态，如图2-92所示。

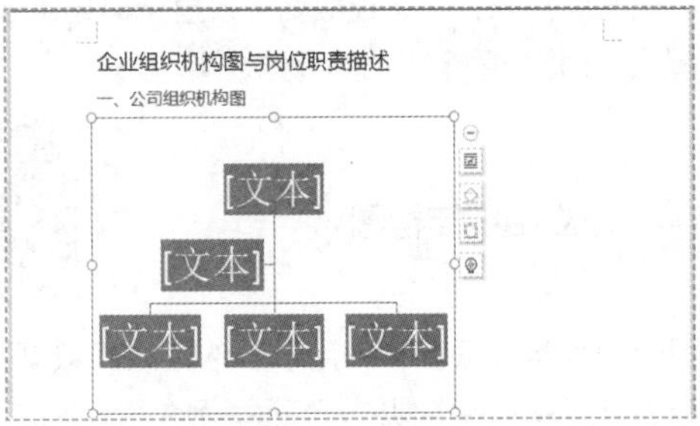

图 2-90

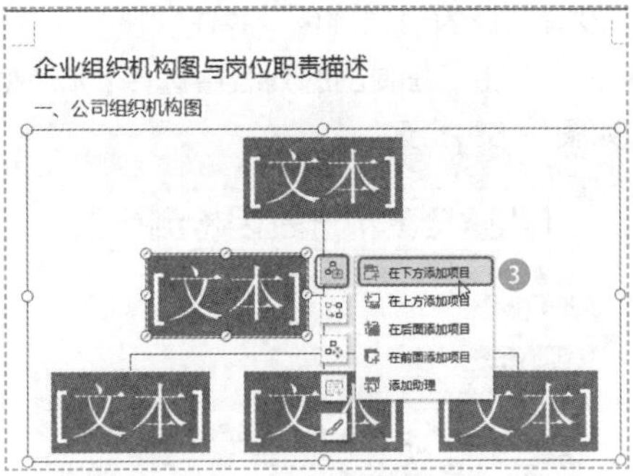

图 2-91

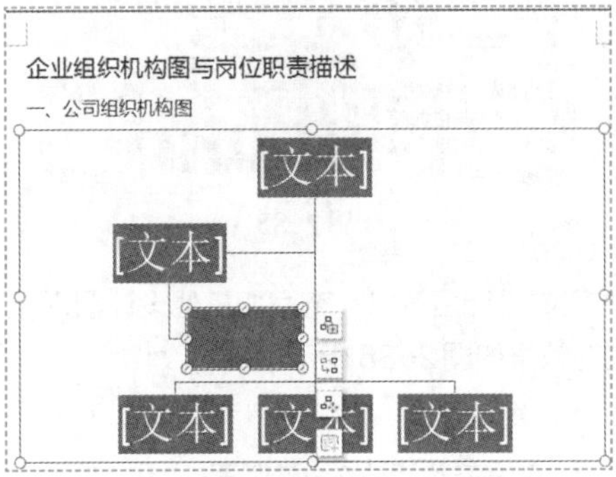

图 2-92

❹ 保持图形的选中状态，接着选择【在后面添加项目】（见图2-93），则在选中图形的后面添加一个同一级的图形，如图2-94所示。

❺ 添加3个图形后，选中如图2-95所示的图形，单击【更改布局】按钮，在展开的列表中选择【标准】，则可以更改悬挂的布局，如图2-96所示。

❻ 按相同的方法依次添加图形，如图2-97所示。

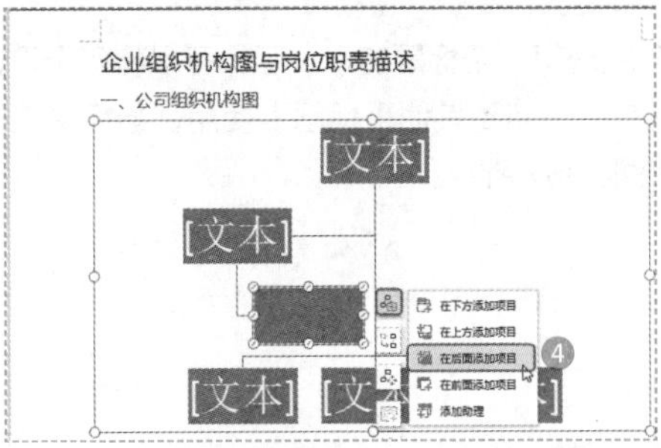

图 2-93

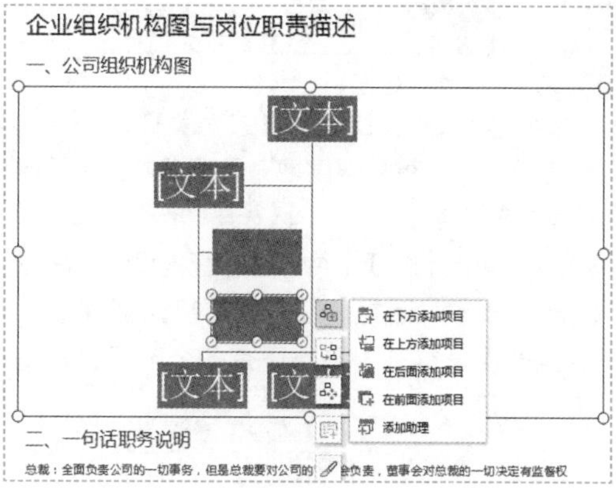

图 2-94

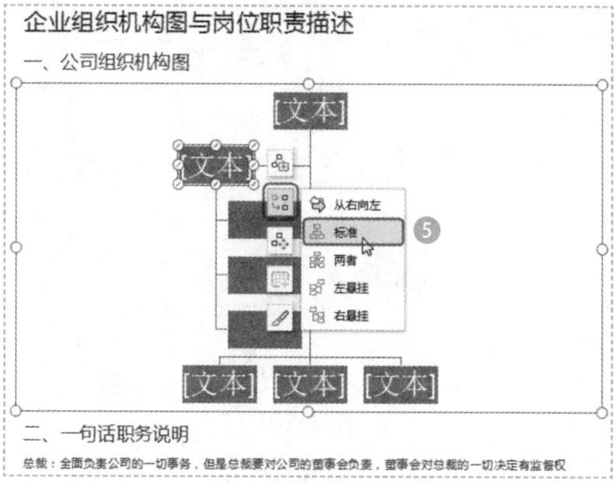

图 2-95

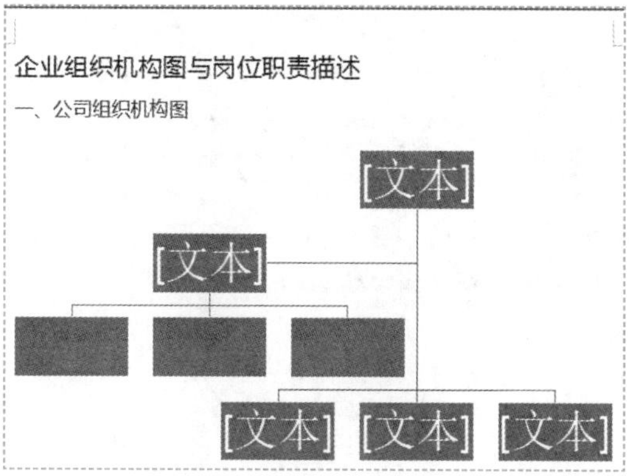

图 2-96

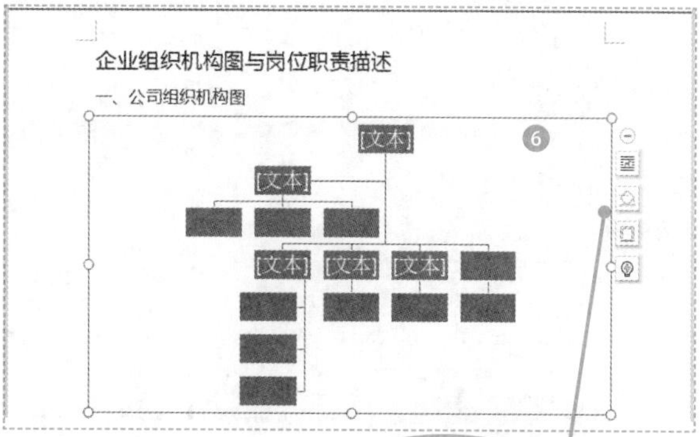

注意

添加图形时，是选择【在下方添加项目】【在上方添加项目】【在后面添加项目】，还是选择【在前面添加项目】，一是取决于对逻辑关系的规划，二是取决于当前选中的图形。

图 2-97

❼ 在图形中编辑文字，如图 2-98 所示。

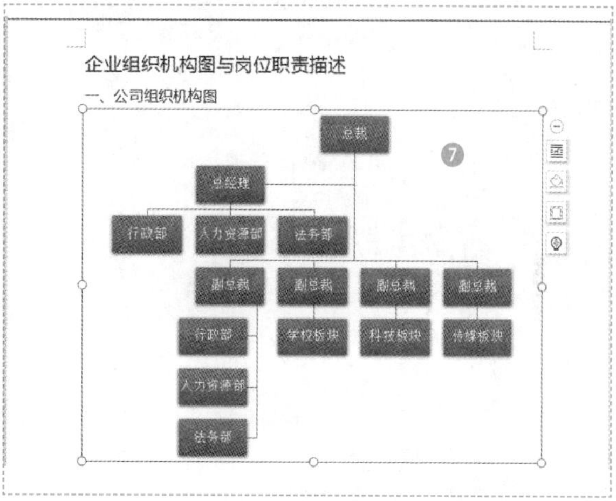

图 2-98

❽ 选中组织结构图，在【设计】选项卡中单击【更改颜色】按钮，在打开的下拉列表中可以重新选择图形的配色方案，如图 2-99 所示。

❾ 建立完成的组织结构图如图 2-100 所示。

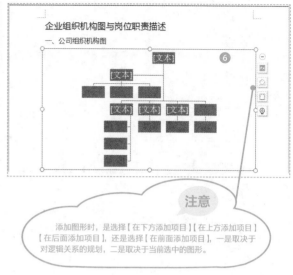

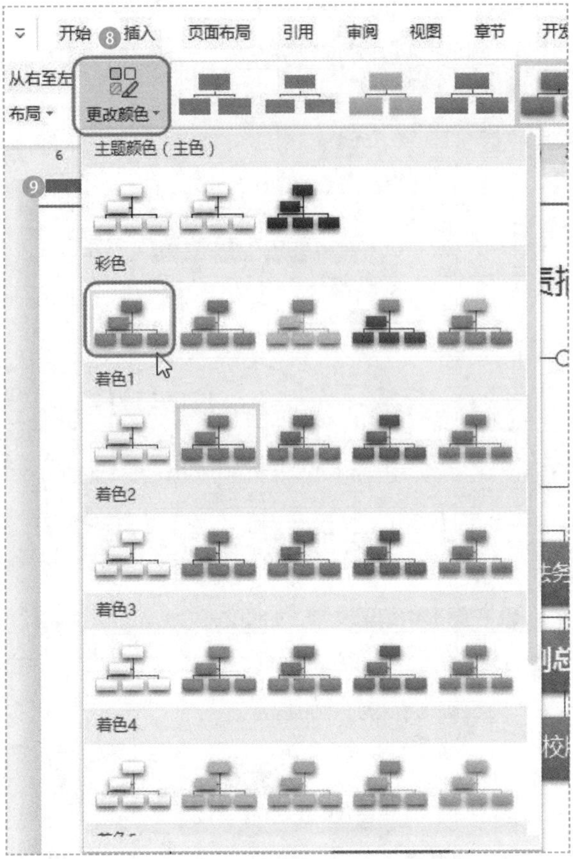

图 2-99

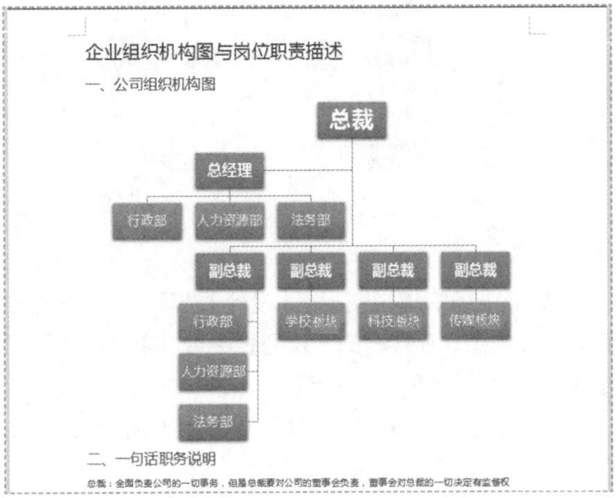

图 2-100

扫一扫，看视频

2.3.2 应用在线智能图形

在线智能图形具有美观、商务、样式众多等特点，可以最大限度地满足日常办公中设计图文结合的文档的需求。

❶ 在【插入】选项卡中单击【智能图形】按钮，打开【智能图形】对话框。在【稻壳智能图形】栏中可以看到众多图形样式，并且还有多个不同的分类，如图2-101所示。

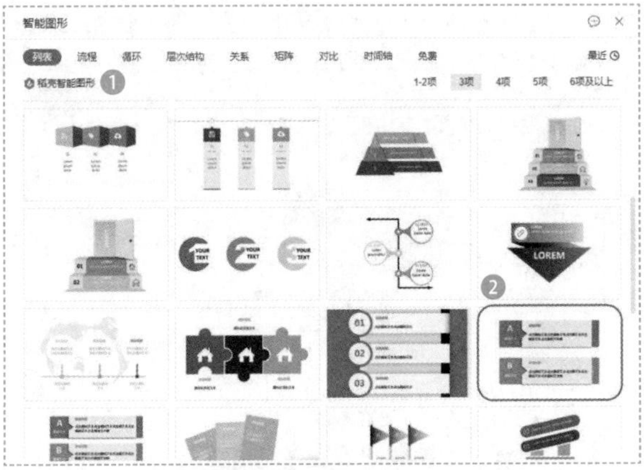

图 2-101

❷ 选择想使用的图形样式，单击后即可插入文档，如图2-102所示。

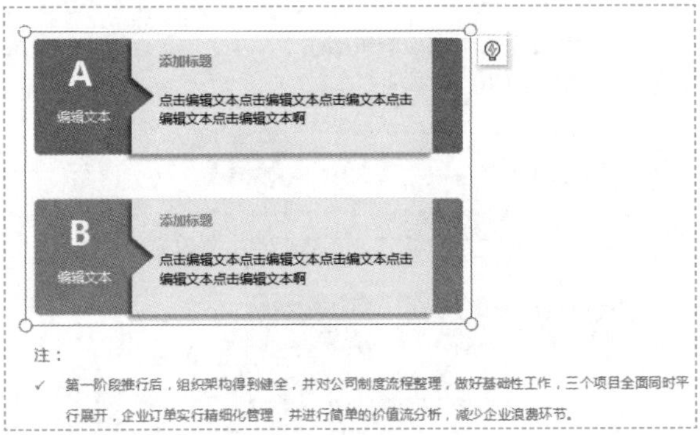

图 2-102

❸ 每一种智能图形都有默认的形状个数，如果形状个数不够，可以进行添加。选中图形，单击右上角的【智能图形处理】按钮，单击【项目个数】标签，选择需要的

形状个数，单击即可应用，如图2-103所示。

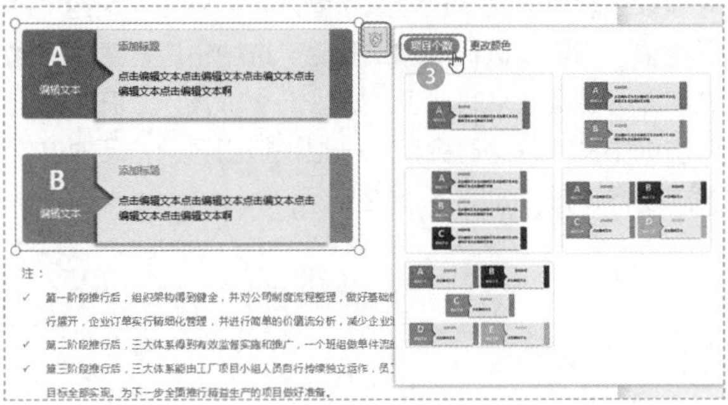

图2-103

❹ 按实际需要编辑文字，编辑后也可以对文字的格式进行修改，如图2-104所示。另外，还可以在【智能图形处理】中对图形的配色方案进行更改，如图2-105所示。

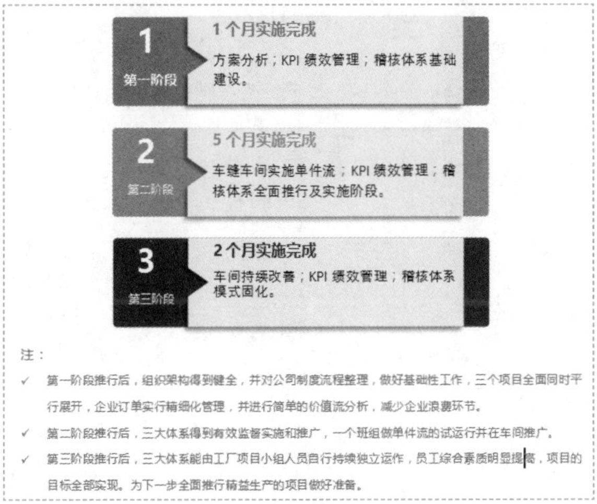

图2-104

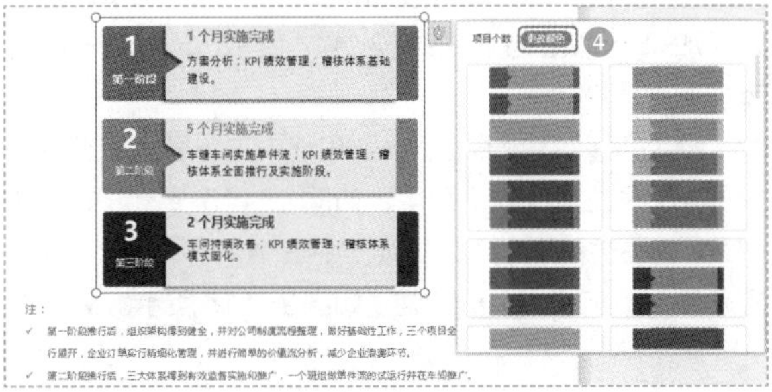

图2-105

在线智能图形是一项非常实用的功能，对商务文档编排的辅助作用极大，通过图2-106与图2-107所示的应用可以再次感受其应用效果。

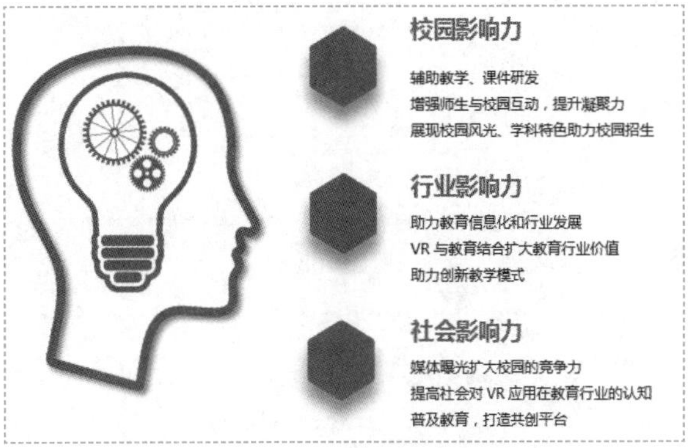

图2-106

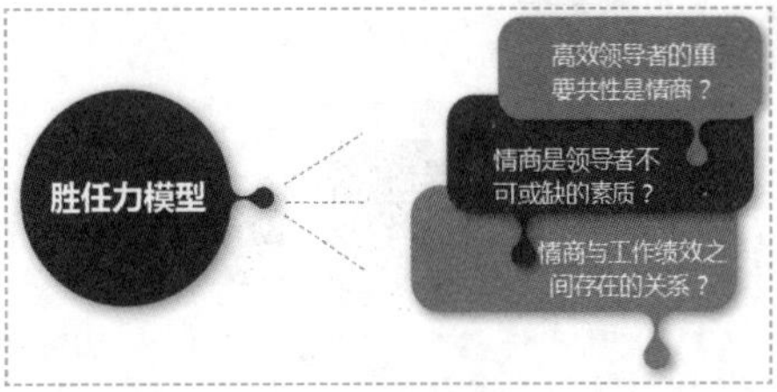

图2-107

2.4 应用WPS中的各种特色图

2.4.1 创建思维导图

扫一扫，看视频

思维导图的放射性结构反映了大脑的自然结构，它让以笔记形式出现的思想快速扩展，从而得到一张相关的、有内在联系的、清晰且准确的图形。这样，一个想法就可以很快且非常深刻地诞生，同时又能清晰地集中于中心主题。简单来说，思维导图可以帮助我们思考问题、解决问题，是思维的可视化。WPS程序中提供了绘制思维导图的功能，同时还提供了精美的思维导图样式，即使是初学者，也能设计出商务感十足的思维导图。

❶ 在【插入】选项卡中单击【思维导图】按钮，在展开的列表中选择【插入已有思维导图】命令，如

图2-108所示，打开对话框，可以看到多个不同的分类，如图2-109所示。

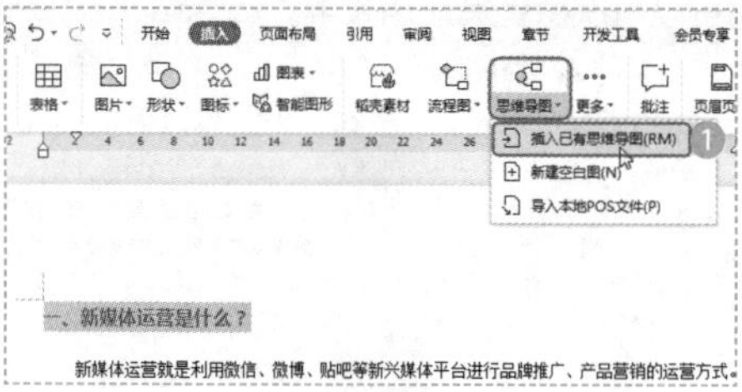

图 2-108

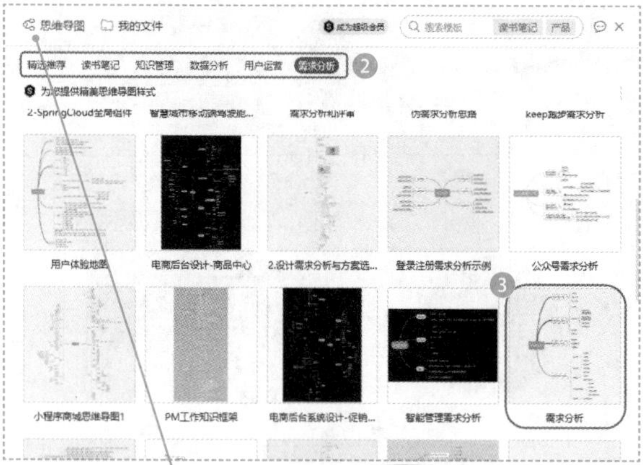

扩展

选择【思维导图】标签，可以使用多种模板，选择【我的文件】标签则显示已经使用过的思维导图，或者不使用模板完全由自己创建。

图 2-109

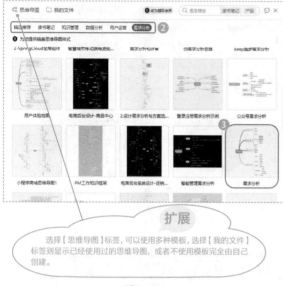

❷ 查看并找到自己想使用的思维导图样式，单击可以预览效果，然后单击【立即使用】按钮进入思维导图的编辑窗口，如图2-110所示。

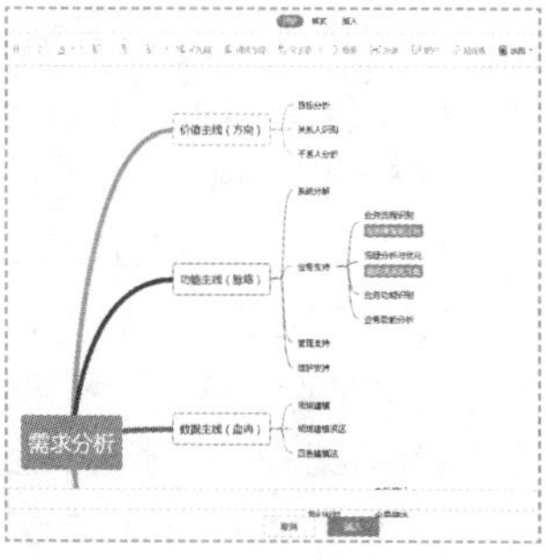

图 2-110

❸ 因为是使用模板来创建思维导图，所以必须逐一对模板中现有的文字进行重新输入。如果分支结构不满足要求，则可以进行添加或删除。选中主题，直接输入文字即可替换原来的文字，如图2-111所示。在主题上双击选中文字，这时会出现一组快捷工具，方便对文字格式进行设置，如图2-112所示。

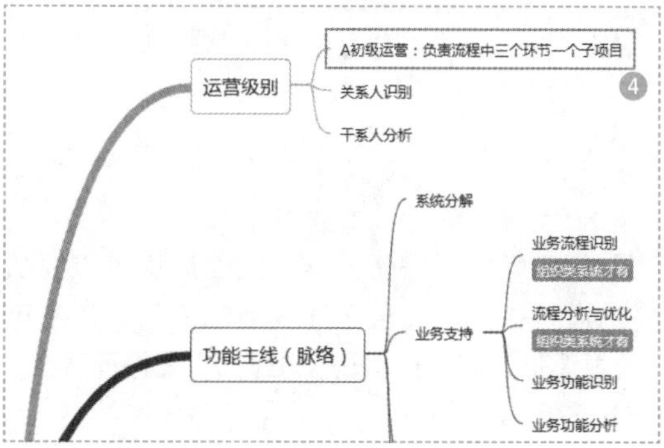

图 2-111

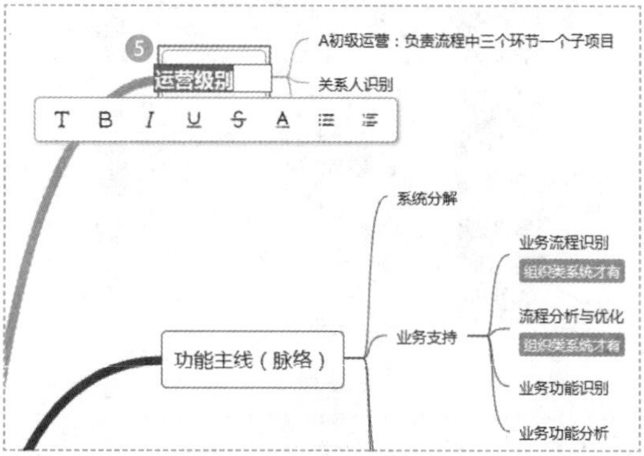

图 2-112

❹ 当主题不够时，需要添加主题。选中主题，在工具栏中单击【同级主题】按钮，如图2-113所示，则可以添加一个同级主题，如图2-114所示，添加后选中新添加的主题然后编辑文字。

❺ 如果要添加子主题，则在选中主题后，在工具栏中单击【子主题】按钮即可，如图2-115所示，如本例中在“A-初级运营：负责流程中三个环节一个子项目”主题后面添加了4个子主题，如图2-116所示。

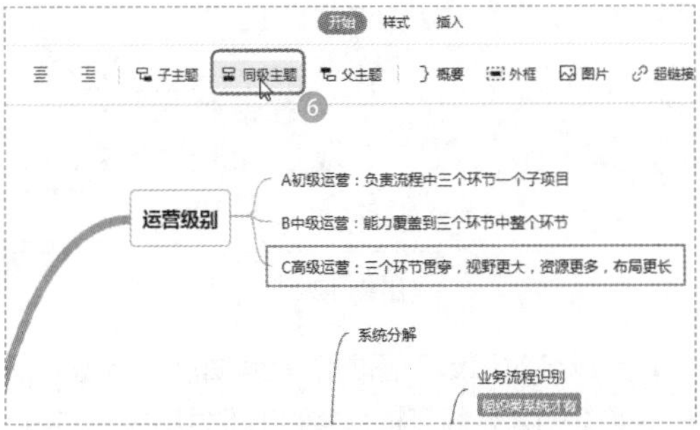

图 2-113

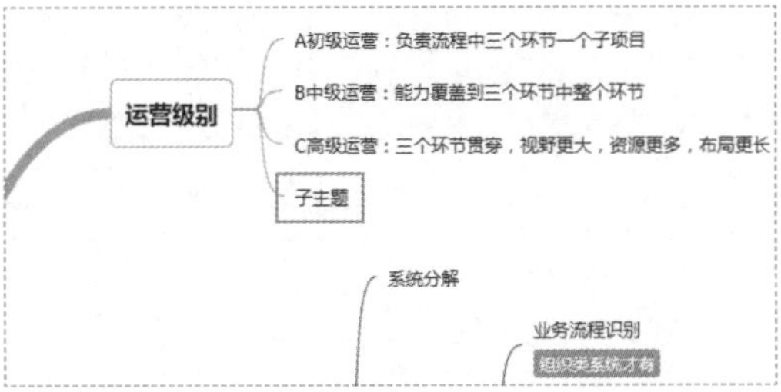

图 2-114

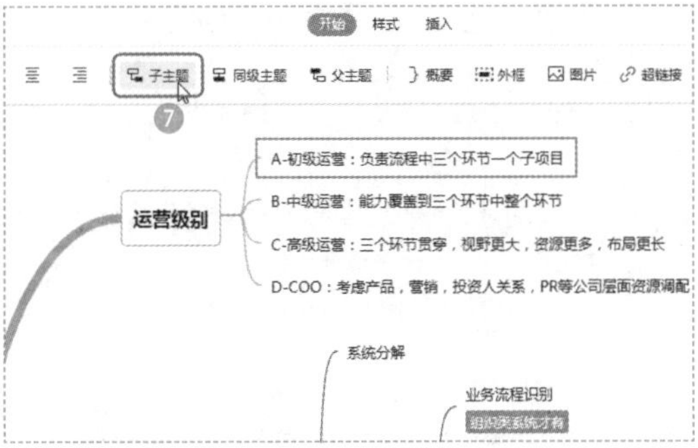

图 2-115

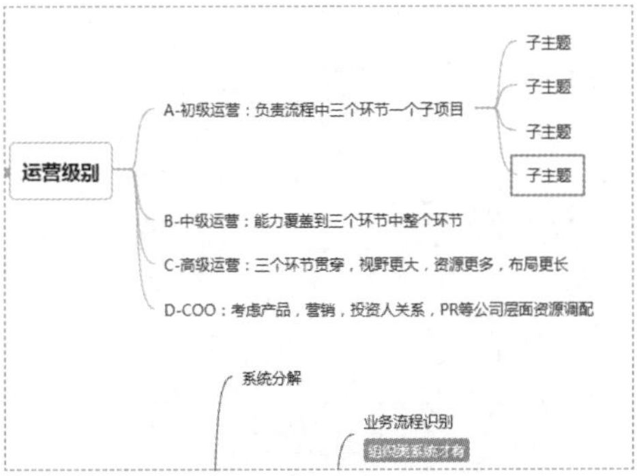

图 2-116

⑥ 有的模板中会含有标签，如果不需要使用，则可以删除。在标签上单击，弹出列表，单击【关闭】按钮即可关闭。如果不删除标签，可以更改标签的颜色、添加其他标签等，如图2-117所示。同理，如果模板中没有标签，当需要使用时也可以添加，选中主题后右击，在弹出的快捷菜单中选择【标签】命令即可添加标签，如图2-118所示。

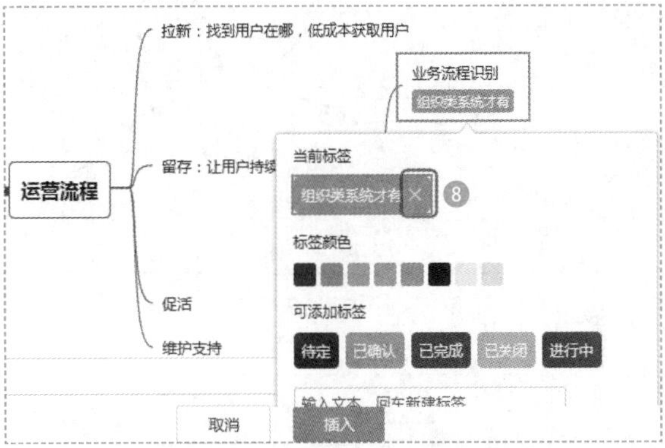

图 2-117

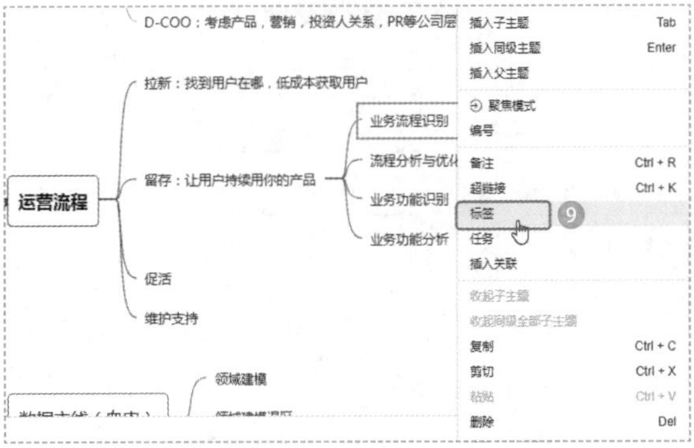

图 2-118

⑦ 对于不需要的主题，可以将其删除。在主题上右击，在弹出的快捷菜单中选择【删除】命令即可，如图2-119所示。

⑧ 还可以设置思维导图的画布颜色、风格和结构样式。在工具栏中单击【画布】按钮，可以对画布颜色进行设置，如图2-120所示；单击【风格】按钮，可以对思维导图的风格进行设置，如图2-121所示；单击【结构】按钮，可以对思维导图的结构样式进行设置，如图2-122所示。

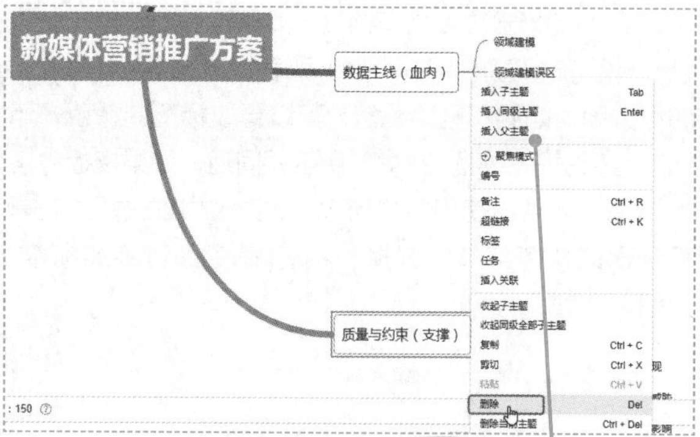

扩展

在快捷菜单中还有多个命令，由于不同的思维导图会有不同的要求，读者可以自己尝试使用。

图 2-119

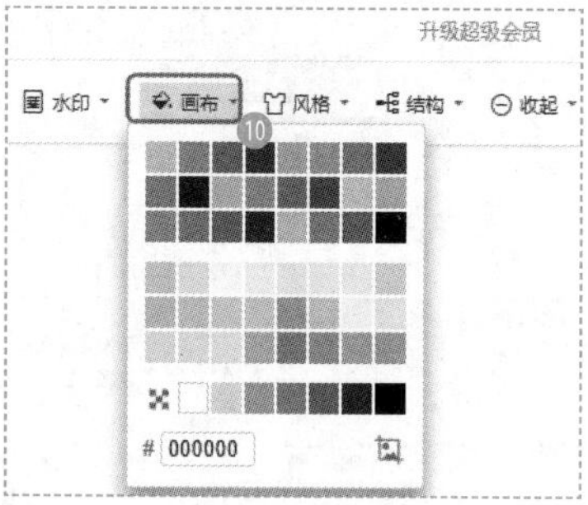

图 2-120

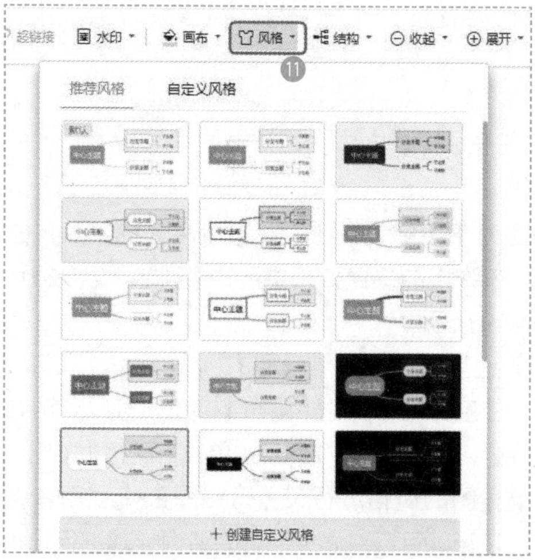

图 2-121

图 2-122

❾ 完成了对思维导图的所有编辑后，单击【插入】按钮（见图 2-123）即可将完整的思维导图插入文档，如图 2-124 所示。

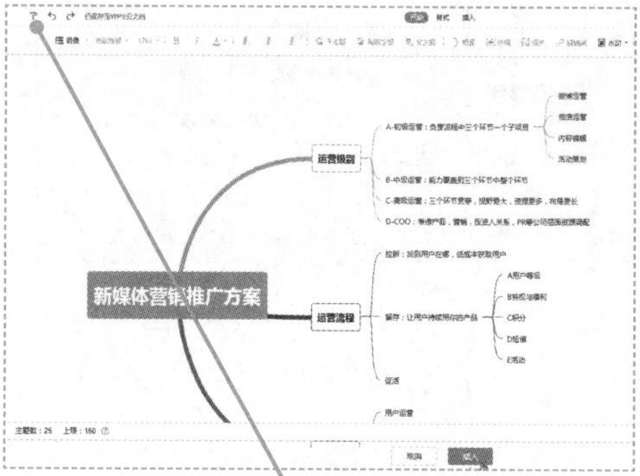

扩展

这里有一个【格式刷】按钮，该按钮是非常有用的，在设置了一个节点的格式后，可以启用格式刷来复制格式。

图 2-123

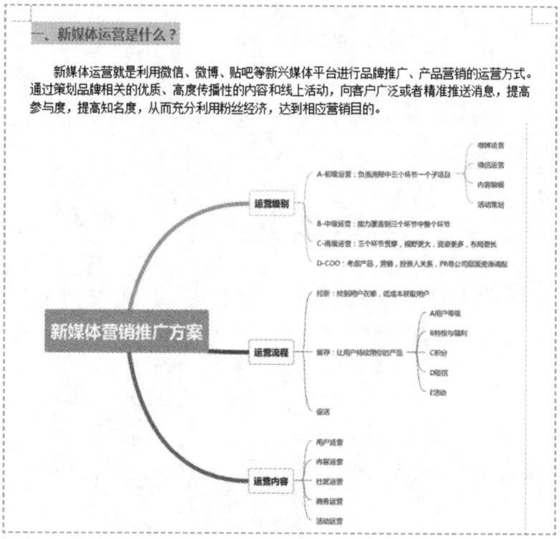
一、新媒体运营是什么？

新媒体运营就是利用微信、微博、贴吧等新兴媒体平台进行品牌推广、产品营销的运营方式。通过策划品牌相关的优质、高度传播性的内容和线上活动，向客户广泛或者精准推送消息，提高参与度，提高知名度，从而充分利用粉丝经济，达到相应营销目的。

图 2-124

技巧点拨

对于已经建立完成的思维导图，可以将其导出为图片或PDF文件，从而更加方便地使用。

在思维导图的编辑窗口中，切换到【导出】选项卡，可以看到有多种导出方式(见图2-125)，如单击【PNG图片】会弹出提示保存的对话框，如图2-126所示。

图 2-125

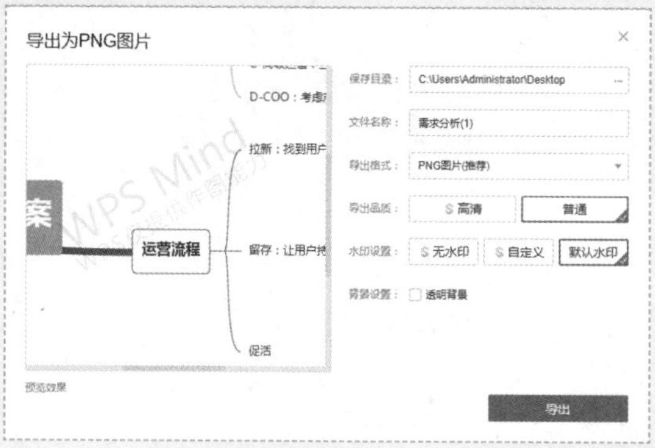

图 2-126

2.4.2 创建专业流程图

扫一扫，看视频

WPS程序中提供了专业制作流程图的功能，制作流程图时不用使用自选图形逐一绘制，可以使用专业的制作工具，甚至使用丰富多样的模板，从而大大降低绘制的难度，同时提升制作效率以及整体的美观度。

❶ 在【插入】选项卡中单击【流程图】按钮，在展开的列表中选择【插入已有流程图】命令(见图2-127)，打开对话框，可以看到有多个不同的分类，如图2-128所示。

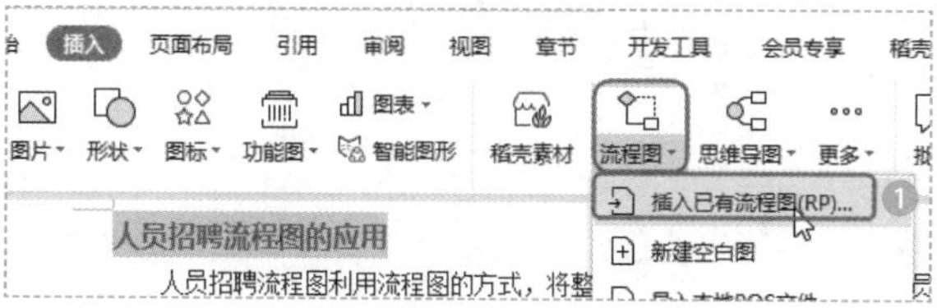

图 2-127

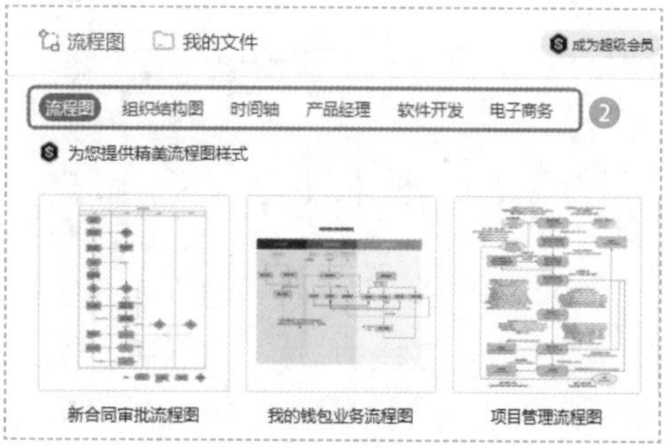

图 2-128

❷ 选择想使用的模板，单击可以预览，单击【立即使用】按钮(见图2-129)即可打开流程图编辑窗口，如图2-130所示。

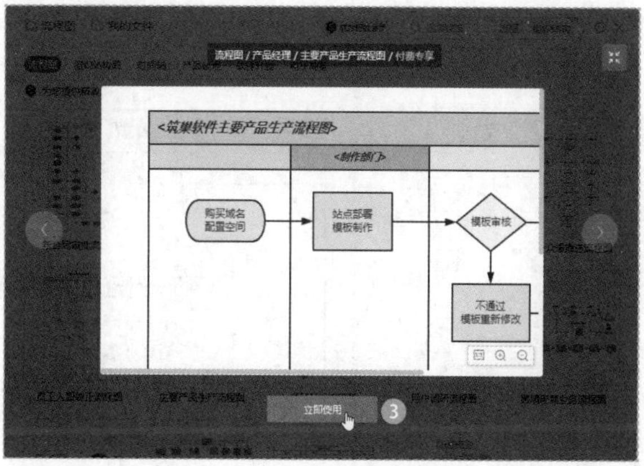

图 2-129

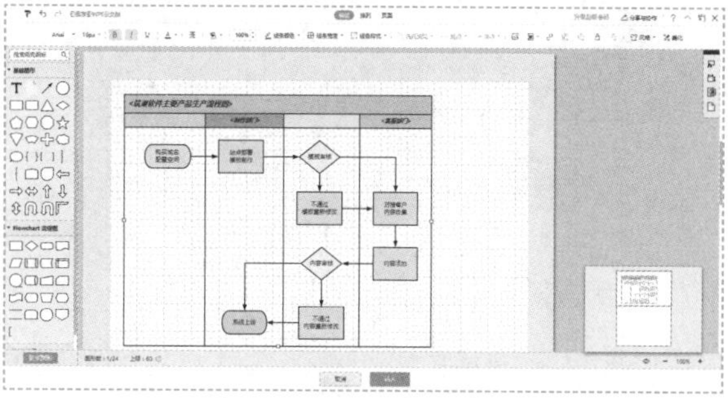

图 2-130

❸ 需要重新输入文字时，在图形上双击进入编辑状态，直接输入新文字即可，如图2-131所示。

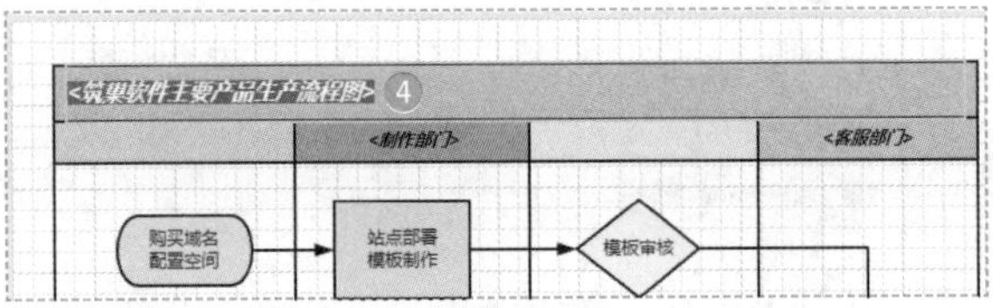

图 2-131

❹ 当需要改变图形样式时，可在图形上右击，在弹出的快捷菜单中选择【替换图形】命令（见图2-132），然后弹出可替换的图形列表，如图2-133所示。如果一个图形需要多次使用，则可以在图形上右击，在弹出的快捷菜单中选择【复用】命令（见图2-134），不断地单击就可以复制出多个相同的图形，如图2-135所示。

❺ 当需要其他图形时，可以从图库中将需要使用的图形拖出，如图2-136所示，释放鼠标即可得到图形，如图2-137所示，然后在图形上输入文字。

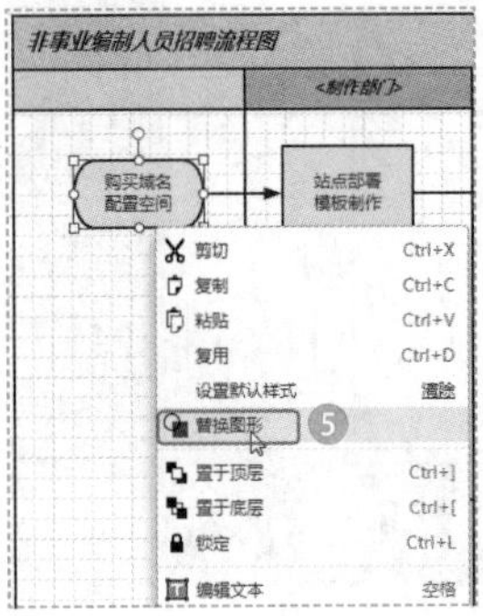

图 2-132

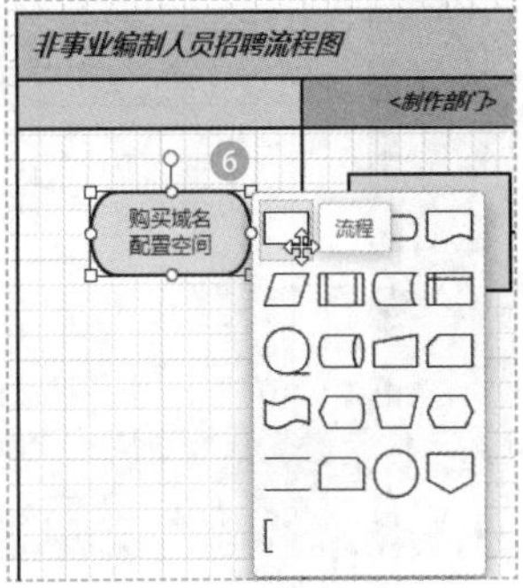

图 2-133

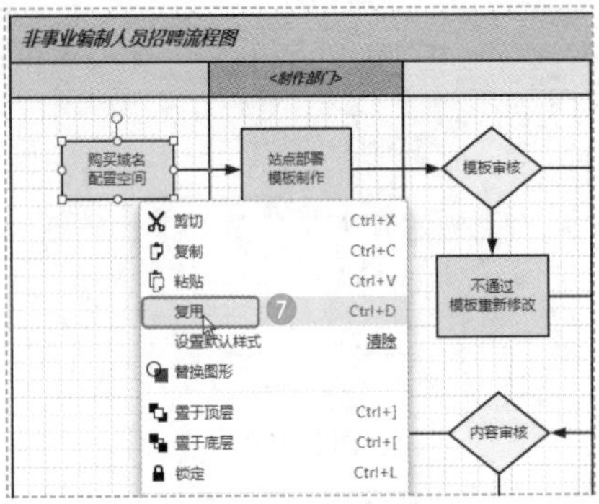

图 2-134

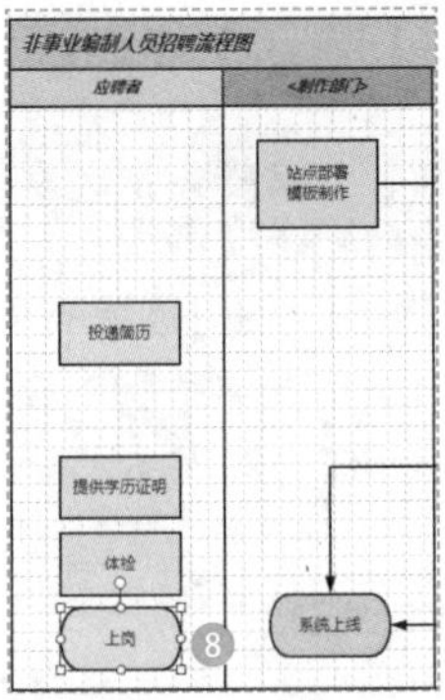

图 2-135

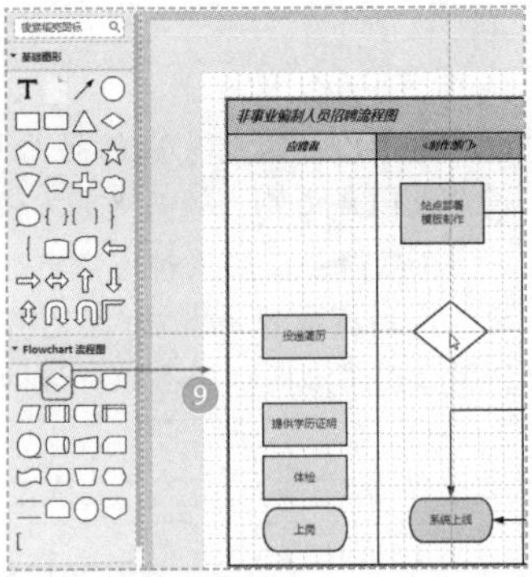

图 2-136

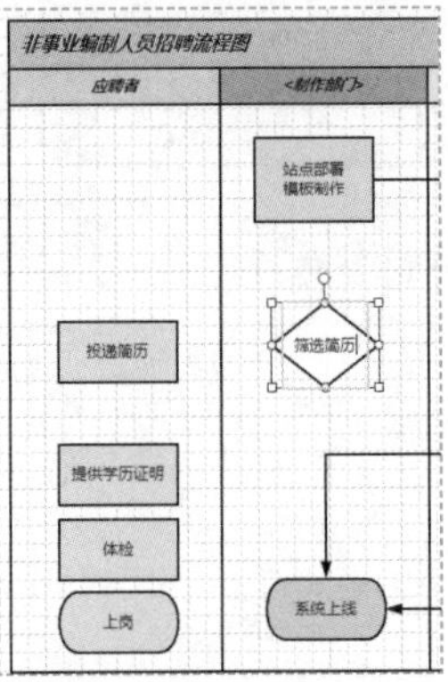

图 2-137

❻ 图形的颜色及边框也是可以重新设置的。选中图形，在工具栏中单击【填充样式】按钮，在展开的颜色列表中选择需要的颜色，如图2-138所示；单击【线条颜色】按钮，在展开的颜色列表中选择线条颜色，如图2-139所示，释放鼠标即可得到图形，如图2-140所示。

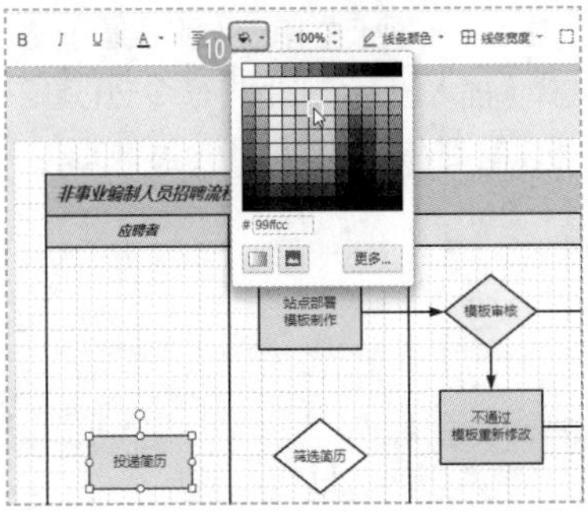

图 2-138

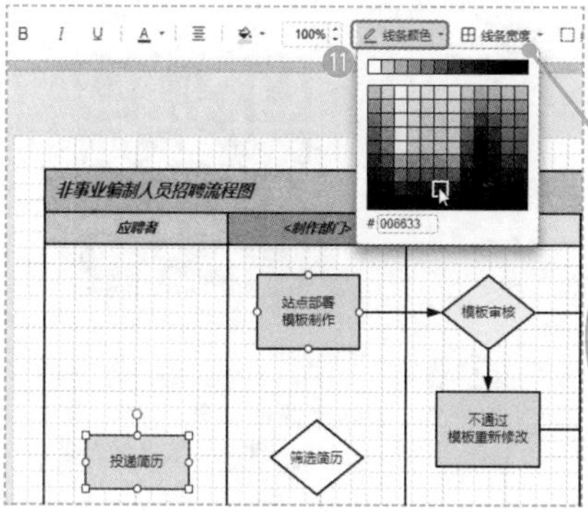

扩展

单击【线条宽度】可以改变默认线条的粗细程度。

图 2-139

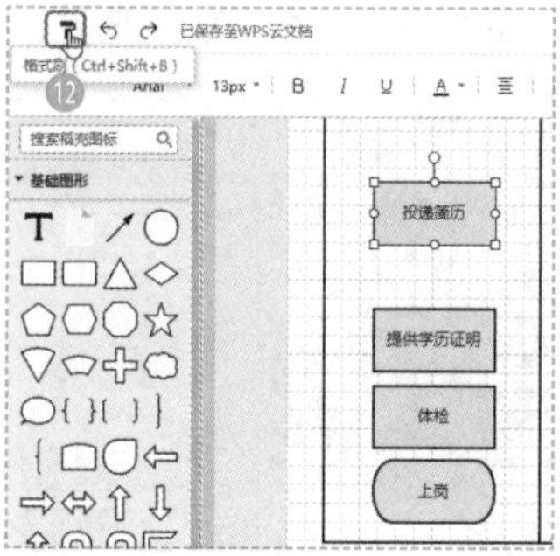

图 2-140

❼ 工具栏中还有一个非常实用的工具按钮——格式刷。当设置好一个图形的所有格式后，如果其他图形需要使用相同的格式，先选中图形，再单击一次【格式刷】按钮（见图2-140），然后依次在其他图形上单击即可引用全部格式，如图2-141所示。

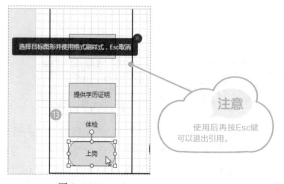

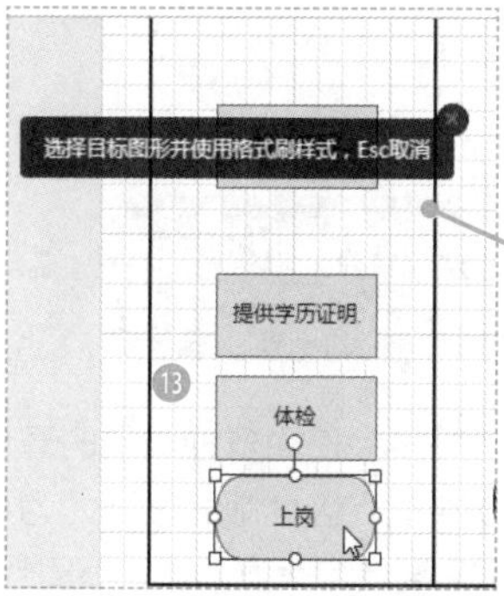

注意

使用后再按Esc键可以退出引用。

图 2-141

❽ 当需要添加连接箭头时，将鼠标指针指向图形边线的控制点上（见图2-142），按住鼠标左键拖动即可绘制线条，并且随着鼠标的拖动可以改变线条的方向，如图2-143和图2-144所示。

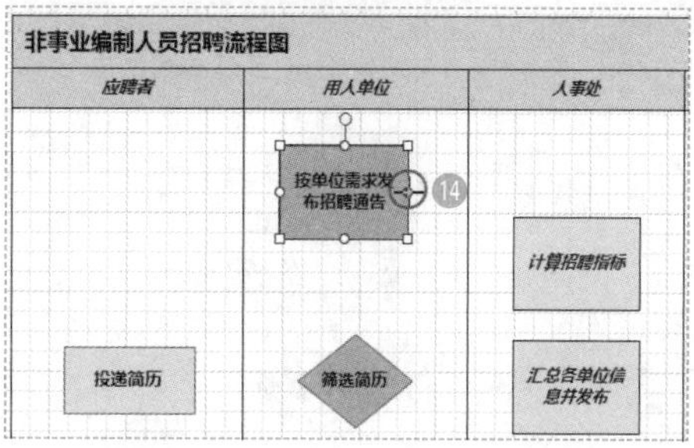

图 2-142

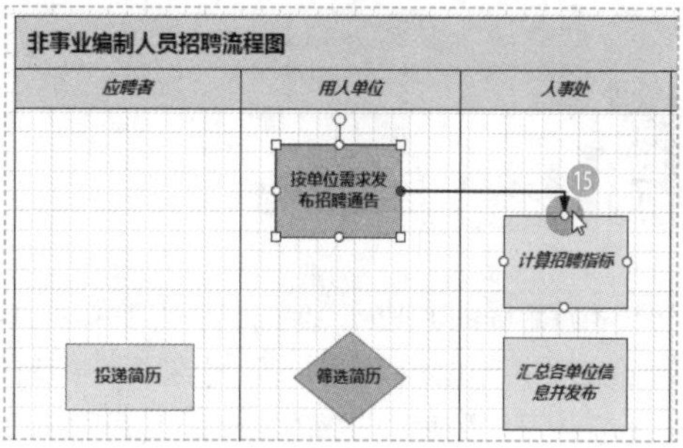

图 2-143

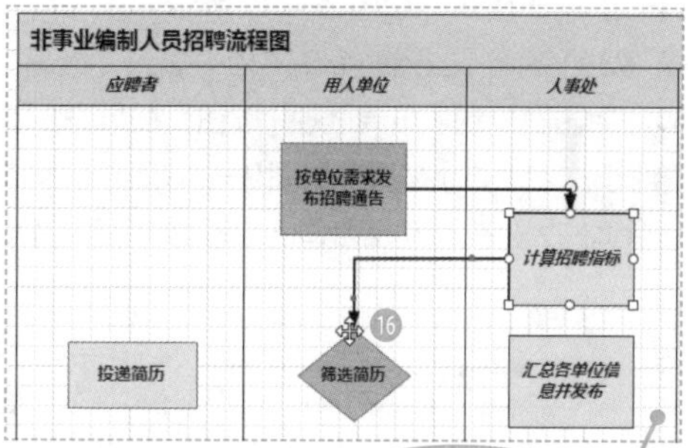

扩展

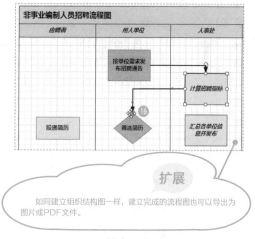

如同建立组织结构图一样，建立完成的流程图也可以导出为图片或PDF文件。

图 2-144

❾ 按相同的方法操作，可以替换图形、添加图形，或者修改图形填充及线条样式，直到按设计思路完成整个流程图的制作。完成所有编辑后，单击窗口底部的【插入】按钮即可将流程图插入文档，如图2-145所示。

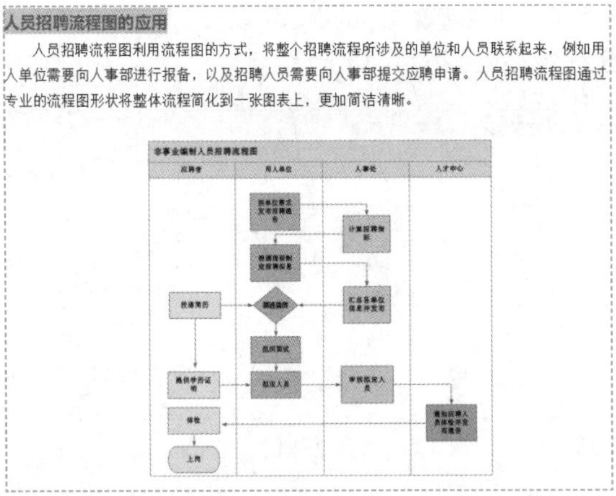
人员招聘流程图的应用
人员招聘流程图利用流程图的方式，将整个招聘流程所涉及的单位和人员联系起来，例如用人单位需要向人事部进行报备，以及招聘人员需要向人事部提交应聘申请。人员招聘流程图通过专业的流程图形状将整体流程简化到一张图表上，更加简洁清晰。
非事业编制人员招聘流程图
应聘者
用人单位
人事处
人才中心
上岗

图 2-145

扫一扫，看视频

2.4.3 生成二维码

WPS程序还提供了生成二维码的功能，操作步骤如下：

❶ 在文档中定位光标，在【插入】选项卡中单击【更多】按钮，在展开的列表中选择【二维码】(见图2-146)，打开【插入二维码】对话框。设置要生成二维码的内容并设置二维码的格式，如图2-147所示。

❷ 单击【确定】按钮即可在文档中插入二维码。选中二维码，单击右侧的【布局选项】按钮，在展开的列表中选择【浮于文字上方】布局，如图2-148所示。将二维码调整到合适的大小并移动至合适的位置，如图2-149所示。

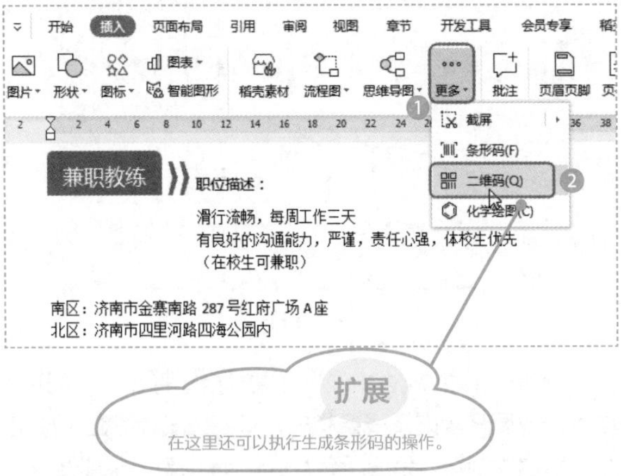

图 2-146

图 2-147

图 2-148

图 2-149

2.5 过关练习：宣传单的制作与编排

根据企业性质的不同，经常会使用多种类型的宣传单，这种文档是需要对外使用的，因此版面设计尤为重要。这类文档的设计一般都需要使用大量的图形、图片、文本框等元素，有了这些元素的加入，再匹配合理的设计方案，则可以形成专业的文档。

2.5.1 编排前后的文档对比

扫一扫，看视频

图2-150所示为一篇楼盘介绍的宣传单的原始文档；图2-151所示是对该文档进行设计排版后的效果。

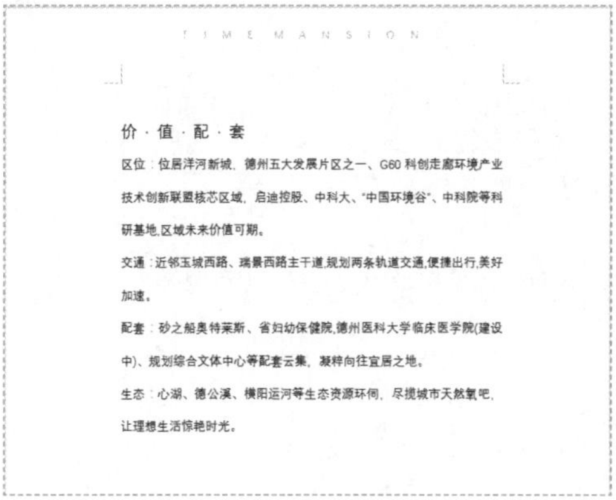
TIME MANSION
价·值·配·套
区位：位居洋河新城，德州五大发展片区之一、G60科创走廊环境产业技术创新联盟核芯区域，启迪控股、中科大、"中国环境谷"、中科院等科研基地,区域未来价值可期。
交通：近邻玉城西路、瑞景西路主干道,规划两条轨道交通,便捷出行,美好加速。
配套：砂之船奥特莱斯、省妇幼保健院,德州医科大学临床医学院(建设中)、规划综合文体中心等配套云集，凝粹向往宜居之地。
生态：心湖、德公溪、横阳运河等生态资源环伺，尽揽城市天然氧吧，让理想生活惊艳时光。

图2-150

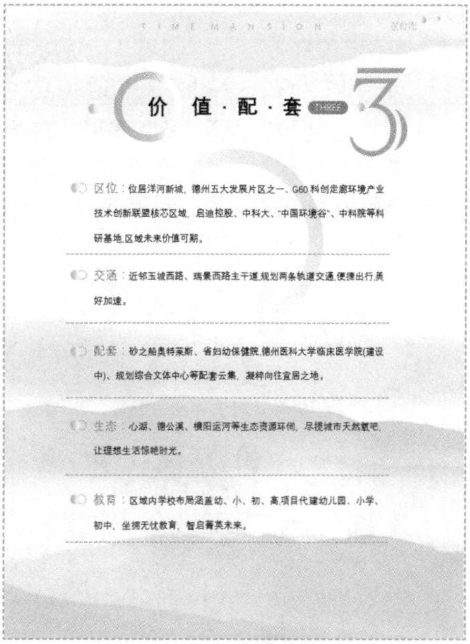
TIME MANSION
价·值·配·套
THREE
3
区位：位居洋河新城，德州五大发展片区之一、G60科创走廊环境产业技术创新联盟核芯区域，启迪控股、中科大、"中国环境谷"、中科院等科研基地,区域未来价值可期。
交通：近邻玉城西路、瑞景西路主干道,规划两条轨道交通,便捷出行,美好加速。
配套：砂之船奥特莱斯、省妇幼保健院,德州医科大学临床医学院(建设中)、规划综合文体中心等配套云集，凝粹向往宜居之地。
生态：心湖、德公溪、横阳运河等生态资源环伺，尽揽城市天然氧吧，让理想生活惊艳时光。
教育：区域内学校布局涵盖幼、小、初、高项目代建幼儿园、小学、初中，坐拥无忧教育，智启菁英未来。

图2-151

2.5.2 制作与编排要点

扫一扫，看视频

下面以此文档为例，罗列出文档的制作与编排要点。

序号	制作与编排要点	知识点对应
1	标题文字居中显示，设置字体格式为：等线、一号、加粗，并使用圆点符号间隔文字。	1.3.4小节
2	插入文本框并输入序号3，字号设置为200，最好使用艺术效果的字体，范例中使用的是Colonna MT字体。文本框要设置为无边框且无填充的效果。	2.2.4小节
3	序号前使用的是“流程图：终止”图形，图形上仍然使用一个无边框且无填充的文本框来输入文字。	2.2.1小节 2.2.4小节

续表

<table>
<tr><th>序号</th><th>制作与编排要点</th><th>知识点对应</th></tr>
<tr><td>4</td><td>装饰图形使用了“圆环图”图形，在绘制后需要通过控制点调节圆环的内环大小，如图2-152所示。同时需要设置图形渐变填充效果，本例使用的是从黄色到白色的渐变，其参数设置如图2-153所示。注意【渐变样式】为【线性渐变-到右侧】，如图2-154所示。

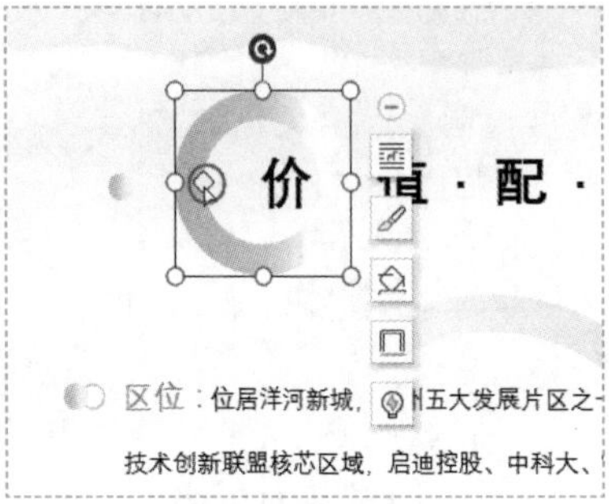

图2-152

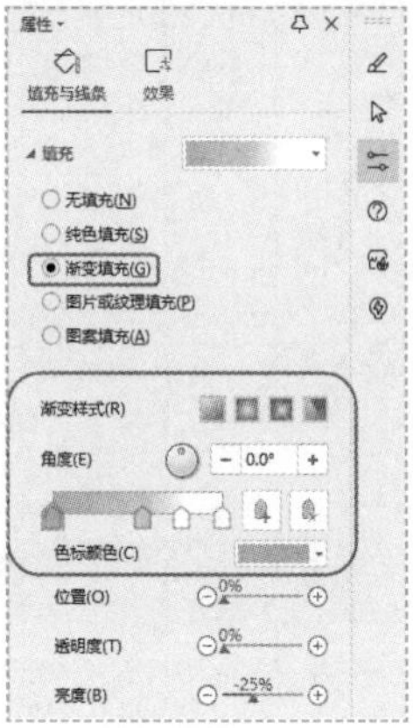

图2-153

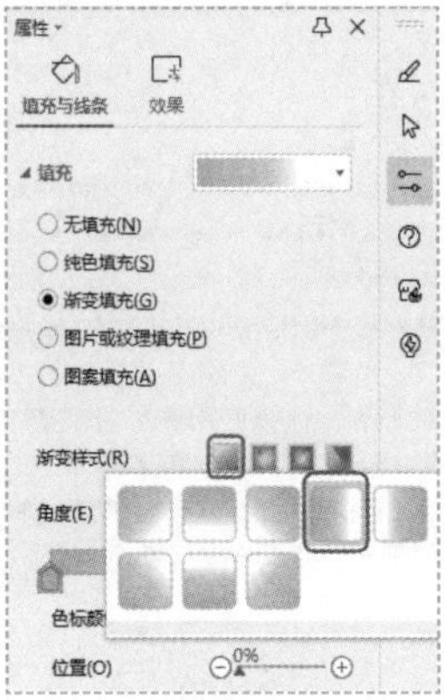

图2-154</td><td>2.2.3小节</td></tr>
<tr><td>5</td><td>各个主题间使用虚线分隔。</td><td>2.2.1小节
2.2.3小节</td></tr>
<tr><td>6</td><td>插入图片，设置其环绕方式为【衬于文字下方】，并放大至整个页面大小。选择图片时有两个注意点：①应选择纵向版面的图片，从而保障图片放大至页面大小时不会横纵比例失真；②图片应选择易于作为背景的色彩及图案，不能影响正文的识别度。</td><td>2.1.4小节</td></tr>
<tr><td>7</td><td>每个主题文字前的装饰小图是两个小圆形，一个设置了无轮廓的【线性渐变-到右侧】的渐变方式，另一个设置了无填充的只有轮廓线的格式。设计完两个装饰小图的格式后可进行组合，复制到其他主题文字前使用，同时注意多个图形应保持左对齐。</td><td>2.25小节</td></tr>
</table>

第 3 章 数据文档的编排操作

3.1 表格的诞生

表格在文档中也是经常需要使用的，但如果只是插入默认的表格，一方面结构不一定满足实际应用的需求，另一方面其外观效果可能达不到商务文档的需求。

3.1.1 插入指定行列数的表格

扫一扫，看视频

当文档中需要使用表格时，可以先大致计算一下需要的行列数，然后插入一个基本表格。

❶ 将光标定位到要插入的位置，在【插入】选项卡中单击【表格】按钮，展开下拉列表，移动鼠标确定要插入表格的行数与列数，如图3-1所示。

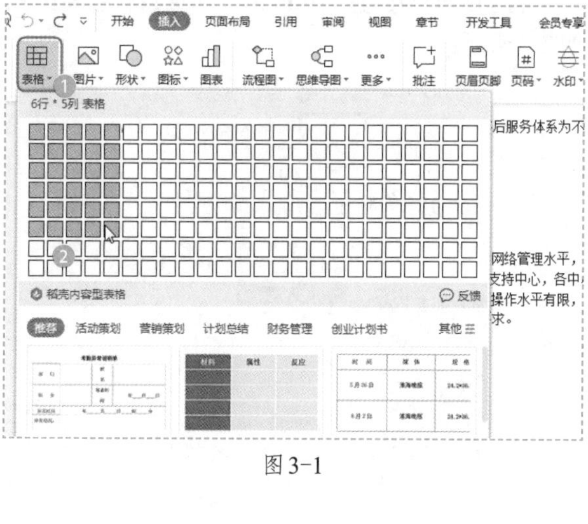

图 3-1

❷ 确定后单击即可插入默认的初始表格，如图3-2所示。

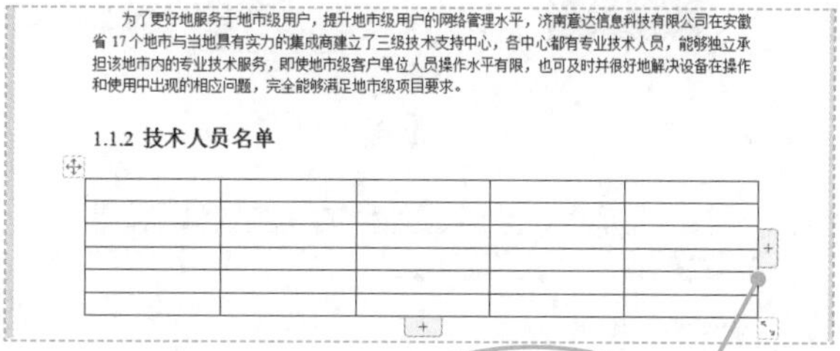

扩展

插入表格后，将鼠标指针移动到表格上，底部和右侧就会出现添加按钮，单击即可添加行和添加列。

图 3-2

3.1.2 应用线上表格模板

扫一扫，看视频

WPS程序借助稻壳商城提供了一些表格的模板，有些模板可以引用其格式，有些模板可以引用其框架结构和内容。

❶ 将光标定位到要插入的位置，在【插入】选项卡中单击【表格】按钮，展开下拉列表，在【稻壳内容型表格】栏中可以看到多种表格模板和多个分类，如图3-3所示。

❷ 单击想使用的模板即可插入表格，如图3-4所示。在这个表格中可以使用其格式，只要按要求对框架结构进行调整并输入内容即可。

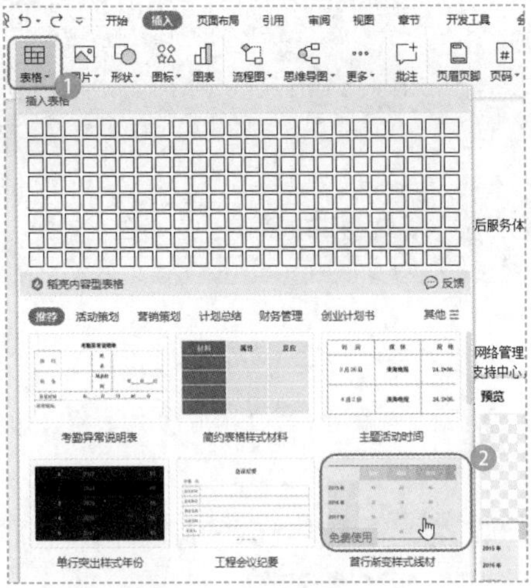

图 3-3

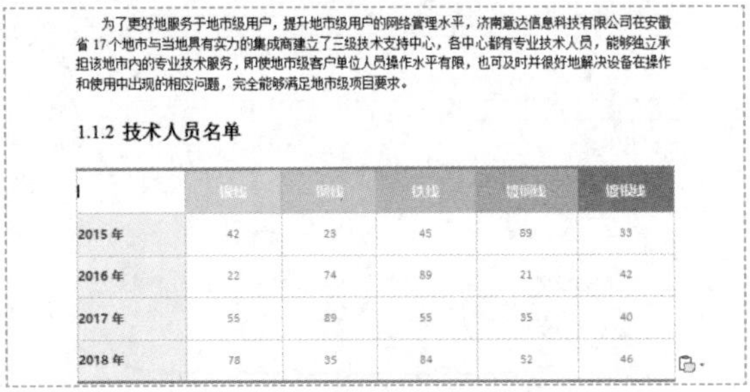

为了更好地服务于地市级用户，提升地市级用户的网络管理水平，济南意达信息科技有限公司在安徽省 17 个地市与当地具有实力的集成商建立了三级技术支持中心，各中心都有专业技术人员，能够独立承担该地市内的专业技术服务，即使地市级客户单位人员操作水平有限，也可及时并很好地解决设备在操作和使用中出现的相应问题，完全能够满足地市级项目要求。

1.1.2 技术人员名单

	镍线	铜线	铁线	镀铜线	镀锡线
2015 年	42	23	45	89	33
2016 年	22	74	89	21	42
2017 年	55	89	55	35	40
2018 年	78	35	84	52	46

图 3-4

❸ 在模板列表中还有一些行业应用的模板，如活动策划、营销策划、计划总结等（见图3-5），在这些表格模板中，有些内容是可以直接使用的，有些内容经过修改也可以投入使用。图3-6所示为插入的退休人员申请表。

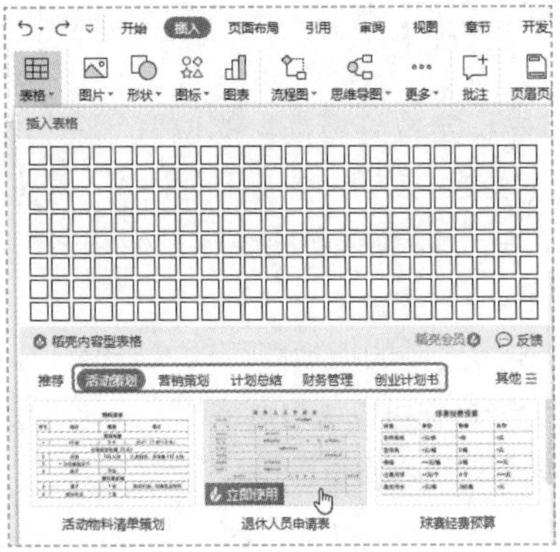

图 3-5

退 休 人 员 申 请 表

单位名称		单位保险编号				
姓　　名		性别		民族	籍贯	
出生年月		身份证号码				
参加工作时　间		缴费起始时间		年　　月	是否孤寡老人	
用工形式		所属社区居委会				
详细地址					是否异地定居	
邮政编码		本人联系电话				
受委托人		受委托人电话				
工作简历	起止年月	工　作　单　位				职务工种
从事特殊工种年限		年,证明人				

图 3-6

扫一扫，看视频

3.1.3 按设计思路调整表格结构

对表格的结构调整包括合并单元格、插入或删除行列等。合并单元格是最常用的一种结构调整，它用于表现一对多的关系。在创建原始表格后，可能多处都需要进行此项操作。当要添加新内容或删除旧内容时都需要随时插入或删除行列。

❶ 选中要合并的单元格区域，在【表格工具】选项卡中单击【合并单元格】按钮（见图3-7），此时选中的单元格区域会合并为一个单元格，可以重新输入文字，如图3-8所示。

图 3-7

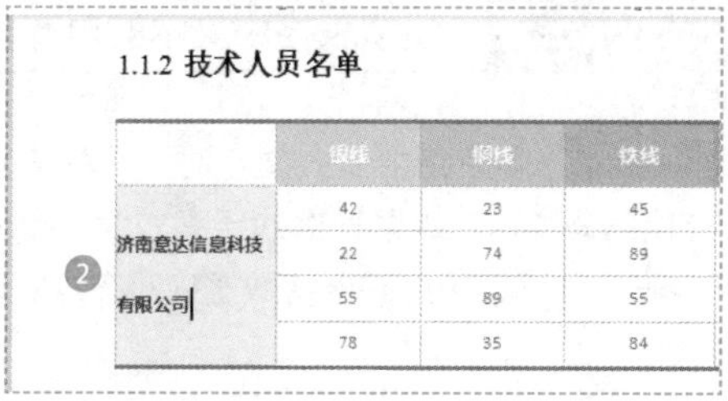

图 3-8

❷ 选中文字，切换到【开始】选项卡中，可以重新设置文字的字体、字号和对齐方式，如图3-9所示。

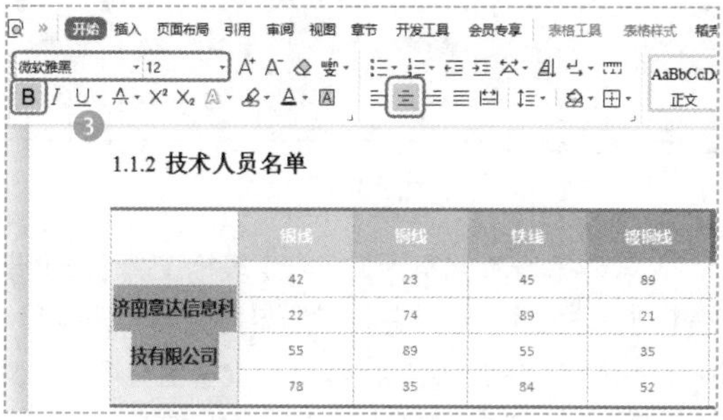

图 3-9

❸ 当有多余的行列时，可以进行删除。选中要删除的整列，或者将光标定位在这一列中，右击，在工具栏中单击【删除】按钮，在打开的下拉列表中选择【删除列】命令，如图3-10所示。

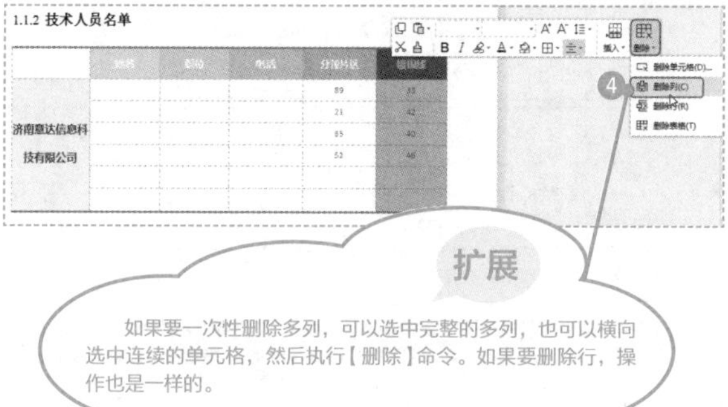
1.1.2 技术人员名单
济南意达信息科
技有限公司
4
扩展
如果要一次性删除多列，可以选中完整的多列，也可以横向选中连续的单元格，然后执行【删除】命令。如果要删除行，操作也是一样的。

图 3-10

❹ 删除列之后，单击【表格工具】选项卡中的【自动调整】按钮，在打开的下拉列表中选择【适应窗口大小】命令（见图3-11），即可将表格调整到与页面同宽，如图3-12所示。

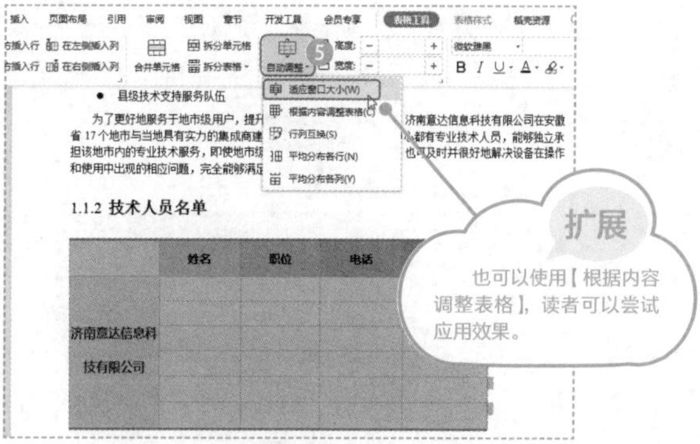

图 3-11

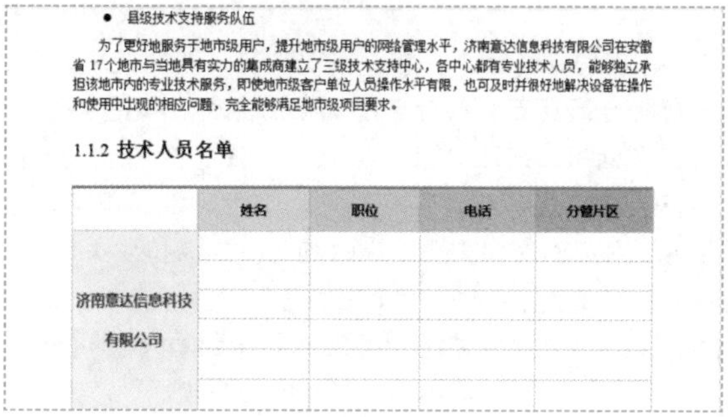

图 3-12

❺ 如果需要调整单独的列的列宽，可以利用鼠标拖动调整。将鼠标指针指向列与列的分隔线上，出现双向对拉箭头时（见图3-13），按住鼠标左键拖动即可。

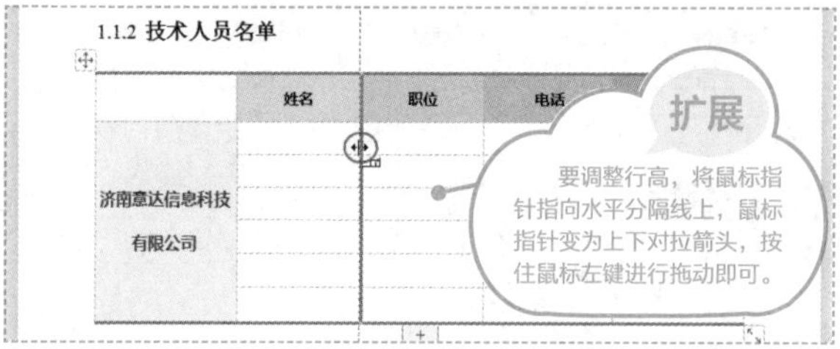

图 3-13

技巧点拨

对于行高和列宽，也可以一次性进行设置。例如，希望统一增大表格的行高，而不采用默认的值，此时不能一行一行地去拖动。

❶ 一次性选中要调整的行。

❷ 在【表格工具】选项卡中，通过设置高度值调整行高（可以通过 + 按钮进行调整），如图3-14所示。

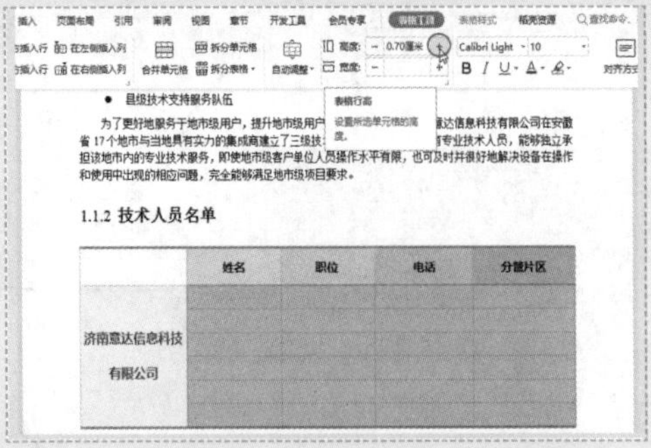

图 3-14

在调整行高时，会有一个默认值，其为最小行高，当想将行高调至更小时会发现无法实现。如图3-15所示，当行高已经达到最小值时，无论怎么调节，行高都不会变小。但有时候有些行用于间隔数据而不用于输入数据，这时则需要更小的行高。其调整方法为：单击【表格属性】按钮，打开【表格属性】对话框，选择【行】选项卡，首先在【行高值是】设置框中选择【固定值】（见图3-16），然后再设置指定的高度。

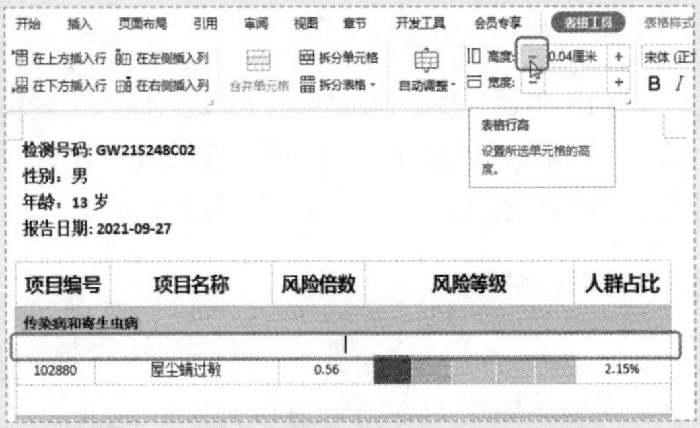

图 3-15

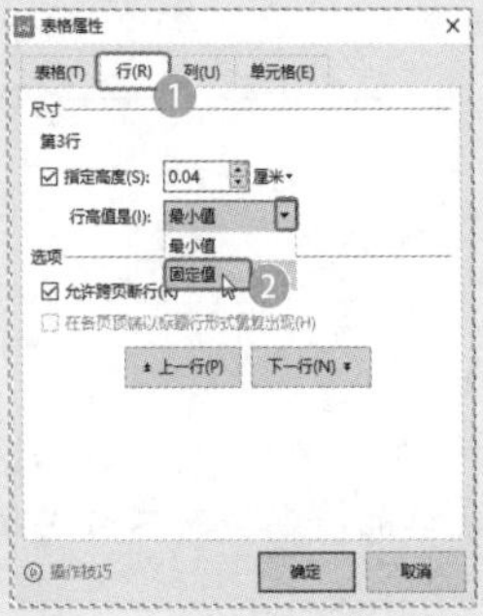

图 3-16

3.1.4 设置表格中文本的对齐方式

扫一扫，看视频

向表格中输入文字时默认是靠左上角对齐的（见图3-17），如果表格的行高较大，单元格内的数据则不太美观，因此需要将数据的对齐方式调整为居中对齐。

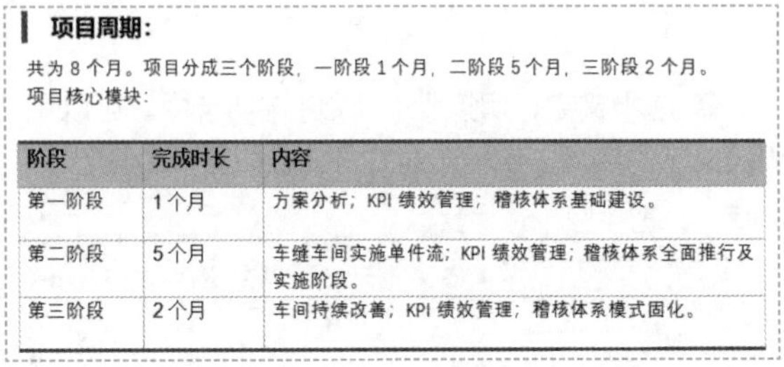

项目周期：

共为 8 个月。项目分成三个阶段，一阶段 1 个月，二阶段 5 个月，三阶段 2 个月。
项目核心模块：

阶段	完成时长	内容
第一阶段	1个月	方案分析；KPI 绩效管理；稽核体系基础建设。
第二阶段	5个月	车缝车间实施单件流；KPI 绩效管理；稽核体系全面推行及实施阶段。
第三阶段	2个月	车间持续改善；KPI 绩效管理；稽核体系模式固化。

图 3-17

❶ 选中首行单元格区域，在【表格工具】选项卡中单击【对齐方式】按钮，在打开的下拉列表中选择【水平居中】（见图3-18），执行操作后可以看到首行中的文字在水平方向与垂直方向都是居中对齐的，如图3-19所示。

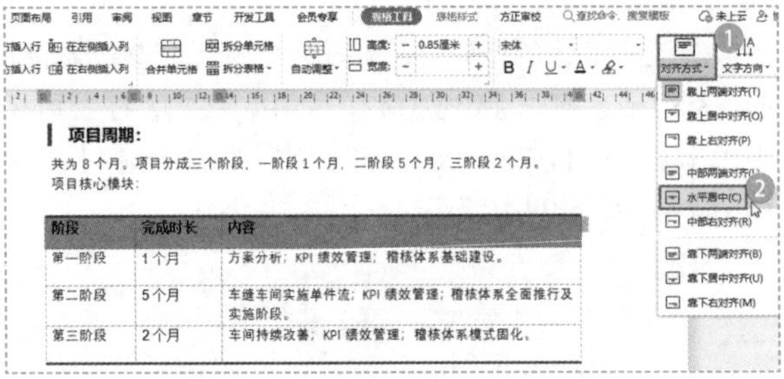

图 3-18

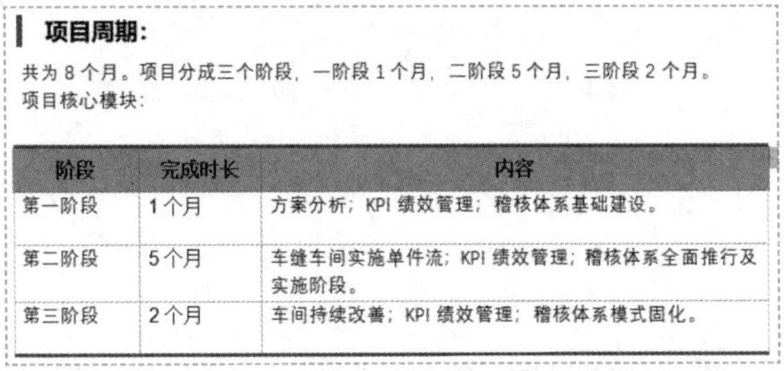

项目周期：

共为 8 个月。项目分成三个阶段，一阶段 1 个月，二阶段 5 个月，三阶段 2 个月。
项目核心模块：

阶段	完成时长	内容
第一阶段	1个月	方案分析；KPI 绩效管理；稽核体系基础建设。
第二阶段	5个月	车缝车间实施单件流；KPI 绩效管理；稽核体系全面推行及实施阶段。
第三阶段	2个月	车间持续改善；KPI 绩效管理；稽核体系模式固化。

图 3-19

❷ 选中【内容】列的单元格区域，在【表格工具】选项卡中单击【对齐方式】按钮，在打开的下拉列表中

选择【中部两端对齐】(见图3-20)，执行操作后可以看到选中的文字靠左并居中对齐，如图3-21所示。

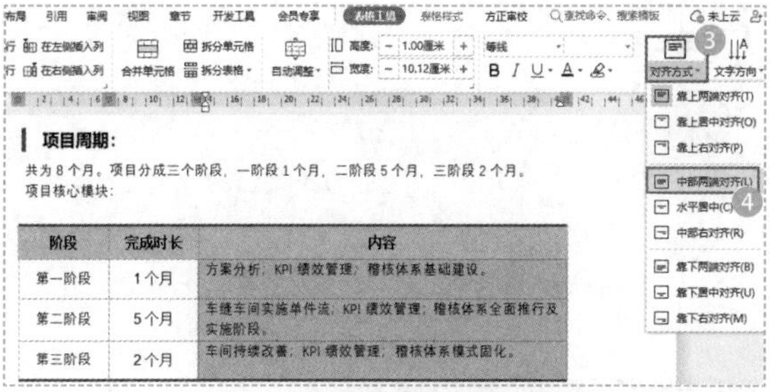

图 3-20

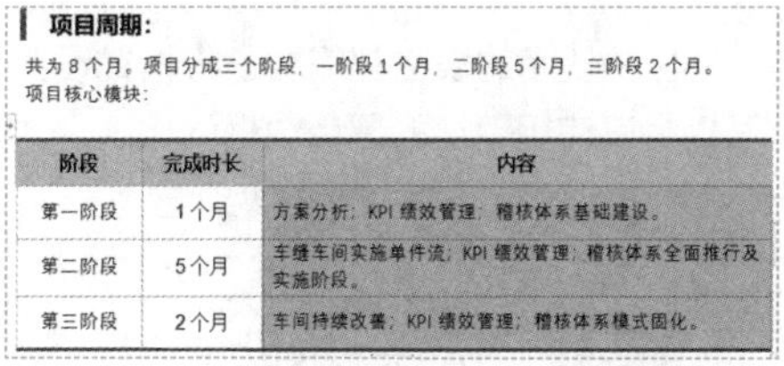

项目周期：

共为 8 个月。项目分成三个阶段，一阶段 1 个月，二阶段 5 个月，三阶段 2 个月。

项目核心模块：

阶段	完成时长	内容
第一阶段	1个月	方案分析；KPI 绩效管理；稽核体系基础建设。
第二阶段	5个月	车缝车间实施单件流；KPI 绩效管理；稽核体系全面推行及实施阶段。
第三阶段	2个月	车间持续改善；KPI 绩效管理；稽核体系模式固化。

图 3-21

❸ 有时需要设置文字的方向，达到竖排文字的效果。选中数据，在【表格工具】选项卡中单击【文字方向】按钮，在打开的下拉列表中选择【垂直方向从左往右】(见图3-22)，执行操作后可以看到文字变为竖向排列，如图3-23所示。

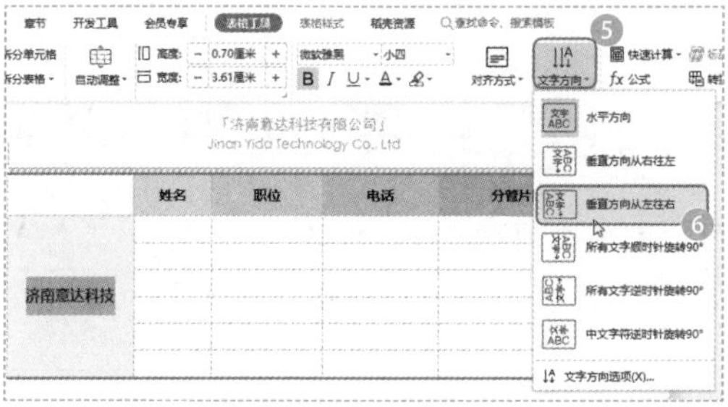

图 3-22

图 3-23

❹ 切换到【开始】选项卡，通过单击【分散对齐】按钮可以将文字按行高距离进行分散对齐，如图3-24所示。

图 3-24

3.1.5　将规范文本转换为表格

扫一扫，看视频

规范的文本也可以迅速转换为表格，但注意这些文档一定要有统一的间隔符号，否则WPS程序无法找到规律并进行识别。

❶ 选中文本，如图3-25所示。

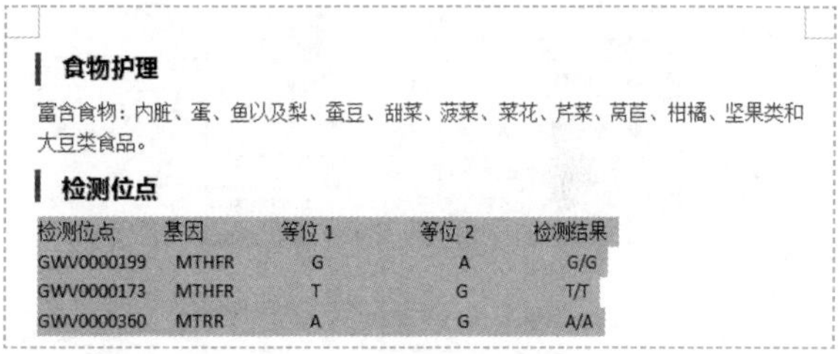

食物护理

富含食物：内脏、蛋、鱼以及梨、蚕豆、甜菜、菠菜、菜花、芹菜、莴苣、柑橘、坚果类和大豆类食品。

检测位点

检测位点　基因　等位 1　等位 2　检测结果
GWV0000199　MTHFR　G　A　G/G
GWV0000173　MTHFR　T　G　T/T
GWV0000360　MTRR　A　G　A/A

图 3-25

❷ 在【插入】选项卡中单击【表格】按钮，在打开的下拉列表中选择【文本转换成表格】命令(见图3-26)，打开【将文字转换成表格】对话框，根据实际情况选择分隔位置，本例为【空格】，如图3-27所示。

❸ 单击【确定】按钮即可完成转换，如图3-28所示。

❹ 对表格进行美化设置，达到如图3-29所示的效果。

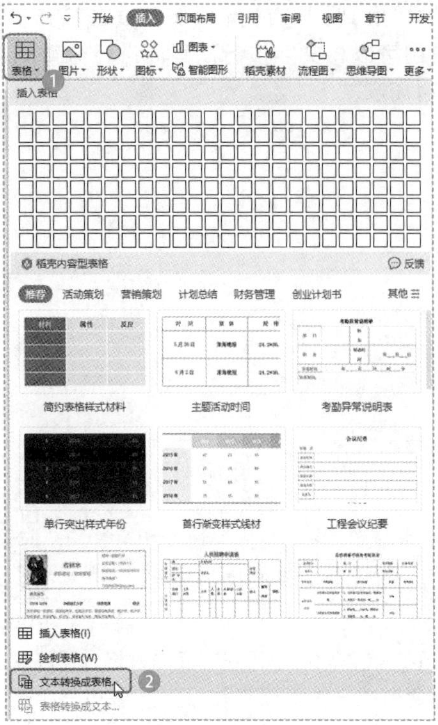

图 3-26

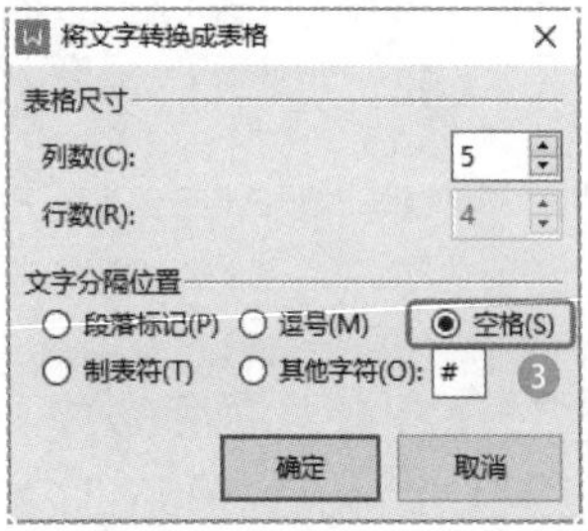

图 3-27

食物护理

富含食物：内脏、蛋、鱼以及梨、蚕豆、甜菜、菠菜、菜花、芹菜、莴苣、柑橘、坚果类和大豆类食品。

检测位点

检测位点	基因	等位 1	等位 2	检测结果
GWV0000199	MTHFR	G	A	G/G
GWV0000173	MTHFR	T	G	T/T
GWV0000360	MTRR	A	G	A/A

图 3-28

食物护理

富含食物：内脏、蛋、鱼以及梨、蚕豆、甜菜、菠菜、菜花、芹菜、莴苣、柑橘、坚果类和大豆类食品。

检测位点

检测位点	基因	等位 1	等位 2	检测结果
GWV0000199	MTHFR	G	A	G/G
GWV0000173	MTHFR	T	G	T/T
GWV0000360	MTRR	A	G	A/A

图 3-29

3.2 提升表格美感

专业文档中使用的表格都需要进行格式设置以提升美感，很少会只使用默认的黑色边框的格式。对表格的美化一般包括边框设置与底纹填充两个方面。

3.2.1 不可忽视的边框设计

扫一扫，看视频

边框设计在表格的美化过程中具有非常重要的作用。首先看两个已进行了相应边框设计的表格，如图3-30和图3-31所示。

食物护理

富含食物：内脏、蛋、鱼以及梨、蚕豆、甜菜、菠菜、菜花、芹菜、莴苣、柑橘、坚果类和大豆类食品。

检测位点

检测位点	基因	等位 1	等位 2	检测结果
GWV0000199	MTHFR	G	A	G/G
GWV0000173	MTHFR	T	G	T/T
GWV0000360	MTRR	A	G	A/A

图 3-30

项目周期：

共为 8 个月。项目分成三个阶段，一阶段 1 个月，二阶段 5 个月，三阶段 2 个月。
项目核心模块：

阶段	完成时长	内容
第一阶段	1 个月	方案分析；KPI 绩效管理；稽核体系基础建设。
第二阶段	5 个月	车缝车间实施单件流；KPI 绩效管理；稽核体系全面推行及实施阶段。
第三阶段	2 个月	车间持续改善；KPI 绩效管理；稽核体系模式固化。

图 3-31

下面讲解如何设计表格并应用不同的边框。学会了设置方法，再配合设计思路，打造商务性表格则不是难事。下面以图3–30所示的效果图为例介绍表格边框的设置方法。

❶ 将鼠标指针指向表格，单击左上角的全选按钮选中整个表格，在【表格样式】选项卡中单击【边框】右侧的下拉按钮，打开下拉列表，选择【无框线】命令，如图3–32所示。这一操作是将表格默认的边框全部取消。

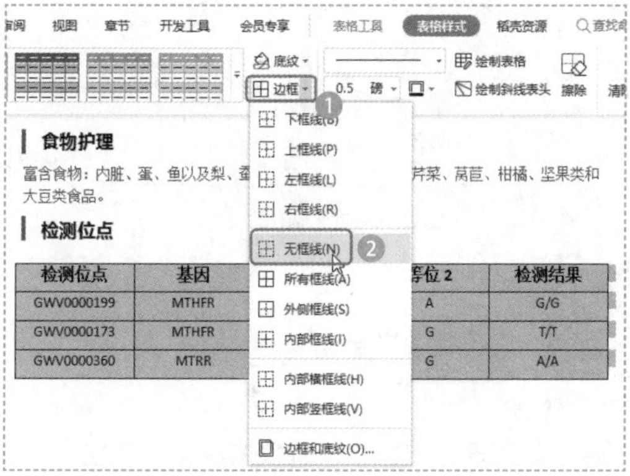

图 3–32

❷ 单击【边框颜色】右侧的下拉按钮，在打开的下拉列表中设置边框的颜色，如图3–33所示；单击【磅值】的下拉按钮，设置边框的粗细值，如图3–34所示。

❸ 设置好边框的格式之后，选中单元格区域(本例先选中首行)，单击【边框】右侧的下拉按钮，在打开的下拉列表中选择【下框线】(见图3–35)，这时可以看到选中的区域应用了下框线，其边框格式是上一步设置的格式，如图3–36所示。

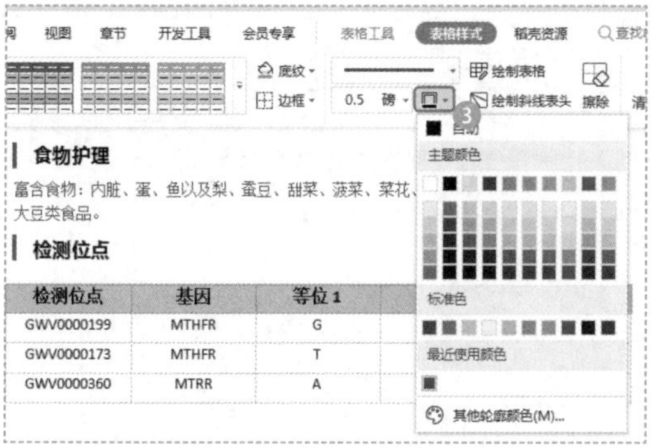

图 3–33

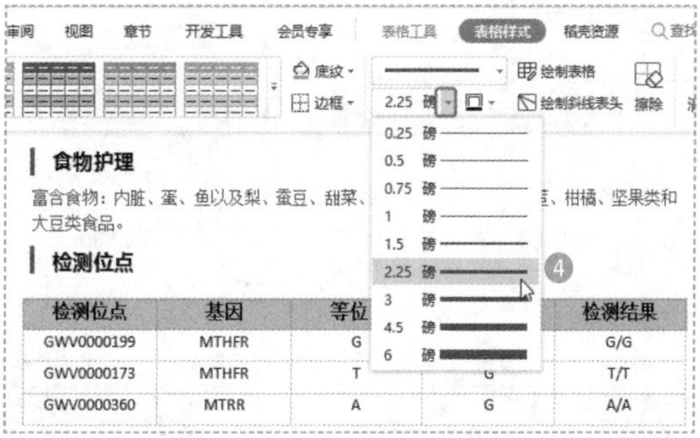

图 3–34

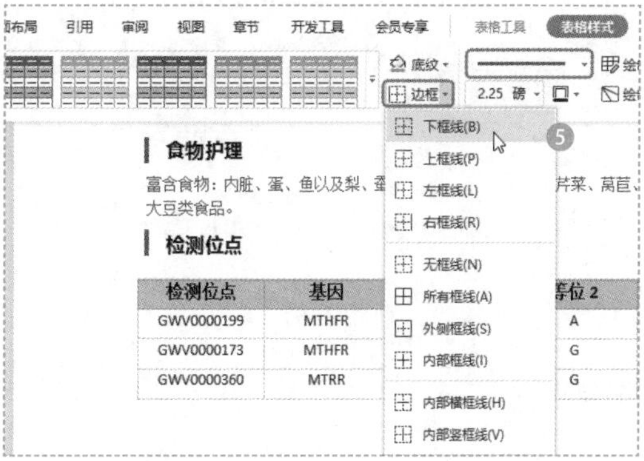

图 3–35

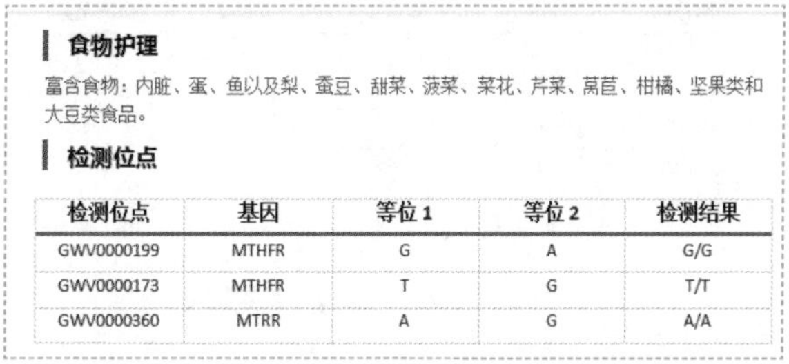

图 3–36

❹ 重复上面设置边框格式的步骤。设置好边框格式后，再选中要应用的区域，单击【边框】右侧的下拉按钮，在打开的下拉列表中选择【内部横框线】(见图3–37)，接着选择【下框线】，其应用效果如图3–38所示。

❺ 重新选中表格的首行，在【表格样式】选项卡中单击【底纹】右侧的下拉按钮，在打开的下拉列表中选择底纹颜色，如图3–39所示。其应用效果如图3–40所示。

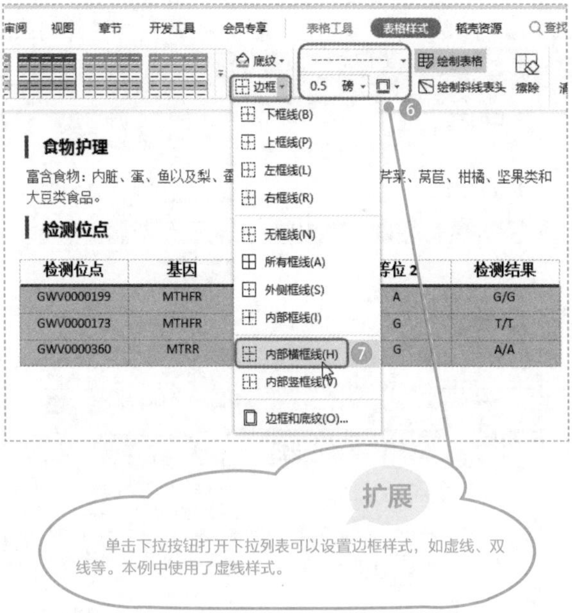

单击下拉按钮打开下拉列表可以设置边框样式，如虚线、双线等。本例中使用了虚线样式。

图 3-37

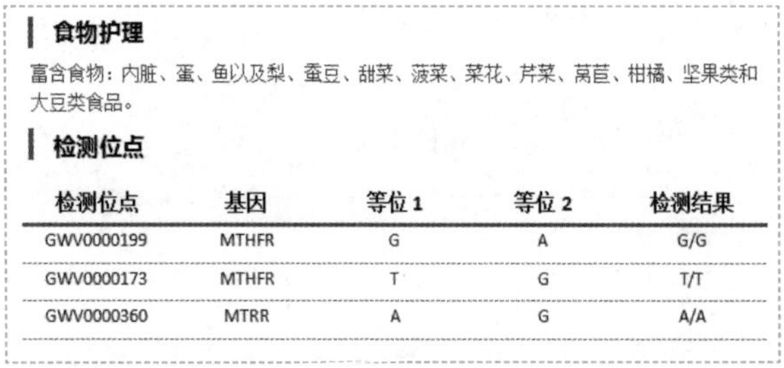
食物护理
富含食物：内脏、蛋、鱼以及梨、蚕豆、甜菜、菠菜、菜花、芹菜、莴苣、柑橘、坚果类和大豆类食品。
检测位点
检测位点 基因 等位 1 等位 2 检测结果
GWV0000199 MTHFR G A G/G
GWV0000173 MTHFR T G T/T
GWV0000360 MTRR A G A/A

图 3-38

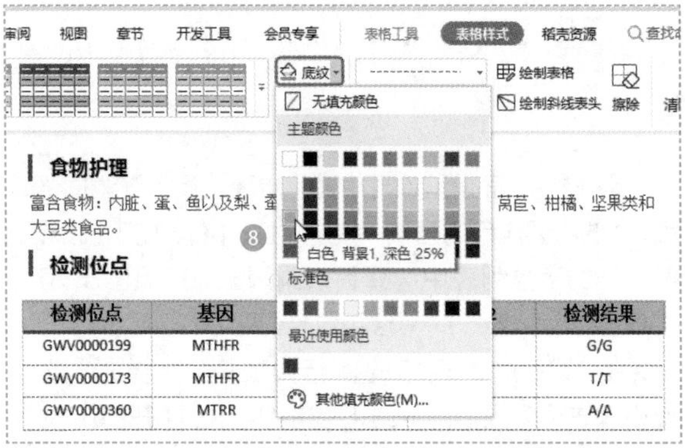

其他填充颜色(M)...

图 3-39

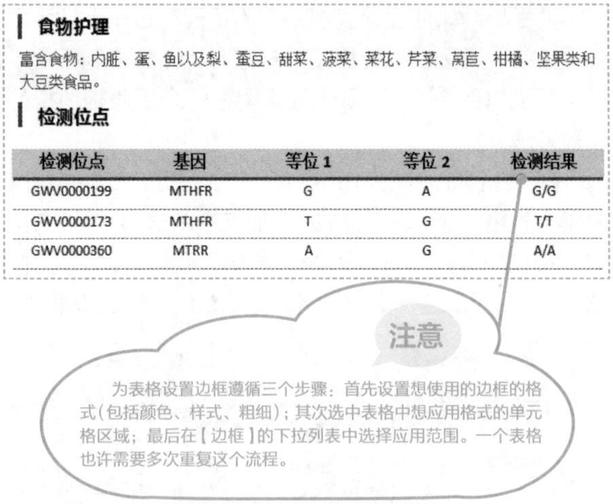
食物护理
富含食物：内脏、蛋、鱼以及梨、蚕豆、甜菜、菠菜、菜花、芹菜、莴苣、柑橘、坚果类和大豆类食品。
检测位点
检测位点 基因 等位 1 等位 2 检测结果
GWV0000199 MTHFR G A G/G
GWV0000173 MTHFR T G T/T
GWV0000360 MTRR A G A/A
注意
为表格设置边框遵循三个步骤：首先设置想使用的边框的格式（包括颜色、样式、粗细）；其次选中表格中想应用格式的单元格区域；最后在【边框】的下拉列表中选择应用范围。一个表格也许需要多次重复这个流程。

图 3-40

扫一扫，看视频

3.2.2 套用表格样式

通过套用表格的样式，可以快速美化表格，在套用样式后，还可以进行局部修改。

❶ 将鼠标指针指向表格，单击左上角的全选按钮选中整个表格，在【表格样式】选项卡中单击【表格样式】设置栏右侧的下拉按钮，打开下拉列表，单击这里的样式即可套用，如图3-41所示。

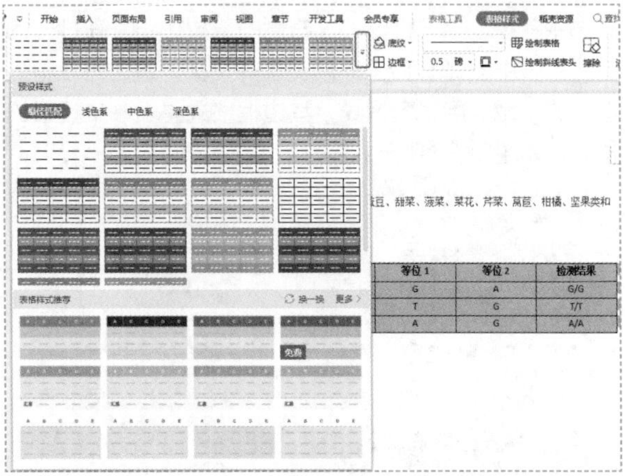

图 3-41

❷【表格样式推荐】一栏中的样式由稻壳商城提供，如单击图3-42所示的样式，应用效果如图3-43所示；单击图3-44所示的样式，应用效果如图3-45所示。

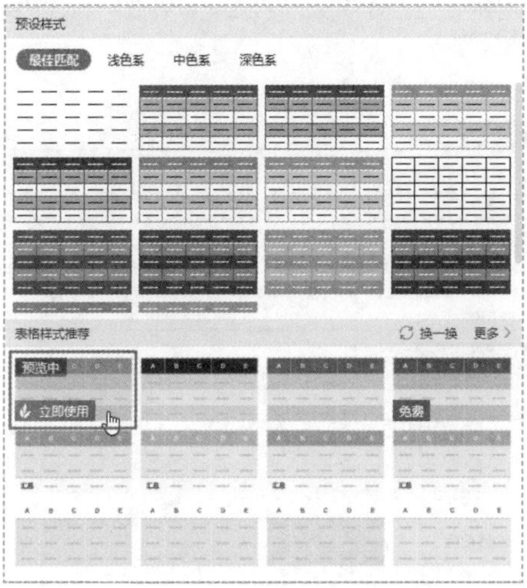

图 3-42

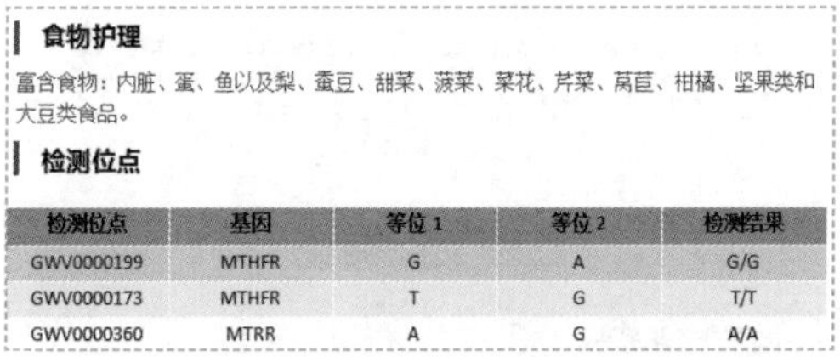

食物护理

富含食物：内脏、蛋、鱼以及梨、蚕豆、甜菜、菠菜、菜花、芹菜、莴苣、柑橘、坚果类和大豆类食品。

检测位点

检测位点	基因	等位 1	等位 2	检测结果
GWV0000199	MTHFR	G	A	G/G
GWV0000173	MTHFR	T	G	T/T
GWV0000360	MTRR	A	G	A/A

图 3-43

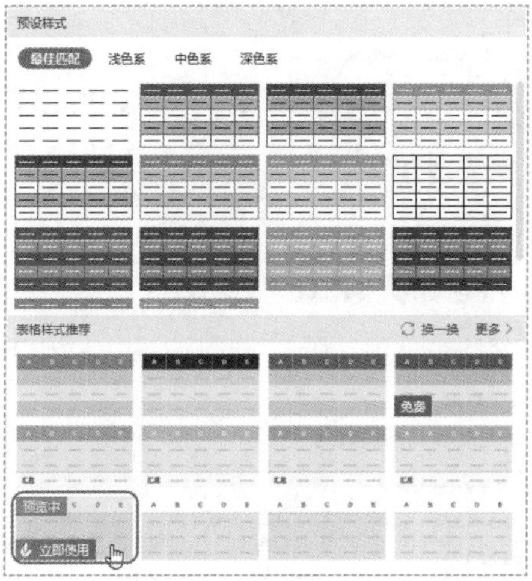

图 3-44

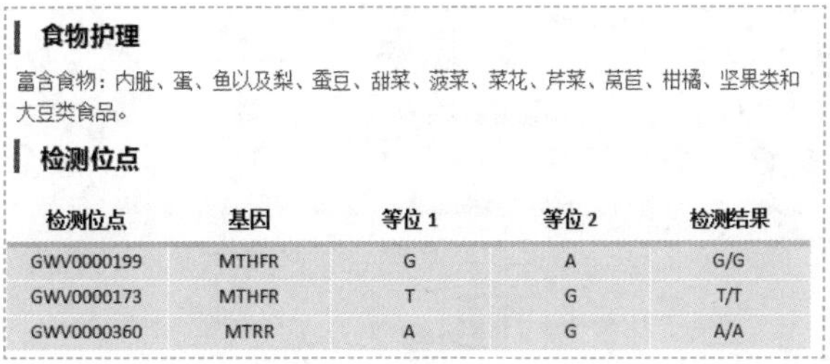

食物护理

富含食物：内脏、蛋、鱼以及梨、蚕豆、甜菜、菠菜、菜花、芹菜、莴苣、柑橘、坚果类和大豆类食品。

检测位点

检测位点	基因	等位 1	等位 2	检测结果
GWV0000199	MTHFR	G	A	G/G
GWV0000173	MTHFR	T	G	T/T
GWV0000360	MTRR	A	G	A/A

图 3-45

3.3　表格的排版

表格与文档的混排类似于图片与文本的混排，可以单独放置，也可以环绕文本排版。

3.3.1　表格与文本的环绕混排

扫一扫，看视频

如果表格较宽，基本达到页面宽度，一般单独放置；如果表格较窄，则可以将其设置为文本环绕的排版方式。

❶ 将鼠标指针指向表格，单击左上角的全选按钮选中整个表格，在【表格工具】选项卡中单击【表格属性】按钮（见图3-46），打开【表格属性】对话框，选择【表格】选项卡，在【文字环绕】栏中选择【环绕】，如图3-47所示。

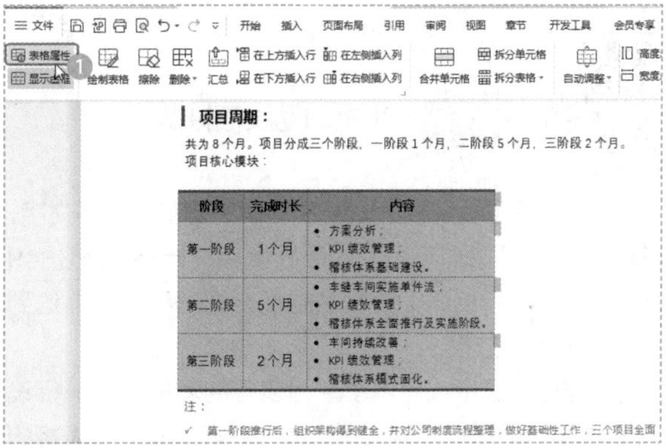

图 3-46

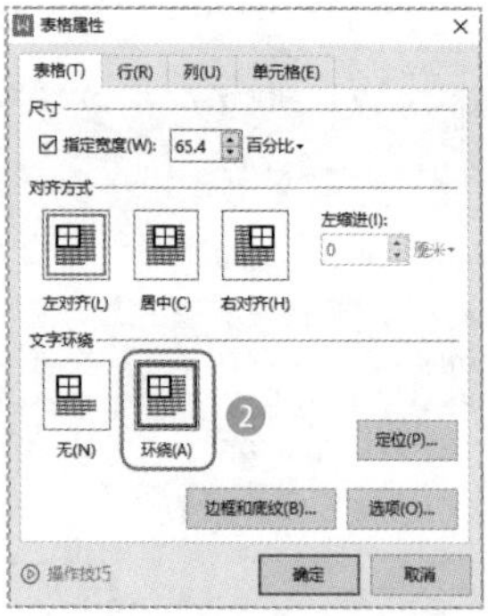

图 3-47

❷ 单击【确定】按钮，此时表格周围的文字已出现环绕，可以移动表格到合适的位置，如图3-48所示。

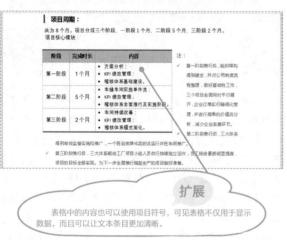

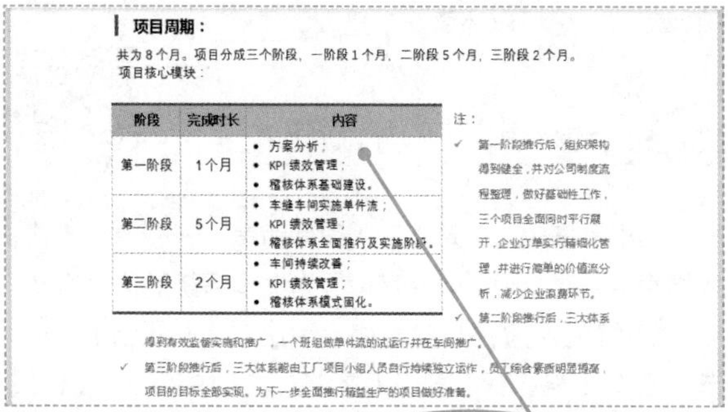

扩展

表格中的内容也可以使用项目符号，可见表格不仅用于显示数据，而且可以让文本条目更加清晰。

图 3-48

扫一扫，看视频

3.3.2 表格辅助页面排版

另外，在页面中使用表格时，有时是半表格半文字，这样的处理可以提升页面的活跃度和设计感。图3-49和图3-50所示的页面使用表格配合图形和文本框达到了很好的视觉效果。

在图3-49中，使用了单列多行的表格，第一行设置底纹作为标题行，第二行作为内容行。同时在表格的左上角配合使用图形与文本框，用于输入小标题。

在图3-50中，也使用了表格布局整个页面，实际是使用了非常简易的表格，但这样与文本搭配可以打破纯文本的单调，活跃整个版面，提升文档的视觉效果。

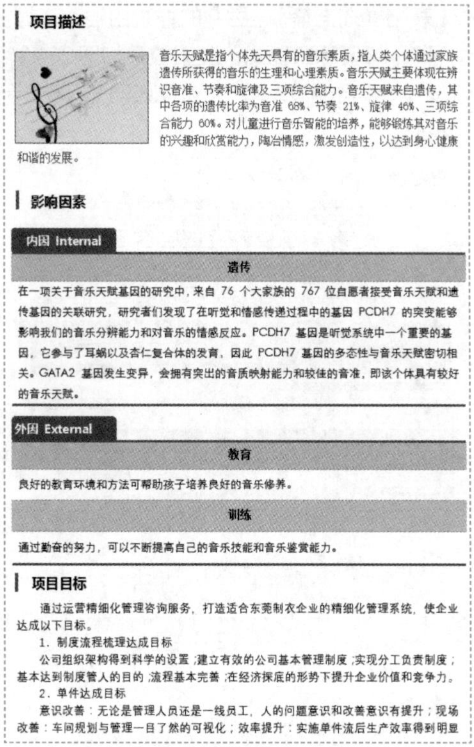

项目描述
音乐天赋是指个体先天具有的音乐素质，指人类个体通过家族遗传所获得的音乐的生理和心理素质。音乐天赋主要体现在辨识音准、节奏和旋律及三项综合能力。音乐天赋来自遗传，其中各项的遗传比率为音准 68%、节奏 21%、旋律 46%、三项综合能力 60%。对儿童进行音乐智能的培养，能够锻炼其对音乐的兴趣和欣赏能力，陶冶情感，激发创造性，以达到身心健康和谐的发展。
影响因素
内因 Internal
遗传
在一项关于音乐天赋基因的研究中，来自 76 个大家族的 767 位自愿者接受音乐天赋和遗传基因的关联研究，研究者们发现了在听觉和情感传递过程中的基因 PCDH7 的突变能够影响我们的音乐分辨能力和对音乐的情感反应。PCDH7 基因是听觉系统中一个重要的基因，它参与了耳蜗以及杏仁复合体的发育，因此 PCDH7 基因的多态性与音乐天赋密切相关。GATA2 基因发生变异，会拥有突出的音质映射能力和较佳的音准，即该个体具有较好的音乐天赋。
外因 External
教育
良好的教育环境和方法可帮助孩子培养良好的音乐修养。
训练
通过勤奋的努力，可以不断提高自己的音乐技能和音乐鉴赏能力。
项目目标
通过运营精细化管理咨询服务，打造适合东莞制衣企业的精细化管理系统，使企业达成以下目标。
1. 制度流程梳理达成目标
公司组织架构得到科学的设置；建立有效的公司基本管理制度；实现分工负责制度；基本达到制度管人的目的；流程基本完善；在经济探底的形势下提升企业价值和竞争力。
2. 单件达成目标
意识改善：无论是管理人员还是一线员工，人的问题意识和改善意识有提升；现场改善：车间规划与管理一目了然的可视化；效率提升：实施单件流后生产效率得到明显

图 3-49

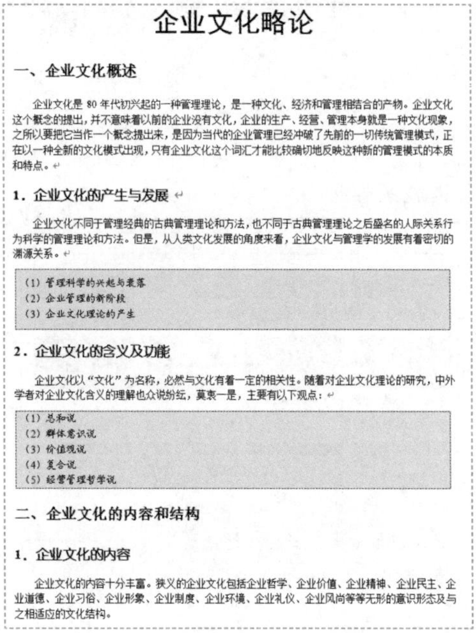

企业文化略论
一、企业文化概述
企业文化是 80 年代初兴起的一种管理理论，是一种文化、经济和管理相结合的产物。企业文化这个概念的提出，并不意味着以前的企业没有文化，企业的生产、经营、管理本身就是一种文化现象，之所以要把它当作一个概念提出来，是因为当代的企业管理已经冲破了先前的一切传统管理模式，正在以一种全新的文化模式出现，只有企业文化这个词汇才能比较确切地反映这种新的管理模式的本质和特点。
1. 企业文化的产生与发展
企业文化不同于管理经典的古典管理理论和方法，也不同于古典管理理论之后盛名的人际关系行为科学的管理理论和方法。但是，从人类文化发展的角度来看，企业文化与管理学的发展有着密切的渊源关系。
(1) 管理科学的兴起与衰落
(2) 企业管理的新阶段
(3) 企业文化理论的产生
2. 企业文化的含义及功能
企业文化以“文化”为名称，必然与文化有着一定的相关性。随着对企业文化理论的研究，中外学者对企业文化含义的理解也众说纷纭，莫衷一是，主要有以下观点：
(1) 总和说
(2) 群体意识说
(3) 价值观说
(4) 复合说
(5) 经营管理哲学说
二、企业文化的内容和结构
1. 企业文化的内容
企业文化的内容十分丰富。狭义的企业文化包括企业哲学、企业价值、企业精神、企业民主、企业道德、企业习俗、企业形象、企业制度、企业环境、企业礼仪、企业风尚等等无形的意识形态及与之相适应的文化结构。

图 3-50

3.4　在文档中快速应用图表

扫一扫，看视频

在WPS文字程序中，如果在文档中要配合使用图表，也可以非常便捷地添加进来。

❶ 在文档中定位光标，在【插入】选项卡中单击【图表】按钮(见图3-51)，这时会自动启动WPS表格程序，并显示默认的图表与数据，如图3-52 所示。

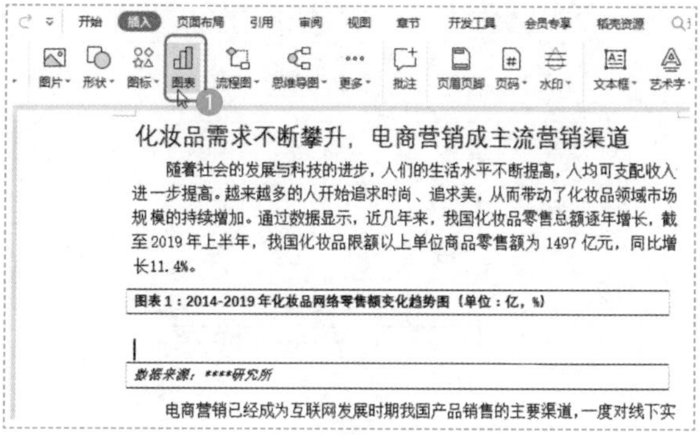

图 3-51

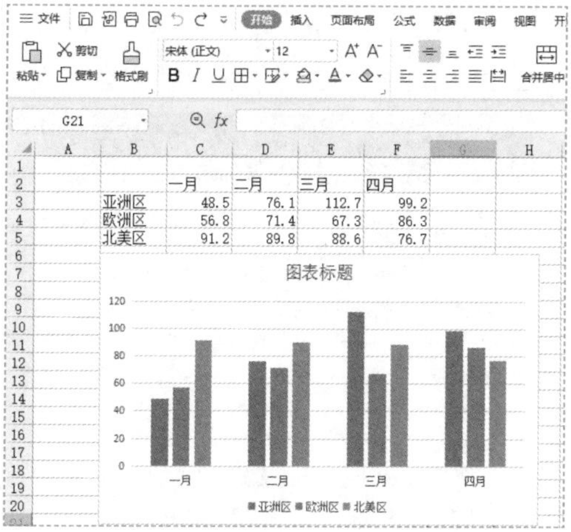

图 3-52

❷ 按实际情况重新编辑新数据，如图3-53 所示。

❸ 这时的图表依然不是所需要的，因为还没有确定图表的数据源区域。这时需要将图表的数据源更改为刚才输入的数据。选中图表，将鼠标指针指向数据源边线的右下角(见图3-54)，按住鼠标左键拖动重新框选新编辑的数据，如图3-55 所示。

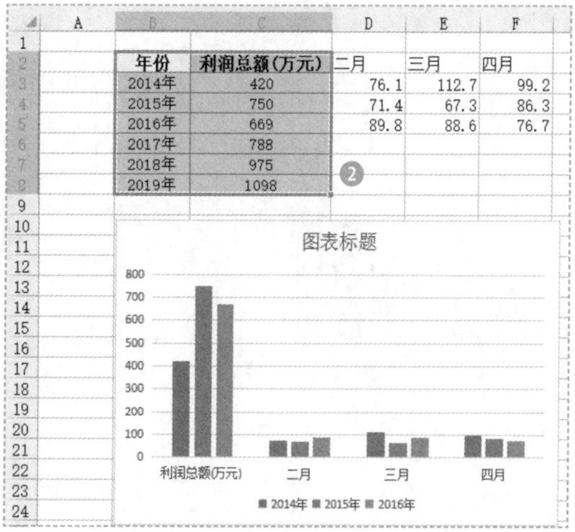

图 3-53

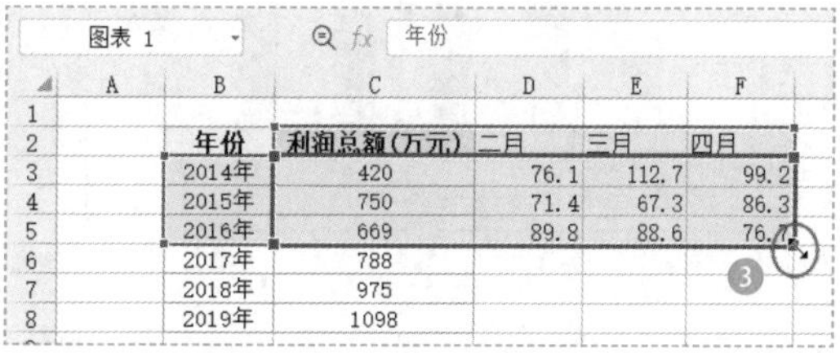

图 3-54

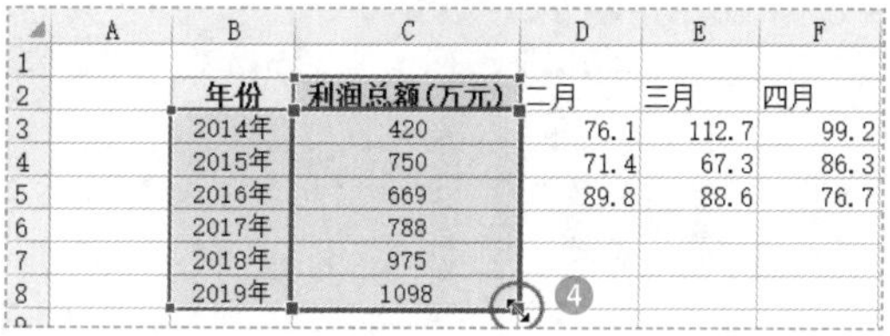

图 3-55

❹ 在【图表工具】选项卡中单击【切换行列】按钮(见图3-56)即可得到正确的图表，如图3-57 所示。

❺ 完成图表的编辑后，关闭WPS表格编辑窗口回到WPS文字文档中，就可以看到插入文档中的图表，如图3-58 所示。

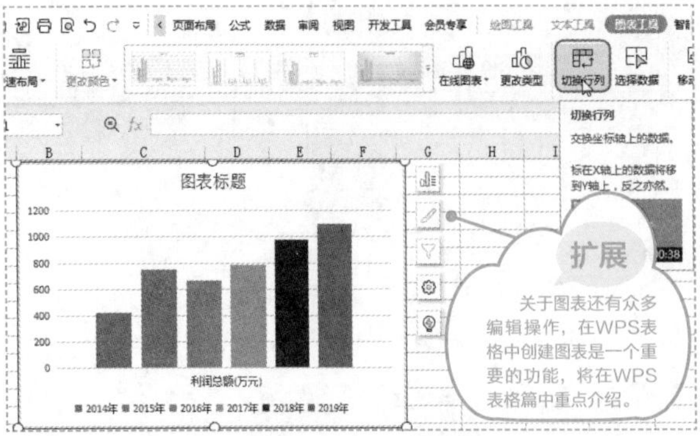

> **扩展**
>
> 关于图表还有众多编辑操作，在WPS表格中创建图表是一个重要的功能，将在WPS表格篇中重点介绍。

图 3-56

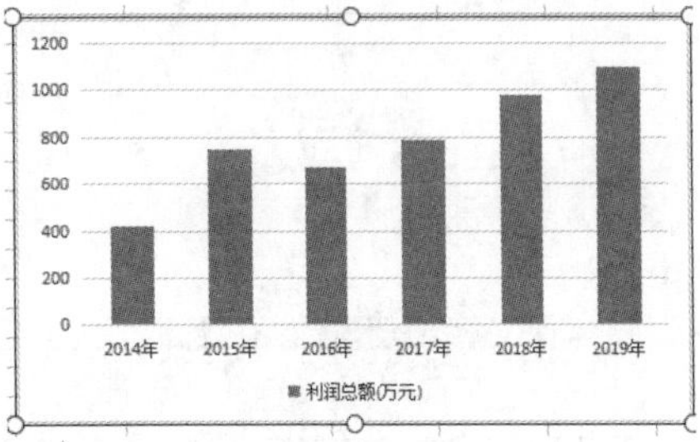

图 3-57

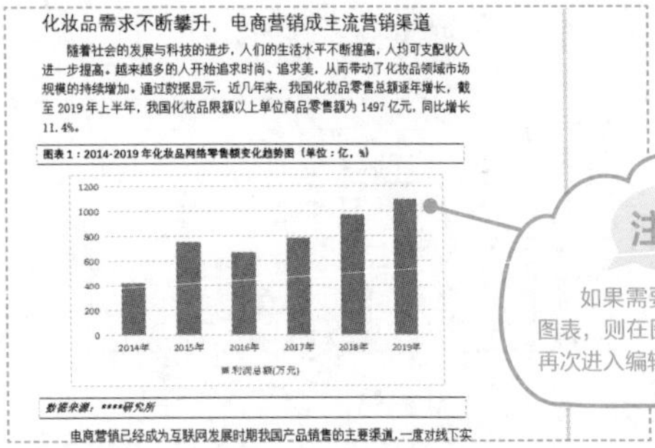

> **注意**
>
> 如果需要重新编辑图表，则在图表上双击再次进入编辑窗口。

图 3-58

3.5 过关练习：制作检测报告表

在本章的学习中，通过多个范例讲解了表格的应用并非只有横纵线条构成的呆板样式，可以通过线条、底纹、布局等多个元素的设置，让表格既能表达出规范的数据条目，又能呈现美观的效果。本节将制作“检测报告表”作为过关练习，读者可以自行尝试学习制作。

3.5.1 编排前后的文档对比

扫一扫，看视频

图3-59所示为“检测报告表”的近似原始的表格；图3-60所示是对该表格进行设计排版后的效果。

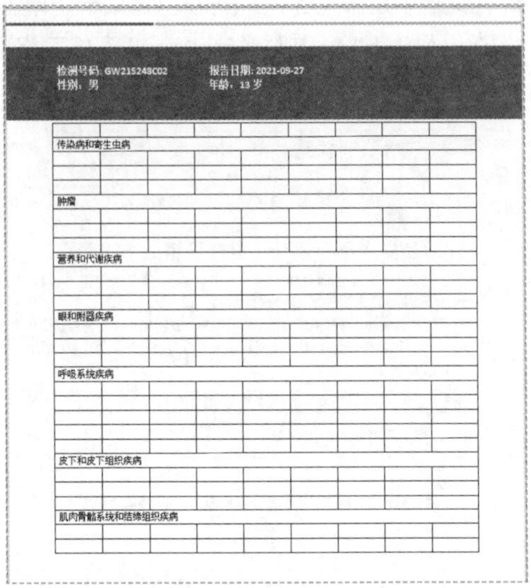

图 3-59

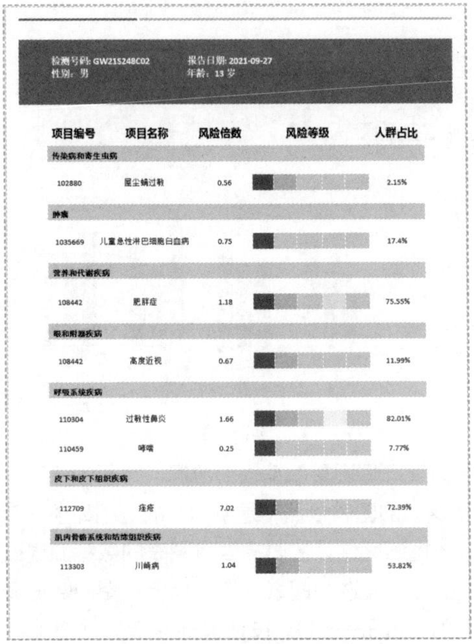

图 3-60

3.5.2　制作与编排要点

扫一扫，看视频

下面以此表格为例，罗列出文档的制作与编排要点。

序号	制作与编排要点	知识点对应
1	插入一个9列30行的初始表格。	3.1.1小节
2	对用于显示分类的行和用于间隔的行进行全行合并，合并成一个单元格。	3.1.3小节
3	“风险等级”列标识下包含5列，因此对这个列标识所在列进行5列的合并。同时选中整表的这5列，打开【表格属性】对话框指定列宽（见图3-61）。调小列宽后需要将全表再执行一次【适应窗口大小】命令（见图3-62）。 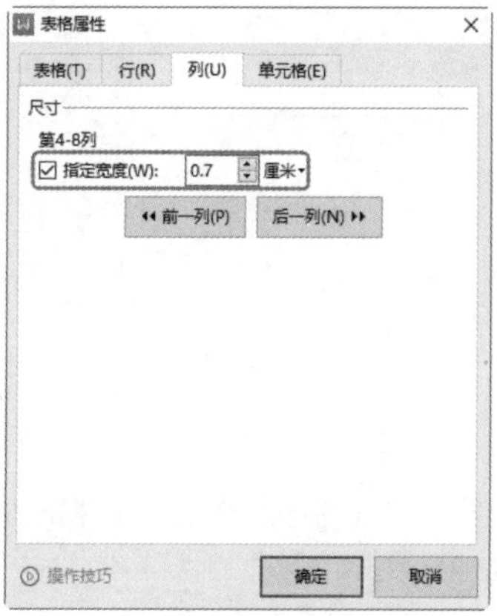 图 3-61 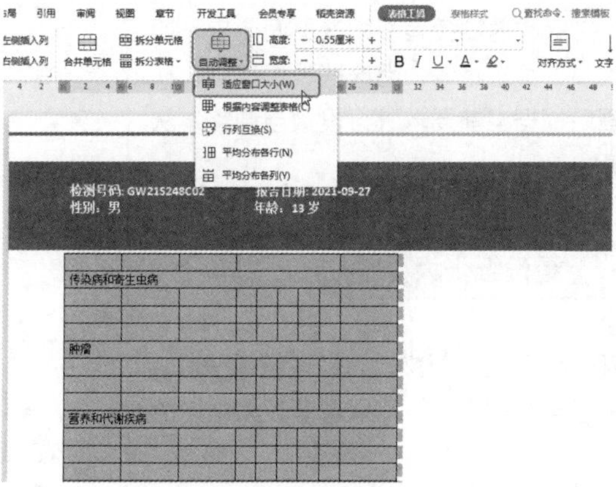 图 3-62	3.1.3小节
4	表格的其他列宽应根据数据的实际情况进行相应的调整。	3.1.3小节
5	用于显示分类的行设置灰色底纹，将“风险等级”列标识下的内容根据实际的风险等级设置不同颜色的底纹。	3.2.1小节
6	表格的每一行数据前后都使用了空行间隔，需要打开【表格属性】对话框将其指定为小于最小行高的值。	3.1.3小节

第 4 章 商务文档的美化操作

4.1 文档页面设置

不同的文档在排版时通常会有不同的页面要求，如纸张方向、纸张大小、页边距等，而这些设置都可以在文档编辑前或编辑后根据当前要求进行设置与调整，从而让文档的版式更加美观。

4.1.1 重设纸张大小

扫一扫，看视频

在WPS文字程序中，创建新文档时默认是A4纸张，根据不同的编排需求与打印需求，可以重新设置纸张的大小。

❶ 将光标定位到文档中，在【页面布局】选项卡中单击【纸张大小】按钮，打开下拉列表，这里提供了多种规格的纸张大小，如图4-1所示。

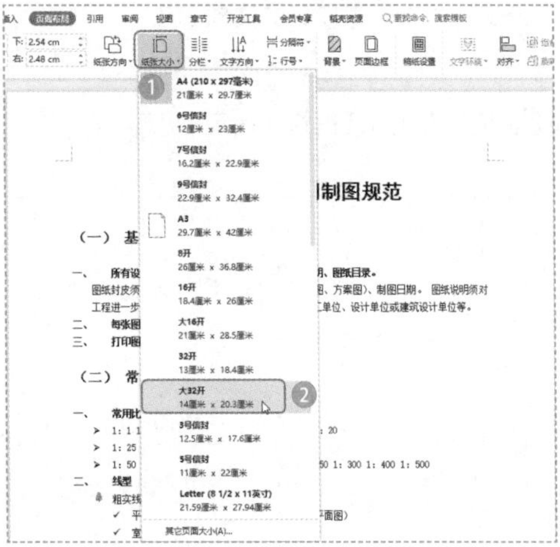

图 4-1

❷ 默认纸张大小为A4，可以根据需要选择纸张大小，如选择【大32开】选项，更改纸张后的页面大小如图4-2所示。

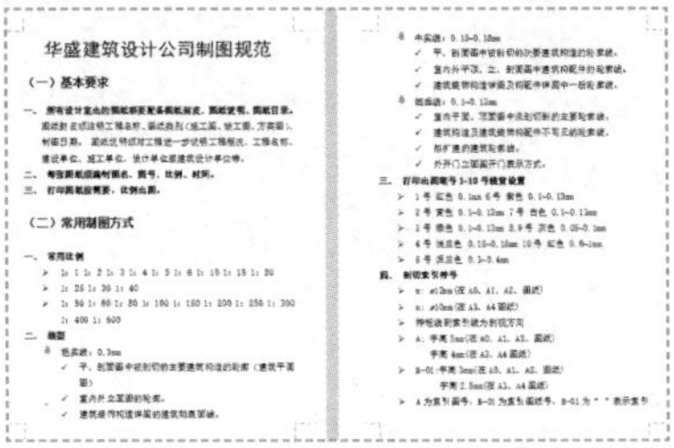

图 4-2

除了列表中可以选择的纸张外，还可以根据实际需求自定义纸张大小。

❸ 在【纸张大小】下拉列表中选择【其他页面大小】命令，打开【页面设置】对话框。通过设置宽度值与高度值可以自定义纸张的大小，如图4-3所示。

图 4-3

扩展

在这里有一个【应用于】下拉列表框，如果一篇文档要使用不同的页面大小，则需要在这里设置，默认是【整篇文档】。

❹ 设置完成后，单击【确定】按钮。

4.1.2 重设页边距

扫一扫，看视频

在创建新文档时，纸张方向默认为纵向，默认上下边距是2.54厘米，左右边距是3.18厘米。除此之外，在对文档进行排版时经常需要重新调节页边距。

切换到【页面布局】选项卡，此时可以看到当前文档上、下、左、右边距的尺寸（见图4-4），可以通过调节钮进行调节，并且能边调节边查看，非常直观。

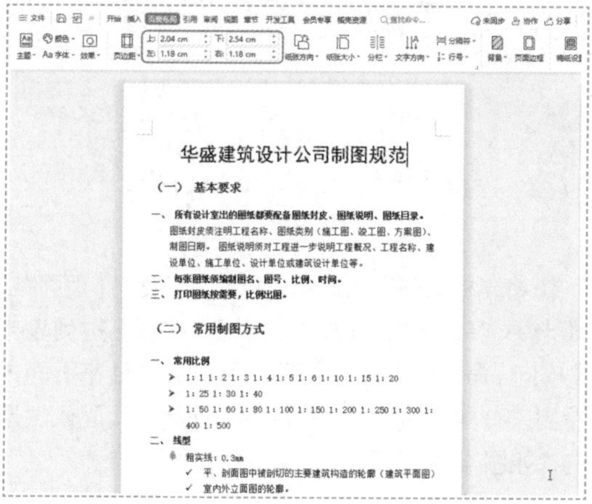

图 4-4

完成文档的编辑后，如果需要双面打印并装订，为了格式美观，需要使用对称页边距并预留出装订线的位置。

在【页面布局】选项卡中，单击【页边距】按钮，打开下拉列表，选择【自定义页边距】（见图4-5），打开【页面设置】对话框。在【页码范围】栏中单击【多页】下拉按钮，在下拉列表中选择【对称页边距】（见图4-6），接着可以设置【内侧】【外侧】及【装订线宽】这几个数值，如图4-7所示。

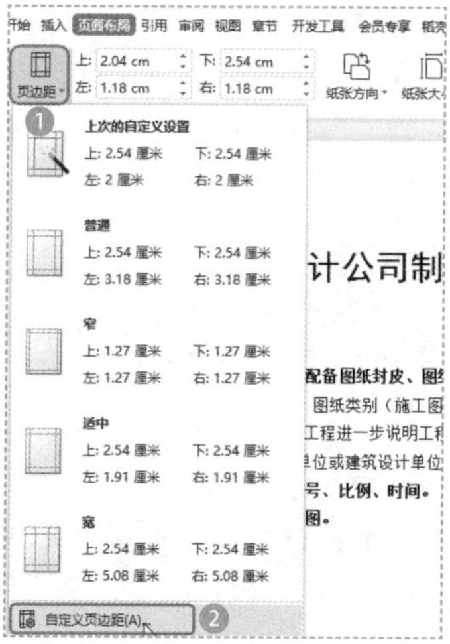

图 4-5

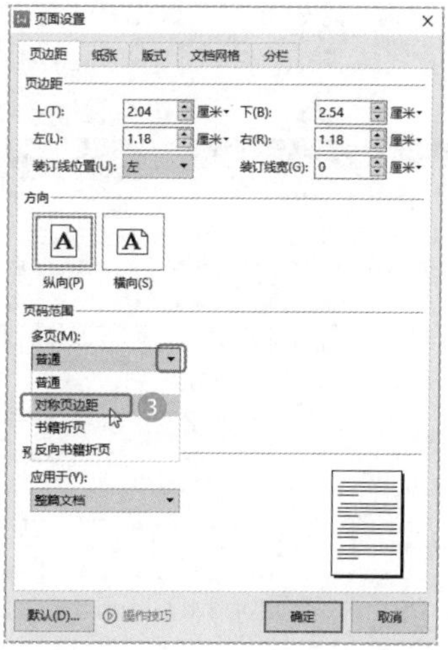

图 4-6

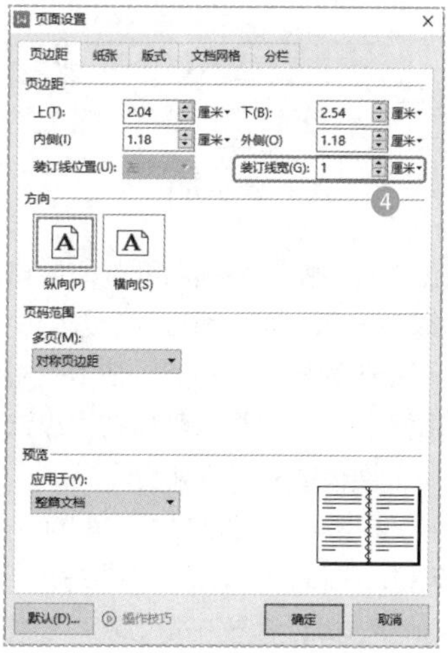

图 4-7

4.1.3 设置纸张方向

扫一扫，看视频

纸张方向分为纵向和横向，如果当前文档适合使用横向的显示方式（如较宽的表格、设计图纸等），则可以将纸张方向设置为横向。

切换到【页面布局】选项卡，单击【纸张方向】按钮，打开下拉列表，选择【横向】（见图4-8）即可更改纸张方向，如图4-9所示。

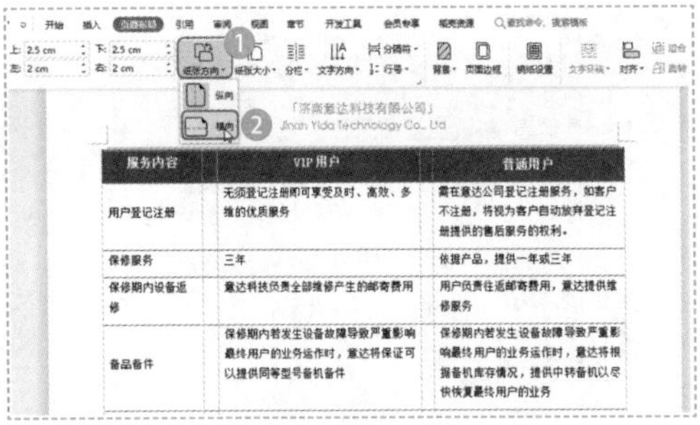

图 4-8

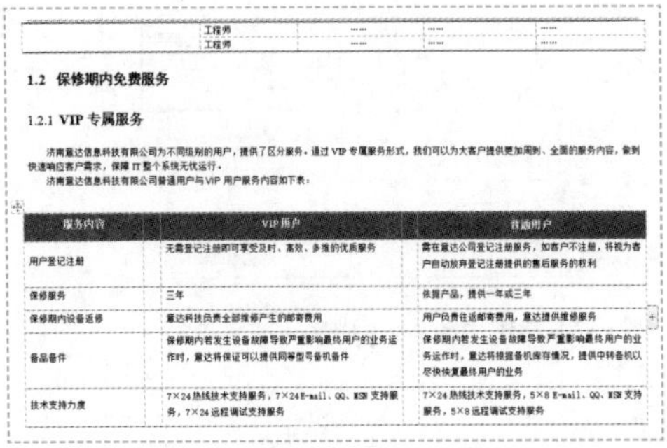

图 4-9

如果按上述操作调整为横向纸张，会将文档的所有页一次性更改为横向页面，而在实际办公中，有时仅仅需要将某一页更改为横向。例如，在本例中要求将表格显示为横向页面，其他文档依然保持为纵向页面。要达到这一需求，需要借助分节符来实现。

❶ 将鼠标光标移至需要修改为横向页的前一页的末尾处并单击进行定位，在【插入】选项卡中单击【分页】按钮，在打开的下拉列表中选择【连续分节符】命令，如图4-10所示。

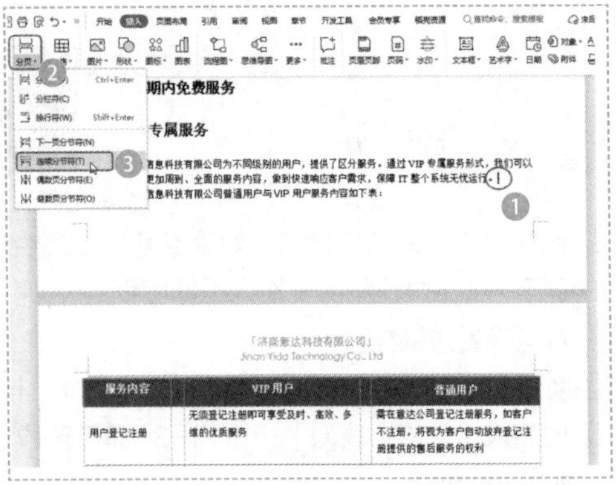

图 4-10

❷ 将鼠标光标移至需要修改为横向页的末尾处并单击进行定位，在【插入】选项卡中单击【分页】按钮，在打开的下拉列表中选择【连续分节符】命令，如图4-11所示。

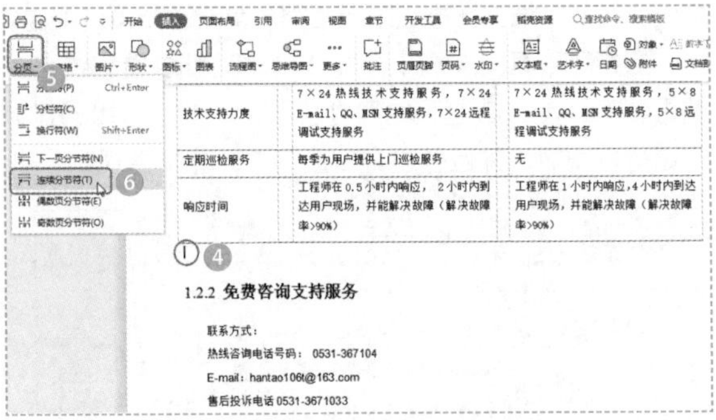

图 4-11

❸ 将光标放在表格页的任意处，切换到【页面布局】选项卡中，单击【纸张方向】按钮，打开下拉列表，选择【横向】命令。完成上述操作后，通过预览页面，可以看到只有指定的页面是横向的，而其他页面依然是纵向的，如图4-12所示。

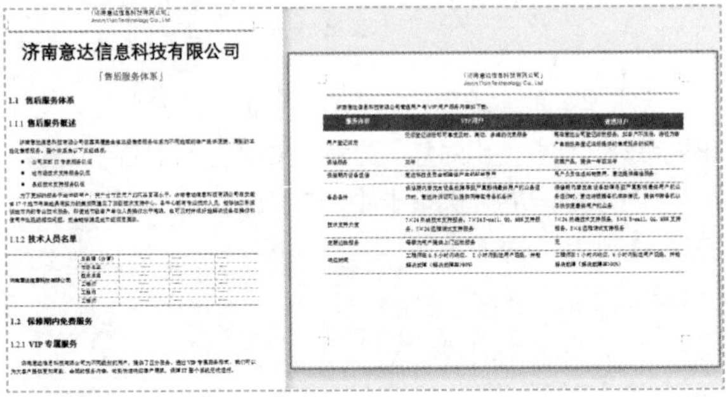

图 4-12

扫一扫，看视频

4.1.4 指定文档每页行数

指定文档每页行数以及每行字数的操作在WPS文字程序中称为【文档网格】。WPS文字程序中文档网格的设置共分为4种:【无网格】【只指定行网格】【指定行和字符网格】和【文字对齐字符网格】。

- 无网格

在普通排版的情况下这个设置足够用了。

- 只指定行网格

控制每页有多少行。

- 指定行和字符网格

除了指定每一页有多少行，还可以指定每一行有多少字。

- 文字对齐字符网格

一旦选择了字符对齐字符网格，就完全忽略了WPS文字程序在排版中对字符和标点的挤压，因为每个字符都强制对齐了网格，有点像稿纸的样式。

❶ 切换到【页面布局】选项卡中，单击图4-13所示的【页面设置】对话框启动器按钮，打开【页面设置】对话框，如图4-14所示。

❷ 切换到【文档网格】选项卡，选中【无网格】单选按钮（见图4-14），对应文档如图4-15所示。

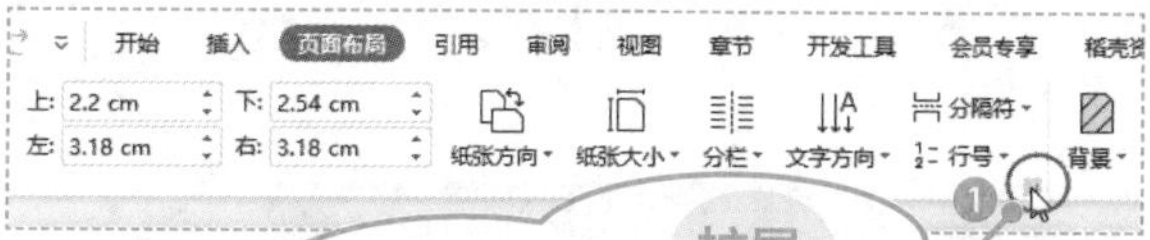

扩展

这里有一个【行号】按钮，使用此按钮可以为文档内容添加行号，这个功能要视文档情况而使用。

图 4-13

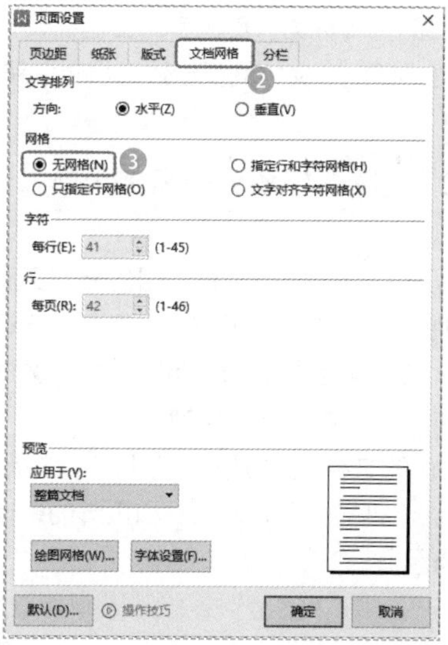

图 4-14

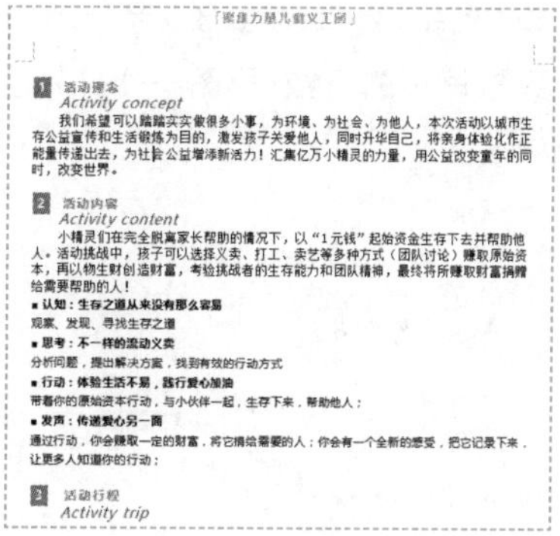

图 4-15

❸ 选中【只指定行网格】单选按钮并设置每页的行数（见图4-16），对应文档如图4-17所示。

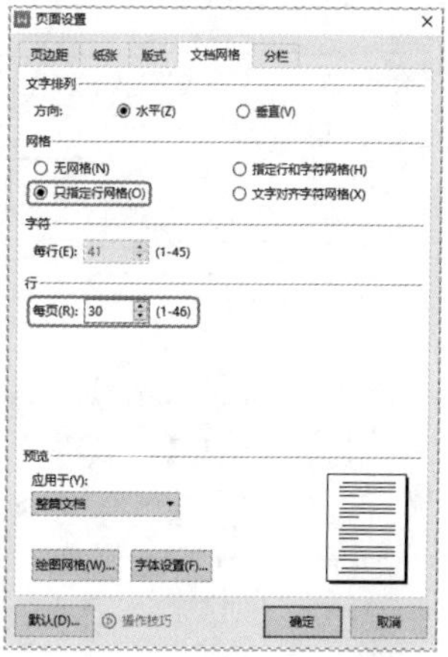

图 4-16

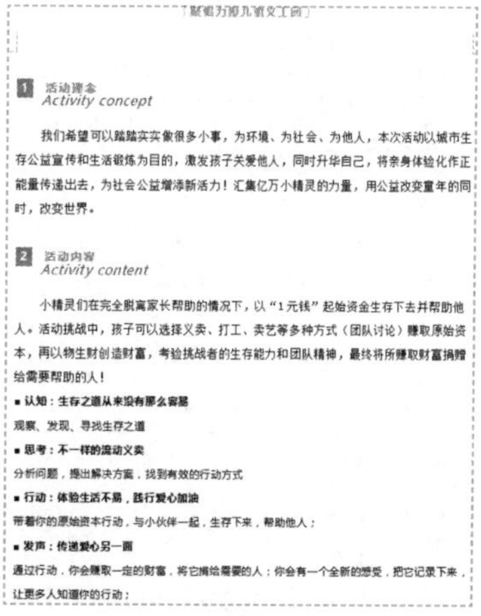

图 4-17

❹ 选中【指定行和字符网格】单选按钮并设置每行的字符数与每页的行数（见图4-18），对应文档如图4-19所示。

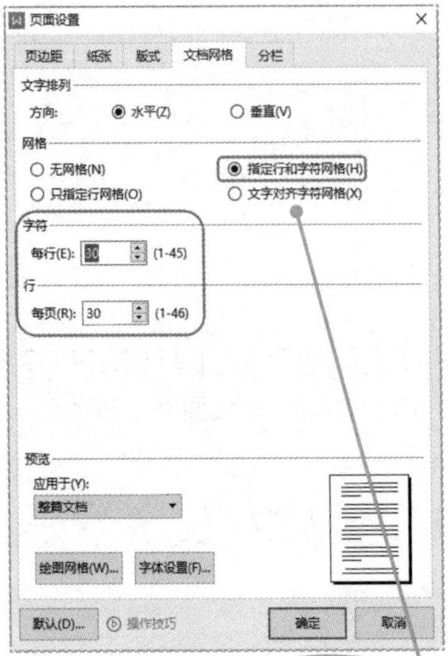
页面设置
页边距
纸张
版式
文档网格
分栏
文字排列
方向:
水平(Z)
垂直(V)
网格
无网格(N)
只指定行网格(O)
指定行和字符网格(H)
文字对齐字符网格(X)
字符
每行(E): 30 (1-45)
行
每页(R): 30 (1-46)
预览
应用于(Y):
整篇文档
绘图网格(W)...
字体设置(F)...
默认(D)...
操作技巧
确定
取消

注意

启用该选项则完全忽略了排版中对字符和标点的自动挤压，每个字符都强制对齐了网格。如果标点符号出现在行末，会因为占不满一个中文字符的宽度，造成视觉上的空缺。所以在实际排版时很少使用。

图4-18

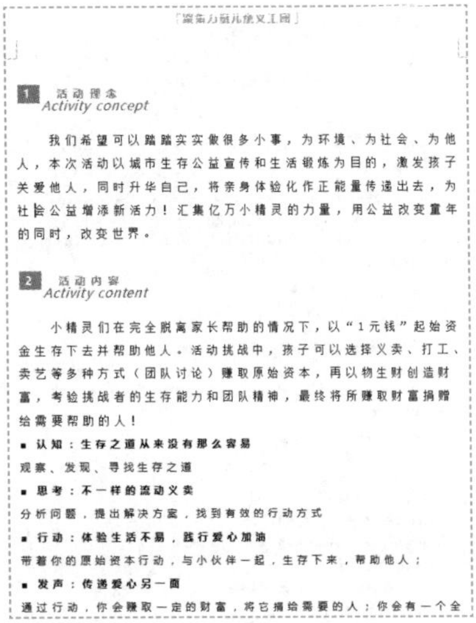
1 活动理念
Activity concept
我们希望可以踏踏实实做很多小事，为环境、为社会、为他人，本次活动以城市生存公益宣传和生活锻炼为目的，激发孩子关爱他人，同时升华自己，将亲身体验化作正能量传递出去，为社会公益增添新活力！汇集亿万小精灵的力量，用公益改变童年的同时，改变世界。
2 活动内容
Activity content
小精灵们在完全脱离家长帮助的情况下，以“1元钱”起始资金生存下去并帮助他人。活动挑战中，孩子可以选择义卖、打工、卖艺等多种方式（团队讨论）赚取原始资本，再以物生财创造财富，考验挑战者的生存能力和团队精神，最终将所赚取财富捐赠给需要帮助的人！
认知：生存之道从来没有那么容易
观察、发现、寻找生存之道
思考：不一样的流动义卖
分析问题，提出解决方案，找到有效的行动方式
行动：体验生活不易，践行爱心加油
带着你的原始资本行动，与小伙伴一起，生存下来，帮助他人；
发声：传递爱心另一面
通过行动，你会赚取一定的财富，将它捐给需要的人；你会有一个全

图4-19

❺ 在使用文档网格后，在【视图】选项卡中选中【网格线】复选框，可以看到文档出现如同稿纸一样的格式，字符都是对齐的，如图4-20所示。因此根据实际应用需求启用文档网格，可以灵活地控制每页的行数和每行的字数，并且便于统计页面字数。

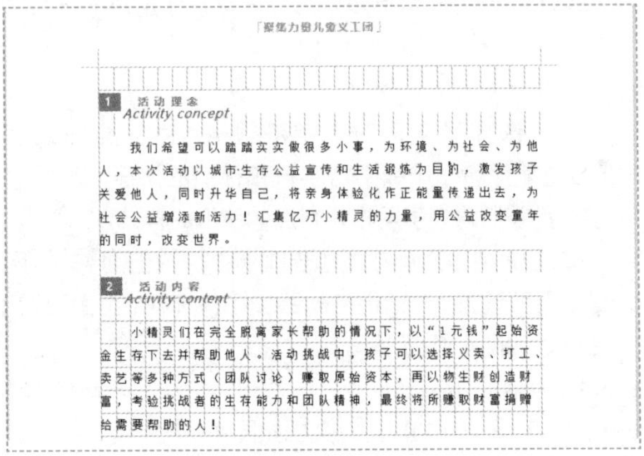
1 活动理念
Activity concept
我们希望可以踏踏实实做很多小事，为环境、为社会、为他人，本次活动以城市生存公益宣传和生活锻炼为目的，激发孩子关爱他人，同时升华自己，将亲身体验化作正能量传递出去，为社会公益增添新活力！汇集亿万小精灵的力量，用公益改变童年的同时，改变世界。
2 活动内容
Activity content
小精灵们在完全脱离家长帮助的情况下，以“1元钱”起始资金生存下去并帮助他人。活动挑战中，孩子可以选择义卖、打工、卖艺等多种方式（团队讨论）赚取原始资本，再以物生财创造财富，考验挑战者的生存能力和团队精神，最终将所赚取财富捐赠给需要帮助的人！

图4-20

4.2 专业的页眉和页脚设计

专业的商务文档都少不了页眉和页脚。页眉通常显示文档的附加信息，可以显示文档名称、单位名称、企业标志等，也可以设计简易图形修饰整体页面；页脚通常显示企业的宣传标语、页码等。文档拥有专业的页眉和页脚，能立即提升文档的视觉效果与专业程度。

扫一扫，看视频

4.2.1 带公司名称的页眉

带公司名称的页眉是一种常用的文字页眉效果，但要注意，即使是纯文字的页眉，也需要进行设计，如字体的选择、修饰符号的选择、英文文本的选择等，有时一个小小的设计也能提升文档的专业度。

❶ 默认的文档页眉都是空白状态，将鼠标指针指向页眉位置，双击即可进入页眉和页脚的编辑状态，如图4-21所示。

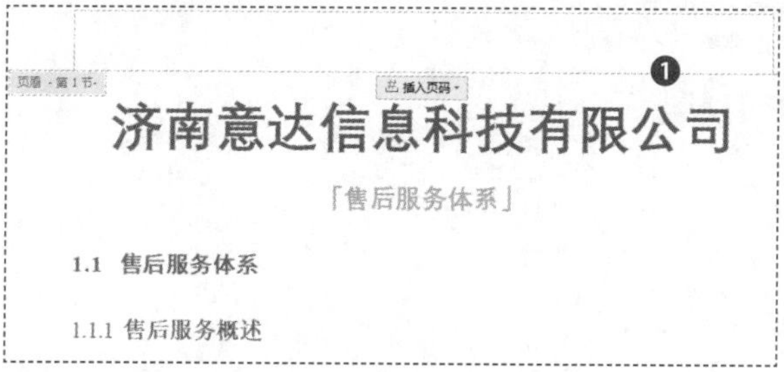

图 4-21

❷ 在光标闪烁的位置输入文字，如图 4-22 所示。

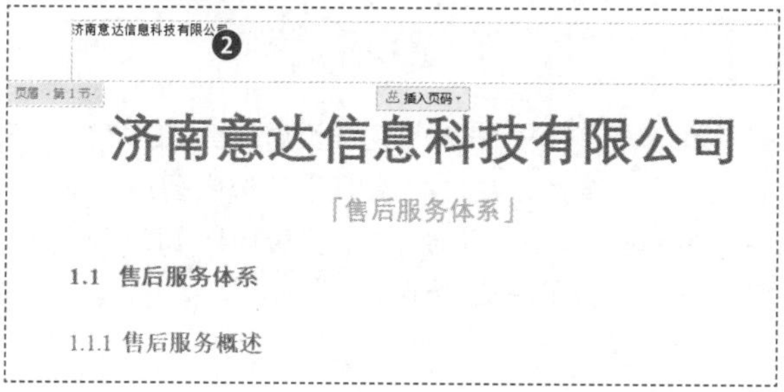

图 4-22

❸ 对文字格式进行设置，这些都在【开始】选项卡中进行。可以设置字体、字号、字形，同时单击【居中对齐】按钮，让文字居中显示，并在文字左侧与右侧添加装饰符号。编辑后的文字如图 4-23 所示。

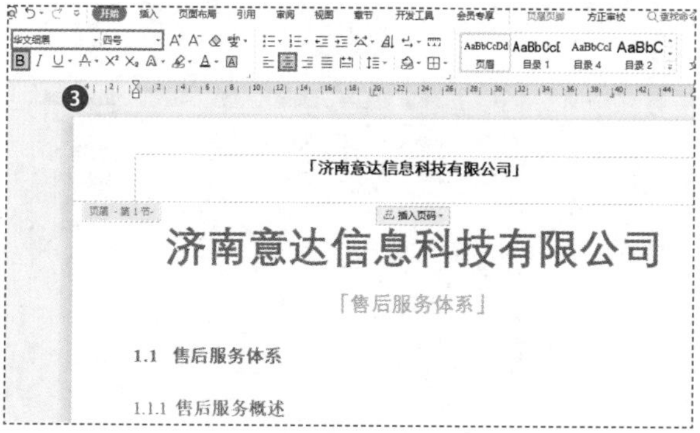

图 4-23

❹ 换行输入公司的英文名称（也需要进行文字格式设置），如图 4-24 所示。

图 4-24

❺ 单击【页眉横线】按钮，在弹出的下拉列表中可以看到多种横线样式，如图 4-25 所示。单击选用的横线即可应用。在页眉以外的位置双击即可完成此页眉的设计，效果如图 4-26 所示。

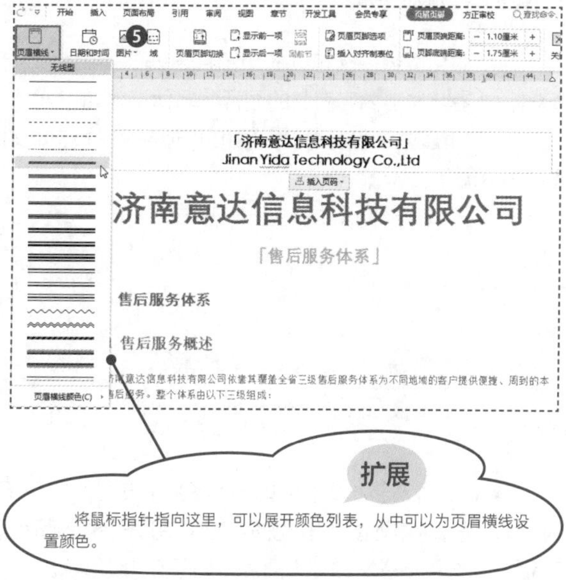

图 4-25

图 4-26

❻ 按相同的方法进入页脚区进行编辑，编辑后的页脚效果如图4-27所示。

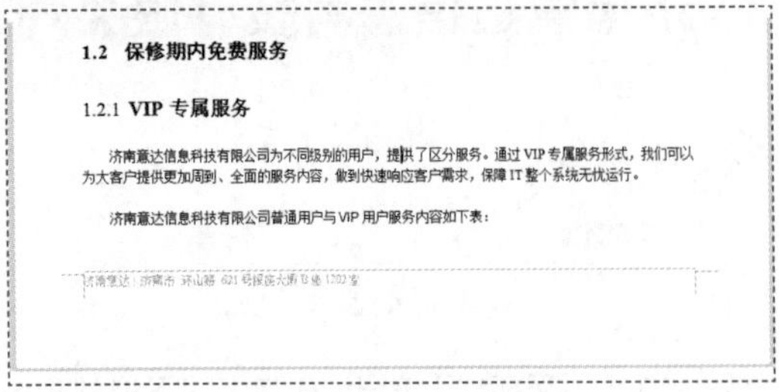

图 4-27

扫一扫，看视频

4.2.2 带公司标志的页眉

在页眉和页脚中还可以应用图片，一般使用公司的标志，或者与文档内容有关的图片，具体操作如下：

❶ 在页眉位置双击进入页眉和页脚的编辑状态，如图4-28所示。

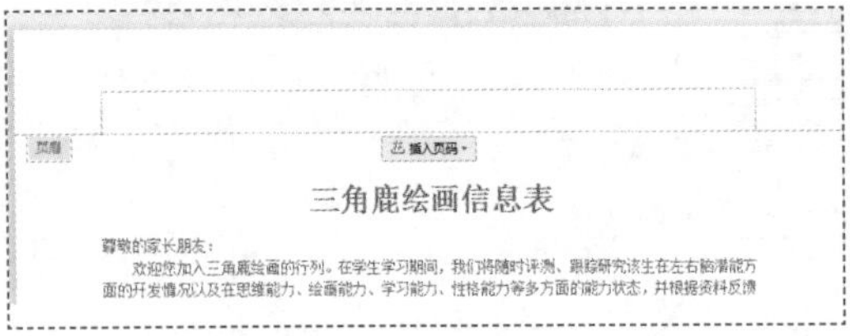

图 4-28

❷ 在【插入】选项卡中单击【图片】按钮，打开下拉列表，选择【本地图片】(见图4-29)，打开【插入图片】对话框，选择准备好的标志图片，如图4-30所示。

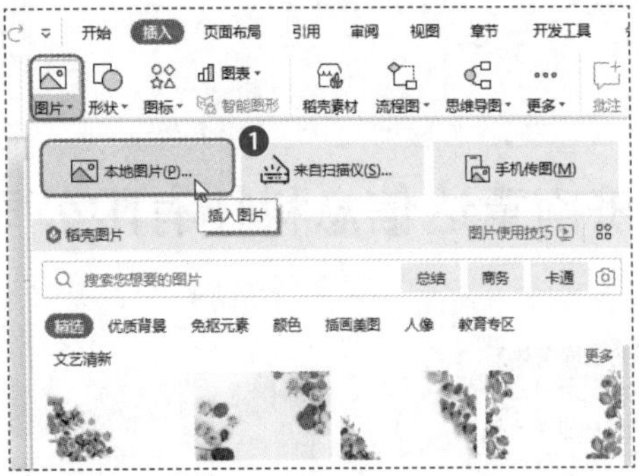

图 4-29

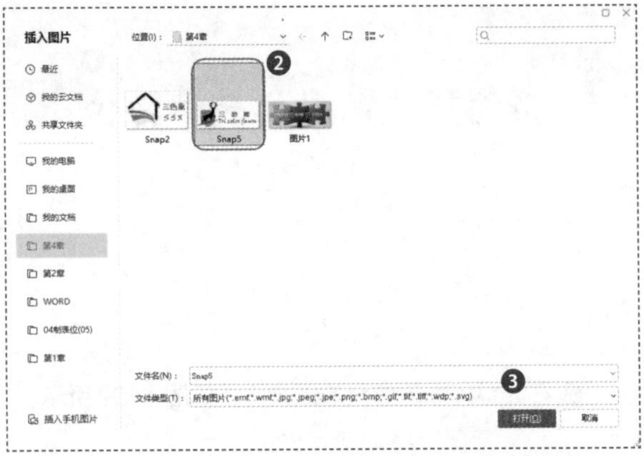

图 4-30

❸ 单击【打开】按钮即可在页眉编辑区的光标所在位置处插入图片，如图4-31所示。选中图片，在【图片工具】选项卡中可以通过设置宽度值与高度值改变图片的大小，如图4-32所示。

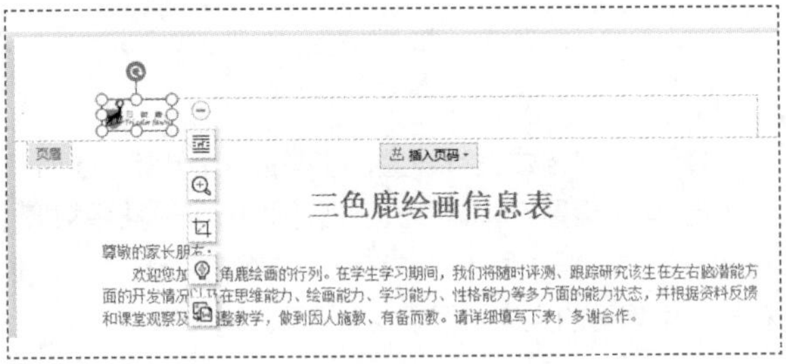

图 4-31

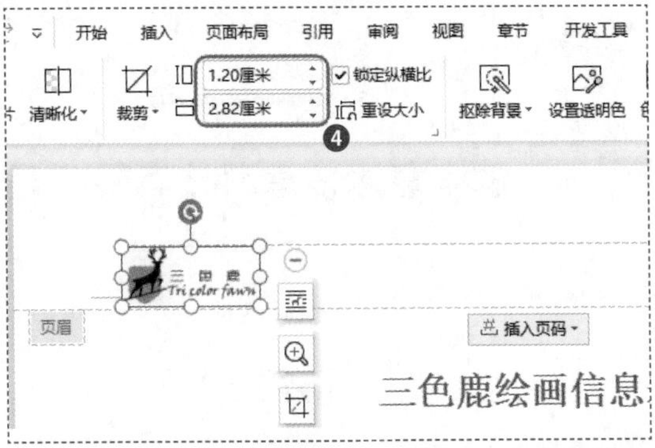

图 4-32

❹ 为页眉补充其他设计元素，如图形、文字信息等，完成设计后退出页眉和页脚的编辑状态，设计完成的页眉如图4-33所示。

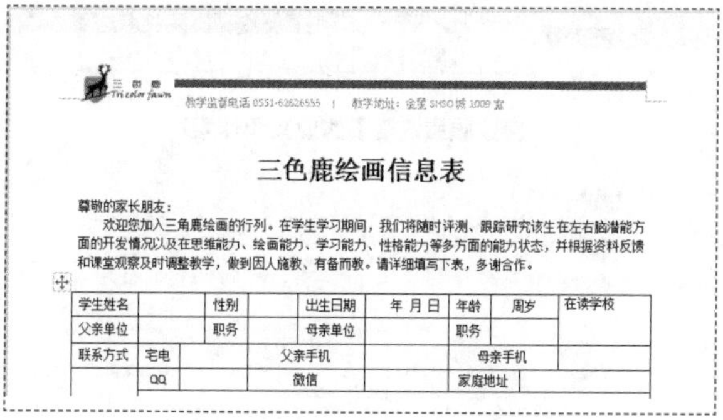

图 4-33

另外，在创建一个新文档时，会预留页眉的位置，这个位置根据对页眉和页脚的不同设计思路，其位置大小是可以调整的。进入页眉和页脚编辑区，在【页眉页脚】选项卡中，通过调节【页眉顶端距离】可以控制页眉区的大小（见图4-34）；通过调节【页脚底端距离】可以控制页脚区的大小。

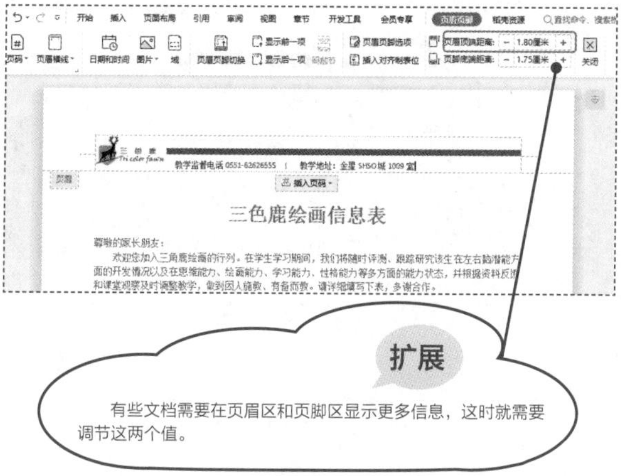

扩展
有些文档需要在页眉区和页脚区显示更多信息，这时就需要调节这两个值。

图 4-34

技巧点拨

插入页眉中的图片默认是嵌入式的，并不能自由移动到任意位置，如果想将图片放在任意位置，需要改变图片的版式。

❶ 选中图片，单击右侧的【布局选项】按钮，在弹出的列表中选择【浮于文字上方】选项，如图 4-35 所示。

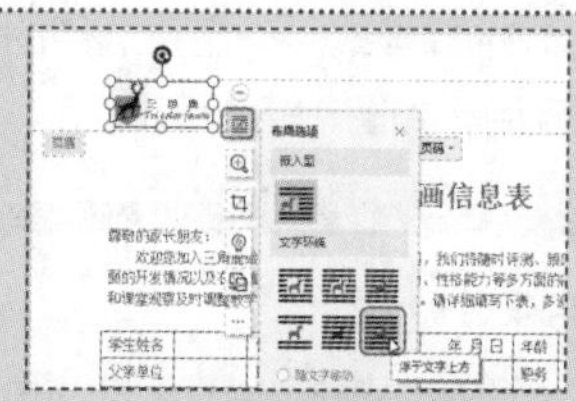

图 4-35

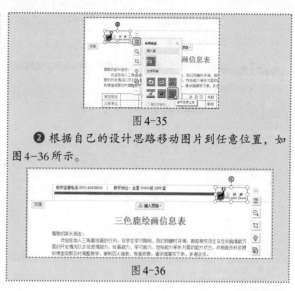

❷ 根据自己的设计思路移动图片到任意位置，如图 4-36 所示。

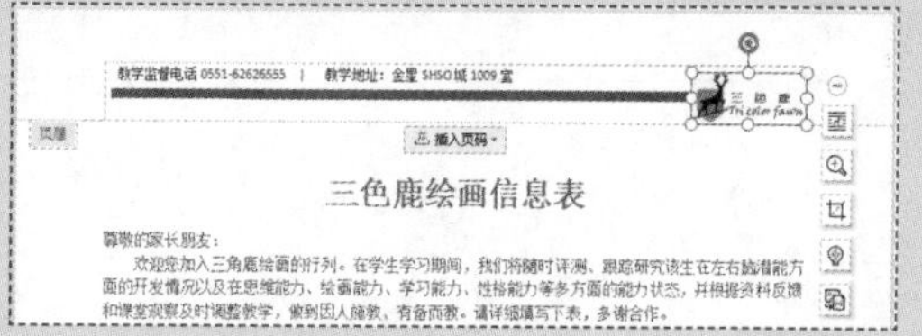

图 4-36

4.2.3 配合图形和图片的页眉设计

扫一扫，看视频

图形、图片也可以作为页眉的设计元素，合理的设计可以提升文档的美观度及专业度。WPS文字程序中内置了一些经过设计的页眉和页脚模板，可以直接套用，也可以在套用后进行局部修改与调整。

❶ 在页眉位置双击进入页眉和页脚的编辑状态，单击【页眉】按钮打开下拉列表，其中提供了一些页眉样式，如图4-37 所示。

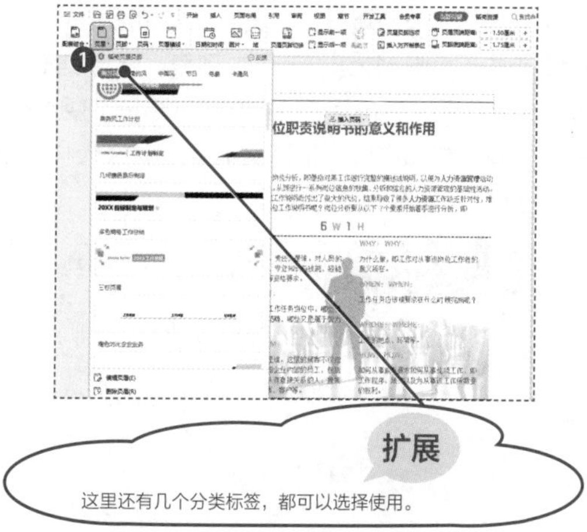

扩展
这里还有几个分类标签，都可以选择使用。

图 4-37

❷ 拖动滑块选择样式，确定要选用的样式后，在样式上单击即可应用，如图4-38所示。

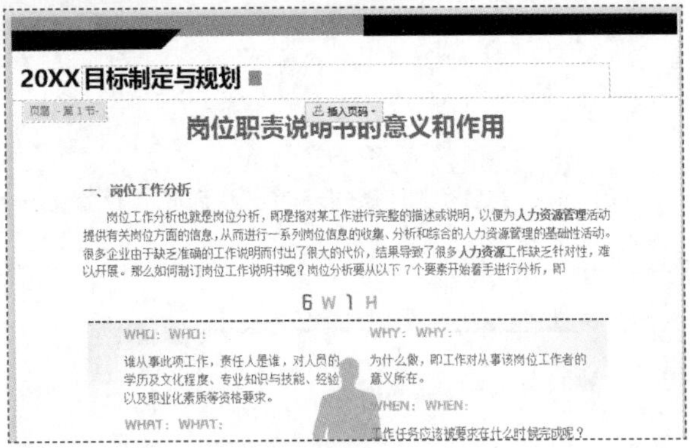

图4-38

❸ 套用的页眉样式实际就是一个模板，可以在其中修改或补充编辑，如在文本框中重新输入文字(文字格式也可以按需要重新设置)，如图4-39所示。

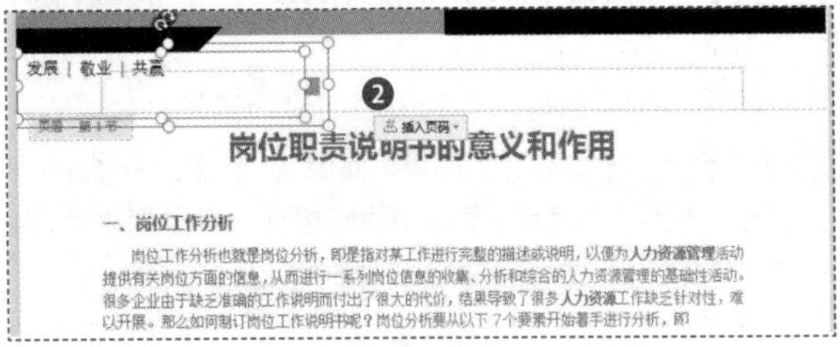

图4-39

❹ 选中其中的图形，可重新改变其形状或位置(见图4-40)。经过重新调整后，页眉效果如图4-41所示。

❺ 单击【页脚】按钮打开下拉列表，选择页脚样式，如图4-42所示。单击后应用效果如图4-43所示。如同建立页眉一样，也可以根据实际情况对模板样式中的文字进行重新编辑。

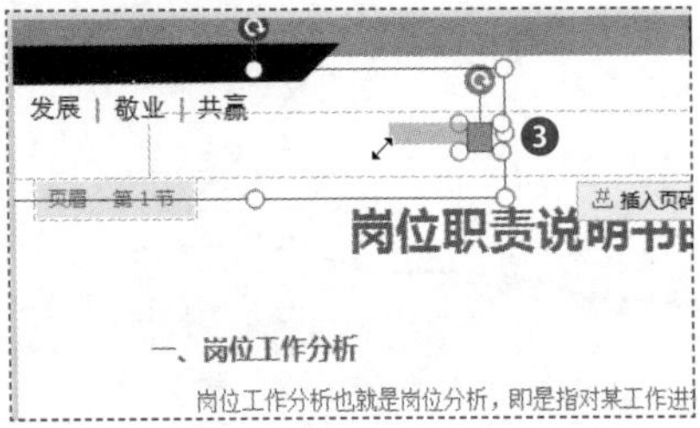

图4-40

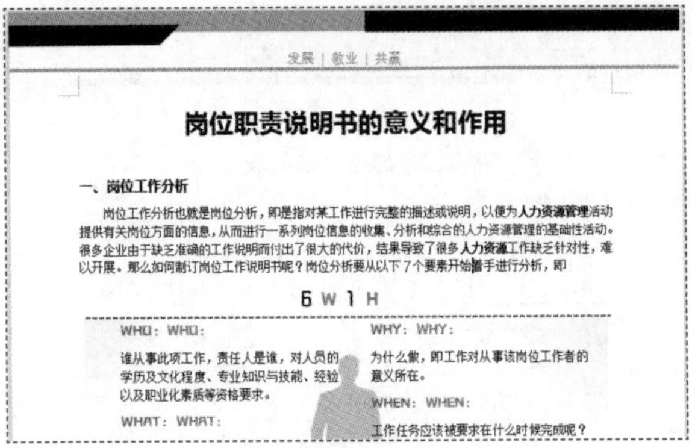

图4-41

图4-42

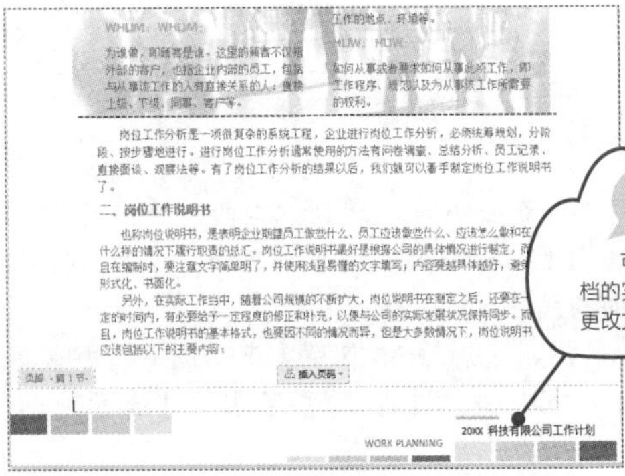

扩展

可按当前文档的实际需求去更改文字。

图4-43

另外，WPS文字程序还提供了配套组合的页眉和页脚样式，对于长文档来说，这种设计好的配套样式是非常实用的，它们在设计页眉和页脚时采用相同的设计元素，更符合商务文档的需求。

单击【配套组合】按钮打开下拉列表，如图4-44所示。选择想使用的样式，单击后应用效果如图4-45所示。然后重新编辑模板样式中的文字，其中的图形可以进行微调整。

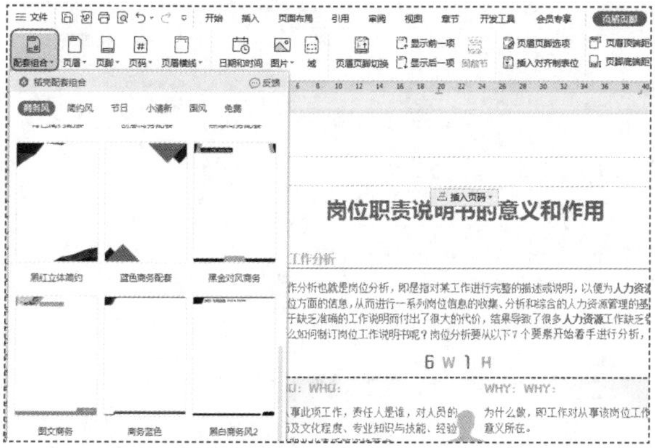

图 4-44

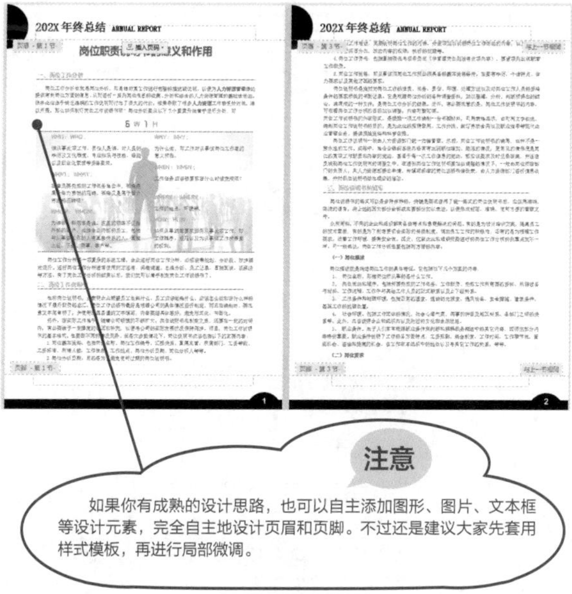

注意

如果你有成熟的设计思路，也可以自主添加图形、图片、文本框等设计元素，完全自主地设计页眉和页脚。不过还是建议大家先套用样式模板，再进行局部微调。

图 4-45

技巧点拨

在长文档的编辑中有时还需要使用奇偶页不同的页眉和页脚。顾名思义，即奇数页使用一种页眉和页脚，偶数页使用另一种页眉和页脚，这种做法我们在一些印刷成册的书籍中经常会用到。当然，即使采用奇偶页不同的页眉和页脚，也建议采用统一的设计风格。

❶ 进入页眉和页脚的编辑状态，在【页眉页脚】选项卡中单击【页眉页脚选项】按钮(见图4-46)，打开【页眉/页脚设置】对话框，勾选【奇偶页不同】复选框，如图4-47所示。

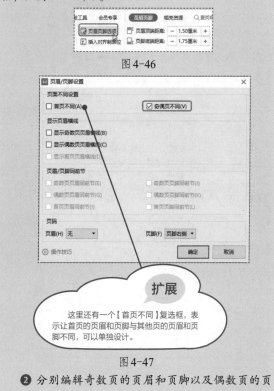

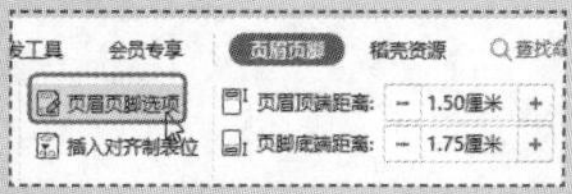

图 4-46

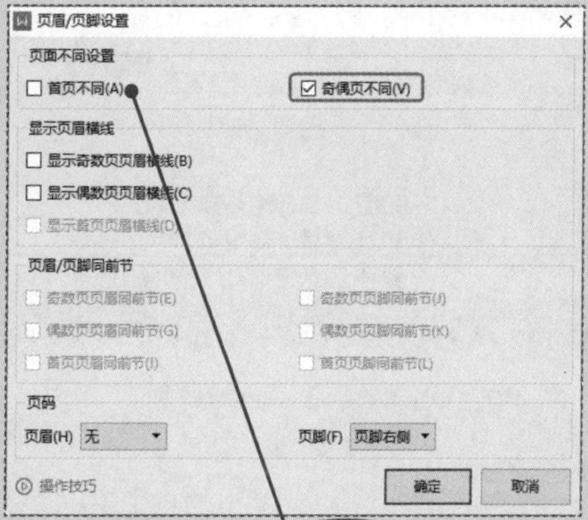

扩展

这里还有一个【首页不同】复选框，表示让首页的页眉和页脚与其他页的页眉和页脚不同，可以单独设计。

图 4-47

❷ 分别编辑奇数页的页眉和页脚以及偶数页的页眉和页脚。

4.2.4 多页文档添加页码

扫一扫，看视频

页码是文档的必备元素，尤其是在长文档中一般必须插入页码，一方面便于阅读，另一方面，如果要打印文档，也便于文档的整理。

1. 添加页码

❶ 在页眉位置双击进入页眉和页脚的编辑状态，这时无论是在页眉区还是在页脚区都可以看到【插入页码】功能按钮，单击此按钮打开下拉列表，可以选择页码的显示位置(见图4-48)，单击【确定】按钮即可插入页码，如图4-49所示。

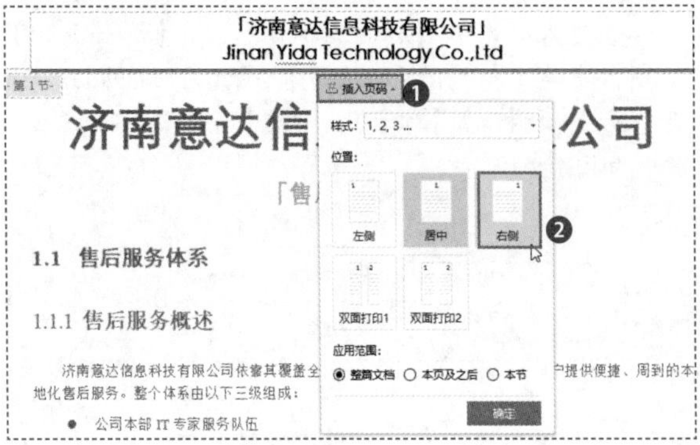

图 4-48

扩展

添加页码数字后，可以选中数字，重新修改其文字格式。也可以添加装饰图形等。

图 4-49

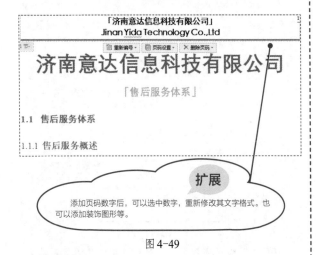

❷ 通过【样式】设置框还可以选择页码的样式，如图4-50所示。

❸ 还可以应用稻壳商城提供的经过设计的页码样式。在【页眉页脚】选项卡中单击【页码】按钮，打开下拉列表，在【稻壳页码】栏中可以看到所提供的页码样式(见图4-51)，其中有页眉的页码样式，也有页脚的页码样式，可以用鼠标指针指向其样式进行预览，单击可以应用，图4-52所示为应用后的效果。

图 4-50

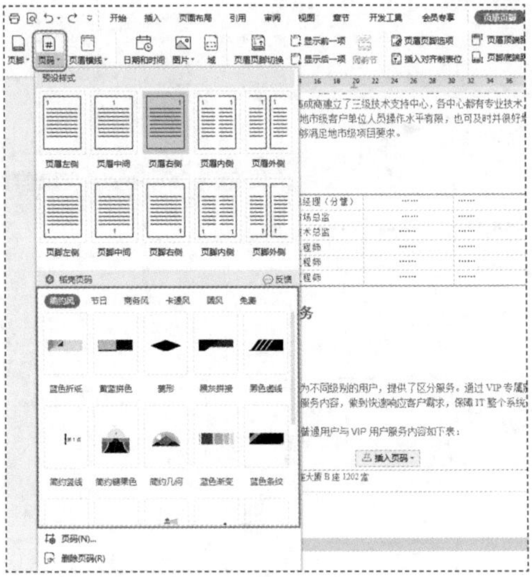

图 4-51

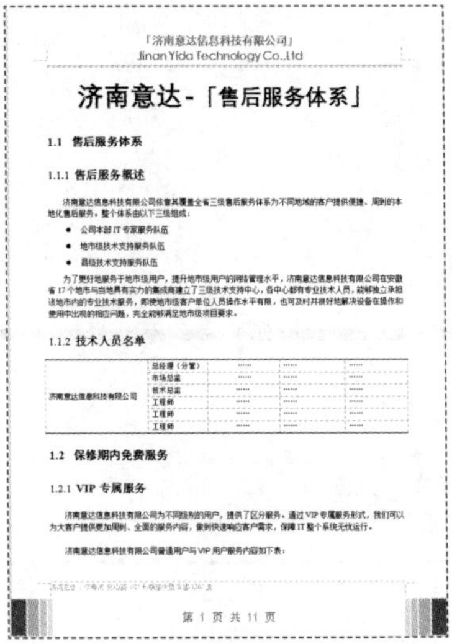

图 4-52

2. 连续编号

在长文档中，如书稿、论文等，常常以章节为单位各自建立文档。在最终成稿时，会要求将文档连续编号，这时就需要重新设置页码的起始页。

❶ 当前文档已经添加了页码，从1开始编号，如图4-53所示。在页眉位置双击进入页眉和页脚的编辑状态，单击【重新编号】功能按钮，展开设置框，输入想连续的页码，如输入15，如图4-54所示。

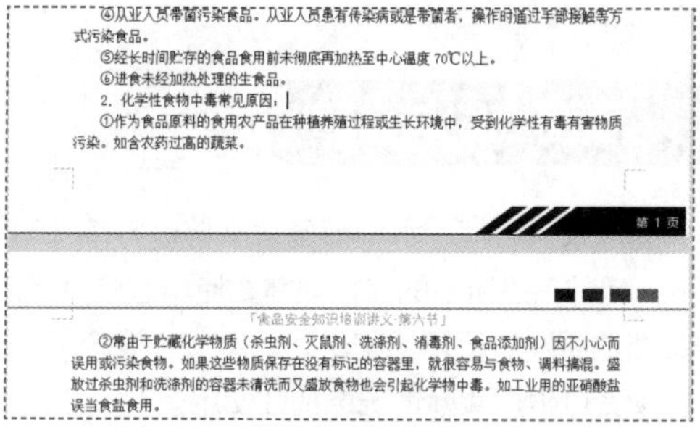

图 4-53

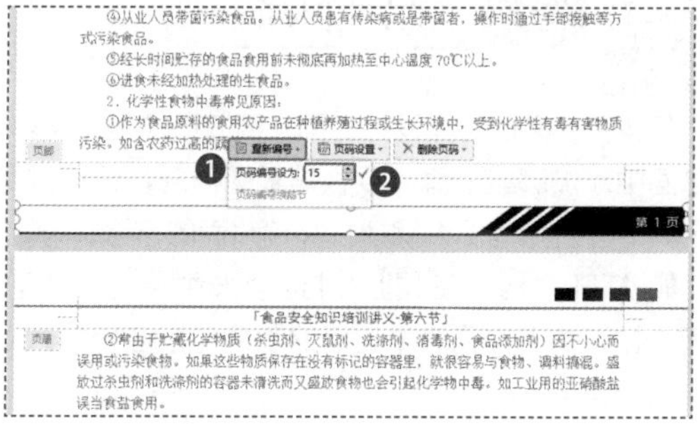

图 4-54

❷ 输入后按Enter键，即可将起始页码更改为15，如图4-55所示。

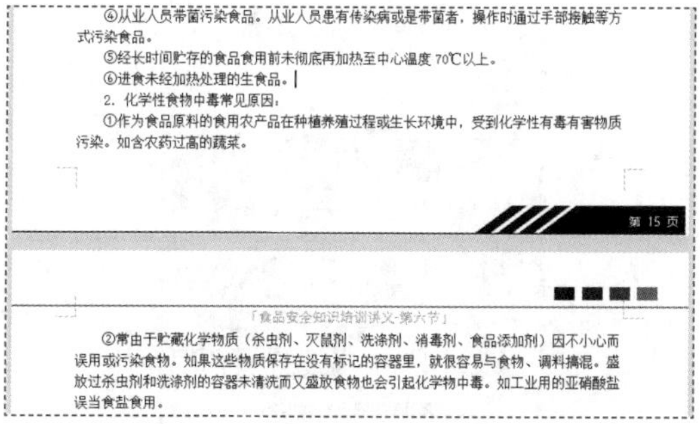

图 4-55

3. 重设页码起始页为 1

在同一篇文档中，页码默认是连续编号的，但有时也需要让页码重新开始编号。例如，一篇文章中包含目录或序，而后面的正文需要重新从1开始编号，要实现这样的页码效果，需要借助分节符来实现。

❶ 将鼠标光标移至需要重新从1开始编号的前一页末尾处，单击进行定位，在【插入】选项卡中单击【分页】按钮，在打开的下拉列表中选择【下一页分节符】，如图4-56所示。

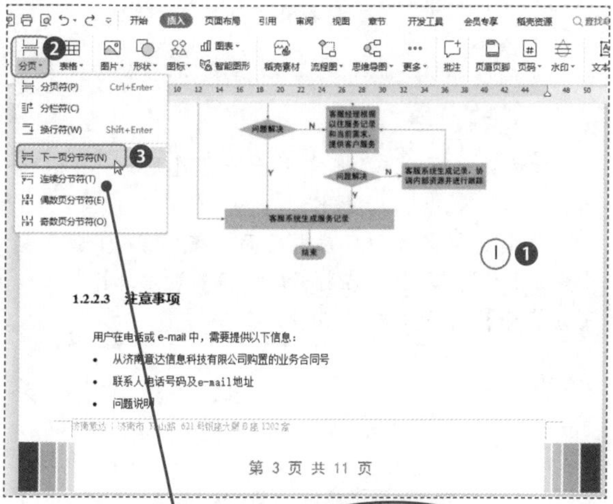

扩展

也可以选择【连续分节符】选项，选择此选项后，文档不会在光标定位的位置进行分页。

图 4-56

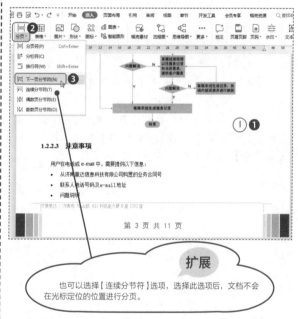

❷ 将光标定位到下一页，在页眉位置双击进入页眉和页脚的编辑状态，单击【重新编号】功能按钮，展开设置框，输入1，如图4-57所示。

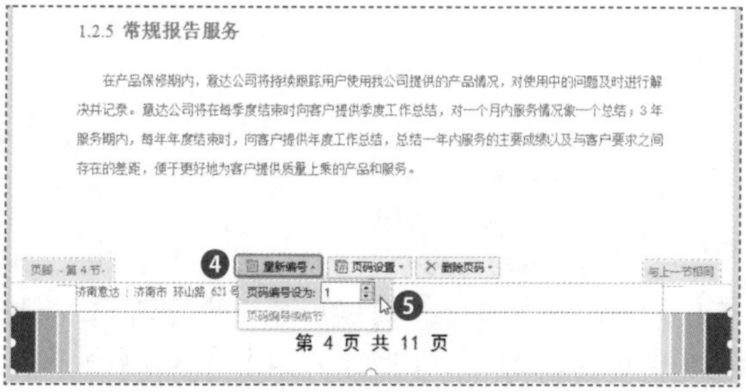

图 4-57

❸ 输入后按Enter键，即可看到从当前页开始，页码重新从1开始编号，如图4-58所示。

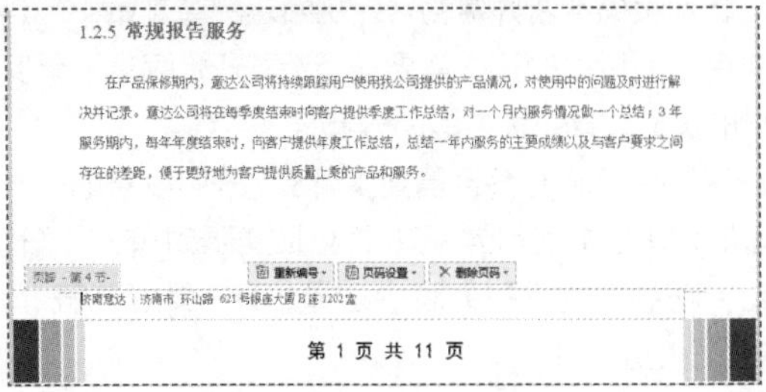

图4-58

技巧点拨

目录页无页码，从正文页开始使用页码，要达到这种显示效果，该如何操作？

❶ 将光标定位到目录页后面，在【插入】选项卡中单击【分页】按钮，在打开的下拉列表中选择【下一页分节符】，如图4-59所示。

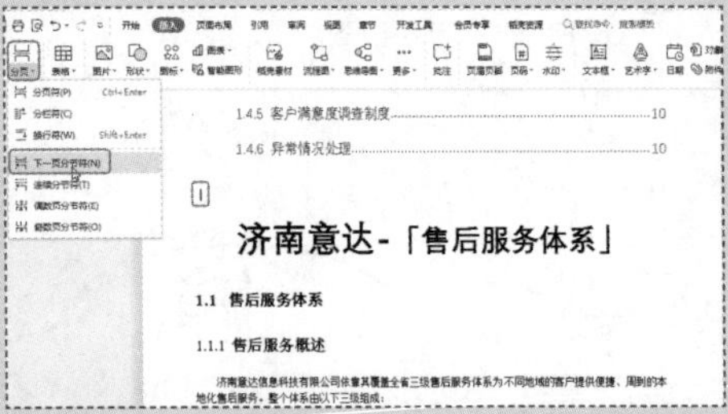

图4-59

❷ 为文档添加页码，在目录页的页脚处单击进入页脚编辑状态，单击【删除页码】按钮，在打开的下拉列表中选择【本节】(见图4-60)，表示删除目录页这一节的页码。

图4-60

❸ 在目录页的页脚处单击进入页脚编辑状态，单击【页码设置】按钮，在打开的下拉列表中选中【本页及之后】单选按钮(见图4-61)，表示只从当前页及之后开始应用页码。

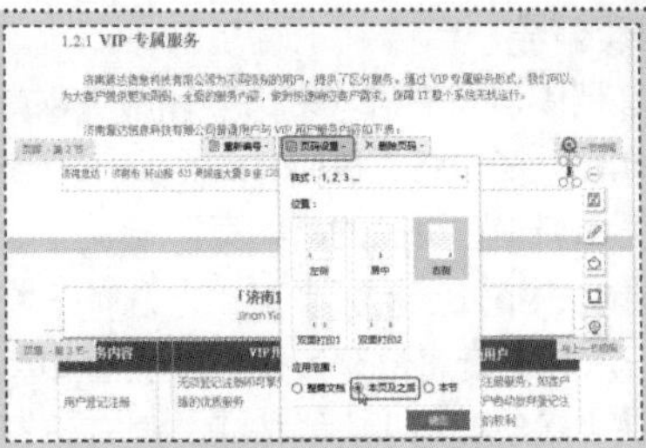

图4-61

4.3 页面底纹与水印

页面底纹、边框、水印都是对文档进行修饰与美化的方式，但并不是所有的文档都需要使用这些修饰方式，应视文档性质及应用环境来决定。本节主要介绍其设置方法，读者可根据实际情况选择性使用。

4.3.1 建立文档封面

扫一扫，看视频

有些商务文档需要设计封面，第二页才是正文内容。在封面中添加哪些信息，要根据实际情况与设计方案来决定。下面使用范例讲解建立文档封面的方法。

❶ 打开文档，在【插入】选项卡中单击【封面页】按钮，打开的下拉列表中显示的都是可以应用的封面样式，如图4-62所示。

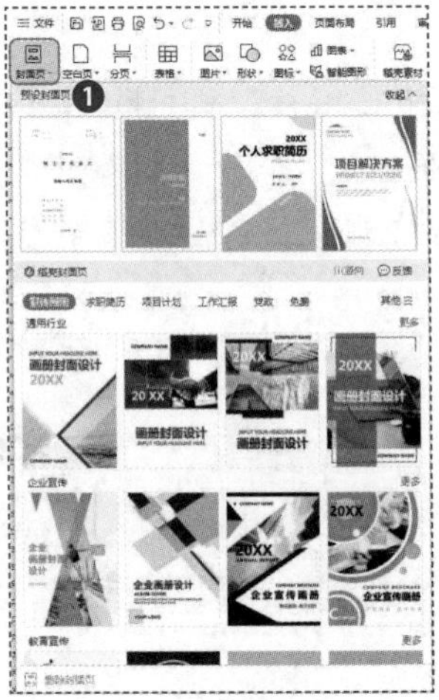

图4-62

❷ 将鼠标指针指向某样式时可对样式进行预览，单击样式即可应用封面，如图4-63所示。

图 4-63

❸ 可以直接在样式预留的文本框中输入文字，并根据设计思路重设文字的格式，如图4-64所示。

图 4-64

❹ 也可以添加图片到封面中（本例中插入的是标志图片），将鼠标指针指向拐角控制点，拖动可调整图片的大小，如图4-65所示。

图 4-65

❺ 默认的图片是嵌入版式的，无法移动到需要的位置。想要移动图片，可以先选中图片，单击右侧的【布局选项】按钮，在打开的列表中选择【浮于文字上方】选项，如图4-66所示；接着可以将图片移至任意合适的位置，如图4-67所示。

图 4-66

图 4-67

❻ 按设计思路继续对封面元素进行补充或调整，最终效果如图4-68所示。

图 4-68

扫一扫，看视频

4.3.2 设置页面底纹颜色

页面底纹默认为白色，根据实际需求也可以对页面底纹颜色进行更改。所使用的颜色及其深浅度应该根据实际情况进行选择。

❶ 打开文档，在【页面布局】选项卡中单击【背景】按钮，在打开的下拉列表中选择一种颜色作为页面背景（见图4-69），如选择【钢蓝，着色1，浅色80%】，其应用效果如图4-70所示。

❷ 如果还需要添加页面边框，则单击【页面边框】按钮，打开【边框和底纹】对话框，分别设置边框的线型、颜色和宽度，然后在左侧选中【方框】，如图4-71所示。单击【确定】按钮，其应用效果如图4-72所示。

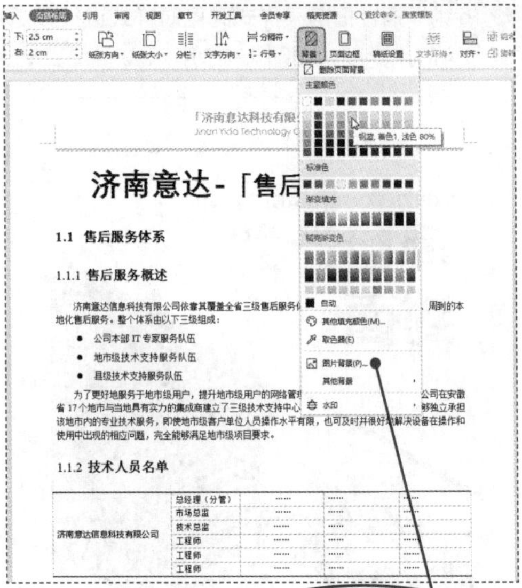

扩展

还有其他的一些页面颜色可以选择，也可以选择【图片背景】选项添加图片作为文档背景，但对于页面背景一般不建议过于花哨。

图 4-69

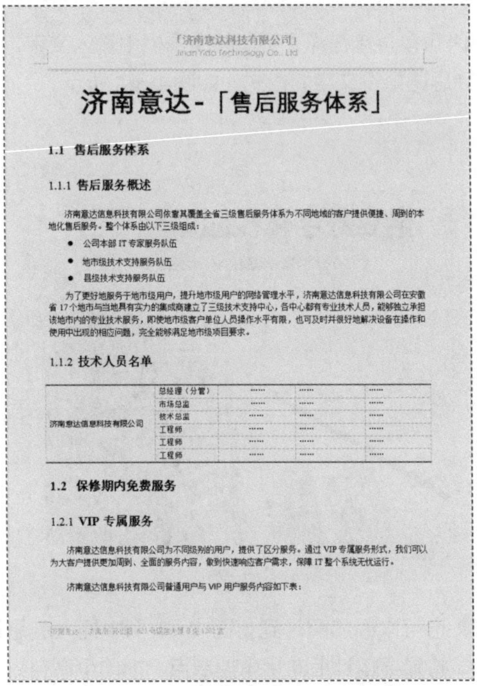

「济南意达科技有限公司」
Jinan Yida Technology Co., Ltd

济南意达-「售后服务体系」

1.1 售后服务体系

1.1.1 售后服务概述

济南意达信息科技有限公司依靠其覆盖全省三级售后服务体系为不同地域的客户提供便捷、周到的本地化售后服务。整个体系由以下三级组成：

- 公司本部 IT 专家服务队伍
- 地市级技术支持服务队伍
- 县级技术支持服务队伍

为了更好地服务于地市级用户，提升地市级用户的网络管理水平，济南意达信息科技有限公司在安徽省 17 个地市与当地具有实力的集成商建立了三级技术支持中心，各中心都有专业技术人员，能够独立承担该地市内的专业技术服务，即使地市级客户单位人员操作水平有限，也可及时并很好地解决设备在操作和使用中出现的相应问题，完全能够满足地市级项目要求。

1.1.2 技术人员名单

济南意达信息科技有限公司	总经理（分管）	······	······	······
	市场总监	······	······	······
	技术总监	······	······	······
	工程师	······	······	······
	工程师	······	······	······
	工程师	······	······	······

1.2 保修期内免费服务

1.2.1 VIP 专属服务

济南意达信息科技有限公司为不同级别的用户，提供了区分服务。通过 VIP 专属服务形式，我们可以为大客户提供更加周到、全面的服务内容，做到快速响应客户需求，保障 IT 整个系统无忧运行。

济南意达信息科技有限公司普通用户与 VIP 用户服务内容如下表：

图 4-70

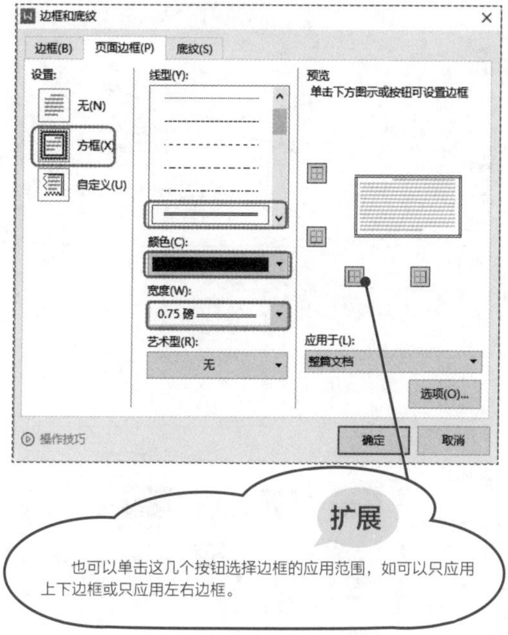

图 4-71

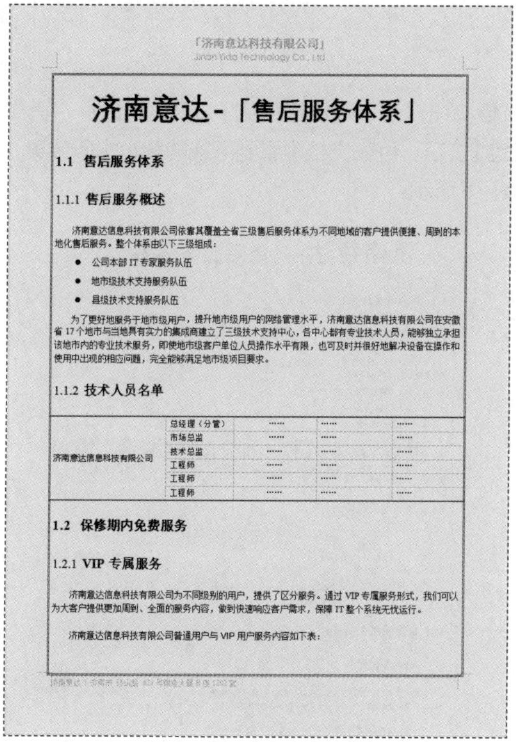

「济南意达科技有限公司」
Jinan Yida Technology Co., Ltd

济南意达 -「售后服务体系」

1.1 售后服务体系

1.1.1 售后服务概述

济南意达信息科技有限公司依靠其覆盖全省三级售后服务体系为不同地域的客户提供便捷、周到的本地化售后服务。整个体系由以下三级组成：

- 公司本部 IT 专家服务队伍
- 地市级技术支持服务队伍
- 县级技术支持服务队伍

为了更好地服务于地市级用户，提升地市级用户的网络管理水平，济南意达信息科技有限公司在安徽省 17 个地市与当地具有实力的集成商建立了三级技术支持中心，各中心都有专业技术人员，能够独立承担该地市内的专业技术服务，即使地市级客户单位人员操作水平有限，也可及时并很好地解决设备在操作和使用中出现的相应问题，完全能够满足地市级项目要求。

1.1.2 技术人员名单

济南意达信息科技有限公司	总经理（分管）	……	……	……
	市场总监	……	……	……
	技术总监	……	……	……
	工程师	……	……	……
	工程师	……	……	……
	工程师	……	……	……

1.2 保修期内免费服务

1.2.1 VIP 专属服务

济南意达信息科技有限公司为不同级别的用户，提供了区分服务。通过 VIP 专属服务形式，我们可以为大客户提供更加周到、全面的服务内容，做到快速响应客户需求，保障 IT 整个系统无忧运行。

济南意达信息科技有限公司普通用户与 VIP 用户服务内容如下表：

图 4-72

4.3.3 添加文字水印效果

扫一扫，看视频

根据文档性质的不同，为文档添加水印有多个不同的用途。例如，有的公司会规定文档必须显示加密；有的文档需要进行版权声明，防止他人侵权；有的用于传阅的资料文档需要添加水印显示企业名称等。添加文字水印的操作如下：

❶ 打开目标文档，在【插入】选项卡中单击【水印】按钮，在打开的下拉列表中选择【插入水印】命令（见图4-73），打开【水印】对话框。

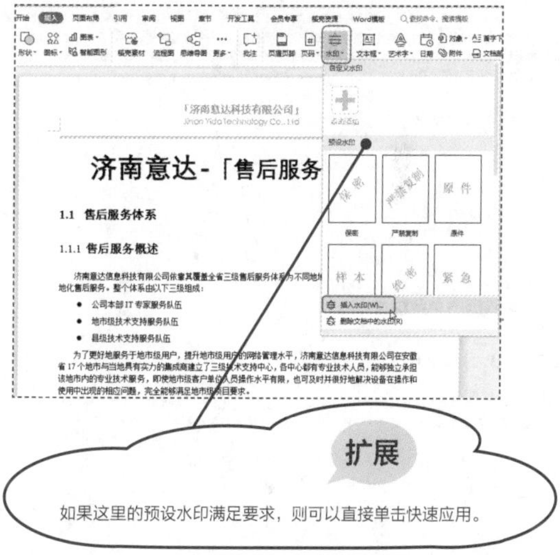

图 4-73

❷ 勾选【文字水印】复选框，在【内容】框中输入自定义的水印文字，然后进行字体、颜色、版式、透明度等参数的设置，如图4-74所示。

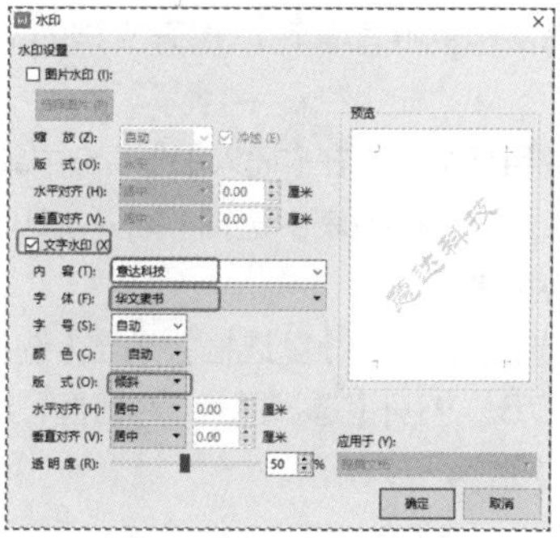

图 4-74

❸ 单击【确定】按钮回到文档中，可以看到文档显示的文字水印效果，如图4-75所示。

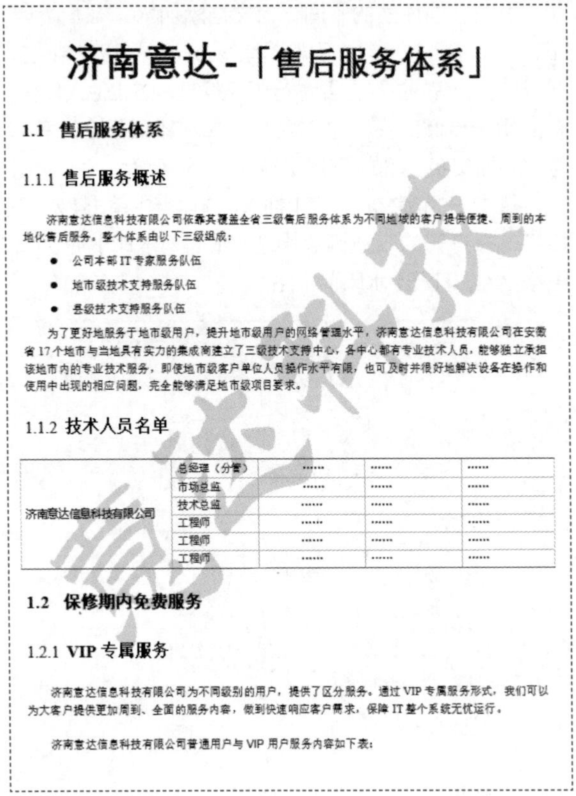
济南意达 -「售后服务体系」

1.1 售后服务体系

1.1.1 售后服务概述

济南意达信息科技有限公司依靠其覆盖全省三级售后服务体系为不同地域的客户提供便捷、周到的本地化售后服务。整个体系由以下三级组成：

- 公司本部 IT 专家服务队伍
- 地市级技术支持服务队伍
- 县级技术支持服务队伍

为了更好地服务于地市级用户，提升地市级用户的网络管理水平，济南意达信息科技有限公司在安徽省 17 个地市与当地具有实力的集成商建立了三级技术支持中心，各中心都有专业技术人员，能够独立承担该地市内的专业技术服务，即使地市级客户单位人员操作水平有限，也可及时并很好地解决设备在操作和使用中出现的相应问题，完全能够满足地市级项目要求。

1.1.2 技术人员名单

济南意达信息科技有限公司	总经理（分管）	······	······	······
	市场总监	······	······	······
	技术总监	······	······	······
	工程师	······	······	······
	工程师	······	······	······
	工程师	······	······	······

1.2 保修期内免费服务

1.2.1 VIP 专属服务

济南意达信息科技有限公司为不同级别的用户，提供了区分服务。通过 VIP 专属服务形式，我们可以为大客户提供更加周到、全面的服务内容，做到快速响应客户需求，保障 IT 整个系统无忧运行。

济南意达信息科技有限公司普通用户与 VIP 用户服务内容如下表：

图4-75

扫一扫，看视频

4.3.4 添加图片水印效果

图片水印一般可以起到装饰文档的效果，选择合适的图片作为文档的底图，可以提升文档的专业性与美观度。

❶ 打开目标文档，在【插入】选项卡中单击【水印】按钮，在打开的下拉列表中选择【插入水印】命令，打开【水印】对话框。

❷ 勾选【图片水印】复选框，单击【选择图片】按钮（见图4-76），打开【选择图片】对话框，选择想要使用的图片，如图4-77所示。

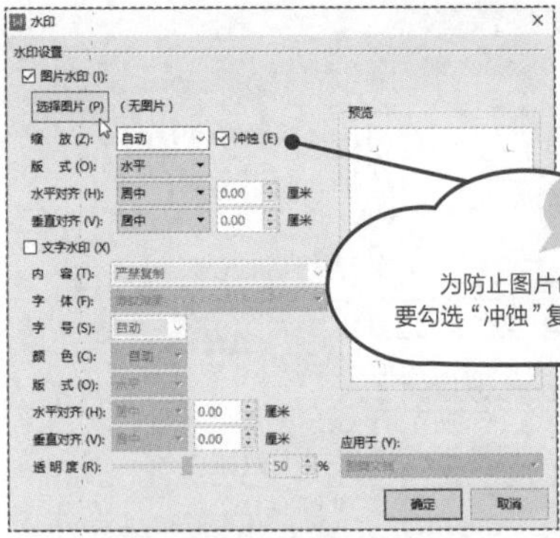

注意

为防止图片色彩对正文造成干扰，要勾选“冲蚀”复选框。

图4-76

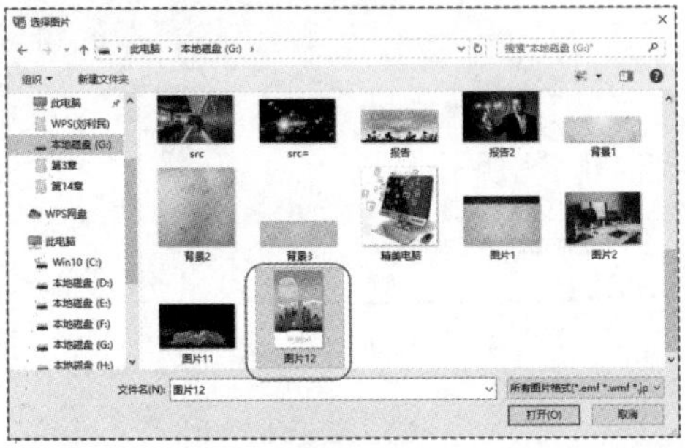

图4-77

❸ 单击【打开】按钮回到【水印】对话框，再单击【确定】按钮，可在文档中看到添加的图片水印效果，如图4-78所示。

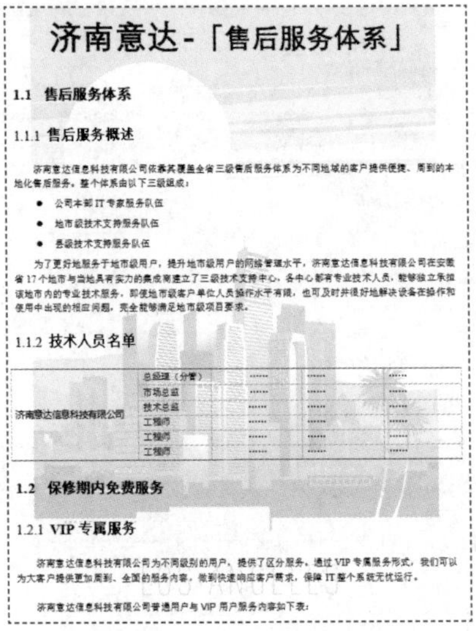
济南意达 -「售后服务体系」

1.1 售后服务体系

1.1.1 售后服务概述

济南意达信息科技有限公司依靠其覆盖全省三级售后服务体系为不同地域的客户提供便捷、周到的本地化售后服务。整个体系由以下三级组成：

- 公司本部 IT 专家服务队伍
- 地市级技术支持服务队伍
- 县级技术支持服务队伍

为了更好地服务于地市级用户，提升地市级用户的网络管理水平，济南意达信息科技有限公司在安徽省 17 个地市与当地具有实力的集成商建立了三级技术支持中心，各中心都有专业技术人员，能够独立承担该地市内的专业技术服务，即使地市级客户单位人员操作水平有限，也可及时并很好地解决设备在操作和使用中出现的相应问题，完全能够满足地市级项目要求。

1.1.2 技术人员名单

济南意达信息科技有限公司	总经理（分管）	······	······	······
	市场总监	······	······	······
	技术总监	······	······	······
	工程师	······	······	······
	工程师	······	······	······
	工程师	······	······	······

1.2 保修期内免费服务

1.2.1 VIP 专属服务

济南意达信息科技有限公司为不同级别的用户，提供了区分服务。通过 VIP 专属服务形式，我们可以为大客户提供更加周到、全面的服务内容，做到快速响应客户需求，保障 IT 整个系统无忧运行。

济南意达信息科技有限公司普通用户与 VIP 用户服务内容如下表：

图4-78

技巧点拨

在选择作为水印的图片时应注意其尺寸，如纵向页面应使用纵向图片。在WPS文字程序中可以搜索图片，还可以对图片的构图方式进行筛选。

在【插入】选项卡中单击【图片】按钮，打开下拉列表，在搜索框中输入关键词，按Enter键后，再单击【构图】按钮，在下拉列表中可选择不同的构图方式(见图4-79)，以便有针对性地找到目标图片。

图 4-79

4.4 制作多级目录结构

如果是日常办公的较短文档，可能不需要使用目录，但是对于较长的文档来说，一般都需要配备清晰的目录，一方面是便于在编辑时理清思路，另一方面是便于文档的快速定位、查看和文档目录的提取。

4.4.1 建立多级目录

扫一扫，看视频

通过大纲视图可以建立目录，文档编辑完成后，可以在导航窗格中查看文档的目录，如图4-80所示。但是默认情况下文档是不存在各级目录的，更不会显示于导航窗格中。因此，创建目录可以进入大纲视图中处理。

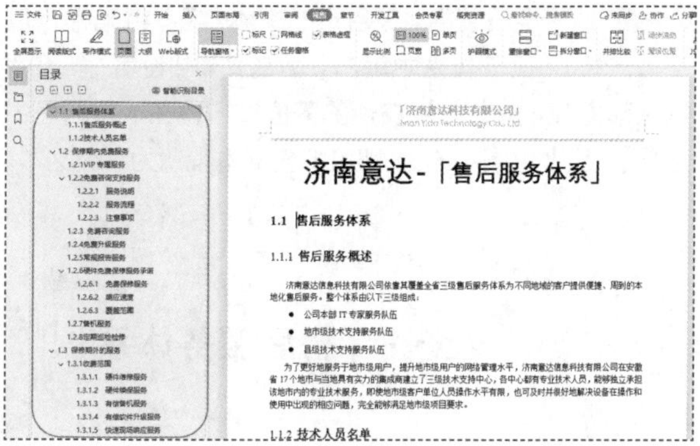

图 4-80

1. 创建新目录

❶ 输入文档的目录文字，在【视图】选项卡中单击【大纲】按钮(见图4-81)，进入大纲视图，可以看到所有文字都为正文级别，如图4-82所示。

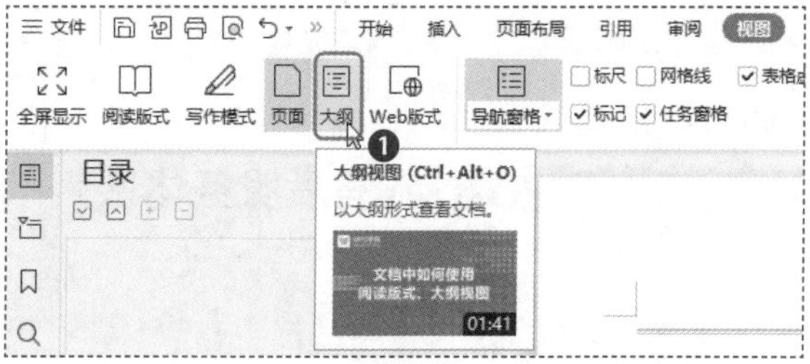

图 4-81

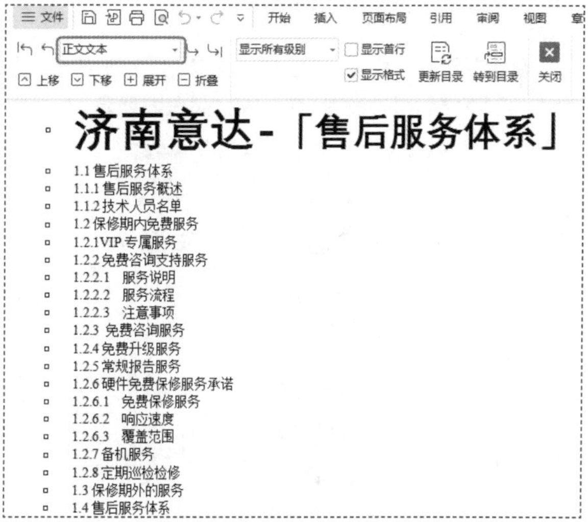

图 4-82

❷ 选中要设置为1级目录的文本（或者将光标定位在那一行），在工具栏中单击【正文文本】设置框（因为默认都为【正文文本】）右侧的下拉按钮，在下拉列表中选择【1级】（见图4-83），即可将该文本设置为1级文本。

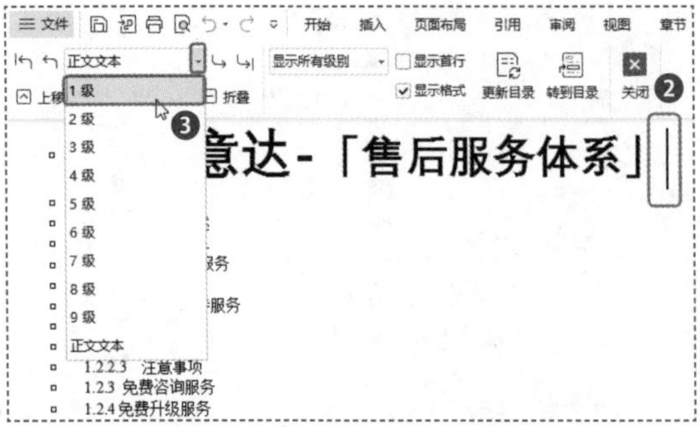

图4-83

❸ 继续定位光标，选择级别为【2级】，即可将选择的文本设置为2级文本，如图4-84所示。

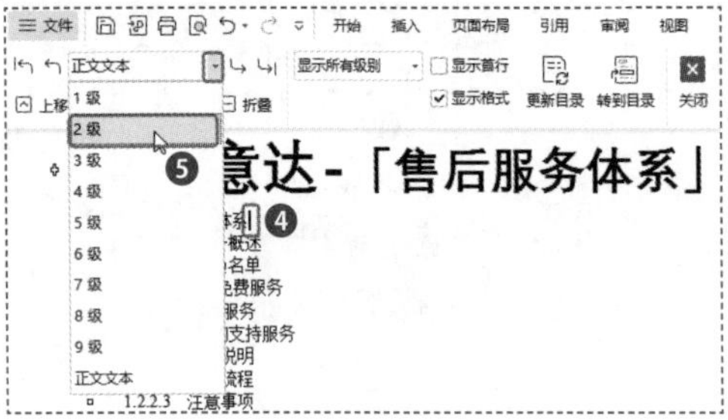

图4-84

❹ 对于同一级别的标题，可以一次性选中（见图4-85），然后再去设置级别，如图4-86所示。

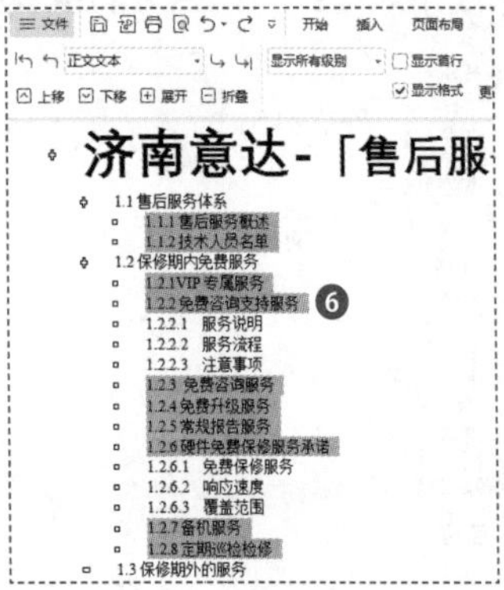

图4-85

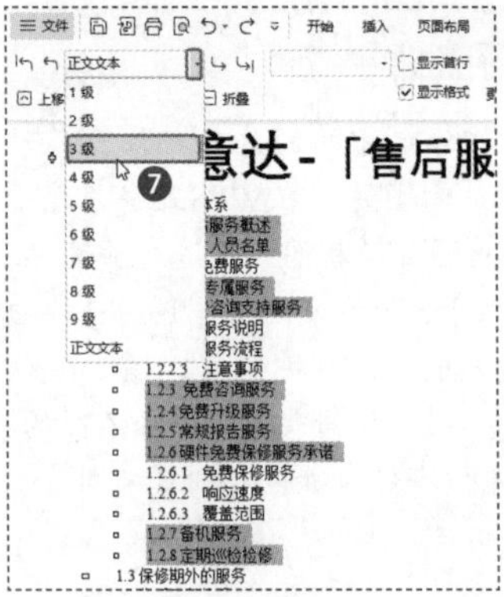

图4-86

❺ 为了更加直观地区分各个目录级别，可以按级别选中目录，然后在【开始】选项卡中重新设置文字格式，如图4-87和图4-88所示。

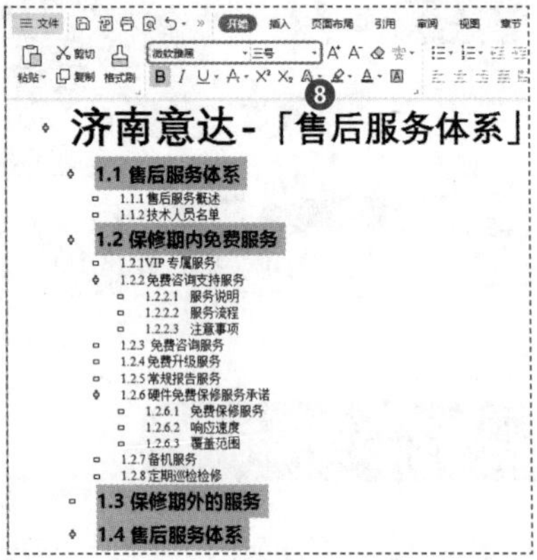

图4-87

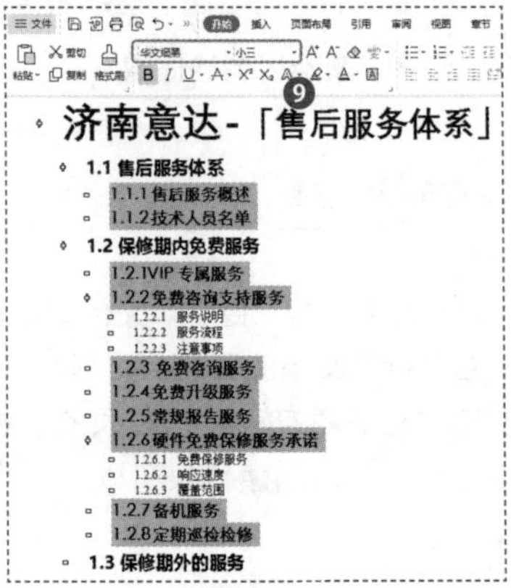

图4-88

❻ 在大纲视图中单击【关闭】按钮，回到页面视图中，在导航窗格中可以看到目录，如图 4-89 所示。

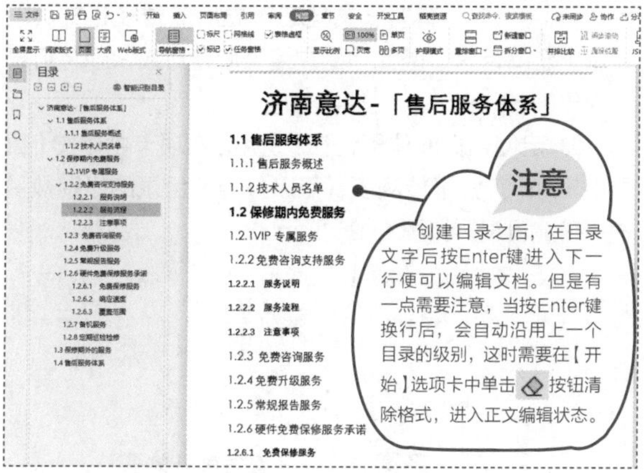

图 4-89

2. 调整目录顺序

目录创建完成后，一般会进行正文的编辑，如果发现目录某个位置的顺序不合理，可以快速进行调整。在大纲视图中可以非常方便地进行同级目录的折叠，在折叠后进行调整，无论调整到哪个位置，其下级目录和正文都会被统一调整。折叠的方法为：在大纲视图中单击目录前面的加号，可以选中这一目录及以下级别的所有内容（见图 4-90），单击工具栏中的【折叠】按钮即可看到正文被折叠，只显示了目录，如图 4-91 所示。

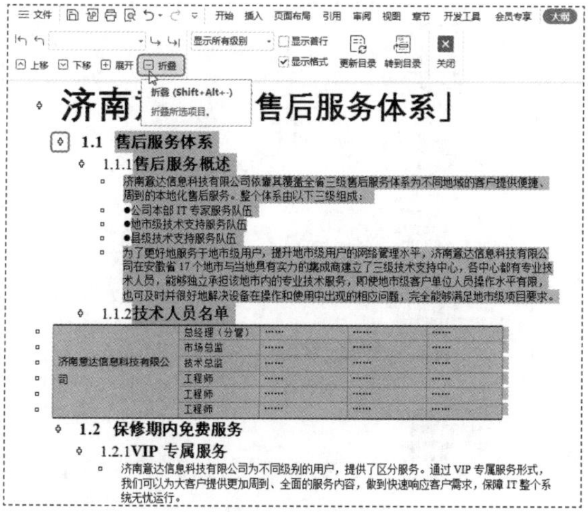

图 4-90

图 4-91

假设本例中要将 1.2.6 小节的所有内容（包括其包含的下一级内容）调至 1.2.2 小节后面，操作方法如下：

❶ 将【1.2 保修期内免费服务】目录折叠，接着单击 1.2.6 目录前的加号选中这一级目录及以下目录，如图 4-92 所示。

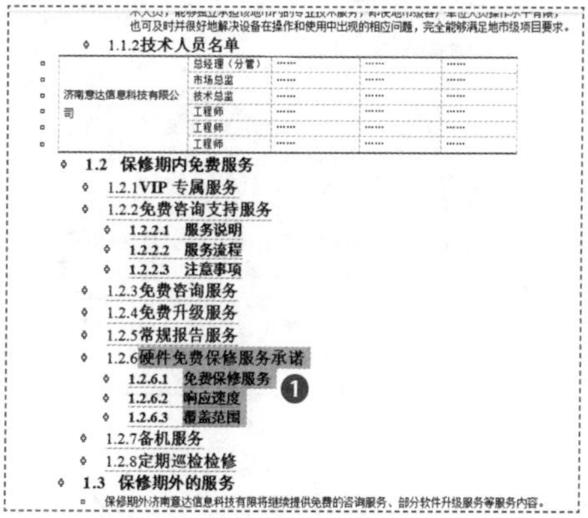

图 4-92

❷ 在工具栏中单击【上移】按钮即可上移一个目录，如图 4-93 所示。

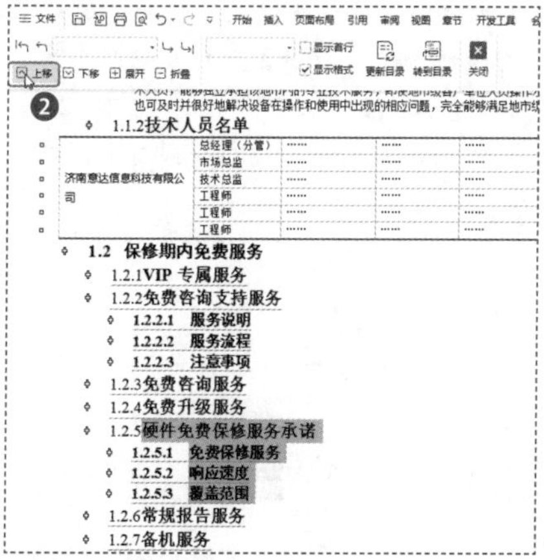

图 4-93

❸ 继续单击【上移】按钮上移，直到移到合适的位置，如图4-94所示。

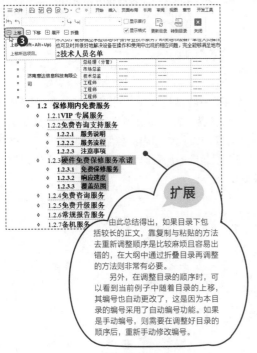

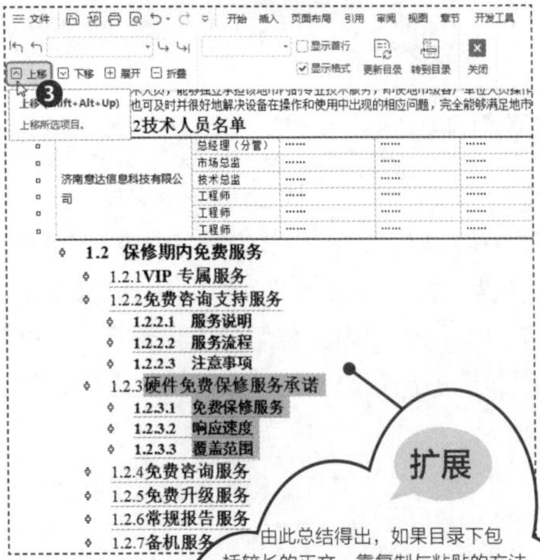

扩展

由此总结得出，如果目录下包括较长的正文，靠复制与粘贴的方法去重新调整顺序是比较麻烦且容易出错的，在大纲中通过折叠目录再调整的方法则非常有必要。

另外，在调整目录的顺序时，可以看到当前例子中随着目录的上移，其编号也自动更改了，这是因为本目录的编号采用了自动编号功能。如果是手动编号，则需要在调整好目录的顺序后，重新手动修改编号。

图4-94

技巧点拨

如果目录标题需要降级，并且其下包括的下属标题同时降低一个级别，该如何操作呢？

❶ 单击当前目录标题前面的加号，然后单击工具栏中的【折叠】按钮，这时本级目录标题及其下所有级别的目录标题一次性被选中。

❷ 在工具栏中单击 ↳ 按钮(见图4-95)，即可一次性降级。

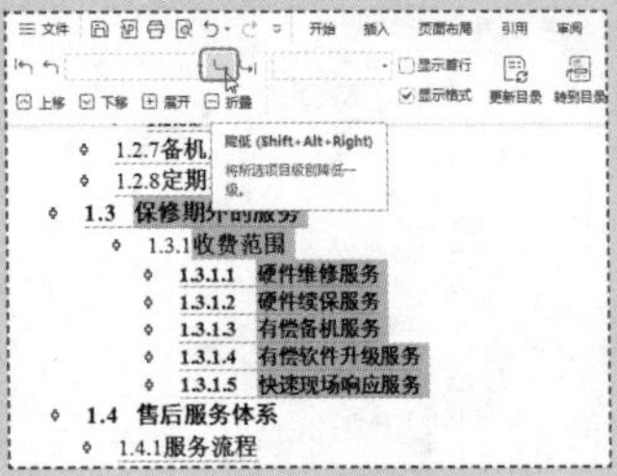

图4-95

扫一扫，看视频

4.4.2 提取文档目录

有些长文档在建立后需要在正文页前显示出全文目录，因此在建立目录后还可以快速将目录提取出来。

❶ 定位光标的位置，在【引用】选项卡中单击【目录】按钮，打开下拉列表，可以按当前目录的级别数量选择智能目录，如图4-96所示。

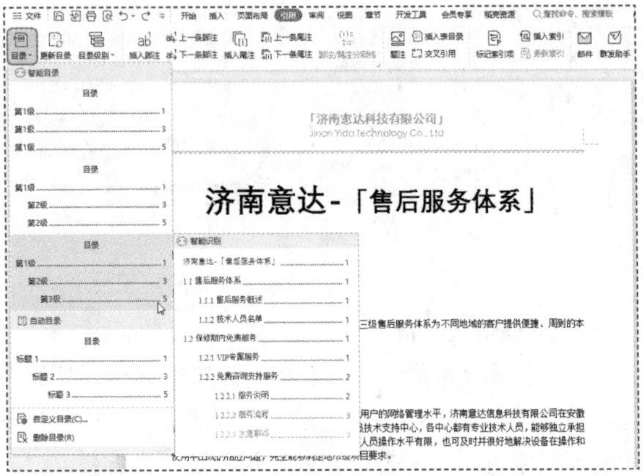

图4-96

❷ 单击目录样式即可在光标位置处插入目录，如图4-97所示。

图4-97

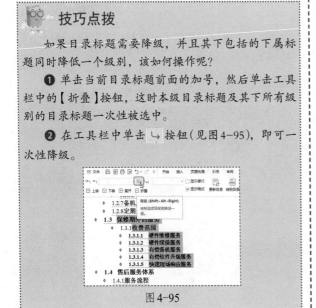

❸ 选中目录，可以对目录的文字格式重新进行设置，如图4-98所示。

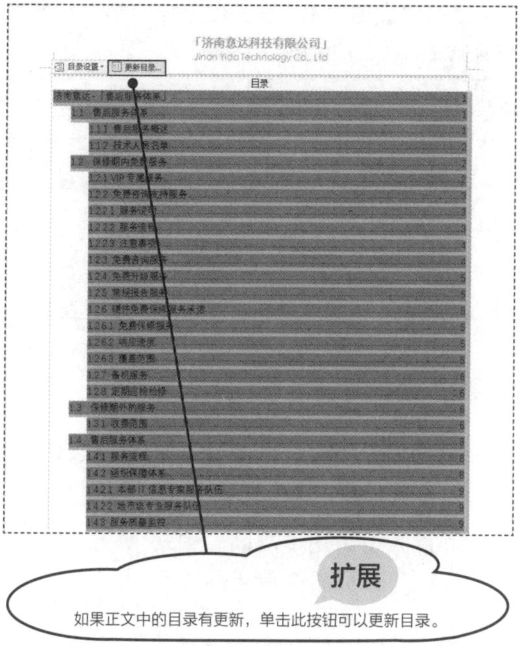

图 4-98

❹ 在图4-96所示的列表中选择【自定义目录】选项，打开【目录】对话框，可以自定义设置前导符样式，也可以根据实际情况选择显示级别，如图4-99所示。

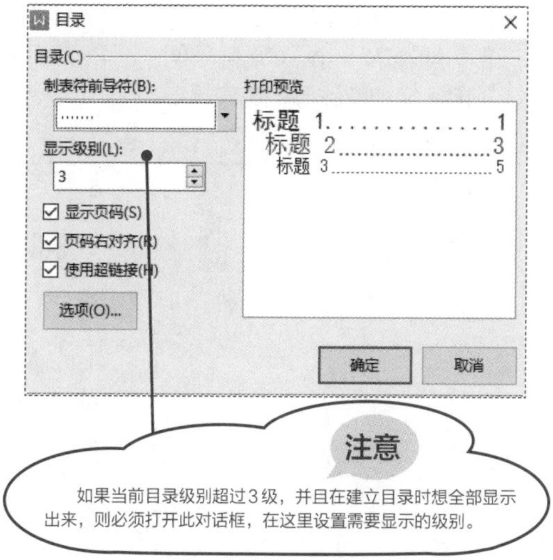

图 4-99

4.5　过关练习：旅游公司行程方案

商务文档非常注重文档的整体页面效果，一般需要设计专业的页眉和页脚、页面底纹，进行工整规范的排版等。本例给出一个“旅游公司行程方案”作为过关练习，读者可以自行尝试学习制作。

4.5.1　编排后效果图

扫一扫，看视频

图4-100和图4-101所示为“旅游公司行程方案”文档排版后的部分页面。

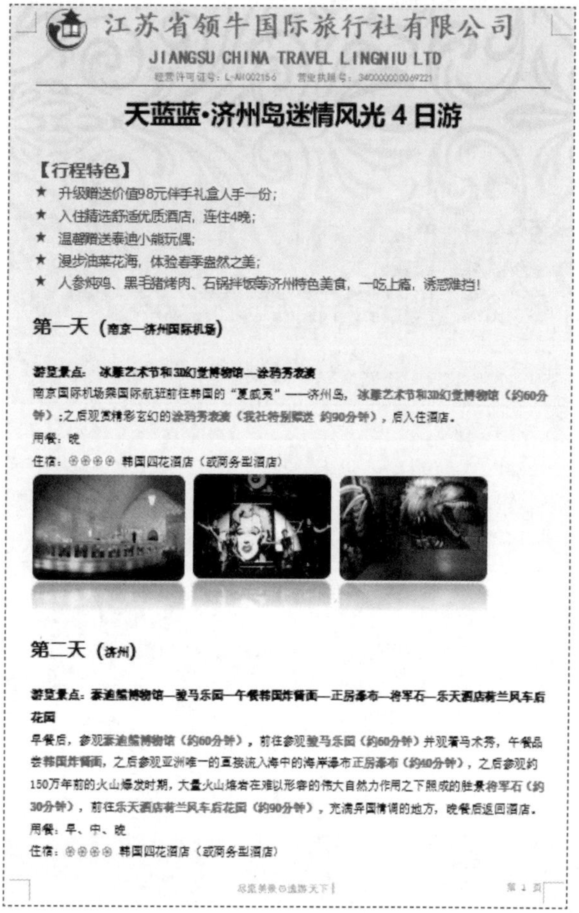
江苏省领牛国际旅行社有限公司

JIANGSU CHINA TRAVEL LINGNIU LTD

天蓝蓝·济州岛迷情风光 4 日游

【行程特色】

★ 升级赠送价值98元伴手礼盒人手一份；

★ 入住精选舒适优质酒店，连住4晚；

★ 温馨赠送泰迪小熊玩偶；

★ 漫步油菜花海，体验春季盎然之美；

★ 人参炖鸡、黑毛猪烤肉、石锅拌饭等济州特色美食，一吃上瘾，诱惑难挡！

第一天（南京—济州国际机场）

游览景点：冰雕艺术节和3D幻觉博物馆—涂鸦秀表演

南京国际机场乘国际航班前往韩国的“夏威夷”——济州岛，冰雕艺术节和3D幻觉博物馆（约60分钟）；之后观赏精彩玄幻的涂鸦秀表演（我社特别赠送 约90分钟），后入住酒店。

用餐：晚

住宿：韩国四花酒店（或商务型酒店）

第二天（济州）

游览景点：泰迪熊博物馆—骏马乐园—午餐韩国炸酱面—正房瀑布—将军石—乐天酒店荷兰风车后花园

早餐后，参观泰迪熊博物馆（约60分钟），前往参观骏马乐园（约60分钟）并观看马术秀，午餐品尝韩国炸酱面，之后参观亚洲唯一的直接流入海中的海岸瀑布正房瀑布（约40分钟），之后参观约150万年前的火山爆发时期，大量火山熔岩在难以形容的伟大自然力作用之下照成的胜景将军石（约30分钟），前往乐天酒店荷兰风车后花园（约90分钟），充满异国情调的地方，晚餐后返回酒店。

用餐：早、中、晚

住宿：韩国四花酒店（或商务型酒店）

第 1 页

图 4-100

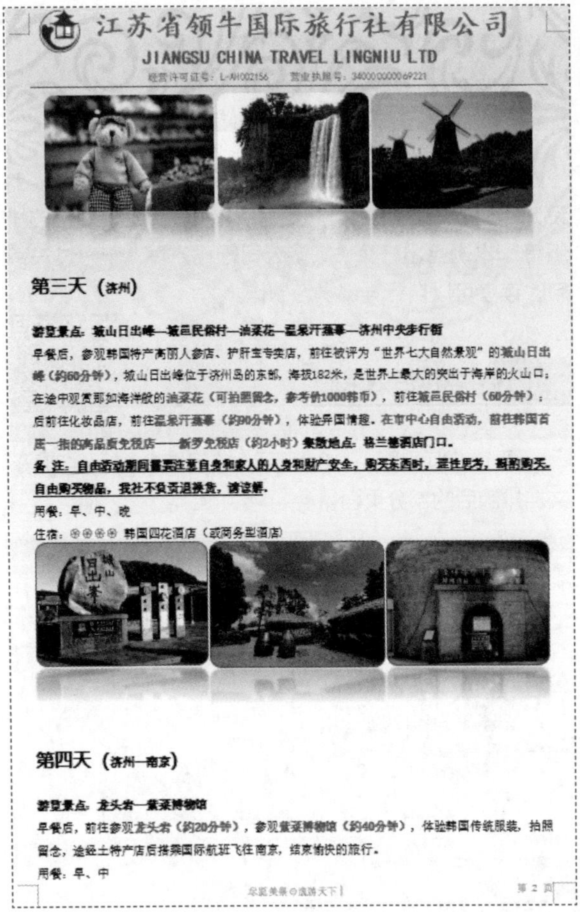

江苏省领牛国际旅行社有限公司

JIANGSU CHINA TRAVEL LINGNIU LTD

经营许可证号：L-AH002156　营业执照号：340000000069221

第三天（济州）

游览景点：城山日出峰—城邑民俗村—油菜花—温泉汗蒸幕—济州中央步行街

早餐后，参观韩国特产高丽人参店、护肝宝专卖店，前往被评为“世界七大自然景观”的城山日出峰（约60分钟），城山日出峰位于济州岛的东部，海拔182米，是世界上最大的突出于海岸的火山口；在途中观赏那如海洋般的油菜花（可拍照留念，参考价1000韩币），前往城邑民俗村（60分钟）；后前往化妆品店，前往温泉汗蒸幕（约90分钟），体验异国情趣。在市中心自由活动，前往韩国首屈一指的商品质免税店——新罗免税店（约2小时）集散地点：格兰德酒店门口。

备 注：自由活动期间需要注意自身和家人的人身和财产安全，购买东西时，理性思考，谨慎购买。自由购买物品，我社不负责退换货，请谅解。

用餐：早、中、晚

住宿：⊛⊛⊛⊛ 韩国四花酒店（或商务型酒店）

第四天（济州—南京）

游览景点：龙头岩—紫菜博物馆

早餐后，前往参观龙头岩（约20分钟），参观紫菜博物馆（约40分钟），体验韩国传统服装，拍照留念，途经土特产店后搭乘国际航班飞往南京，结束愉快的旅行。

用餐：早、中

尽览美景⊙遨游天下　第 2 页

图 4-101

4.5.2 制作与编排要点

扫一扫，看视频

下面以此文档为例，罗列出文档的制作与编排要点。

序号	制作与编排要点	知识点对应
1	文本的字体格式、段落格式、添加项目符号。	第 1 章知识点
2	对文档中使用的图片设置统一的外观格式并对齐摆放，图片横纵比例不一致时需要对图片进行裁剪。	第 2 章知识点
3	选择一张背景单一且横纵比例合适的图片，为页面设置图片背景。	4.3.2 小节
4	进入页眉和页脚的编辑状态，在页眉中使用标志图片，设置图片为“浮于文字上方”版式，缩放至合适大小，移至左上角位置；输入页眉文字，分行显示并设置不同的字体与字号。	4.2.1 小节 4.2.2 小节
5	进入页眉和页脚的编辑状态，在页脚中输入文字，文字间插入一个“⊙”符号间隔，增加精致感，在底端右侧添加页码。	4.2.4 小节

第 5 章
文档审阅及自动化批量文档

5.1 文档审阅

日常办公中会用到多种类型的文档，文档从编辑整理到最终成稿需要经历撰写、审核、纠错等过程。另外，有的文档由单人独立完成，有的文档却需要多人协作（如年度计划、项目方案、总结报告等），经过多次审核才能定稿，此时就需要用到文档的批注与修订功能。

5.1.1 审阅文档时快速查找和替换

扫一扫，看视频

查找和替换功能可以代替人工查错，既快捷又准确。因此，在文档审阅的过程中也经常需要使用这项功能。同时利用查找和替换还可以进行资料的整理，如删除空行、删除手动换行符等。

1. 快速查找和替换文本

如果只是简单地查找和替换文本，可以通过导航窗格进行操作。

❶ 在【视图】选项卡中单击【导航窗格】按钮，启动导航窗格。

❷ 单击导航窗格左侧的 按钮进入查找状态，在查找框中输入查找内容，然后单击【查找】按钮（见图5-1），这时可以看到所有找到的文本呈黄色底纹突出显示，如图5-2所示。

如果要替换文本，则单击导航窗格中的【替换】按钮，展开替换框，分别输入查找内容与替换内容（见图5-3），单击【替换】按钮会逐一进行替换，单击【全部替换】按钮则一次性完成所有替换。

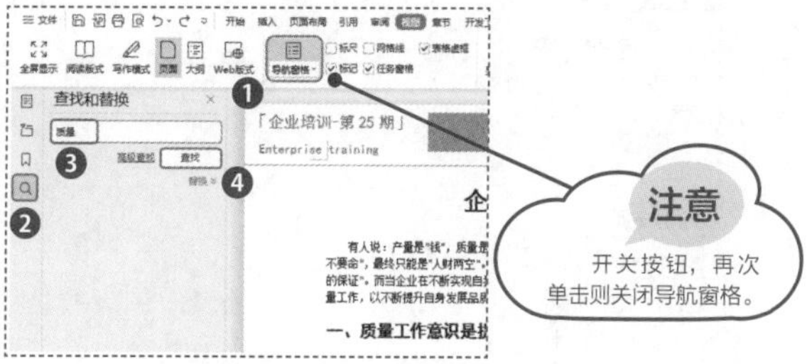

图 5-1

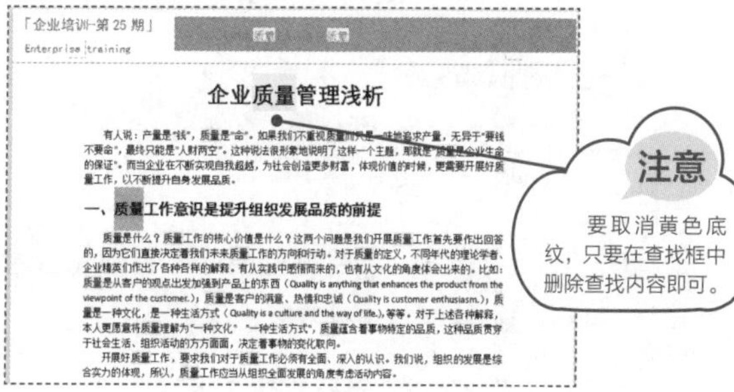

图 5-2

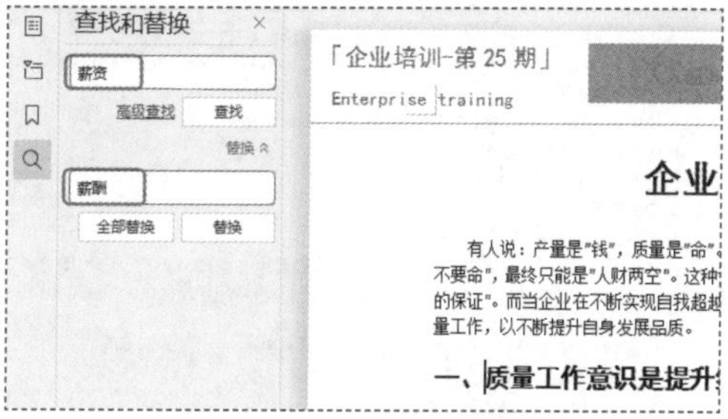

图 5-3

2. 使用通配符查找一类文本

通配符有“?”和“*”号，“?”代表一个字符，“*”代表0个或多个字符。在查找内容时，使用通配符可以实现对一类数据的查找。要使用通配符查找，需要打开【查找和替换】对话框开启【使用通配符】功能。

❶ 将光标定位到文档开始位置，在【开始】选项卡中单击【查找替换】按钮，打开【查找和替换】对话框。

❷ 单击【高级搜索】按钮展开设置项，勾选【使用通配符】复选框，在【查找内容】框中输入【扣*点】，单击【突出显示查找内容】右侧的下拉按钮，在打开的下拉列表中选择【全部突出显示】，如图5-4所示。

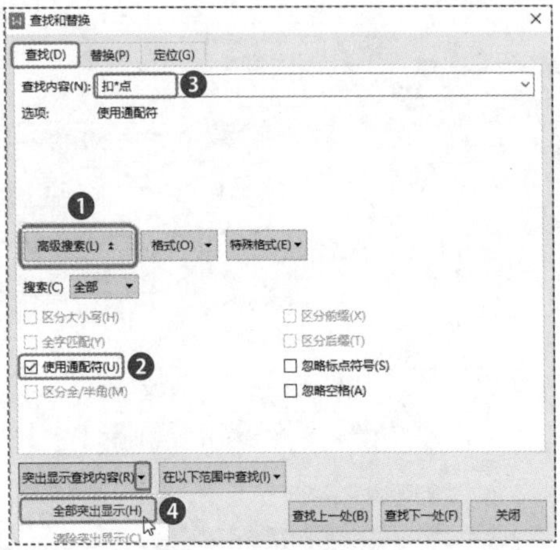

图 5-4

❸ 单击【确定】按钮，回到文档中即可看到配合通配符查找到的结果，如图5-5所示。

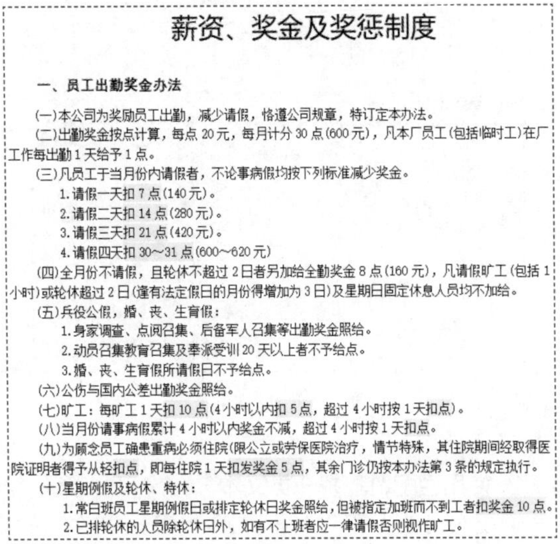

薪资、奖金及奖惩制度

一、员工出勤奖金办法

(一)本公司为奖励员工出勤，减少请假，恪遵公司规章，特订定本办法。

(二)出勤奖金按点计算，每点 20 元，每月计分 30 点(600 元)，凡本厂员工(包括临时工)在厂工作每出勤 1 天给予 1 点。

(三)凡员工于当月份内请假者，不论事病假均按下列标准减少奖金。

1.请假一天扣 7 点(140 元)。

2.请假二天扣 14 点(280 元)。

3.请假三天扣 21 点(420 元)。

4.请假四天扣 30～31 点(600～620 元)

(四)全月份不请假，且轮休不超过 2 日者另加给全勤奖金 8 点(160 元)，凡请假旷工(包括 1 小时)或轮休超过 2 日(逢有法定假日的月份得增加为 3 日)及星期日固定休息人员均不加给。

(五)兵役公假，婚、丧、生育假：

1.身家调查、点阅召集、后备军人召集等出勤奖金照给。

2.动员召集教育召集及奉派受训 20 天以上者不予给点。

3.婚、丧、生育假所请假日不予给点。

(六)公伤与国内公差出勤奖金照给。

(七)旷工：每旷工 1 天扣 10 点(4 小时以内扣 5 点，超过 4 小时按 1 天扣点)。

(八)当月份请事病假累计 4 小时以内奖金不减，超过 4 小时按 1 天扣点。

(九)为顾念员工确患重病必须住院(限公立或劳保医院治疗，情节特殊，其住院期间经取得医院证明者得予从轻扣点，即每住院 1 天扣发奖金 5 点，其余门诊仍按本办法第 3 条的规定执行。

(十)星期例假及轮休、特休：

1.常白班员工星期例假日或排定轮休日奖金照给，但被指定加班而不到工者扣奖金 10 点。

2.已排轮休的人员除轮休日外，如有不上班者应一律请假否则视作旷工。

图 5-5

3. 替换半角双引号为全角

在整理文档时，经常发现会出现众多的半角双引号，如果文档页数过多，手动逐个更改显然是不现实的，这时需要掌握以下技巧进行一次性批量替换。

❶ 在图5-6所示的文档中包含众多半角双引号。将光标定位到文档开始位置，在【开始】选项卡中单击【查找替换】按钮，打开【查找和替换】对话框。

「企业培训-第 25 期」
Enterprise training

企业质量管理浅析

有人说：产量是"钱"，质量是"命"。如果我们不重视质量而只是一味地追求产量，无异于"要钱不要命"，最终只能是"人财两空"。这种说法很形象地说明了这样一个主题，那就是"质量是企业生命的保证"。而当企业在不断实现自我超越，为社会创造更多财富，体现价值的时候，更需要开展好质量工作，以不断提升自身发展品质。

一、质量工作意识是提升组织发展品质的前提

质量是什么？质量工作的核心价值是什么？这两个问题是我们开展质量工作首先要作出回答的，因为它们直接决定着我们未来质量工作的方向和行动。对于质量的定义，不同年代的理论学者、企业精英们作出了各种各样的解释。有从实践中感悟而来的，也有从文化的角度体会出来的。比如：质量是从客户的观点出发加强到产品上的东西（Quality is anything that enhances the product from the viewpoint of the customer.）；质量是客户的满意、热情和忠诚（Quality is customer enthusiasm.）；质量是一种文化，是一种生活方式（Quality is a culture and the way of life.),等等。对于上述各种解释，本人更愿意将质量理解为"一种文化" "一种生活方式"，质量蕴含着事物特定的品质，这种品质贯穿于社会生活、组织活动的方方面面，决定着事物的变化取向。

图 5-6

❷ 选择【替换】选项卡，单击【高级搜索】按钮展开设置项，勾选【使用通配符】复选框，在【查找内容】框中输入【"*"】(注意在半角状态下输入)，在【替换为】框中输入【“^&”】(注意这里的双引号是在全角状态下输入的)，如图5-7所示。

图 5-7

❸ 单击【全部替换】按钮，这时回到文档中可以看到所有被引号引起来的地方都加了一对中文双引号，只是原来的半角引号还没有去掉，如图5-8所示。

「企业培训-第 25 期」
Enterprise training

企业质量管理浅析

有人说：产量是“"钱"”，质量是“"命"”。如果我们不重视质量而只是一味地追求产量，无异于“"要钱不要命"”，最终只能是“"人财两空"”。这种说法很形象地说明了这样一个主题，那就是“"质量是企业生命的保证"”。而当企业在不断实现自我超越，为社会创造更多财富，体现价值的时候，更需要开展好质量工作，以不断提升自身发展品质。

一、质量工作意识是提升组织发展品质的前提

质量是什么？质量工作的核心价值是什么？这两个问题是我们开展质量工作首先要作出回答的，因为它们直接决定着我们未来质量工作的方向和行动。对于质量的定义，不同年代的理论学者、企业精英们作出了各种各样的解释。有从实践中感悟而来的，也有从文化的角度体会出来的。比如：质量是从客户的观点出发加强到产品上的东西（Quality is anything that enhances the product from the viewpoint of the customer.）；质量是客户的满意、热情和忠诚（Quality is customer enthusiasm.）；质量是一种文化，是一种生活方式（Quality is a culture and the way of life.),等等。对于上述各种解释，本人更愿意将质量理解为“"一种文化"” “"一种生活方式"”，质量蕴含着事物特定的品质，这种

图 5-8

❹ 再次打开【查找和替换】对话框，在【查找内容】框中输入一个半角引号【"】(注意在半角状态下输入)，【替换为】框中保持空白，如图5-9所示。

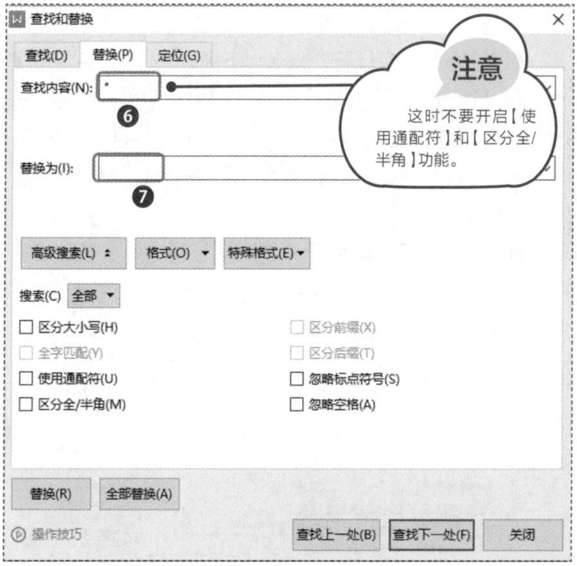

图 5-9

❺ 单击【全部替换】按钮即可一次性删除原来的半角引号，完成替换后的文档如图5-10所示。

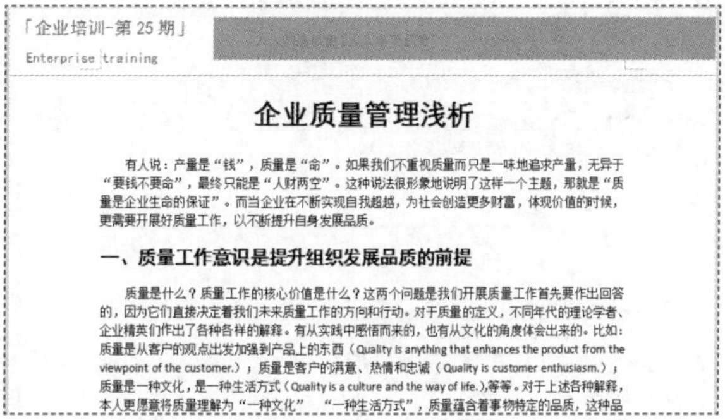
「企业培训-第 25 期」
Enterprise training

企业质量管理浅析

有人说：产量是“钱”，质量是“命”。如果我们不重视质量而只是一味地追求产量，无异于“要钱不要命”，最终只能是“人财两空”。这种说法很形象地说明了这样一个主题，那就是“质量是企业生命的保证”。而当企业在不断实现自我超越，为社会创造更多财富，体现价值的时候，更需要开展好质量工作，以不断提升自身发展品质。

一、质量工作意识是提升组织发展品质的前提

质量是什么？质量工作的核心价值是什么？这两个问题是我们开展质量工作首先要作出回答的，因为它们直接决定着我们未来质量工作的方向和行动。对于质量的定义，不同年代的理论学者、企业精英们作出了各种各样的解释。有从实践中感悟而来的，也有从文化的角度体会出来的。比如：质量是从客户的观点出发加强到产品上的东西（Quality is anything that enhances the product from the viewpoint of the customer.）；质量是客户的满意、热情和忠诚（Quality is customer enthusiasm.）；质量是一种文化，是一种生活方式（Quality is a culture and the way of life.),等等。对于上述各种解释，本人更愿意将质量理解为“一种文化” “一种生活方式”，质量蕴含着事物特定的品质，这种品

图 5-10

技巧点拨

关于使用通配符设置查找与替换内容，实际运用是非常灵活的。例如，下面想将文本中所有双引号中的内容都突出显示，可以先设置查找与替换内容，然后再对替换为内容的格式进行设置。

❶ 打开【查找和替换】对话框，单击【高级搜索】按钮展开设置项，在【查找内容】框中输入【“*”】，勾选【使用通配符】复选框，如图5-11所示。

图 5-11

❷ 将光标定位到【替换为】框中，单击【格式】按钮，在展开的下拉列表中选择【字体】命令(见图5-12)，弹出【替换字体】对话框。

图 5-12

❸ 将字形设置为【加粗】,【字体颜色】设置为【红色】(见图5-13),单击【确定】按钮,返回【查找和替换】对话框。

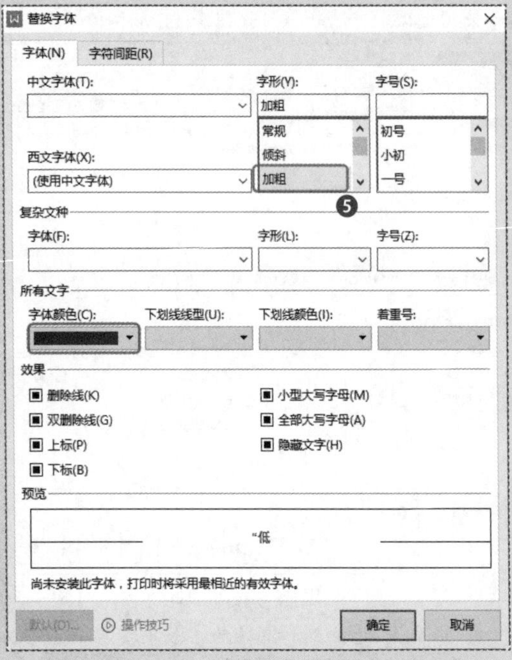

图 5-13

❹ 单击【全部替换】按钮即可将文档中所有双引号中的内容都特殊标记出来,如图5-14所示。

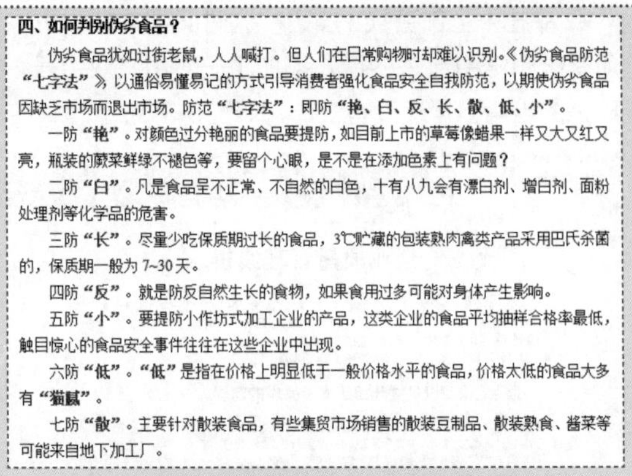
四、如何判别伪劣食品？

伪劣食品犹如过街老鼠，人人喊打。但人们在日常购物时却难以识别。《伪劣食品防范**"七字法"**》以通俗易懂易记的方式引导消费者强化食品安全自我防范，以期使伪劣食品因缺乏市场而退出市场。防范**"七字法"**：即防**"艳、白、反、长、散、低、小"**。

一防**"艳"**。对颜色过分艳丽的食品要提防，如目前上市的草莓像蜡果一样又大又红又亮，瓶装的蕨菜鲜绿不褪色等，要留个心眼，是不是在添加色素上有问题？

二防**"白"**。凡是食品呈不正常、不自然的白色，十有八九会有漂白剂、增白剂、面粉处理剂等化学品的危害。

三防**"长"**。尽量少吃保质期过长的食品，3℃贮藏的包装熟肉禽类产品采用巴氏杀菌的，保质期一般为 7~30 天。

四防**"反"**。就是防反自然生长的食物，如果食用过多可能对身体产生影响。

五防**"小"**。要提防小作坊式加工企业的产品，这类企业的食品平均抽样合格率最低，触目惊心的食品安全事件往往在这些企业中出现。

六防**"低"**。**"低"**是指在价格上明显低于一般价格水平的食品，价格太低的食品大多有**"猫腻"**。

七防**"散"**。主要针对散装食品，有些集贸市场销售的散装豆制品、散装熟食、酱菜等可能来自地下加工厂。

图 5-14

4. 整理资料（删除手动换行符、西文空格、空行）

进行文本整理时经常涉及对手动换行符、空格和空行的删除等。在WPS文字程序中集成了一个【文字排版】功能，在此功能下能更加快捷地进行这几项文本整理。

❶ 处理手动换行符。图5-15所示的文本中含有多个手动换行符，在【开始】选项卡中单击【文字排版】按钮，在打开的下拉列表中选择【换行符转为回车】命令，这时可以看到一次性将手动换行符替换成了段落标记，如图5-16所示。

❷ 也可以在下拉列表中执行【删除】→【删除换行符】命令（见图5-17），这时可以看到一次性删除了文本中所有的手动换行符，如图5-18所示。

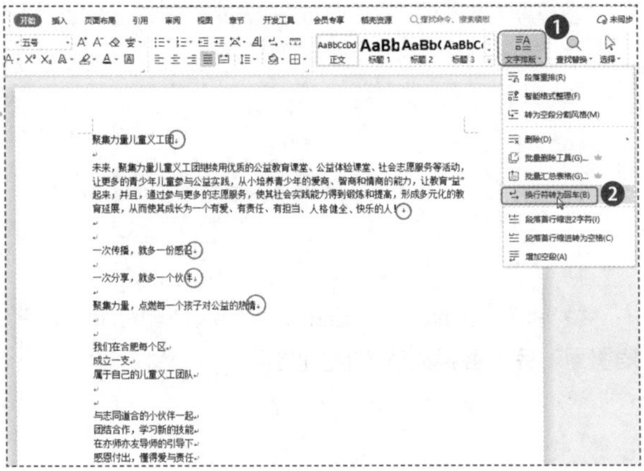

图 5-15

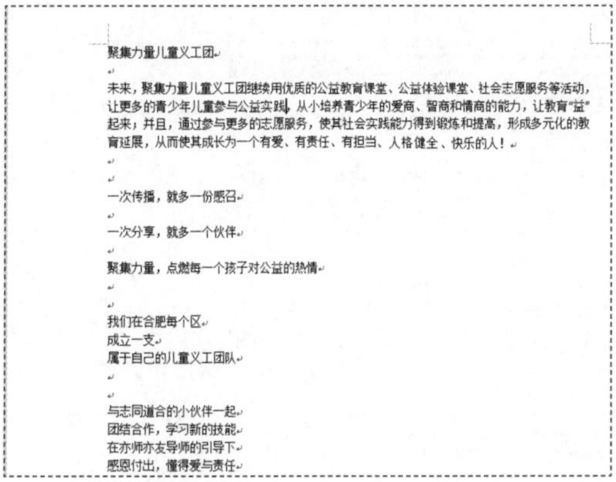

聚集力量儿童义工团

未来，聚集力量儿童义工团继续用优质的公益教育课堂、公益体验课堂、社会志愿服务等活动，让更多的青少年儿童参与公益实践，从小培养青少年的爱商、智商和情商的能力，让教育"益"起来；并且，通过参与更多的志愿服务，使其社会实践能力得到锻炼和提高，形成多元化的教育延展，从而使其成长为一个有爱、有责任、有担当、人格健全、快乐的人！

一次传播，就多一份感召

一次分享，就多一个伙伴

聚集力量，点燃每一个孩子对公益的热情

我们在合肥每个区
成立一支
属于自己的儿童义工团队

与志同道合的小伙伴一起
团结合作，学习新的技能
在亦师亦友导师的引导下
感恩付出，懂得爱与责任

图5-16

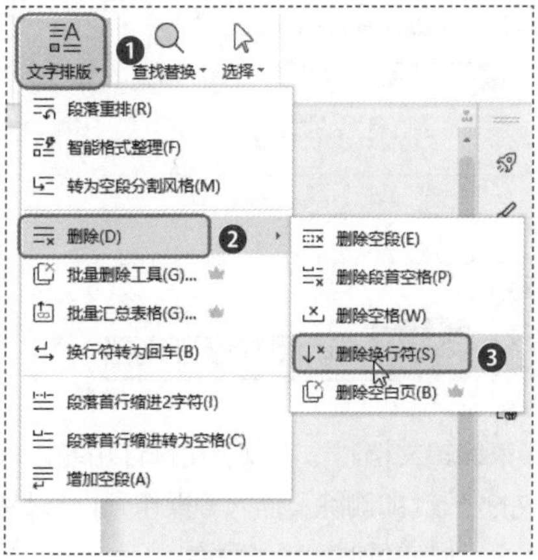

图5-17

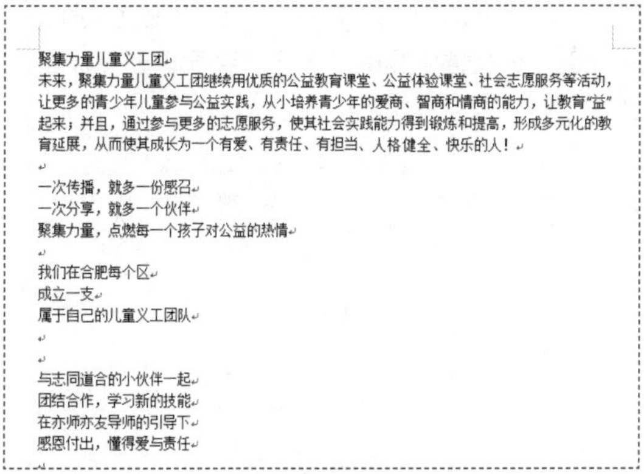

聚集力量儿童义工团
未来，聚集力量儿童义工团继续用优质的公益教育课堂、公益体验课堂、社会志愿服务等活动，让更多的青少年儿童参与公益实践，从小培养青少年的爱商、智商和情商的能力，让教育"益"起来；并且，通过参与更多的志愿服务，使其社会实践能力得到锻炼和提高，形成多元化的教育延展，从而使其成长为一个有爱、有责任、有担当、人格健全、快乐的人！

一次传播，就多一份感召
一次分享，就多一个伙伴
聚集力量，点燃每一个孩子对公益的热情

我们在合肥每个区
成立一支
属于自己的儿童义工团队

与志同道合的小伙伴一起
团结合作，学习新的技能
在亦师亦友导师的引导下
感恩付出，懂得爱与责任

图5-18

❸ 删除空行。图5-19所示的文本中含有多个空行，在【开始】选项卡中单击【文字排版】按钮，在打开的下拉列表中选择【删除】→【删除空段】命令，这时可以看到一次性删除了文本中的所有空行，如图5-20所示。

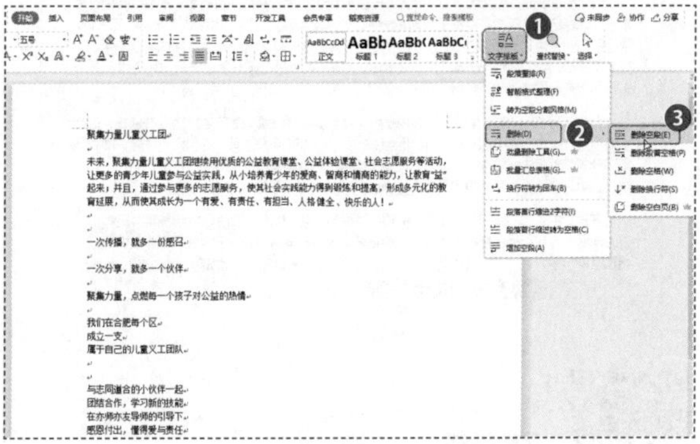

图5-19

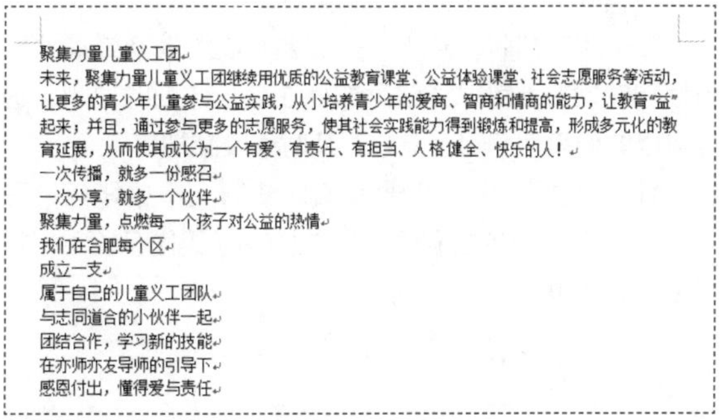

聚集力量儿童义工团
未来，聚集力量儿童义工团继续用优质的公益教育课堂、公益体验课堂、社会志愿服务等活动，让更多的青少年儿童参与公益实践，从小培养青少年的爱商、智商和情商的能力，让教育"益"起来；并且，通过参与更多的志愿服务，使其社会实践能力得到锻炼和提高，形成多元化的教育延展，从而使其成长为一个有爱、有责任、有担当、人格健全、快乐的人！
一次传播，就多一份感召
一次分享，就多一个伙伴
聚集力量，点燃每一个孩子对公益的热情
我们在合肥每个区
成立一支
属于自己的儿童义工团队
与志同道合的小伙伴一起
团结合作，学习新的技能
在亦师亦友导师的引导下
感恩付出，懂得爱与责任

图5-20

❹ 删除空格。图5-21所示的文本中含有多个空格（包括全角空格与半角空格），在【开始】选项卡中单击【文字排版】按钮，在打开的下拉列表中选择【删除】→【删除空格】命令，这时可以看到一次性删除了文本中的所有空格，如图5-22所示。

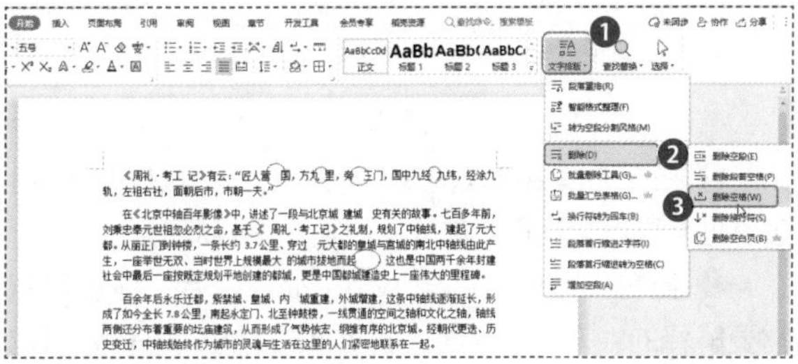

图5-21

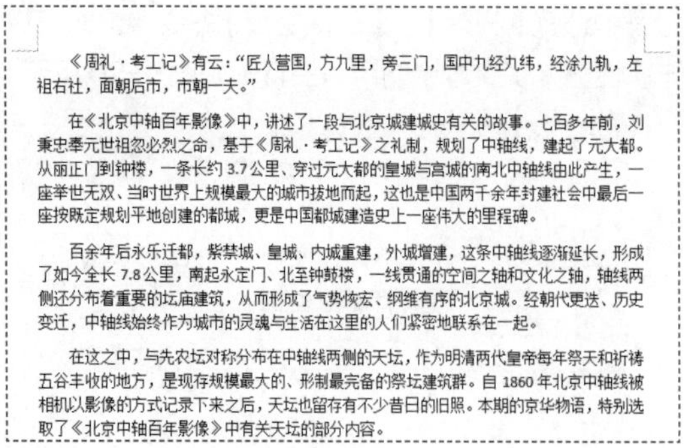

《周礼·考工记》有云："匠人营国，方九里，旁三门，国中九经九纬，经涂九轨，左祖右社，面朝后市，市朝一夫。"

在《北京中轴百年影像》中，讲述了一段与北京城建城史有关的故事。七百多年前，刘秉忠奉元世祖忽必烈之命，基于《周礼·考工记》之礼制，规划了中轴线，建起了元大都。从丽正门到钟楼，一条长约 3.7 公里、穿过元大都的皇城与宫城的南北中轴线由此产生，一座举世无双、当时世界上规模最大的城市由此拔地而起，这也是中国两千余年封建社会中最后一座按既定规划平地创建的都城，更是中国都城建造史上一座伟大的里程碑。

百余年后永乐迁都，紫禁城、皇城、内城重建，外城增建，这条中轴线逐渐延长，形成了如今全长 7.8 公里，南起永定门、北至钟鼓楼，一线贯通的空间之轴和文化之轴，轴线两侧还分布着重要的坛庙建筑，从而形成了气势恢宏、纲维有序的北京城。经朝代更迭、历史变迁，中轴线始终作为城市的灵魂与生活在这里的人们紧密地联系在一起。

在这之中，与先农坛对称分布在中轴线两侧的天坛，作为明清两代皇帝每年祭天和祈祷五谷丰收的地方，是现存规模最大的、形制最完备的祭坛建筑群。自 1860 年北京中轴线被相机以影像的方式记录下来之后，天坛也留存有不少昔日的旧照。本期的京华物语，特别选取了《北京中轴百年影像》中有关天坛的部分内容。

图 5-22

5.1.2 添加批注文字

扫一扫，看视频

在审阅文档时，对于一些需要修改的地方或需要着重标记的地方都可以通过添加批注给予详细的说明，这样可以方便其他编辑者查看，及时修改文档。

❶ 在文档中选中需要添加批注的文本或段落，在【审阅】选项卡中单击【插入批注】按钮(见图5-23)，打开批注编辑框。

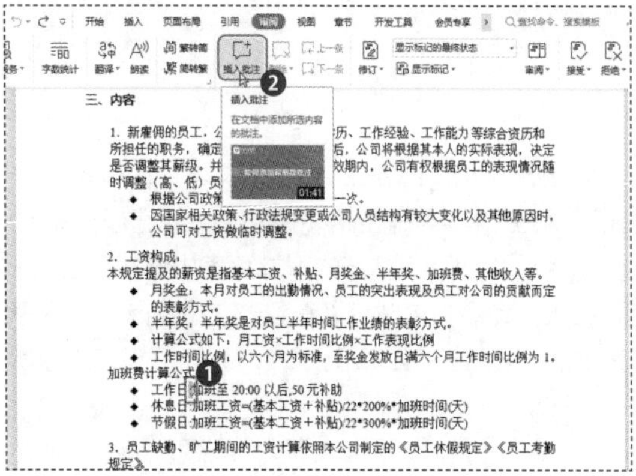
插入批注
在文档中添加所选内容的批注。

图 5-23

❷ 在批注框中可以输入注释文字，这样就可以一目了然地看到哪里进行了修改，如图5-24 所示。

❸ 当有人为你的文档添加了批注之后，你发现有需要解释的地方，可以通过答复批注的方式进行解释或说明。将光标定位到批注框中，单击【编辑批注】按钮，在打开的下拉列表中选择【答复】选项(见图5-25)，即可开始进行答复编辑。

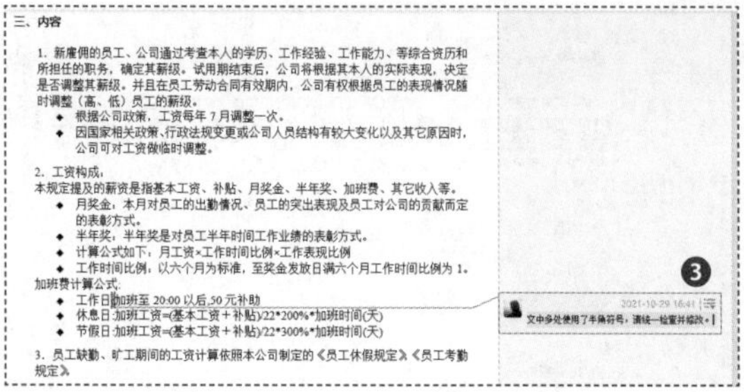
文中多处使用了半角符号，请统一检查并修改。

图 5-24

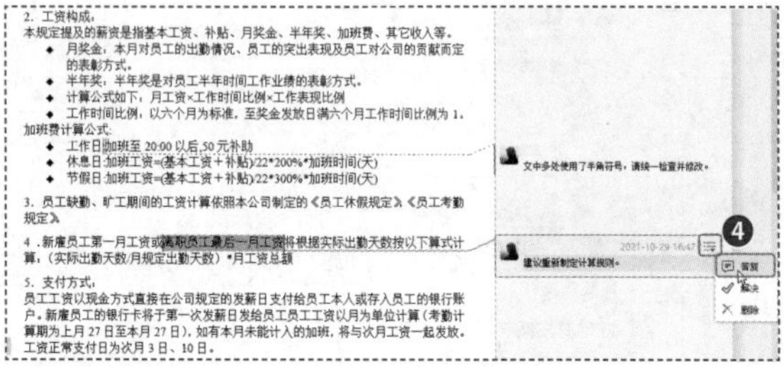
文中多处使用了半角符号，请统一检查并修改。
建议重新制定计算规则。
答复
解决
删除

图 5-25

5.1.3 审阅并修订文档

扫一扫，看视频

当多人编辑文档时，可以启用修订功能，从而让对文档所做的修改(如删除、插入等操作)都能以特殊的标记显示出来，以便其他编辑者查看。

❶ 在【审阅】选项卡中单击【修订】按钮，启动修订功能。之后当在文档中修订时就会出现红色标记(见图5-26)，在文档中删除一个字就会显示删除标记；当修改文字时，则会添加修订框。

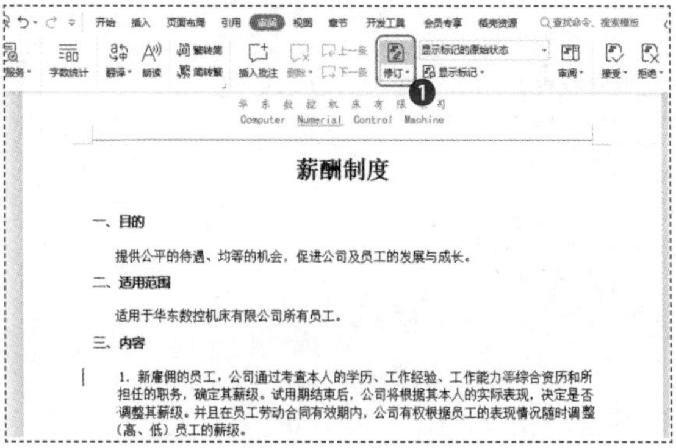
薪酬制度
一、目的
提供公平的待遇、均等的机会，促进公司及员工的发展与成长。
二、适用范围
适用于华东数控机床有限公司所有员工。
三、内容

图 5-26

❷ 依次在文档中进行多处修订，则显示出多处修订标记，如图5-27所示。

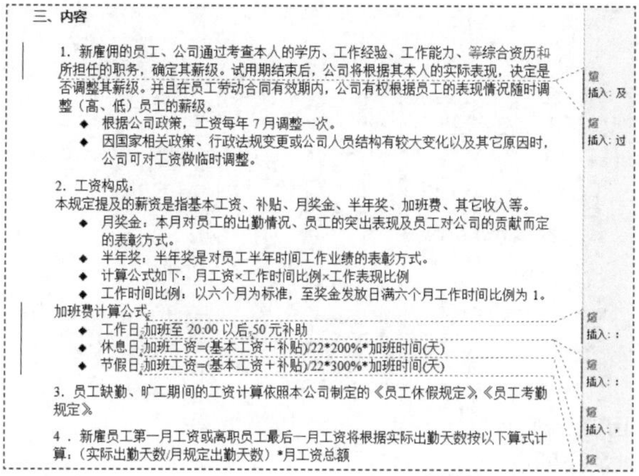

图 5-27

如果文档的最终整稿人同意修订，则可以选择接受修订，对于不同意修订的位置则可以拒绝修订。

❸ 将光标定位到要继续修订的位置，在【审阅】选项卡中单击【接受】按钮，在打开的下拉列表中选择【接受修订】命令（见图5-28）即可接受修订，此时经过修订的文本不再特殊显示，效果如图5-29所示。

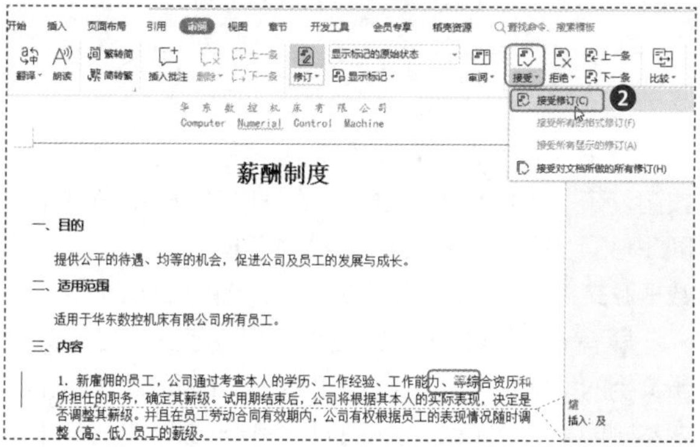

图 5-28

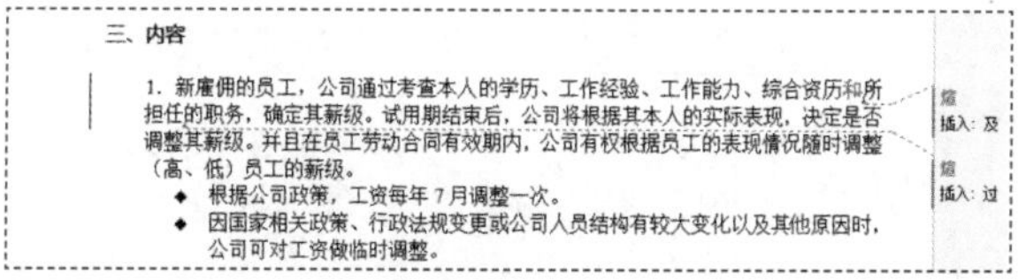

图 5-29

❹ 如果是修订框，当定位到框中时，可以看到两个符号✓和✕，单击✓表示接受修订，单击✕表示拒绝修订，如图5-30所示。

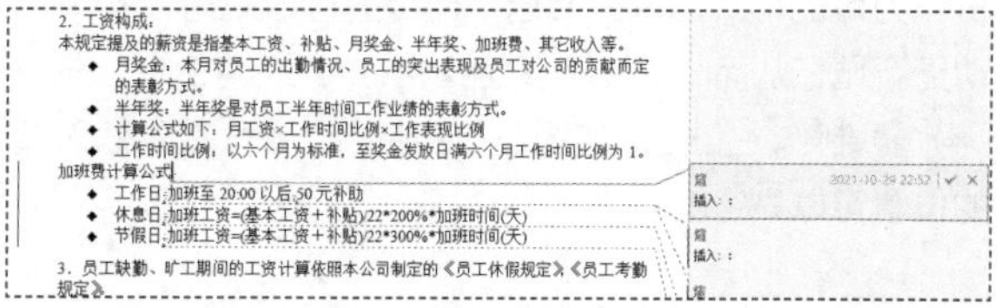

图 5-30

❺ 如果对所有修订检查无误，也可以一次性接受所有修订。在【接受】按钮的下拉列表中选择【接受对文档所做的所有修订】命令，这时文档中所有修订标记都将取消，如图5-31所示。

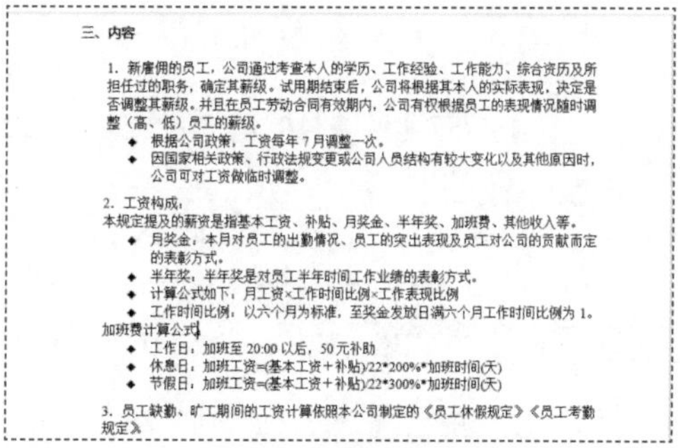

图 5-31

5.2　邮件合并群发文件

邮件合并主要应用的是域功能，如果要将两个文件进行合并，准备好主文档与相应的源文档即可实现域的批量合并，从而生成批量文档，提高工作效率。邮件合并可用在批量生成请柬、批量生成通知单、批量生成学生成绩单等情景中。

下面以批量建立应聘人员的入职通知书为例讲解邮件合并功能的使用方法。

5.2.1　创建基本文档

扫一扫，看视频

邮件合并前需要建立好主文档与数据源文档，

图5-32所示为主文档(主文档是WPS文字文档)，图5-33所示为数据源文档(数据源文档是WPS表格文档)。主文档是固定不变的文档，数据源文档中的字段将作为域的形式插入主文档，最终进行合并时，实现自动更新域，从而一次生成多份文档。

❶ 制作主文档，如图5-32所示。注意需要插入域的位置可以先空出来。

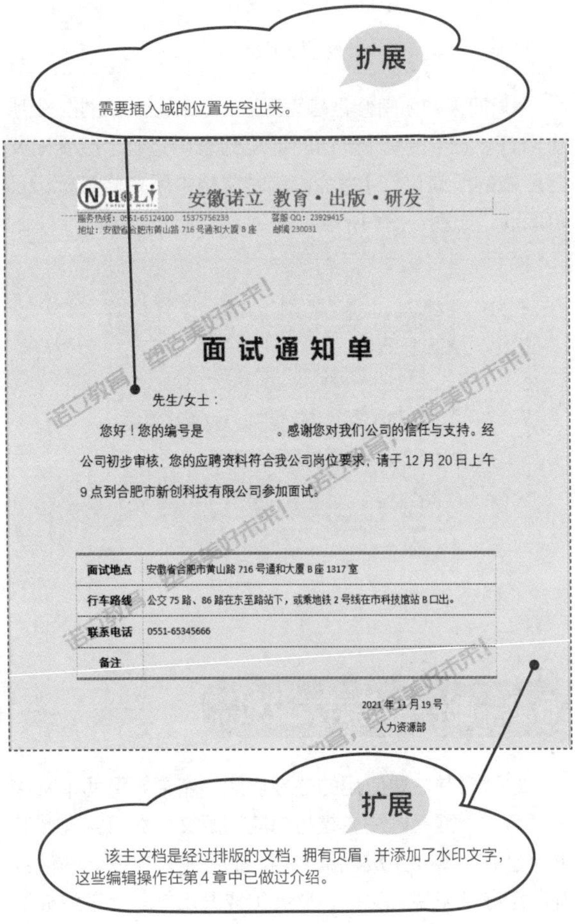
扩展
需要插入域的位置先空出来。
安徽诺立 教育·出版·研发
面 试 通 知 单
先生/女士：
您好！您的编号是 。感谢您对我们公司的信任与支持。经公司初步审核，您的应聘资料符合我公司岗位要求，请于12月20日上午9点到合肥市新创科技有限公司参加面试。
面试地点 安徽省合肥市黄山路716号通和大厦B座1317室
行车路线 公交75路、86路在东至路站下，或乘地铁2号线在市科技馆站B口出。
联系电话 0551-65345666
备注
2021年11月19号
人力资源部
扩展
该主文档是经过排版的文档，拥有页眉，并添加了水印文字，这些编辑操作在第4章中已做过介绍。

图 5-32

❷ 在WPS表格中准备好数据源文档并保存，如图5-33所示。

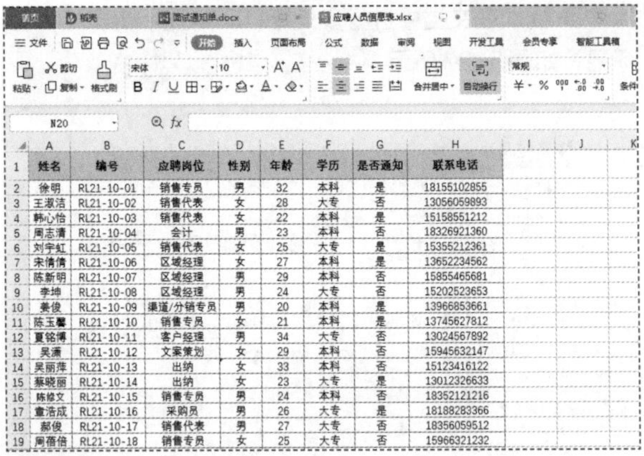

姓名	编号	应聘岗位	性别	年龄	学历	是否通知	联系电话
徐明	RL21-10-01	销售专员	男	32	本科	是	18155102855
王淑洁	RL21-10-02	销售代表	女	28	大专	否	13056059893
韩心怡	RL21-10-03	销售代表	女	22	本科	是	15158551212
周志清	RL21-10-04	会计	男	23	本科	否	18326921360
刘宇红	RL21-10-05	销售代表	女	25	大专	是	15355212361
宋倩倩	RL21-10-06	区域经理	女	27	本科	是	13652234562
陈新明	RL21-10-07	区域经理	男	29	本科	否	15855465681
李坤	RL21-10-08	区域经理	男	24	大专	否	15202523653
姜俊	RL21-10-09	渠道/分销专员	男	20	本科	是	13966853661
陈玉馨	RL21-10-10	销售专员	女	21	本科	是	13745627812
夏铭博	RL21-10-11	客户经理	男	34	大专	否	13024567892
吴潇	RL21-10-12	文案策划	女	29	本科	否	15945632147
吴丽萍	RL21-10-13	出纳	女	33	本科	否	15123416122
蔡晓丽	RL21-10-14	出纳	女	23	大专	是	13012326633
陈修文	RL21-10-15	销售专员	男	24	本科	否	18352121216
童浩成	RL21-10-16	采购员	男	26	大专	是	18188283366
郝俊	RL21-10-17	销售代表	男	27	大专	否	18356059512
周蓓倍	RL21-10-18	销售专员	女	25	大专	否	15966321232

图 5-33

扫一扫，看视频

5.2.2 建立主文档与数据源文档的链接

有了主文档后，需要通过邮件合并功能先将主文档与数据源文档相链接，从而生成待使用的合并域。

❶ 打开主文档，在【引用】选项卡中单击【邮件】按钮(见图5-34)，启用【邮件合并】选项卡。

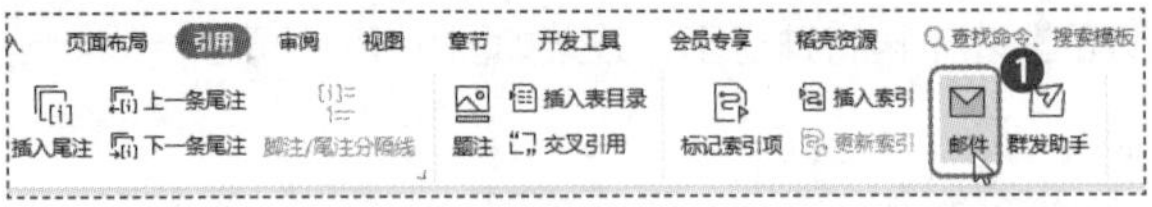
页面布局
引用
审阅
视图
章节
开发工具
会员专享
稻壳资源
查找命令、搜索模板
上一条尾注
插入尾注
下一条尾注
脚注/尾注分隔线
插入表目录
题注
交叉引用
标记索引项
插入索引
更新索引
邮件
群发助手

图 5-34

❷ 在【邮件合并】选项卡中，单击【打开数据源】按钮，在打开的下拉列表中选择【打开数据源】命令(见图5-35)，打开【选取数据源】对话框，依次进入保存数据源文档的目录，并选中文档，如图5-36所示。

❸ 单击【打开】按钮，这时则建立了主文档与数据源文档的链接。接着定位光标的位置，即插入域的位置，如本例的第一个域是【姓名】域，单击【插入合并域】按钮，如图5-37所示。

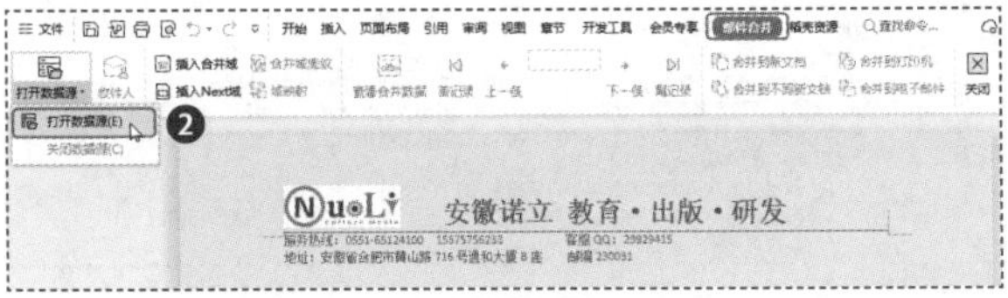
邮件合并
打开数据源
插入合并域
插入Next域
打开数据源(E)
关闭数据源(C)
安徽诺立 教育·出版·研发

图 5-35

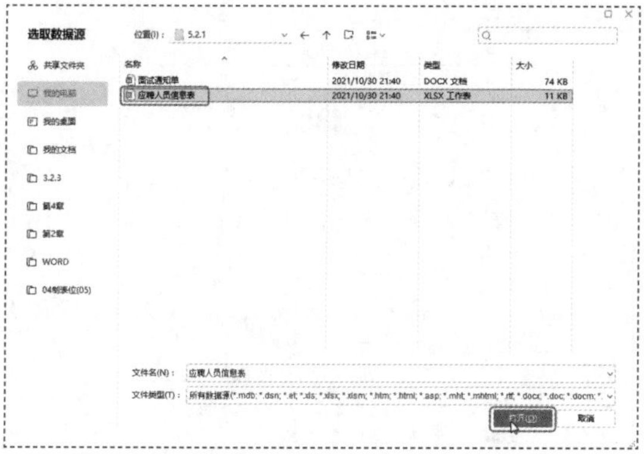
选取数据源
面试通知单
应聘人员信息表
文件名(N)：应聘人员信息表
打开(O)
取消

图 5-36

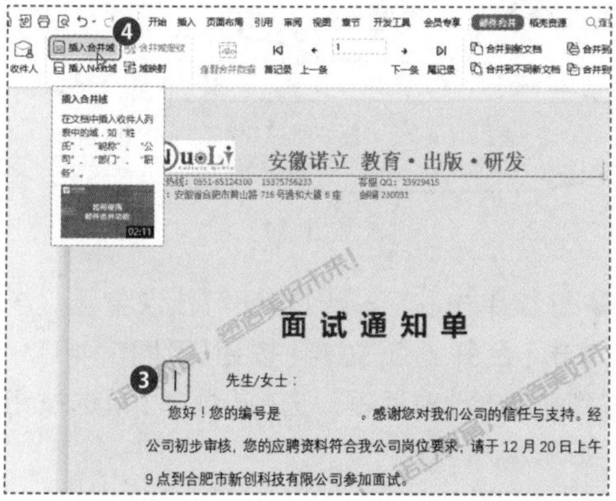
插入合并域
面试通知单
先生/女士：
您好！您的编号是　　　。感谢您对我们公司的信任与支持。经公司初步审核，您的应聘资料符合我公司岗位要求，请于 12 月 20 日上午 9 点到合肥市新创科技有限公司参加面试。

图 5-37

❹ 打开【插入域】对话框，在列表中选中【姓名】(见图5-38)，单击【插入】按钮即可插入【姓名】域，如图5-39所示。

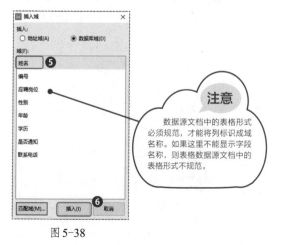

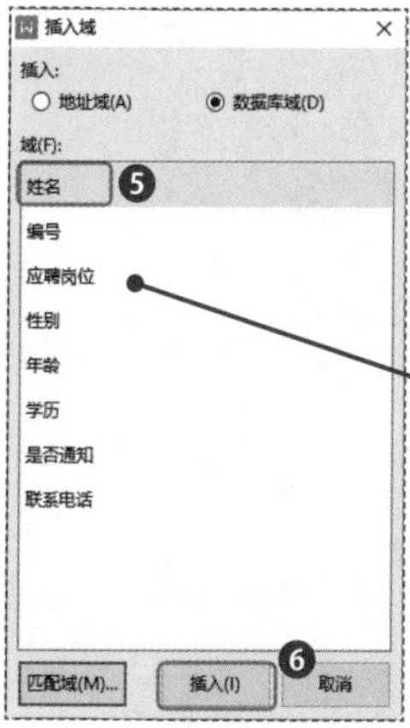
插入域
插入：
地址域(A)
数据库域(D)
域(F)：
姓名
编号
应聘岗位
性别
年龄
学历
是否通知
联系电话
匹配域(M)...
插入(I)
取消

图 5-38

注意

数据源文档中的表格形式必须规范，才能将列标识成域名称。如果这里不能显示字段名称，则表格数据源文档中的表格形式不规范。

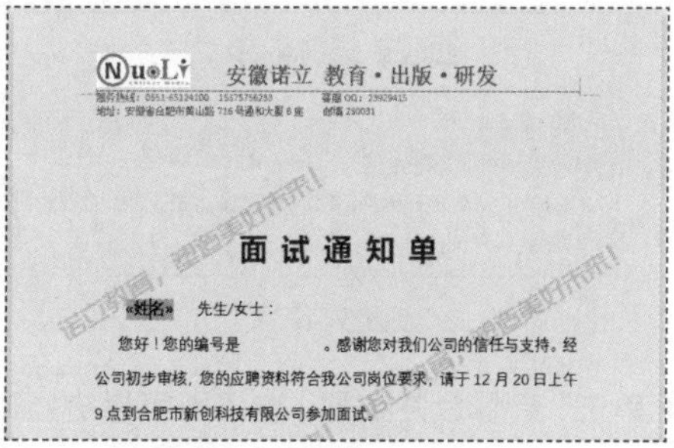
安徽诺立 教育·出版·研发
面试通知单
«姓名»　先生/女士：
您好！您的编号是　　　。感谢您对我们公司的信任与支持。经公司初步审核，您的应聘资料符合我公司岗位要求，请于 12 月 20 日上午 9 点到合肥市新创科技有限公司参加面试。

图 5-39

❺ 再次将光标定位到下一个需要插入域的位置，单击【插入合并域】按钮(见图5-40)，打开【插入域】对话框，在列表中选中【编号】(见图5-41)，单击【插入】按钮即可插入【编号】域，如图5-42所示。

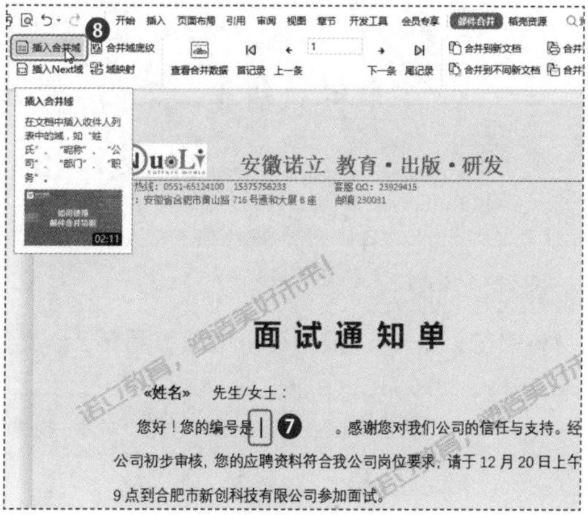
插入合并域
面试通知单
«姓名»　先生/女士：
您好！您的编号是　　　。感谢您对我们公司的信任与支持。经公司初步审核，您的应聘资料符合我公司岗位要求，请于 12 月 20 日上午 9 点到合肥市新创科技有限公司参加面试。

图 5-40

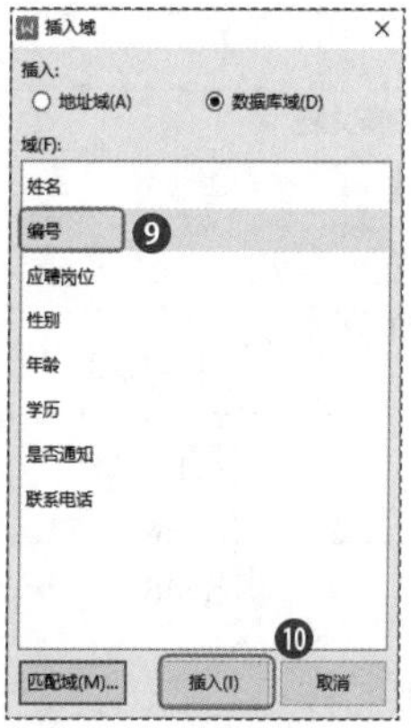
插入域
插入：
地址域(A)
数据库域(D)
域(F)：
姓名
编号
应聘岗位
性别
年龄
学历
是否通知
联系电话
匹配域(M)...
插入(I)
取消

图 5-41

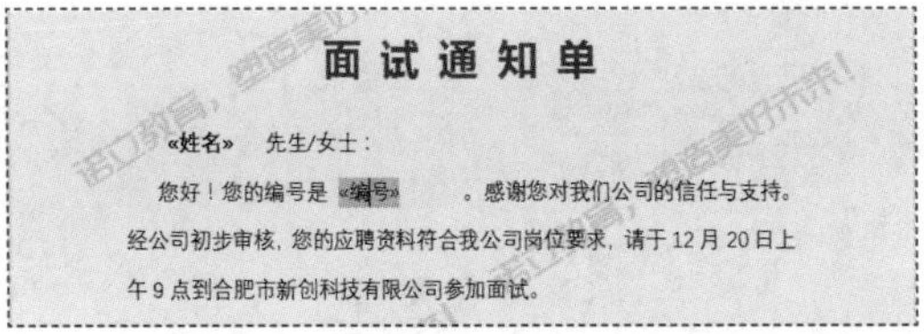
面 试 通 知 单
«姓名»　先生/女士：
您好！您的编号是 «编号»　。感谢您对我们公司的信任与支持。
经公司初步审核，您的应聘资料符合我公司岗位要求，请于 12 月 20 日上午 9 点到合肥市新创科技有限公司参加面试。

图 5-42

❻ 单击【查看合并数据】按钮则可以进行邮件合并，显示的是第 1 个文档，如图5-43 所示。

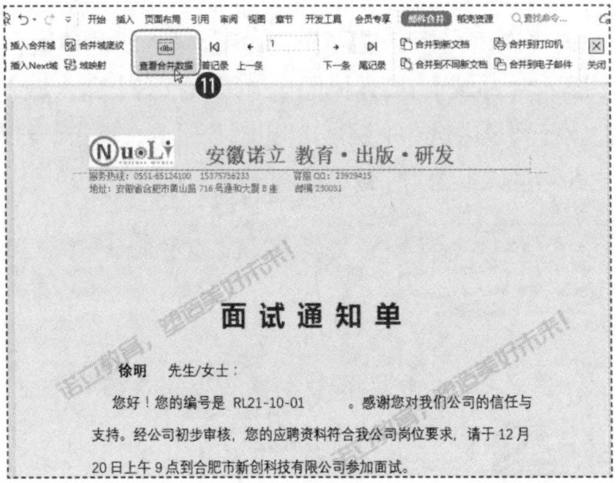
查看合并数据
⓫
安徽诺立 教育·出版·研发
面 试 通 知 单
徐明　先生/女士：
您好！您的编号是 RL21-10-01　。感谢您对我们公司的信任与支持。经公司初步审核，您的应聘资料符合我公司岗位要求，请于 12 月 20 日上午 9 点到合肥市新创科技有限公司参加面试。

图 5-43

❼ 单击【下一条】按钮可以继续查看第2个文档，如图5-44 所示。

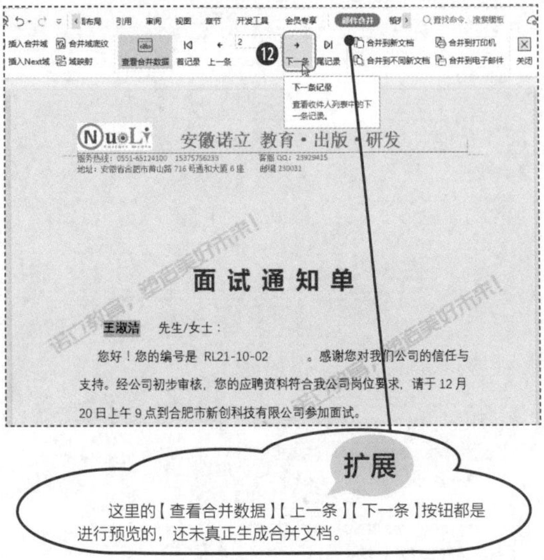
⓬
下一条记录
查看收件人列表中的下一条记录。
安徽诺立 教育·出版·研发
面 试 通 知 单
王淑洁　先生/女士：
您好！您的编号是 RL21-10-02　。感谢您对我们公司的信任与支持。经公司初步审核，您的应聘资料符合我公司岗位要求，请于 12 月 20 日上午 9 点到合肥市新创科技有限公司参加面试。
扩展
这里的【查看合并数据】【上一条】【下一条】按钮都是进行预览的，还未真正生成合并文档。

图 5-44

❽ 继续单击【下一条】按钮可依次查看。查看完成后单击【合并到新文档】按钮(见图5-45)，打开【合并到新文档】对话框，选中【全部】单选按钮，如图5-46 所示。

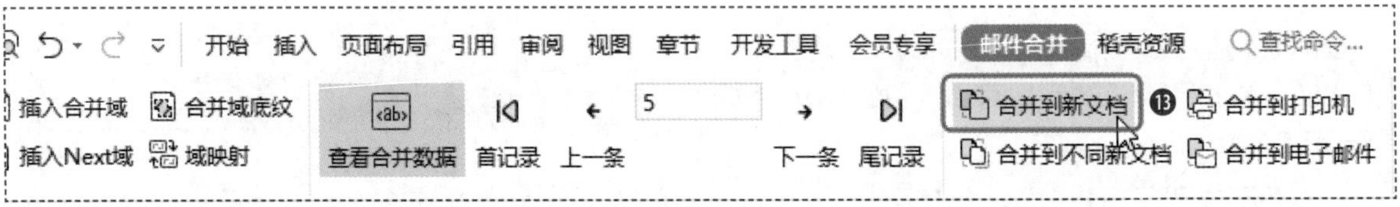
开始　插入　页面布局　引用　审阅　视图　章节　开发工具　会员专享　邮件合并　稻壳资源　查找命令...
插入合并域　合并域底纹　查看合并数据　首记录　上一条　5　下一条　尾记录　合并到新文档　⓭　合并到打印机
插入Next域　域映射　合并到不同新文档　合并到电子邮件

图 5-45

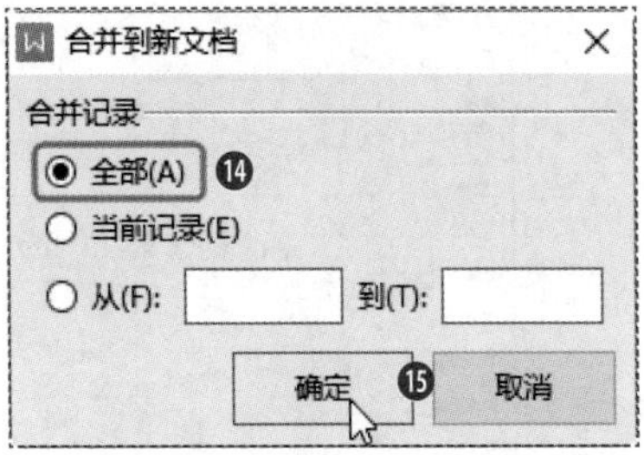
合并到新文档
合并记录
全部(A)　⓮
当前记录(E)
从(F):　到(T):
确定　⓯　取消

图 5-46

❾ 单击【确定】按钮，可以为每一位人员生成一页文档，如图5-47 和图5-48 所示的部分页面。

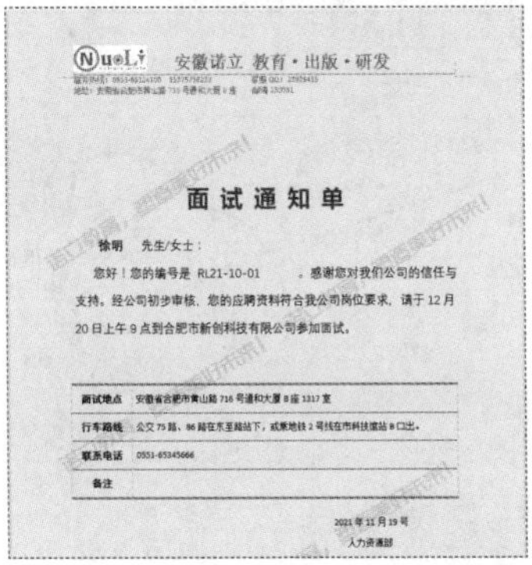
安徽诺立 教育·出版·研发
面 试 通 知 单

图 5-47

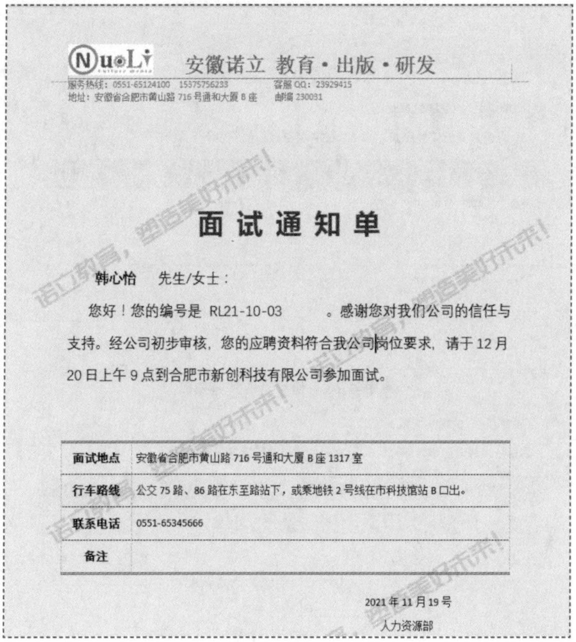
NuoLi　安徽诺立 教育·出版·研发
服务热线：0551-65124100　15375756233　　客服 QQ：23929415
地址：安徽省合肥市黄山路 716 号通和大厦 B 座　　邮编 230031

面试通知单

韩心怡　先生/女士：

您好！您的编号是 RL21-10-03　　。感谢您对我们公司的信任与支持。经公司初步审核，您的应聘资料符合我公司岗位要求，请于 12 月 20 日上午 9 点到合肥市新创科技有限公司参加面试。

面试地点	安徽省合肥市黄山路 716 号通和大厦 B 座 1317 室
行车路线	公交 75 路、86 路在东至路站下，或乘地铁 2 号线在市科技馆站 B 口出。
联系电话	0551-65345666
备注	

2021 年 11 月 19 号
人力资源部

图 5-48

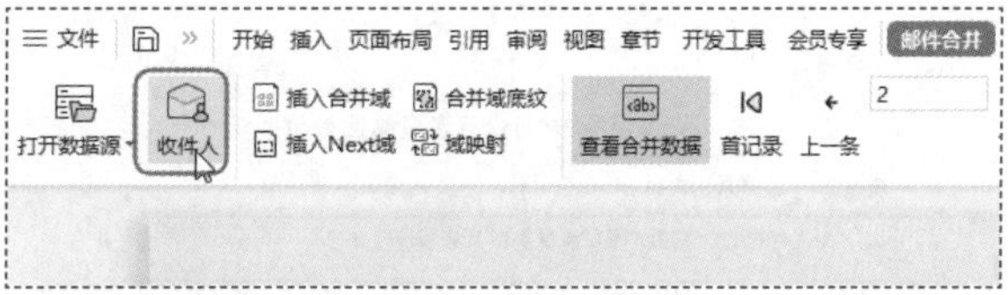

图 5-49

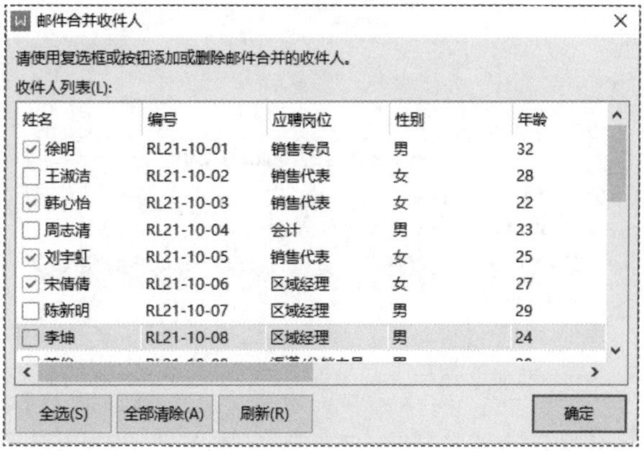

图 5-50

5.2.3 筛选收件人

扫一扫，看视频

数据源文档中记录了全部待合并的人员的信息，默认情况下会对所有数据源进行合并生成文档。但有时可能需要生成部分文档，如在本例中不是通知所有人进行面试，而是通知提交的材料合格的人员，那么在合并生成文档前需要进行筛选操作。

❶ 在建立了数据源文档与主文档的链接并插入域后，先不要合并文档，在【邮件合并】选项卡中单击【收件人】按钮（见图5-49），打开【邮件合并收件人】对话框。

❷ 通过勾选列表中的复选框决定哪些要合并，哪些不需要合并，如图5-50所示。

❸ 单击【确定】按钮，通过单击【查看合并数据】【上一条】【下一条】按钮进行预览，可以看到选中的已生成合并文档，未选中的未生成合并文档。

5.3 过关练习：学生月考成绩通知单

使用邮件合并功能来生成学生考试成绩的通知单是非常便利的，它可以通过域功能一次性快速生成所有学生的成绩单。

5.3.1 生成后的效果图

扫一扫，看视频

图5-51所示为一次性生成的学生月考成绩通知单的部分页面。

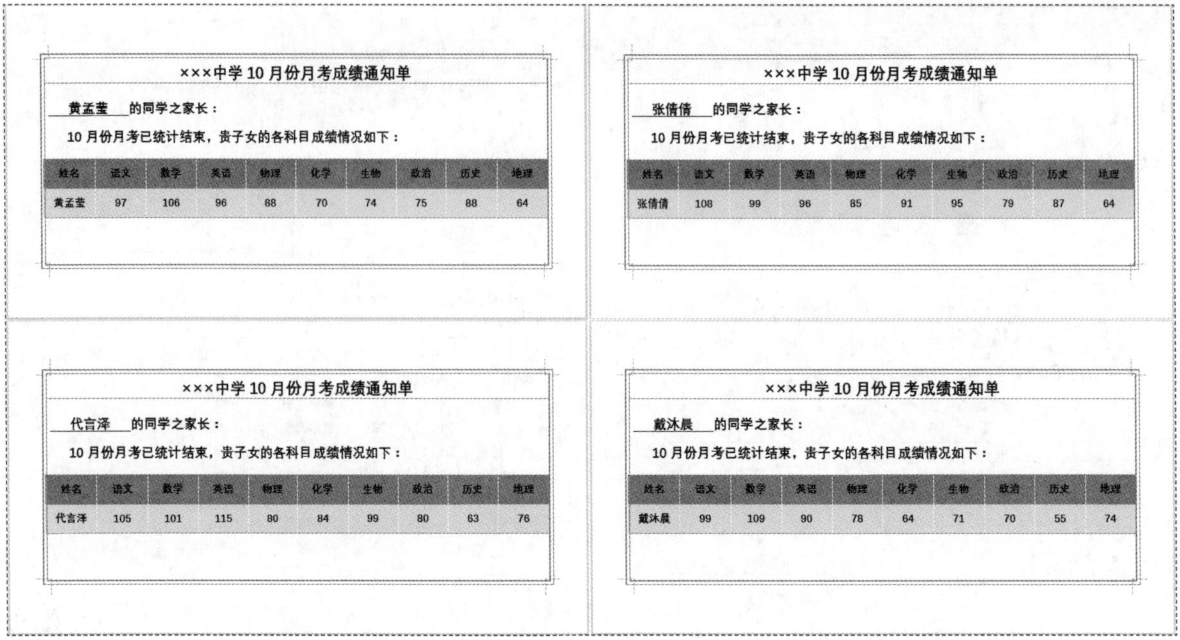
×××中学 10 月份月考成绩通知单

黄孟莹 的同学之家长：

10 月份月考已统计结束，贵子女的各科目成绩情况如下：

姓名	语文	数学	英语	物理	化学	生物	政治	历史	地理
黄孟莹	97	106	96	88	70	74	75	88	64

×××中学 10 月份月考成绩通知单

张倩倩 的同学之家长：

10 月份月考已统计结束，贵子女的各科目成绩情况如下：

姓名	语文	数学	英语	物理	化学	生物	政治	历史	地理
张倩倩	108	99	96	85	91	95	79	87	64

×××中学 10 月份月考成绩通知单

代言泽 的同学之家长：

10 月份月考已统计结束，贵子女的各科目成绩情况如下：

姓名	语文	数学	英语	物理	化学	生物	政治	历史	地理
代言泽	105	101	115	80	84	99	80	63	76

×××中学 10 月份月考成绩通知单

戴沐晨 的同学之家长：

10 月份月考已统计结束，贵子女的各科目成绩情况如下：

姓名	语文	数学	英语	物理	化学	生物	政治	历史	地理
戴沐晨	99	109	90	78	64	71	70	55	74

图 5-51

5.3.2 制作与编排要点

扫一扫，看视频

要生成类似这样的学生考试成绩通知单，其主要知识点如下。

序号	制作与编排要点	知识点对应
1	应用前面章节所学的知识对主文档进行排版，包括文字格式、插入表格、页面大小、页面边框等。	第 3 章知识点
2	准备好数据源文档，如图 5-52 所示。	5.2.1 小节

	A	B	C	D	E	F	G	H	I	J
1	姓名	语文	数学	英语	物理	化学	生物	政治	历史	地理
2	黄孟莹	97	106	96	88	70	74	75	88	64
3	张倩倩	108	99	96	85	91	95	79	87	64
4	代言泽	105	101	115	80	84	99	80	63	76
5	戴沐晨	99	109	90	78	64	71	70	55	74
6	乔华彬	97	83	88	81	60	70	63	87	78
7	薛慧娟	92	76	106	69	76	86	82	77	86
8	葛俊媛	101	80	107	84	77	74	81	66	70
9	冯义寻	95	92	106	80	72	76	77	75	72
10	董清波	102	97	98	86	67	86	82	80	74
11	王冀	93	112	83	83	85	87	84	87	89
12	方佳俊	96	100	108	81	80	76	84	70	65
13	卢庆义	105	88	119	63	61	73	77	81	86
14	戚文娟	103	63	84	88	85	70	85	68	60
15	孙悦	107	105	100	85	80	68	83	86	72
16	陆陈钦	104	96	92	79	78	86	78	80	77
17	李林	97	93	97	77	81	87	73	70	82
18	杨鑫越	105	84	92	72	69	86	80	86	80

图 5-52

续表

序号	制作与编排要点	知识点对应
3	在姓名预留的位置处插入“姓名”域；在表格中依次插入“姓名”域、“语文”域、“数学”域、“英语”域……	5.2.2 小节
4	打印时可以启用【高级打印】功能，将每 4 个页面打印到同一张纸上，如图 5-53 所示。完成打印后再进行裁剪。 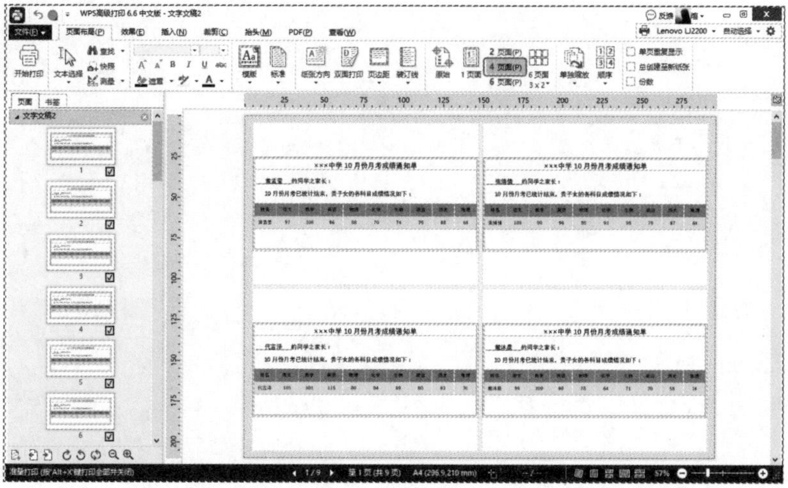 图 5-53	

第2篇

WPS表格

第 6 章 表格的基本操作

6.1 规范地录入数据

数据是表格中最基本的元素，因此录入数据是使用WPS表格的第一项工作。而做到规范地录入数据是极为重要的，因为一个规范的数据表便于后期对数据的计算、统计与分析。同时，学习规范地录入数据是每个程序使用者应当养成的好习惯。

6.1.1 输入标准的数值数据

扫一扫，看视频

数值数据是表格编辑中最常使用的数据格式，如整数、小数、百分比、会计等格式都属于数值数据的范畴。一般情况下，输入的数值与显示的数值是一致的，但有时可能还想显示为其他格式，如统一包含指定位数的小数、显示货币样式等。

在【开始】选项卡中有一个【数据格式】设置项，当选中单元格时可以在这里查看它的格式，选中输入数字的单元格后，可以看到默认为【常规】格式。单击右侧的下拉按钮，可以看到其中还包含【数值】【货币】【会计专用】【短日期】【长日期】【百分比】等格式，如图6-1所示。

图 6-1

要改变数据的格式可以在这里快速设置，如想将当前表格中的数据显示为货币格式，操作方法如下：

❶ 选中要更改格式的单元格区域，在【开始】选项卡中单击【数据格式】设置框右侧的下拉按钮，在弹出的下拉列表中选择【货币】选项，如图6-2所示。

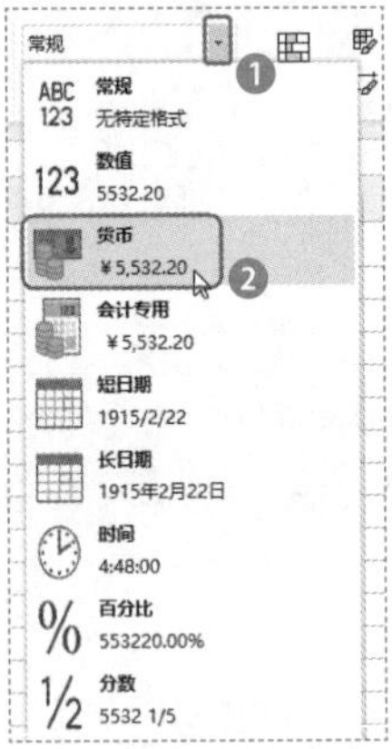

图 6-2

❷ 单击应用后可以看到原数据的格式改变了，它们的前面都添加了货币符号，并自动保留两位小数，如图6-3所示。如果应用【会计专用】格式，应用后的效果如图6-4所示。

	A	B	C	D
1	交易流水号	单价（元）	销量	销售金额
2	YH17-0602	19.90	278	¥5,532.20
3	YH17-0612	24.90	329	¥8,192.10
4	YH17-0613	25.10	108	¥2,710.80
5	YH17-0622	9.90	70	¥693.00
6	YH17-0623	4.50	67	¥301.50
7	YH17-0701	45.90	168	¥7,711.20
8	YH17-0702	21.90	62	¥1,357.80
9	YH17-0703	10.10	333	¥3,363.30
10	YH17-0704	13.10	69	¥903.90
11	YH17-0705	8.50	53	¥450.50
12	YH17-0706	8.60	36	¥309.60
13	YH17-0801	24.10	40	¥964.00
14	YH17-0803	10.90	141	¥1,536.90
15	YH17-0811	14.95	32	¥478.40

图 6-3

交易流水号	单价(元)	销量	销售金额
YH17-0602	19.90	278	¥ 5,532.20
YH17-0612	24.90	329	¥ 8,192.10
YH17-0613	25.10	108	¥ 2,710.80
YH17-0622	9.90	70	¥ 693.00
YH17-0623	4.50	67	¥ 301.50
YH17-0701	45.90	168	¥ 7,711.20
YH17-0702	21.90	62	¥ 1,357.80
YH17-0703	10.10	333	¥ 3,363.30
YH17-0704	13.10	69	¥ 903.90
YH17-0705	8.50	53	¥ 450.50
YH17-0706	8.60	36	¥ 309.60
YH17-0801	24.10	40	¥ 964.00
YH17-0803	10.90	141	¥ 1,536.90
YH17-0811	14.95	32	¥ 478.40

图6-4

在输入百分比值时，如果对每个数值都手动输入“%”会降低输入效率。因此，可以先输入小数，然后通过设置单元格格式一次性转换为百分比值。

❶ 选中要更改数据格式的区域，在【开始】选项卡中单击【数据格式】设置框右侧的下拉按钮，在弹出的下拉列表中选择【百分比】选项，如图6-5所示。

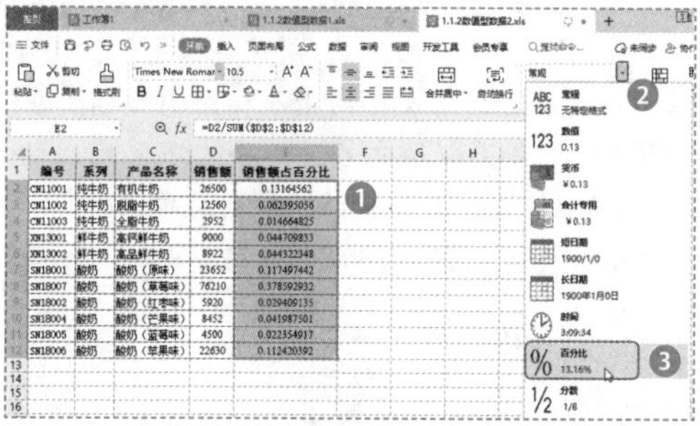

图6-5

❷ 单击应用后可以看到原来的数据重新显示为包含两位小数的百分数，应用后的效果如图6-6所示。

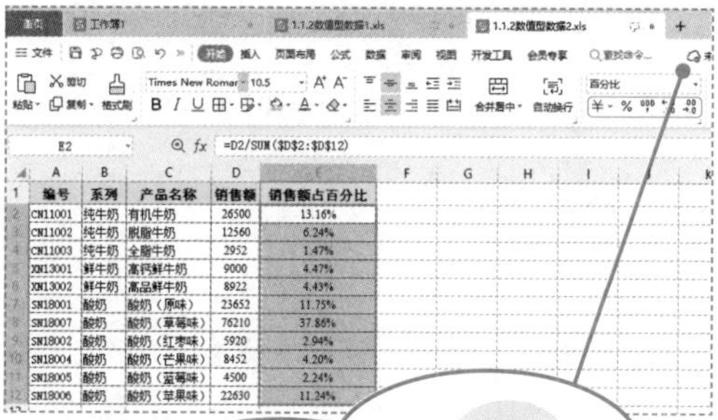

扩展

这里还有几个快速按钮，分别是【会计数字格式】【百分比样式】【千位分隔样式】【增加小数位数】和【减少小数位数】。通过单击这些按钮也可以快速更改数据格式，当数据涉及小数位时，可以通过单击←.0 .00、.00 →.0这两个按钮快速增加或减少小数位。

图6-6

技巧点拨

图6-7所示的表格中的金额数据使用了货币格式，负数需要使用红色括号格式，百分比数据需要保留3位小数。要达到这种显示效果，操作方法如下：

项目	上年度	本年度	增减额(率)
主营业务收入	¥286,424.58	¥225,298.68	(¥61,125.90)
主营业务成本	¥82,698.00	¥87,628.02	¥4,930.02
销售费用	¥20,462.68	¥18,450.46	(¥2,012.22)
管理费用	¥63,267.93	¥65,267.93	¥2,000.00
财务费用	¥4,952.89	¥5,222.65	¥269.76
销售成本率	7.144%	8.189%	1.045%
销售毛利率	71.127%	61.106%	-10.022%
销售净利率	40.165%	21.629%	-18.536%

图6-7

❶ 数据的负数显示格式需要打开【单元格格式】对话框进行设置。选中目标数据区域，右击，在弹出的快捷菜单中选择【设置单元格格式】命令，打开【单元格格式】对话框。在【分类】列表框中选择【货币】，在右侧设置小数位数并选择负数的显示样式，如图6-8所示。

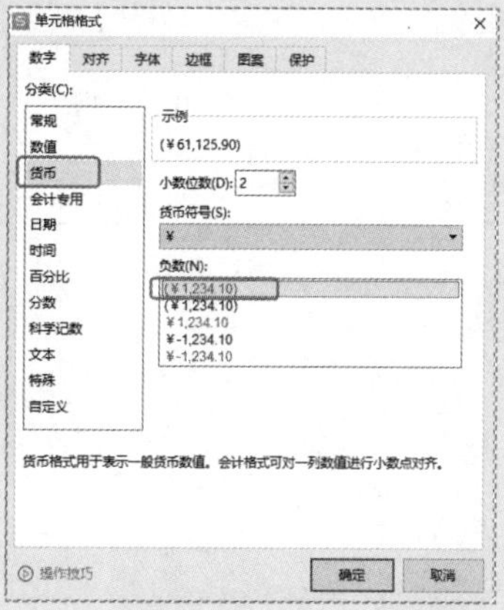

图6-8

❷ 选中显示百分比的数据区域，在【开始】选项卡中单击 % 按钮，接着单击3次 ←.0 .00 按钮将小数位增至3位，如图6-9所示。

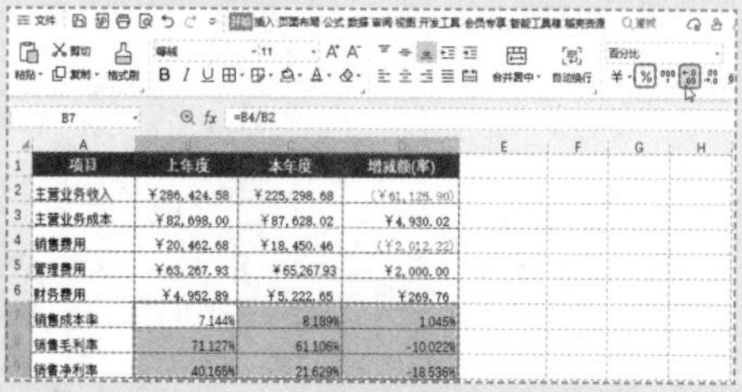

图6-9

扫一扫，看视频

6.1.2 输入标准的日期数据

日期数据是表示日期的数据，日期的默认格式是“yyyy/mm/dd”，其中yyyy表示年份，mm表示月份，dd表示日期，固定长度为8位。在输入日期时注意要使用规范的格式，让程序能识别它是日期数据，否则在后期涉及日期的计算时则无法进行。

日期数据可以在数字间使用“-”间隔，如2021-6-4（见图6-10），如果是本年日期，则可以省略年份，直接输入“6-4”（见图6-11）。这些是程序能识别的最简单的输入方式。

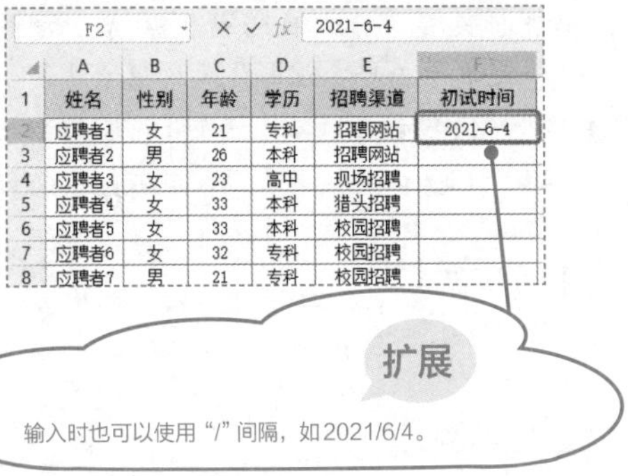

扩展
输入时也可以使用“/”间隔，如2021/6/4。

图 6-10

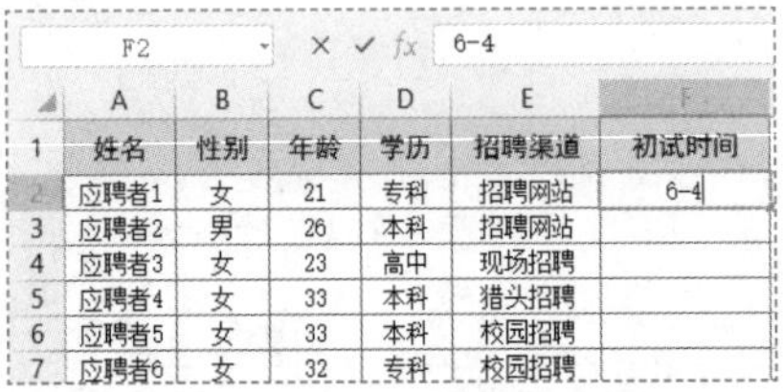

图 6-11

如果输入的日期是递增的日期序列，则可以用填充的方式快速输入，而不必逐个输入。

❶ 在C2单元格内输入日期，将鼠标指针放在C2单元格的右下角，这时鼠标指针变为黑色十字形（填充柄），如图6-12所示。

图 6-12

❷ 按住鼠标左键向下拖动（见图6-13），释放鼠标左键即可输入连续的日期数据，效果如图6-14所示。

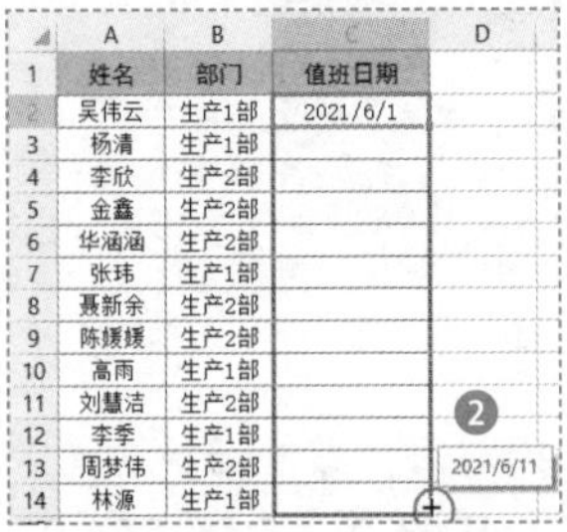

图 6-13

图 6-14

技巧点拨

日期数据在填充时默认是按日递增的，根据实际填充的需求不同，还可以通过【自动填充选项】来选择不同的填充方式。

例1：要在连续单元格内输入相同的日期。在选中首个日期数据并进行填充后，单击右下角出现的【自动填充选项】按钮，在弹出的下拉列表中选中【复制单元格】单选按钮（见图6-15），填充结果如图6-16所示。

图 6-15

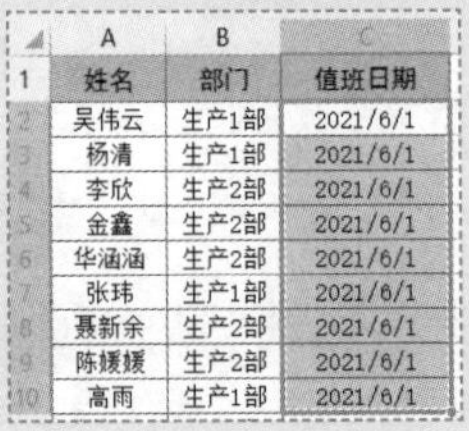

图 6-16

例2：要在连续单元格内输入工作日日期。在填充日期后从【自动填充选项】的下拉列表中选中【以工作日填充】单选按钮，填充结果如图6-17所示（周末日期被自动排除）。

	A	B	C
1	姓名	部门	值班日期
2	吴伟云	生产1部	2021/6/1
3	杨清	生产1部	2021/6/2
4	李欣	生产2部	2021/6/3
5	金鑫	生产2部	2021/6/4
6	华涵涵	生产2部	2021/6/7
7	张玮	生产1部	2021/6/8
8	聂新余	生产2部	2021/6/9
9	陈媛媛	生产2部	2021/6/10
10	高雨	生产1部	2021/6/11
11	刘慧洁	生产2部	2021/6/14
12	李季	生产1部	2021/6/15
13	周梦伟	生产2部	2021/6/16
14	林源	生产1部	2021/6/17

图6-17

6.1.3 记录单录入与删除数据

扫一扫，看视频

WPS表格拥有记录单功能，利用此功能可以快速实现数据记录的录入、删除、查看等操作。尤其当数据条目很多时，使用记录单是比较方便的。

❶ 选中数据区域中的任意单元格，在【数据】选项卡中单击【记录单】按钮（见图6-18），弹出记录单，如图6-19所示。

❷ 当需要添加新数据条目时，则单击【新建】按钮，此时记录单中的数据被清空，然后逐一录入新数据（见图6-20），再次单击【新建】按钮即可看到原数据表最下方显示了一条新记录，如图6-21所示。

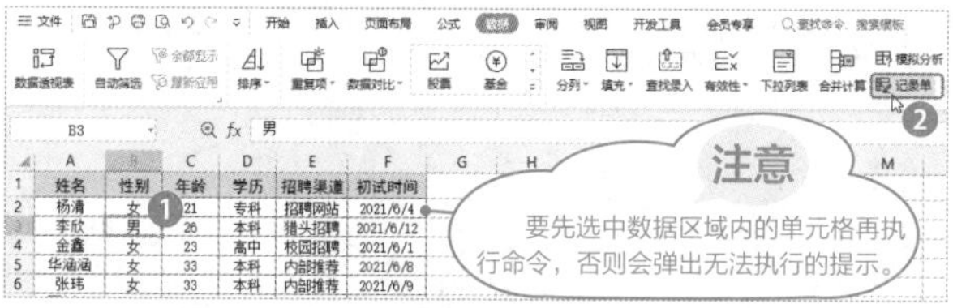

图6-18

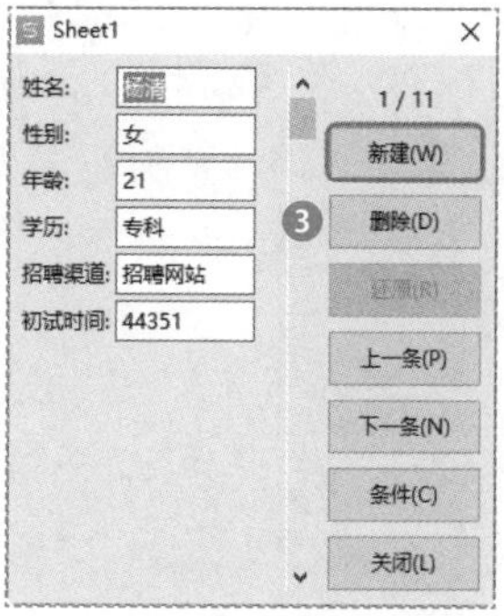

图6-19

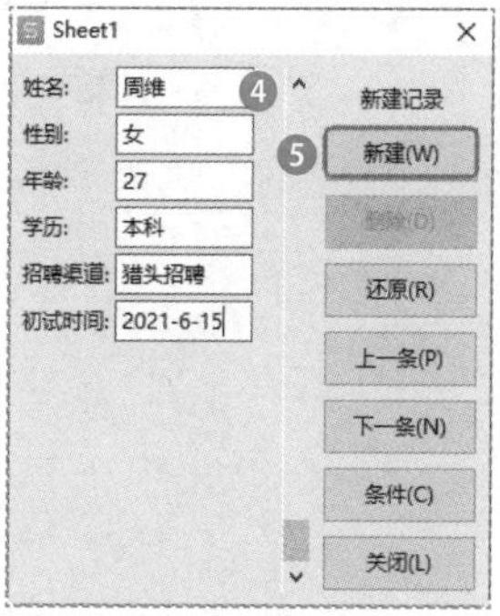

图6-20

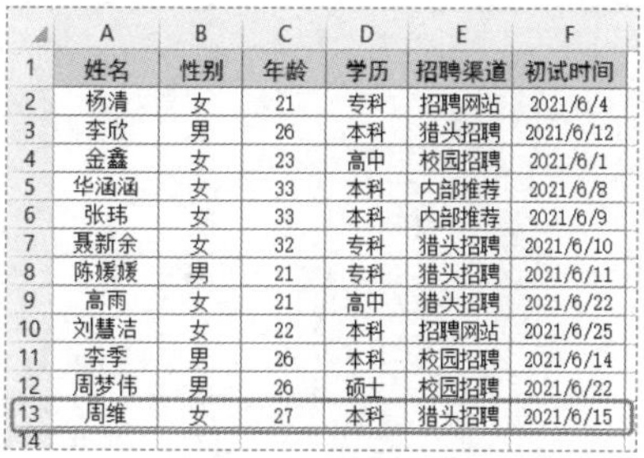

	A	B	C	D	E	F
1	姓名	性别	年龄	学历	招聘渠道	初试时间
2	杨清	女	21	专科	招聘网站	2021/6/4
3	李欣	男	26	本科	猎头招聘	2021/6/12
4	金鑫	女	23	高中	校园招聘	2021/6/1
5	华涵涵	女	33	本科	内部推荐	2021/6/8
6	张玮	女	33	本科	内部推荐	2021/6/9
7	聂新余	女	32	专科	猎头招聘	2021/6/10
8	陈媛媛	男	21	专科	猎头招聘	2021/6/11
9	高雨	女	21	高中	猎头招聘	2021/6/22
10	刘慧洁	女	22	本科	招聘网站	2021/6/25
11	李季	男	26	本科	校园招聘	2021/6/14
12	周梦伟	男	26	硕士	校园招聘	2021/6/22
13	周维	女	27	本科	猎头招聘	2021/6/15
14						

图6-21

通过记录单还可以实现数据的快速查找，如下面需要将学历为“高中”的记录删除，其操作方法如下：

❶ 打开记录单，首先单击【条件】按钮（见图6-22），接着在【学历】编辑框中输入“高中”，如图6-23所示。

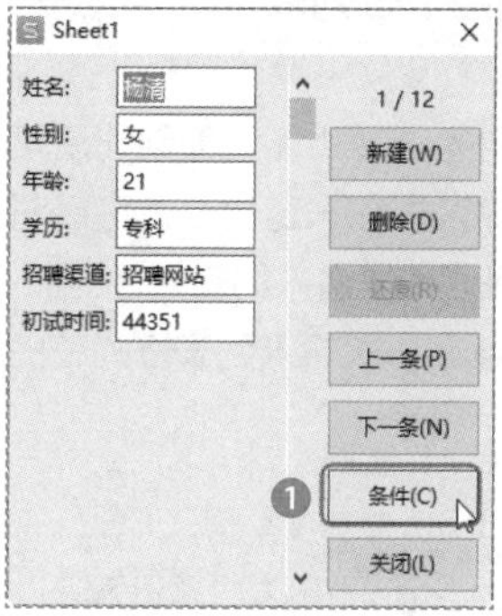

图6-22

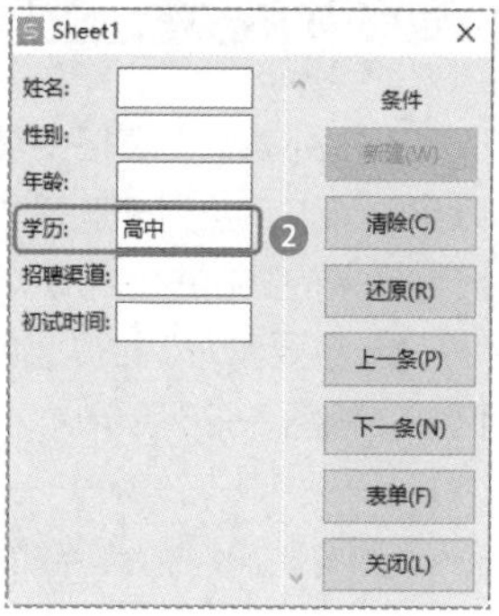

图6-23

❷ 单击【下一条】按钮即可找到第一条满足条件的记录，如图6-24所示。单击【删除】按钮可以进行删除。继续单击【下一条】按钮，可以接着寻找下一条满足条件的记录，如图6-25所示。

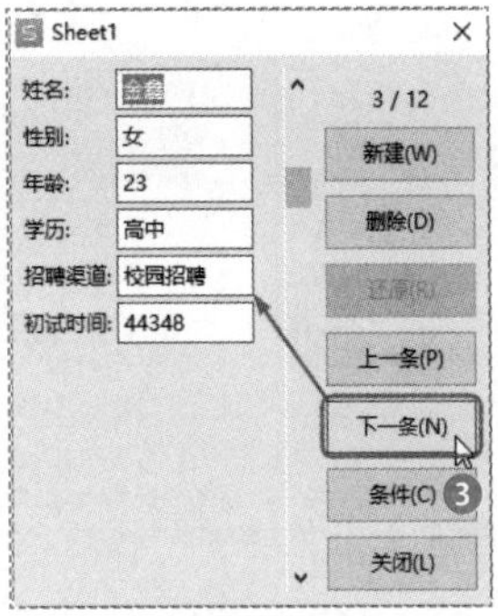

图 6-24

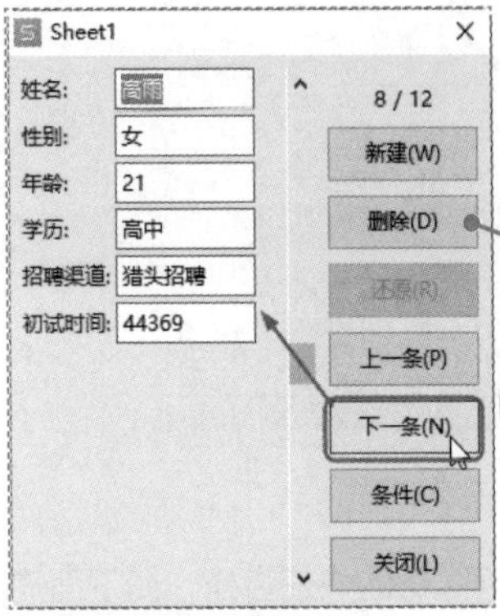

图 6-25

注意

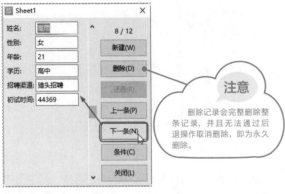

删除记录会完整删除整条记录，并且无法通过后退操作取消删除，即为永久删除。

扫一扫，看视频

6.1.4 快速创建下拉列表

下拉列表也是表格中常用的一种功能，即创建后可以实现通过下拉列表选择性输入，在一定程度上可以对允许输入的数据进行约束，保证数据输入的有效性。

❶ 将要作为下拉列表的数据依次输入到表格的空白区域，如图6-26所示。

	A	B	C	D	E	F	G	H
1	姓名	性别	年龄	学历	招聘渠道	初试时间		
2	杨清	女	21	专科		2021/6/4		招聘网站
3	李欣	男	26	本科		2021/6/12		猎头招聘
4	金鑫	女	23	高中		2021/6/1		校园招聘
5	华涵涵	女	33	本科		2021/6/8		内部推荐
6	张玮	女	33	本科		2021/6/9		
7	聂新余	女	32	专科		2021/6/10		
8	陈媛媛	男	21	专科		2021/6/11		
9	高雨	女	21	本科		2021/6/22		
10	刘慧洁	女	22	本科		2021/6/25		
11	李季	男	23	本科		2021/6/14		
12	周梦伟	男	26	硕士		2021/6/22		

图 6-26

❷ 选中要创建下拉列表的单元格区域，在【数据】选项卡中单击【下拉列表】按钮（见图6-27）。

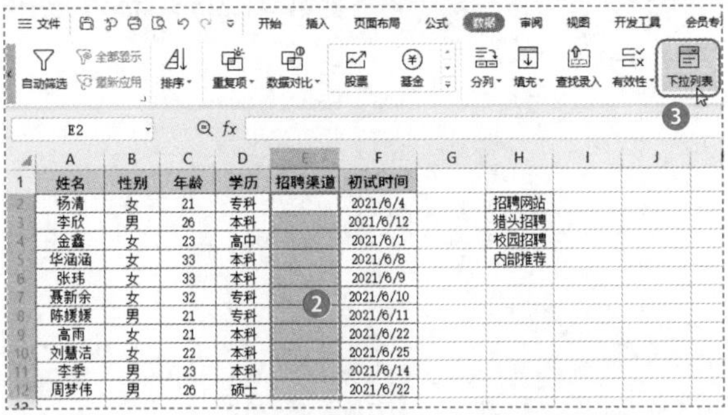

	A	B	C	D	E	F	G	H
1	姓名	性别	年龄	学历	招聘渠道	初试时间		
2	杨清	女	21	专科		2021/6/4		招聘网站
3	李欣	男	26	本科		2021/6/12		猎头招聘
4	金鑫	女	23	高中		2021/6/1		校园招聘
5	华涵涵	女	33	本科		2021/6/8		内部推荐
6	张玮	女	33	本科		2021/6/9		
7	聂新余	女	32	专科		2021/6/10		
8	陈媛媛	男	21	专科		2021/6/11		
9	高雨	女	21	本科		2021/6/22		
10	刘慧洁	女	22	本科		2021/6/25		
11	李季	男	23	本科		2021/6/14		
12	周梦伟	男	26	硕士		2021/6/22		

图 6-27

❸ 弹出【插入下拉列表】对话框，选中【从单元格选择下拉选项】单选按钮，单击右侧的按钮（见图6-28），回到工作表中，选中H2:H5单元格区域，如图6-29所示。

❹ 选择后再次单击按钮（见图6-29）回到对话框中，单击【确定】按钮完成设置。此时只要在“招聘渠道”列中选中单元格，右侧就会出现下拉按钮，单击会出现下拉列表（见图6-30），然后便可以从下拉列表中选择要输入的内容。

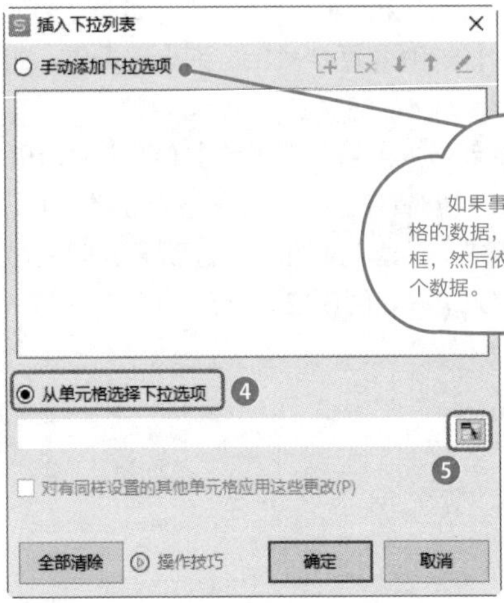

扩展

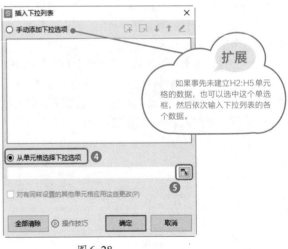

如果事先未建立H2:H5单元格的数据，也可以选中这个单选框，然后依次输入下拉列表的各个数据。

图 6-28

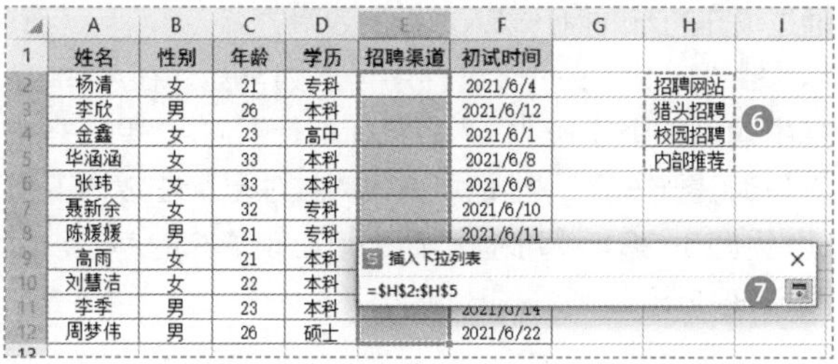

图 6-29

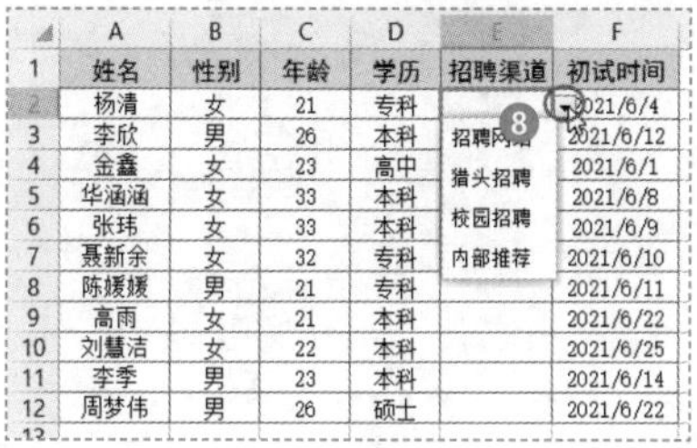

图 6-30

6.1.5 设置拒绝输入重复值

扫一扫，看视频

对于不允许输入重复值的数据区域，可以事先通过设置来限制重复值的输入，从数据输入的源头做起，有效提升数据的规范性，避免产生错误。

❶ 选中要设置的单元格区域，在【数据】选项卡中单击【重复项】下拉按钮，在弹出的下拉列表中选择【拒绝录入重复项】选项(见图6-31)，弹出【拒绝重复输入】对话框，确认设置区域，如图6-32所示。

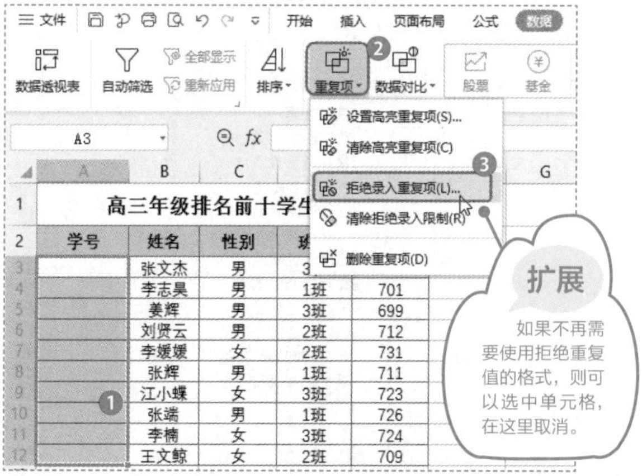

图 6-31

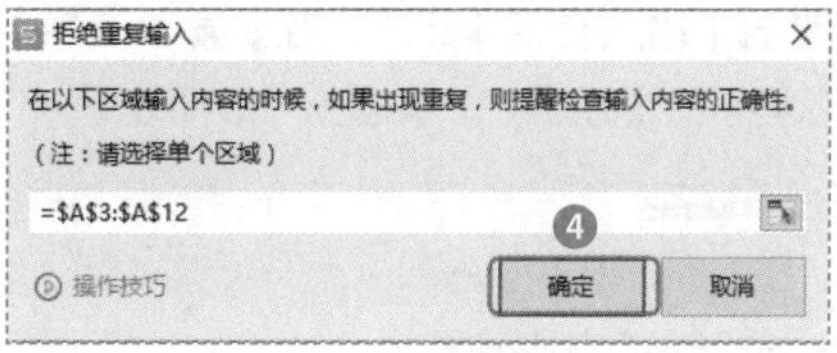

图 6-32

❷ 单击【确定】按钮即可完成设置。这时在所设置的单元格区域中一旦输入重复值，就会弹出错误提示，如图6-33所示。

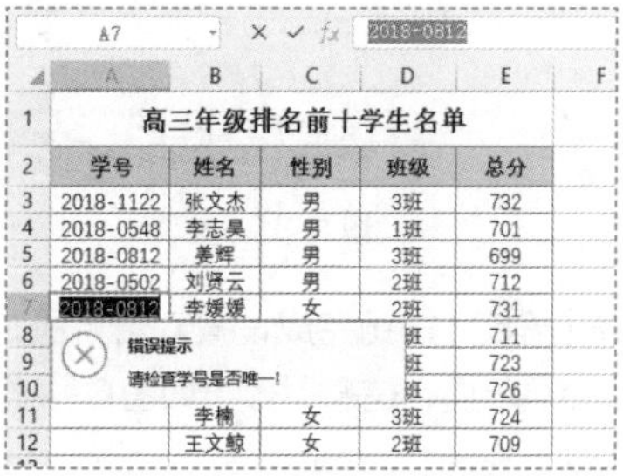

图 6-33

6.1.6 设置输入时的智能提示

扫一扫，看视频

在限制数据的规范输入方面还有一项设置很实用，即实现选中单元格时能对允许输入的数据进行智能提示。要完成此项设置，需要用到WPS表格中的【有效性】功能。

例如，在本例中需要为“身高(m)”列设置输入提示信息，提示输入者只能输入指定格式的身高数据。

❶ 选中要设置的单元格区域，在【数据】选项卡中单击【有效性】按钮(见图6-34)，打开【数据有效性】对话框。

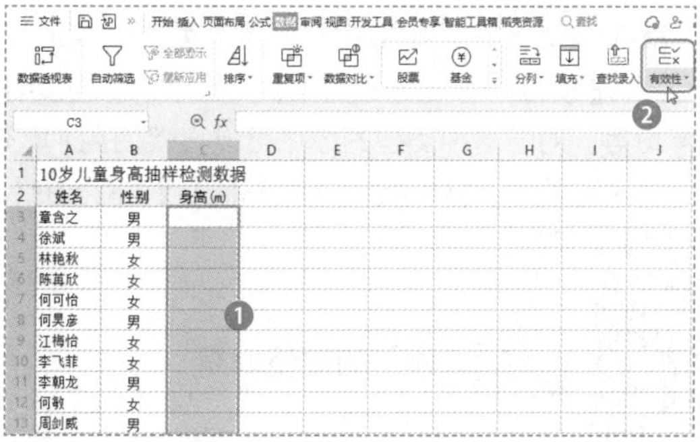

图 6-34

❷ 选择【输入信息】标签，在【输入信息】文本框中输入想显示的提示信息，如图6-35所示。

图6-35

❸ 单击【确定】按钮完成设置。当将鼠标指针指向单元格时就会显示提示信息，效果如图6-36所示。

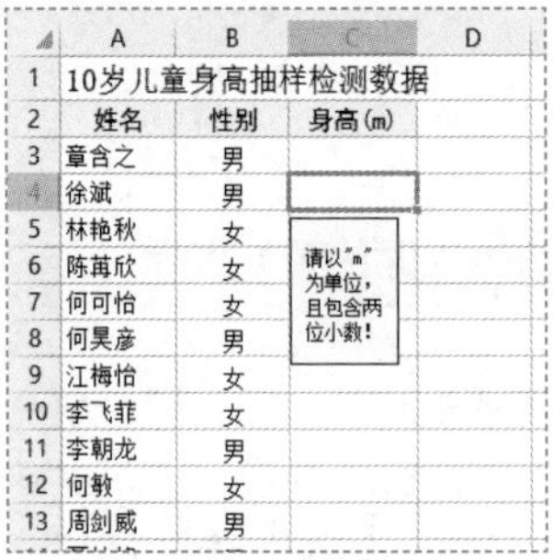

	A	B	C	D
1	10岁儿童身高抽样检测数据			
2	姓名	性别	身高(m)	
3	章含之	男		
4	徐斌	男		
5	林艳秋	女		
6	陈茜欣	女		
7	何可怡	女		
8	何昊彦	男		
9	江梅怡	女		
10	李飞菲	女		
11	李朝龙	男		
12	何敏	女		
13	周剑威	男		

图6-36

6.2 批量录入数据

在WPS表格中填写数据时，经常需要批量录入一些有规律的数据，如相同的数据、一些序号、连续增长的年份等。对于这种类型的数据可以直接使用【填充】功能录入。【填充】功能是通过【填充柄】或功能区的【填充】命令实现的。

扫一扫，看视频

6.2.1 序号的批量填充

序号是编辑报表时使用频率极高的一种数据，可以通过填充的方式提升录入数据的效率。

❶ "1、2、3……"这种序号最为常见。在A2单元格中输入首个序号"1"，将鼠标指针指向A2单元格右下角（见图6-37），出现填充柄时按住鼠标左键向下拖动（见图6-38），释放鼠标时即可出现填充的序号，如图6-39所示。

	A	B	C	D
1	编号	产品	规格	价格（元/件）
2	1	雪花啤酒10°	330ml*24瓶	21
3		雪花山水啤酒10°	355ml*24瓶	29
4		雪花清爽啤酒11°	600ml*12瓶	22
5		听装雪花啤酒	330ml*1箱*24瓶	29
6		雪花冰生啤酒10°	600ml*12瓶	23
7		雪花勇闯天涯啤酒8°	500ml*12瓶	22
8		雪花冰纯啤酒8°	500ml*12瓶	22
9		雪花精制啤酒7°	576ml*12瓶	23
10		雪花纯生啤酒7°	330ml*1箱*24瓶	32
11		科罗娜啤酒小瓶装	330ml*24瓶	90
12		科罗娜啤酒易拉罐	330ml*24罐	90
13		嘉士伯啤酒易拉罐	330ml*24罐	80
14		菠萝啤	330ml*2箱*24瓶	31
15		力加啤酒11度	640ml*12瓶	23
16		力加啤酒红冠听装	330ml*24听	38
17		力加啤酒冰啤听装	330ml*24听	46
18		力加全麦芽啤酒(6罐装)	355ml*6罐	22

图6-37

	A	B	C	D
1	编号	产品	规格	价格（元/件）
2	1	雪花啤酒10°	330ml*24瓶	21
3		雪花山水啤酒10°	355ml*24瓶	29
4		雪花清爽啤酒11°	600ml*12瓶	22
5		听装雪花啤酒	330ml*1箱*24瓶	29
6		雪花冰生啤酒10°	600ml*12瓶	23
7		雪花勇闯天涯啤酒8°	500ml*12瓶	22
8		雪花冰纯啤酒8°	500ml*12瓶	22
9		雪花精制啤酒7°	576ml*12瓶	23
10		雪花纯生啤酒7°	330ml*1箱*24瓶	32
11		科罗娜啤酒小瓶装	330ml*24瓶	90
12		科罗娜啤酒易拉罐	330ml*24罐	90
13		嘉士伯啤酒易拉罐	330ml*24罐	80
14		菠萝啤	330ml*2箱*24瓶	31
15		力加啤酒11度	640ml*12瓶	23
16		力加啤酒红冠听装	330ml*24听	38
17		力加啤酒冰啤听装	330ml*24听	46
18		力加全麦芽啤酒(6罐装)	355ml*6罐	22

图6-38

	A	B
1	编号	产品
2	1	雪花啤酒10°
3	2	雪花山水啤酒10°
4	3	雪花清爽啤酒11°
5	4	听装雪花啤酒
6	5	雪花冰生啤酒10°
7	6	雪花勇闯天涯啤酒8°
8	7	雪花冰纯啤酒8°
9	8	雪花精制啤酒7°
10	9	雪花纯生啤酒7°
11	10	科罗娜啤酒小瓶装
12	11	科罗娜啤酒易拉罐
13	12	嘉士伯啤酒易拉罐
14	13	菠萝啤
15	14	力加啤酒11度
16	15	力加啤酒红冠听装

图6-39

❷ 也可能出现类似"NO.001、NO.002、NO.003……"这种序号。在A2单元格中输入首个序号"NO.001"，将鼠标指针指向A2单元格右下角(见图6-40)，出现填充柄时按住鼠标左键向下拖动，释放鼠标时即可出现填充的序号，如图6-41所示。

	A	B	C	D	E
1	员工工号	姓名	所属部门	性别	年龄
2	NO.001	马宏杰	设计部	男	43
3		莫小云	行政部	女	33
4		林丽	行政部	女	30
5		刘文华	行政部	女	32
6		张彦	人事部	男	42
7		何开阳	研发部	男	43
8		许丽	行政部	女	32
9		姚丽娜	市场部	女	29
10		万文祥	财务部	男	52
11		张亚明	市场部	男	38
12		郝亮	市场部	男	44
13		穆宇飞	研发部	男	39
14		于青青	研发部	女	39

图6-40

	A	B	C	D	E
1	员工工号	姓名	所属部门	性别	年龄
2	NO.001	马宏杰	设计部	男	43
3	NO.002	莫小云	行政部	女	33
4	NO.003	林丽	行政部	女	30
5	NO.004	刘文华	行政部	女	32
6	NO.005	张彦	人事部	男	42
7	NO.006	何开阳	研发部	男	43
8	NO.007	许丽	行政部	女	32
9	NO.008	姚丽娜	市场部	女	29
10	NO.009	万文祥	财务部	男	52
11	NO.010	张亚明	市场部	男	38
12	NO.011	郝亮	市场部	男	44
13	NO.012	穆宇飞	研发部	男	39
14	NO.013	于青青	研发部	女	39

图6-41

技巧点拨

填充序号并非一定要按照顺序依次填充，也可以间隔填充。例如，在图6-42所示的表格中，要求批量填充座位号。要达到这种填充效果，需要首先输入两个序号作为填充源(见图6-43)，让程序找到填充的规律，然后再拖动填充柄进行填充。

	A	B	C
1	姓名	性别	座位号
2	马宏杰	男	阶梯1-001
3	莫小云	女	阶梯1-003
4	林丽	女	阶梯1-005
5	刘文华	女	阶梯1-007
6	张彦	男	阶梯1-009
7	何开阳	男	阶梯1-011
8	许丽	女	阶梯1-013
9	姚丽娜	女	阶梯1-015
10	万文祥	男	阶梯1-017
11	张亚明	男	阶梯1-019
12	郝亮	男	阶梯1-021
13	穆宇飞	男	阶梯1-023
14	于青青	女	阶梯1-025
15	刘琦	男	阶梯1-027
16	王小菊	女	阶梯1-029

图6-42

C2 fx 阶梯1-001

	A	B	C	D
1	姓名	性别	座位号	
2	马宏杰	男	阶梯1-001	
3	莫小云	女	阶梯1-003	
4	林丽	女		
5	刘文华	女		
6	张彦	男		
7	何开阳	男		
8	许丽	女		
9	姚丽娜	女		
10	万文祥	男		
11	张亚明	男		
12	郝亮	男		
13	穆宇飞	男		

图6-43

6.2.2 相同数据的一次性填充

扫一扫，看视频

在数据输入过程中，总是想充分利用软件的功能来达到高效且准确的输入，【填充】功能下提供了一些辅助数据输入的功能项。

1. 相同数据的连续填充

❶ 首先输入首个数据，接着选中要填充相同数据的所有连续单元格区域(注意要包含所输入的首个数据)，在【数据】选项卡中单击【填充】按钮，打开下拉列表，如图6-44所示。

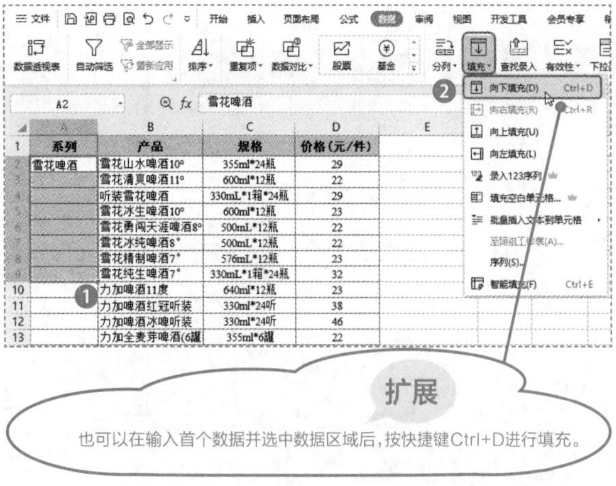

扩展
也可以在输入首个数据并选中数据区域后，按快捷键Ctrl+D进行填充。

图 6-44

❷ 选择【向下填充】命令即可一次性快速填充相同数据，如图6-45所示。

图 6-45

2. 快速填充空白单元格

填充空白单元格是指能根据选中的单元格区域的情况来判断如何对空白单元格进行填充，如与上面的单元格一致、与下面的单元格一致等。例如，在图6-46所示的表格的“系列”列中，对于相同的系列只输入了首个数据，而其他单元格则可以自动填充。

❶ 选中目标单元格区域，在【数据】选项卡中单击【填充】按钮，打开下拉列表，选择【填充空白单元格】命令，如图6-46所示。

❷ 打开【空白单元格填充值】对话框，选中【与上方的值一样】单选按钮，如图6-47所示。

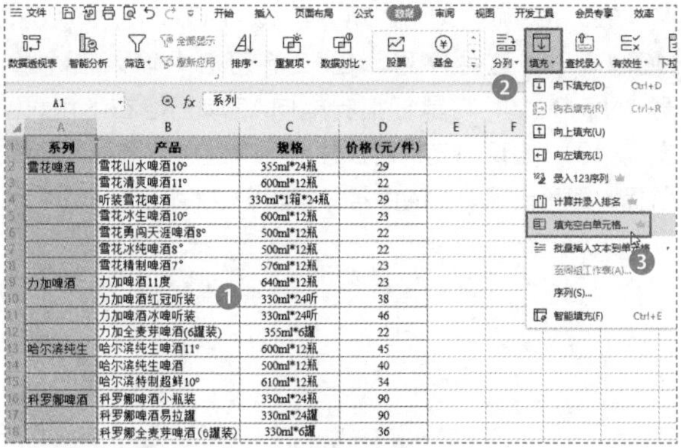

图 6-46

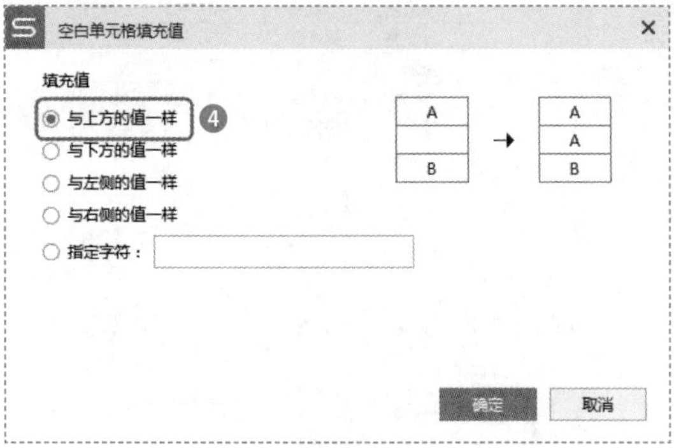

图 6-47

❸ 单击【确定】按钮即可得到如图6-48所示的填充结果。

图 6-48

3. 在数据前批量添加文本

下面通过范例讲解在数据前批量添加文本的操作方法，读者在学习范例后可根据自己的工作需求灵活运用。

本例中要求在座位号前面加上“阶梯1-”文本。

❶ 选中目标单元格区域，在【数据】选项卡中单击【填充】按钮，打开下拉列表，选择【批量插入文本到单元格】→【插入文本到开头】命令，如图6-49所示。

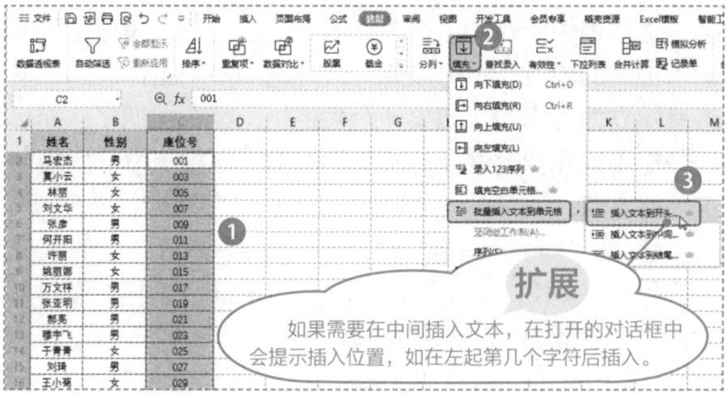

图 6-49

❷ 打开【插入文本到开头】对话框，输入文本内容为“阶梯1-”，如图6-50所示。

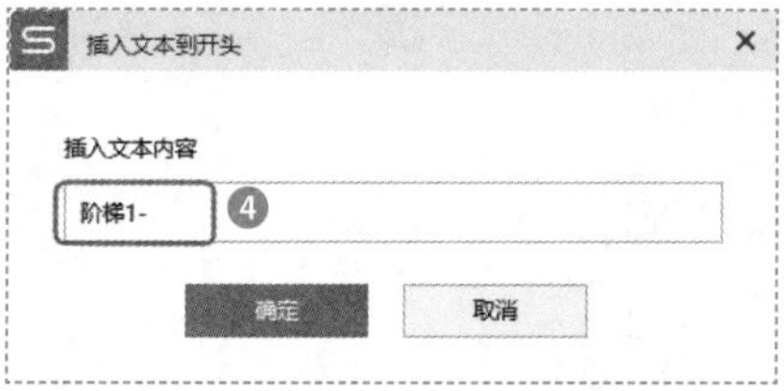

图 6-50

❸ 单击【确定】按钮即可得到如图6-51所示的填充效果。

	A	B	C
1	姓名	性别	座位号
2	马宏杰	男	阶梯1-001
3	莫小云	女	阶梯1-003
4	林丽	女	阶梯1-005
5	刘文华	女	阶梯1-007
6	张彦	男	阶梯1-009
7	何开阳	男	阶梯1-011
8	许丽	女	阶梯1-013
9	姚丽娜	女	阶梯1-015
10	万文祥	男	阶梯1-017
11	张亚明	男	阶梯1-019
12	郝亮	男	阶梯1-021
13	穆宇飞	男	阶梯1-023
14	于青青	女	阶梯1-025
15	刘琦	男	阶梯1-027
16	王小菊	女	阶梯1-029

图 6-51

6.2.3 大块区域中空白单元格的一次性填充

扫一扫，看视频

当大块区域中已经存在一些数据，想对其他空白单元格一次性填充相同的数据时，也可以利用【填充空白单元格】命令来实现。例如，在图6-52所示的表格中的空白单元格中一次性填充“合格”文本。

	A	B	C	D	E
1	编号	姓名	营销策略	商务英语	专业技能
2	RY1-1	刘志飞			
3	RY1-2	何许诺			不合格
4	RY1-3	崔娜			
5	RY1-4	林成瑞	不合格		
6	RY1-5	童磊			
7	RY1-6	徐志林		不合格	
8	RY1-7	何忆婷			
9	RY2-1	高攀			❶
10	RY2-2	陈佳佳			
11	RY2-3	陈怡			
12	RY2-4	周蓓			
13	RY2-5	夏慧			不合格
14	RY2-6	韩文信	不合格		
15	RY2-7	葛丽			
16	RY2-8	张小河			
17	RY3-1	韩燕			
18	RY3-2	刘江波			

图 6-52

❶ 选中要输入数据的整个单元格区域，按F5键，打开【定位】对话框，选中【空值】单选按钮，如图6-53所示。

图 6-53

❷ 单击【定位】按钮可以看到单元区域中所有空白单元格均处于选中状态。接着在【数据】选项卡中单击【填充】按钮，打开下拉列表，选择【填充空白单元格】命令，如图6-54所示。

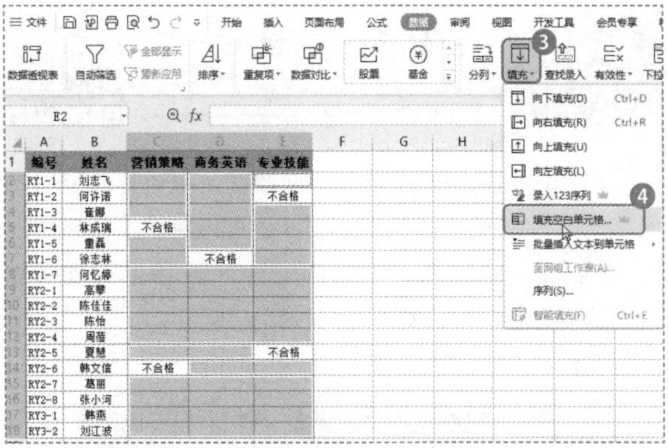

图 6-54

❸ 打开【空白单元格填充值】对话框，选中【指定字符】单选按钮，并在其后的文本框中输入“合格”文本，如图6-55所示。

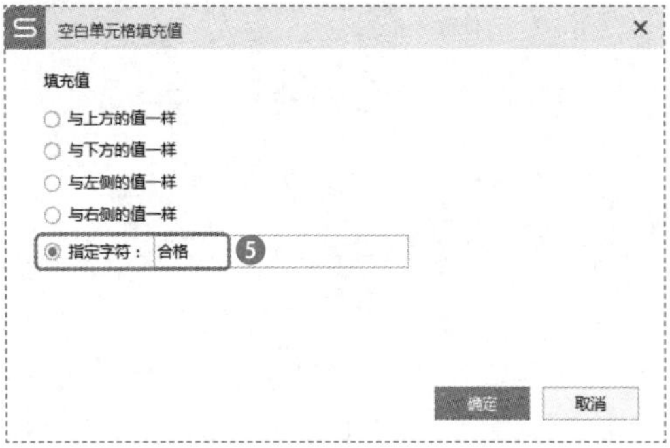

图 6-55

❹ 单击【确定】按钮即可看到所有的空白单元格都被填充了“合格”文本，如图6-56所示。

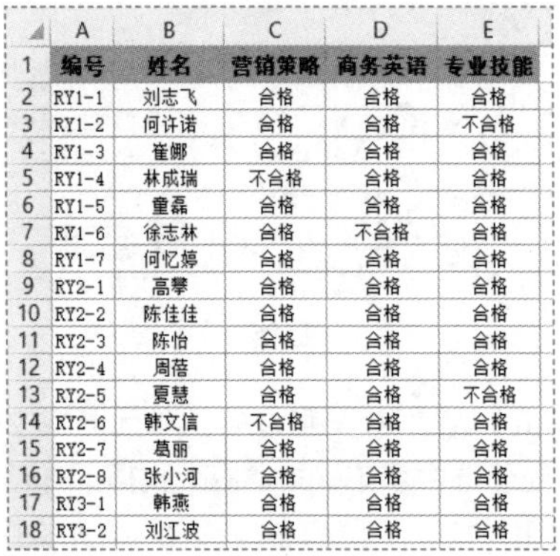

	A	B	C	D	E
1	编号	姓名	营销策略	商务英语	专业技能
2	RY1-1	刘志飞	合格	合格	合格
3	RY1-2	何许诺	合格	合格	不合格
4	RY1-3	崔娜	合格	合格	合格
5	RY1-4	林成瑞	不合格	合格	合格
6	RY1-5	童磊	合格	合格	合格
7	RY1-6	徐志林	合格	不合格	合格
8	RY1-7	何忆婷	合格	合格	合格
9	RY2-1	高攀	合格	合格	合格
10	RY2-2	陈佳佳	合格	合格	合格
11	RY2-3	陈怡	合格	合格	合格
12	RY2-4	周蓓	合格	合格	合格
13	RY2-5	夏慧	合格	合格	不合格
14	RY2-6	韩文信	不合格	合格	合格
15	RY2-7	葛丽	合格	合格	合格
16	RY2-8	张小河	合格	合格	合格
17	RY3-1	韩燕	合格	合格	合格
18	RY3-2	刘江波	合格	合格	合格

图 6-56

6.2.4 建立工作组实现多工作表同步输入

扫一扫，看视频

当建立一个工作组后，在一个工作表中的操作将会应用于工作组中所有的工作表。因此，如果几个表格中需要输入相同的内容，也可以先一次性选中多个工作表的标签将其建立为工作组。如果一个表格中已经有数据了，而其他表格中也需要批量使用相同的数据，不仅可以使用复制这一种方法，还可以通过填充的方式一次性输入。

❶ 在“1月份销量”表格中选中要填充到其他表格中的目标数据（本例中选中“产品”“规格”“价格（元/件）”三列），然后同时选中要填充的其他工作表或多张工作表（这时选中的工作表组成了一个工作组），接着在【数据】选项卡中单击【填充】按钮，在弹出的下拉列表中选择【至同组工作表】命令（见图6-57），弹出【填充成组工作表】对话框。

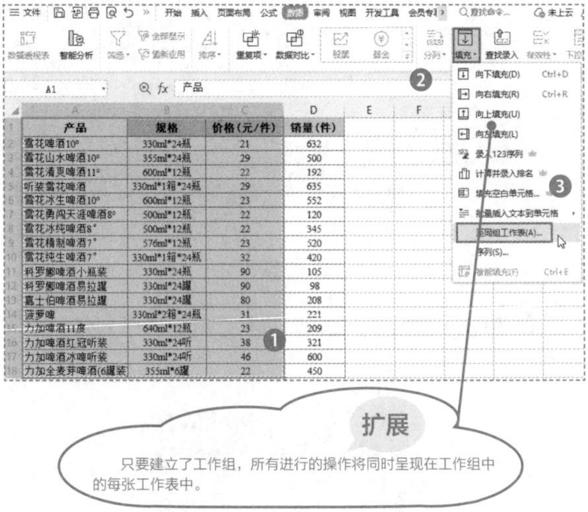

图 6-57

❷ 选择填充类型为【全部】，如图6-58所示。

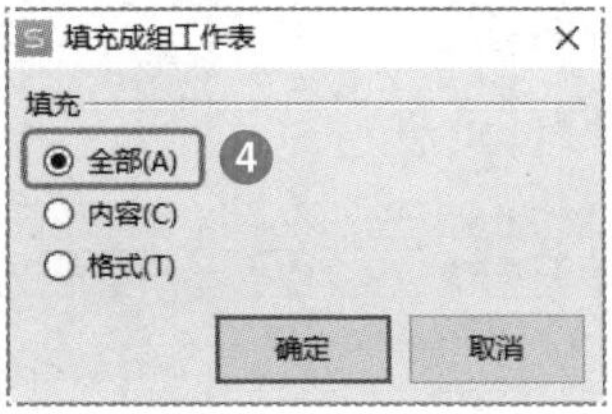

图 6-58

❸ 单击【确定】按钮，即可看到所有成组的工作表中都被填充了在“1月份销量”表格中选中的内容，如图6-59和图6-60所示。

产品	规格	价格(元/件)
雪花啤酒10°	330ml*24瓶	21
雪花山水啤酒	355ml*24瓶	29
雪花清爽啤酒	600ml*12瓶	22
听装雪花啤酒	30ml*1箱*24	29
雪花冰生啤酒	600ml*12瓶	23
雪花勇闯天涯	500ml*12瓶	22
雪花冰纯啤酒	500ml*12瓶	22
雪花精制啤酒	576ml*12瓶	23
雪花纯生啤酒	30ml*1箱*24	32
科罗娜啤酒小	330ml*24瓶	90
科罗娜啤酒易	330ml*24罐	90
嘉士伯啤酒易	330ml*24罐	80
菠萝啤	30ml*2箱*24	31
力加啤酒11度	640ml*12瓶	23
力加啤酒红冠	330ml*24听	38
力加啤酒冰啤	330ml*24听	46
力加全麦芽啤	355ml*6罐	22

图 6-59

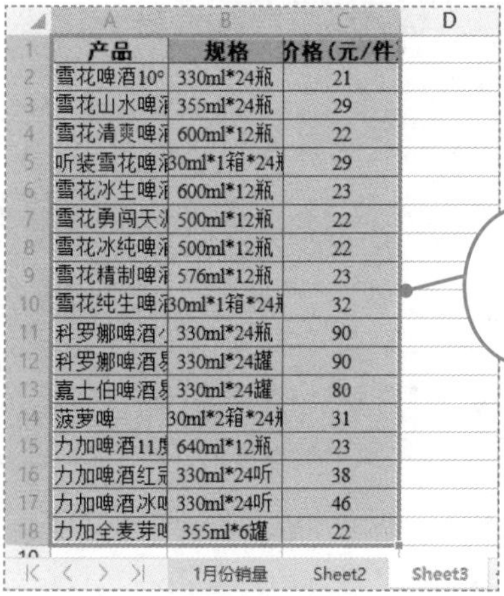

产品	规格	价格(元/件)
雪花啤酒10°	330ml*24瓶	21
雪花山水啤酒	355ml*24瓶	29
雪花清爽啤酒	600ml*12瓶	22
听装雪花啤酒	30ml*1箱*24	29
雪花冰生啤酒	600ml*12瓶	23
雪花勇闯天涯	500ml*12瓶	22
雪花冰纯啤酒	500ml*12瓶	22
雪花精制啤酒	576ml*12瓶	23
雪花纯生啤酒	30ml*1箱*24	32
科罗娜啤酒小	330ml*24瓶	90
科罗娜啤酒易	330ml*24罐	90
嘉士伯啤酒易	330ml*24罐	80
菠萝啤	30ml*2箱*24	31
力加啤酒11度	640ml*12瓶	23
力加啤酒红冠	330ml*24听	38
力加啤酒冰啤	330ml*24听	46
力加全麦芽啤	355ml*6罐	22

图 6-60

> **注意**
> 填充数据后，单元格的列宽不能同步复制，需要自己手动调整。

6.3 美化表格外观

有些表格是作为资料数据来显示的，因此对框架结构及外观没有太多要求，但有些需要打印使用的报表，则需要对其外观进行处理，如进行表格框架结构的调整、表格标题的特殊化处理、边框线条和特殊区域的底纹的调整等。

6.3.1 按表格框架任意合并单元格

扫一扫，看视频

根据表格用途的不同，其框架结构是多样的，因此在创建表格时需要不断调整，可以通过合并单元格、插入行列、调整行高和列宽等操作将表格的框架调整到满足应用的需要。

❶ 向表格中输入基本数据，选中A1:F1单元格区域，在【开始】选项卡中单击【合并居中】按钮，如图6-61所示。

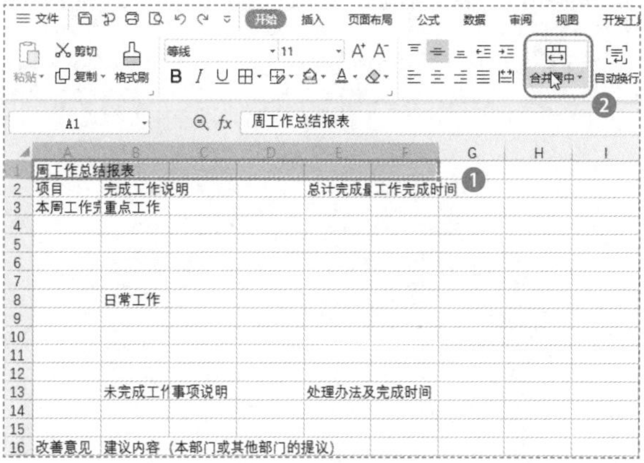

图 6-61

❷ 执行命令后，可以看到报表的标题已经是跨多列且居中显示的效果，如图6-62所示。

图 6-62

❸ 选中A3:A15单元格区域，在【开始】选项卡中单击【合并居中】按钮（见图6-63），可以将选中的单元格区域合并为一个单元格，如图6-64所示。

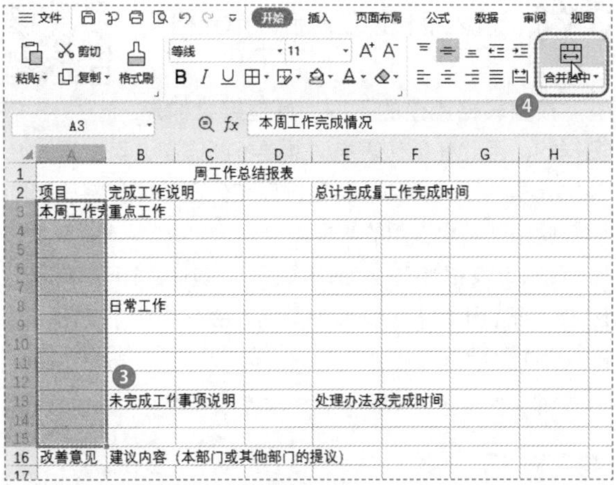

图 6-63

图 6-64

这时可以看到合并后的单元格中的数据因为超过了列宽而不能完整地显示出来，这是因为程序不能对数据进行自动换行，这时也需要执行一个命令。

❹ 选中合并后的A3单元格，在【开始】选项卡中单击【自动换行】按钮，可以看到A3单元格中的文字已分行显示，如图6-65所示。

无论是横向的多单元格还是纵向的多单元格，都可以按相同的操作方法进行单元格合并。例如，对本表格进行多处合并后的结构如图6-66所示。

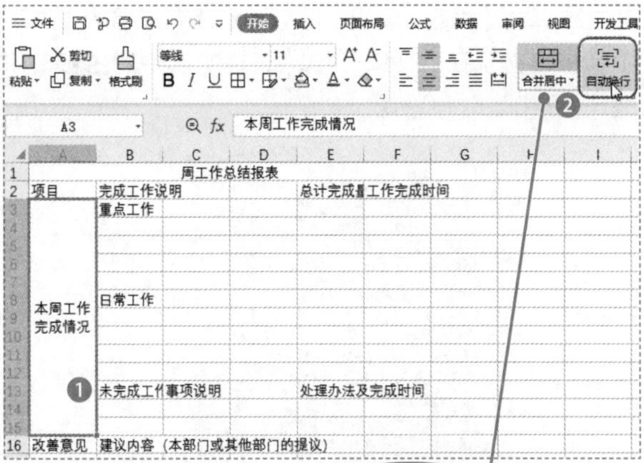

扩展

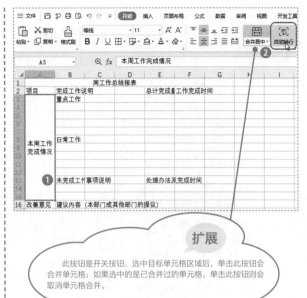

此按钮是开关按钮，选中目标单元格区域后，单击此按钮会合并单元格；如果选中的是已合并过的单元格，单击此按钮则会取消单元格合并。

图 6-65

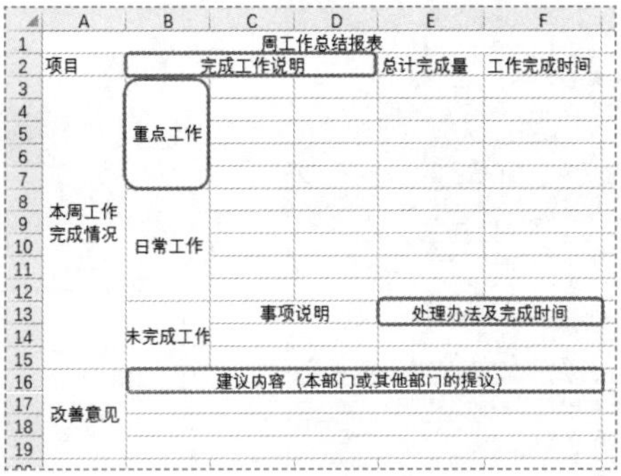

图 6-66

6.3.2 合理调整单元格的行高和列宽

扫一扫，看视频

创建表格时具有默认的行高和列宽，根据表格的结构不同，在排版时一般需要重新调整单元格的行高和列宽。

❶ 将鼠标光标指向要调整的行的边线上，当它变为双向对拉箭头形状时，按住鼠标左键向下拖动（见图6-67）即可增大行高。

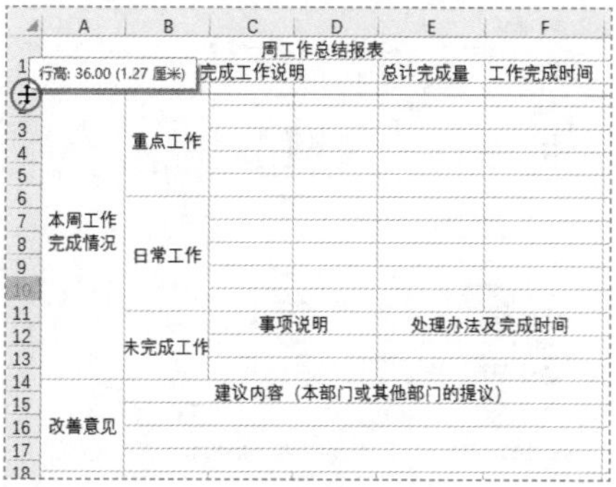

图 6-67

❷ 将鼠标光标指向要调整的列的边线上，当它变为双向对拉箭头形状时，按住鼠标左键向右拖动（见图6-68）即可增大列宽。

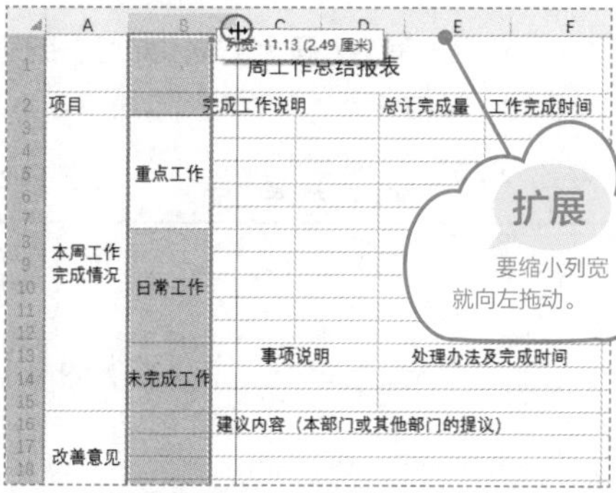

图 6-68

❸ 有些表格需要一次性调整多行行高或多列列宽。例如，一次性选中标题行以下的多行，在行标上右击，在弹出的快捷菜单中选择【行高】命令（见图6-69），打开【行高】对话框，直接输入行高值，如图6-70所示。

图 6-69

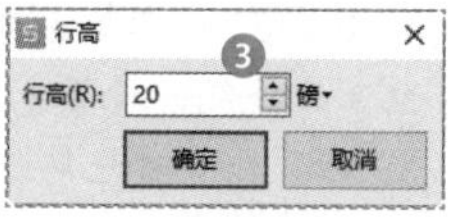

图 6-70

❹ 单击【确定】按钮即可一次性调整所有选中行的行高。

6.3.3 标题文本的特殊美化

扫一扫，看视频

标题文本一般要进行放大并对字体重新进行设置，以达到突出显示的目的。为标题添加下划线效果也是很常见的修饰标题的方式，其设置方法如下：

❶ 选中标题文本所在的单元格（本例沿用上一小节中的表格，因此已经进行合并），可以进行字体、字号设置，单击 **B** 按钮加粗文本，接着单击【字体设置】按钮（见图6-71），打开【单元格格式】对话框。

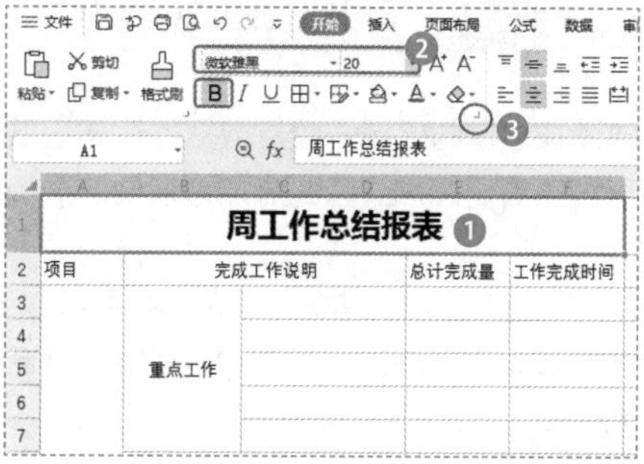

图 6-71

❷ 单击【下划线】下拉列表框右侧的 ▾ 按钮，在下拉列表中选择【会计用单下划线】选项，如图6-72所示。

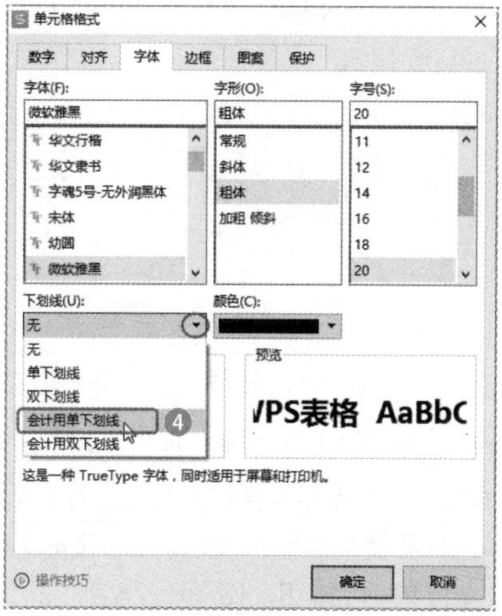

图 6-72

❸ 单击【确定】按钮，得到的标题效果如图6-73 所示。

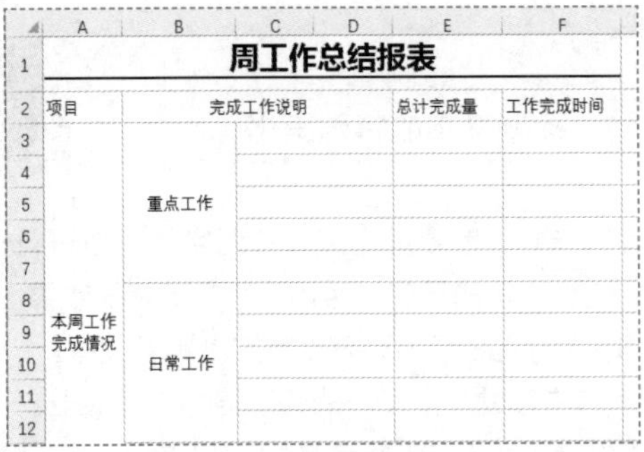

图 6-73

6.3.4 不可忽视的边框美化

扫一扫，看视频

需要添加边框的区域一般是数据的编辑区域，其他非编辑区域不需要添加。因此添加边框前应准确选中数据区域。

❶ 选中A2:F20 单元格区域，在选中的区域上右击，在弹出的快捷菜单中选择【设置单元格格式】命令，如图6-74 所示。

图 6-74

❷ 打开【单元格格式】对话框，选择【边框】选项卡，在【样式】列表框中选择线条样式，在【颜色】下拉列表框中选择要使用的线条颜色，在【预置】栏中单击【外边框】和【内部】按钮，如图6-75 所示，即可将设置的样式和颜色同时应用到表格内外边框上。

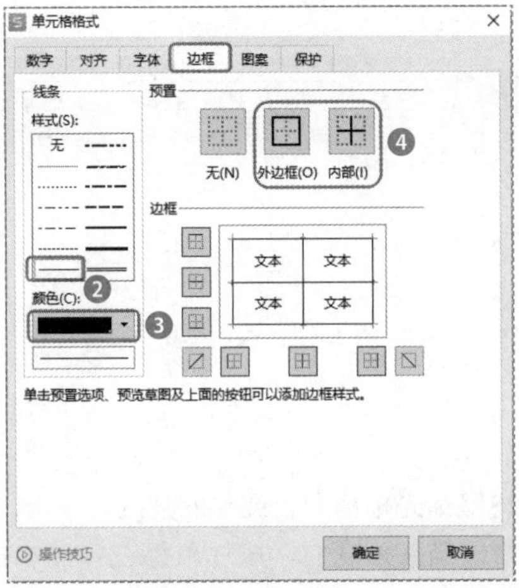

图 6-75

❸ 设置完成后，单击【确定】按钮即可看到选中的单元格区域应用了边框线条，如图6-76 所示。

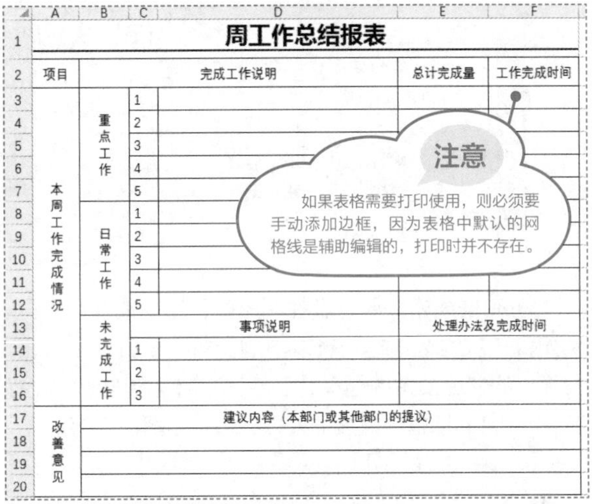

图 6-76

技巧点拨

边框的应用效果可以是多样化的，合理的应用效果还可以起到分隔内容、提升表格层次感等作用，通过图6-77 所示的表格可以再次体会设置框线的重要性。此框线的设置方法如下：

❶ 选中要应用粗框的单元格区域，打开【单元格格式】对话框。

❷ 选择【边框】选项卡，先设置线条的样式、颜色，然后只应用"下框线"。

图6-77

6.4 整理表格结构及不规范数据

原始表格是数据进行计算分析的基础，而建立原始数据的最终目的是通过计算分析得出相应的结论。不规范的数据，如包含空格的数据、带文字单位的数据、文本格式的数字、非标准格式的日期等，会给数据统计分析带来一些阻碍或导致分析结果出错。因此，保障基础数据的规范性至关重要。首先要养成良好的建表习惯，同时对于一些从其他途径获取的不完全规范的数据，应学会一些常用的整理办法。

6.4.1 超大范围数据区域的选择

扫一扫，看视频

准确选择数据是操作数据的前提，一般使用鼠标拖动的方式进行选择。如果要选择的数据区域非常大，利用鼠标拖动则会很慢，而且有可能定位不准，此时可以利用单元格地址来实现超大范围数据区域的选择。

❶ 打开目标表格，在地址栏中输入地址，如B2:F200，如图6-78所示。

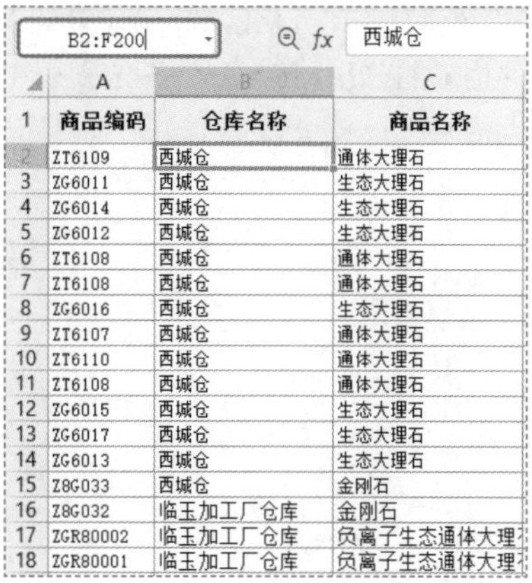

	A	B	C
1	商品编码	仓库名称	商品名称
2	ZT6109	西城仓	通体大理石
3	ZG6011	西城仓	生态大理石
4	ZG6014	西城仓	生态大理石
5	ZG6012	西城仓	生态大理石
6	ZT6108	西城仓	通体大理石
7	ZT6108	西城仓	通体大理石
8	ZG6016	西城仓	生态大理石
9	ZT6107	西城仓	通体大理石
10	ZT6110	西城仓	通体大理石
11	ZT6108	西城仓	通体大理石
12	ZG6015	西城仓	生态大理石
13	ZG6017	西城仓	生态大理石
14	ZG6013	西城仓	生态大理石
15	Z8G033	西城仓	金刚石
16	Z8G032	临玉加工厂仓库	金刚石
17	ZGR80002	临玉加工厂仓库	负离子生态通体大理
18	ZGR80001	临玉加工厂仓库	负离子生态通体大理

图6-78

❷ 按Enter键即可选中B2:F200单元格区域，如图6-79所示。

	A	B	C	D	E	F	G	H
1	商品编码	仓库名称	商品名称	规格	包装规格	商品类别	色号	本月库存
2	ZT6109	西城仓	通体大理石	600*600	4*	大理石	4A	1269
3	ZG6011	西城仓	生态大理石	600*600	4*	抛釉砖	E6	32
4	ZG6014	西城仓	生态大理石	600*600	4*	抛釉砖	20A	819
5	ZG6012	西城仓	生态大理石	600*600	4*	抛釉砖	15A	1396
6	ZT6108	西城仓	通体大理石	600*600	4*	大理石	14A	99
7	ZT6108	西城仓	通体大理石	600*600	4*	大理石	5A	224
8	ZG6016	西城仓	生态大理石	600*600	4*	抛釉砖	1A	817
9	ZT6107	西城仓	通体大理石	600*600	4*	大理石	7A	905
10	ZT6110	西城仓	通体大理石	600*600	4*	大理石	14A	258
11	ZT6108	西城仓	通体大理石	600*600	4*	大理石	16A	956
12	ZG6015	西城仓	生态大理石	600*600	4*	抛釉砖	1A	1083
13	ZG6017	西城仓	生态大理石	600*600	4*	抛釉砖	5A	274
14	ZG6013	西城仓	生态大理石	600*600	4*	抛釉砖	4A	133
15	Z8G033	西城仓	金刚石	800*800	3*	抛釉砖	A53	25
16	Z8G032	临玉加工厂仓库	金刚石	800*800	3*	抛釉砖	A55	587
17	ZGR80002	临玉加工厂仓库	负离子生态通体大理	800*800	3*	大理石	16	312
18	ZGR80001	临玉加工厂仓库	负离子生态通体大理	800*800	3*	大理石	10	509
19	Z8G031	临玉加工厂仓库	金刚石	800*800	3*	抛釉砖	A52	612
20	ZG63016A	建材商城仓库	喷墨瓷片	300*600	9*	瓷片	1	337
21	ZG63016C	建材商城仓库	喷墨瓷片	300*600	9*	瓷片	1	217
22	ZG63011A	建材商城仓库	喷墨瓷片	300*600	9*	瓷片	7	1036
23	ZG63016B	建材商城仓库	喷墨瓷片	300*600	9*	瓷片	1	482
24	ZG63012A	东城仓	喷墨瓷片	300*600	9*	瓷片	3	40
25	ZG6608	东城仓	艺术仿古砖	600*600	4*	仿古砖	7	1186
26	ZG6607	东城仓	艺术仿古砖	600*600	4*	仿古砖	6	58
27	WJ8868	东城仓	希腊爵士白	800*800	2*	大理石	5	89
28	WJ8870	东城仓	希腊爵士白	800*800	2*	大理石	8	592
29	WJ8872	东城仓	希腊爵士白	800*800	2*	大理石	1	608
30	ZG6606	东城仓	艺术仿古砖	600*600	4*	仿古砖	9	55
31	ZG6605	东城仓	艺术仿古砖	600*600	4*	仿古砖	14	496
32	WJ8873	东城仓	希腊爵士白	800*800	2*	大理石	4	10
33	ZG63010	东城仓	喷墨瓷片	300*600	9*	瓷片	3	691
34	WJ8874	东城仓	希腊爵士白	800*800	2*	大理石	3	38
35	WJ8869	东城仓	希腊爵士白	800*800	2*	大理石	6	231
36	WJ8871	东城仓	希腊爵士白	800*800	2*	大理石	7	636

图6-79

6.4.2 通过数据对比查找重复值或唯一值

扫一扫，看视频

在6.1.5小节中讲过，如果在WPS表格中有些区域不允许存在重复值，可以事先进行设置从而拒绝输入重复值。在整理数据的过程中，也可以通过程序提供的工具快速找到重复值或唯一值。

❶ 选中要设置的单元格区域，在【开始】选项卡中单击【条件格式】按钮，在打开的下拉列表中选择【突出显示单元格规则】→【重复值】命令，如图6-80所示。

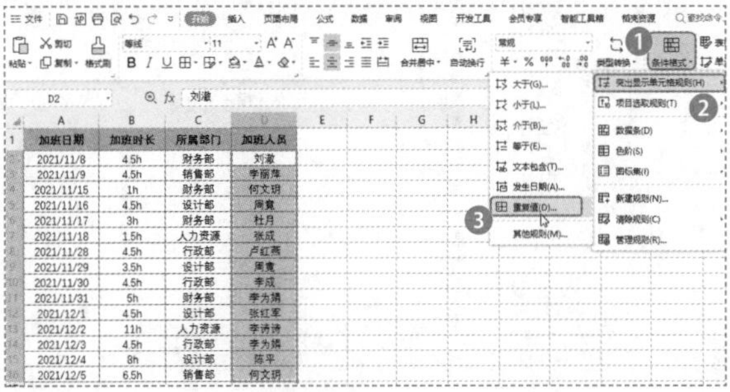

图 6-80

❷ 打开【重复值】对话框，保持默认设置，如图6-81所示。

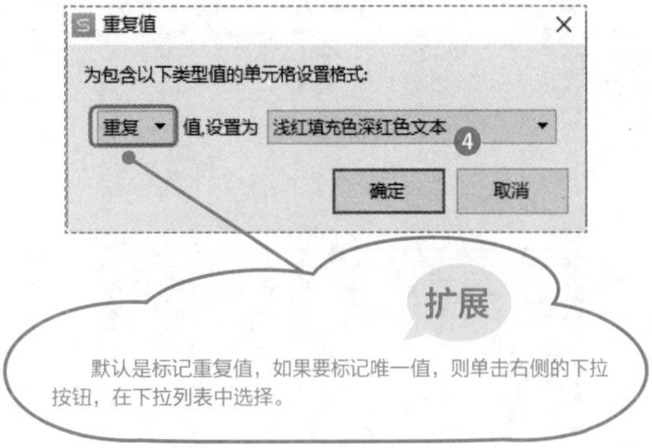

图 6-81

❸ 单击【确定】按钮即可让D列中重复的姓名以特殊格式显示，效果如图6-82所示。

加班日期	加班时长	所属部门	加班人员
2021/11/8	4.5h	财务部	刘澈
2021/11/9	4.5h	销售部	李丽萍
2021/11/15	1h	财务部	何文玥
2021/11/16	4.5h	设计部	周竟
2021/11/17	3h	财务部	杜月
2021/11/18	1.5h	人力资源	张成
2021/11/28	4.5h	行政部	卢红燕
2021/11/29	3.5h	设计部	周竟
2021/11/30	4.5h	行政部	李成
2021/11/31	5h	财务部	李为娟
2021/12/1	4.5h	设计部	张红军
2021/12/2	11h	人力资源	李诗诗
2021/12/3	4.5h	行政部	李为娟
2021/12/4	8h	设计部	陈平
2021/12/5	6.5h	销售部	何文玥

图 6-82

6.4.3 数据对比提取唯一值

扫一扫，看视频

WPS表格具有较强的数据对比功能，可以对重复数据、唯一数据进行标记或提取，这项功能可以广泛应用于日常工作中，为数据分析提供便利。例如，在本例中要比较两个报价表中(见图6-83和图6-84)哪些商品出现了不同的报价，则可以将唯一值提取，通过提取的结果进行比较会非常容易。

商品	单价(元)
18色马克笔套盒	25
40抽厨房纸	19.8
ins风玻璃简洁花瓶	89
LED护眼台灯	96
保鲜膜（盒装）	16.8
彩色玫瑰仿真花	89
脚踏式垃圾桶	22.8
美洁刀切纸1000g	9.9
沐浴球	8.9
陶瓷多肉大号花盆	15
洗脸仪	88
衣物除毛滚轮（可撕式）	25
蓝光折叠式吹风机	58

图 6-83

商品	单价(元)
18色马克笔套盒	25
40抽厨房纸	19.8
ins风玻璃简洁花瓶	89
LED护眼台灯	96
保鲜膜（盒装）	18.8
彩色玫瑰仿真花	96
脚踏式垃圾桶	22.8
美洁刀切纸1000g	9.9
沐浴球	8.9
陶瓷多肉大号花盆	15
洗脸仪	89.9
衣物除毛滚轮（可撕式）	25

图 6-84

❶ 在【数据】选项卡中单击【数据对比】按钮，在打开的下拉列表中选择【提取唯一数据】命令，如图6-85所示。

❷ 打开【提取两区域中唯一数据】对话框，选择【两区域】标签，如图6-86所示。

❸ 分别单击【区域1】和【区域2】右侧的 按钮回到工作表中，将两个要比较的区域添加进来，如图6-87所示。

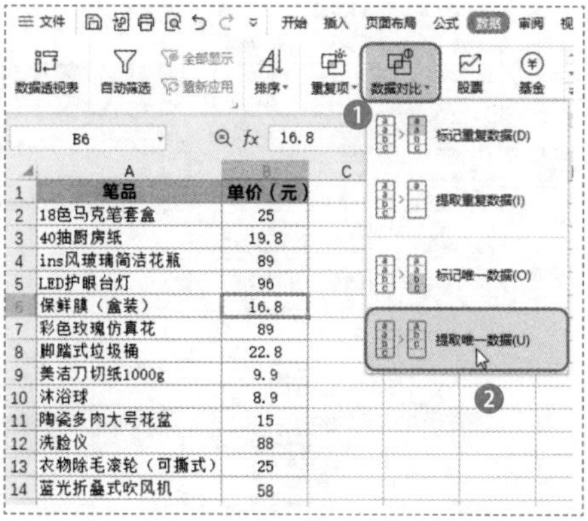

图 6-85

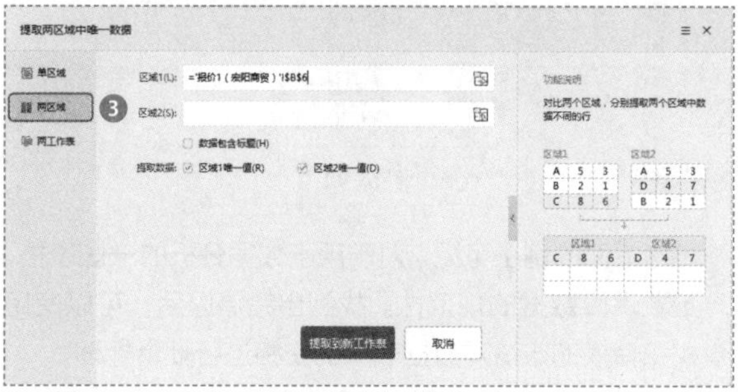

图 6-86

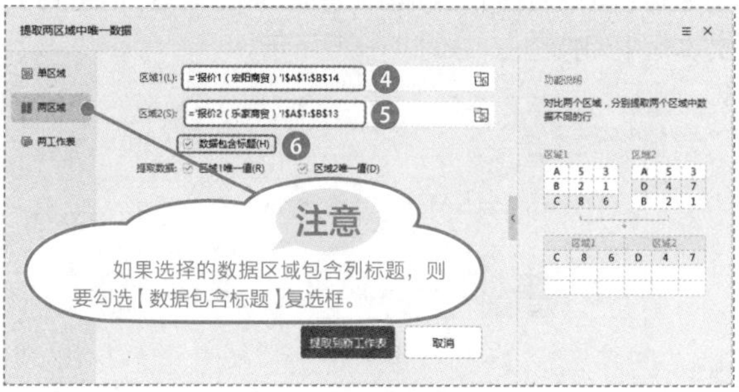

图 6-87

❹ 单击【提取到新工作表】按钮则可以看到生成的新工作表中的数据，如图6-88所示。通过该表格中对不同供应商的商品价格进行比较就非常方便了。

	A	B	C	D
1		区域 1	区域 2	
2	商品	单价(元)	商品	单价(元)
3	保鲜膜（盒装）	16.8	保鲜膜（盒装）	18.8
4	彩色玫瑰仿真花	89	彩色玫瑰仿真花	96
5	洗脸仪	88	洗脸仪	89.9
6	蓝光折叠式吹风机	58		
7				

图 6-88

6.4.4 删除重复条目

扫一扫，看视频

对于重复的数据或重复的条目，可以利用6.4.2小节中的方法对重复项进行标记，待核查后手动进行删除，也可以让程序查找重复项并删除。例如，图6-89所示的表格中的“交易流水号”列有重复项，想将重复项删除。

	A	B	C	D
1	交易流水号	单价(元)	销量	销售金额
2	YH17-0602	19.90	278	5532.2
3	YH17-0612	24.90	329	8192.1
4	YH17-0613	25.10	108	2710.8
5	YH17-0622	9.90	70	693
6	YH17-0623	4.50	67	301.5
7	YH17-0701	45.90	168	7711.2
8	YH17-0612	24.90	309	7694.1
9	YH17-0702	21.90	62	1357.8
10	YH17-0703	10.10	333	3363.3
11	YH17-0704	13.10	69	903.9
12	YH17-0801	24.10	40	964
13	YH17-0705	8.50	53	450.5
14	YH17-0706	8.60	36	309.6
15	YH17-0801	24.10	40	964
16	YH17-0803	10.90	141	1536.9
17	YH17-0811	14.95	32	478.4

注意：这里的删除是指删除整个条目，而不管后面几列中的数据是否重复。

图 6-89

❶ 选中表格数据区域中的任意单元格，在【数据】选项卡中单击【重复项】按钮，在弹出的下拉列表中选择【删除重复项】命令（见图6-90），打开【删除重复项】对话框。

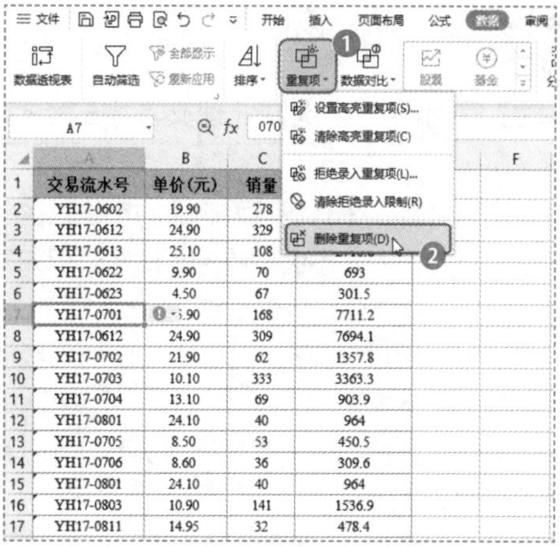

图 6-90

❷ 勾选【交易流水号】复选框（表示以“交易流水号”列为判断标准），如图6-91所示。

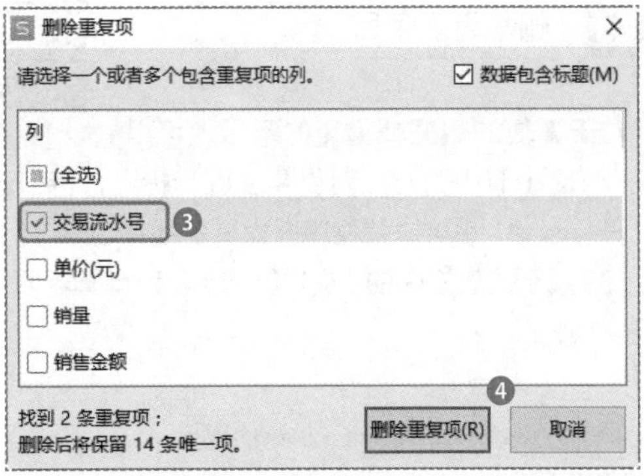

图 6-91

❸ 单击【删除重复项】按钮，可以看到弹出提示告知删除了多少重复项，如图6-92所示。单击【确定】按钮即可完成删除。

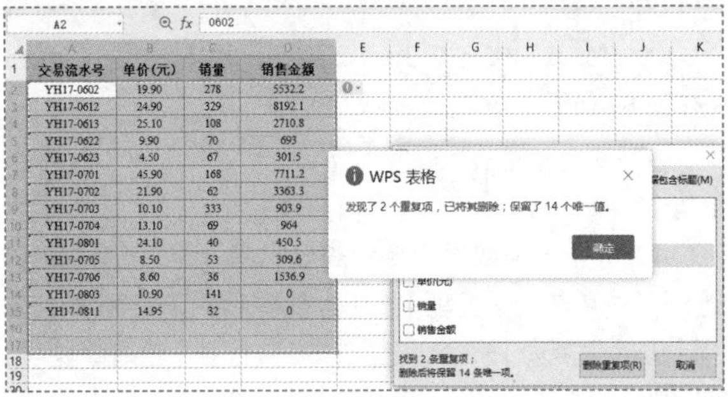

图 6-92

6.4.5 一次性处理文本中的所有空格

扫一扫，看视频

有些文本中会存在一些不太明显的空格，这些数据如果只是用于查看，并不会造成什么影响，但如果用于数据统计分析，往往导致结果出错。

例如，针对图6-93所示的表格，在使用数据透视表统计数据时，出现了“哑铃”和“哑 铃”两个数据项，这是因为有一个数据项中间有空格，从而导致了程序默认这是两个数据项。

再例如，在图6-94所示的表格中，要查询“刘澈”的应缴所得税，但是出现了无法查询的情况。这是因为数据表中的“刘澈”中间有一个不容易发现的空格，这是造成查询不到结果的原因。

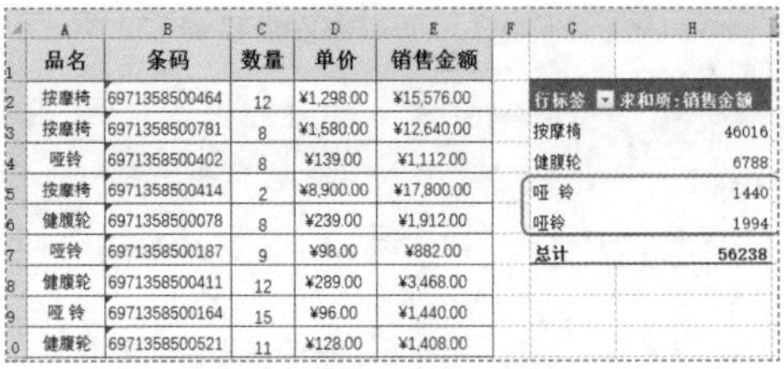

图 6-93

图 6-94

由上面的例子可见，对于用于数据分析的一些表格，一定要保障数据的规范性。找到出错原因后，可以使用查找和替换的方法对数据表中的空格进行批量处理。

❶ 按快捷键Ctrl+H，打开【替换】对话框，将光标定位到【查找内容】文本框中，按一次空格键，【替换为】文本框中保持空白，如图6-95所示。

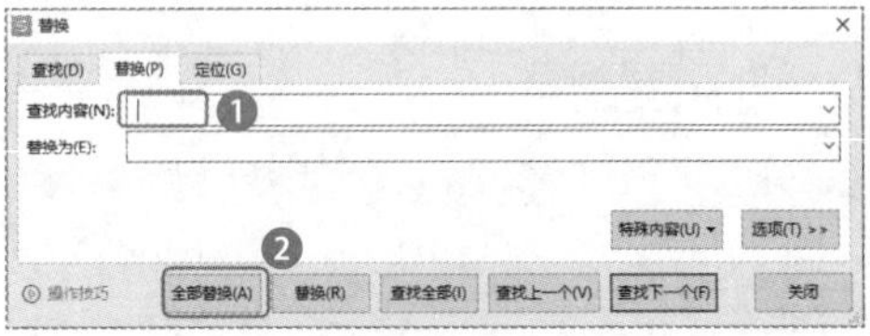

图 6-95

❷ 单击【全部替换】按钮即可实现批量且毫无遗漏地删除多余的空格，恢复正确的统计结果，效果如图6-96所示。

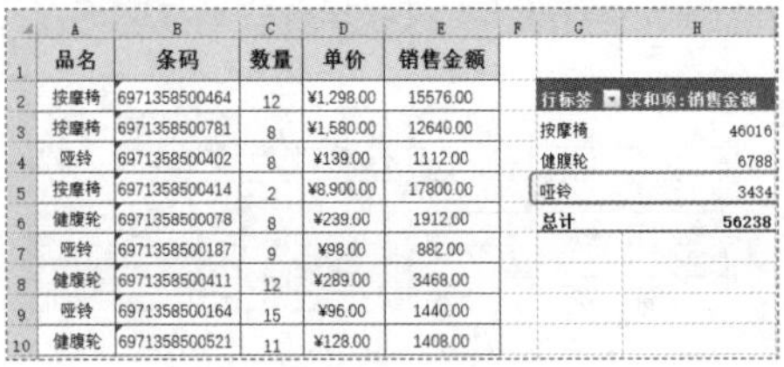

图 6-96

6.4.6 一列多属性数据的整理

扫一扫，看视频

当遇到一列多属性的数据时，最常用的解决方式就是利用分列的方法让其分列显示。例如，针对图6-97所示的数据表，就可以利用分列的方法将城市名称与上期均价数据分列显示，从而形成正确的表格。

❶ 在A列的右侧插入空白列（用于显示分列后的数据），选中要分列的单元格区域，在【数据】选项卡中单击【分列】按钮，在打开的下拉列表中选择【智能分列】命令（见图6-97），打开【智能分列结果】对话框，如图6-98所示。

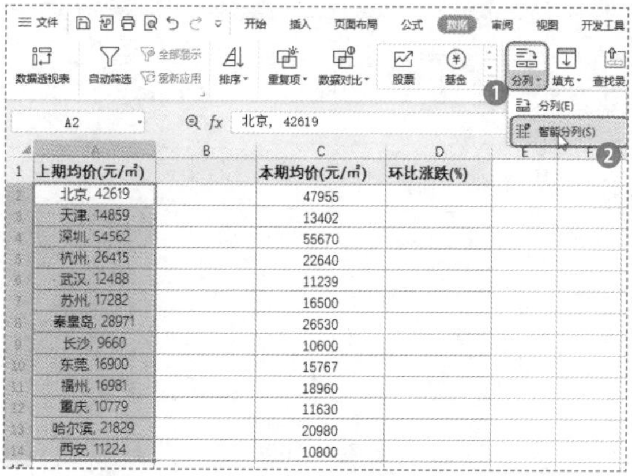

	A	B	C	D
1	上期均价(元/㎡)		本期均价(元/㎡)	环比涨跌(%)
2	北京，42619		47955	
3	天津，14859		13402	
4	深圳，54562		55670	
5	杭州，26415		22640	
6	武汉，12488		11239	
7	苏州，17282		16500	
8	秦皇岛，28971		26530	
9	长沙，9660		10600	
10	东莞，16900		15767	
11	福州，16981		18960	
12	重庆，10779		11630	
13	哈尔滨，21829		20980	
14	西安，11224		10800	

图 6-97

1列	2列
北京	42619
天津	14859
深圳	54562
杭州	26415
武汉	12488
苏州	17282
秦皇岛	28971
长沙	9660
东莞	16900
福州	16981
重庆	10779

图 6-98

❷ 可以看到当前已经达到了想要的分列结果，因此直接单击【完成】按钮即可将单列数据分为两列，如图6-99所示。对表格的列标题重新进行整理即可引用B列与C列的数据进行数据运算，如图6-100所示。

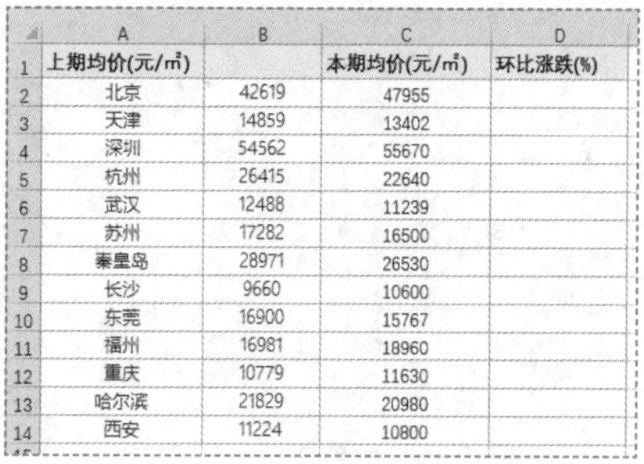

	A	B	C	D
1	上期均价(元/㎡)		本期均价(元/㎡)	环比涨跌(%)
2	北京	42619	47955	
3	天津	14859	13402	
4	深圳	54562	55670	
5	杭州	26415	22640	
6	武汉	12488	11239	
7	苏州	17282	16500	
8	秦皇岛	28971	26530	
9	长沙	9660	10600	
10	东莞	16900	15767	
11	福州	16981	18960	
12	重庆	10779	11630	
13	哈尔滨	21829	20980	
14	西安	11224	10800	

图 6-99

	A	B	C	D
1	城市	上期均价(元/㎡)	本期均价(元/㎡)	环比涨跌(%)
2	北京	42619	47955	0.125202375
3	天津	14859	13402	
4	深圳	54562	55670	
5	杭州	26415	22640	
6	武汉	12488	11239	
7	苏州	17282	16500	

图 6-100

6.4.7 不规范的数值导致无法计算的问题

扫一扫，看视频

有时拿到的数据表会出现众多的文本型数据，这些文本型数据可能会导致该数据无法进行正确的计算与分析。例如，在图6-101所示的数据表中可以看到无法进行最大值、最小值、平均分以及协方差的计算，这正是文本型数据导致的，因此需要对文本型数据进行批量转换。

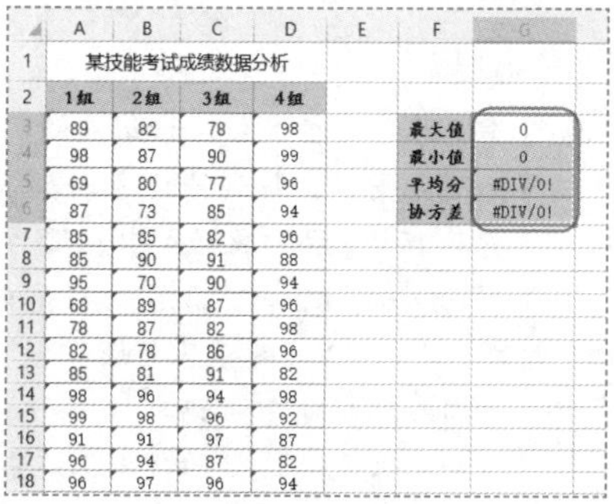

	A	B	C	D	E	F	G
1	某技能考试成绩数据分析						
2	1组	2组	3组	4组			
3	89	82	78	98		最大值	0
4	98	87	90	99		最小值	0
5	69	80	77	96		平均分	#DIV/0!
6	87	73	85	94		协方差	#DIV/0!
7	85	85	82	96			
8	85	90	91	88			
9	95	70	90	94			
10	68	89	87	96			
11	78	87	82	98			
12	82	78	86	96			
13	85	81	91	82			
14	98	96	94	98			
15	99	98	96	92			
16	91	91	97	87			
17	96	94	87	82			
18	96	97	96	94			

图 6-101

❶ 选中A3:D18单元格区域，然后单击选中的单元格区域右上角的 按钮，在打开的下拉列表中选择【转换为数字】命令，如图6-102所示。

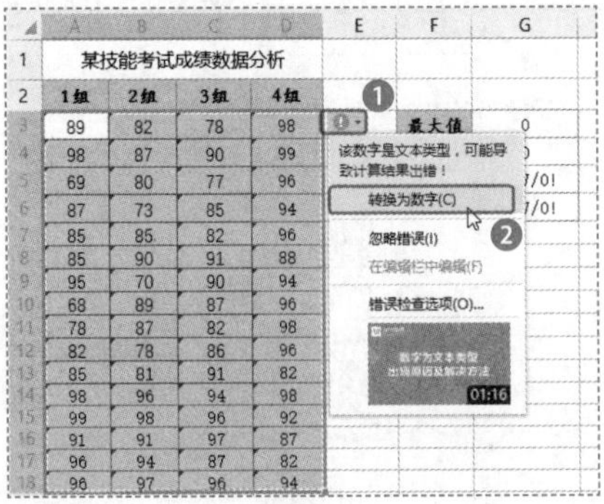

图6-102

❷ 完成上面的操作后即可将文本型数据转换为数值数据，并且公式会自动返回正确的运算结果，如图6-103所示。

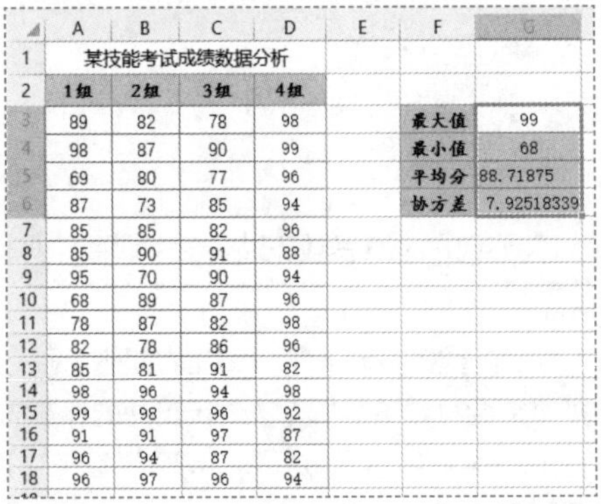

	A	B	C	D	E	F	G
1	某技能考试成绩数据分析						
2	1组	2组	3组	4组			
3	89	82	78	98		最大值	99
4	98	87	90	99		最小值	68
5	69	80	77	96		平均分	88.71875
6	87	73	85	94		协方差	7.92518339
7	85	85	82	96			
8	85	90	91	88			
9	95	70	90	94			
10	68	89	87	96			
11	78	87	82	98			
12	82	78	86	96			
13	85	81	91	82			
14	98	96	94	98			
15	99	98	96	92			
16	91	91	97	87			
17	96	94	87	82			
18	96	97	96	94			

图6-103

技巧点拨

不规范的数据形式多种多样，读者在进行数据整理时首先应具备规范意识，找到错误原因，从而确定解决办法。在图6-104所示的数据表中，因为“数量”列中带上了“台”这个单位，所以该列数据是文本型数据，因此会导致无法计算E列的销售金额。如果是用于计算的表格，可以在列标题中标识单位，而不必将单位加在数据的后面。若遇到这样的数据，在整理时可以使用分列功能一次性删除数据单位。

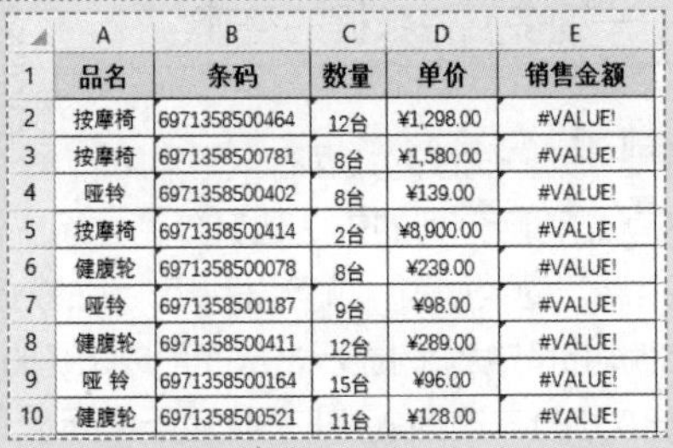

	A	B	C	D	E
1	品名	条码	数量	单价	销售金额
2	按摩椅	6971358500464	12台	¥1,298.00	#VALUE!
3	按摩椅	6971358500781	8台	¥1,580.00	#VALUE!
4	哑铃	6971358500402	8台	¥139.00	#VALUE!
5	按摩椅	6971358500414	2台	¥8,900.00	#VALUE!
6	健腹轮	6971358500078	8台	¥239.00	#VALUE!
7	哑铃	6971358500187	9台	¥98.00	#VALUE!
8	健腹轮	6971358500411	12台	¥289.00	#VALUE!
9	哑铃	6971358500164	15台	¥96.00	#VALUE!
10	健腹轮	6971358500521	11台	¥128.00	#VALUE!

图6-104

❶ 选中要分列的单元格区域，在【数据】选项卡中单击【分列】按钮，在打开的下拉列表中选择【智能分列】命令，打开【智能分列结果】对话框，如图6-105所示。

图6-105

❷ 单击【手动设置分列】按钮打开分列向导，在【分隔符号】选项卡下的【输入分隔符号】文本框中输入“台”，如图6-106所示。单击【完成】按钮即可达到批量删除数量单位的目的，同时也能正确地计算数据，如图6-107所示。

图6-106

	A	B	C	D	E
1	品名	条码	数量	单价	销售金额
2	按摩椅	6971358500464	12	¥1,298.00	¥15,576.00
3	按摩椅	6971358500781	8	¥1,580.00	¥12,640.00
4	哑铃	6971358500402	8	¥139.00	¥1,112.00
5	按摩椅	6971358500414	2	¥8,900.00	¥17,800.00
6	健腹轮	6971358500078	8	¥239.00	¥1,912.00
7	哑铃	6971358500187	9	¥98.00	¥882.00
8	健腹轮	6971358500411	12	¥289.00	¥3,468.00
9	哑 铃	6971358500164	15	¥96.00	¥1,440.00
10	健腹轮	6971358500521	11	¥128.00	¥1,408.00

图 6-107

6.4.8 不规范的日期导致无法计算的问题

扫一扫，看视频

输入日期型数据或通过其他途径导入数据时，经常会产生文本型日期。不规范的日期会导致数据无法进行计算和汇总统计。

日期型数据不能输入为“20200325”“2020.3.25”“20.3.25”等这些不规范的格式，否则在后期进行数据处理时就会出现无法运算、运算错误的现象。在图6-108所示的表格中，要根据输入的入职时间来计算工龄，同时还要计算工龄工资，由于当前的入职日期不是程序能识别的日期格式，进而导致了后面的公式计算出错。在筛选时也不能按日期进行筛选，如图6-109所示。

	A	B	C	D	E	F	G
1	编号	姓名	所在部门	所属职位	入职时间	工龄	工龄工资
2	001	李成雪	销售部	业务员	2018.3.1	#VALUE!	#VALUE!
3	002	陈江远	财务部	经理	2017.7.1	#VALUE!	#VALUE!
4	003	刘莹	售后服务部	经理	2019.12.1	#VALUE!	#VALUE!
5	004	苏瑞瑞	售后服务部	员工	2020.2.1	#VALUE!	#VALUE!
6	005	苏运成	销售部	员工	2020.4.5	#VALUE!	#VALUE!
7	006	周洋	销售部	业务员	2020.4.14	#VALUE!	#VALUE!
8	007	林成瑞	工程部	部门经理	2018.6.14	#VALUE!	#VALUE!
9	008	邹阳阳	行政部	员工	2017.1.28	#VALUE!	#VALUE!
10	009	张景源	销售部	部门经理	2018.2.2	#VALUE!	#VALUE!
11	010	苏敏	财务部	员工	2017.2.19	#VALUE!	#VALUE!
12	011	何平	销售部	业务员	2018.4.7	#VALUE!	#VALUE!
13	012	李梅	售后服务部	员工	2020.2.25	#VALUE!	#VALUE!
14	013	何艳红	销售部	业务员	2019.2.25	#VALUE!	#VALUE!
15	014	胡平	行政部	员工	2017.2.25	#VALUE!	#VALUE!
16	015	胡晓阳	售后服务部	员工	2019.2.25	#VALUE!	#VALUE!

图 6-108

当遇到不规范的日期数据时，可以使用WPS表格中的【分列】功能将非标准格式转换为标准格式。

❶ 选中目标单元格区域，在【数据】选项卡中单击【分列】按钮，在打开的下拉列表中选择【分列】命令（见图6-110），打开【文本分列向导-3步骤之1】对话框，如图6-111所示。

图 6-109

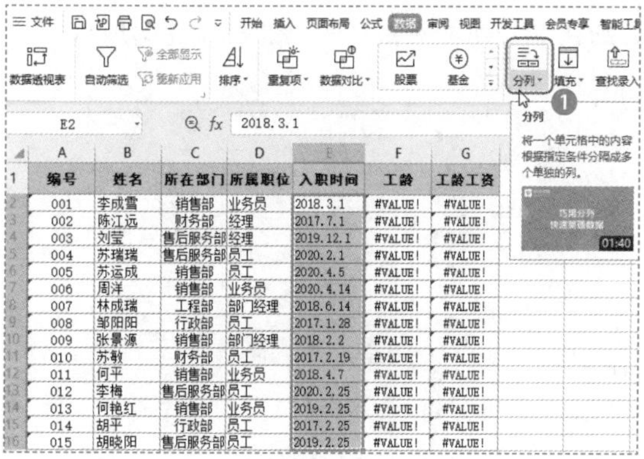

图 6-110

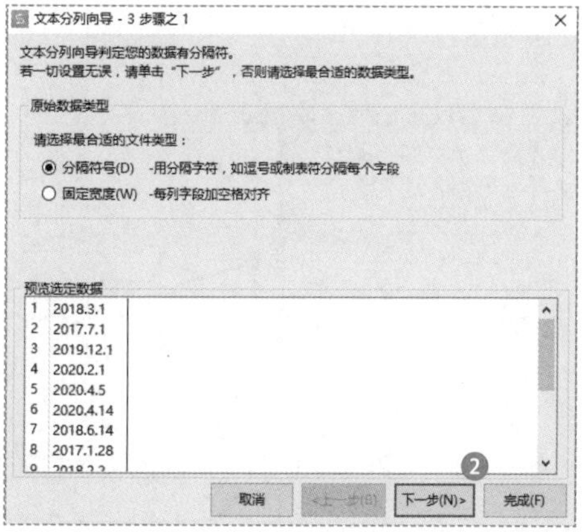

图 6-111

❷ 保持默认选项，依次单击【下一步】按钮，进入【文本分列向导-3步骤之3】对话框，在【列数据类型】栏中选中【日期】单选按钮，如图6-112所示。

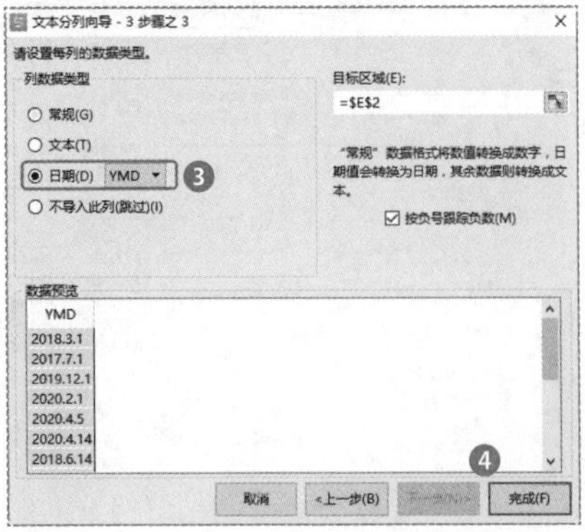

图6-112

❸ 单击【完成】按钮即可把所有文本型日期转换为规范的标准日期。转换后的效果如图6-113所示。

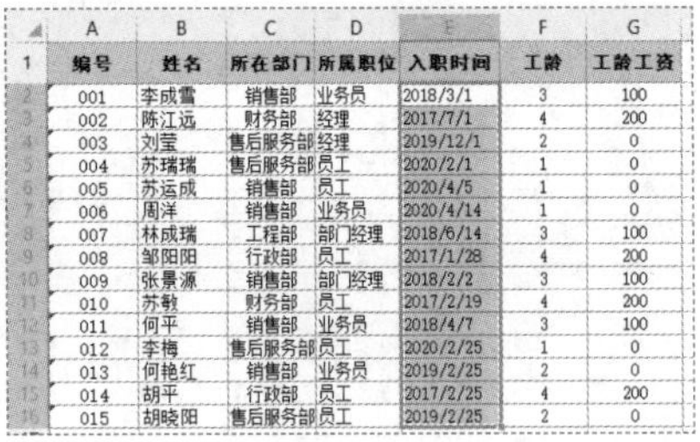

图6-113

❹ 将日期数据处理规范后，当需要对日期数据进行筛选时就可以看到日期数据能自动分组了，如图6-114所示。

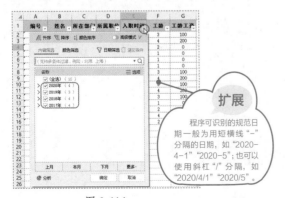

图6-114

扩展

程序可识别的规范日期一般为用短横线“-”分隔的日期，如“2020-4-1”“2020-5”；也可以使用斜杠“/”分隔，如“2020/4/1”“2020/5”。

技巧点拨

不标准的日期格式多种多样，针对不同的情况，需要进行不同的处理。例如，针对图6-115所示的不标准日期，也可以利用【分列】功能将其转换为标准日期格式。

图6-115

❶ 选择要分列的单元格区域，在【数据】选项卡中单击【分列】按钮，在打开的下拉列表中选择【智能分列】命令，打开【智能分列结果】对话框，单击【手动设置分列】按钮打开分列向导，在【分隔符号】选项卡下的【输入分隔符号】框中输入“(”，如图6-116所示。

图6-116

❷ 单击【完成】按钮进行第一次分列。接着选中第一次分列后的数据，再次打开分列向导，在【输入分隔符号】框中输入“)”，如图6-117所示。单击【完成】按钮进行第二次分列，即可删除日期数据中的左括号与右括号，从而实现对日期数据的整理。

图 6-117

6.5　拆分与合并表格

拆分与合并表格是WPS表格程序特有的功能，它可以按某一个性质将一个工作表拆分为多个工作表或多个工作簿，也可以对多个数据表的数据进行合并以及按相同内容匹配两表数据等。

扫一扫，看视频

6.5.1　按内容拆分为多个工作表

按内容拆分为多个工作表可以实现按照指定字段的性质将一个工作表的内容拆分为多个工作表的内容。在本例中要求按品牌的名称将各个不同品牌的数据分别统计到不同的工作表中。

❶ 当前工作表的数据如图6-118所示，在【数据】选项卡中单击【拆分表格】按钮，在打开的下拉列表中选择【工作表】命令，打开【拆分工作表】对话框。

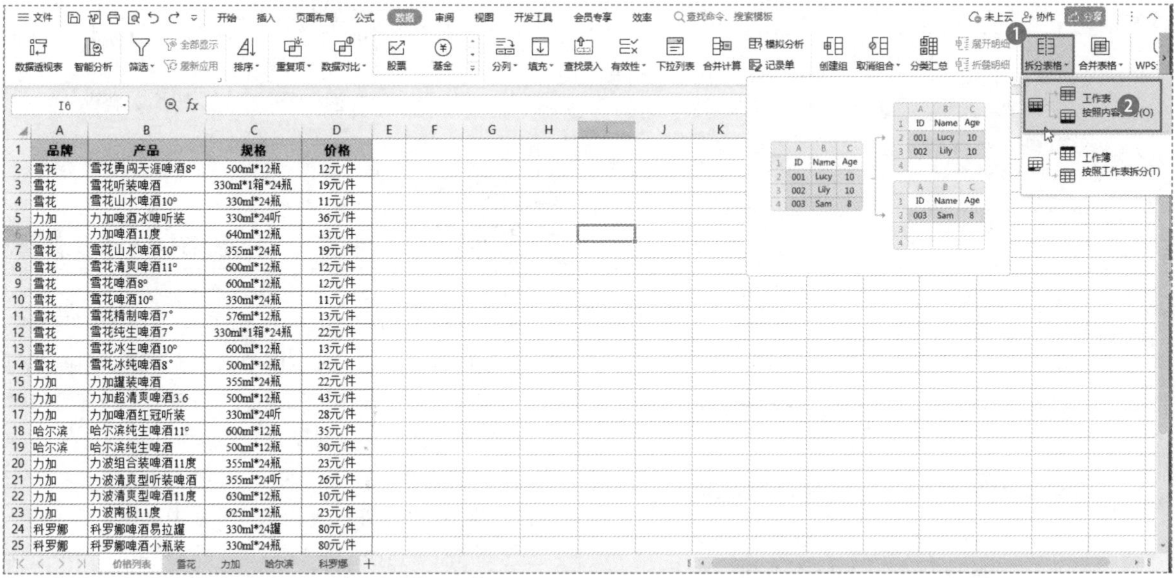

图 6-118

❷ 单击【待拆分区域】右侧的按钮回到工作表中选中整个数据区域，单击【拆分的依据】右侧的下拉按钮，本例要按“品牌”列进行拆分，如图6-119所示。接着选中【不同的新工作表】单选按钮，如图6-120所示。

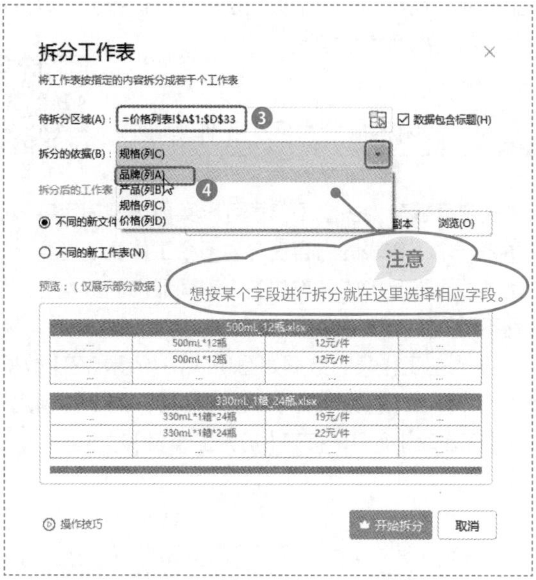

图 6-119

图 6-120

❸ 单击【开始拆分】按钮可以看到拆分的结果。在本例中，有几个品牌就会生成几个工作表，如图6-121和图6-122所示。

	A	B	C	D
1	品牌	产品	规格	价格
2	雪花	雪花勇闯天涯啤酒8°	500ml*12瓶	12元/件
3	雪花	雪花听装啤酒	330ml*1箱*24瓶	19元/件
4	雪花	雪花山水啤酒10°	330ml*24瓶	11元/件
5	雪花	雪花山水啤酒10°	355ml*24瓶	19元/件
6	雪花	雪花清爽啤酒11°	600ml*12瓶	12元/件
7	雪花	雪花啤酒8°	600ml*12瓶	12元/件
8	雪花	雪花啤酒10°	330ml*24瓶	11元/件
9	雪花	雪花精制啤酒7°	576ml*12瓶	13元/件
10	雪花	雪花纯生啤酒7°	330ml*1箱*24瓶	22元/件
11	雪花	雪花冰生啤酒10°	600ml*12瓶	13元/件
12	雪花	雪花冰纯啤酒8°	500ml*12瓶	12元/件
13	雪花	雪花啤酒10°	330ml*24瓶	11元/件
14	雪花	雪花精制啤酒7°	576ml*12瓶	13元/件
15				
16				

价格列表 雪花 力加 哈尔滨 科罗娜

图 6-121

	A	B	C	D
1	品牌	产品	规格	价格
2	力加	力加啤酒冰啤听装	330ml*24听	36元/件
3	力加	力加啤酒11度	640ml*12瓶	13元/件
4	力加	力加罐装啤酒	355ml*24瓶	22元/件
5	力加	力加超清爽啤酒3.6	500ml*12瓶	43元/件
6	力加	力加啤酒红冠听装	330ml*24听	28元/件
7	力加	力波组合装啤酒11度	355ml*24瓶	23元/件
8	力加	力波清爽型听装啤酒	355ml*24听	26元/件
9	力加	力波清爽型啤酒11度	630ml*12瓶	10元/件
10	力加	力波南极11度	625ml*12瓶	23元/件
11				
12				

价格列表 雪花 力加 哈尔滨 科罗娜

图 6-122

6.5.2 将多个工作簿合并成一个工作簿

扫一扫，看视频

通过【合并表格】功能可以实现将多个工作簿合并成一个工作簿。例如，在本例中制作统计表时将各个月份的库存数据分别放在了不同的工作簿中，现在想将各个月份的库存数据合并到同一工作簿中。

❶ 打开任意一个工作簿，在【数据】选项卡中单击【合并表格】按钮，在打开的下拉列表中选择【整合成一个工作簿】命令（见图6-123），打开【合并成一个工作簿】对话框。

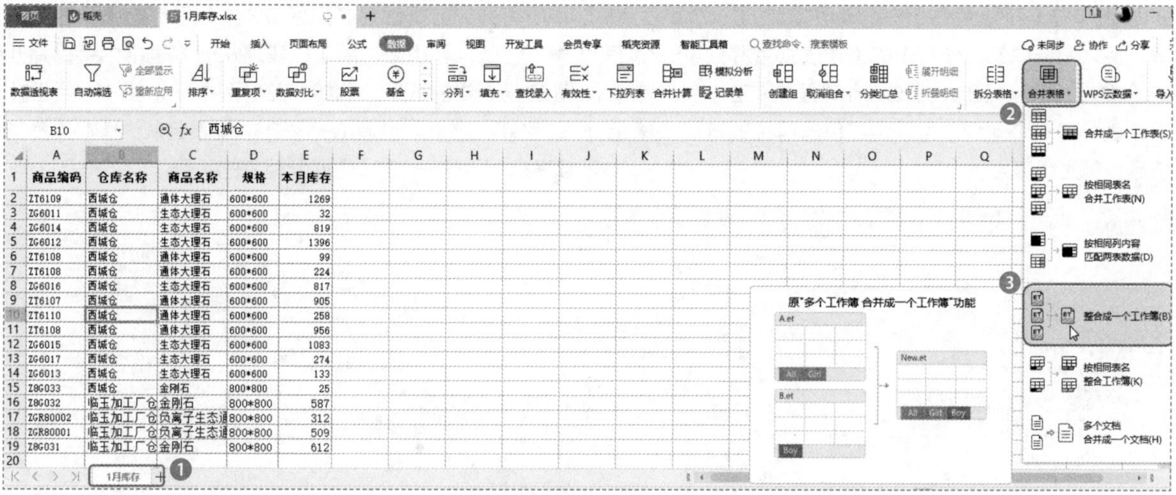

图 6-123

❷ 单击【添加文件】按钮(见图6-124)，打开【打开】对话框，在这里确定其他工作簿的保存位置并选中工作簿，如图6-125所示。

图 6-124

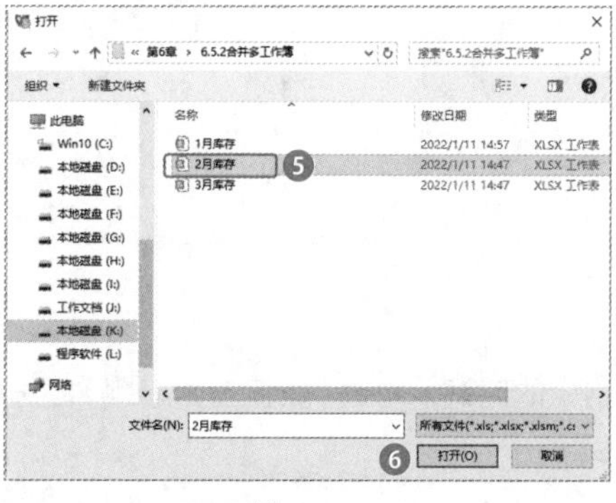

图 6-125

❸ 单击【打开】按钮回到【合并成一个工作簿】对话框中并保持工作簿的选中状态，如图6-126所示。接着按相同的方法添加"3月库存.xlsx"工作簿，如图6-127所示。

图 6-126

图 6-127

❹ 单击【开始合并】按钮则可以生成一个新工作簿，将之前选中的工作簿中的工作表都合并到了一个工作簿中(见图6-128)，生成一个“报告”工作表，这个工作表类似一个向导，可以通过单击蓝色的链接快速定位到目标工作表中。

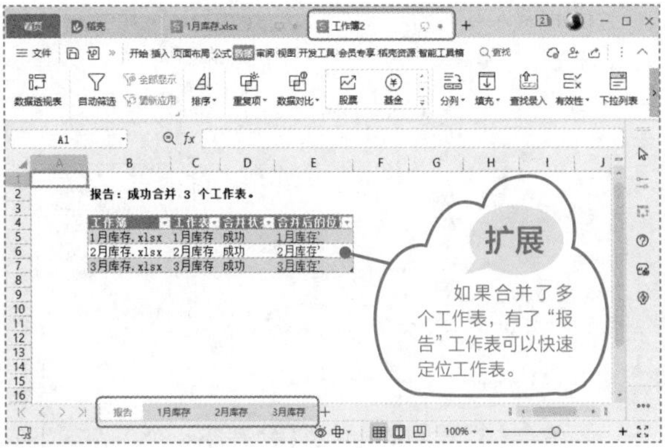

图 6-128

扫一扫，看视频

6.5.3 按相同内容匹配两表数据

按相同内容匹配两表数据，可以理解为根据区域1的内容到区域2中匹配数据，然后将匹配成功的区域2中所有列的数据都合并到区域3中，形成一张新的工作表。因此，利用此功能可以实现从一张表格中查找并匹配自己需要的数据。例如，在本例中，想在“10月份补贴名单”工作表(见图6-129)中按姓名从“基本工资备案表”(见图6-130)中匹配相应的数据。

10月份补贴名单		
姓名	所属部门	基本工资
何许诺	财务部	
高攀	行政部	
周蓓	销售部	
陈怡	财务部	
童磊	网络安全部	
徐志林	销售部	
葛丽	行政部	
张小河	网络安全部	
苏诚	销售部	
陶莉莉	网络安全部	
韩文信	销售部	
郝艳艳	销售部	

图 6-129

工号	姓名	所属部门	基本工资
NL_001	刘志飞	销售部	2800
NL_002	何许诺	财务部	4500
NL_003	崔娜	企划部	3800
NL_004	林成瑞	企划部	4500
NL_005	童磊	网络安全部	4000
NL_006	徐志林	销售部	2800
NL_007	何忆婷	网络安全部	5000
NL_008	高攀	行政部	3500
NL_009	陈佳佳	销售部	4200
NL_010	陈怡	财务部	3500
NL_011	周蓓	销售部	2800
NL_012	夏慧	企划部	3800
NL_013	韩文信	销售部	2800
NL_014	葛丽	行政部	3500
NL_015	张小河	网络安全部	4000
NL_016	韩燕	销售部	2800
NL_017	刘江波	行政部	3500
NL_018	王磊	行政部	3500
NL_019	郝艳艳	销售部	2800
NL_020	陶莉莉	网络安全部	4000
NL_021	李君浩	销售部	2800
NL_022	苏诚	销售部	4300

图 6-130

❶ 在【数据】选项卡中单击【合并表格】按钮，在打开的下拉列表中选择【按相同列内容匹配两表数据】命令(见图6-131)，打开【按相同列内容匹配两表数据】对话框。

图 6-131

❷ 单击【区域1】右侧的按钮回到工作表中选中“10月份补贴名单”表格中要匹配的数据区域；单击【区域2】右侧的按钮回到工作表中选中“基本工资备案表”表格中的区域，勾选【数据包含标题】复选框，如图6-132所示。

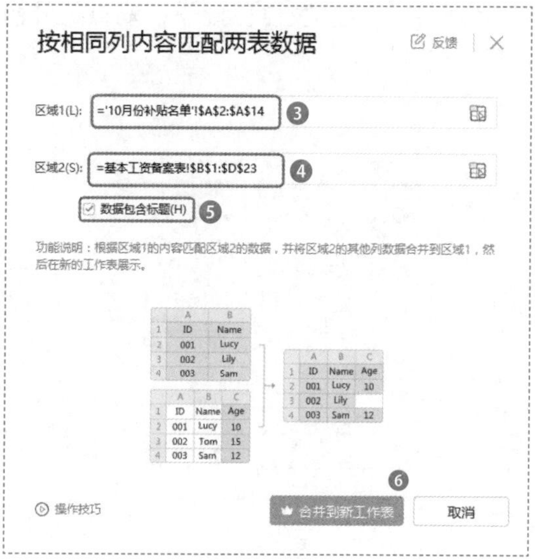

图 6-132

❸ 单击【合并到新工作表】按钮，可以得到匹配后的数据，如图6-133所示。匹配后的数据会自动生成一个新工作表，可以将匹配到的数据复制到目标工作表中使用，如图6-134所示。

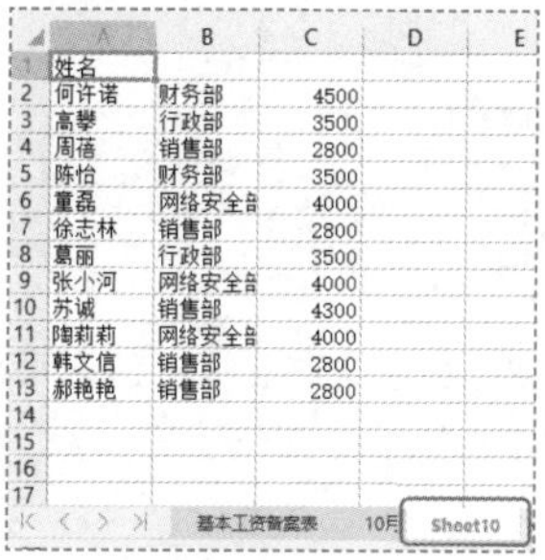

	A	B	C
1	姓名		
2	何许诺	财务部	4500
3	高攀	行政部	3500
4	周蓓	销售部	2800
5	陈怡	财务部	3500
6	董磊	网络安全部	4000
7	徐志林	销售部	2800
8	葛丽	行政部	3500
9	张小河	网络安全部	4000
10	苏诚	销售部	4300
11	陶莉莉	网络安全部	4000
12	韩文信	销售部	2800
13	郝艳艳	销售部	2800

图 6-133

	A	B	C
1	10月份补贴名单		
2	姓名	所属部门	基本工资
3	何许诺	财务部	4500
4	高攀	行政部	3500
5	周蓓	销售部	2800
6	陈怡	财务部	3500
7	董磊	网络安全部	4000
8	徐志林	销售部	2800
9	葛丽	行政部	3500
10	张小河	网络安全部	4000
11	苏诚	销售部	4300
12	陶莉莉	网络安全部	4000
13	韩文信	销售部	2800
14	郝艳艳	销售部	2800

图 6-134

6.6 待打印表格的页面设置

有时用于打印的工作表需要添加页眉效果，尤其是一些总结报表、对外商务报表等，专业的页眉设计可以提升表格的美观度及专业性。

6.6.1 为打印表格添加页眉

扫一扫，看视频

日常编辑表格时都是在普通视图中进行的，普通视图是看不到页眉的，只有在页面视图中才可以看到页眉。因此，如果要为报表添加页眉，需要进入页面视图中进行操作。

❶ 在【视图】选项卡中单击【页面布局】按钮进入页面视图，如图6-135所示。

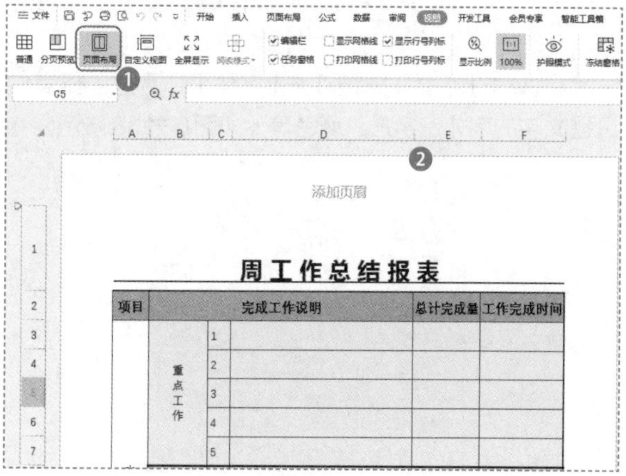

图 6-135

❷ 单击顶部的【添加页眉】文字，弹出【页面设置】对话框，单击【自定义页眉】按钮(见图6-136)，打开在【页眉】对话框，包括【左】【中】【右】三个编辑框，在想显示页眉的位置输入页眉文字，如图6-137所示。

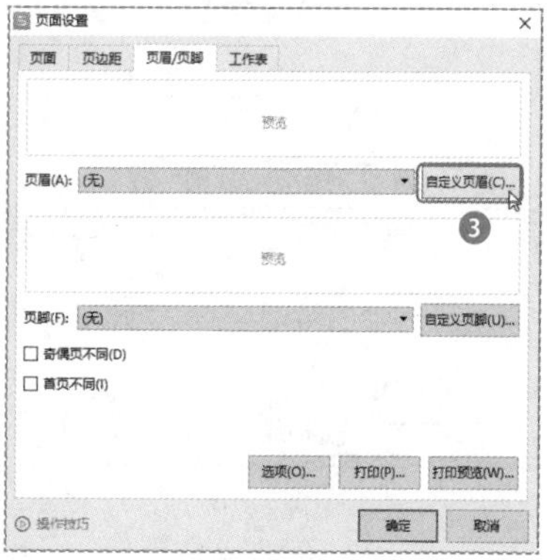

图 6-136

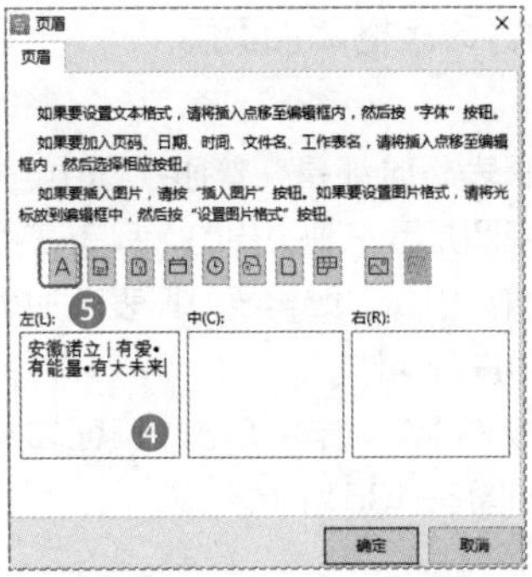
页眉
如果要设置文本格式，请将插入点移至编辑框内，然后按“字体”按钮。
如果要加入页码、日期、时间、文件名、工作表名，请将插入点移至编辑框内，然后选择相应按钮。
如果要插入图片，请按“插入图片”按钮。如果要设置图片格式，请将光标放到编辑框中，然后按“设置图片格式”按钮。
左(L):
中(C):
右(R):
安徽诸立 | 有爱•有能量•有大未来
确定
取消

图 6-137

❸ 单击【字体】按钮打开【字体】对话框，在其中设置文字的字体、字形、颜色等，如图6-138所示。

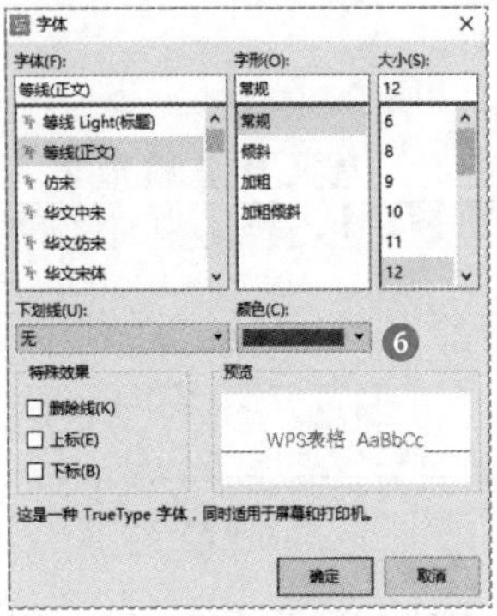
字体
字体(F):
字形(O):
大小(S):
等线(正文)
常规
12
等线 Light(标题)
等线(正文)
仿宋
华文中宋
华文仿宋
华文宋体
常规
倾斜
加粗
加粗倾斜
下划线(U):
颜色(C):
无
特殊效果
删除线(K)
上标(E)
下标(B)
预览
WPS表格 AaBbCc
这是一种 TrueType 字体，同时适用于屏幕和打印机。
确定
取消

图 6-138

❹ 单击【确定】按钮可以看到添加的页眉的效果，如图6-139所示。

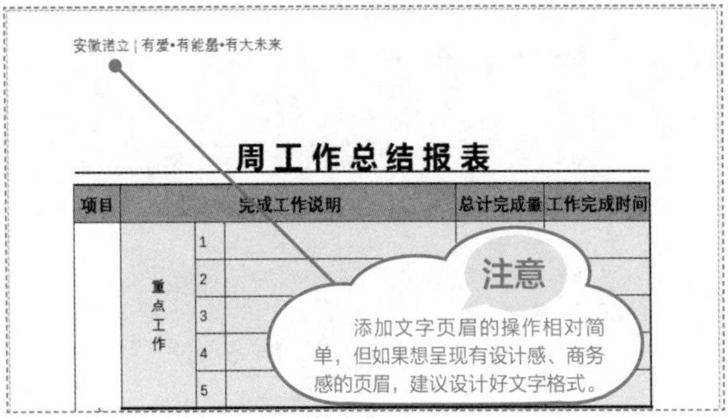
安徽诸立 | 有爱•有能量•有大未来
周工作总结报表
项目
完成工作说明
总计完成量
工作完成时间
重点工作
注意
添加文字页眉的操作相对简单，但如果想呈现有设计感、商务感的页眉，建议设计好文字格式。

图 6-139

另外，也可以添加图片作为页眉，如公司标志。

❶ 打开【页眉】对话框，单击【插入图片】按钮（见图6-140），打开【打开文件】对话框，选择想使用的图片，如图6-141所示。

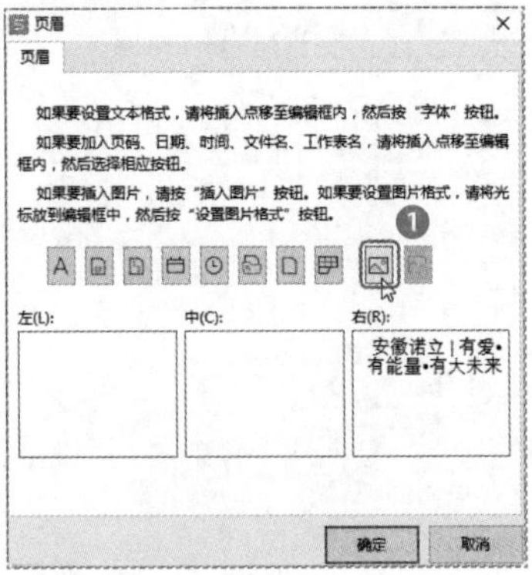
页眉
如果要设置文本格式，请将插入点移至编辑框内，然后按“字体”按钮。
如果要加入页码、日期、时间、文件名、工作表名，请将插入点移至编辑框内，然后选择相应按钮。
如果要插入图片，请按“插入图片”按钮。如果要设置图片格式，请将光标放到编辑框中，然后按“设置图片格式”按钮。
左(L):
中(C):
右(R):
安徽诸立 | 有爱•有能量•有大未来
确定
取消

图 6-140

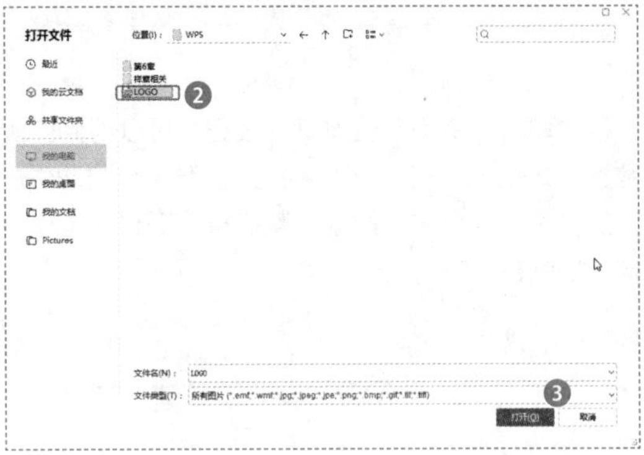
打开文件
WPS
LOGO

图 6-141

❷ 单击【打开】按钮回到【页眉】对话框，这时可以看到所插入的图片链接，如图6-142所示。

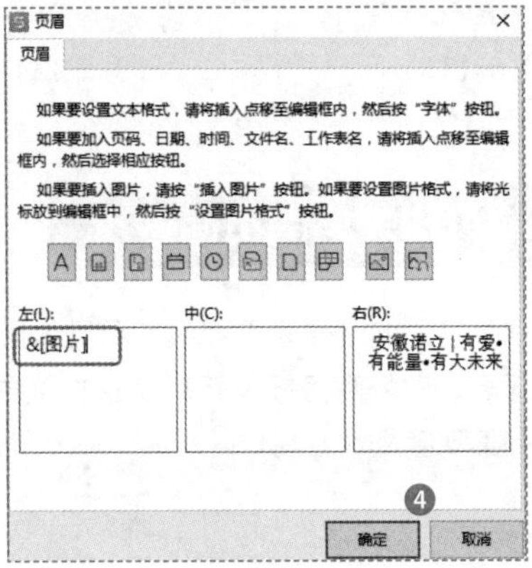
页眉
如果要设置文本格式，请将插入点移至编辑框内，然后按“字体”按钮。
如果要加入页码、日期、时间、文件名、工作表名，请将插入点移至编辑框内，然后选择相应按钮。
如果要插入图片，请按“插入图片”按钮。如果要设置图片格式，请将光标放到编辑框中，然后按“设置图片格式”按钮。
左(L):
中(C):
右(R):
&[图片]
安徽诸立 | 有爱•有能量•有大未来
确定
取消

图 6-142

❸ 单击【确定】按钮回到工作表中，可以看到添加的图片页眉，如图6-143所示。

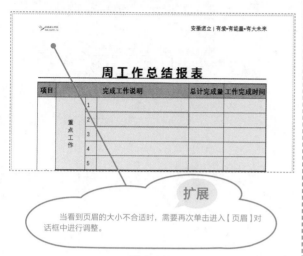

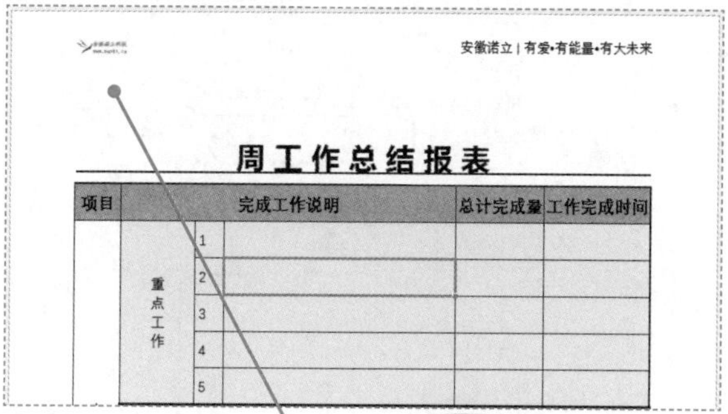

扩展

当看到页眉的大小不合适时，需要再次单击进入【页眉】对话框中进行调整。

图 6-143

❹ 这时可以发现图片比较小，因此需要进行调整。再次在页眉区单击打开【页眉】对话框，单击【设置图片格式】按钮（见图6-144），打开【设置图片格式】对话框，重新设置图片的尺寸，如图6-145所示。

❺ 依次单击【确定】按钮回到工作表中，可以看到图片的尺寸被放大了，如图6-146所示。

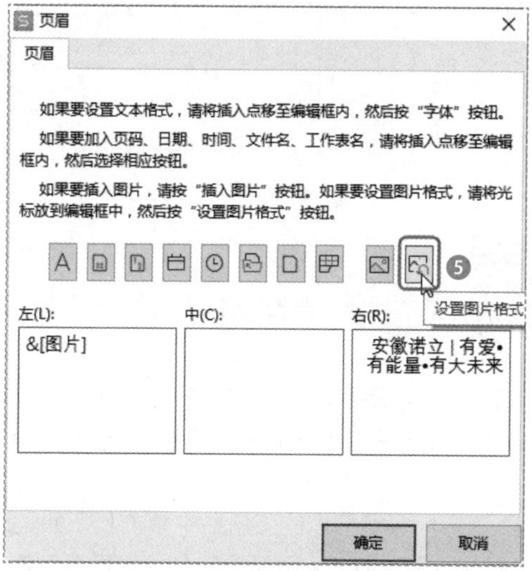

图 6-144

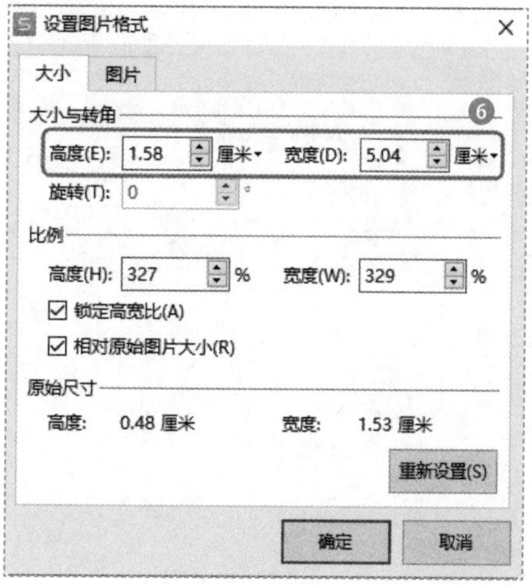

图 6-145

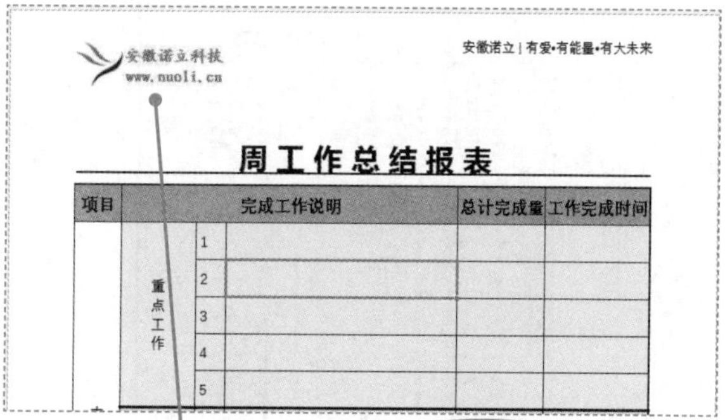

注意

在普通视图下无法看到页眉，需要在页面视图中查看；或者进入打印预览状态中完整地查看页面。

图 6-146

6.6.2 设置横向或纵向页面

扫一扫，看视频

在打印工作表时，默认会以纵向方式打印，如果工作表中包含多列，即表格较宽时（见图6-147），进入打印预览状态查看（见图6-148），显然使用纵向方式打印无法完整显示表格内容。在这种情况下则需要设置打印方式为横向打印。

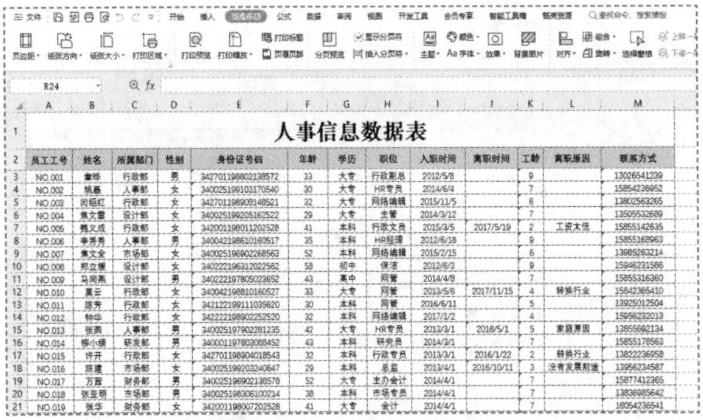

图 6-147

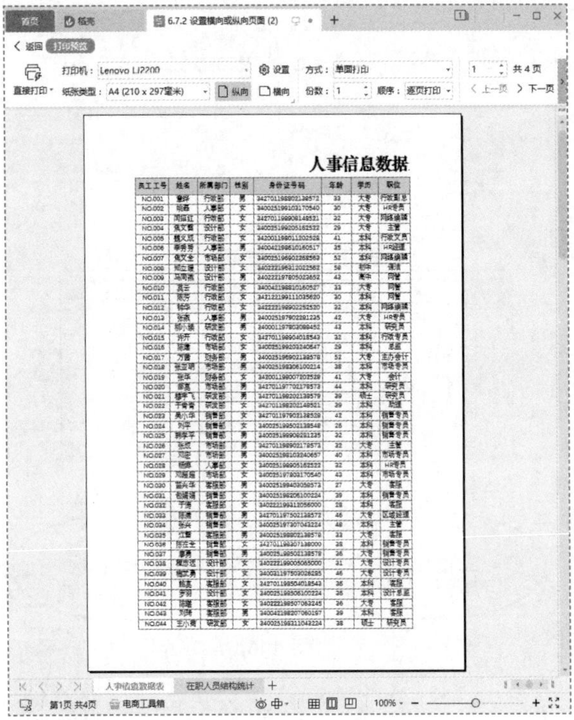

图 6-148

❶ 打开要打印的文档，单击【文件】选项卡，在展开的列表中依次执行【打印】→【打印预览】命令（见图6-149），进入打印预览状态。

❷ 在工具栏中单击【横向】按钮将页面转换为横向形式，如图6-150所示。

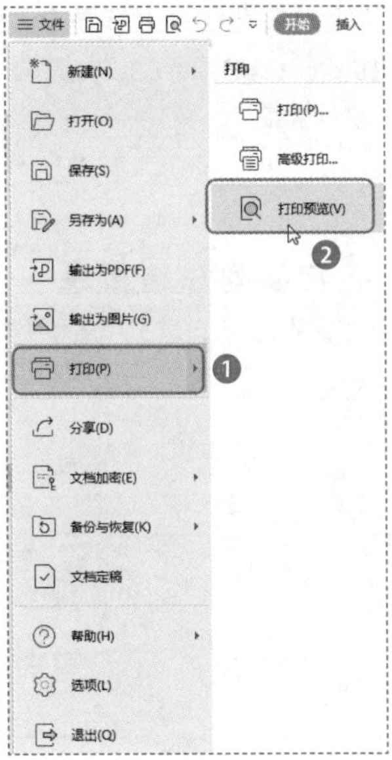

图 6-149

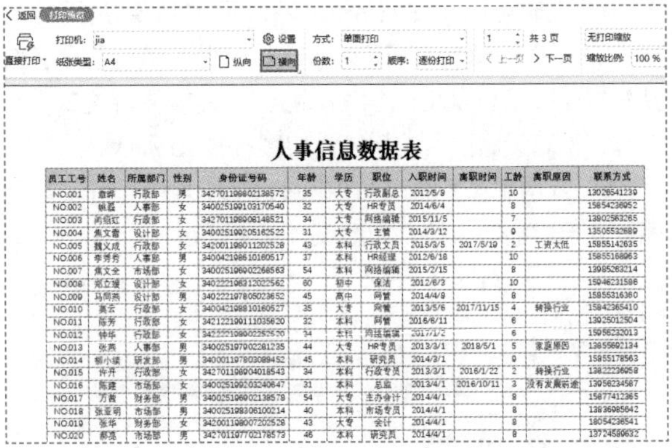

图 6-150

扫一扫，看视频

6.6.3 调整纸张页边距

如图6-151所示，该表格在打印预览状态下还有一列没有显示出来，这一列被打印到下一页显然是不合适的。

❶ 在打印预览窗口的工具栏中单击【页面设置】按钮（见图6-152），打开【页面设置】对话框，分别将【左】【右】框内的数值调小，在【居中方式】栏中勾选【水平】复选框，如图6-153所示。

公司名称：合肥中能科技有限公司					制表日期：2020-12-15
商品销售费用计划报表					
		年份：2020年			单位：万元
费用项目	计划数		实际数		比较
	金额	费用率	金额	费用率	金额
商品销售额	3,000,000.00	39.33%	3,889,000.00	16.44%	889,000.00
商品流通费用总额	1,180,000.00		639,520.00		(540,480.00)
其中：					
工资	120,000.00	10.17%	132,000.00	20.64%	12,000.00
福利费	80,000.00	6.78%	84,800.00	13.26%	4,800.00
运杂费	650,000.00	55.08%	82,430.00	12.89%	(567,570.00)
保管费	50,000.00	4.24%	52,140.00	8.15%	2,140.00
包装费	100,000.00	8.47%	81,000.00	12.67%	(19,000.00)
手续费	20,000.00	1.69%	12,000.00	1.88%	(8,000.00)
业务费	20,000.00	1.69%	21,800.00	3.41%	1,800.00
利息	10,000.00	0.85%	8,950.00	1.40%	(1,050.00)
修理费	50,000.00	4.24%	49,800.00	7.79%	(200.00)
保险费	50,000.00	4.24%	72,000.00	11.26%	22,000.00
低值易耗品摊销	20,000.00	1.69%	24,800.00	3.88%	4,800.00
其他	10,000.00	0.85%	17,800.00	2.78%	7,800.00

图 6-151

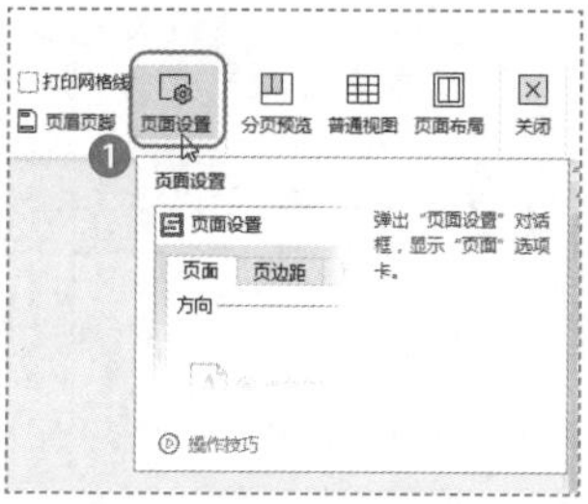

图 6-152

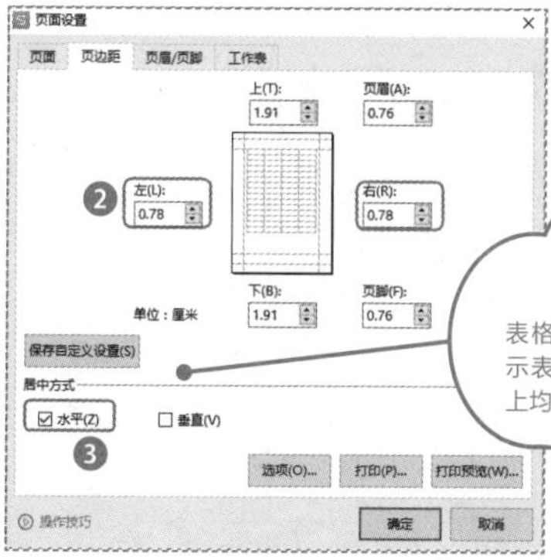

扩展

这两个选项用于设置整个表格的居中情况。同时勾选表示表格在垂直方向与水平方向上均居中。

图 6-153

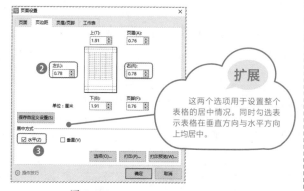

❷ 单击【确定】按钮重新回到打印预览状态，可以看到想打印的内容都显示了出来，如图6-154所示。

❸ 在预览状态下调整完成后执行打印即可。

公司名称：合肥中能科技有限公司					制表日期：2020-12-15	
商品销售费用计划报表						
		年份：2020年			单位：万元	
费用项目	计划数		实际数		比较	
	金额	费用率	金额	费用率	金额	费用率
商品销售额	3,000,000.00	39.33%	3,889,000.00	16.44%	889,000.00	-22.89%
商品流通费用总额	1,180,000.00		639,520.00		(540,480.00)	0.00%
其中：						
工资	120,000.00	10.17%	132,000.00	20.64%	12,000.00	10.47%
福利费	80,000.00	6.78%	84,800.00	12.26%	4,800.00	6.43%
运杂费	650,000.00	55.08%	82,430.00	12.89%	(567,570.00)	(42.20%)
保管费	50,000.00	4.24%	52,140.00	8.15%	2,140.00	3.92%
包装费	100,000.00	8.47%	81,000.00	12.67%	(19,000.00)	4.19%
手续费	20,000.00	1.69%	12,000.00	1.88%	(8,000.00)	0.18%
业务费	20,000.00	1.69%	21,800.00	3.41%	1,800.00	1.71%
利息	10,000.00	0.85%	8,950.00	1.40%	(1,050.00)	0.55%
修理费	50,000.00	4.24%	49,800.00	7.79%	(200.00)	3.55%
保险费	50,000.00	4.24%	72,000.00	11.26%	22,000.00	7.02%
低值易耗品摊销	20,000.00	1.69%	24,800.00	3.88%	4,800.00	2.18%
其他	10,000.00	0.85%	17,800.00	2.78%	7,800.00	1.94%

注意

当超出页面内容不太多时，可以按此方法进行调整，但是如果超出内容过多，即使将页边距调整为0也不能完全显示。这时就需要分多页打印或者进行缩放打印。

图 6-154

6.7 过关练习：学员缴费信息管理表

本例的学员缴费信息管理表用于记录学员的基本情况，其中重点记录学员的缴费时间，以及要及时提醒续费，日常办公中这种类型的表格的使用频率较高。

6.7.1 学员信息管理表效果图

扫一扫，看视频

建立完成的表格如图6-155所示。

	A	B	C	D	E	F	G	H
1	学员缴费信息管理表							
2	教学监督电话0551-62626555 | 教学地址：金寨SHSO城1009室							
3	学员姓名	性别	所在班级	缴费周期	金额	最近续费日期	到期日期	提醒续费
4	刘宇辰	男	初级A班	年交	5760	2022/1/2	2023/1/2	
5	葛玲玲	女	初级B班	半年交	2980	2021/7/21	2022/1/21	
6	张家梁	男	高级A班	半年交	3700	2021/8/2	2022/2/2	
7	陆婷婷	女	高级A班	半年交	3700	2021/7/10	2022/1/10	到期提醒
8	唐糖	女	中级B班	年交	6240	2021/11/10	2022/11/10	
9	王亚磊	男	高级B班	年交	7200	2021/8/5	2022/8/5	
10	徐文婷	女	中级A班	年交	6240	2021/2/26	2022/2/26	
11	苏秦	女	高级A班	年交	7200	2021/9/7	2022/9/7	
12	潘鹏	男	初级A班	年交	5760	2021/1/18	2022/1/18	到期提醒
13	马云飞	男	高级B班	年交	7200	2021/12/29	2022/12/29	
14	孙婷	女	高级A班	年交	7200	2021/6/30	2022/6/30	
15	徐春宇	女	初级A班	年交	5760	2021/7/11	2022/7/11	
16	桂湄	女	高级B班	年交	7200	2021/9/5	2022/9/5	
17	胡丽丽	女	高级A班	半年交	3700	2021/7/2	2022/1/2	到期提醒
18	张丽君	女	高级A班	半年交	3700	2021/9/3	2022/3/3	
19	苏瑾	女	初级A班	半年交	2980	2021/6/6	2021/12/6	到期提醒
20	龙富春	男	初级A班	半年交	2980	2021/7/5	2022/1/5	到期提醒
21	李思	女	高级B班	半年交	3700	2021/8/6	2022/2/6	
22	陈欧利	男	初级B班	年交	5760	2021/10/17	2022/10/17	
23	李多多	女	高级A班	半年交	3700	2021/7/20	2022/1/20	
24	张毅君	男	初级B班	年交	5760	2021/9/19	2022/9/19	
25	胡娇娇	女	高级A班	年交	7200	2021/5/10	2022/5/10	
26	苏百喆	男	高级A班	半年交	3700	2021/8/2	2022/2/2	
27	王佳怡	女	中级A班	年交	6240	2021/2/26	2022/2/26	

图 6-155

6.7.2 制作与编排要点

扫一扫，看视频

要创建这样一张表格，其制作与编排要点如下。

<table>
<tr><th>序号</th><th>制作与编排要点</th><th>知识点对应</th></tr>
<tr><td>1</td><td>制作工整规范的表头。标题文字格式为：等线、22号、加粗；跨多列合并标题所在单元格，设置标题单元格应用下框线作为修饰。</td><td>6.3.1小节
6.3.4小节</td></tr>
<tr><td>2</td><td>调整第2行的行高，该行用于输入表格的辅助信息，并插入标志图片，提升表格的专业性。</td><td>6.3.2小节</td></tr>
<tr><td>3</td><td>“性别”列、“所在班级”列、“缴费周期”列都设置下拉列表以供选择输入。</td><td>6.1.4小节</td></tr>
<tr><td>4</td><td>F列的日期要规范地输入，G列与H列都要引用其中的数据建立公式。</td><td>6.1.2小节</td></tr>
<tr><td>5</td><td>使用以下公式自动返回到期日期（见图6-156）：
=IF(D4="年交",EDATE(F4,12),EDATE(F4,6))
EDATE函数返回表示某个日期的序列号，该日期与指定日期相隔（之前或之后）指示的月份数。第1个参数为指定日期，第2个参数为指定的相隔的月份数。

G4　=IF(D4="年交",EDATE(F4,12),EDATE(F4,6))
<table>
<tr><th></th><th>A</th><th>B</th><th>C</th><th>D</th><th>E</th><th>F</th><th>G</th><th>H</th></tr>
<tr><td>1</td><td colspan="8">学员缴费信息管理表</td></tr>
<tr><td>2</td><td colspan="8">教学监督电话0551-62626555 ｜ 教学地址：金星SHSO城1009室</td></tr>
<tr><td>3</td><td>学员姓名</td><td>性别</td><td>所在班级</td><td>缴费周期</td><td>金额</td><td>最近续费日期</td><td>到期日期</td><td>提醒续费</td></tr>
<tr><td>4</td><td>刘宇辰</td><td>男</td><td>初级A班</td><td>年交</td><td>5760</td><td>2022/1/2</td><td>2023/1/2</td><td></td></tr>
<tr><td>5</td><td>葛玲玲</td><td>女</td><td>初级B班</td><td>半年交</td><td>2980</td><td>2021/7/21</td><td>2022/1/21</td><td></td></tr>
<tr><td>6</td><td>张家梁</td><td>男</td><td>高级A班</td><td>半年交</td><td>3700</td><td>2021/8/2</td><td>2022/2/2</td><td></td></tr>
<tr><td>7</td><td>陆婷婷</td><td>女</td><td>高级A班</td><td>半年交</td><td>3700</td><td>2021/7/10</td><td>2022/1/10</td><td>到期提醒</td></tr>
<tr><td>8</td><td>唐糖</td><td>女</td><td>中级B班</td><td>年交</td><td>6240</td><td>2021/11/10</td><td>2022/11/10</td><td></td></tr>
<tr><td>9</td><td>王亚磊</td><td>男</td><td>高级B班</td><td>年交</td><td>7200</td><td>2021/8/5</td><td>2022/8/5</td><td></td></tr>
<tr><td>10</td><td>徐文婷</td><td>女</td><td>中级A班</td><td>年交</td><td>6240</td><td>2021/2/26</td><td>2022/2/26</td><td></td></tr>
<tr><td>11</td><td>苏秦</td><td>女</td><td>高级A班</td><td>年交</td><td>7200</td><td>2021/9/7</td><td>2022/9/7</td><td></td></tr>
<tr><td>12</td><td>潘鹏</td><td>男</td><td>初级A班</td><td>年交</td><td>5760</td><td>2021/1/18</td><td>2022/1/18</td><td>到期提醒</td></tr>
</table>
图6-156
该公式判断如果D3单元格中显示的是“年交”，则返回日期为以F3单元格中的日期为起始日，间隔12个月后的日期；否则返回日期为以F3单元格中的日期为起始日，间隔6个月后的日期。</td><td>第7章知识点</td></tr>
<tr><td>6</td><td>使用以下公式实现自动提醒续费（见图6-157）：
=IF(G4-TODAY()<=0,"到期提醒","")
用TODAY函数返回当前日期，再用G3减去当前的日期，如果差值小于等于0，则返回“到期提醒”；否则返回空白，即暂时还未到提醒日期。

H4　=IF(G4-TODAY()<=0,"到期提醒","")
<table>
<tr><th></th><th>A</th><th>B</th><th>C</th><th>D</th><th>E</th><th>F</th><th>G</th><th>H</th></tr>
<tr><td>1</td><td colspan="8">学员缴费信息管理表</td></tr>
<tr><td>2</td><td colspan="8">教学监督电话0551-62626555 ｜ 教学地址：金星SHSO城1009室</td></tr>
<tr><td>3</td><td>学员姓名</td><td>性别</td><td>所在班级</td><td>缴费周期</td><td>金额</td><td>最近续费日期</td><td>到期日期</td><td>提醒续费</td></tr>
<tr><td>4</td><td>刘宇辰</td><td>男</td><td>初级A班</td><td>年交</td><td>5760</td><td>2022/1/2</td><td>2023/1/2</td><td></td></tr>
<tr><td>5</td><td>葛玲玲</td><td>女</td><td>初级B班</td><td>半年交</td><td>2980</td><td>2021/7/21</td><td>2022/1/21</td><td></td></tr>
<tr><td>6</td><td>张家梁</td><td>男</td><td>高级A班</td><td>半年交</td><td>3700</td><td>2021/8/2</td><td>2022/2/2</td><td></td></tr>
<tr><td>7</td><td>陆婷婷</td><td>女</td><td>高级A班</td><td>半年交</td><td>3700</td><td>2021/7/10</td><td>2022/1/10</td><td>到期提醒</td></tr>
<tr><td>8</td><td>唐糖</td><td>女</td><td>中级B班</td><td>年交</td><td>6240</td><td>2021/11/10</td><td>2022/11/10</td><td></td></tr>
<tr><td>9</td><td>王亚磊</td><td>男</td><td>高级B班</td><td>年交</td><td>7200</td><td>2021/8/5</td><td>2022/8/5</td><td></td></tr>
<tr><td>10</td><td>徐文婷</td><td>女</td><td>中级A班</td><td>年交</td><td>6240</td><td>2021/2/26</td><td>2022/2/26</td><td></td></tr>
<tr><td>11</td><td>苏秦</td><td>女</td><td>高级A班</td><td>年交</td><td>7200</td><td>2021/9/7</td><td>2022/9/7</td><td></td></tr>
<tr><td>12</td><td>潘鹏</td><td>男</td><td>初级A班</td><td>年交</td><td>5760</td><td>2021/1/18</td><td>2022/1/18</td><td>到期提醒</td></tr>
<tr><td>13</td><td>马云飞</td><td>男</td><td>高级B班</td><td>年交</td><td>7200</td><td>2021/12/29</td><td>2022/12/29</td><td></td></tr>
</table>
图6-157</td><td>第7章知识点</td></tr>
</table>

第 7 章 表格数据的计算操作

7.1 了解公式与函数

公式是WPS表格中由使用者自行设计，对数据进行计算、统计、查找和处理的表达式，如“=B2+C3+D2”“=IF(B2>=80, "达 标","不 达 标")”“=SUM(B2:B20)*B21+90”等形式的表达式都称为公式。

公式不仅有常量的参与，更多的是对单元格的引用，最重要的一点是，公式中还会引入函数完成特定的数据计算。可以说，如果没有函数参与，则只能进行最简易的混合运算；而有了函数的参与，才可以解决非常复杂的手动运算，甚至是无法通过手动完成的运算。

需要注意的是，函数与公式是密不可分的，函数不能单独使用，它必须应用于公式中，即以标志着公式开始的“=”开头。

如图7-1所示，单独使用函数，它就不是一个公式，因此也得不到计算结果；而在前面加上“=”将其转换为公式就得到了相应的计算结果，如图7-2所示。

C2 | IF(B2>500,"达标","不达标")

	A	B	C
1	姓名	销量	是否达标
2	李鹏飞	200	IF(B2>500,"达标","不达标")
3	杨俊成	502	
4	林丽	310	
5	张扬	920	
6	美和	980	

图 7-1

C2 | =IF(B2>500,"达标","不达标")

	A	B	C
1	姓名	销量	是否达标
2	李鹏飞	200	不达标
3	杨俊成	502	
4	林丽	310	
5	张扬	920	
6	美和	980	

图 7-2

7.1.1 公式与函数的巨大用途

扫一扫，看视频

公式与函数在数据计算过程中发挥了巨大的作用，也是WPS表格中一项非常重要的功能项。函数可以进行数据求解、统计、查找、判断等，同时还能多函数嵌套使用，所以只要熟练运用函数，就能设计出无限多个解决实际问题的公式，是日常办公中的一大助手。

例1：在WPS表格中进行最简单的求和运算时，只要使用求和函数SUM即可快速得到合计值，如图7-3所示。

B9 | =SUM(B2:B8)

	A	B	C	D
1	费用类别	1月预算	2月预算	3月预算
2	差旅费	¥ 4,000.00	¥ 2,000.00	¥ 3,000.00
3	餐饮费	¥ 2,000.00	¥ 2,000.00	¥ 1,000.00
4	通信费	¥ 2,000.00	¥ 4,000.00	¥ 4,000.00
5	交通费	¥ 1,000.00	¥ 1,000.00	¥ 4,000.00
6	办公用品采购费	¥ 5,000.00	¥ 2,000.00	¥ 1,000.00
7	业务拓展费	¥ 4,000.00	¥ 10,000.00	¥ 7,000.00
8	招聘培训费	¥ 1,000.00	¥ 5,000.00	¥ 2,000.00
9	总预算费用	¥19,000	¥26,000	¥22,000

图 7-3

例2：使用AVERAGEIF函数可以在成绩表中快速按班级统计平均分，当数据有变动时，统计结果也可以自动修正，如图7-4所示。

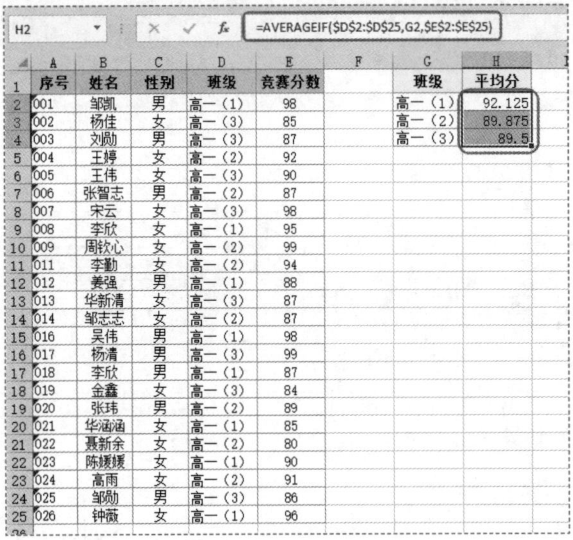

H2 =AVERAGEIF($D$2:$D$25,G2,$E$2:$E$25)

	A	B	C	D	E	F	G	H
1	序号	姓名	性别	班级	竞赛分数		班级	平均分
2	001	邹凯	男	高一（1）	98		高一（1）	92.125
3	002	杨佳	女	高一（3）	85		高一（2）	89.875
4	003	刘勋	男	高一（3）	87		高一（3）	89.5
5	004	王婷	女	高一（2）	92			
6	005	王伟	女	高一（3）	90			
7	006	张智志	男	高一（2）	87			
8	007	宋云	女	高一（3）	98			
9	008	李欣	女	高一（1）	95			
10	009	周钦心	女	高一（2）	99			
11	011	李勤	女	高一（2）	94			
12	012	姜强	男	高一（1）	88			
13	013	华新清	女	高一（3）	87			
14	014	邹志志	女	高一（2）	87			
15	016	吴伟	男	高一（1）	98			
16	017	杨清	男	高一（3）	99			
17	018	李欣	男	高一（1）	87			
18	019	金鑫	女	高一（3）	84			
19	020	张玮	男	高一（2）	89			
20	021	华涵涵	女	高一（1）	85			
21	022	聂新余	女	高一（2）	80			
22	023	陈媛媛	女	高一（1）	90			
23	024	高雨	女	高一（2）	91			
24	025	邹勋	男	高一（3）	86			
25	026	钟薇	女	高一（1）	96			

图7-4

例3：一个稍复杂的例子。如图7-5所示，客服部有“客服一部”“客服二部”“客服三部”，而统计结果是要求将所有客服部的离职人数进行合并统计，这样的统计要求使用公式计算也是可以实现的，它需要应用SUMIF函数。

选中B13单元格，在公式编辑栏中输入公式“=SUMIF(B2:B11,"=客服*",C2:C11)”，按Enter键即可计算出客服部离职总人数。

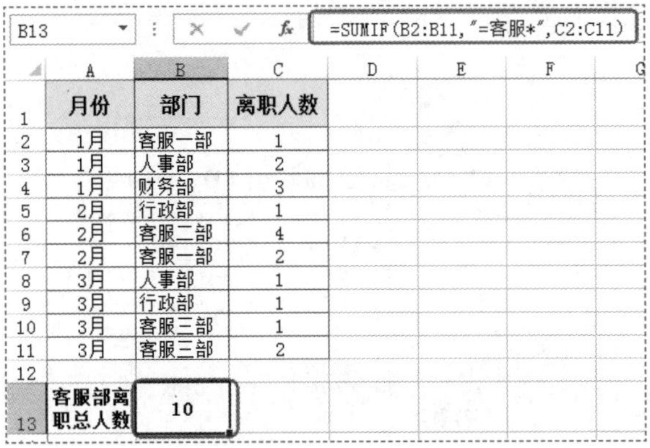

B13 =SUMIF(B2:B11,"=客服*",C2:C11)

	A	B	C
1	月份	部门	离职人数
2	1月	客服一部	1
3	1月	人事部	2
4	1月	财务部	3
5	2月	行政部	1
6	2月	客服二部	4
7	2月	客服一部	2
8	3月	人事部	1
9	3月	行政部	1
10	3月	客服三部	1
11	3月	客服三部	2
12			
13	客服部离职总人数	10	

图7-5

7.1.2 编辑并复制公式批量运算

扫一扫，看视频

在编辑公式时一般是采用手动编辑与鼠标选取相结合的方式。当建立完一个公式后，一般需要复制公式完成其他同类的批量计算。

1. 编辑公式

对于初学者而言，可以通过【函数参数】对话框来设置各个参数，因为在此对话框中会对各个参数的用途给出提示。例如，下面要建立一个使用IF函数判断销量是否达标的公式。

❶ 选中C2单元格，单击编辑栏中左侧的 *fx* 按钮（见图7-6），打开【插入函数】对话框。

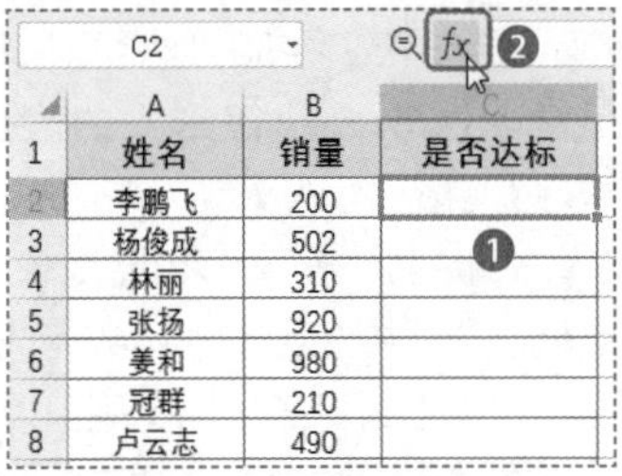

C2

	A	B	C
1	姓名	销量	是否达标
2	李鹏飞	200	
3	杨俊成	502	
4	林丽	310	
5	张扬	920	
6	姜和	980	
7	冠群	210	
8	卢云志	490	

图7-6

❷ 在【选择函数】列表框中选择IF函数，如图7-7所示。单击【确定】按钮，打开【函数参数】对话框。

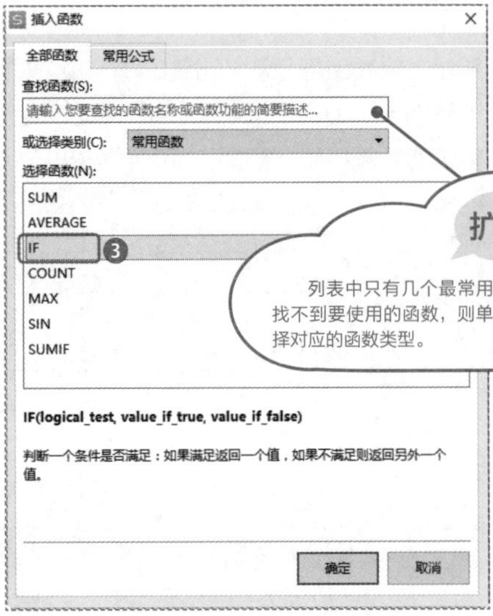

图7-7

❸ 将光标定位到第1个参数设置框中，输入“B2>=500”，如图7-8所示；将光标定位到第2个参数设置框中，输入“达标”，如图7-9所示；将光标定位到第三个参数设置框中，输入“不达标”，如图7-10所示。

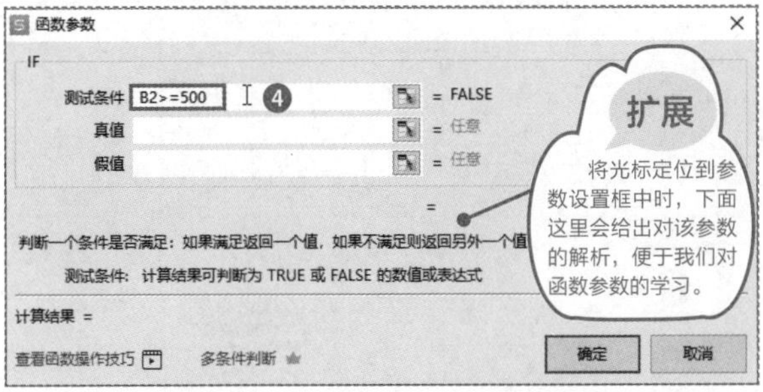

图 7-8

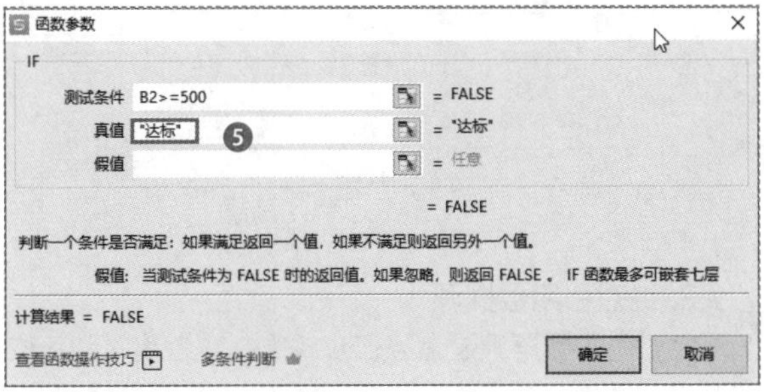

图 7-9

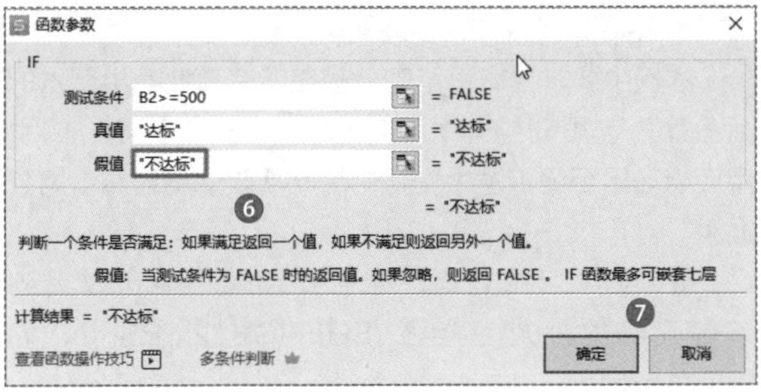

图 7-10

❹ 单击【确定】按钮返回工作表中，C3单元格中便显示出了公式的返回值，并且编辑栏中显示了完整的公式，如图7-11所示。

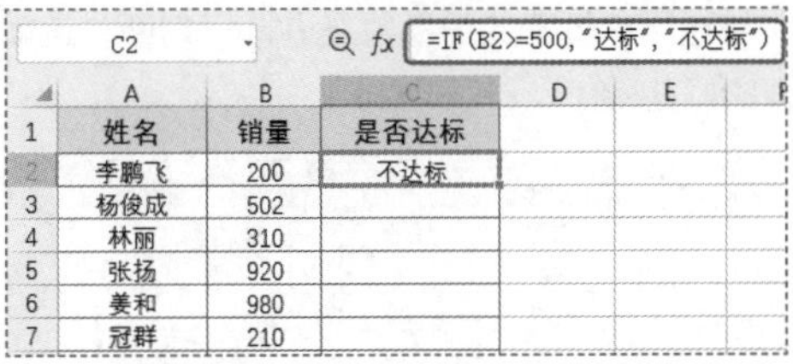

C2
=IF(B2>=500,"达标","不达标")
姓名
销量
是否达标
李鹏飞 200 不达标
杨俊成 502
林丽 310
张扬 920
姜和 980
冠群 210

图 7-11

技巧点拨

如果已经熟悉了函数的应用，可以在选中目标单元格后直接在编辑栏中输入公式，如图7-12所示。当需要选择数据源参与公式计算时，则用鼠标拖动选取；运算符、常量等都采用键盘来输入。需要注意的是，一个完整的函数，其参数会以“(”开始，并以“)”结束。要用好函数必须首先学习其功能与参数。

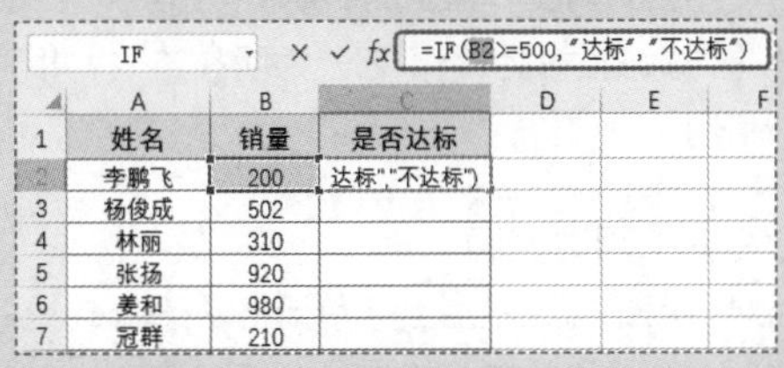

图 7-12

2. 复制公式完成批量运算

在建立了第一个公式后，为完成对其他员工销量达标情况的判断，只要复制公式就能一次性批量完成。

❶ 选中C2单元格，将鼠标指针指向C2单元格右下角，出现填充柄，如图7-13所示。

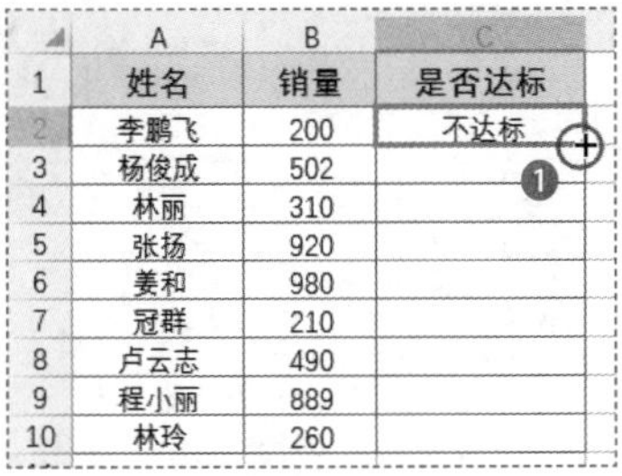

图 7-13

❷ 按住鼠标左键不放向下拖动至C10单元格，释放鼠标后，可以看到返回了批量结果（见图7-14），即

快速对其他所有员工的销量情况进行了判断，这就是公式计算的好处所在。

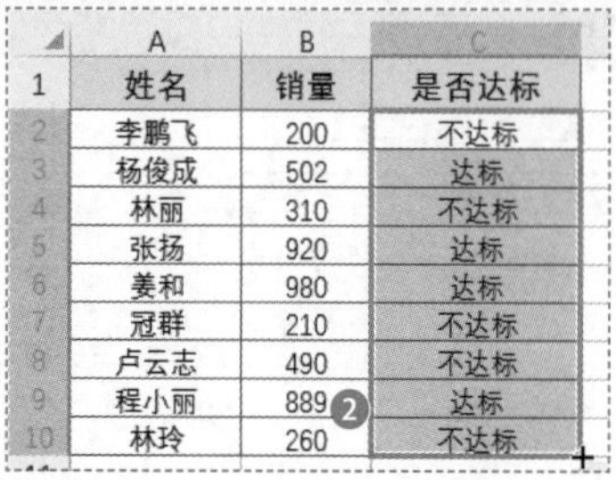

	A	B	C
1	姓名	销量	是否达标
2	李鹏飞	200	不达标
3	杨俊成	502	达标
4	林丽	310	不达标
5	张扬	920	达标
6	姜和	980	达标
7	冠群	210	不达标
8	卢云志	490	不达标
9	程小丽	889	达标
10	林玲	260	不达标

图 7-14

7.1.3 了解数据源的引用方式

扫一扫，看视频

在使用公式对工作表进行计算时，其中一个重要的操作就是对数据源的引用，它分为两种方式：相对引用和绝对引用。

1. 相对引用数据源

相对引用数据源是指当把单元格中的公式复制到新的位置时，公式中的单元格地址会随之改变。对多行或多列进行数据统计时，利用相对引用数据源是十分方便和快捷的，WPS表格中默认的计算方法也是使用相对引用数据源。本例中统计了每位学生各科目的成绩，要求使用相对引用数据源计算出每位学生的成绩总和。

❶ 选中E2单元格，在公式编辑栏中可以看到该单元格的公式为“=SUM(B2:D2)”，如图7-15所示。

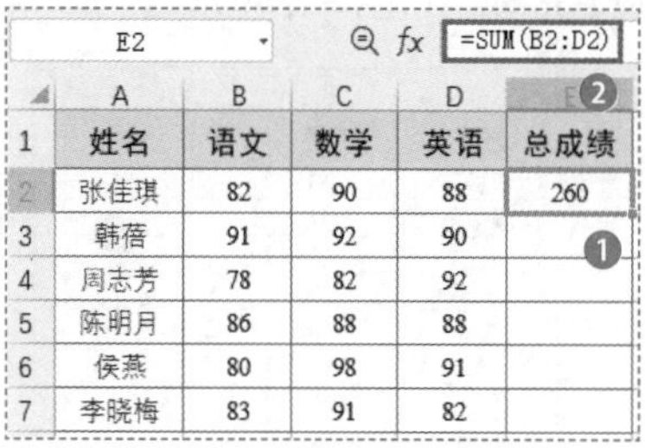

E2 =SUM(B2:D2)

	A	B	C	D	E
1	姓名	语文	数学	英语	总成绩
2	张佳琪	82	90	88	260
3	韩蓓	91	92	90	
4	周志芳	78	82	92	
5	陈明月	86	88	88	
6	侯燕	80	98	91	
7	李晓梅	83	91	82	

图 7-15

❷ 向下复制公式到E7单元格。选中E4单元格，在公式编辑栏中可以看到该单元格的公式为“=SUM(B4:D4)”，如图7-16所示；选中E7单元格，在公式编辑栏中可以看到该单元格的公式为“=SUM(B7:D7)”，如图7-17所示。

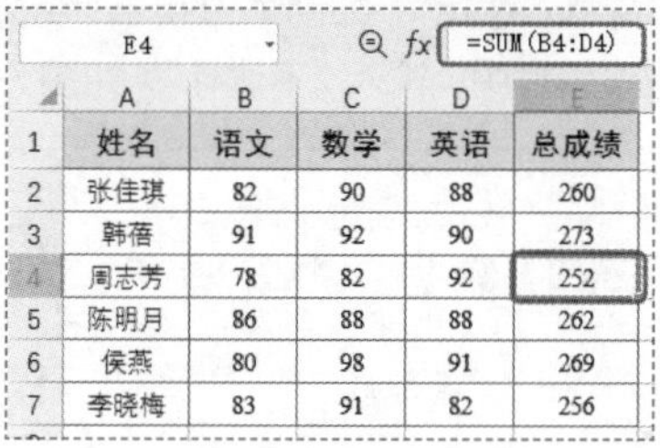

E4 =SUM(B4:D4)

	A	B	C	D	E
1	姓名	语文	数学	英语	总成绩
2	张佳琪	82	90	88	260
3	韩蓓	91	92	90	273
4	周志芳	78	82	92	252
5	陈明月	86	88	88	262
6	侯燕	80	98	91	269
7	李晓梅	83	91	82	256

图 7-16

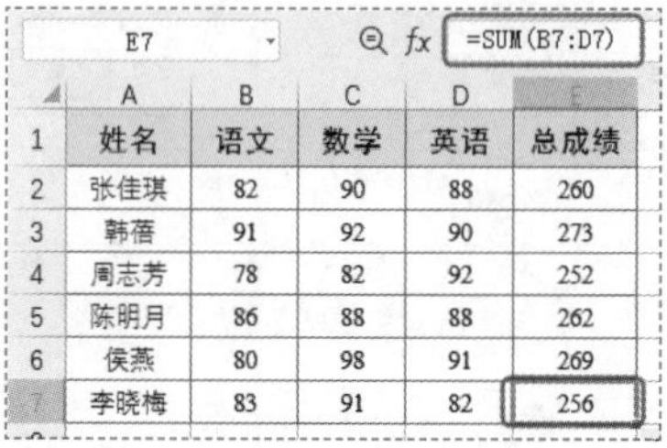

E7 =SUM(B7:D7)

	A	B	C	D	E
1	姓名	语文	数学	英语	总成绩
2	张佳琪	82	90	88	260
3	韩蓓	91	92	90	273
4	周志芳	78	82	92	252
5	陈明月	86	88	88	262
6	侯燕	80	98	91	269
7	李晓梅	83	91	82	256

图 7-17

2. 绝对引用数据源

绝对引用数据源是指当把公式复制或者填入到新位置时，公式中对单元格的引用保持不变。要对数据源采用绝对引用方式，需要使用“$”符号进行标注，其显示形式为$A$1、$A$2:$B$2等。

本例中要求计算每笔营业额在所有营业额中所占的百分比，这里对整体营业额数据（$B$2:$B$6）的引用应当自始至终不发生变化，因此需要使用绝对引用数据源。

❶ 选中C2单元格，在公式编辑栏中可以看到该单元格的公式为“=B2/SUM ($B$2:$B$6)”，如图7-18所示。

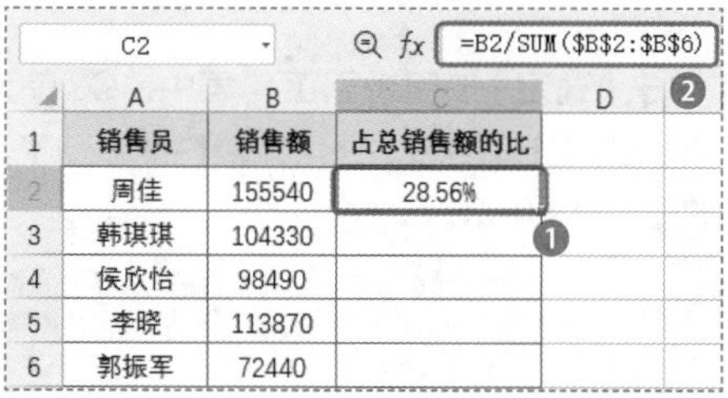

C2 =B2/SUM($B$2:$B$6)

	A	B	C	D
1	销售员	销售额	占总销售额的比	
2	周佳	155540	28.56%	
3	韩琪琪	104330		
4	侯欣怡	98490		
5	李晓	113870		
6	郭振军	72440		

图 7-18

❷ 向下复制公式到C6单元格。选中C4单元格，在公式编辑栏中可以看到该单元格的公式为“=B4/SUM($B$2:$B$6)”，如图7-19所示；选中C6单元格，在公式编辑栏中可以看到该单元格的公式为“=B6/SUM($B$2:$B$6)”，如图7-20所示。

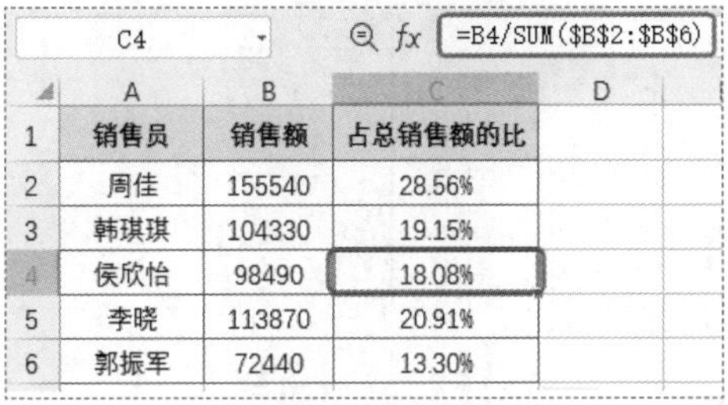

C4
=B4/SUM($B$2:$B$6)
销售员 销售额 占总销售额的比
周佳 155540 28.56%
韩琪琪 104330 19.15%
侯欣怡 98490 18.08%
李晓 113870 20.91%
郭振军 72440 13.30%

图7-19

C6
=B6/SUM($B$2:$B$6)
销售员 销售额 占总销售额的比
周佳 155540 28.56%
韩琪琪 104330 19.15%
侯欣怡 98490 18.08%
李晓 113870 20.91%
郭振军 72440 13.30%

图7-20

通过对比C2、C4、C6单元格的公式可以发现，只有相对引用的数据源发生相对变化，而绝对引用的数据源始终不发生变化。而在本例中正是要求用于求总和的除数不能发生变化，为了达到这种计算效果，此处就必须使用绝对引用。如果使用相对引用，求出的结果就不正确了。相对引用与绝对引用通常会配合使用，在下面的内容中将会有所体现，读者可以边学习边体会其正确用法。

7.1.4 初学者对函数的学习方法

扫一扫，看视频

不同的函数可以解决不同的运算，因此学习函数时先要了解其功能，再学会它的参数设置规则，只有做到这两点才能设计出可以解决问题的公式。初学者学习函数一般要使用函数的帮助文件。例如，本例中需要了解SUMIF函数的详细功能、语法以及参数说明。

❶ 选中E2单元格，将光标定位到公式编辑栏中，输入“=SUMIF(”，此时编辑栏下方出现函数提示，移动光标至函数名上，然后单击函数名，如图7-21所示。

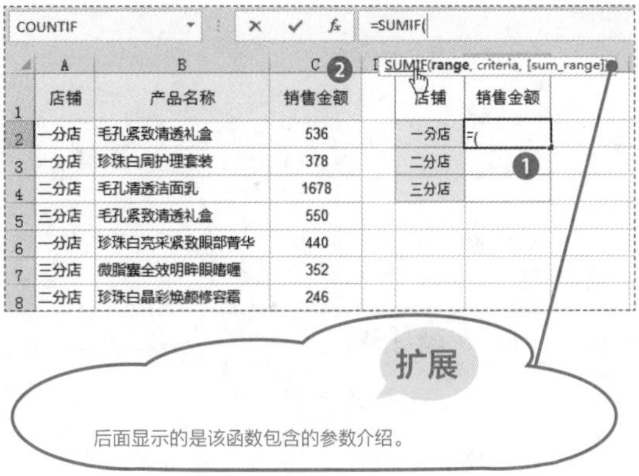

图7-21

❷ 打开“Excel帮助”对话框，在帮助文档中可看到函数的视频讲解以及详细的功能、语法、参数说明，如图7-22所示。移动滚动条可看到下面的例子。

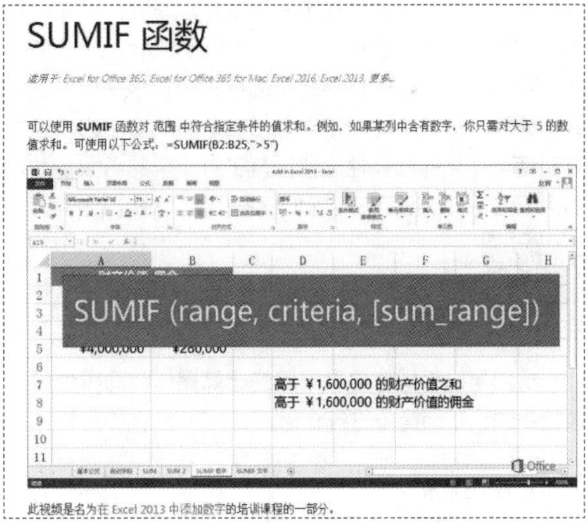

图7-22

❸ 也可以在“百度”中进行搜索。例如，搜索“SUMIF函数”关键词，则可以通过“百度知道”学习该函数，如图7-23所示。

SUMIF函数
SUMIF函数是Excel常用函数。使用 SUMIF 函数可以对报表范围中符合指定条件的值求和。Excel中sumif函数的用法是根据指定条件对若干单元格、区域或引用求和。
中文名 条件求和函数
表达式 SUMIF(range，criteria，sum_range)
目录
1 定义
2 语法
3 说明
4 补充
定义
sumif函数语法是：SUMIF(range，criteria，sum_range)
sumif函数的参数如下：
第一个参数：Range为条件区域，用于条件判断的单元格区域。
第二个参数：Criteria是求和条件，由数字、逻辑表达式等组成的判定条件。
第三个参数：Sum_range 为实际求和区域，需要求和的单元格、区域或引用。
当省略第三个参数时，则条件区域就是实际求和区域。
扩展
在网页中滑动下翻，“百度知道”中一般还会提供不少实用易学的范例。

图 7-23

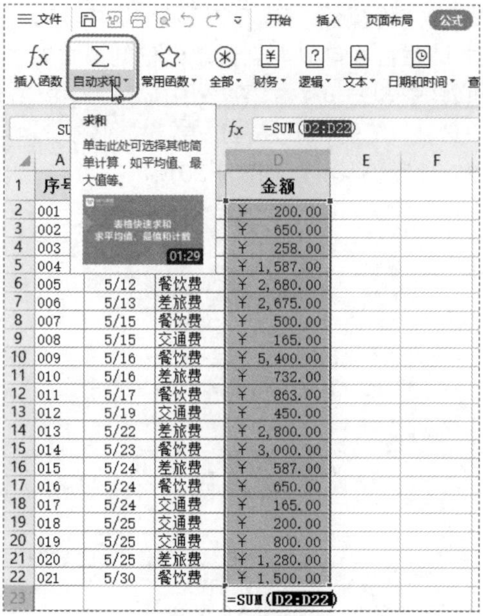
文件
开始
插入
页面布局
公式
插入函数
自动求和
常用函数
全部
财务
逻辑
文本
日期和时间
求和
单击此处可选择其他简单计算，如平均值、最大值等。
=SUM(D2:D22)
序号
金额
=SUM(D2:D22)

图 7-24

7.2 集成的【自动求和】按钮

【自动求和】按钮是WPS程序集成的一个按钮，该按钮不仅能用来进行求和运算，还包含求平均值、计数、求最大值和最小值几个最常用的函数。另外，其中还包含了【条件统计】选项，这个选项用于对条件进行判断，然后实现只对满足条件的记录进行求和、求平均值、计数统计等。这项功能对初学者而言是非常实用的，因为它利用可视化的选择性设置代替了对复杂的函数参数规则的记忆，可以让用户轻松地根据提示完成公式的设计。

扫一扫，看视频

7.2.1 快速求和与求平均值

求和与求平均值是最常用的计算操作，同时也是比较简单的，下面简单进行介绍。

1. 快速求和

❶ 选中要显示求和数值的单元格，在【公式】选项卡中单击【自动求和】按钮，这时可以看到插入了SUM函数，并且根据当前选中单元格周围的数据源自动显示了参与求和的参数，如图7-24 所示。如果参数是正确的，按Enter键后即可得出计算结果，如图7-25 所示。

	A	B	C	D
1	序号	日期	类别	金额
2	001	5/5	交通费	￥ 200.00
3	002	5/7	差旅费	￥ 650.00
4	003	5/10	差旅费	￥ 258.00
5	004	5/11	差旅费	￥ 1,587.00
6	005	5/12	餐饮费	￥ 2,680.00
7	006	5/13	差旅费	￥ 2,675.00
8	007	5/15	餐饮费	￥ 500.00
9	008	5/15	交通费	￥ 165.00
10	009	5/16	餐饮费	￥ 5,400.00
11	010	5/16	差旅费	￥ 732.00
12	011	5/17	餐饮费	￥ 863.00
13	012	5/19	交通费	￥ 450.00
14	013	5/22	差旅费	￥ 2,800.00
15	014	5/23	餐饮费	￥ 3,000.00
16	015	5/24	差旅费	￥ 587.00
17	016	5/24	餐饮费	￥ 650.00
18	017	5/24	交通费	￥ 165.00
19	018	5/25	交通费	￥ 200.00
20	019	5/25	交通费	￥ 800.00
21	020	5/25	差旅费	￥ 1,280.00
22	021	5/30	餐饮费	￥ 1,500.00
23				27142

图 7-25

❷ 如果默认的参数不是所需要的，则可以重新选择。例如，本例中只想对上半个月的支出金额进行求和，则直接用鼠标在数据区域上拖动重新选取即可更改数据源，如图7-26 所示。按Enter键后即可得出计算结果，如图7-27 所示。

	A	B	C	D
1	序号	日期	类别	金额
2	001	5/5	交通费	￥ 200.00
3	002	5/7	差旅费	￥ 650.00
4	003	5/10	差旅费	￥ 258.00
5	004	5/11	差旅费	￥ 1,587.00
6	005	5/12	餐饮费	￥ 2,680.00
7	006	5/13	差旅费	￥ 2,675.00
8	007	5/15	餐饮费	￥ 500.00
9	008	5/15	交通费	￥ 165.00
10	009	5/16	餐饮费	￥ 5,400.00
11	010	5/16	差旅费	￥ 732.00
12	011	5/17	餐饮费	￥ 863.00
13	012	5/19	交通费	￥ 450.00
14	013	5/22	差旅费	￥ 2,800.00
15	014	5/23	餐饮费	￥ 3,000.00
16	015	5/24	差旅费	￥ 587.00
17	016	5/24	餐饮费	￥ 650.00
18	017	5/24	交通费	￥ 165.00
19	018	5/25	交通费	￥ 200.00
20	019	5/25	交通费	￥ 800.00
21	020	5/25	差旅费	￥ 1,280.00
22	021	5/30	餐饮费	￥ 1,500.00
23				SUM(D2:D9)

图 7-26

	A	B	C	D
1	序号	日期	类别	金额
2	001	5/5	交通费	￥ 200.00
3	002	5/7	差旅费	￥ 650.00
4	003	5/10	差旅费	￥ 258.00
5	004	5/11	差旅费	￥ 1,587.00
6	005	5/12	餐饮费	￥ 2,680.00
7	006	5/13	差旅费	￥ 2,675.00
8	007	5/15	餐饮费	￥ 500.00
9	008	5/15	交通费	￥ 165.00
10	009	5/16	餐饮费	￥ 5,400.00
11	010	5/16	差旅费	￥ 732.00
12	011	5/17	餐饮费	￥ 863.00
13	012	5/19	交通费	￥ 450.00
14	013	5/22	差旅费	￥ 2,800.00
15	014	5/23	餐饮费	￥ 3,000.00
16	015	5/24	差旅费	￥ 587.00
17	016	5/24	餐饮费	￥ 650.00
18	017	5/24	交通费	￥ 165.00
19	018	5/25	交通费	￥ 200.00
20	019	5/25	交通费	￥ 800.00
21	020	5/25	差旅费	￥ 1,280.00
22	021	5/30	餐饮费	￥ 1,500.00
23				8715

图 7-27

2. 快速求平均值

❶ 选中要显示平均值的单元格，在【公式】选项卡中单击【自动求和】右侧的下拉按钮，在打开的下拉列表中选择【平均值】(见图7-28)，这时会自动插入平均值函数，如图7-29 所示。

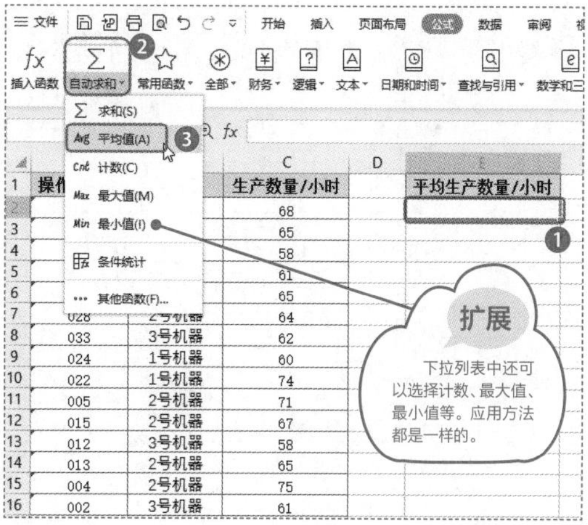

图 7-28

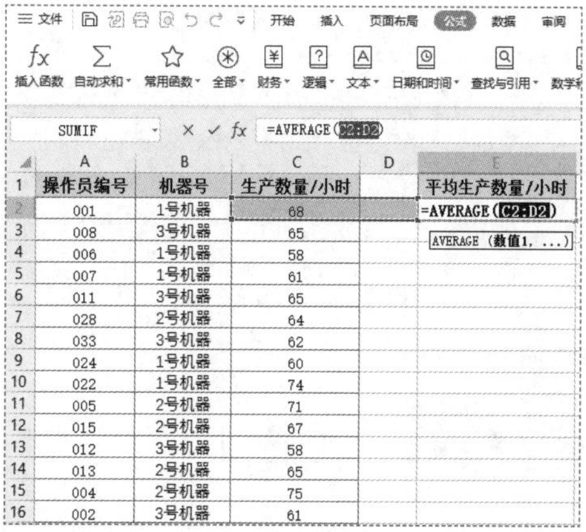

	A	B	C	D	E
1	操作员编号	机器号	生产数量/小时		平均生产数量/小时
2	001	1号机器	68		=AVERAGE(C2:D2)
3	008	3号机器	65		
4	006	1号机器	58		
5	007	1号机器	61		
6	011	3号机器	65		
7	028	2号机器	64		
8	033	3号机器	62		
9	024	1号机器	60		
10	022	1号机器	74		
11	005	2号机器	71		
12	015	2号机器	67		
13	012	3号机器	58		
14	013	2号机器	65		
15	004	2号机器	75		
16	002	3号机器	61		

图 7-29

❷ 利用鼠标拖动重新选取数据源，如图7-30 所示。按Enter键后即可得出计算结果，如图7-31 所示。

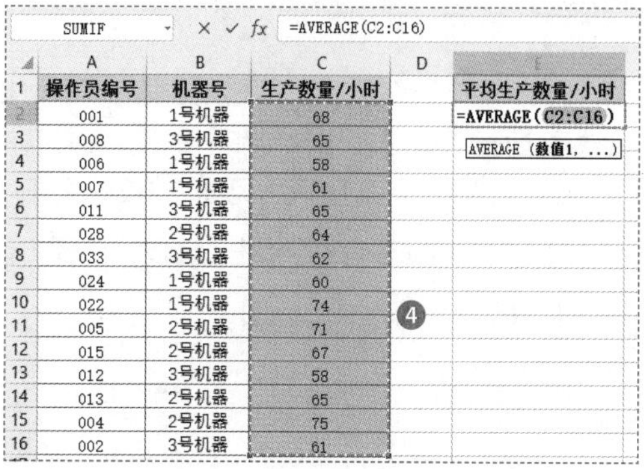

	A	B	C	D	E
1	操作员编号	机器号	生产数量/小时		平均生产数量/小时
2	001	1号机器	68		=AVERAGE(C2:C16)
3	008	3号机器	65		
4	006	1号机器	58		
5	007	1号机器	61		
6	011	3号机器	65		
7	028	2号机器	64		
8	033	3号机器	62		
9	024	1号机器	60		
10	022	1号机器	74		
11	005	2号机器	71		
12	015	2号机器	67		
13	012	3号机器	58		
14	013	2号机器	65		
15	004	2号机器	75		
16	002	3号机器	61		

图 7-30

	A	B	C	D	E
1	操作员编号	机器号	生产数量/小时		平均生产数量/小时
2	001	1号机器	68		64.93333333
3	008	3号机器	65		
4	006	1号机器	58		
5	007	1号机器	61		
6	011	3号机器	65		
7	028	2号机器	64		
8	033	3号机器	62		
9	024	1号机器	60		
10	022	1号机器	74		
11	005	2号机器	71		
12	015	2号机器	67		
13	012	3号机器	58		
14	013	2号机器	65		
15	004	2号机器	75		
16	002	3号机器	61		

图 7-31

技巧点拨

计数函数是COUNT函数，用于统计给定数据集合或者单元格区域中数据的个数。其衍生的函数还有COUNTA（统计指定区域内包含文本和逻辑值的单元格个数）、COUNTBLANK（统计指定单元格区域中空白单元格的个数）以及COUNTIF（在7.2.2小节中讲解）等。

7.2.2 按条件统计

扫一扫，看视频

【自动求和】按钮下集成了条件统计的功能，可以实现按条件求和、求平均值、计数、求最大值、求最小值等。

1. 按条件求和

例如，在本例中要求分类别统计出各个类别费用的支出金额。

❶ 首先在表格的空白处建立费用类别的标识，接着在【公式】选项卡中单击【自动求和】按钮，在打开的下拉列表中选择【条件统计】命令（见图7-32），打开【条件统计】对话框（见图7-33），单击 按钮回到工作表中选中所有数据单元格区域，如图7-34所示。

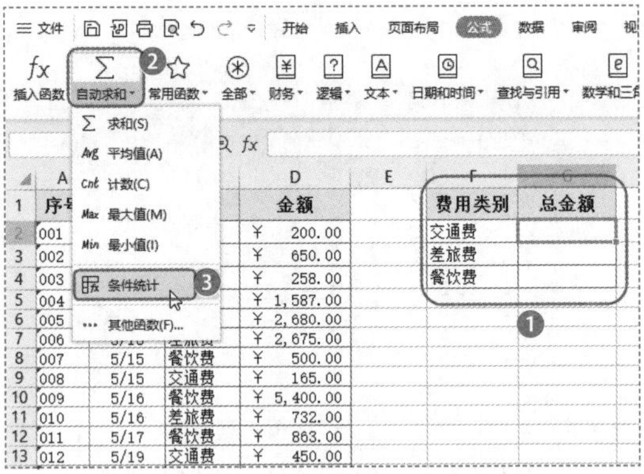

图 7-32

图 7-33

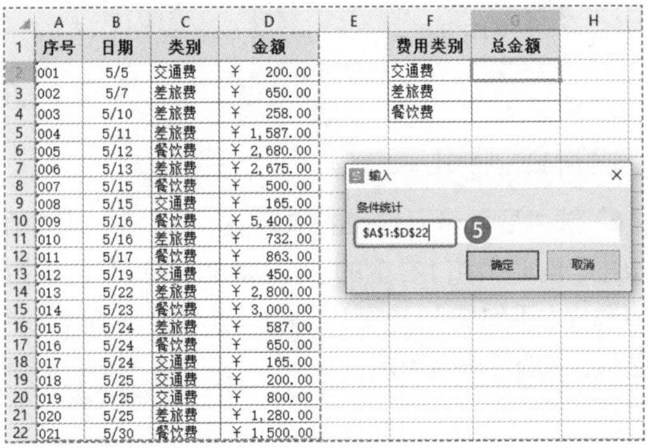

图 7-34

❷ 单击【确定】按钮回到【条件统计】对话框。单击【下一步】按钮，选择合适的【数据统计方式】。默认选择的是【求和】，因此不用更改;【计算数据列】选择为“金额”列，如图7-35所示。因为是要对不同的费用类别进行判断，所以条件判断的区域选择为【类别】（见图7-36），条件设置为【是】→【F2】，如图7-37所示。

图 7-35

图 7-36

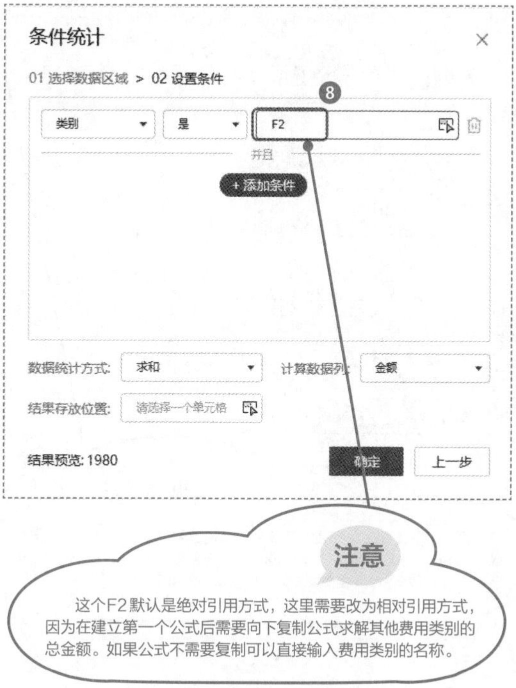

图 7-37

❸ 设置结果存放位置，如图7-38所示。

图 7-38

❹ 单击【确定】按钮即可求出“交通费”的总金额，如图7-39所示。接着向下复制公式到G4单元格，可以依次求出其他费用类别的总金额，如图7-40所示。

G2　=SUMIFS(求和!$D$2:$D$22,求和!$C$2:$C$22,(求和!F2))

	A	B	C	D	E	F	G	H
1	序号	日期	类别	金额		费用类别	总金额	
2	001	5/5	交通费	￥ 200.00		交通费	1980	
3	002	5/7	差旅费	￥ 650.00		差旅费		
4	003	5/10	差旅费	￥ 258.00		餐饮费		
5	004	5/11	差旅费	￥ 1,587.00				
6	005	5/12	餐饮费	￥ 2,680.00				
7	006	5/13	差旅费	￥ 2,675.00				
8	007	5/15	餐饮费	￥ 500.00				
9	008	5/15	交通费	￥ 165.00				
10	009	5/16	餐饮费	￥ 5,400.00				
11	010	5/16	差旅费	￥ 732.00				
12	011	5/17	餐饮费	￥ 863.00				
13	012	5/19	交通费	￥ 450.00				
14	013	5/22	差旅费	￥ 2,800.00				
15	014	5/23	餐饮费	￥ 3,000.00				
16	015	5/24	差旅费	￥ 587.00				
17	016	5/24	餐饮费	￥ 650.00				
18	017	5/24	交通费	￥ 165.00				
19	018	5/25	交通费	￥ 200.00				
20	019	5/25	交通费	￥ 800.00				
21	020	5/25	差旅费	￥ 1,280.00				
22	021	5/30	餐饮费	￥ 1,500.00				

注意
这里可以通过建立的公式理解关于数据源的绝对引用与相对引用方式，条件判断的区域和用于求和的区域都是不能变动的，所以是绝对引用；而用于条件判断的单元格需要变动，所以是相对引用。

图 7-39

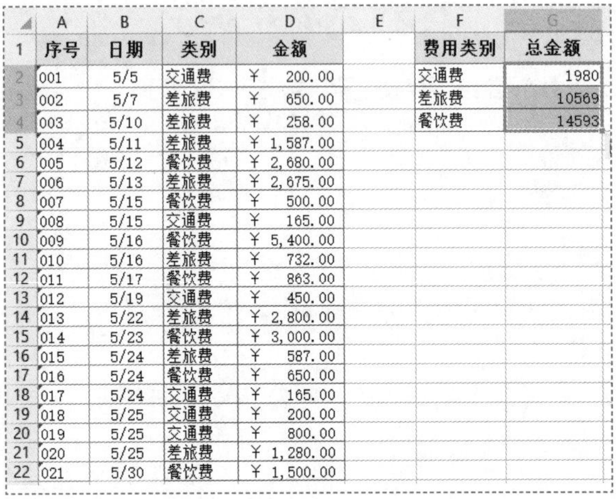

	A	B	C	D	E	F	G
1	序号	日期	类别	金额		费用类别	总金额
2	001	5/5	交通费	￥ 200.00		交通费	1980
3	002	5/7	差旅费	￥ 650.00		差旅费	10569
4	003	5/10	差旅费	￥ 258.00		餐饮费	14593
5	004	5/11	差旅费	￥ 1,587.00			
6	005	5/12	餐饮费	￥ 2,680.00			
7	006	5/13	差旅费	￥ 2,675.00			
8	007	5/15	餐饮费	￥ 500.00			
9	008	5/15	交通费	￥ 165.00			
10	009	5/16	餐饮费	￥ 5,400.00			
11	010	5/16	差旅费	￥ 732.00			
12	011	5/17	餐饮费	￥ 863.00			
13	012	5/19	交通费	￥ 450.00			
14	013	5/22	差旅费	￥ 2,800.00			
15	014	5/23	餐饮费	￥ 3,000.00			
16	015	5/24	差旅费	￥ 587.00			
17	016	5/24	餐饮费	￥ 650.00			
18	017	5/24	交通费	￥ 165.00			
19	018	5/25	交通费	￥ 200.00			
20	019	5/25	交通费	￥ 800.00			
21	020	5/25	差旅费	￥ 1,280.00			
22	021	5/30	餐饮费	￥ 1,500.00			

图 7-40

2. 按条件求平均值

按条件求平均值的操作方法与“按条件求和”类似，本例的条件是判断不同的机器号，然后统计出各个不同的机器号的平均生产数量。

❶ 在表格的空白处建立机器号标识，如图7-41所示。

	A	B	C	D	E	F
1	操作员编号	机器号	生产数量/小时		机器号	平均生产数量/小时
2	001	1号机器	68		1号机器	
3	008	3号机器	65		2号机器	
4	006	1号机器	58		3号机器	
5	007	1号机器	61			
6	011	3号机器	65			
7	028	2号机器	64			
8	033	3号机器	62			
9	024	1号机器	60			
10	022	1号机器	74			
11	005	2号机器	71			
12	015	2号机器	67			
13	012	3号机器	58			
14	013	2号机器	65			
15	004	2号机器	75			
16	002	3号机器	61			

图 7-41

❷ 按照上一小节相同的方法打开【条件统计】对话框，将【数据统计方式】设置为【平均】，如图7-42所示；统计条件依次设置为【机器号】→【是】→【E2】；【计算数据列】选择为“生产数量/小时”列；设置【结果存放位置】为$F$2单元格，如图7-43所示。

❸ 单击【确定】按钮即可求出“1号机器”的平均生产数量/小时，如图7-44所示。接着向下复制公式到F4单元格，可以依次求出其他机器的平均生产数量/小时，如图7-45所示。

图 7-42

图 7-43

	A	B	C	D	E	F
1	操作员编号	机器号	生产数量/小时		机器号	平均生产数量/小时
2	001	1号机器	68		1号机器	64.2
3	008	3号机器	65		2号机器	
4	006	1号机器	58		3号机器	
5	007	1号机器	61			
6	011	3号机器	65			
7	028	2号机器	64			
8	033	3号机器	62			
9	024	1号机器	60			
10	022	1号机器	74			
11	005	2号机器	71			
12	015	2号机器	67			
13	012	3号机器	58			
14	013	2号机器	65			
15	004	2号机器	75			
16	002	3号机器	61			

图 7-44

	A	B	C	D	E	F
1	操作员编号	机器号	生产数量/小时		机器号	平均生产数量/小时
2	001	1号机器	68		1号机器	64.2
3	008	3号机器	65		2号机器	68.4
4	006	1号机器	58		3号机器	62.2
5	007	1号机器	61			
6	011	3号机器	65			
7	028	2号机器	64			
8	033	3号机器	62			
9	024	1号机器	60			
10	022	1号机器	74			
11	005	2号机器	71			
12	015	2号机器	67			
13	012	3号机器	58			
14	013	2号机器	65			
15	004	2号机器	75			
16	002	3号机器	61			

图 7-45

3. 按条件计数

按条件计数是指先判断条件，然后统计出满足条件的条目数。例如，本例中要求按分数段统计人数，这样的实例在日常教学的过程中是经常需要使用的。

❶ 在表格的空白处建立成绩区间的标识，如图7-46所示。

	A	B	C	D	E	F
1	姓名	性别	成绩		成绩区间	人数
2	郝佳怡	女	78		<80	
3	王浩宇	男	90		80~90	
4	叶伊伊	女	93		90及以上	
5	郝凌云	女	85			
6	李成雪	女	96			
7	陈江远	男	76			
8	刘澈	女	82			
9	苏瑞瑞	女	90			
10	苏俊成	男	87			
11	周洋	男	92			
12	林成瑞	男	85			
13	邹阳阳	男	80			
14	张景源	男	84			
15	杨冰冰	女	89			
16	肖诗雨	女	93			
17	田心贝	女	88			
18	何心怡	女	78			
19	徐梓瑞	男	89			
20	胡晓阳	男	95			

图 7-46

❷ 按照上一小节相同的方法打开【条件统计】对话框，将【数据统计方式】设置为【计数】；数据区域选择为【成绩】，判断条件在下拉列表中选择为【小于】（见图7-47），并设置值为80，如图7-48所示。

❸ 设置【结果存放位置】为$F$2单元格，单击【确定】按钮，统计出成绩小于80分的人数，如图7-49所示。

图 7-47

图 7-48

姓名	性别	成绩		成绩区间	人数
郝佳怡	女	78		<80	3
王浩宇	男	90		80~90	
叶伊伊	女	93		90及以上	
郝凌云	女	85			
李成雪	女	96			
陈江远	男	76			
刘澈	女	82			
苏瑞瑞	女	90			
苏俊成	男	87			
周洋	男	92			
林成瑞	男	85			
邹阳阳	男	80			
张景源	男	84			
杨冰冰	女	89			
肖诗雨	女	93			
田心贝	女	88			
何心怡	女	78			
徐梓瑞	男	89			
胡晓阳	男	95			

图 7-49

❹ 再次打开【条件统计】对话框，设置第1个判断条件为【成绩】→【大于等于】→【80】，如图7-50所示；单击【添加条件】按钮，设置第2个判断条件为【成绩】→【小于】→【90】，设置【结果存放位置】为$F$3单元格，如图7-51所示。

图 7-50

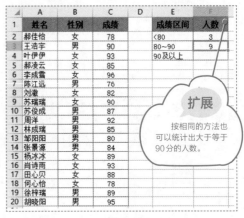

图 7-51

❺ 单击【确定】按钮，统计出成绩在80~90分的人数，如图7-52所示。

姓名	性别	成绩		成绩区间	人数
郝佳怡	女	78		<80	3
王浩宇	男	90		80~90	9
叶伊伊	女	93		90及以上	
郝凌云	女	85			
李成雪	女	96			
陈江远	男	76			
刘澈	女	82			
苏瑞瑞	女	90			
苏俊成	男	87			
周洋	男	92			
林成瑞	男	85			
邹阳阳	男	80			
张景源	男	84			
杨冰冰	女	89			
肖诗雨	女	93			
田心贝	女	88			
何心怡	女	78			
徐梓瑞	男	89			
胡晓阳	男	95			

扩展

按相同的方法也可以统计出大于等于90分的人数。

图 7-52

7.3 常用的几个公式

函数的学习不是一朝一夕之功，WPS表格程序在这方面考虑得可谓是非常周到。除了前面介绍的【自动求和】按钮之外，WPS表格程序还集成了几个最常用的公式，以便于用户根据智能提示完成公式的编辑。

7.3.1 计算个人所得税的公式

扫一扫，看视频

个人所得税的计算需要考虑税率、速算扣除数，通过编辑公式是可以进行求解的，但由于公式设计起来比较复杂，很多初学者难以设计出来。WPS表格程序中集成了这样一个公式，让计算所得税变得非常容易。

❶ 选中目标单元格，单击公式编辑栏左侧的 *fx* 按钮(见图7-53)，打开【插入函数】对话框。

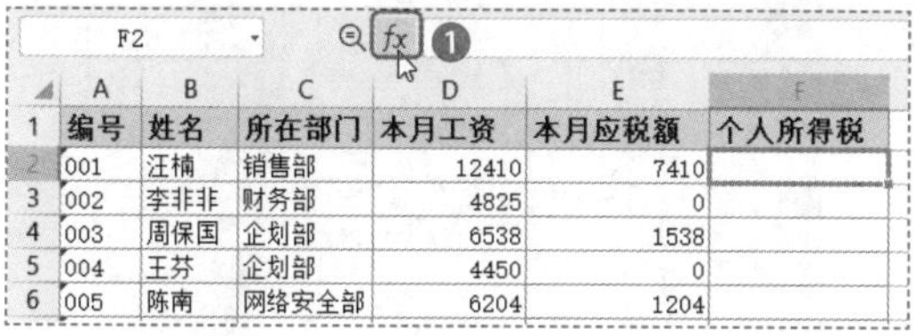

	A	B	C	D	E	F
1	编号	姓名	所在部门	本月工资	本月应税额	个人所得税
2	001	汪楠	销售部	12410	7410	
3	002	李菲菲	财务部	4825	0	
4	003	周保国	企划部	6538	1538	
5	004	王芬	企划部	4450	0	
6	005	陈南	网络安全部	6204	1204	

图 7-53

❷ 单击【常用公式】选项卡，在【公式列表】列表框中选择【计算个人所得税(2019-01-01 之后)】(见图7-54)，设置【本期应税额】为E2单元格，【前期累计应税额】与【前期累计扣税】可按实际情况设置(本例都为0)，如图7-55所示。

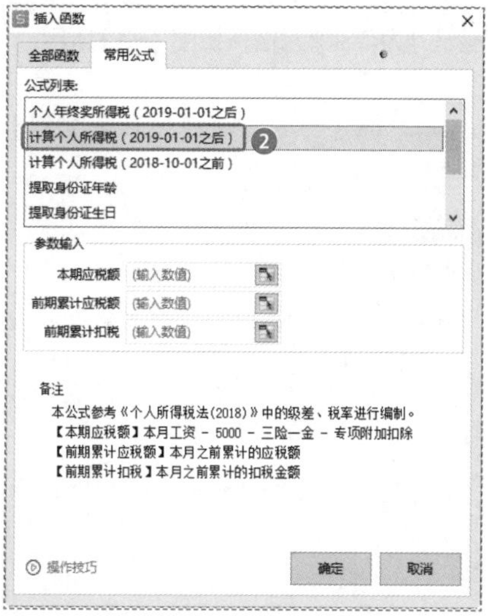

图 7-54

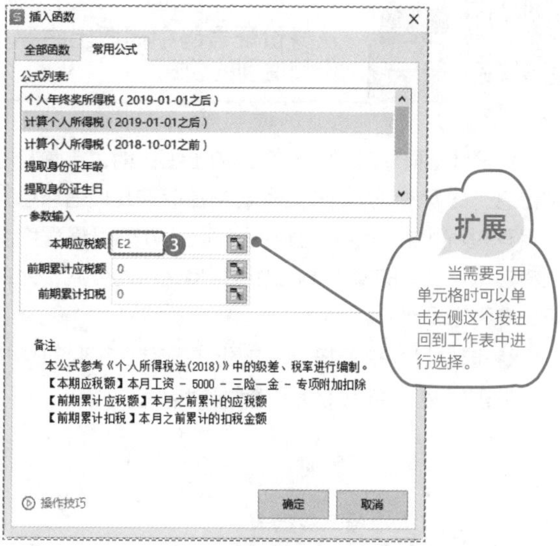

图 7-55

❸ 单击【确定】按钮，F2单元格中即计算出第一位员工的个人所得税，如图7-56所示。

	A	B	C	D	E	F
1	编号	姓名	所在部门	本月工资	本月应税额	个人所得税
2	001	汪楠	销售部	12410	7410	222.3
3	002	李菲菲	财务部	4825	0	
4	003	周保国	企划部	6538	1538	
5	004	王芬	企划部	4450	0	
6	005	陈南	网络安全部	6204	1204	
7	006	吴军	销售部	7400	2400	
8	009	马梅	销售部	26300	21300	

图 7-56

❹ 选中F2单元格，向下拖动填充柄复制公式，其他员工的个人所得税依次被求出，如图7-57所示。

	A	B	C	D	E	F
1	编号	姓名	所在部门	本月工资	本月应税额	个人所得税
2	001	汪楠	销售部	12410	7410	222.3
3	002	李菲菲	财务部	4825	0	0
4	003	周保国	企划部	6538	1538	46.14
5	004	王芬	企划部	4450	0	0
6	005	陈南	网络安全部	6204	1204	36.12
7	006	吴军	销售部	7400	2400	72
8	009	马梅	销售部	26300	21300	639
9	010	吴小华	财务部	5700	700	21
10	012	江小河	企划部	4850	0	0
11	016	陈华	销售部	13510	8510	255.3
12	017	刘俊	行政部	4250	0	0
13	018	邓校林	行政部	4800	0	0
14	019	汪明明	销售部	12500	7500	225
15	020	杨静	网络安全部	4179.7	0	0
16	021	汪任	销售部	20550	15550	466.5
17	022	张燕	销售部	30440	25440	763.2
18	023	江雷	企划部	7764.5	2764.5	82.94
19	024	彭华	财务部	4450	0	0
20	025	赵青	网络安全部	6544.5	1544.5	46.34
21	026	汪丽萍	销售部	24800	19800	594
22	027	王保国	网络安全部	5091.6	91.6	2.75

图 7-57

扫一扫，看视频

7.3.2 从身份证号码中提取出生年份和性别的公式

身份证号码中包含了一个人的出生日期、年龄及性别信息，如何做到从身份证号码中提取这几项信息是人事管理过程中的一个必备知识。而在WPS表格程序中则将提取这几项的操作集成为可直接使用的公式，为日常工作带来了便利。

❶ 选中目标单元格，单击公式编辑栏左侧的fx按钮（见图7-58），打开【插入函数】对话框。

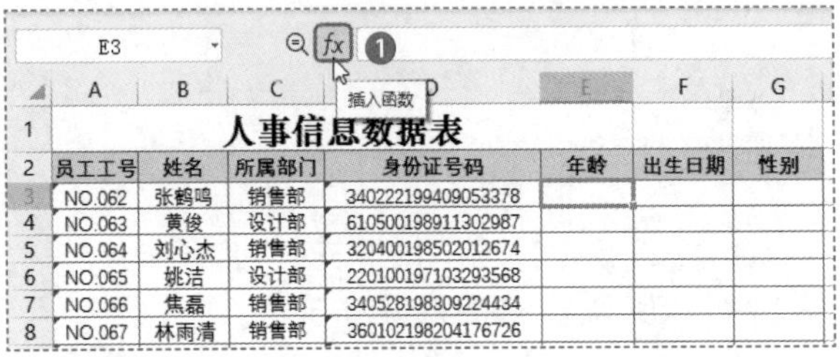

员工工号	姓名	所属部门	身份证号码	年龄	出生日期	性别
NO.062	张鹤鸣	销售部	340222199409053378			
NO.063	黄俊	设计部	610500198911302987			
NO.064	刘心杰	销售部	320400198502012674			
NO.065	姚洁	设计部	220100197103293568			
NO.066	焦磊	销售部	340528198309224434			
NO.067	林雨清	销售部	360102198204176726			

图 7-58

❷ 单击【常用公式】选项卡，在【公式列表】列表框中选择【提取身份证年龄】，在【身份证号码】框中设置为对D3单元格的引用，如图7-59所示。

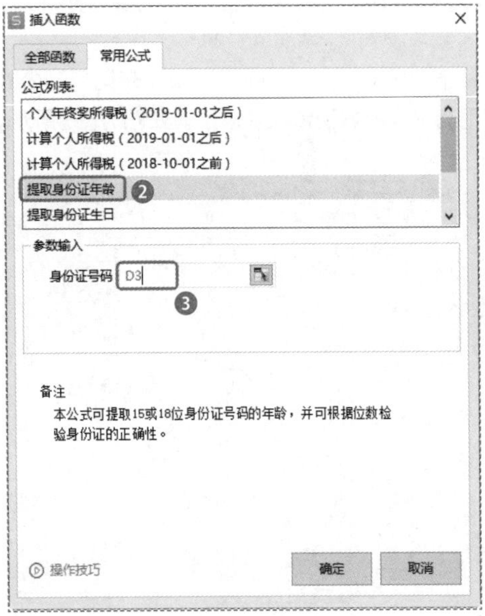

图 7-59

❸ 单击【确定】按钮，在E3单元格中返回了提取的年龄，如图7-60所示。

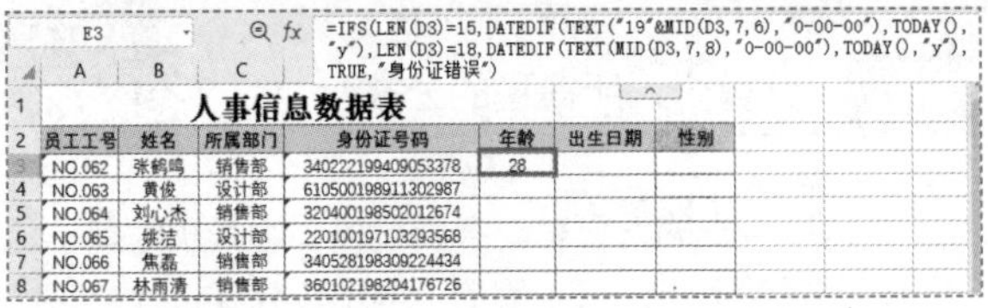

=IFS(LEN(D3)=15,DATEDIF(TEXT("19"&MID(D3,7,6),"0-00-00"),TODAY(),"y"),LEN(D3)=18,DATEDIF(TEXT(MID(D3,7,8),"0-00-00"),TODAY(),"y"),TRUE,"身份证错误")

员工工号	姓名	所属部门	身份证号码	年龄	出生日期	性别
NO.062	张鹤鸣	销售部	340222199409053378	28		
NO.063	黄俊	设计部	610500198911302987			
NO.064	刘心杰	销售部	320400198502012674			
NO.065	姚洁	设计部	220100197103293568			
NO.066	焦磊	销售部	340528198309224434			
NO.067	林雨清	销售部	360102198204176726			

图 7-60

❹ 选中E3单元格，向下拖动填充柄复制公式，依次根据身份证号码提取年龄，如图7-61所示。

员工工号	姓名	所属部门	身份证号码	年龄	出生日期
NO.062	张鹤鸣	销售部	340222199409053378	28	
NO.063	黄俊	设计部	610500198911302987	33	
NO.064	刘心杰	销售部	320400198502012674	38	
NO.065	姚洁	设计部	220100197103293568	51	
NO.066	焦磊	销售部	340528198309224434	39	
NO.067	林雨清	销售部	360102198204176726	40	
NO.068	魏清清	销售部	510100198206071266	40	
NO.069	李强	销售部	340400199304292699	29	
NO.070	唐晓燕	设计部	510300199411252040	28	
NO.071	郑丽莉	市场部	130100199308172385	29	
NO.072	马同军	市场部	520100199208030356	30	
NO.073	莫晓波	市场部	340102199005091278	32	
NO.074	陈家乐	研发部	340223199305153355	29	
NO.075	陈玉	研发部	340528199312024564	29	
NO.076	张亚明	行政部	340102199002138990	33	
NO.077	张华	客服部	360106199107273276	31	
NO.078	郝亮	行政部	320400199212012374	30	
NO.079	吴小华	市场部	320600199402183578	29	
NO.080	刘平	客服部	340528199309024534	29	
NO.081	韩雨菲	设计部	510100199208061246	30	
NO.084	杨吉秀	市场部	510300199404252000	28	
NO.085	魏娟	设计部	340528199106237624	31	
NO.086	张茹	销售部	330300199311082486	29	

图 7-61

❺ 选中F3单元格，再次打开【插入函数】对话框，在【公式列表】列表框中选择【提取身份证生日】，设置【身份证号码】为D3单元格，如图7-62所示。

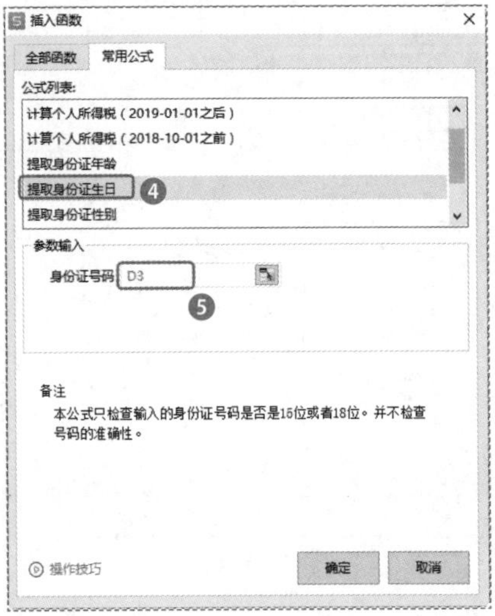

图 7-62

❻ 单击【确定】按钮，在F3单元格中返回提取的出生日期，通过向下拖动填充柄复制公式批量返回出生日期，如图7-63所示。

	A	B	C	D	E	F	G
1	人事信息数据表						
2	员工工号	姓名	所属部门	身份证号码	年龄	出生日期	性别
3	NO.062	张鹤鸣	销售部	340222199409053378	28	1994/9/5	
4	NO.063	黄俊	设计部	610500198911302987	33	1989/11/30	
5	NO.064	刘心杰	销售部	320400198502012674	38	1985/2/1	
6	NO.065	姚洁	设计部	220100197103293568	51	1971/3/29	
7	NO.066	焦磊	销售部	340528198309224434	39	1983/9/22	
8	NO.067	林雨清	销售部	360102198204176726	40	1982/4/17	
9	NO.068	魏清清	销售部	510100198206071266	40	1982/6/7	
10	NO.069	李强	销售部	340400199304292699	29	1993/4/29	
11	NO.070	唐晓燕	设计部	510300199411252040	28	1994/11/25	
12	NO.071	郑丽莉	市场部	130100199308172385	29	1993/8/17	
13	NO.072	马同军	市场部	520100199208030356	30	1992/8/3	
14	NO.073	莫晓波	市场部	340102199005091278	32	1990/5/9	
15	NO.074	陈家乐	研发部	340223199305153355	29	1993/5/15	
16	NO.075	陈玉	研发部	340528199312024564	29	1993/12/2	
17	NO.076	张亚明	行政部	340102199002138990	33	1990/2/13	
18	NO.077	张华	客服部	360106199107273276	31	1991/7/27	
19	NO.078	郝亮	行政部	320400199212012374	30	1992/12/1	
20	NO.079	吴小华	市场部	320600199402183578	29	1994/2/18	
21	NO.080	刘平	客服部	340528199309024534	29	1993/9/2	
22	NO.081	韩雨非	设计部	510100199208061246	30	1992/8/6	
23	NO.084	杨吉秀	市场部	510300199404252000	28	1994/4/25	
24	NO.085	魏娟	设计部	340528199106237624	31	1991/6/23	
25	NO.086	张茹	销售部	330300199311082486	29	1993/11/8	

图 7-63

❼ 选中G3单元格，再次打开【插入函数】对话框，在【公式列表】列表框中选择【提取身份证性别】，设置【身份证号码】为D3单元格，如图7-64所示。

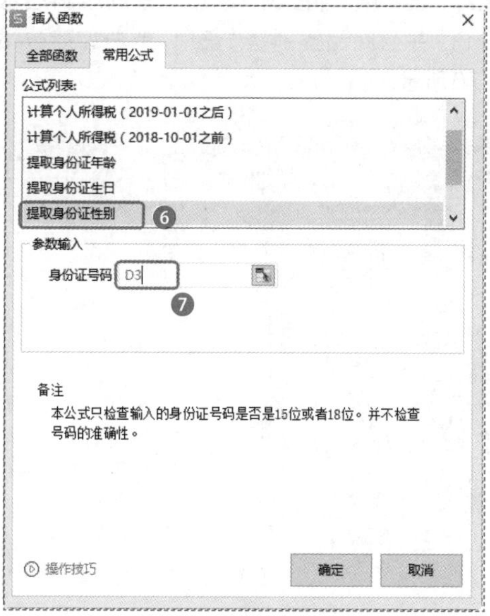

图 7-64

❽ 单击【确定】按钮，在G3单元格中返回提取的性别，通过向下拖动填充柄复制公式批量返回性别，如图7-65所示。

	A	B	C	D	E	F	G
1	人事信息数据表						
2	员工工号	姓名	所属部门	身份证号码	年龄	出生日期	性别
3	NO.062	张鹤鸣	销售部	340222199409053378	28	1994/9/5	男
4	NO.063	黄俊	设计部	610500198911302987	33	1989/11/30	女
5	NO.064	刘心杰	销售部	320400198502012674	38	1985/2/1	男
6	NO.065	姚洁	设计部	220100197103293568	51	1971/3/29	女
7	NO.066	焦磊	销售部	340528198309224434	39	1983/9/22	男
8	NO.067	林雨清	销售部	360102198204176726	40	1982/4/17	女
9	NO.068	魏清清	销售部	510100198206071266	40	1982/6/7	女
10	NO.069	李强	销售部	340400199304292699	29	1993/4/29	男
11	NO.070	唐晓燕	设计部	510300199411252040	28	1994/11/25	女
12	NO.071	郑丽莉	市场部	130100199308172385	29	1993/8/17	女
13	NO.072	马同军	市场部	520100199208030356	30	1992/8/3	男
14	NO.073	莫晓波	市场部	340102199005091278	32	1990/5/9	男
15	NO.074	陈家乐	研发部	340223199305153355	29	1993/5/15	男
16	NO.075	陈玉	研发部	340528199312024564	29	1993/12/2	女
17	NO.076	张亚明	行政部	340102199002138990	33	1990/2/13	男
18	NO.077	张华	客服部	360106199107273276	31	1991/7/27	男
19	NO.078	郝亮	行政部	320400199212012374	30	1992/12/1	男
20	NO.079	吴小华	市场部	320600199402183578	29	1994/2/18	男
21	NO.080	刘平	客服部	340528199309024534	29	1993/9/2	男
22	NO.081	韩雨非	设计部	510100199208061246	30	1992/8/6	女
23	NO.084	杨吉秀	市场部	510300199404252000	28	1994/4/25	女
24	NO.085	魏娟	设计部	340528199106237624	31	1991/6/23	女
25	NO.086	张茹	销售部	330300199311082486	29	1993/11/8	女

图 7-65

7.3.3 按条件求和的公式

扫一扫，看视频

在7.2.2小节中介绍了利用【自动求和】按钮下集成的【条件统计】命令实现按条件求和的操作，举例介绍的是单条件的求和运算。另外，实现按条件求和也可以在【插入函数】对话框中选择常用公式，本小节举例讲解多条件求和运算。因为这两种方式都可以达到相同的计算目的，读者可根据个人操作习惯选择性使用。

❶ 在表格的空白区域建立求解标识，选中目标单元格，单击公式编辑栏左侧的fx按钮(见图7-66)，打开【插入函数】对话框。

I2 fx ❷

	A	B	C	D	E	F	G	H	I	J
1	商品编码	仓库名称	规格	包装规格	商品类别	本月库存		仓库名称	瓷片	抛釉砖
2	WJ8868	东城仓	800*800	2*	抛釉砖	89		北城仓		
3	WJ8869	东城仓	800*800	2*	抛釉砖	231		东城仓	❶	
4	WJ8870	东城仓	800*800	2*	瓷片	592		西城仓		
5	Z8G031	北城仓	800*800	3*	瓷片	156				
6	Z8G033	西城仓	800*800	3*	瓷片	25				
7	Z8G034	西城仓	800*800	3*	瓷片	380				
8	Z8G036	北城仓	800*800	3*	抛釉砖	191				
9	Z8G037	北城仓	800*800	3*	抛釉砖	372				
10	ZG6011	西城仓	600*600	4*	抛釉砖	32				
11	ZG6012	西城仓	600*600	4*	抛釉砖	1396				
12	ZG6013	西城仓	600*600	4*	抛釉砖	133				
13	ZG6014	西城仓	600*600	4*	抛釉砖	819				
14	ZG63010	东城仓	300*600	9*	瓷片	691				
15	ZG63011A	东城仓	300*600	9*	瓷片	1036				
16	ZG63016B	北城仓	300*600	9*	瓷片	482				
17	ZG63016C	北城仓	300*600	9*	瓷片	217				
18	ZG6605	东城仓	600*600	4*	抛釉砖	496				
19	ZG6606	东城仓	600*600	4*	抛釉砖	55				
20	ZG6607	东城仓	600*600	4*	抛釉砖	58				
21	ZG6608	东城仓	600*600	4*	抛釉砖	1186				
22	ZGR80001	北城仓	800*800	3*	瓷片	110				
23	ZGR80005	北城仓	800*800	3*	瓷片	391				
24	ZGR80008	北城仓	800*800	3*	瓷片	525				
25	ZGR80011	北城仓	800*800	3*	瓷片	25				
26	ZT6107	西城仓	600*600	4*	瓷片	905				

图 7-66

❷ 单击【常用公式】选项卡，在【公式列表】列表框中选择【多条件求和】，设置【待求和区域】为\$F\$2:\$F\$26（注意，由于这里的公式建立完成后需要向下复制使用，因此要使用绝对引用，包括后面进行条件判断的区域也需要使用绝对引用），如图7-67所示；设置条件1为\$B\$2:\$B\$26→【等于】→H2，如图7-68所示。

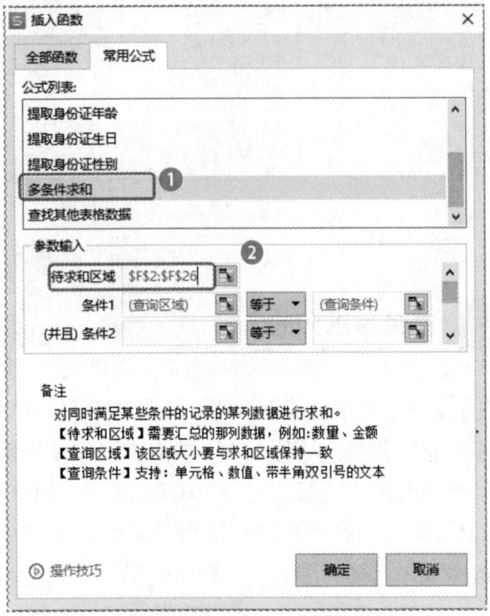

图 7-67

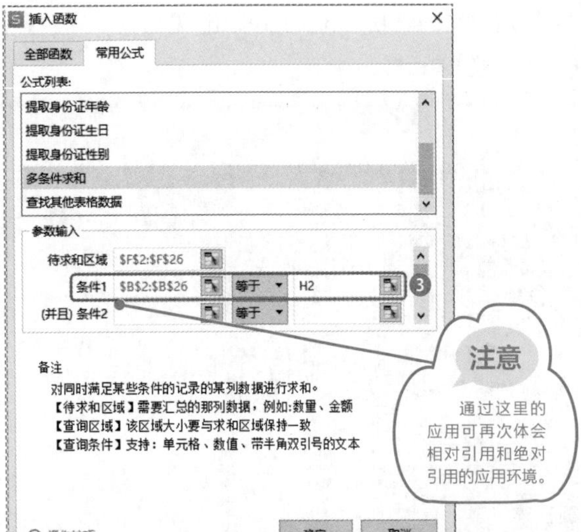

图 7-68

❸ 设置条件2为\$E\$2:\$E\$26→【等于】→""瓷片""，如图7-69所示。

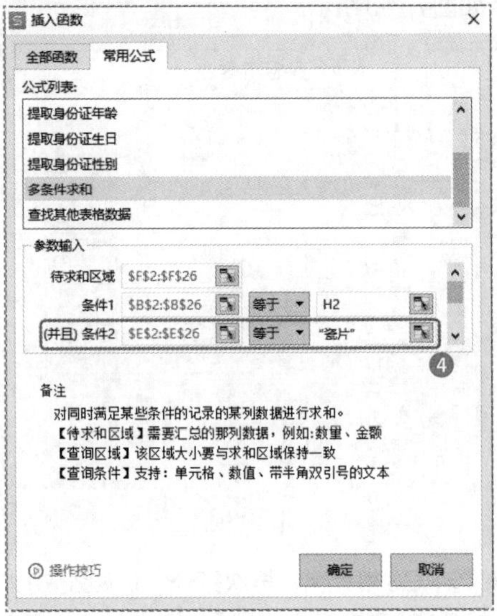

图 7-69

❹ 单击【确定】按钮，求出的是同时满足仓库是“北城仓”并且商品类别是“瓷片”的总库存数量，如图7-70所示。

	A	B	C	D	E	F	G	H	I	J
1	商品编码	仓库名称	规格	包装规格	商品类别	本月库存		仓库名称	瓷片	抛釉砖
2	WJ8868	东城仓	800*800	2*	抛釉砖	89		北城仓	1906	
3	WJ8869	东城仓	800*800	2*	抛釉砖	231		东城仓		
4	WJ8870	东城仓	800*800	2*	瓷片	592		西城仓		
5	Z8G031	北城仓	800*800	3*	瓷片	156				
6	Z8G033	西城仓	800*800	3*	瓷片	25				
7	Z8G034	西城仓	800*800	3*	瓷片	380				
8	Z8G036	北城仓	800*800	3*	抛釉砖	191				
9	Z8G037	北城仓	800*800	3*	抛釉砖	372				
10	ZG6011	西城仓	600*600	4*	抛釉砖	32				
11	ZG6012	西城仓	600*600	4*	抛釉砖	1396				
12	ZG6013	西城仓	600*600	4*	抛釉砖	133				
13	ZG6014	西城仓	600*600	4*	抛釉砖	819				
14	ZG63010	东城仓	300*600	9*	瓷片	691				
15	ZG63011A	东城仓	300*600	9*	瓷片	1036				
16	ZG63016B	北城仓	300*600	9*	瓷片	482				
17	ZG63016C	北城仓	300*600	9*	瓷片	217				
18	ZG6605	东城仓	600*600	4*	抛釉砖	496				
19	ZG6606	东城仓	600*600	4*	抛釉砖	55				
20	ZG6607	东城仓	600*600	4*	抛釉砖	58				
21	ZG6608	东城仓	600*600	4*	抛釉砖	1186				
22	ZGR80001	北城仓	800*800	3*	瓷片	110				
23	ZGR80005	北城仓	800*800	3*	瓷片	391				
24	ZGR80008	北城仓	800*800	3*	瓷片	525				
25	ZGR80011	北城仓	800*800	3*	瓷片	25				
26	ZT6107	西城仓	600*600	4*	瓷片	905				

图 7-70

❺ 向下拖动填充柄复制I2单元格的公式至I4单元格中，可以依次返回各个仓库中“瓷片”的库存量，如图7-71所示。

扩展
读者可以根据相同的方法设置公式对此列进行求解。

图 7-71

7.3.4　数据的查找与匹配

扫一扫，看视频

数据的查找与匹配也是日常办公中经常要应用的操作。可以通过查找一个对象，从而匹配出其对应的值。例如，根据学生姓名查询其成绩、根据员工姓名查询其档案信息、根据商品编号查询其库存量等。

❶ 在本例中要求根据商品的编号查询其本月库存。在表格的空白区域建立求解标识，选中目标单元格，单击公式编辑栏左侧的 *fx* 按钮（见图 7-72），打开【插入函数】对话框。

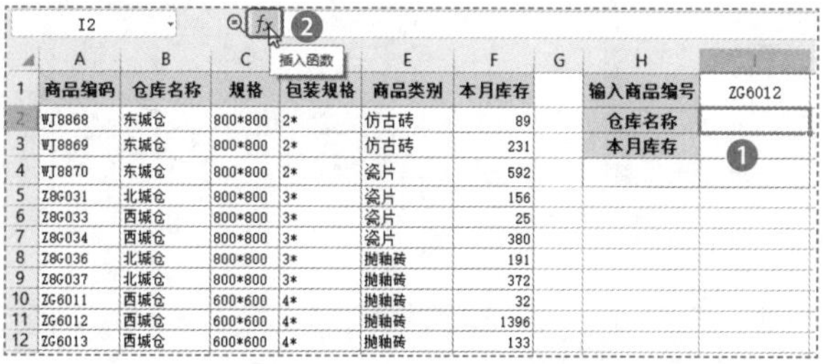

图 7-72

❷ 在【公式列表】列表框中选择【查找其他表格数据】，设置【要引用的列表】为全部数据区域、【查询条件】为I1单元格、【返回哪列内容】为F:F，如图 7-73 所示。单击【确定】按钮可以看到I2单元格中显示了查询到的库存数量，如图 7-74 所示。

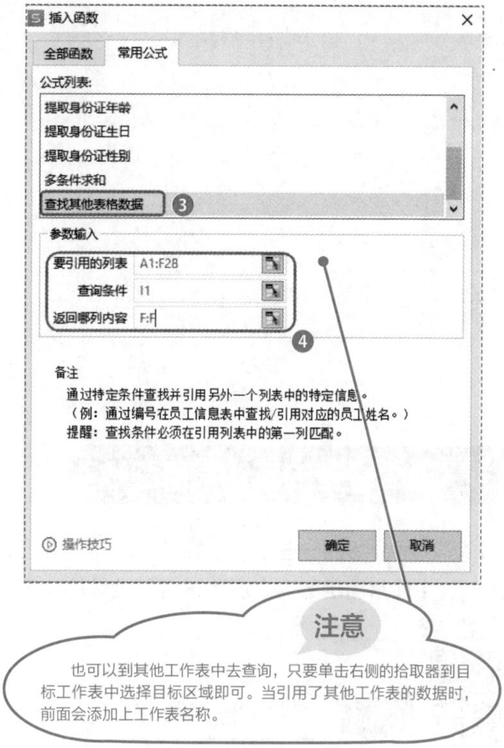

全部函数
常用公式

取消
注意
也可以到其他工作表中去查询，只要单击右侧的拾取器到目标工作表中选择目标区域即可。当引用了其他工作表的数据时，前面会添加上工作表名称。

图 7-73

=VLOOKUP(I1,A1:F28,COLUMN(F:F)-COLUMN(A1:F28)+1,0)

图 7-74

提取身份证年龄
提取身份证生日
提取身份证性别
多条件求和

参数输入
要引用的列表 A1:F28
查询条件 I1
返回哪列内容 F:F
备注
通过特定条件查找并引用另外一个列表中的特定信息。
（例：通过编号在员工信息表中查找/引用对应的员工姓名。）
提醒：查找条件必须在引用列表中的第一列匹配。
操作技巧

❸ 重新更改I1单元格中的编号，按Enter键可以看到重新查询出对应的库存数据，如图 7-75 所示。

	A	B	C	D	E	F	G	H	I
1	商品编码	仓库名称	规格	包装规格	商品类别	本月库存		输入商品编号	Z8G034
2	WJ8868	东城仓	800*800	2*	仿古砖	89		本月库存	380
3	WJ8869	东城仓	800*800	2*	仿古砖	231			
4	WJ8870	东城仓	800*800	2*	瓷片	592			
5	Z8G031	北城仓	800*800	3*	瓷片	156			
6	Z8G033	西城仓	800*800	3*	瓷片	25			
7	Z8G034	西城仓	800*800	3*	瓷片	380			
8	Z8G036	北城仓	800*800	3*	抛釉砖	191			
9	Z8G037	北城仓	800*800	3*	抛釉砖	372			
10	ZG6011	西城仓	600*600	4*	抛釉砖	32			
11	ZG6012	西城仓	600*600	4*	抛釉砖	1396			
12	ZG6013	西城仓	600*600	4*	抛釉砖	133			
13	ZG6014	西城仓	600*600	4*	抛釉砖	819			
14	ZG63010	东城仓	300*600	9*	瓷片	691			
15	ZG63011A	东城仓	300*600	9*	瓷片	1036			
16	ZG63012A	东城仓	300*600	9*	瓷片	40			
17	ZG63016A	北城仓	300*600	9*	瓷片	337			
18	ZG63016B	北城仓	300*600	9*	瓷片	482			
19	ZG63016C	北城仓	300*600	9*	瓷片	217			
20	ZG6605	东城仓	600*600	4*	仿古砖	496			

图 7-75

7.4 办公必备的其他常用函数

除了前面介绍的一些常用函数外，本节再介绍几个日常办公中的常用函数，以巩固读者对函数的认识并学习应用方法。

扫一扫，看视频

7.4.1 条件判断函数 IF

IF函数用于根据指定的条件判断其“真”（TRUE）、“假”（FALSE），从而返回其对应的内容，IF函数的格式如下：

=IF(❶条件表达式,❷满足条件的返回值,❸不满足条件的返回值)

注意

这是最基本的语法，条件表达式的设置方法很灵活，还可以进行嵌套。

在7.1.2小节中已经使用了一个IF函数进行条件判断的基本公式，下面讲解几个IF函数嵌套AND函数与OR函数的范例，它可以让条件判断更加灵活多变。

1. 判断能够参加复试的应聘人员

公司要招聘技术人员，要求应聘者有5年以上的工作经验，并且笔试成绩大于等于90分才可以参加复试。要想快速了解哪些应聘者能参加复试，可以使用IF函数配合AND函数进行判断。

❶ 选中D2单元格，在公式编辑栏中输入公式“=IF(AND(B2>5,C2>=90), "是", "否")”，如图7-76所示。

IF　=IF(AND(B2>5,C2>=90),"是","否")

	A	B	C	D
1	姓名	经验	笔试成绩	是否参加复试
2	张丽丽	5	90	>=90),"是","否")
3	魏林	6	91	
4	杨吉秀	8	85	
5	魏娟	9	80	
6	张茹	4	95	
7	唐晓燕	7	100	

扩展

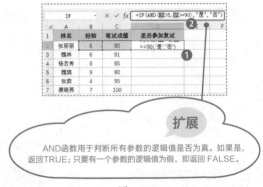

AND函数用于判断所有参数的逻辑值是否为真。如果是，返回TRUE；只要有一个参数的逻辑值为假，即返回 FALSE。

图 7-76

❷ 按Enter键即可得出第一位应聘人员是否能够参加复试的判断结果，如图7-77所示。

❸ 选中D2单元格，向下拖动填充柄复制公式到D14单元格，得出各应聘人员是否能够参加复试的判断结果，如图7-78所示。

	A	B	C	D
1	姓名	经验	笔试成绩	是否参加复试
2	张丽丽	5	90	否
3	魏林	6	91	
4	杨吉秀	8	85	
5	魏娟	9	80	
6	张茹	4	95	
7	唐晓燕	7	100	
8	陈家乐	5	89	
9	赵青军	2	93	
10	石小波	8	88	
11	杨愚	7	93	
12	王伟	5	96	
13	胡组丽	4	98	
14	苗新军	6	99	

图 7-77

	A	B	C	D
1	姓名	经验	笔试成绩	是否参加复试
2	张丽丽	5	90	否
3	魏林	6	91	是
4	杨吉秀	8	85	否
5	魏娟	9	80	否
6	张茹	4	95	否
7	唐晓燕	7	100	是
8	陈家乐	5	89	否
9	赵青军	2	93	否
10	石小波	8	88	否
11	杨愚	7	93	是
12	王伟	5	96	否
13	胡组丽	4	98	否
14	苗新军	6	99	是

图 7-78

公式解析

=IF(AND(B2>5,C2>=90),"是","否")

❶“AND(B2>5,C2>=90)”这一部分表示判断B2单元格中的值是否大于5，C2单元格中的值是否大于等于90，当二者同时满足条件时，返回TRUE，否则返回FALSE。这个返回值作为IF函数的第一个参数。

❷ ❶中返回TRUE的，返回“是”文字；❶中返回FALSE的，返回“否”文字。

2. 根据双条件筛选出符合发放赠品条件的消费者

某商店周年庆，为了回馈新老客户，满足以下条件者即可得到精美礼品一份：持金卡并且积分超过10000的客户，持普通卡并且积分超过30000的客户。可以使用IF函数配合OR函数和AND函数设置公式进行判断。

❶ 选中D2单元格，在公式编辑栏中输入公式“=IF(OR(AND(B2="金　卡",C2>10000),AND(B2="普通卡",C2>30000)),"是","否")”，如图7-79所示。

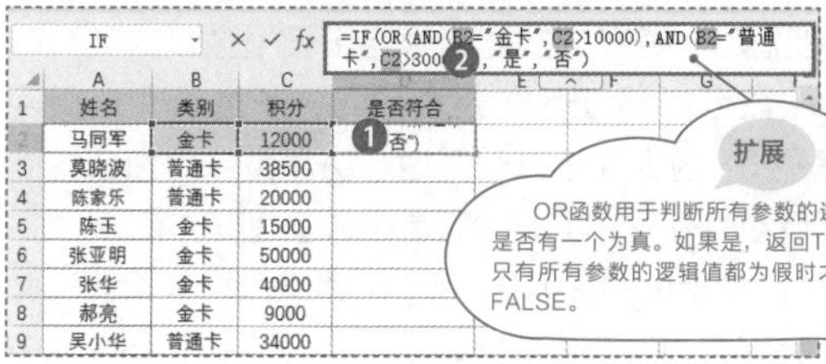
=IF(OR(AND(B2="金卡",C2>10000),AND(B2="普通卡",C2>30000)),"是","否")
扩展
OR函数用于判断所有参数的逻辑值是否有一个为真。如果是，返回TRUE；只有所有参数的逻辑值都为假时才返回FALSE。

图 7-79

❷ 按Enter键即可判断出第一位消费者是否符合条件，如图7-80所示。

	A	B	C	D
1	姓名	类别	积分	是否符合
2	马同军	金卡	12000	是
3	莫晓波	普通卡	38500	
4	陈家乐	普通卡	20000	
5	陈玉	金卡	15000	
6	张亚明	金卡	50000	
7	张华	金卡	40000	
8	郝亮	金卡	9000	
9	吴小华	普通卡	34000	
10	刘平	普通卡	10000	
11	韩雨菲	普通卡	31200	

图 7-80

❸ 选中D2单元格，向下拖动填充柄复制公式到D11单元格，可批量判断其他消费者是否符合条件，如图7-81所示。

	A	B	C	D
1	姓名	类别	积分	是否符合
2	马同军	金卡	12000	是
3	莫晓波	普通卡	38500	是
4	陈家乐	普通卡	20000	否
5	陈玉	金卡	15000	是
6	张亚明	金卡	50000	是
7	张华	金卡	40000	是
8	郝亮	金卡	9000	否
9	吴小华	普通卡	34000	是
10	刘平	普通卡	10000	否
11	韩雨菲	普通卡	31200	是

图 7-81

公式解析

=IF(OR(AND(B2="金卡",C2>10000),AND(B2="普通卡",C2>30000)),"是","否")

❶ 第1个AND函数判断B2是否为“金卡”以及C2是否大于10000，要求同时满足两个条件。

❷ 第2个AND函数判断B2是否为“普通卡”以及C2是否大于30000，要求同时满足两个条件。

❸ 外层使用OR函数判断如果❶或❷的任意一个条件满足，返回TRUE，否则返回FALSE。

❹ 将❸的返回结果作为IF函数的参数，❸的返回结果为TRUE的，最终返回“是”；❸的返回结果为FALSE的，最终返回“否”。

3. 只为满足条件的商品提价

本例表格中统计的是一系列产品的定价，现在需要对部分产品进行调价。具体规则为：当产品是“十年陈”时，价格上调50元，其他产品保持不变。要完成这项自动判断，需要公式能自动找出“十年陈”文字，从而实现当满足条件时进行提价计算。由于“十年陈”文字都显示在产品名称的后面，因此可以使用RIGHT文本函数实现提取。

❶ 选中D2单元格，在公式编辑栏中输入公式：=IF(RIGHT(A2,5)="（十年陈)",C2+50,C2)，如图7-82所示。

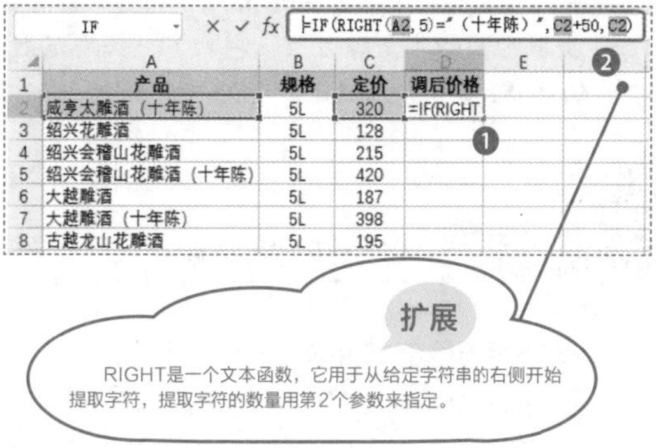
=IF(RIGHT(A2,5)="（十年陈）",C2+50,C2)
扩展
RIGHT是一个文本函数，它用于从给定字符串的右侧开始提取字符，提取字符的数量用第2个参数来指定。

图 7-82

❷ 按Enter键即可根据A2单元格中的产品名称判断其是否满足“十年陈”这个条件，从图7-83中可以看到当前是满足的，因此计算结果是C2+50的值。

	A	B	C	D
1	产品	规格	定价	调后价格
2	咸亨太雕酒（十年陈）	5L	320	370
3	绍兴花雕酒	5L	128	
4	绍兴会稽山花雕酒	5L	215	
5	绍兴会稽山花雕酒（十年陈）	5L	420	
6	大越雕酒	5L	187	
7	大越雕酒（十年陈）	5L	398	
8	古越龙山花雕酒	5L	195	
9	绍兴黄酒女儿红	5L	358	
10	绍兴黄酒女儿红（十年陈）	5L	440	
11	绍兴塔牌黄酒	5L	228	

图 7-83

❸ 选中D2单元格，向下拖动填充柄复制公式到D11单元格，可批量判断其他产品是否符合调价条件并给出调价后的价格，如图7-84所示。

	A	B	C	D
1	产品	规格	定价	调后价格
2	咸亨太雕酒（十年陈）	5L	320	370
3	绍兴花雕酒	5L	128	128
4	绍兴会稽山花雕酒	5L	215	215
5	绍兴会稽山花雕酒（十年陈）	5L	420	470
6	大越雕酒	5L	187	187
7	大越雕酒（十年陈）	5L	398	448
8	古越龙山花雕酒	5L	195	195
9	绍兴黄酒女儿红	5L	358	358
10	绍兴黄酒女儿红（十年陈）	5L	440	490
11	绍兴塔牌黄酒	5L	228	228

图 7-84

公式解析

=IF(RIGHT(A2,5)="(十年陈)",C2+50,C2)

❶ "(RIGHT(A2,5)="(十年陈)"" 表示从A2单元格中数据的右侧开始提取，共提取5个字符。

❷ 提取后判断其是否为"(十年陈)"，如果是则返回C2+50的值；否则只返回C2的值，即不调价。

扫一扫，看视频

7.4.2 多条件判断函数 IFS

IFS函数用于检查是否满足一个或多个条件，并且是否返回与第一个TRUE条件对应的值。IFS函数最多允许测试127个不同的条件，可以免去IF函数的过多嵌套，IFS 函数的格式如下：

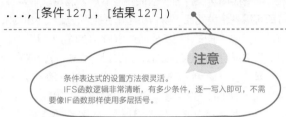

=IFS(❶条件1,❷结果1,❸[条件2],❹[结果2],...,[条件127],[结果127])

注意

条件表达式的设置方法很灵活。

IFS函数逻辑非常清晰，有多少条件，逐一写入即可，不需要像IF函数那样使用多层括号。

1. 比较 IF 函数的多层嵌套与 IFS 函数

IF函数可以通过不断嵌套来解决多重条件判断问题，但是IFS函数则可以很好地解决多重条件判断的问题，而且参数书写起来非常简单和易于理解。

例如，下面的例子中有5层条件："面试成绩=100"时，返回"满分"；"100>面试成绩>=95"时，返回"优秀"；"95>面试成绩>=80"时，返回"良好"；"80>面试成绩>=60"时，返回"及格"；"面试成绩<60"时，返回"不及格"。

❶ 选中C2单元格，在公式编辑栏中输入公式"=IFS(B2=100,"满分",B2>=95,"优秀",B2>=80,"良好",B2>=60,"及格",B2<60,"不及格")"。按Enter键，判断B2单元格中的值并返回结果，如图7-85所示。

C2　fx　=IFS(B2=100,"满分",B2>=95,"优秀",B2>=80,"良好",B2>=60,"及格",B2<60,"不及格") ❷

	A	B	C
1	姓名	面试	测评结果
2	何启新	90	良好 ❶
3	周志鹏	55	
4	夏奇	77	
5	周金星	95	
6	张明宇	76	
7	赵飞	99	
8	韩玲玲	78	
9	刘莉	78	
10	李杰	89	

图 7-85

❷ 选中C2单元格，向下拖动填充柄复制公式到C11单元格，可批量判断其他面试成绩并返回结果，如图7-86所示。

比较一下，如果这项判断使用IF函数，公式要写为"=IF(B2=100,"满分",IF(B2>=95,"优秀",IF(B2>=80,"良好",IF(B2>=60,"及格","不及格"))))"，这么多层的括号书写起来稍不仔细就会出错，而使用IFS实现起来非常简单，只需要条件和值成对出现即可。

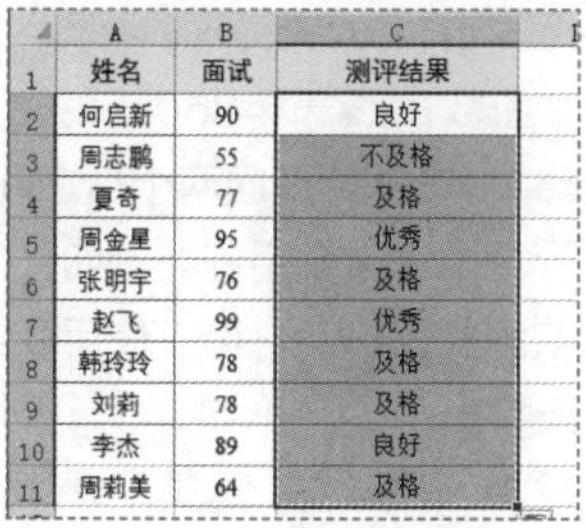

	A	B	C
1	姓名	面试	测评结果
2	何启新	90	良好
3	周志鹏	55	不及格
4	夏奇	77	及格
5	周金星	95	优秀
6	张明宇	76	及格
7	赵飞	99	优秀
8	韩玲玲	78	及格
9	刘莉	78	及格
10	李杰	89	良好
11	周莉美	64	及格

图7-86

2. 按性别判断跑步成绩是否合格

如同IF函数一样，IFS函数对于条件判断的表达式也可以很灵活地去设置。例如，下面的表格统计的是某公司团建活动中的跑步成绩，按规定，男员工必须在8分钟之内跑完1000米才合格；女员工则必须在10分钟之内跑完1000米才合格。现在可以使用IFS函数一次性判断各位员工的跑步成绩是否合格。

❶ 选中F2单元格，在公式编辑栏中输入公式“=IFS(AND(D2="男",E2<=8),"合格",AND(D2="女",E2<=10),"合格",E2>=8,"不合格")”。按Enter键，判断D2与E2中的值并返回结果，如图7-87所示。

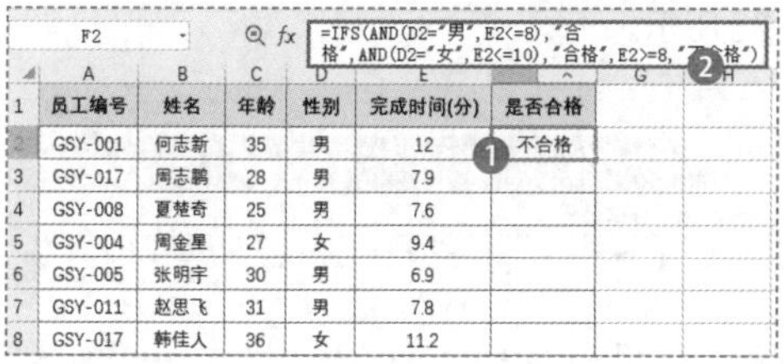

F2　=IFS(AND(D2="男",E2<=8),"合格",AND(D2="女",E2<=10),"合格",E2>=8,"不合格")

	A	B	C	D	E	F	G	H
1	员工编号	姓名	年龄	性别	完成时间(分)	是否合格		
2	GSY-001	何志新	35	男	12	不合格		
3	GSY-017	周志鹏	28	男	7.9			
4	GSY-008	夏楚奇	25	男	7.6			
5	GSY-004	周金星	27	女	9.4			
6	GSY-005	张明宇	30	男	6.9			
7	GSY-011	赵思飞	31	男	7.8			
8	GSY-017	韩佳人	36	女	11.2			

图7-87

❷ 选中F2单元格，向下拖动填充柄复制公式到F11单元格，可批量判断其他员工的性别和完成时间，并依照条件判断是否合格，如图7-88所示。

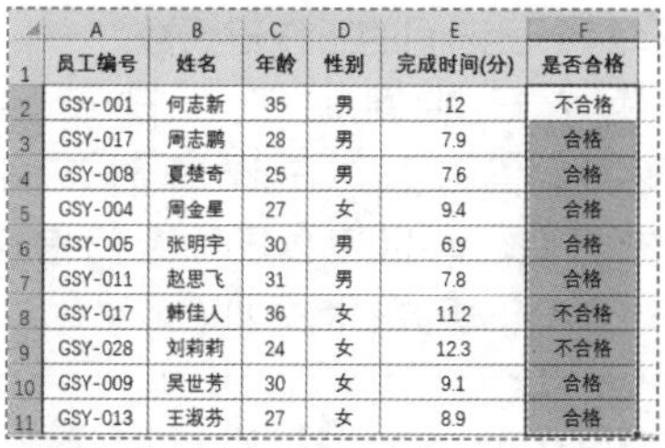

	A	B	C	D	E	F
1	员工编号	姓名	年龄	性别	完成时间(分)	是否合格
2	GSY-001	何志新	35	男	12	不合格
3	GSY-017	周志鹏	28	男	7.9	合格
4	GSY-008	夏楚奇	25	男	7.6	合格
5	GSY-004	周金星	27	女	9.4	合格
6	GSY-005	张明宇	30	男	6.9	合格
7	GSY-011	赵思飞	31	男	7.8	合格
8	GSY-017	韩佳人	36	女	11.2	不合格
9	GSY-028	刘莉莉	24	女	12.3	不合格
10	GSY-009	吴世芳	30	女	9.1	合格
11	GSY-013	王淑芬	27	女	8.9	合格

图7-88

公式解析

=IFS(AND(D2="男",E2<=8),"合 格",AND(D2="女", E2<=10),"合格",E2>=8,"不合格")

❶ 本公式共3组条件与结果，第1组用AND函数判断D2单元格中的性别是否为“男”，并判断E2单元格中的完成时间是否小于等于8，若同时满足则返回“合格”。

❷ 第2组用AND函数判断D2单元格中的性别是否为“女”，并判断E2单元格中的完成时间是否小于等于10，若同时满足则返回“合格”。

❸ 第3组表示既不满足❶，又不满足❷，则返回“不合格”。

7.4.3 日期与时间计算函数

扫一扫，看视频

WPS表格程序中提供了日期计算函数，日常行政工作及财务工作中也经常需要使用此类型的函数。

1. 计算两个日期之间的差值

计算两个日期之间的差值，可以是相差的年数、月数、天数，需要使用DATEDIF函数，DATEDIF函数的格式如下：

=DATEDIF(❶起始日期,❷终止日期,❸返回值类型)

第3个参数用于指定函数的返回值类型，共有6种设定，见表7-1。

表7-1　DATEDIF函数的参数与返回值

参　数	返回值
"Y"	返回两个日期值间隔的整年数
"M"	返回两个日期值间隔的整月数
"D"	返回两个日期值间隔的天数
"MD"	返回两个日期值间隔的天数(忽略日期中的年和月)
"YM"	返回两个日期值间隔的月数(忽略日期中的年和日)
"YD"	返回两个日期值间隔的天数(忽略日期中的年)

例如，计算员工的工龄，其操作如下：

❶ 选中C2单元格，在公式编辑栏中输入公式“=DATEDIF(B2,TODAY(),"Y")”。按Enter键即可计算出第一位员工的工龄，如图7-89所示。

C2 =DATEDIF(B2,TODAY(),"Y")

姓名	入职日期	工龄(年)
夏楚奇	2011/9/18	10
周金星	2011/11/17	
张明宇	2012/10/8	
赵飞	2013/10/29	
韩佳人	2015/12/25	
刘莉莉	2016/10/8	
吴世芳	2016/10/29	
王淑芬	2017/10/8	
林玲	2019/10/8	

扩展：TODAY函数用于返回当前系统日期。

图 7-89

❷ 选中C2单元格，向下拖动填充柄填充公式到C10单元格，一次性得到其他员工的工龄，如图7-90所示。

姓名	入职日期	工龄(年)
夏楚奇	2011/9/18	10
周金星	2011/11/17	10
张明宇	2012/10/8	9
赵飞	2013/10/29	8
韩佳人	2015/12/25	5
刘莉莉	2016/10/8	5
吴世芳	2016/10/29	5
王淑芬	2017/10/8	4
林玲	2019/10/8	2

图 7-90

❸ 如果要按月数求解工龄，其公式可以更改为“=DATEDIF(B2,TODAY(),"M")”，如图7-91所示。

D2 =DATEDIF(B2,TODAY(),"M")

姓名	入职日期	工龄(年)	工龄(月)
夏楚奇	2011/9/18	10	122
周金星	2011/11/17	10	120
张明宇	2012/10/8	9	109
赵飞	2013/10/29	8	96
韩佳人	2015/12/25	5	70
刘莉莉	2016/10/8	5	61
吴世芳	2016/10/29	5	60
王淑芬	2017/10/8	4	49
林玲	2019/10/8	2	25

图 7-91

2. 财务计算中的DAYS360函数

DAYS360函数按照一年360天的算法（每个月以30天计，一年共12个月）返回两个日期间相差的天数，这在一些财务计算中经常会用到。例如，下面的表格中显示了各项借款的应还日期，可以使用DAYS360函数计算还款剩余天数。

❶ 选中D2单元格，在公式编辑栏中输入公式“=DAYS360(TODAY(),C2)”。按Enter键即可计算出第一项借款的还款剩余天数，如图7-92所示。

D2 =DAYS360(TODAY(),C2)

公司名称	借款金额	应还日期	还款剩余天数
宏运佳建材公司	¥ 20,850.00	2021/10/15	-38
海兴建材有限公司	¥ 5,000.00	2021/12/17	
孚盛装饰公司	¥ 15,600.00	2022/1/23	
澳菲建材有限公司	¥ 120,000.00	2021/11/15	
拓帆建材有限公司	¥ 15,000.00	2021/12/10	
澳菲建材有限公司	¥ 20,000.00	2021/12/30	
宏运佳建材公司	¥ 8,500.00	2022/1/11	

图 7-92

❷ 选中D2单元格，向下拖动填充柄填充公式到D8单元格，一次性得到其他项借款的还款剩余天数，如图7-93所示。

公司名称	借款金额	应还日期	还款剩余天数
宏运佳建材公司	¥ 20,850.00	2021/10/15	-38
海兴建材有限公司	¥ 5,000.00	2021/12/17	24
孚盛装饰公司	¥ 15,600.00	2022/1/23	60
澳菲建材有限公司	¥ 120,000.00	2021/11/15	-8
拓帆建材有限公司	¥ 15,000.00	2021/12/10	17
澳菲建材有限公司	¥ 20,000.00	2021/12/30	37
宏运佳建材公司	¥ 8,500.00	2022/1/11	48

图 7-93

3. 计算两个日期间的工作日天数

计算两个日期间的工作日天数要使用NETWORKDAYS函数。在计算时该函数会自动排除周末日期，而且还会排除专门指定的假期，NETWORKDAYS函数的格式如下：

= NETWORKDAYS (❶起始日期,❷终止日期,

❸指定的节假日）

使用此函数可以根据某一特定时期内员工的工作天数计算其应得的报酬。在本例中，假设企业在某一段时间使用了一批临时工，现在要根据开始日期与结束日期计算每位人员的实际工作天数（不包括周末），以方便对他们的工资进行核算。

❶ 选中D2单元格，在公式编辑栏中输入公式“=NETWORKDAYS (B2,C2,$F$2)”。按Enter键计算出的是开始日期为2021/12/10、结束日期为2022/2/10期间的工作天数，如图7-94所示。

D2　=NETWORKDAYS(B2, C2, $F$2)

	A	B	C	D	E	F
1	姓名	开始日期	结束日期	工作天数		法定假日
2	刘莉莉	2021/12/10	2022/2/10	45		2022/1/1
3	吴娇娇	2021/12/25	2022/2/10			
4	王淑芬	2021/12/12	2022/2/10			
5	林玲	2021/12/20	2022/2/10			
6	周保国	2021/12/14	2022/2/10			
7	唐清	2021/12/15	2022/2/10			

> **注意**
> 因为指定的法定假日在公式复制过程中要始终不变（$F$2），所以使用绝对引用。

图7-94

❷ 选中D2单元格，向下拖动填充柄填充公式到D7单元格，一次性得到其他临时工的工作天数，如图7-95所示。

D2　=NETWORKDAYS(B2, C2, $F$2)

	A	B	C	D	E	F
1	姓名	开始日期	结束日期	工作天数		法定假日
2	刘莉莉	2021/12/10	2022/2/10	45		2022/1/1
3	吴娇娇	2021/12/25	2022/2/10	34		
4	王淑芬	2021/12/12	2022/2/10	44		
5	林玲	2021/12/20	2022/2/10	39		
6	周保国	2021/12/14	2022/2/10	43		
7	唐清	2021/12/15	2022/2/10	42		

图7-95

技巧点拨

在计算两个日期间的差值时还有一个函数，它可以更自由地指定将哪些日期作为周末，比如某些服务行业只把每周一作为周末，这时就要用到。它的用法与NETWORKDAYS相比只是多了用于指定周末的第3个参数，NETWORKDAYS.INTL函数的格式如下：

=NETWORKDAYS.INTL(❶起始日，❷结束日，❸用参数指定周末，❹指定节假日）

其中参数了解析为：1或省略表示星期六、星期日；2表示星期日、星期一；3表示星期一、星期二；4表示星期二、星期三；5表示星期三、星期四；6表示星期四、星期五；7表示星期五、星期六；11表示仅星期日；12表示仅星期一；13表示仅星期二，……

沿用上面的例子，如果将公式写为“=NETWORKDAYS.INTL(B2,C2,12,$F$2)”，然后对比计算结果，如图7-96所示。

D2　=NETWORKDAYS.INTL(B2, C2, 12, $F$2)

	A	B	C	D	E	F	G
1	姓名	开始日期	结束日期	工作天数		法定假日	
2	刘莉莉	2021/12/10	2022/2/10	53		2022/1/1	
3	吴娇娇	2021/12/25	2022/2/10	40			
4	王淑芬	2021/12/12	2022/2/10	51			
5	林玲	2021/12/20	2022/2/10	44			
6	周保国	2021/12/14	2022/2/10	50			
7	唐清	2021/12/15	2022/2/10	49			

图7-96

4. 时间计算函数

时间计算需要使用HOUR与MINUTE函数，HOUR函数表示返回时间值的小时数，MINUTE函数表示返回时间值的分钟数。二者常配合使用，常用于比赛用时、停车计时统计等情景。例如，下面的表格中对某次万米跑步比赛中各选手的开始时间与结束时间做了记录，现在需要统计出每位选手完成全程所用的分钟数。

❶ 选中D2单元格，在公式编辑栏中输入公式“=HOUR(C2)*60+MINUTE(C2)-(HOUR(B2)*60+MINUTE(B2))”。按Enter键计算出的是第一位选手完成全程所用的分钟数，如图7-97所示。

D2　=HOUR(C2)*60+MINUTE(C2)-(HOUR(B2)*60+MINUTE(B2))

	A	B	C	D	E	F	G
1	参赛选手	开始时间	结束时间	完成全程用时(分)			
2	张毅君	10:12:35	11:22:14	70			
3	胡娇娇	10:12:35	11:20:37				
4	董晓迪	10:12:35	11:10:26				
5	张振梅	10:12:35	11:27:58				
6	张俊	10:12:35	11:14:15				
7	桂萍	10:12:35	11:05:41				

图7-97

❷ 选中D2单元格，向下拖动填充柄填充公式到D7单元格，一次性得到其他参赛选手完成全程所用的分钟数，如图7-98所示。

	A	B	C	D
1	参赛选手	开始时间	结束时间	完成全程用时(分)
2	张毅君	10:12:35	11:22:14	70
3	胡娇娇	10:12:35	11:20:37	68
4	董晓迪	10:12:35	11:10:26	58
5	张振梅	10:12:35	11:27:58	75
6	张俊	10:12:35	11:14:15	62
7	桂萍	10:12:35	11:05:41	53

图7-98

公式解析

=HOUR(C2)*60+MINUTE(C2)-(HOUR(B2)*60+MINUTE(B2))

❶ HOUR函数提取C2单元格中时间的小时数，再乘以60表示转换为分钟数，再与MINUTE函数提取的C2单元格中的分钟数相加，即11×60+22=682（分钟）。

❷ HOUR函数提取B2单元格时间的小时数，再乘以60表示转换为分钟数，再与MINUTE函数提取的B2单元格中的分钟数相加，即10×60+12=612（分钟）。

❸ 将❶的结果减❷的结果便可得到所用的分钟数，即682−612=70（分钟）。

5. 计算停车费

本例表格中对某车库车辆的进入时间与驶出时间进行了记录，可以通过建立公式计算停车费。计算标准为以15分钟为计费单位，每15分钟停车费为4元，不足15分钟的不收费。

❶ 选中D2单元格，在公式编辑栏中输入公式"=HOUR(C2−B2)*60+MINUTE(C2−B2)"。按Enter键后计算出的是第一辆车的停车分钟数，如图7-99所示。

❷ 选中D2单元格，向下拖动填充柄填充公式到D9单元格，一次性得到所有车辆的停车分钟数，如图7-100所示。

❸ 选中E2单元格并在公式编辑栏中输入公式"=ROUNDDOWN((D2/15),0)*4"，如图7-101所示。

D2　fx　=HOUR(C2-B2)*60+MINUTE(C2-B2)

	A	B	C	D	E
1	车牌号	开始时间	结束时间	分钟数	停车费
2	********	8:41:20	9:45:00	63	
3	********	9:28:11	10:59:00		
4	********	9:22:10	9:35:00		
5	********	10:05:11	12:45:00		
6	********	10:10:37	14:46:20		
7	********	11:05:57	14:27:58		
8	********	12:06:27	15:34:15		
9	********	14:29:40	16:39:41		

扩展

时间值与时间值之间的运算返回的结果也是一个时间值，当按Enter键后不显示此结果时不必惊讶，只要选中单元格，将单元格的格式更改为【常规】格式即可正确显示出来。

图7-99

D2　fx　=HOUR(C2-B2)*60+MINUTE(C2-B2)

	A	B	C	D	E
1	车牌号	开始时间	结束时间	分钟数	停车费
2	********	8:41:20	9:45:00	63	
3	********	9:28:11	10:59:00	90	
4	********	9:22:10	9:35:00	12	
5	********	10:05:11	12:45:00	159	
6	********	10:10:37	14:46:20	275	
7	********	11:05:57	14:27:58	202	
8	********	12:06:27	15:34:15	207	
9	********	14:29:40	16:39:41	130	

图7-100

E2　fx　=ROUNDDOWN((D2/15),0)*4

	A	B	C	D	E
1	车牌号	开始时间	结束时间	分钟数	停车费
2	********	8:41:20	9:45:00	63	16
3	********	9:28:11	10:59:00	90	
4	********	9:22:10	9:35:00	12	
5	********	10:05:11	12:45:00	159	
6	********	10:10:37	14:46:20	275	
7	********	11:05:57	14:27:58	202	
8	********	12:06:27	15:34:15	207	
9	********	14:29:40	16:39:41	130	

扩展

ROUNDDOWN函数是一个向下舍入函数，指定第2个参数为0时表示将小数向整数位上向下舍入。本例中达到的效果是将停车分钟数除以15计算出有几个计价单位，但因为不一定都是整数倍个15，所以会产生小数。使用ROUNDDOWN函数则可以直接将小数舍去，即把不足15分钟的剩余分钟数都舍去。

图7-101

❹ 按Enter键后再向下拖动填充柄复制公式，即可计算出所有车辆的停车费，如图7-102所示。

E2　=ROUNDDOWN((D2/15),0)*4

	A	B	C	D	E
1	车牌号	开始时间	结束时间	分钟数	停车费
2	********	8:41:20	9:45:00	63	16
3	********	9:28:11	10:59:00	90	24
4	********	9:22:10	9:35:00	12	0
5	********	10:05:11	12:45:00	159	40
6	********	10:10:37	14:46:20	275	72
7	********	11:05:57	14:27:58	202	52
8	********	12:06:27	15:34:15	207	52
9	********	14:29:40	16:39:41	130	32

图 7-102

7.5 过关练习：月加班记录表及加班费统计

加班记录表是按加班人、加班开始时间、加班结束时间逐条记录的，根据加班时间不同所支付的加班费也有所不同，因此需要对加班类型进行分类，从而便于最终核算加班费。

7.5.1 原始表格与计算表

扫一扫，看视频

图7-103所示为需要按实际情况记录的原始加班数据；图7-104所示表格中的D列与G列都是公式返回的结果。

7月份加班记录表

序号	加班人	加班时间	加班类型	开始时间	结束时间	加班小时数
1	张丽丽	2021/7/3		17:30	21:30	
2	魏娟	2021/7/3		18:00	22:00	
3	孙婷	2021/7/5		17:30	22:30	
4	张振梅	2021/7/7		17:30	22:00	
5	孙婷	2021/7/7		17:30	21:00	
6	张毅君	2021/7/12		10:00	17:30	
7	张丽丽	2021/7/12		10:00	16:00	
8	何佳怡	2021/7/12		13:00	17:00	
9	刘志飞	2021/7/13		17:30	22:00	
10	廖凯	2021/7/13		17:30	21:00	
11	刘琦	2021/7/14		18:00	22:00	
12	何佳怡	2021/7/14		18:00	21:00	
13	刘志飞	2021/7/14		17:30	21:30	
14	何佳怡	2021/7/16		18:00	20:30	
15	金璐忠	2021/7/16		18:00	20:30	
16	刘志飞	2021/7/19		10:00	16:30	
17	刘琦	2021/7/19		10:00	15:00	
18	魏娟	2021/7/20		17:30	22:00	
19	张丽丽	2021/7/20		17:30	21:00	
20	魏娟	2021/7/24		18:00	21:00	
21	张毅君	2021/7/24		18:00	21:30	
22	桂萍	2021/7/25		10:00	16:30	
23	张振梅	2021/7/25		12:00	17:30	
24	孙婷	2021/7/26		9:00	12:30	
25	金璐忠	2021/7/26		14:00	19:00	
26	何佳怡	2021/7/28		18:00	20:30	

图 7-103

7月份加班记录表

序号	加班人	加班时间	加班类型	开始时间	结束时间	加班小时数
1	张丽丽	2021/7/3	公休日	17:30	21:30	4
2	魏娟	2021/7/3	公休日	18:00	22:00	4
3	孙婷	2021/7/5	平常日	17:30	22:30	5
4	张振梅	2021/7/7	平常日	17:30	22:00	4.5
5	孙婷	2021/7/7	平常日	17:30	21:00	3.5
6	张毅君	2021/7/12	平常日	10:00	17:30	7.5
7	张丽丽	2021/7/12	平常日	10:00	16:00	6
8	何佳怡	2021/7/12	平常日	13:00	17:00	4
9	刘志飞	2021/7/13	平常日	17:30	22:00	4.5
10	廖凯	2021/7/13	平常日	17:30	21:00	3.5
11	刘琦	2021/7/14	平常日	18:00	22:00	4
12	何佳怡	2021/7/14	平常日	18:00	21:00	3
13	刘志飞	2021/7/14	平常日	17:30	21:30	4
14	何佳怡	2021/7/16	平常日	18:00	20:30	2.5
15	金璐忠	2021/7/16	平常日	18:00	20:30	2.5
16	刘志飞	2021/7/19	平常日	10:00	16:30	6.5
17	刘琦	2021/7/19	平常日	10:00	15:00	5
18	魏娟	2021/7/20	平常日	17:30	22:00	4.5
19	张丽丽	2021/7/20	平常日	17:30	21:00	3.5
20	魏娟	2021/7/24	公休日	18:00	21:00	3
21	张毅君	2021/7/24	公休日	18:00	21:30	3.5
22	桂萍	2021/7/25	公休日	10:00	16:30	6.5
23	张振梅	2021/7/25	公休日	12:00	17:30	5.5
24	孙婷	2021/7/26	平常日	9:00	12:30	3.5
25	金璐忠	2021/7/26	平常日	14:00	19:00	5
26	何佳怡	2021/7/28	平常日	18:00	20:30	2.5

图 7-104

图7-105所示为本月的加班费计算表。

加班费计算表　　平常日加班：70元/小时　公休日加班：100元/小时

加班人	平常日加班小时数	公休日加班小时数	加班费
张丽丽	9.5	4	1065
魏娟	4.5	7	1015
孙婷	12	3.5	1190
张振梅	4.5	5.5	865
张毅君	7.5	3.5	875
何佳怡	12	0	840
刘志飞	15	0	1050
廖凯	3.5	0	245
刘琦	9	0	630
金璐忠	12	0	840
桂萍	8	6.5	1210

图 7-105

7.5.2 制作与编排要点

扫一扫，看视频

要创建加班记录表并进行统计，其制作与编排要点如下。

序号	制作与编排要点	知识点对应
1	根据加班日期的不同，其加班类型也有所不同。本例中将加班日期分为“平常日”和“公休日”两种类型。建立公式可以对加班类型进行判断： =IF(WEEKDAY(C3,2)>=6,"公休日","平常日") WEEKDAY函数用于返回某日期对应的星期数。默认情况下，其值为1(星期日)~7(星期六)。第2个参数指定为数字1或省略时，则1~7代表星期日到星期六；指定为数字2时，则1~7代表星期一到星期日；指定为数字3时，则0~6代表星期一到星期日。本例公式在内层使用WEEKDAY函数返回值，在外层使用IF函数判断C3单元格中的日期数字是否大于等于6，如果大于等于6，则返回“公休日”；否则返回“平常日”。	7.4.1小节 7.4.3小节
2	建立公式统计加班小时数： =(HOUR(F3)+MINUTE(F3)/60)-(HOUR(E3)+MINUTE(E3)/60)	7.4.3小节
3	由于加班记录是按实际加班情况逐条记录的，所以一个月结束时，一位加班人员可能会存在多条加班记录。需要判断加班人与加班类型两个条件，因此使用SUMIFS函数分别统计每位加班人的平常日加班总小时数与公休日加班总小时数。 =SUMIFS(加班记录表!$G$3:$G$32,加班记录表!$D$3:$D$32,"平常日",加班记录表!$B$3:$B$32,A3) =SUMIFS(加班记录表!$G$3:$G$32,加班记录表!$D$3:$D$32,"公休日",加班记录表!$B$3:$B$32,A3)	7.3.3小节
4	建立公式计算加班费： =B3*70+C3*100	7.1.2小节

第 8 章 表格数据的分析、筛选、分类汇总

8.1 突出显示满足条件的数据

针对大数据而言，如果需要从众多数据中找寻一些对分析决策起作用的数据一般会比较困难。WPS表格中的分析工具可以从庞大的数据库中快速找到满足条件的数据，并让满足条件的数据以特殊的格式显示出来，方便查看和分析数据。

8.1.1 特殊标记库存量过多的数据

扫一扫，看视频

在【条件格式】的规则中有一个【突出显示单元格规则】命令，其中包含【大于】【小于】【介于】【等于】等选项，这几项常用于对数值数据或日期数据的判断。本例为某库存表的部分数据，现在需要将库存数量大于200的记录以特殊格式显示出来。

❶ 选中要设置条件格式的单元格区域，在【开始】选项卡中单击【条件格式】按钮，在打开的下拉列表中选择【突出显示单元格规则】→【大于】命令(见图8-1)，打开【大于】对话框。

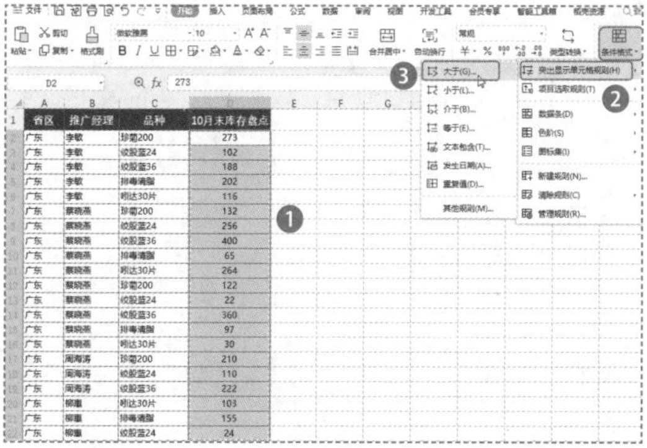

图 8-1

❷ 在【为大于以下值的单元格设置格式】文本框中输入200，如图8-2所示。

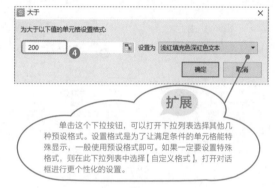

扩展

单击这个下拉按钮，可以打开下拉列表选择其他几种预设格式。设置格式是为了让满足条件的单元格能特殊显示，一般使用预设格式即可。如果一定要设置特殊格式，则在此下拉列表中选择【自定义格式】，打开对话框进行更个性化的设置。

图 8-2

❸ 单击【确定】按钮返回工作表中，即可看到库存大于200的单元格都以【浅红填充色深红色文本】的格式突出显示，如图8-3所示。

	A	B	C	D
1	省区	推广经理	品种	10月末库存盘点
2	广东	李敏	珍菊200	273
3	广东	李敏	绞股蓝24	102
4	广东	李敏	绞股蓝36	188
5	广东	李敏	排毒清脂	202
6	广东	李敏	明达30片	116
7	广东	蔡晓燕	珍菊200	132
8	广东	蔡晓燕	绞股蓝24	256
9	广东	蔡晓燕	绞股蓝36	400
10	广东	蔡晓燕	排毒清脂	65
11	广东	蔡晓燕	明达30片	264
12	广东	蔡晓燕	珍菊200	122
13	广东	蔡晓燕	绞股蓝24	22
14	广东	蔡晓燕	绞股蓝36	360
15	广东	蔡晓燕	排毒清脂	97
16	广东	蔡晓燕	明达30片	30
17	广东	周海涛	珍菊200	210
18	广东	周海涛	绞股蓝24	110
19	广东	周海涛	绞股蓝36	222
20	广东	柳惠	明达30片	103
21	广东	柳惠	排毒清脂	155
22	广东	柳惠	绞股蓝24	24

总结

这种设置广泛应用于日常办公中，如特殊标记高销售额的记录、特殊标记高工资额的记录、特殊标记过低库存等。

图 8-3

扫一扫，看视频

8.1.2 特殊标记工龄在 3~5 年的数据

本例为某档案表的部分数据，现在需要将工龄在3~5年的记录特殊显示出来。要完成这种筛查，仍然是使用【条件格式】规则中的【突出显示单元格规则】。

❶ 选中要设置条件格式的单元格区域，在【开始】选项卡中单击【条件格式】按钮，在打开的下拉列表中选择【突出显示单元格规则】→【介于】命令，如图8-4所示。

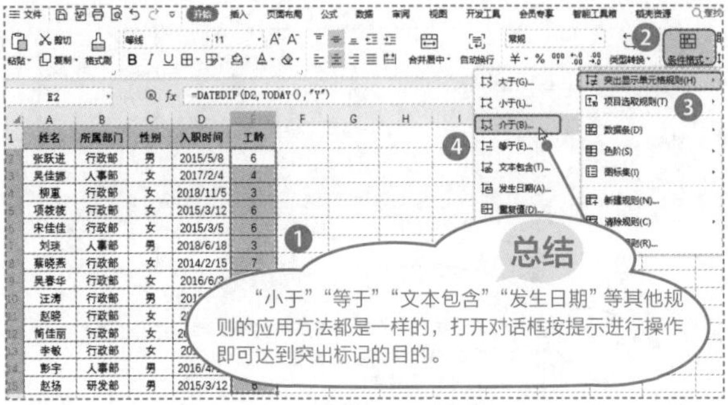

总结
“小于”“等于”“文本包含”“发生日期”等其他规则的应用方法都是一样的，打开对话框按提示进行操作即可达到突出标记的目的。

图 8-4

❷ 打开【介于】对话框，在数值框中输入想设定的数值，如本例设定为3到5，如图8-5所示。

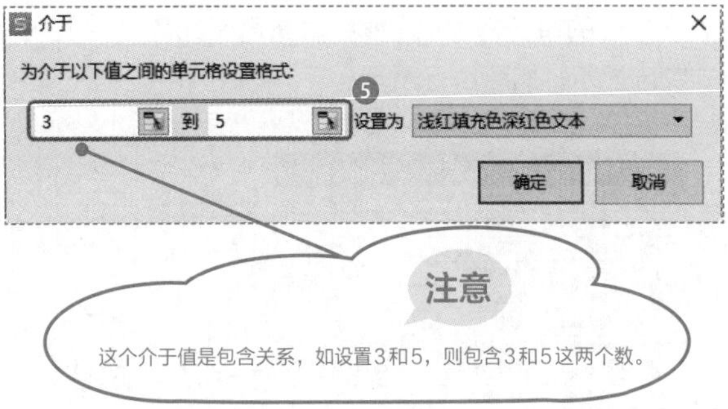

这个介于值是包含关系，如设置3和5，则包含3和5这两个数。

图 8-5

❸ 单击【确定】按钮，数值在3~5（包括3和5）的单元格即会以特殊格式显示，效果如图8-6所示。

	A	B	C	D	E
1	姓名	所属部门	性别	入职时间	工龄
2	张跃进	行政部	男	2015/5/8	6
3	吴佳娜	人事部	女	2017/2/4	4
4	柳惠	行政部	女	2018/11/5	3
5	项筱筱	行政部	女	2015/3/12	6
6	宋佳佳	行政部	女	2015/3/5	6
7	刘琰	人事部	男	2018/6/18	3
8	蔡晓燕	行政部	女	2014/2/15	7
9	吴春华	行政部	女	2016/6/3	5
10	汪涛	行政部	男	2013/4/8	8
11	赵晓	行政部	女	2015/5/6	6
12	简佳丽	行政部	女	2013/6/11	8
13	李敏	行政部	女	2018/1/2	3
14	彭宇	人事部	男	2016/4/18	5
15	赵扬	研发部	男	2015/3/12	6

图 8-6

扫一扫，看视频

8.1.3 为不同的测量值亮起不同颜色的提示灯

要求为不同的测量值亮起不同颜色的提示灯，需要使用“图标集”规则。“图标集”规则就是根据单元格的值区间采用不同颜色的图标进行标记，图标的样式与值区间的设定都是可以自定义设置的。例如，某企业要对某段时间生产出的零件进行抽样测量，在数据表中要求将大于等于1的测量值标记为红色提示灯，0.8～1的测量值标记为黄色提示灯，小于0.8的测量值标记为绿色提示灯。

❶ 选中要设置条件格式的单元格区域，在【开始】选项卡中单击【条件格式】按钮，在打开的下拉列表中选择【图标集】→【其他规则】命令（见图8-7），打开【新建格式规则】对话框，默认是三色灯的图标，如图8-8所示。

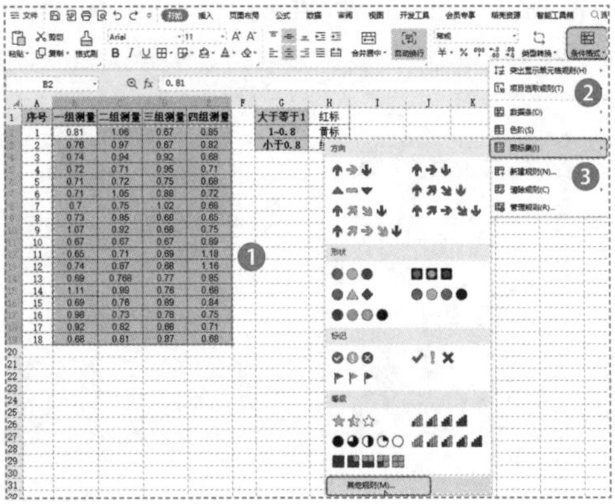

图 8-7

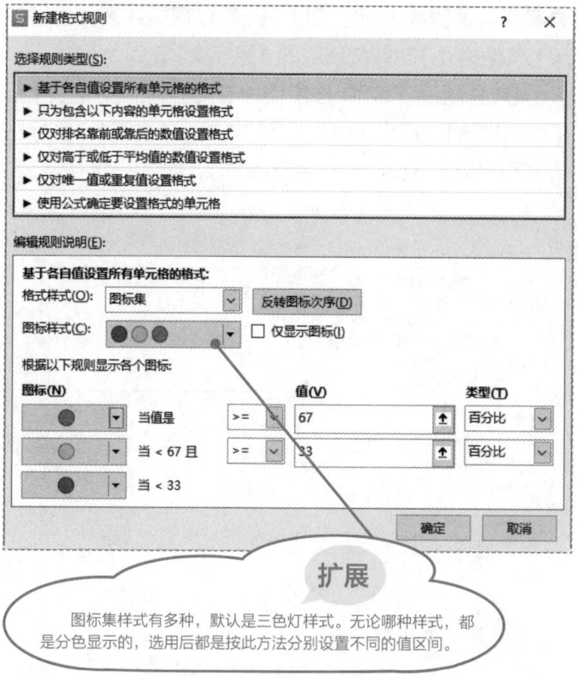

图 8-8

❷ 单击第1个绿色图标右侧的下拉按钮，选择红色图标，如图8-9所示。

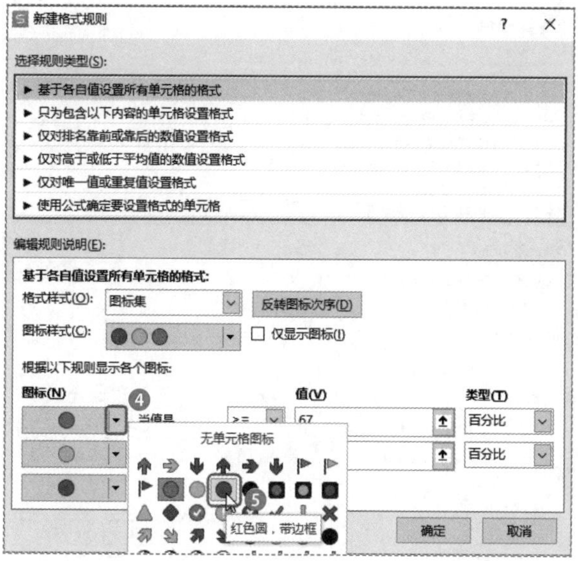

图 8-9

❸ 将【值】的【类型】更改为【数字】格式(默认情况下，值的【类型】为【百分比】格式)，然后将【值】设置为1，如图8-10所示。

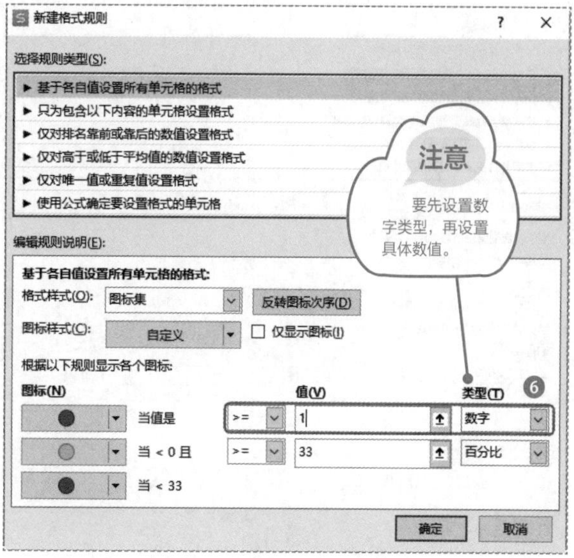

图 8-10

❹ 第2个图标默认使用的是黄色图标，将【值】的【类型】更改为【数字】格式，并设置【值】为0.8，如图8-11所示。

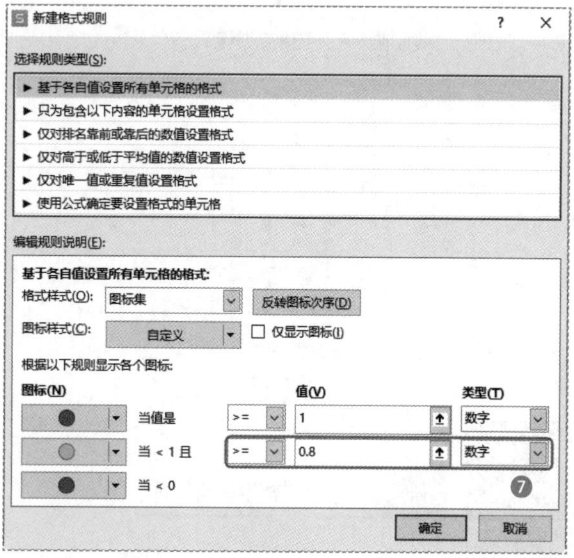

图 8-11

❺ 使用与步骤❷相同的方法将第3个图标更改为绿色图标，如图8-12所示。

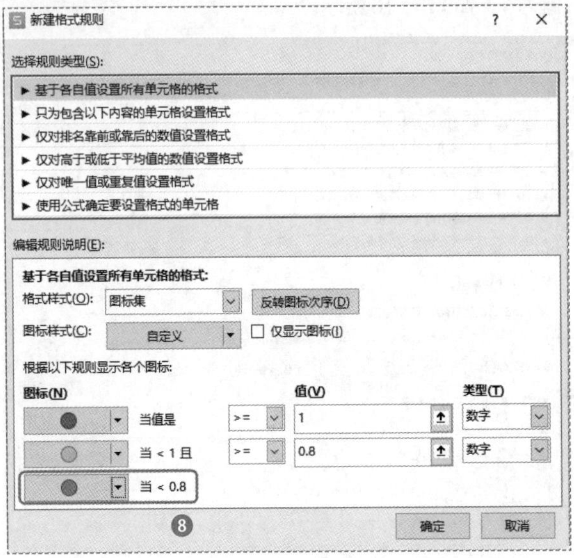

图 8-12

❻ 设置完成后，单击【确定】按钮返回工作表中，可以看到在B2:E19单元格区域中的数字按所设置的格式分别显示为不同颜色的图标，如图8-13所示。例如，红色图标的数据被认定为不合格数据，查看起来就会非常容易。

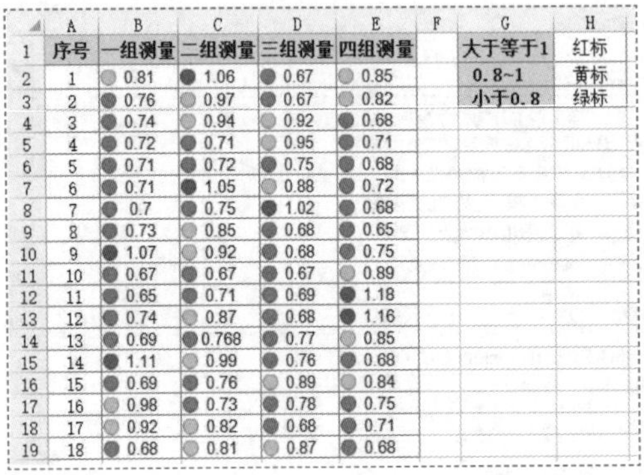

	A	B	C	D	E	F	G	H
1	序号	一组测量	二组测量	三组测量	四组测量		大于等于1	红标
2	1	● 0.81	● 1.06	● 0.67	● 0.85		0.8~1	黄标
3	2	● 0.76	● 0.97	● 0.67	● 0.82		小于0.8	绿标
4	3	● 0.74	● 0.94	● 0.92	● 0.68			
5	4	● 0.72	● 0.71	● 0.95	● 0.71			
6	5	● 0.71	● 0.72	● 0.75	● 0.68			
7	6	● 0.71	● 1.05	● 0.88	● 0.72			
8	7	● 0.7	● 0.75	● 1.02	● 0.68			
9	8	● 0.73	● 0.85	● 0.68	● 0.65			
10	9	● 1.07	● 0.92	● 0.68	● 0.75			
11	10	● 0.67	● 0.67	● 0.67	● 0.89			
12	11	● 0.65	● 0.71	● 0.69	● 1.18			
13	12	● 0.74	● 0.87	● 0.68	● 1.16			
14	13	● 0.69	● 0.768	● 0.77	● 0.85			
15	14	● 1.11	● 0.99	● 0.76	● 0.68			
16	15	● 0.69	● 0.76	● 0.89	● 0.84			
17	16	● 0.98	● 0.73	● 0.78	● 0.75			
18	17	● 0.92	● 0.82	● 0.68	● 0.71			
19	18	● 0.68	● 0.81	● 0.87	● 0.68			

图 8-13

扫一扫，看视频

8.1.4 给优秀成绩插红旗

图标集的使用方法是非常灵活多样的，如在本例中要实现给销售额大于100000元的数据插红旗，也是使用【条件格式】功能按钮中的“图标集”规则。

❶选择目标区域后，按8.1.3小节中相同的方法打开【新建格式规则】对话框，更改图标的样式。单击第1个图标右侧的下拉按钮，在列表中选择红旗图标，如图8-14所示。

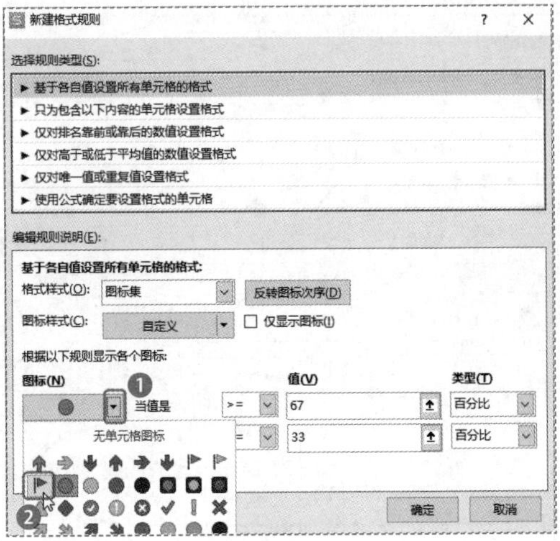

图 8-14

❷ 设置判断条件为【数字】→>=100000（注意要先选择类型为【数字】后再设置数值），如图8-15所示。

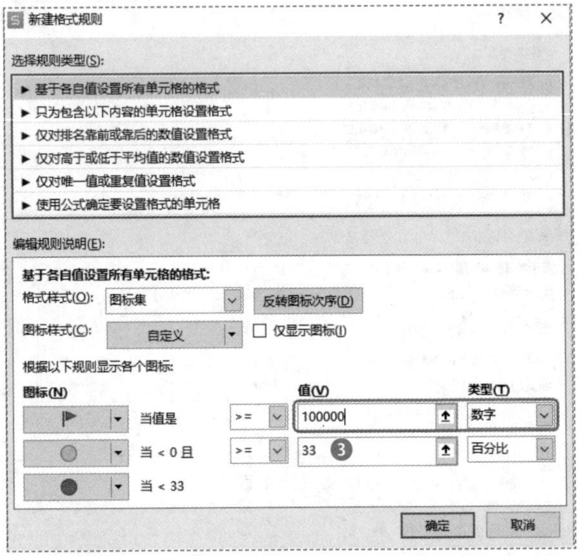

图 8-15

❸ 单击第2个图标右侧的下拉按钮，然后在打开的列表中选择【无单元格图标】，即不使用图标，如图8-16所示。按相同的方法再取消第3个图标，如图8-17所示。

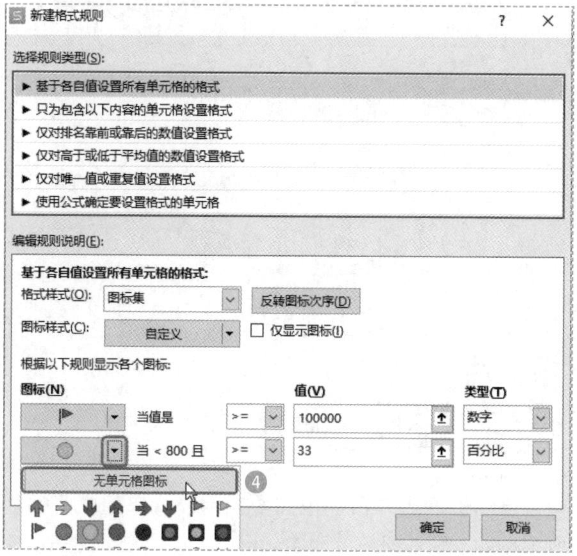

图 8-16

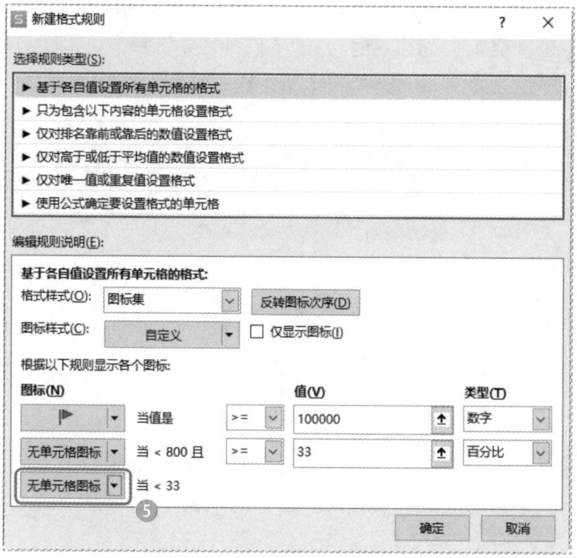

图 8-17

❹ 完成设置后，单击【确定】按钮可以看到“销售业绩”列中只在大于等于100000的数字前添加了红旗图标，如图8-18所示。

	A	B	C	D
1	序号	姓名	部门	销售业绩
2	NO.007	王晗	女	100600
3	NO.010	陈亮	男	125900
4	NO.016	周学成	男	70800
5	NO.018	陶毅	男	90600
6	NO.020	于泽	男	75000
7	NO.023	方小飞	男	18500
8	NO.024	钱诚	男	135000
9	NO.025	程明宇	男	34000
10	NO.026	牧渔风	男	25900
11	NO.027	王成婷	女	103000
12	NO.028	陈雅丽	女	18000
13	NO.029	权城	男	48800
14	NO.031	李烟	女	45800
15	NO.033	周松	男	122000
16	NO.034	放明亮	男	56800
17	NO.036	赵晓波	女	98000

图 8-18

8.1.5 高亮显示每行数据中的最大值

扫一扫，看视频

在条件格式的规则类型中还有一个【使用公式确定要设置格式的单元格】规则类型，它表示使用公式来判断满足条件的单元格。利用公式建立条件可以让条件的判断更加灵活，但是要应用好这项功能，需要用到一些函数，因此需要对函数应用有所了解。

例如，本例中经过设置突出显示每列中的最大值，从而可以直观地看到每一位车间工人在6个月中的最高生产量是哪个月。

❶ 选中目标单元格区域，在【开始】选项卡中单击【条件格式】按钮，在打开的下拉列表中选择【新建规则】命令(见图8-19)，打开【新建格式规则】对话框。

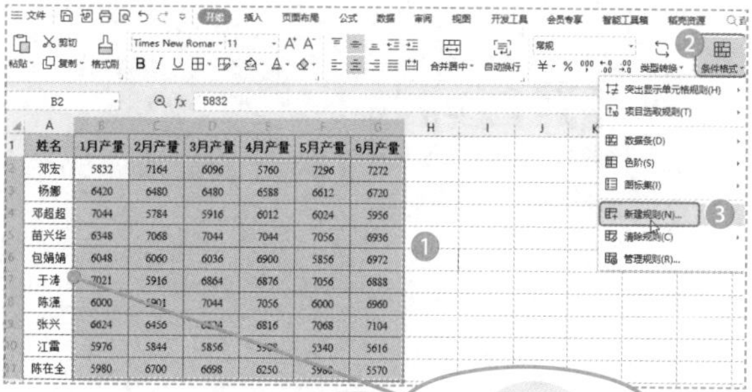

注意

这里要对每一行中的各个数据进行判断并找到最大值，因此选择目标区域时注意是多列而不是单列。

图 8-19

❷ 在【选择规则类型】栏中选择【使用公式确定要设置格式的单元格】，在下面的文本框中输入公式“=B2=MAX($B2:$G2)”，如图8-20所示。

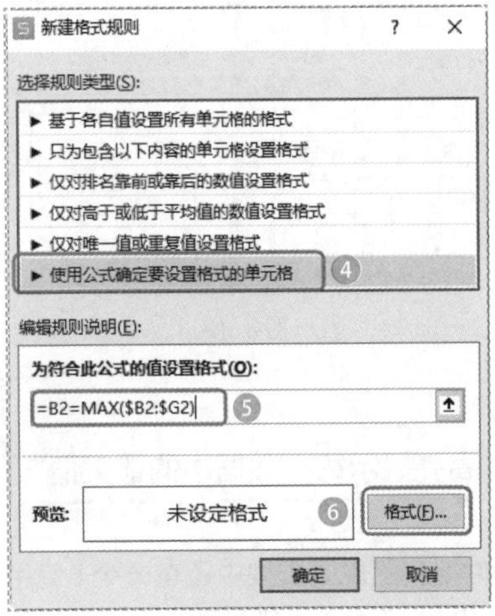

图 8-20

❸ 单击【格式】按钮，打开【单元格格式】对话框，可以按自己的喜好设置底纹格式、边框格式等，这里只设置了一种特殊的底纹色，如图8-21所示。

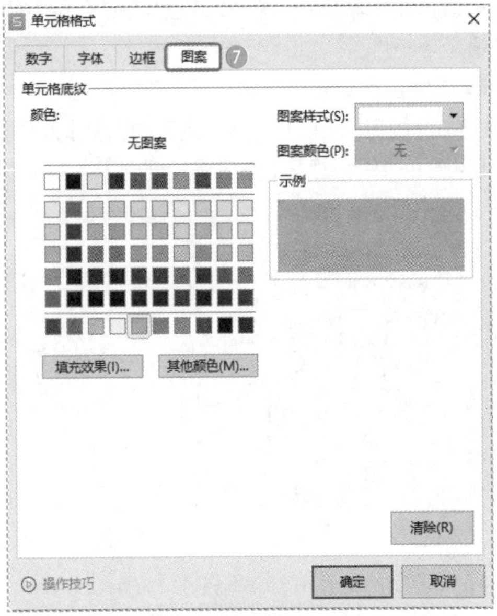

图 8-21

❹ 单击【确定】按钮，返回【新建格式规则】对话框中，再次单击【确定】按钮即可看到每行中的最大值以特殊颜色标识，如图8-22所示。

	A	B	C	D	E	F	G
1	姓名	1月产量	2月产量	3月产量	4月产量	5月产量	6月产量
2	邓宏	5832	7164	6096	5760	7296	7272
3	杨娜	6420	6480	6480	6588	6612	6720
4	邓超超	7044	5784	5916	6012	6024	5956
5	苗兴华	6348	7068	7044	7044	7056	6936
6	包娟娟	6048	6060	6036	6900	5856	6972
7	于涛	7021	5916	6864	6876	7056	6888
8	陈潇	6000	5901	7044	7056	6000	6960
9	张兴	6624	6456	6624	6816	7068	7104
10	江雷	5976	5844	5856	5988	5340	5616
11	陈在全	5980	6700	6698	6250	5980	5570

图 8-22

扫一扫，看视频

8.1.6 自动标识周末日期

自动标识周末日期也需要应用公式来建立条件规则。例如，在加班统计表中，可以通过建立公式来快速标识出周末加班的记录。

❶ 选中目标单元格区域，在【开始】选项卡中单击【条件格式】按钮，在打开的下拉列表中选择【新建规则】命令（见图8-23），打开【新建格式规则】对话框。

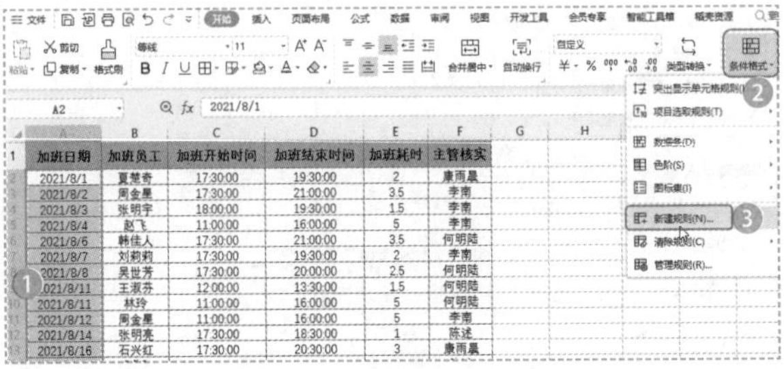

图 8-23

❷ 在【选择规则类型】栏中选择【使用公式确定要设置格式的单元格】，在下面的文本框中输入公式“=WEEKDAY(A3,2)>5”，如图8-24所示。

❸ 单击【格式】按钮，打开【单元格格式】对话框。根据需要对需要标识的单元格进行格式设置，这里只设置了一种特殊的底纹色，如图8-25所示。

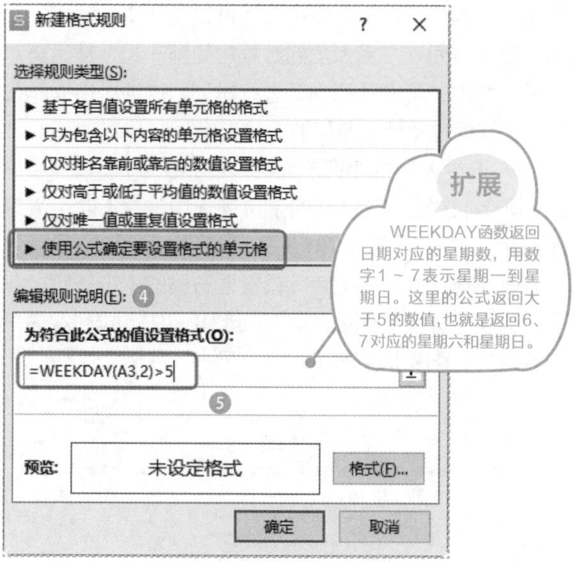

图 8-24

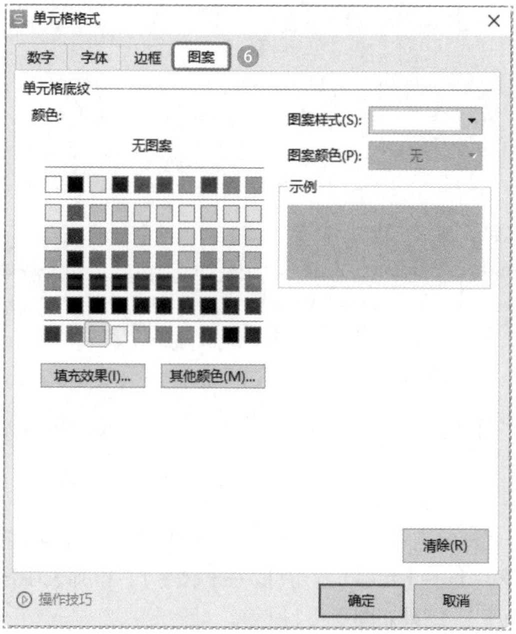

图 8-25

❹ 单击【确定】按钮，返回【新建格式规则】对话框中，再次单击【确定】按钮即可将选定单元格区域内的周末日期以黄色填充色标识出来，如图8-26所示。

	A	B	C	D	E	F
1	加班日期	加班员工	加班开始时间	加班结束时间	加班耗时	主管核实
2	2021/8/1	夏楚奇	17:30:00	19:30:00	2	康雨晨
3	2021/8/2	周金星	17:30:00	21:00:00	3.5	李南
4	2021/8/3	张明宇	18:00:00	19:30:00	1.5	李南
5	2021/8/4	赵飞	11:00:00	16:00:00	5	李南
6	2021/8/6	韩佳人	17:30:00	21:00:00	3.5	何明陆
7	2021/8/7	刘莉莉	17:30:00	19:30:00	2	李南
8	2021/8/8	吴世芳	17:30:00	20:00:00	2.5	何明陆
9	2021/8/11	王淑芬	12:00:00	13:30:00	1.5	何明陆
10	2021/8/11	林玲	11:00:00	16:00:00	5	何明陆
11	2021/8/12	周金星	11:00:00	16:00:00	5	李南
12	2021/8/14	张明亮	17:30:00	18:30:00	1	陈述
13	2021/8/16	石兴红	17:30:00	20:30:00	3	康雨晨
14	2021/8/19	周燕飞	14:00:00	17:00:00	3	陈述
15	2021/8/20	周松	19:00:00	22:30:00	3.5	陈述
16	2021/8/21	赵飞	17:30:00	21:00:00	3.5	康雨晨
17	2021/8/22	赵飞	18:00:00	19:30:00	1.5	康雨晨
18	2021/8/24	夏楚奇	17:30:00	19:30:00	2	李南
19	2021/8/26	杨亚	11:00:00	16:00:00	5	康雨晨
20	2021/8/28	刘莉莉	18:00:00	19:30:00	1.5	康雨晨
21	2021/8/30	夏楚奇	17:30:00	20:30:00	3	康雨晨

图 8-26

8.2　数据排序

在对大量数据进行分析时，排序是一个既简单又常用的功能，如对数值进行排序可以迅速查看数据的大小、极值等；对文本进行排序便于对一类数据进行集中查看、对比、分析等。

8.2.1　快速查看极值

扫一扫，看视频

按单个数据进行排序是最简单的排序方法，需要注意的是在执行排序命令前准确地选中单元格。

❶ 选中“总成绩”列中的任意单元格（即要求对总成绩进行排序），在【数据】选项卡中单击【排序】按钮，在打开的下拉列表中选择【降序】命令，如图8-27所示。

❷ 执行上述操作后可以看到“总成绩”列的数据从高到低进行排列，如图8-28所示。

❸ 如果要让数据由低到高排列，只需执行【升序】命令即可。

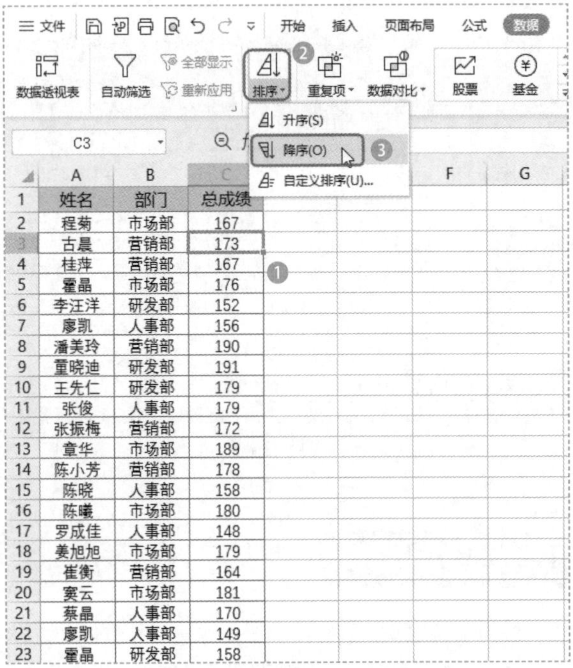

	A	B	C
1	姓名	部门	总成绩
2	程菊	市场部	167
3	古晨	营销部	173
4	桂萍	营销部	167
5	霍晶	市场部	176
6	李汪洋	研发部	152
7	廖凯	人事部	156
8	潘美玲	营销部	190
9	董晓迪	研发部	191
10	王先仁	研发部	179
11	张俊	人事部	179
12	张振梅	营销部	172
13	章华	市场部	189
14	陈小芳	营销部	178
15	陈晓	人事部	158
16	陈曦	市场部	180
17	罗成佳	人事部	148
18	姜旭旭	市场部	179
19	崔衡	营销部	164
20	窦云	市场部	181
21	蔡晶	人事部	170
22	廖凯	人事部	149
23	霍晶	研发部	158

图 8-27

	A	B	C
1	姓名	部门	总成绩
2	董晓迪	研发部	191
3	潘美玲	营销部	190
4	章华	市场部	189
5	窦云	市场部	181
6	陈曦	市场部	180
7	王先仁	研发部	179
8	张俊	人事部	179
9	姜旭旭	市场部	179
10	陈小芳	营销部	178
11	霍晶	市场部	176
12	古晨	营销部	173
13	张振梅	营销部	172
14	蔡晶	人事部	170
15	程菊	市场部	167
16	桂萍	营销部	167
17	崔衡	营销部	164
18	陈晓	人事部	158
19	霍晶	研发部	158
20	廖凯	人事部	156
21	李汪洋	研发部	152
22	廖凯	人事部	149
23	罗成佳	人事部	148

图 8-28

8.2.2 满足双条件排序

扫一扫，看视频

满足双条件排序需要设置两个排序关键字，即当按某一个关键字排序出现了相同值时再按第2个关键字进行排序。例如，在本例中可以通过设置两个关键字，从而实现先将同一产品大类的数据排列到一起，然后再对相同大类中的金额从高到低进行排列。这种排序操作在日常工作中也是经常使用的。

❶ 选中表格中任意单元格，在【数据】选项卡中单击【排序】按钮，在打开的下拉列表中选择【自定义排序】命令，打开【排序】对话框。

❷ 单击【主要关键字】设置框右侧的下拉按钮，在下拉列表中选择“产品大类”（见图8-29），排序次序采用默认的【升序】，如图8-30所示。

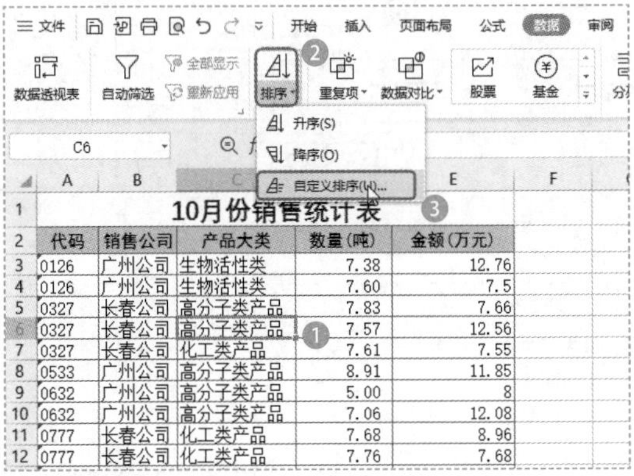

	A	B	C	D	E
1	10月份销售统计表				
2	代码	销售公司	产品大类	数量(吨)	金额(万元)
3	0126	广州公司	生物活性类	7.38	12.76
4	0126	广州公司	生物活性类	7.60	7.5
5	0327	长春公司	高分子类产品	7.83	7.66
6	0327	长春公司	高分子类产品	7.57	12.56
7	0327	长春公司	化工类产品	7.61	7.55
8	0533	广州公司	高分子类产品	8.91	11.85
9	0632	广州公司	高分子类产品	5.00	8
10	0632	广州公司	高分子类产品	7.06	12.08
11	0777	长春公司	化工类产品	7.68	8.96
12	0777	长春公司	化工类产品	7.76	7.68

图 8-29

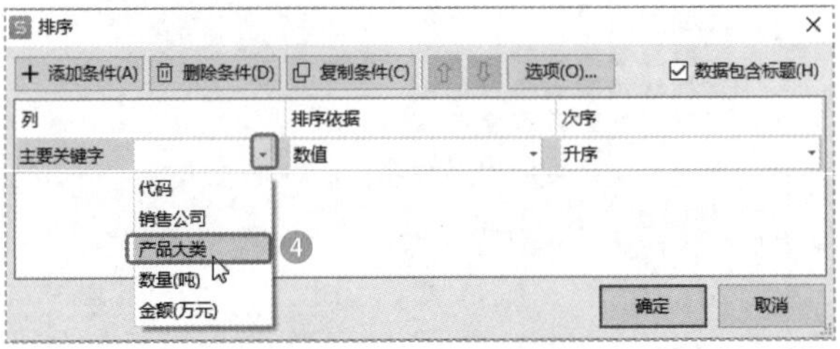

图 8-30

❸ 单击【添加条件】按钮，在【次要关键字】下拉列表中选择【金额(万元)】，在【次序】下拉列表中选择【降序】，结果如图8-31所示。

10月份销售统计表			
代码	产品大类	数量(吨)	金额(万元)
0327	高分子类产品	7.57	12.56
0632	高分子类产品	7.06	12.08
0533	高分子类产品	8.91	11.85
2828	高分子类产品	8.15	10.3
2828	高分子类产品	5.79	9.58
2294	高分子类产品	5.51	9.05
2128	高分子类产品	5.05	8.06
2199	高分子类产品	7.01	8.05
0632	高分子类产品	5.00	8
2128	高分子类产品	3.69	7.98
0327	高分子类产品	7.83	7.66
2597	高分子类产品	7.65	7.56
1254	高分子类产品	7.55	7.1
1631	化工类产品	8.97	11.96
0777	化工类产品	8.16	10.58
1254	化工类产品	5.97	9.96
0777	化工类产品	7.68	8.96
2380	化工类产品	7.66	8.88
1254	化工类产品	7.57	8.56
2380	化工类产品	7.16	8.35
1160	化工类产品	5.01	8.05
0777	化工类产品	7.86	7.75
0777	化工类产品	7.76	7.68
1690	化工类产品	7.75	7.66
1254	化工类产品	7.63	7.56
0327	化工类产品	7.61	7.55
2128	化工类产品	3.98	5.96

图 8-31

8.2.3 按自定义的规则排序

扫一扫，看视频

在对文本进行排序时，要么升序(从字母A ~ Z排列)，要么降序(从字母Z ~ A排列)，当这两种默认的排序都不满足需求时，就需要自定义排序规则，如按学历层次的高低排序、按职位的高低排序、按地域从南到北排序等。下面给出一个实例讲解自定义排序规则的方法，读者在日常工作中的其他应用场景中可自行举一反三。

如图8-32所示，需要将数据按“总监—经理—主管—职员”的顺序排列，先执行一次排序，可以看到无论是升序排列还是降序排列都无法让职位按照想要的顺序进行排序。

❶ 选择表格编辑区域中的任意单元格，在【数据】选项卡中单击【排序】按钮，在打开的下拉列表中选择【自定义排序】命令，打开【排序】对话框。

员工编号	姓名	职位	课程名称	考核成绩	考核结果
NL026	左亮亮	总监	合同管理	78	合格
NL029	王蒙蒙	总监	优质客户服务技能	69	不合格
NL034	沈佳宜	总监	ERP往来账目处理	70	合格
NL044	王丹丹	总监	产品测试	82	良好
NL025	陶月胜	主管	顾问式销售	86	良好
NL039	殷格	主管	优质客户服务技能	78	合格
NL049	吴丹晨	主管	产品测试	79	合格
NL036	胡桥	职员	合同管理	82	良好
NL037	盛杰	职员	赢得客户的关键时刻	79	合格
NL048	董意	职员	成本控制	75	合格
NL023	柯娜	经理	合同管理	82	良好
NL024	张文婧	经理	顾问式销售	90	良好
NL027	郑大伟	经理	产品测试	89	良好
NL031	刘晓芸	经理	合同管理	71	合格
NL045	叶倩文	经理	成本控制	72	合格

图 8-32

❷ 在【主要关键字】下拉列表中选择【职位】，在【次序】下拉列表中选择【自定义序列】(见图8-33)，打开【自定义序列】对话框。

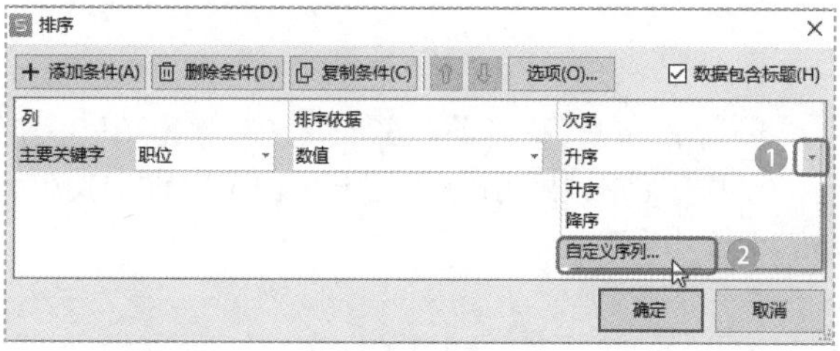

图 8-33

❸ 在【输入序列】列表框中输入自定义序列，注意各职位名称间要换行显示，如图8-34所示。

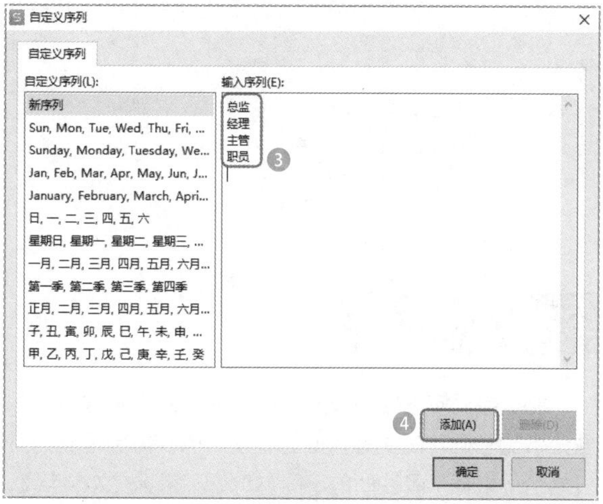

图 8-34

❹ 单击【添加】按钮，可以将自定义的序列添加到左侧列表中，如图8-35所示。

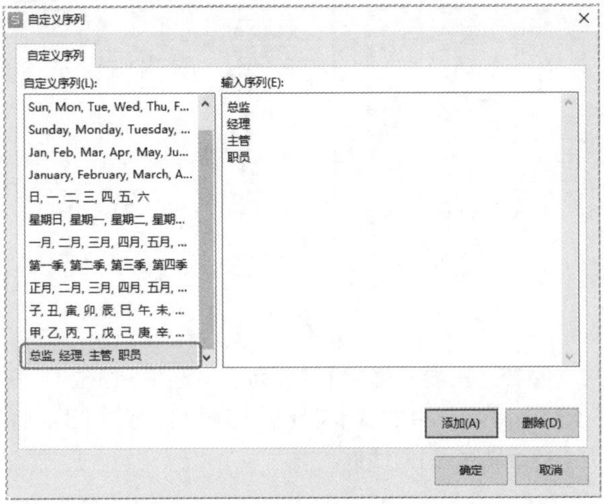

图 8-35

❺ 依次单击【确定】按钮完成排序，如图8-36所示，从排序后的效果可以看到已经按自定义的排序顺序从高到低排列了。

	A	B	C	D	E	F
1	员工编号	姓名	职位	课程名称	考核成绩	考核结果
2	NL026	左亮亮	总监	合同管理	78	合格
3	NL029	王蒙蒙	总监	优质客户服务技能	69	不合格
4	NL034	沈佳宜	总监	ERP往来账目处理	70	合格
5	NL044	王丹丹	总监	产品测试	82	良好
6	NL023	柯娜	经理	合同管理	82	良好
7	NL024	张文婧	经理	顾问式销售	90	良好
8	NL027	郑大伟	经理	产品测试	89	良好
9	NL031	刘晓芸	经理	合同管理	71	合格
10	NL045	叶倩文	经理	成本控制	72	合格
11	NL025	陶月胜	主管	顾问式销售	86	良好
12	NL039	殷格	主管	优质客户服务技能	78	合格
13	NL049	吴丹晨	主管	产品测试	79	合格
14	NL036	胡桥	职员	合同管理	82	良好
15	NL037	盛杰	职员	赢得客户的关键时刻	79	合格
16	NL048	董意	职员	成本控制	75	合格

图 8-36

8.3 数据筛选

能从数据库表格中按分析目的筛选并查看数据是数据分析的基础，在查看数据的过程中也会得到相应的分析结论。根据字段性质的不同（如数值字段、文本字段、日期字段），其筛选条件的设置也会不同。筛选功能与排序功能一样，操作虽然简单，但在数据的分析统计过程中会频繁使用。

8.3.1 按数字大小进行筛选

扫一扫，看视频

数字筛选是进行数据分析时最常用的一种筛选方式，如以销售额、支出费用、成绩等作为字段进行筛选。数字筛选的类型有“等于”“不等于”“大于”“大于或等于”“小于”“小于或等于”“介于”等，不同的筛选类型可以得到不同的筛选结果，但操作方法都是类似的。例如，在本例中要筛选出工龄大于5年的所有记录。

❶ 选中数据区域任意单元格，在【数据】选项卡中单击【自动筛选】按钮即可在每个列标识旁添加自动筛选按钮。

❷ 单击“工龄”列右侧的自动筛选按钮，在打开的下拉列表中执行【数字筛选】→【大于】命令（见图8-37），打开【自定义自动筛选方式】对话框。

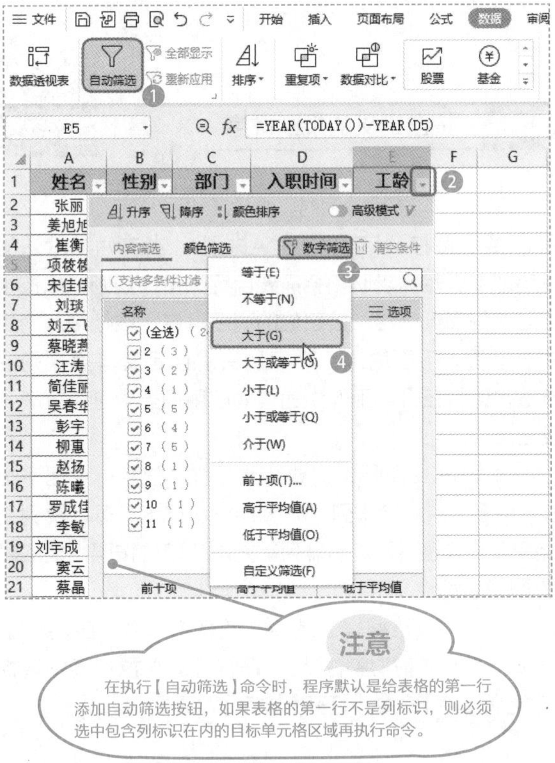

注意

在执行【自动筛选】命令时，程序默认是给表格的第一行添加自动筛选按钮，如果表格的第一行不是列标识，则必须选中包含列标识在内的目标单元格区域再执行命令。

图 8-37

❸ 在【大于】右侧的文本框中输入5，如图8-38所示。

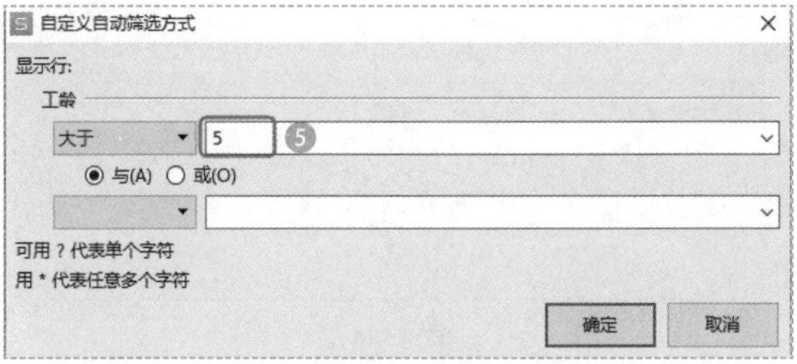

图 8-38

❹ 单击【确定】按钮，返回工作表中，即可筛选出工龄大于5的记录，如图8-39所示。

	A	B	C	D	E
1	姓名	性别	部门	入职时间	工龄
2	张丽	女	行政部	2015/2/14	6
3	姜旭旭	男	招商部	2011/7/1	10
4	崔衡	男	财务部	2014/7/1	7
7	刘琰	男	运营部	2015/4/14	6
9	蔡晓燕	女	售后部	2014/1/28	7
13	彭宇	男	招商部	2014/2/20	7
14	柳惠	女	售后部	2015/2/25	6
15	赵扬	男	运营部	2015/2/25	6
16	陈曦	女	售后部	2014/8/26	7
17	罗成佳	女	运营部	2010/10/4	11
18	李敏	男	招商部	2013/10/6	8
19	刘宇成	男	运营部	2012/2/9	9
21	蔡晶	女	行政部	2014/4/12	7

图 8-39

8.3.2 按数据的分类进行筛选

扫一扫，看视频

按数据的分类进行筛选的操作虽然很容易，但是却能帮助我们快速找到目标数据，尤其是在有着大量数据的表中就显得更加重要。按数据的分类筛选适合的文本字段，如在下面的表格可以通过筛选快速查看任意类别的费用支出记录。

❶ 选中数据区域任意单元格，在【数据】选项卡中单击【自动筛选】按钮即可在每个列标识旁添加自动筛选按钮。

❷ 单击“类别”列右侧的自动筛选按钮，在打开的下拉列表中通过勾选复选框选择想查看的项目，如图8-40所示。

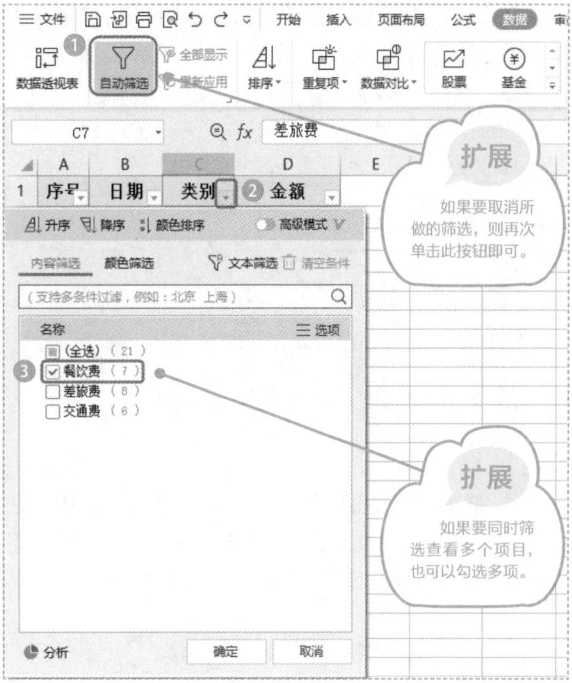

图 8-40

❸ 选择后单击【确定】按钮即可看到筛选的结果，如图8-41所示。

	A	B	C	D
1	序号	日期	类别	金额
6	005	5/12	餐饮费	￥ 2,680.00
8	007	5/15	餐饮费	￥ 500.00
10	009	5/16	餐饮费	￥ 5,400.00
12	011	5/17	餐饮费	￥ 863.00
15	014	5/23	餐饮费	￥ 3,000.00
17	016	5/24	餐饮费	￥ 650.00
22	021	5/30	餐饮费	￥ 1,500.00

图 8-41

8.3.3 按日期的先后进行筛选

扫一扫，看视频

在WPS表格程序中可以对日期进行筛选，如筛选出指定日期之前（之后）、本月、上月、本季度、本年度等数据记录。例如，在下面的例子中要求筛选出2021年10月15日以前的所有借阅记录。

❶ 选中数据区域任意单元格，在【数据】选项卡中单击【自动筛选】按钮即可在每个列标识旁添加自动筛选按钮，如图8-42所示。

图 8-42

❷ 单击“借出日期”列右侧的自动筛选按钮，在打开的下拉列表中执行【日期筛选】→【之前】命令（见图8-43），打开【自定义自动筛选方式】对话框。

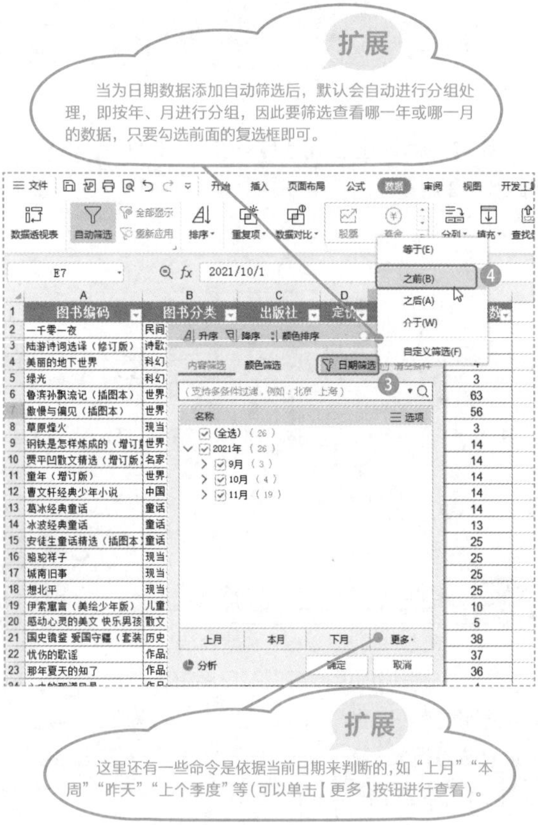

扩展
当为日期数据添加自动筛选后，默认会自动进行分组处理，即按年、月进行分组，因此要筛选查看哪一年或哪一月的数据，只要勾选前面的复选框即可。
等于(E)
之前(B)
之后(A)
介于(W)
自定义筛选(F)
日期筛选
扩展
这里还有一些命令是依据当前日期来判断的，如“上月”“本周”“昨天”“上个季度”等（可以单击【更多】按钮进行查看）。

图 8-43

❸ 在【在以下日期之前】文本框后输入日期“2021-10-15”，如图8-44所示。

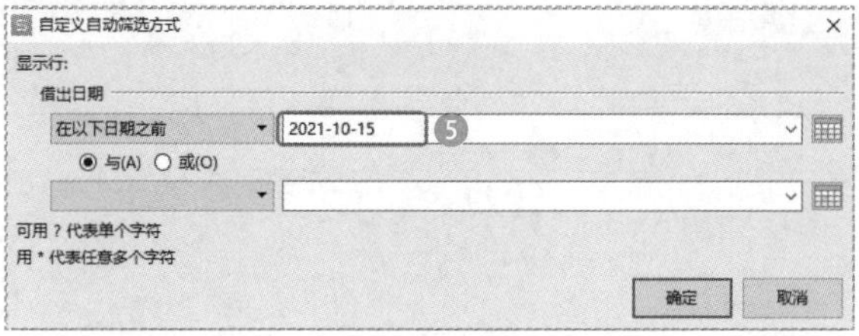

图 8-44

❹ 单击【确定】按钮，返回工作表中，即可筛选出2021年10月15日以前的所有借阅记录，如图8-45所示。

	A	B	C	D	E	F
1	图书编码	图书分类	出版社	定价	借出日期	借阅天数
6	鲁滨孙飘流记（插图本）	世界名著 小说	凤凰出版传媒集团	15.00元	2021/9/24	63
7	傲慢与偏见（插图本）	世界名著 小说	凤凰出版传媒集团	18.00元	2021/10/1	56
22	忧伤的歌谣	作品集 小说	大众文艺出版社	22.80 元	2021/10/12	45
23	那年夏天的知了	作品集 小说	大众文艺出版社	22.80 元	2021/10/14	43
26	被风吹走的夏天	作品集 小说	大众文艺出版社	22.80 元	2021/9/12	75
27	果园里的公主	作品集 小说	大众文艺出版社	22.80 元	2021/9/12	75

图 8-45

8.3.4 按文本包含或不包含进行筛选

扫一扫，看视频

对文本的筛选包括“包含”某文本、“开头是”某文本或者“结尾是”某文本的记录。严格来说，“开头是”和“结尾是”也属于包含的范畴。例如，在图8-46所示的考核统计表中，有不同的经理职位（如人事经理、行政经理等），现在想筛选出包含“经理”的记录，从而实现对这一职位考核情况的查看。

	A	B	C	D	E	F
1	员工编号	姓名	职位	课程名称	考核成绩	考核结果
2	NL007	刘云飞	人事经理	优质客户服务技能	90	良好
3	NL011	钟薇	行政经理	合同管理	68	不合格
4	NL018	李欣欣	职员	赢得客户的关键时刻	87	良好
5	NL023	柯娜	销售经理	合同管理	82	良好
6	NL024	张文婧	销售经理	顾问式销售	90	良好
7	NL025	陶月胜	财务经理	顾问式销售	86	良好
8	NL026	左亮亮	总监	合同管理	78	合格
9	NL027	郑大伟	销售经理	产品测试	89	良好
10	NL029	王蒙蒙	总监	优质客户服务技能	69	不合格
11	NL031	刘晓芸	销售经理	合同管理	71	合格
12	NL034	沈佳宜	总监	ERP往来账目处理	70	合格
13	NL036	胡桥	职员	合同管理	82	良好
14	NL037	盛杰	职员	赢得客户的关键时刻	79	合格
15	NL039	殷格	职员	优质客户服务技能	78	合格
16	NL044	王丹丹	总监	产品测试	82	良好
17	NL045	叶倩文	销售经理	成本控制	72	合格
18	NL048	董意	职员	成本控制	67	不合格
19	NL049	吴丹晨	人事经理	产品测试	79	合格

图 8-46

❶ 选中数据区域任意单元格，在【数据】选项卡中单击【自动筛选】按钮即可在每个列标识旁添加自动筛选按钮。

❷ 单击“职位”列右侧的自动筛选按钮，在打开的下拉列表中执行【文本筛选】→【包含】命令(见图8-47)，打开【自定义自动筛选方式】对话框。

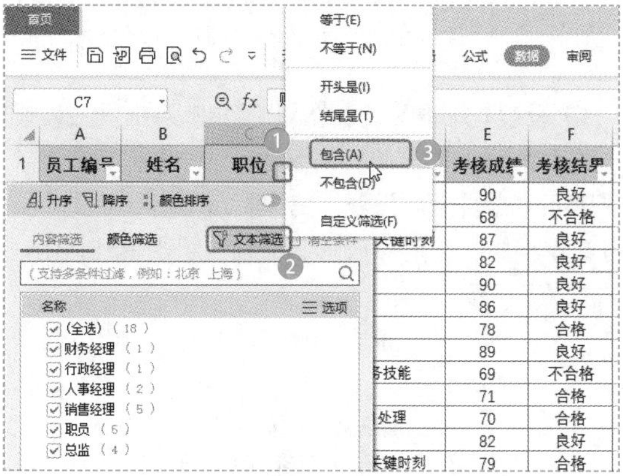

图 8-47

❸ 在【包含】右侧的文本框中输入“经理”，如图8-48所示。

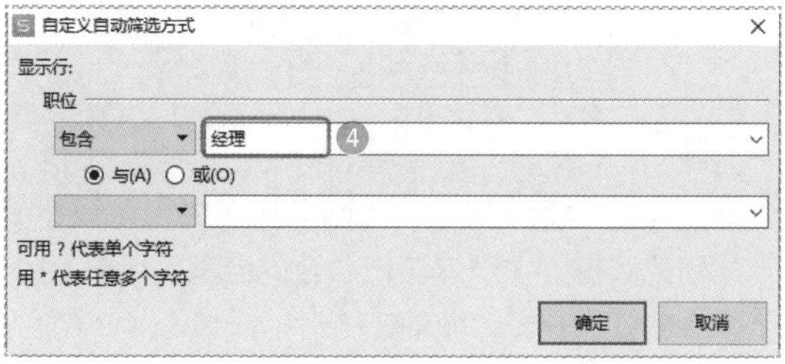

图 8-48

❹ 单击【确定】按钮，得到的筛选记录如图8-49所示。

	A	B	C	D	E	F
1	员工编号	姓名	职位	课程名称	考核成绩	考核结果
2	NL007	刘云飞	人事经理	优质客户服务技能	90	良好
3	NL011	钟薇	行政经理	合同管理	68	不合格
5	NL023	柯娜	销售经理	合同管理	82	良好
6	NL024	张文婧	销售经理	顾问式销售	90	良好
7	NL025	陶月胜	财务经理	顾问式销售	86	良好
9	NL027	郑大伟	销售经理	产品测试	89	良好
11	NL031	刘晓芸	销售经理	合同管理	71	合格
17	NL045	叶倩文	销售经理	成本控制	72	合格
19	NL049	吴丹晨	人事经理	产品测试	79	合格

图 8-49

技巧点拨

针对本例的数据源，也可以按相同的方法设置筛选条件为【不包含】→【经理】，其筛选结果为职位中排除“经理”文本的所有其他记录，如图8-50所示。

	A	B	C	D	E	F
1	员工编号	姓名	职位	课程名称	考核成绩	考核结果
4	NL018	李欣欣	职员	赢得客户的关键时刻	87	良好
8	NL026	左亮亮	总监	合同管理	78	合格
10	NL029	王蒙蒙	总监	优质客户服务技能	69	不合格
12	NL034	沈佳宜	总监	ERP往来账目处理	70	合格
13	NL036	胡桥	职员	合同管理	82	良好
14	NL037	盛杰	职员	赢得客户的关键时刻	79	合格
15	NL039	殷格	职员	优质客户服务技能	78	合格
16	NL044	王丹丹	总监	产品测试	82	良好
18	NL048	董意	职员	成本控制	67	不合格

图 8-50

8.3.5 满足多条件高级筛选

扫一扫，看视频

前面的筛选都是在原数据表的基础上进行的，即将不满足条件的记录暂时隐藏起来。那么如果需要将筛选结果独立放置，则需要进行高级筛选。

在高级筛选方式下可以实现满足多条件中任意一个条件的筛选(即“或”条件筛选)，也可以实现同时满足多个条件的筛选(即“与”条件筛选)。

1. “与”条件筛选

“与”条件筛选是指同时满足两个条件或多个条件的筛选。例如，在下面的数据表中，需要筛选出“报名时间”在2021/11/15之前且“所报课程”为“轻黏土手工”的所有记录。

❶ 在G1:H2单元格区域设定筛选条件(见图8-51)，在【开始】选项卡中单击【筛选】右侧的下拉按钮，在打开的下拉列表中选择【高级筛选】命令，打开【高级筛选】对话框。

❷ 设置【列表区域】为完整的数据区域，设置【条件区域】为G1:H2单元格区域，选中【将筛选结果复制到其它位置】单选按钮，将光标放置到激活的【复制到】文本框中，设置存放筛选结果的起始单元格为G5，如图8-52所示。

❸ 单击【确定】按钮，返回工作表中，即可得到同时满足双条件的筛选结果，如图8-53所示。

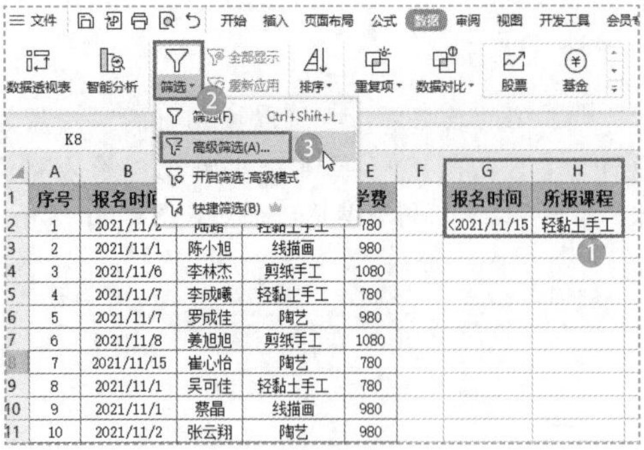

图 8-51

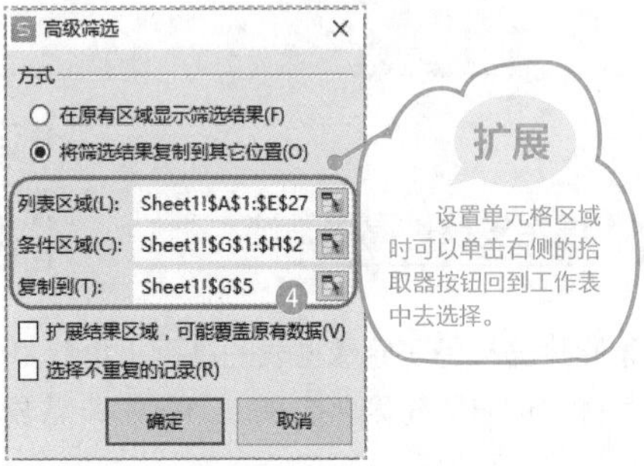
扩展
设置单元格区域时可以单击右侧的拾取器按钮回到工作表中去选择。

图 8-52

图 8-53

2. “或”条件筛选

“或”条件筛选是指只要满足两个或多个条件中的一个条件的筛选。例如，针对本例的数据源，需要筛选出职位为“部门经理”或者考核结果为“不合格”的所有记录。

❶ 在H1:I3单元格区域设定筛选条件（见图8-54），在【开始】选项卡中单击【筛选】右侧的下拉按钮，在打开的下拉列表中选择【高级筛选】命令，打开【高级筛选】对话框。

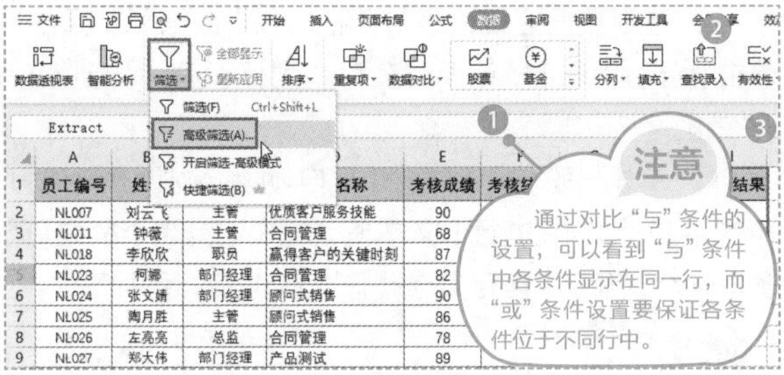
注意
通过对比“与”条件的设置，可以看到“与”条件中各条件显示在同一行，而“或”条件设置要保证各条件位于不同行中。

图 8-54

❷ 设置【列表区域】为A1:F19单元格区域，设置【条件区域】为H1:I3单元格区域，选中【将筛选结果复制到其它位置】单选按钮，将光标放置到激活的【复制到】文本框中，设置存放筛选结果的起始单元格为H5，如图8-55所示。

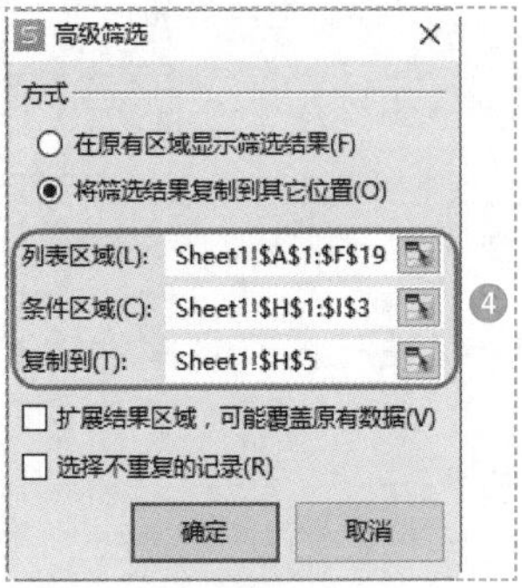

图 8-55

❸ 单击【确定】按钮，返回工作表中，可以查看J列与M列的数据，发现这些记录至少会满足所设置的两个条件中的任意一个，如图8-56所示。

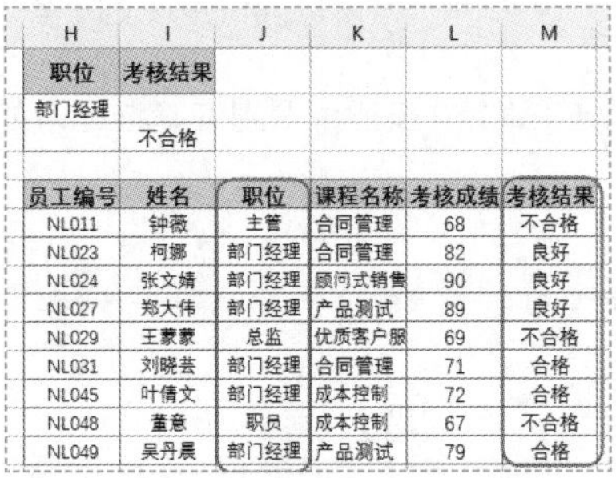

图 8-56

技巧点拨

在设置筛选条件时也是可以使用通配符的，如可以把筛选条件写成如图8-57所示的格式。那么筛选出的结果就是所有以“伏苓糕”开头的数据。

	A	B	C	D	E	F	G
1	商品名称	销售数量	销售金额		商品名称	销售数量	
2	醇香薄烧（杏仁薄烧）	20	512		伏苓糕*	>=20	
3	手工曲奇（红枣）	68	918				
4	伏苓糕（绿豆沙）	22	99				
5	伏苓糕（桂花）	20	180				
6	醇香薄烧（榛果薄饼）	49	490				
7	手工曲奇（草莓）	146	1971				
8	伏苓糕（铁盒）	15	537				
9	伏苓糕（礼盒海苔）	29	521.5				
10	伏苓糕（海苔）	5	49				
11	伏苓糕（香芋）	10	90				

图 8-57

8.4 数据分类汇总

分类汇总可以为同一类别的数据自动添加合计或小计，如计算同一类数据的总和、平均值、最大值等，从而得到分散记录的合计数据。因此，这项功能是数据分析（特别是大数据分析）中常用的命令之一。

8.4.1 按统计目的选择汇总方式

扫一扫，看视频

所谓分类汇总，顾名思义，至少要有“类”可分，如果数据不具有分类属性，就不必做无意义的汇总。另外，还需要根据分析目的选择合适的分类方式，如分类求和、分类求平均值、分类计数等。

1. 分类求和汇总

例如，在本例中要求统计各个品种商品的本月总出货量。

❶ 打开工作表，选中“品种”列下的任意单元格，在【数据】选项卡中单击【排序】按钮，在打开的下拉列表中选择【降序】命令，如图8-58所示。这时就实现了将相同的品种排列到一起的效果，如图8-59所示。

❷ 在【数据】选项卡中单击【分类汇总】按钮，打开【分类汇总】对话框。单击【分类字段】设置框的下拉按钮，在下拉列表中选择“品种”，如图8-60所示。【汇总方式】采用默认的【求和】，在【选定汇总项】列表框中勾选“10月份出货量”复选框，如图8-61所示。

❸ 单击【确定】按钮，返回工作表中，即可看到表格中的数据以“品种”为字段进行了汇总统计，即每一个相同品种下出现了一个汇总项，如图8-62所示。

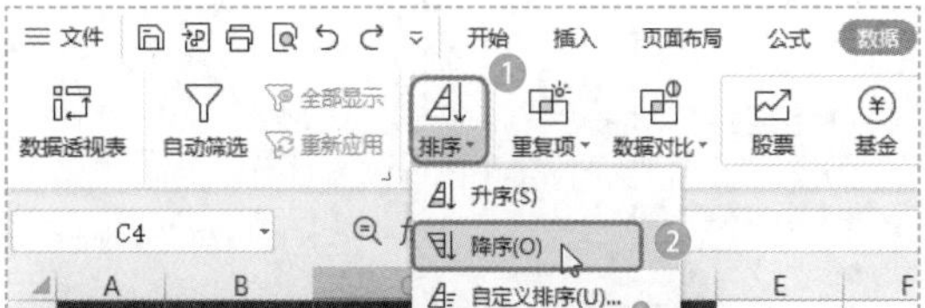

	A	B	C	D
1	省区	推广经理	品种	10月份出货量
2	江苏	夏楚奇	排毒清脂	260
3	江苏	夏楚奇	明达30片	264
4	江苏	夏楚奇	珍菊200	122
5	江苏	夏楚奇	绞股蓝24	302
6	江苏	夏楚奇	绞股蓝36	188
7	江苏	林丽	排毒清脂	202
8	江苏	林丽	明达30片	365
9	江苏	林丽	珍菊200	235
10	江苏	林丽	排毒清脂	155
11	江苏	赵飞	绞股蓝36	222
12	江苏	赵飞	珍菊200	273
13	江苏	赵飞	绞股蓝24	222
14	江苏	赵飞	绞股蓝36	360

注意

这里的排序选择升序或降序均可，因为目的只是将相同的品种排列到一起。

图 8-58

	A	B	C	D
1	省区	推广经理	品种	10月份出货量
2	江苏	夏楚奇	珍菊200	122
3	江苏	林丽	珍菊200	235
4	江苏	赵飞	珍菊200	273
5	江苏	张明亮	珍菊200	210
6	江苏	刘莉	珍菊200	132
7	江苏	夏楚奇	明达30片	264
8	江苏	林丽	明达30片	365
9	江苏	张明亮	明达30片	830
10	江苏	刘莉	明达30片	435
11	江苏	夏楚奇	排毒清脂	260
12	江苏	林丽	排毒清脂	202
13	江苏	林丽	排毒清脂	155
14	江苏	张明亮	排毒清脂	997
15	江苏	夏楚奇	绞股蓝36	188
16	江苏	赵飞	绞股蓝36	222

图 8-59

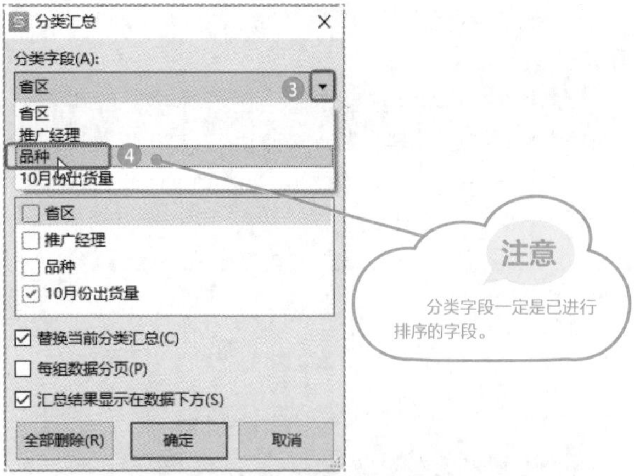

图 8-60

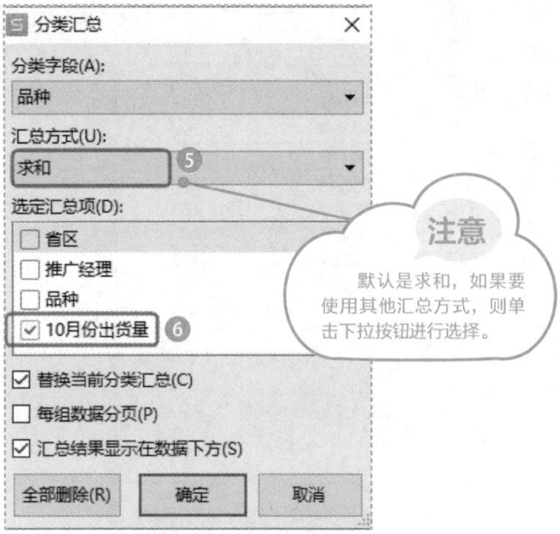

图 8-61

省区	推广经理	品种	10月份出货量
江苏	夏楚奇	珍菊200	122
江苏	林丽	珍菊200	235
江苏	赵飞	珍菊200	273
江苏	张明亮	珍菊200	210
江苏	刘莉	珍菊200	132
		珍菊200 汇总	972
江苏	夏楚奇	明达30片	264
江苏	林丽	明达30片	365
江苏	张明亮	明达30片	830
江苏	刘莉	明达30片	435
		明达30片 汇总	1894
江苏	夏楚奇	排毒清脂	260
江苏	林丽	排毒清脂	202
江苏	林丽	排毒清脂	155
江苏	张明亮	排毒清脂	997
		排毒清脂 汇总	1614
江苏	夏楚奇	绞股蓝36	188
江苏	赵飞	绞股蓝36	222
江苏	赵飞	绞股蓝36	360
江苏	张明亮	绞股蓝36	224
江苏	刘莉	绞股蓝36	400
		绞股蓝36 汇总	1394
江苏	夏楚奇	绞股蓝24	302
江苏	赵飞	绞股蓝24	222
江苏	张明亮	绞股蓝24	110
江苏	刘莉	绞股蓝24	256
		绞股蓝24 汇总	890
		总计	6764

图 8-62

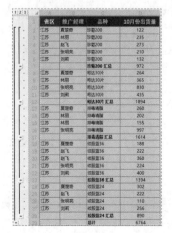

❹ 如果数据较多，为了能更清晰地查看到分类统计结果，可以单击左上角的序号2，只显示出统计结果，如图8-63所示。

	省区	推广经理	品种	10月份出货量
7			珍菊200 汇总	972
12			明达30片 汇总	1894
17			排毒清脂 汇总	1614
23			绞股蓝36 汇总	1394
28			绞股蓝24 汇总	890
29			总计	6764

图 8-63

2. 分类求平均值汇总

例如，在本例中要求统计各个班级总分的平均分。

❶ 打开工作表，按前面相同的方法对“班级”列进行排序，将相同班级的数据排列到一起，如图8-64所示。

	A	B	C	D	E	F
1	班级 ❶	姓名	语文	数学	英语	总分
2	高三（1）班	陈江远	91	77	79	247
3	高三（1）班	何心怡	90	91	88	269
4	高三（1）班	林成瑞	66	82	77	225
5	高三（1）班	肖诗雨	91	88	84	263
6	高三（1）班	杨冰冰	88	92	72	252
7	高三（2）班	李成雪	81	80	70	231
8	高三（2）班	苏瑞瑞	56	91	91	238
9	高三（2）班	田心贝	78	86	70	234
10	高三（2）班	王辉会	90	88	70	248
11	高三（2）班	张泽宇	89	65	81	235
12	高三（3）班	胡晓阳	69	80	56	205
13	高三（3）班	刘澈	90	67	62	219
14	高三（3）班	苏俊成	96	68	86	250
15	高三（3）班	徐梓瑞	82	88	69	239
16	高三（3）班	张景源	68	90	79	237

图 8-64

❷ 打开【分类汇总】对话框，设置【分类字段】为“班级”，设置【汇总方式】为【平均值】，如图8-65所示。在【选定汇总项】列表框中勾选“总分”复选框，如图8-66所示。

❸ 单击【确定】按钮，返回工作表中，即可看到表格中的数据以“班级”为字段进行了求平均值的分类汇总，即统计出了每个班级总分的平均分，如图8-67所示。

另外，也可以一次性显示多个分类统计的结果。例如，在本例中，如果在图8-66所示的对话框中的【选定汇总项】列表框中同时勾选“语文”“数学”“英语”3个复选框，则可以同时统计出各个班级这3个科目的平均分，如图8-68所示。

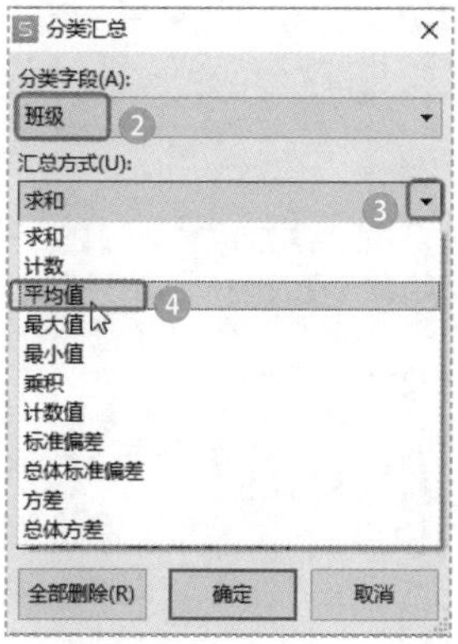

图 8-65

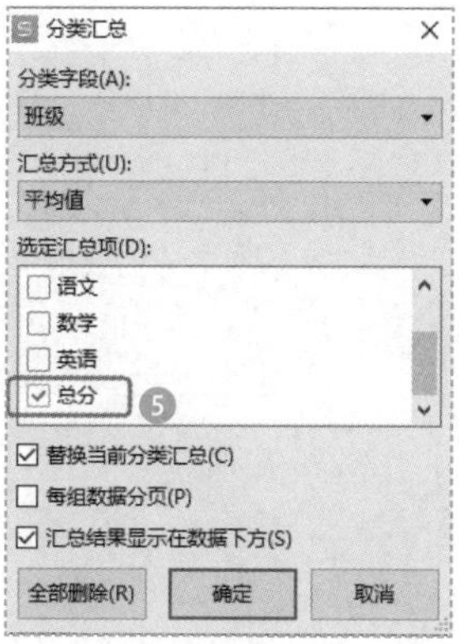

图 8-66

	A	B	C	D	E	F
1	班级	姓名	语文	数学	英语	总分
2	高三（1）班	陈江远	91	77	79	247
3	高三（1）班	何心怡	90	91	88	269
4	高三（1）班	林成瑞	66	82	77	225
5	高三（1）班	肖诗雨	91	88	84	263
6	高三（1）班	杨冰冰	88	92	72	252
7	高三（1）班 平均值					251.2
8	高三（2）班	李成雪	81	80	70	231
9	高三（2）班	苏瑞瑞	56	91	91	238
10	高三（2）班	田心贝	78	86	70	234
11	高三（2）班	王辉会	90	88	70	248
12	高三（2）班	张泽宇	89	65	81	235
13	高三（2）班 平均值					237.2
14	高三（3）班	胡晓阳	69	80	56	205
15	高三（3）班	刘澈	90	67	62	219
16	高三（3）班	苏俊成	96	68	86	250
17	高三（3）班	徐梓瑞	82	88	69	239
18	高三（3）班	张景源	68	90	79	237
19	高三（3）班 平均值					230
20	总平均值					239.4666667

图 8-67

	A	B	C	D	E	F
1	班级	姓名	语文	数学	英语	总分
2	高三（1）班	陈江远	91	77	79	247
3	高三（1）班	何心怡	90	91	88	269
4	高三（1）班	林成瑞	66	82	77	225
5	高三（1）班	肖诗雨	91	88	84	263
6	高三（1）班	杨冰冰	88	92	72	252
7	高三（1）班 平均值		85.2	86	80	
8	高三（2）班	李成雪	81	80	70	231
9	高三（2）班	苏瑞瑞	56	91	91	238
10	高三（2）班	田心贝	78	86	70	234
11	高三（2）班	王辉会	90	88	70	248
12	高三（2）班	张泽宇	89	65	81	235
13	高三（2）班 平均值		78.8	82	76.4	
14	高三（3）班	胡晓阳	69	80	56	205
15	高三（3）班	刘澈	90	67	62	219
16	高三（3）班	苏俊成	96	68	86	250
17	高三（3）班	徐梓瑞	82	88	69	239
18	高三（3）班	张景源	68	90	79	237
19	高三（3）班 平均值		81	78.6	70.4	
20	总平均值		81.66666667	82.2	75.6	

图 8-68

3. 分类计数汇总

例如，在本例中要求统计出本月中各员工的加班次数。

❶ 打开工作表，按前面相同的方法对“加班员工”列进行排序，排序后的表格如图 8-69 所示。

	A	B	C	D	E
1	加班日期	加班员工	加班开始时间	加班结束时间	加班耗时
2	2021/8/8	石兴红	17:30:00	20:00:00	2.5
3	2021/8/11	石兴红	11:00:00	16:00:00	5
4	2021/8/16	石兴红	17:30:00	20:30:00	3
5	2021/8/1	夏楚奇	17:30:00	19:30:00	2
6	2021/8/6	夏楚奇	17:30:00	21:00:00	3.5
7	2021/8/7	夏楚奇	17:30:00	19:30:00	2
8	2021/8/11	夏楚奇	12:00:00	13:30:00	1.5
9	2021/8/24	夏楚奇	17:30:00	19:30:00	2
10	2021/8/30	夏楚奇	17:30:00	20:30:00	3
11	2021/8/3	张明宇	18:00:00	19:30:00	1.5
12	2021/8/19	张明宇	14:00:00	17:00:00	3
13	2021/8/4	赵飞	11:00:00	16:00:00	5
14	2021/8/14	赵飞	17:30:00	18:30:00	1
15	2021/8/21	赵飞	17:30:00	21:00:00	3.5
16	2021/8/22	赵飞	18:00:00	19:30:00	1.5
17	2021/8/28	赵飞	18:00:00	19:30:00	1.5
18	2021/8/2	周金星	17:30:00	21:00:00	3.5
19	2021/8/12	周金星	11:00:00	16:00:00	5
20	2021/8/20	周金星	19:00:00	22:30:00	3.5
21	2021/8/26	周金星	11:00:00	16:00:00	5

图 8-69

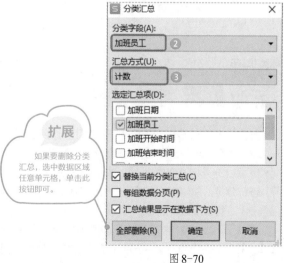

❷ 打开【分类汇总】对话框，设置【分类字段】为“加班员工”，设置【汇总方式】为【计数】，在【选定汇总项】列表框中勾选“加班员工”复选框，如图 8-70 所示。

扩展

如果要删除分类汇总，选中数据区域任意单元格，单击此按钮即可。

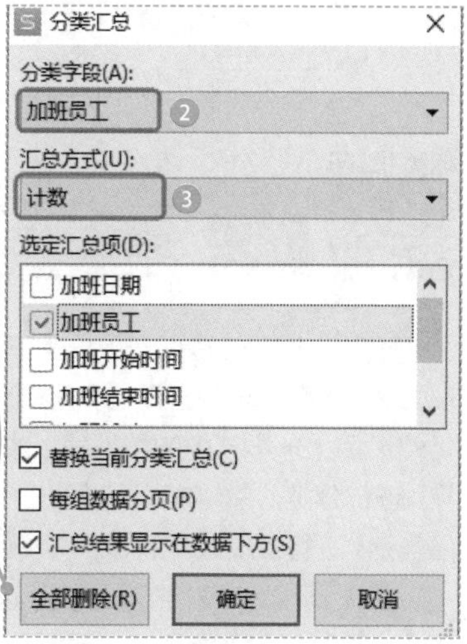

图 8-70

③ 单击【确定】按钮，返回工作表中，即可看到表格中的数据以“加班员工”为字段进行了计数统计的分类汇总，即统计出每位员工的加班次数，如图8-71所示。

	加班日期	加班员工	加班开始时间	加班结束时间	加班耗时	主管核实
2	2021/8/8	石兴红	17:30:00	20:00:00	2.5	何明陆
3	2021/8/11	石兴红	11:00:00	16:00:00	5	何明陆
4	2021/8/16	石兴红	17:30:00	20:30:00	3	康雨晨
5	石兴红 计数	3				
6	2021/8/1	夏楚奇	17:30:00	19:30:00	2	康雨晨
7	2021/8/6	夏楚奇	17:30:00	21:00:00	3.5	何明陆
8	2021/8/7	夏楚奇	17:30:00	19:30:00	2	李南
9	2021/8/11	夏楚奇	12:00:00	13:30:00	1.5	何明陆
10	2021/8/24	夏楚奇	17:30:00	19:30:00	2	李南
11	2021/8/30	夏楚奇	17:30:00	20:30:00	3	康雨晨
12	夏楚奇 计数	6				
13	2021/8/3	张明宇	18:00:00	19:30:00	1.5	李南
14	2021/8/19	张明宇	14:00:00	17:00:00	3	陈述
15	张明宇 计数	2				
16	2021/8/4	赵飞	11:00:00	16:00:00	5	李南
17	2021/8/14	赵飞	17:30:00	18:30:00	1	陈述
18	2021/8/21	赵飞	17:30:00	21:00:00	3.5	康雨晨
19	2021/8/22	赵飞	18:00:00	19:30:00	1.5	康雨晨
20	2021/8/28	赵飞	18:00:00	19:30:00	1.5	康雨晨
21	赵飞 计数	5				
22	2021/8/2	周金星	17:30:00	21:00:00	3.5	李南
23	2021/8/12	周金星	11:00:00	16:00:00	5	李南
24	2021/8/20	周金星	19:00:00	22:30:00	3.5	陈述
25	2021/8/26	周金星	11:00:00	16:00:00	5	康雨晨
26	周金星 计数	4				
27	总计数	20				

图8-71

④ 单击左上角的序号2可以折叠明细数据只显示出统计结果，如图8-72所示。

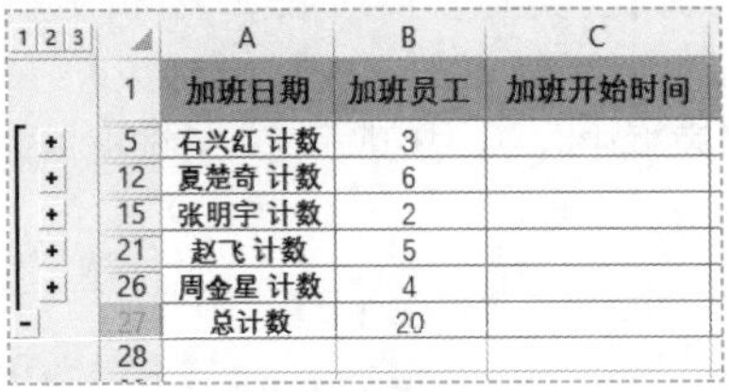

	加班日期	加班员工	加班开始时间
5	石兴红 计数	3	
12	夏楚奇 计数	6	
15	张明宇 计数	2	
21	赵飞 计数	5	
26	周金星 计数	4	
27	总计数	20	
28			

图8-72

8.4.2 多级分类汇总

扫一扫，看视频

多级分类汇总是指一级分类下还有下一级细分的情况，这时就可以同时显示出多层的分类汇总结果。例如，仍然沿用上一小节中的数据表，本例中首先对“仓库名称”进行分类汇总，然后再对同一仓库名称下的各个“商品类别”进行二次分类汇总。

① 打开工作表，在【数据】选项卡中单击【排序】按钮，在打开的下拉列表中选择【自定义排序】命令（见图8-73），打开【排序】对话框。

	商品编码	仓库名称	商品名称	商品类别	规格	包装规格	本月库存
2	ZT6110	西城仓	通体大理石	大理石	600*600	4*	258
3	ZT6109	西城仓	通体大理石	大理石	600*600	4*	1269
4	ZT6108	西城仓	通体大理石	大理石	600*600	4*	99
5	ZT6108	西城仓	通体大理石	大理石	600*600	4*	224
6	ZT6108	西城仓	通体大理石	大理石	600*600	4*	956
7	ZT6107	西城仓	通体大理石	大理石	600*600	4*	905
8	ZGR80014	北城A仓	负离子生态大理石	大理石	800*800	3*	125
9	ZGR80013	北城A仓	负离子生态大理石	大理石	800*800	3*	25
10	ZGR80012	北城A仓	负离子生态大理石	大理石	800*800	3*	263
11	ZGR80011	建材商城仓库	负离子生态大理石	大理石	800*800	3*	25
12	ZGR80008	建材商城仓库	负离子生态大理石	大理石	800*800	3*	525
13	ZGR80005	北城A仓	负离子生态大理石	大理石	800*800	3*	391
14	ZGR80002	北城A仓	负离子生态大理石	大理石	800*800	3*	312
15	ZGR80001	北城A仓	负离子生态大理石	大理石	800*800	3*	110
16	ZGR80001	建材商城仓库	负离子生态大理石	大理石	800*800	3*	509
17	ZG6608	东城仓	艺术仿古砖	仿古砖	600*600	4*	1186
18	ZG6607	东城仓	艺术仿古砖	仿古砖	600*600	4*	58
19	ZG6606	东城仓	艺术仿古砖	仿古砖	600*600	4*	55
20	ZG6605	东城仓	艺术仿古砖	仿古砖	600*600	4*	496

图8-73

② 设置【主要关键字】为“仓库名称”，【次要关键字】为“商品类别”，排序的次序可以采用默认的设置，如图8-74所示。

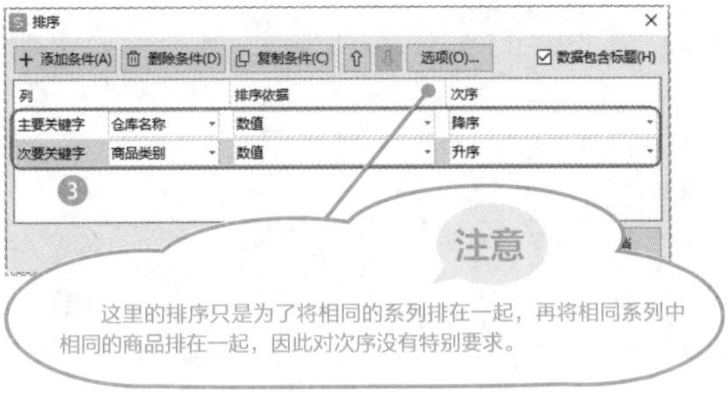

图8-74

③ 单击【确定】按钮可见表格按双关键字排序的结果，即先将同一仓库的数据排到一起，再将同一仓库下相同的商品类别排到一起，如图8-75所示。

	商品编码	仓库名称	商品名称	商品类别	规格	包装规格	本月库存
2	ZT6110	西城仓	通体大理石	大理石	600*600	4*	258
3	ZT6109	西城仓	通体大理石	大理石	600*600	4*	1269
4	ZT6108	西城仓	通体大理石	大理石	600*600	4*	99
5	ZT6108	西城仓	通体大理石	大理石	600*600	4*	224
6	ZT6108	西城仓	通体大理石	大理石	600*600	4*	956
7	ZT6107	西城仓	通体大理石	大理石	600*600	4*	905
8	ZG6017	西城仓	生态大理石	抛釉砖	600*600	4*	274
9	ZG6016	西城仓	生态大理石	抛釉砖	600*600	4*	817
10	ZG6015	西城仓	生态大理石	抛釉砖	600*600	4*	1083
11	ZG6014	西城仓	生态大理石	抛釉砖	600*600	4*	819
12	ZG6013	西城仓	生态大理石	抛釉砖	600*600	4*	133
13	ZG6012	西城仓	生态大理石	抛釉砖	600*600	4*	1396
14	ZG6011	西城仓	生态大理石	抛釉砖	600*600	4*	32
15	Z8G033	西城仓	金刚石	抛釉砖	800*800	3*	25
16	ZG63016C	建材商城仓库	喷墨瓷片	瓷片	300*600	9*	217
17	ZG63016B	建材商城仓库	喷墨瓷片	瓷片	300*600	9*	482
18	ZG63016A	建材商城仓库	喷墨瓷片	瓷片	300*600	9*	337
19	ZG63011A	建材商城仓库	喷墨瓷片	瓷片	300*600	9*	1036
20	WJ3610C	建材商城仓库	全瓷负离子中板下墙	瓷片	300*600	11*	177
21	WJ3608C	建材商城仓库	全瓷负离子中板下墙	瓷片	300*600	11*	518
22	ZGR80011	建材商城仓库	负离子生态大理石	大理石	800*800	3*	25
23	ZGR80008	建材商城仓库	负离子生态大理石	大理石	800*800	3*	525
24	ZGR80001	建材商城仓库	负离子生态大理石	大理石	800*800	3*	509
25	Z8G032	建材商城仓库	金刚石	抛釉砖	800*800	3*	587
26	Z8G031	建材商城仓库	金刚石	抛釉砖	800*800	3*	612

图8-75

❹ 在【数据】选项卡中单击【分类汇总】按钮，打开【分类汇总】对话框。设置【分类字段】为“仓库名称”，【汇总方式】采用默认的【求和】，【选定汇总项】为“本月库存”，如图8-76所示。

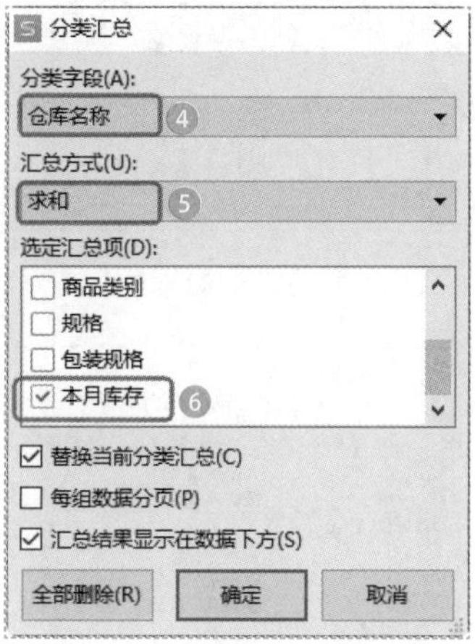

图 8-76

❺ 单击【确定】按钮可以看到一次分类汇总的结果,即统计出了各个仓库的库存汇总数量。再次打开【分类汇总】对话框，将【分类字段】更改为“商品类别”，其他选项保持不变，取消勾选【替换当前分类汇总】复选框，如图8-77所示。

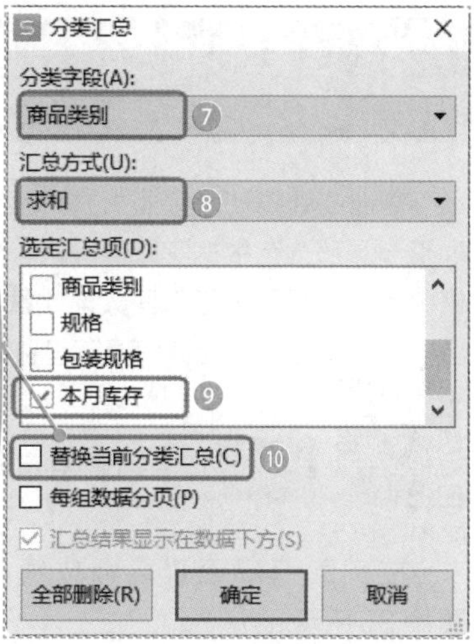

图 8-77

注意

系统默认在工作表中创建下一个分类汇总时自动替换当前的分类汇总。因此，如果需要在工作表中创建多级分类汇总，在创建一次分类汇总后，进行二次分类汇总时则必须取消勾选【替换当前分类汇总】复选框。

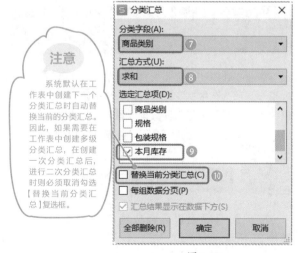

❻ 单击【确定】按钮可以看到二次分类汇总的结果，因为当前数据量稍大，屏幕显示有限，显示部分数据如图8-78所示。单击左上角的显示级别3可以折叠明细数据，只查看统计结果，如图8-79所示。从当前统计结果可以看到是分为两个级别进行统计的。

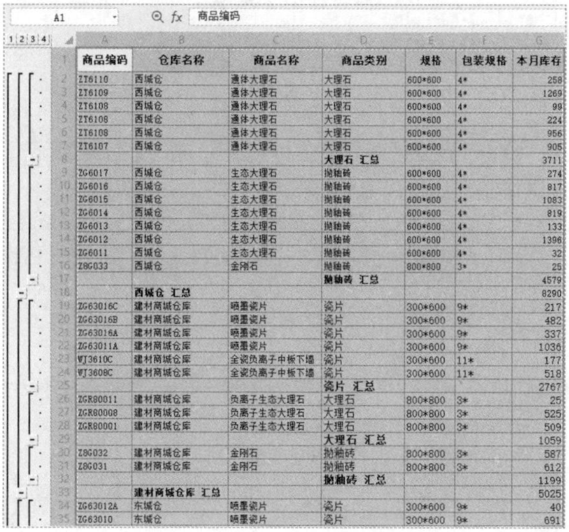

A1　fx　商品编码

	A	B	C	D	E	F	G
1	商品编码	仓库名称	商品名称	商品类别	规格	包装规格	本月库存
2	ZT6110	西城仓	通体大理石	大理石	600*600	4*	258
3	ZT6109	西城仓	通体大理石	大理石	600*600	4*	1269
4	ZT6108	西城仓	通体大理石	大理石	600*600	4*	99
5	ZT6108	西城仓	通体大理石	大理石	600*600	4*	224
6	ZT6108	西城仓	通体大理石	大理石	600*600	4*	956
7	ZT6107	西城仓	通体大理石	大理石	600*600	4*	905
8				大理石 汇总			3711
9	ZG6017	西城仓	生态大理石	抛釉砖	600*600	4*	274
10	ZG6016	西城仓	生态大理石	抛釉砖	600*600	4*	817
11	ZG6015	西城仓	生态大理石	抛釉砖	600*600	4*	1083
12	ZG6014	西城仓	生态大理石	抛釉砖	600*600	4*	819
13	ZG6013	西城仓	生态大理石	抛釉砖	600*600	4*	133
14	ZG6012	西城仓	生态大理石	抛釉砖	600*600	4*	1396
15	ZG6011	西城仓	生态大理石	抛釉砖	600*600	4*	32
16	Z8G033	西城仓	金刚石	抛釉砖	800*800	3*	25
17				抛釉砖 汇总			4579
18		西城仓 汇总					8290
19	ZG63016C	建材商城仓库	喷墨瓷片	瓷片	300*600	9*	217
20	ZG63016B	建材商城仓库	喷墨瓷片	瓷片	300*600	9*	482
21	ZG63016A	建材商城仓库	喷墨瓷片	瓷片	300*600	9*	337
22	ZG63011A	建材商城仓库	喷墨瓷片	瓷片	300*600	9*	1036
23	WJ3610C	建材商城仓库	全瓷负离子中板下墙	瓷片	300*600	11*	177
24	WJ3608C	建材商城仓库	全瓷负离子中板下墙	瓷片	300*600	11*	518
25				瓷片 汇总			2767
26	ZGR80011	建材商城仓库	负离子生态大理石	大理石	800*800	3*	25
27	ZGR80008	建材商城仓库	负离子生态大理石	大理石	800*800	3*	525
28	ZGR80001	建材商城仓库	负离子生态大理石	大理石	800*800	3*	509
29				大理石 汇总			1059
30	Z8G032	建材商城仓库	金刚石	抛釉砖	800*800	3*	587
31	Z8G031	建材商城仓库	金刚石	抛釉砖	800*800	3*	612
32				抛釉砖 汇总			1199
33		建材商城仓库 汇总					5025
34	ZG63012A	东城仓	喷墨瓷片	瓷片	300*600	9*	40
35	ZG63010	东城仓	喷墨瓷片	瓷片	300*600	9*	691

图 8-78

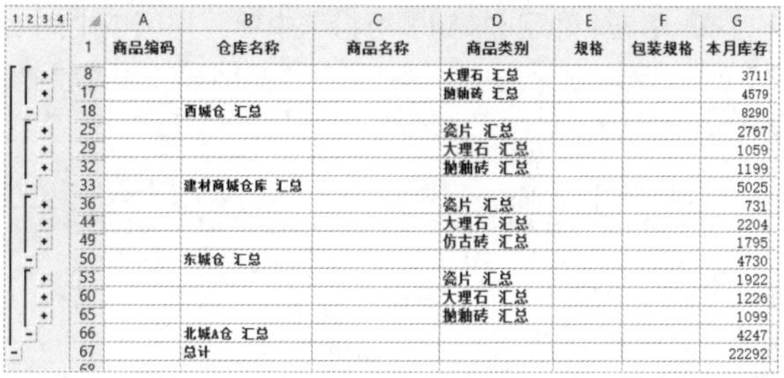

	A	B	C	D	E	F	G
1	商品编码	仓库名称	商品名称	商品类别	规格	包装规格	本月库存
8				大理石 汇总			3711
17				抛釉砖 汇总			4579
18		西城仓 汇总					8290
25				瓷片 汇总			2767
29				大理石 汇总			1059
32				抛釉砖 汇总			1199
33		建材商城仓库 汇总					5025
36				瓷片 汇总			731
44				大理石 汇总			2204
49				仿古砖 汇总			1795
50		东城仓 汇总					4730
53				瓷片 汇总			1922
60				大理石 汇总			1226
65				抛釉砖 汇总			1099
66		北城A仓 汇总					4247
67		总计					22292

图 8-79

8.4.3 将分类汇总结果整理成报表

扫一扫，看视频

在利用分类汇总功能获取统计结果后，可以通过复制汇总结果并进行格式整理形成用于汇报的汇总报表。在复制分类汇总结果时，会自动将明细数据全部粘贴过来，如果只想复制汇总结果，则需要按如下方法操作。

❶ 打开创建了分类汇总的表格，先选中有统计数据的单元格区域，如图8-80所示。

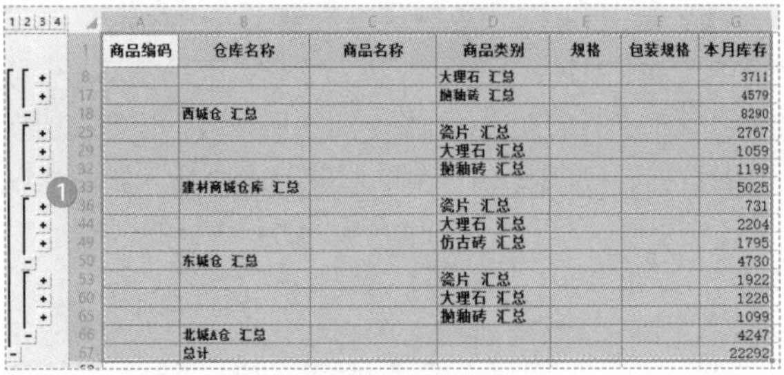

图 8-80

❷ 按F5键打开【定位】对话框，选中【可见单元格】单选按钮，如图8-81所示。

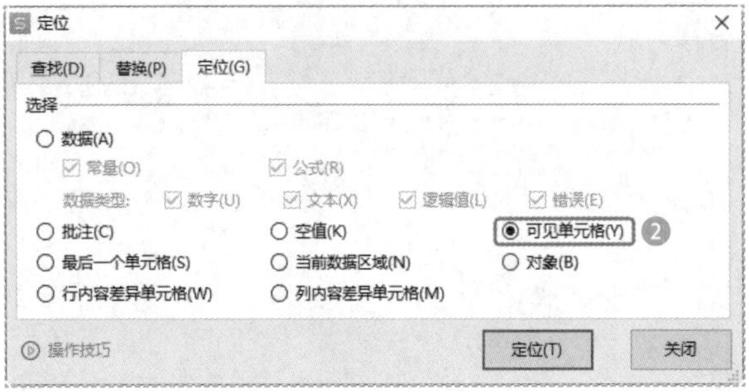

图 8-81

❸ 单击【确定】按钮即可将选中单元格区域中的所有可见单元格区域选中，再按快捷键Ctrl+C执行复制命令，如图8-82所示。

图 8-82

❹ 打开新工作表后，按快捷键Ctrl+V执行粘贴命令，即可实现只将分类汇总结果粘贴到新表格中，如图8-83所示。

❺ 将一些没有统计项的列删除，对表格稍做整理，得到的统计报表如图8-84所示。

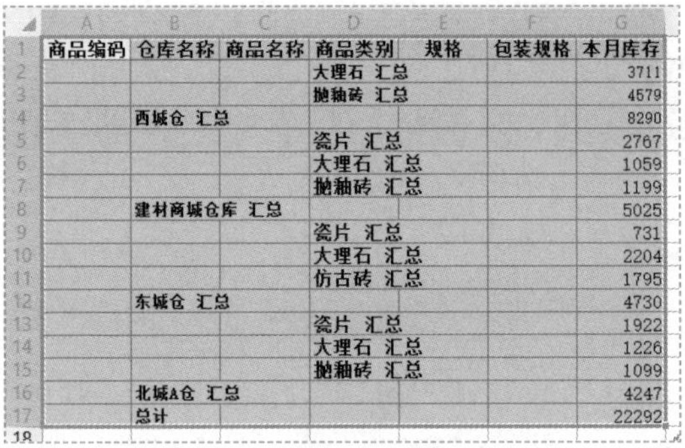

商品编码	仓库名称	商品名称	商品类别	规格	包装规格	本月库存
			大理石 汇总			3711
			抛釉砖 汇总			4579
	西城仓 汇总					8290
			瓷片 汇总			2767
			大理石 汇总			1059
			抛釉砖 汇总			1199
	建材商城仓库 汇总					5025
			瓷片 汇总			731
			大理石 汇总			2204
			仿古砖 汇总			1795
	东城仓 汇总					4730
			瓷片 汇总			1922
			大理石 汇总			1226
			抛釉砖 汇总			1099
	北城A仓 汇总					4247
	总计					22292

图 8-83

11月份库存统计表		
仓库名称	商品类别	本月库存
	大理石 汇总	3711
	抛釉砖 汇总	4579
西城仓 汇总		8290
	瓷片 汇总	2767
	大理石 汇总	1059
	抛釉砖 汇总	1199
建材商城仓库 汇总		5025
	瓷片 汇总	731
	大理石 汇总	2204
	仿古砖 汇总	1795
东城仓 汇总		4730
	瓷片 汇总	1922
	大理石 汇总	1226
	抛釉砖 汇总	1099
北城A仓 汇总		4247
总计		22292

图 8-84

8.5 过关练习：员工培训成绩统计分析表

培训成绩统计是企业人力资源部门经常要进行的一项工作。那么在根据实际情况将考核成绩数据记录到表格中后，还需要进行一些数据计算与分析查看，从而得出一些分析结论，让数据真正起到辅助决策的作用。

扫一扫，看视频

8.5.1 原始表格与分析表格

按实际情况记录培训成绩的原始数据表格如图8-85所示。

第一期培训成绩表

	姓名	抱怨投诉处理礼仪与技巧	服务用语优美塑造	客户核心战略	赢得客户的关键时刻	优秀客户服务修炼	优质服务意识塑造	优质客户服务技能提升训练	卓越客户服务技巧
3	蔡晓	79	96	64	80	79	74	80	82
4	陈虹	69	69	70	70	74	75	73	79
5	崔凯	91	79	66	73	83	62	69	79
6	丁一鸣	66	82	79	68	75	73	70	64
7	方航	90	84	71	80	58	82	78	80
8	李杰林	81	96	83	81	90	88	85	84
9	李鑫	88	83	89	92	88	93	95	85
10	刘绮丽	98	97	83	92	96	81	87	98
11	刘亚飞	82	92	86	94	99	72	87	86
12	罗佳	98	95	98	92	86	91	97	98
13	吕明	96	82	99	93	99	93	84	88
14	梅晓丽	91	80	82	81	82	84	83	82
15	宋佳佳	95	88	93	86	95	90	88	89
16	汪健	87	98	95	89	98	99	92	81
17	王娟娟	95	88	83	93	88	87	92	85
18	王晓宇	90	98	95	91	88	83	92	69
19	王洋	85	85	85	85	94	94	89	89
20	吴丽萍	88	79	91	88	85	82	85	90
21	肖菲菲	89	88	94	85	72	79	80	89
22	杨林	92	89	92	93	89	82	98	84
23	章岩	87	85	90	89	88	85	83	72
24	赵明宇	84	88	90	90	92	89	93	91
25	钟琛	88	98	93	94	93	98	86	84

图 8-85

使用该表可进行以下计算及分析查看。

（1）“总成绩”“平均成绩”“达标与否”“排名”几列使用公式计算，总成绩高的插红旗进行特殊标识，如图8-86所示。

第一期培训成绩表

	姓名	抱怨投诉处理礼仪与技巧	服务用语优美塑造	客户核心战略	赢得客户的关键时刻	优秀客户服务修炼	优质服务意识塑造	优质客户服务技能提升训练	卓越客户服务技巧	总成绩	平均成绩	达标与否	排名
3	蔡晓	79	96	64	80	79	74	80	82	634	79.25	不达标	19
4	陈虹	69	69	70	70	74	75	73	79	579	72.375	不达标	22
5	崔凯	91	79	66	73	83	62	69	79	602	75.25	不达标	21
6	丁一鸣	66	82	79	68	75	73	70	64	577	72.125	不达标	23
7	方航	90	84	71	80	58	82	78	80	623	77.875	不达标	20
8	李杰林	81	96	83	81	90	88	85	84	688	86	达标	14
9	李鑫	88	83	89	92	88	93	95	85	713	89.125	达标	9
10	刘绮丽	98	97	83	92	96	81	87	98	732	91.5	达标	5
11	刘亚飞	82	92	86	94	99	72	87	86	698	87.25	不达标	13
12	罗佳	98	95	98	92	86	91	97	98	755	94.375	达标	1
13	吕明	96	82	99	93	99	93	84	88	734	91.75	达标	3
14	梅晓丽	91	80	82	81	82	84	83	82	665	83.125	达标	18
15	宋佳佳	95	88	93	86	95	90	88	89	724	90.5	达标	6
16	汪健	87	98	95	89	98	99	92	81	739	92.375	达标	2
17	王娟娟	95	88	83	93	88	87	92	85	711	88.875	达标	10
18	王晓宇	90	98	95	91	88	83	92	69	706	88.25	不达标	11
19	王洋	85	85	85	85	94	94	89	89	706	88.25	达标	11
20	吴丽萍	88	79	91	88	85	82	85	90	688	86	不达标	14
21	肖菲菲	89	88	94	85	72	79	80	89	676	84.5	不达标	17
22	杨林	92	89	92	93	89	82	98	84	719	89.875	达标	7
23	章岩	87	85	90	89	88	85	83	72	679	84.875	不达标	16
24	赵明宇	84	88	90	90	92	89	93	91	717	89.625	达标	8
25	钟琛	88	98	93	94	93	98	86	84	734	91.75	达标	3

图 8-86

（2）可以筛选查看不达标的条目，如图8-87所示。

第一期培训成绩表

	姓名	抱怨投诉处理礼仪与技巧	服务用语优美塑造	客户核心战略	赢得客户的关键时刻	优秀客户服务修炼	优质服务意识塑造	优质客户服务技能提升训练	卓越客户服务技巧	总成绩	平均成绩	达标与否	排名
3	蔡晓	79	96	64	80	79	74	80	82	634	79.25	不达标	19
4	陈虹	69	69	70	70	74	75	73	79	579	72.375	不达标	22
5	崔凯	91	79	66	73	83	62	69	79	602	75.25	不达标	21
6	丁一鸣	66	82	79	68	75	73	70	64	577	72.125	不达标	23
7	方航	90	84	71	80	58	82	78	80	623	77.875	不达标	20
11	刘亚飞	82	92	86	94	99	72	87	86	698	87.25	不达标	13
18	王晓宇	90	98	95	91	88	83	92	69	706	88.25	不达标	11
20	吴丽萍	88	79	91	88	85	82	85	90	688	86	不达标	14
21	肖菲菲	89	88	94	85	72	79	80	89	676	84.5	不达标	17
23	章岩	87	85	90	89	88	85	83	72	679	84.875	不达标	16

图 8-87

（3）可以筛选查看总成绩较高的条目，如图8-88所示。

第一期培训成绩表

	姓名	抱怨投诉处理礼仪与技巧	服务用语优美塑造	客户核心战略	赢得客户的关键时刻	优秀客户服务修炼	优质服务意识塑造	优质客户服务技能提升训练	卓越客户服务技巧	总成绩	平均成绩	达标与否	排名
10	刘绮丽	98	97	83	92	96	81	87	98	732	91.5	达标	5
12	罗佳	98	95	98	92	86	91	97	98	755	94.375	达标	1
13	吕明	96	82	99	93	99	93	84	88	734	91.75	达标	3
16	汪健	87	98	95	89	98	99	92	81	739	92.375	达标	2
25	钟琛	88	98	93	94	93	98	86	84	734	91.75	达标	3

图 8-88

8.5.2 制作与编排要点

要创建这样一张表格，其制作与编排要点如下。

扫一扫，看视频

序号	制作与编排要点	知识点对应
1	使用公式计算总成绩，如图8-89所示。 =SUM(B3:I3)	第7章知识点

J3 fx =SUM(B3:I3)

第一期培训成绩表

	姓名	抱怨投诉处理礼仪与技巧	服务用语优美塑造	客户核心战略	赢得客户的关键时刻	优秀客户服务修炼	优质服务意识塑造	优质客户服务技能提升训练	卓越客户服务技巧	总成绩	平均成绩	达标与否	排名
3	蔡晓	79	96	64	80	79	74	80	82	634			
4	陈虹	69	69	70	70	74	75	73	79				
5	崔凯	91	79	66	73	83	62	69	79				

图 8-89

续表

<table>
<tr><th>序号</th><th>制作与编排要点</th><th>知识点对应</th></tr>
<tr><td>2</td><td>使用公式计算平均成绩，如图8-90所示。
=AVERAGE(B3:I3)
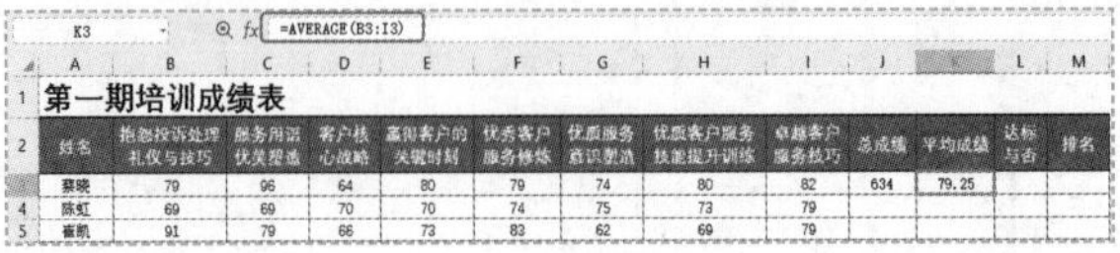
<table>
<tr><td>K3</td><td>=AVERAGE(B3:I3)</td></tr>
</table>
<table>
<tr><th></th><th>A</th><th>B</th><th>C</th><th>D</th><th>E</th><th>F</th><th>G</th><th>H</th><th>I</th><th>J</th><th>K</th><th>L</th><th>M</th></tr>
<tr><td>1</td><td>第一期培训成绩表</td><td></td><td></td><td></td><td></td><td></td><td></td><td></td><td></td><td></td><td></td><td></td><td></td></tr>
<tr><td>2</td><td>姓名</td><td>抱怨投诉处理礼仪与技巧</td><td>服务用语优美塑造</td><td>客户核心战略</td><td>赢得客户的关键时刻</td><td>优秀客户服务修炼</td><td>优质服务意识塑造</td><td>优质客户服务技能提升训练</td><td>卓越客户服务技巧</td><td>总成绩</td><td>平均成绩</td><td>达标与否</td><td>排名</td></tr>
<tr><td>3</td><td>蔡晓</td><td>79</td><td>96</td><td>64</td><td>80</td><td>79</td><td>74</td><td>80</td><td>82</td><td>634</td><td>79.25</td><td></td><td></td></tr>
<tr><td>4</td><td>陈虹</td><td>69</td><td>69</td><td>70</td><td>70</td><td>74</td><td>75</td><td>73</td><td>79</td><td></td><td></td><td></td><td></td></tr>
<tr><td>5</td><td>崔凯</td><td>91</td><td>79</td><td>66</td><td>73</td><td>83</td><td>62</td><td>69</td><td>79</td><td></td><td></td><td></td><td></td></tr>
</table>
图 8-90</td><td>第7章知识点</td></tr>
<tr><td>3</td><td>使用公式判断是否达标，如图8-91所示。
=IF(AND(B3:I3>=80),"达标","不达标")
注意：按快捷键Ctrl+Shift+Enter结束。
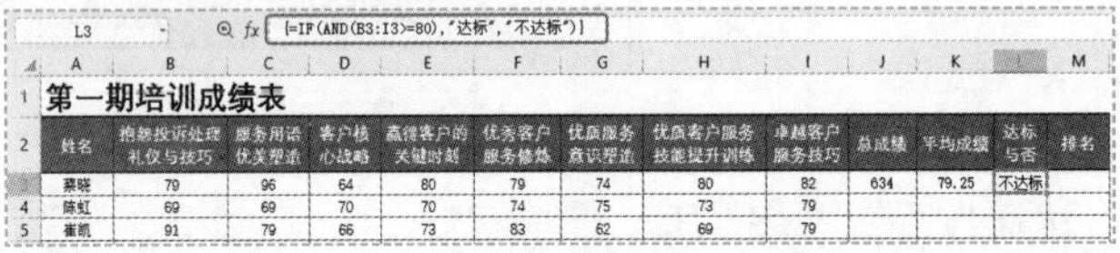
<table>
<tr><td>L3</td><td>{=IF(AND(B3:I3>=80),"达标","不达标")}</td></tr>
</table>
<table>
<tr><th></th><th>A</th><th>B</th><th>C</th><th>D</th><th>E</th><th>F</th><th>G</th><th>H</th><th>I</th><th>J</th><th>K</th><th>L</th><th>M</th></tr>
<tr><td>1</td><td>第一期培训成绩表</td><td></td><td></td><td></td><td></td><td></td><td></td><td></td><td></td><td></td><td></td><td></td><td></td></tr>
<tr><td>2</td><td>姓名</td><td>抱怨投诉处理礼仪与技巧</td><td>服务用语优美塑造</td><td>客户核心战略</td><td>赢得客户的关键时刻</td><td>优秀客户服务修炼</td><td>优质服务意识塑造</td><td>优质客户服务技能提升训练</td><td>卓越客户服务技巧</td><td>总成绩</td><td>平均成绩</td><td>达标与否</td><td>排名</td></tr>
<tr><td>3</td><td>蔡晓</td><td>79</td><td>96</td><td>64</td><td>80</td><td>79</td><td>74</td><td>80</td><td>82</td><td>634</td><td>79.25</td><td>不达标</td><td></td></tr>
<tr><td>4</td><td>陈虹</td><td>69</td><td>69</td><td>70</td><td>70</td><td>74</td><td>75</td><td>73</td><td>79</td><td></td><td></td><td></td><td></td></tr>
<tr><td>5</td><td>崔凯</td><td>91</td><td>79</td><td>66</td><td>73</td><td>83</td><td>62</td><td>69</td><td>79</td><td></td><td></td><td></td><td></td></tr>
</table>
图 8-91
AND函数用来检验一组条件判断是否都为“真”，即当所有条件均为“真”（TRUE）时，返回的计算结果为“真”（TRUE）；反之，返回的计算结果为“假”（FALSE）。因此，本公式中的AND函数部分表示依次判断B3:I3单元格区域的各个单元格中的值是否都大于等于80。如果是，则返回TRUE；如果有一个没有大于等于80，则返回FALSE。当这一部分返回TRUE时，最终IF函数返回“达标”；当这一部分返回FALSE时，最终IF函数返回“不达标”。此公式还有一个注意事项，即这个公式必须按快捷键Ctrl+Shift+Enter结束，因为对于这一个数组的判断，只有按快捷键Ctrl+Shift+Enter之后，函数才会调用内部数组依次对B3:I3单元格区域的各个单元格进行判断。</td><td>第7章知识点</td></tr>
<tr><td>4</td><td>使用公式计算排名，如图8-92所示。
=RANK(J3,$J$3:$J$25)
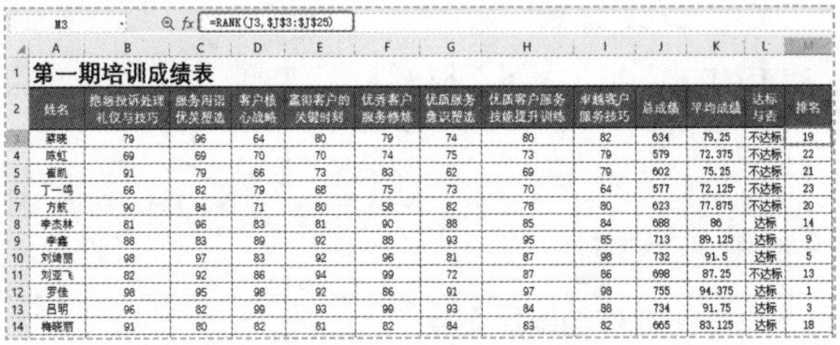
<table>
<tr><td>M3</td><td>=RANK(J3,$J$3:$J$25)</td></tr>
</table>
<table>
<tr><th></th><th>A</th><th>B</th><th>C</th><th>D</th><th>E</th><th>F</th><th>G</th><th>H</th><th>I</th><th>J</th><th>K</th><th>L</th><th>M</th></tr>
<tr><td>1</td><td>第一期培训成绩表</td><td></td><td></td><td></td><td></td><td></td><td></td><td></td><td></td><td></td><td></td><td></td><td></td></tr>
<tr><td>2</td><td>姓名</td><td>抱怨投诉处理礼仪与技巧</td><td>服务用语优美塑造</td><td>客户核心战略</td><td>赢得客户的关键时刻</td><td>优秀客户服务修炼</td><td>优质服务意识塑造</td><td>优质客户服务技能提升训练</td><td>卓越客户服务技巧</td><td>总成绩</td><td>平均成绩</td><td>达标与否</td><td>排名</td></tr>
<tr><td>3</td><td>蔡晓</td><td>79</td><td>96</td><td>64</td><td>80</td><td>79</td><td>74</td><td>80</td><td>82</td><td>634</td><td>79.25</td><td>不达标</td><td>19</td></tr>
<tr><td>4</td><td>陈虹</td><td>69</td><td>69</td><td>70</td><td>70</td><td>74</td><td>75</td><td>73</td><td>79</td><td>579</td><td>72.375</td><td>不达标</td><td>22</td></tr>
<tr><td>5</td><td>崔凯</td><td>91</td><td>79</td><td>66</td><td>73</td><td>83</td><td>62</td><td>69</td><td>79</td><td>602</td><td>75.25</td><td>不达标</td><td>21</td></tr>
<tr><td>6</td><td>丁一鸣</td><td>66</td><td>82</td><td>79</td><td>68</td><td>75</td><td>73</td><td>70</td><td>64</td><td>577</td><td>72.125</td><td>不达标</td><td>23</td></tr>
<tr><td>7</td><td>方航</td><td>90</td><td>84</td><td>71</td><td>80</td><td>58</td><td>82</td><td>78</td><td>80</td><td>623</td><td>77.875</td><td>不达标</td><td>20</td></tr>
<tr><td>8</td><td>李杰林</td><td>81</td><td>96</td><td>83</td><td>81</td><td>90</td><td>88</td><td>85</td><td>84</td><td>688</td><td>86</td><td>达标</td><td>14</td></tr>
<tr><td>9</td><td>李鑫</td><td>88</td><td>83</td><td>89</td><td>92</td><td>88</td><td>93</td><td>95</td><td>85</td><td>713</td><td>89.125</td><td>达标</td><td>9</td></tr>
<tr><td>10</td><td>刘琦丽</td><td>98</td><td>97</td><td>83</td><td>92</td><td>96</td><td>81</td><td>87</td><td>98</td><td>732</td><td>91.5</td><td>达标</td><td>5</td></tr>
<tr><td>11</td><td>刘亚飞</td><td>82</td><td>92</td><td>86</td><td>94</td><td>99</td><td>72</td><td>87</td><td>86</td><td>698</td><td>87.25</td><td>不达标</td><td>13</td></tr>
<tr><td>12</td><td>罗佳</td><td>98</td><td>95</td><td>98</td><td>92</td><td>86</td><td>91</td><td>97</td><td>98</td><td>755</td><td>94.375</td><td>达标</td><td>1</td></tr>
<tr><td>13</td><td>吕明</td><td>96</td><td>82</td><td>99</td><td>93</td><td>99</td><td>93</td><td>84</td><td>88</td><td>734</td><td>91.75</td><td>达标</td><td>3</td></tr>
<tr><td>14</td><td>梅晓丽</td><td>91</td><td>80</td><td>82</td><td>81</td><td>82</td><td>84</td><td>83</td><td>82</td><td>665</td><td>83.125</td><td>达标</td><td>18</td></tr>
</table>
图 8-92
RANK函数用于返回一个数字在数字列表中的排位，其大小是相对于列表中的其他值的。此公式表示判断J3单元格中的值在$J$3:$J$25区域中的排位，因为用于判断的单元格区域是不能改变的，所以使用绝对引用方式。</td><td>第7章知识点</td></tr>
<tr><td>5</td><td>利用【条件格式】功能中的【图标集】规则为总分大于等于700的优秀成绩插红旗。</td><td>8.1.4小节</td></tr>
<tr><td>6</td><td>筛选查看不达标的记录。
为整表添加自动筛选，单击“达标与否”右侧的下拉按钮，只勾选“不达标”复选框。</td><td>8.3.2小节</td></tr>
<tr><td>7</td><td>筛选查看总成绩前10名的记录。
为整表添加自动筛选，单击“总成绩”右侧的下拉按钮，执行【数字筛选】→【前10项】命令。</td><td>8.3.1小节</td></tr>
</table>

第 9 章 办公中的统计报表

9.1 了解数据透视表

数据透视表是汇总、分析数据的好工具，它可以按所设置的字段对数据表进行快速汇总统计与分析，根据分析目的的不同，可以再次更改字段位置重新获取统计结果。数据透视表可以进行的数据计算方式也是多样的，如求和、求平均值、求最大值以及计数等，不同的数据分析需求可以选择相应的汇总方式。

9.1.1 了解数据透视表的统计能力

扫一扫，看视频

数据透视表所具有的统计能力是巨大的。下面给出几个实例，通过查看源数据与统计结果可以了解数据透视表能达到的统计目的。

例1：统计各品种商品的总出货量

图9-1所示为一个月份中出货量的统计表，其中涉及不同的品种，轻松建立数据透视表可以快速统计出各个品种的总出货量，如图9-2所示。

	A	B	C	D
1	省区	推广经理	品种	10月份出货量
2	江苏	林丽	珍菊200	235
3	江苏	林丽	吲达30片	365
4	江苏	林丽	排毒清脂	202
5	江苏	林丽	排毒清脂	155
6	江苏	刘莉	珍菊200	132
7	江苏	刘莉	吲达30片	435
8	江苏	刘莉	绞股蓝36	400
9	江苏	刘莉	绞股蓝24	256
10	江苏	夏楚奇	珍菊200	122
11	江苏	夏楚奇	吲达30片	264

图 9-1

12	江苏	夏楚奇	排毒清脂	260
13	江苏	夏楚奇	绞股蓝36	188
14	江苏	夏楚奇	绞股蓝24	302
15	江苏	张明亮	珍菊200	210
16	江苏	张明亮	吲达30片	830
17	江苏	张明亮	排毒清脂	997
18	江苏	张明亮	绞股蓝36	224
19	江苏	张明亮	绞股蓝24	110
20	江苏	赵飞	珍菊200	273
21	江苏	赵飞	绞股蓝36	222
22	江苏	赵飞	绞股蓝36	360
23	江苏	赵飞	绞股蓝24	222

图 9-1（续）

F	G
品种	求和项:10月份出货量
绞股蓝24	890
绞股蓝36	1394
排毒清脂	1614
吲达30片	1894
珍菊200	972
总计	**6764**

图 9-2

例 2：统计各班级的最高分、最低分、平均分

图9-3所示的表格为某次月考的成绩表，表格数据涉及4个班级，现在想对各个班级的最高分、最低分、平均分进行统计。通过建立如图9-4所示的数据透视表即可快速达到统计目的。

	A	B	C
1	班级	姓名	月考（抽样）
2	九年级（1）班	周薇薇	486
3	九年级（1）班	陆路	535.5
4	九年级（1）班	林森	587
5	九年级（1）班	李佳怡	529
6	九年级（1）班	肖洁	504.5
7	九年级（1）班	袁梦晨	587
8	九年级（2）班	杨佳	502
9	九年级（2）班	刘勋	552
10	九年级（2）班	王宏伟	498
11	九年级（2）班	杨林林	597
12	九年级（2）班	陈治	540.5
13	九年级（2）班	霍晶晶	482
14	九年级（3）班	王婷	589.5
15	九年级（3）班	张泽宇	505
16	九年级（3）班	范成煜	493.5
17	九年级（3）班	高雨	493
18	九年级（3）班	王义伟	538
19	九年级（3）班	李伟伦	487
20	九年级（4）班	张智志	508
21	九年级（4）班	宋云飞	540
22	九年级（4）班	李欣	493
23	九年级（4）班	周钦伟	587.5
24	九年级（4）班	张奎	503
25	九年级（4）班	周明珞	572.5

图 9-3

E	F	G	H
班级	最大值项：月考（抽样）	最小值项：月考（抽样）	平均值项：月考（抽样）
九年级（1）班	587	486	538.1666667
九年级（2）班	597	482	528.5833333
九年级（3）班	589.5	487	517.6666667
九年级（4）班	587.5	493	534
总计	597	482	529.6041667

图 9-4

例 3：统计应聘者中各学历层次的人数

图9-5所示的表格中统计了公司某次招聘中应聘者的相关数据。通过建立数据透视表可以快速统计出各个学历层次的人数，如图9-6所示。

	A	B	C	D	E	F
1	员工	职位代码	学历	专业考核	业绩考核	平均分
2	张明亮	05资料员	高中	88	69	78.5
3	蒋苗苗	05资料员	高中	92	72	82
4	胡子强	04办公室主任	本科	88	70	79
5	刘玲燕	03出纳员	本科	90	79	84.5
6	韩要荣	01销售总监	本科	86	70	78
7	侯淑媛	04办公室主任	研究生	76	65	70.5
8	孙丽萍	05资料员	高中	91	88	89.5
9	李平	02科员	本科	88	91	89.5
10	王保国	05资料员	高职	88	84	86
11	杨和平	01销售总监	本科	90	87	88.5
12	张文轩	04办公室主任	专科	82	77	79.5
13	彭丽丽	06办公室文员	研究生	80	56	68
14	韦余强	03出纳员	研究生	76	90	83
15	闫绍红	01销售总监	本科	91	91	91
16	罗婷	05资料员	高职	67	62	64.5
17	杨增	04办公室主任	专科	82	77	79.5
18	王倩	01销售总监	专科	77	88	82.5
19	姚磊	05资料员	专科	77	79	78
20	郑燕媚	04办公室主任	本科	80	70	75
21	洪新成	01销售总监	本科	79	93	86
22	张海天	05资料员	专科	77	79	78
23	张奎	03出纳员	专科	65	81	73
24	张泽宇	05资料员	高职	68	86	77
25	庄美尔	01销售总监	研究生	88	90	89

图 9-5

计数项:员工	
学历	汇总
本科	8
高职	3
高中	3
研究生	4
专科	6
总计	24

图 9-6

例 4：统计月加班时长并计算加班费

图9-7所示的表格为某月份的加班记录表，此表是按加班时间依次记录的，每位员工有可能出现重复加班的情况，下面需要统计每位员工的加班时长并计算加班工资。通过建立数据透视表可以轻松得到想要的统计结果，如图9-8所示。

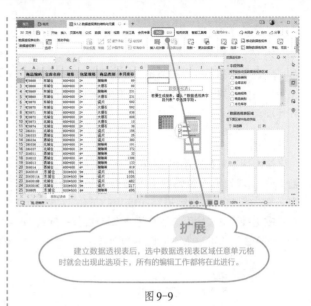

	A	B	C	D	E	F	G
1	7月份加班记录表						
2	序号	加班人	加班时间	加班类型	开始时间	结束时间	加班小时数
3	1	张丽丽	2021/7/3	公休日	17:30	21:30	4
4	2	魏娟	2021/7/3	公休日	18:00	22:00	4
5	3	孙婷	2021/7/5	平常日	17:30	22:30	5
6	4	张振梅	2021/7/7	平常日	17:30	22:00	4.5
7	5	孙婷	2021/7/7	平常日	17:30	21:00	3.5
8	6	张毅君	2021/7/12	平常日	10:00	17:30	7.5
9	7	张丽丽	2021/7/12	平常日	10:00	16:00	6
10	8	何佳怡	2021/7/12	平常日	13:00	17:00	4
11	9	刘志飞	2021/7/13	平常日	17:30	22:00	4.5
12	10	廖凯	2021/7/13	平常日	17:30	21:00	3.5
13	11	刘琦	2021/7/14	平常日	18:00	22:00	4
14	12	何佳怡	2021/7/14	平常日	18:00	21:00	3
15	13	刘志飞	2021/7/14	平常日	17:30	21:30	4
16	14	何佳怡	2021/7/16	平常日	18:00	20:30	2.5
17	15	金璐忠	2021/7/16	平常日	18:00	20:30	2.5
18	16	刘志飞	2021/7/19	平常日	10:00	16:30	6.5
19	17	刘琦	2021/7/19	平常日	10:00	15:00	5
20	18	魏娟	2021/7/20	平常日	17:30	22:00	4.5
21	19	张丽丽	2021/7/20	平常日	17:30	21:00	3.5
22	20	魏娟	2021/7/24	公休日	18:00	21:00	3
23	21	张毅君	2021/7/24	公休日	18:00	21:30	3.5
24	22	桂萍	2021/7/25	公休日	10:00	16:30	6.5
25	23	张振梅	2021/7/25	公休日	12:00	17:30	5.5
26	24	孙婷	2021/7/26	平常日	9:00	12:30	3.5
27	25	金璐忠	2021/7/26	平常日	14:00	19:00	5
28	26	何佳怡	2021/7/28	平常日	18:00	20:30	2.5
29	27	桂萍	2021/7/29	平常日	17:30	22:00	4.5
30	28	金璐忠	2021/7/30	平常日	17:30	22:00	4.5
31	29	桂萍	2021/7/30	平常日	17:30	21:00	3.5
32	30	孙婷	2021/7/31	公休日	18:00	21:30	3.5

图 9-7

	A	B	C	D
1				
2				
3	求和项:加班小时数	加班类型		
4	加班人	公休日	平常日	加班工资
5	桂萍	6.5	8	1000
6	何佳怡	4	8	800
7	金璐忠	5	7	820
8	廖凯		3.5	210
9	刘琦	5	4	640
10	刘志飞	6.5	8.5	1030
11	孙婷	8.5	7	1100
12	魏娟		11.5	690
13	张丽丽	6	7.5	930
14	张毅君	7.5	3.5	810
15	张振梅	5.5	4.5	710
16	总计	54.5	73	8740

图 9-8

9.1.2 了解数据透视表的结构与元素

扫一扫，看视频

创建了数据透视表后，就可以显示出数据透视表的结构与组成元素，有专门用于编辑数据透视表的菜单，可以显示字段列表，但默认的数据透视表是空表，需要通过添加字段才能进行数据统计，如图9-9所示。

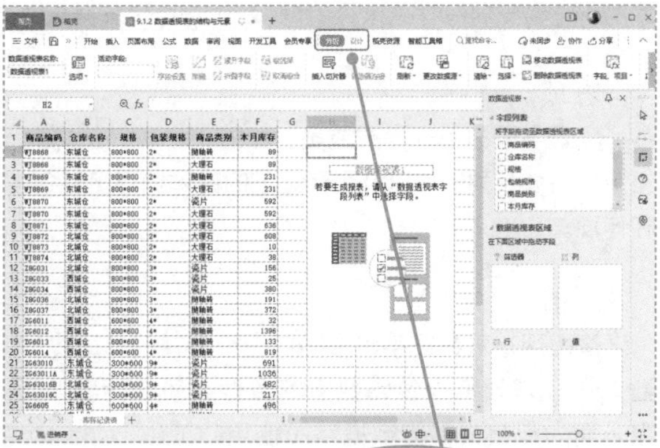

扩展

建立数据透视表后，选中数据透视表区域任意单元格时就会出现此选项卡，所有的编辑工作都将在此进行。

图 9-9

数据透视表中一般包含的元素有字段、项、数值和报表筛选，下面来逐一了解这些元素的作用。

1. 字段

建立数据透视表后，源数据表中的列标识都会生成为相应的字段，如【字段列表】框中显示的都是字段，如图9-10所示。

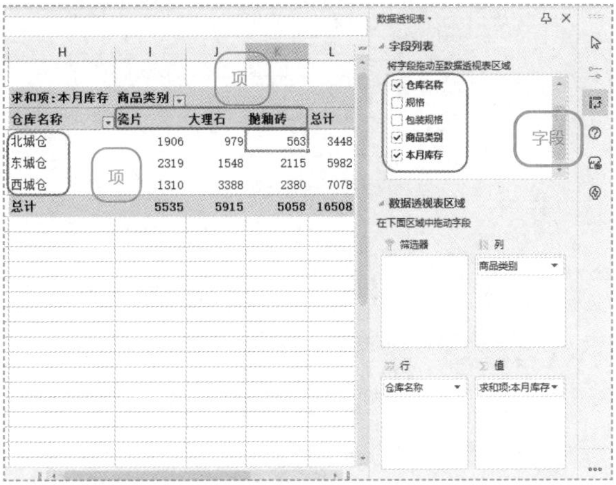

图 9-10

对于【字段列表】中的字段，根据其设置不同又分为行标签、列标签和值字段。在图9-10所示的数据透视表中，"仓库名称"字段被设置为行标签，"商品类别"

字段被设置为列标签，“本月库存”字段被设置为值字段。

2. 项

项是字段的子分类或成员。如图9-11所示，行标签下的具体系列名称以及列标签下的具体销售员姓名都称作项。

3. 值

值是用来对数据字段中的值进行合并的计算类型。数据透视表通常为包含数字的数据字段使用SUM函数，而为包含文本的数据字段使用COUNT函数。建立数据透视表并设置汇总后，可选择其他汇总函数，如AVERAGE、MIN、MAX和PRODUCT。

4. 报表筛选

字段下拉列表中显示所有的项，利用该下拉列表可以进行数据的筛选。当包含▾按钮时，可以单击打开下拉列表，如图9-12所示。

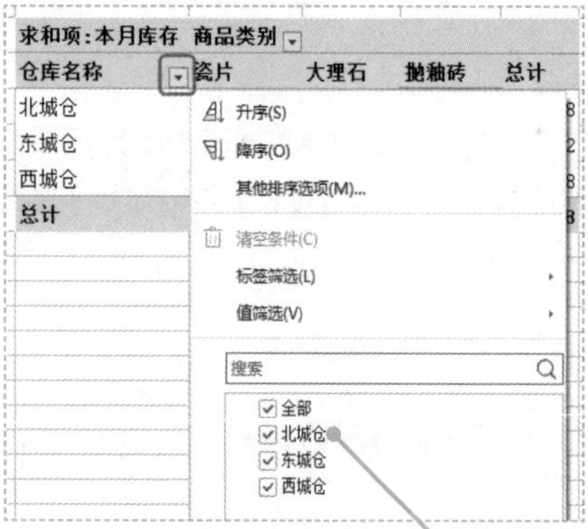

图 9-11

扩展
通过复选框的勾选或取消勾选得到筛选统计结果。

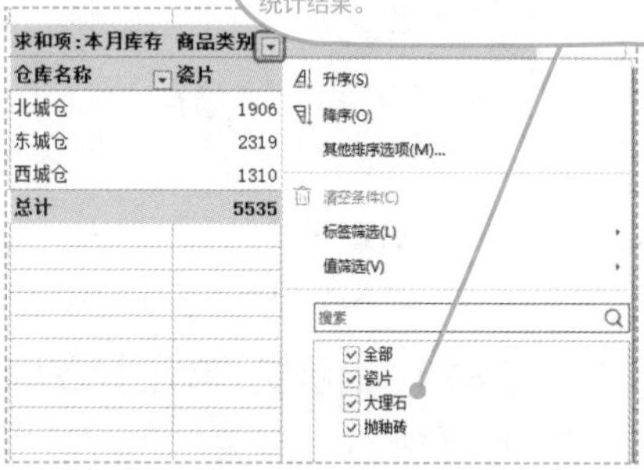

图 9-12

9.1.3 了解数据透视表对数据源的要求

扫一扫，看视频

虽然数据透视表的功能非常强大，但在使用之前需要规范数据源表格，否则在后期创建数据透视表和使用数据透视表时会有很多不便，甚至无法创建数据透视表。很多新手不懂得如何规范数据源，下面介绍一些创建数据透视表时应当避免的误区。

1. 不能包含多层表头

在日常建表时，为了排版美观，经常会配合合并单元格的方式使用双层表头，如图9-13所示。如果使用这样的数据进行数据透视分析，则会让程序无法为数据透视表生成字段，如图9-14所示。正确的做法是把表头整理成如图9-15所示的样式。

	A	B	C	D	E	F	G	H	I	J	K	L
1	4月份工资统计表											
2	基本数据			应发明细					应扣明细			实发工资
3	工号	姓名	部门	基本工资	工龄工资	绩效奖金	加班工资	满勤奖	考勤扣款	代扣代缴	个人所得税	
4	NO.001	章晔	行政部	3200	1400		200	0	280	920	0	3600
5	NO.002	姚磊	人事部	3500	1000		200	300	0	900	0	4100
6	NO.003	闫绍红	行政部	2800	400		400	300	0	640	0	3260
7	NO.004	焦文雷	设计部	4000	1000		360	0	190	1000	0	4170
8	NO.005	魏义成	行政部	2800	400		280	300	0	640	0	3140
9	NO.006	李秀秀	人事部	4200	1400			0	100	1120	0	4380
10	NO.007	焦文全	销售部	2800	400	8048	425	300	0	640	423.3	10909.7
11	NO.008	郑立媛	设计部	4500	1400		125	0	20	1180	0	4825
12	NO.009	马同燕	设计部	4000	1000		175	0	20	1000	0	4155
13	NO.010	莫云	销售部	2200	1200	10072	225	0	20	680	589.7	12407.3
14	NO.011	陈芳	研发部	3200	300		360	300	0	700	0	3460
15	NO.012	钟华	研发部	4500	100		280	0	90	920	0	3870
16	NO.013	张燕	人事部	3500	1200		320	0	60	940	0	4020
17	NO.014	柳小续	研发部	5000	1000			300	0	1200	3	5097
18	NO.015	许开	研发部	3500	1200		425	0	20	940	0	4165
19	NO.016	陈建	销售部	2500	1200	5664	125	0	400	740	124.9	8224.1
20	NO.017	万茜	财务部	4200	1000		200	0	30	1040	0	4330
21	NO.018	张亚明	销售部	2000	1000	7248	225	300	0	600	307.3	9865.7

图 9-13

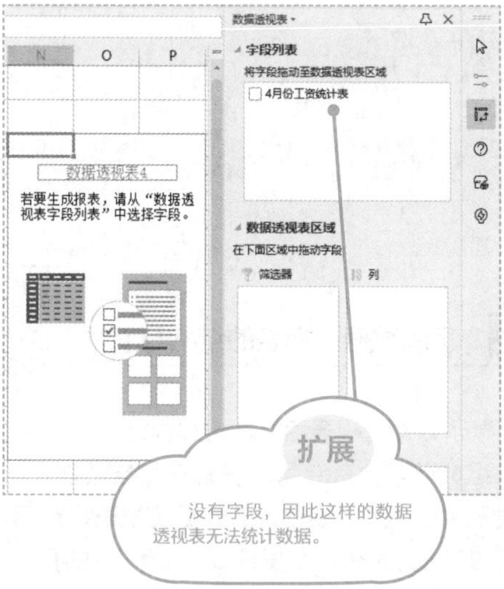

图 9-14

4月份工资统计表											
工号	姓名	部门	基本工资	工龄工资	绩效奖金	加班工资	满勤奖	考勤扣款	代扣代缴	个人所得税	实发工资
NO.001	章晔	行政部	3200	1400		200	0	280	920	0	3600
NO.002	姚磊	人事部	3500	1000		200	300	0	900	0	4100
NO.003	闫绍红	行政部	2800	400		400	300	0	640	0	3260
NO.004	焦文雷	设计部	4000	1000		360	0	190	1000	0	4170
NO.005	魏义成	行政部	2800	400		280	300	0	640	0	3140
NO.006	李秀秀	人事部	4200	1400			0	100	1120	0	4380
NO.007	焦文全	销售部	2800	400	8048	425	300	0	640	423.3	10909.7
NO.008	郑立媛	设计部	4500	1400		125	0	20	1180	0	4825
NO.009	马同燕	设计部	4000	1000		175	0	20	1000	0	4155
NO.010	莫云	销售部	2200	1200	10072	225	0	20	680	589.7	12407.3

图 9-15

2. 不能缺失列标识

数据表的列标识不能出现。情况如图9-16所示，因为漏输入了一个列标识，在创建数据透视表时弹出了错误提示。

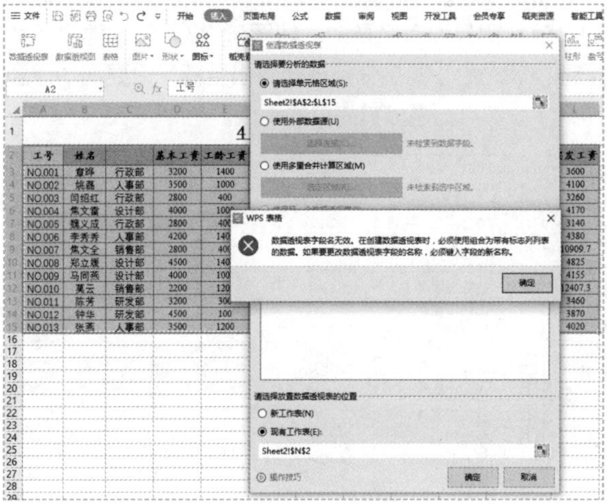

图 9-16

3. 数据至少要有一个分类

创建数据透视表的目的是进行分类统计分析，如果在数据表中一个分类都找不到，那么对其创建数据透视表是无任何意义的。

例如，图9-17所示的表格中没有任何分类，这种表格无论怎么统计还是这个结果，而图9-18所示的表格则可以按班级进行分类统计。

姓名	月考(抽样)
陈治	540.5
高雨	493
霍晶晶	482
李佳怡	529
李伟伦	487
李欣	493
林森	587
刘勋	552
陆路	535.5
王宏伟	498
王婷	589.5
王义伟	538
肖洁	504.5
杨林林	597
袁梦晨	587
张奎	503
张泽宇	505
张智志	508
周明璐	572.5
周钦伟	587.5
周薇薇	486

图 9-17

扩展

至少要有一个分类。这时就可以按班级统计最高分、平均分等。

班级	姓名	月考(抽样)
九年级（2）班	陈治	540.5
九年级（3）班	高雨	493
九年级（2）班	霍晶晶	482
九年级（1）班	李佳怡	529
九年级（3）班	李伟伦	487
九年级（4）班	李欣	493
九年级（1）班	林森	587
九年级（2）班	刘勋	552
九年级（1）班	陆路	535.5
九年级（2）班	王宏伟	498
九年级（3）班	王婷	589.5
九年级（3）班	王义伟	538
九年级（1）班	肖洁	504.5
九年级（2）班	杨林林	597
九年级（1）班	袁梦晨	587
九年级（4）班	张奎	503
九年级（3）班	张泽宇	505
九年级（4）班	张智志	508
九年级（4）班	周明璐	572.5
九年级（4）班	周钦伟	587.5
九年级（1）班	周薇薇	486

图 9-18

4. 数据格式要规范

数据格式规范对于数据透视表的创建也很重要，不规范的数据会导致统计结果出错，甚至无法统计。例如，数据表中存在文本数字，即使只有一个数据是文本类型的，当建立数据透视表并将这个字段作为数值字段时，也无法进行求和计算（见图9-19），只能进行计数计算。

日期	类别	品名	尺码	销售单价	销售数量	销售金额
2/2	雪地靴	甜美花朵女靴	35-39	¥ 90.00	10	¥ 900.00
2/3	马丁靴	时尚流苏短靴	35-40	¥ 178.00	5	¥ 890.00
2/3	雪地靴	潮流亮片女靴	35-41	¥ 108.00	15	¥ 1,620.00
2/5	高筒靴	侧拉时尚长筒靴	35-42	¥ 159.00	15	¥ 2,385.00
2/6	小白鞋	韩版百搭透气小白鞋	35-43	¥ 129.00	5	¥ 645.00
2/6	雪地靴	潮流亮片女靴	35-44	¥ 108.00	10	¥ 1,080.00
2/7	小白鞋	韩版时尚内增高小白	35-45	¥ 169.00	4	¥ 676.00
2/8	马丁靴	时尚流苏短靴	35-46	¥ 99.00	15	¥ 1,485.00
2/9	雪地靴	贴布刺绣中筒靴	35-47	¥ 179.00	10	¥ 1,790.00
2/9	高筒靴	韩版过膝磨砂长靴	35-48	¥ 169.00	5	¥ 845.00
2/9	雪地靴	磨砂格子女靴	35-49	¥ 69.00	11	¥ 759.00
2/10	马丁靴	英伦风切尔西靴	35-50	¥ 139.00	8	¥ 1,112.00
2/10	雪地靴	甜美花朵女靴	35-51	¥ 90.00	12	¥ 1,080.00
2/10	短靴	复古雕花擦色单靴	35-52	¥ 179.00	10	¥ 1,790.00
2/11	高筒靴	侧拉时尚长筒靴	35-53	¥ 159.00	6	¥ 954.00
2/11	雪地靴	磨砂格子女靴	35-54	¥ 69.00	4	¥ 276.00
2/11	小白鞋	韩版时尚内增高小白	35-55	¥ 169.00	6	¥ 1,014.00
2/11	雪地靴	贴布刺绣中筒靴	35-56	¥ 179.00	4	¥ 716.00
2/12	马丁靴	时尚流苏短靴	35-57	¥ 189.00	10	¥ 1,890.00
2/12	高筒靴	韩版过膝磨砂长靴	35-58	¥ 169.00	5	¥ 845.00
2/12	马丁靴	英伦风切尔西靴	35-59	¥ 139.00	4	¥ 556.00
2/13	雪地靴	甜美花朵女靴	35-60	¥ 90.00	5	¥ 450.00
2/13	短靴	复古雕花擦色单靴	35-61	¥ 179.00	5	¥ 895.00
2/13	马丁靴	简约百搭小皮靴	35-62	¥ 149.00	4	¥ 596.00

行标签	计数项:销售数量
短靴	2
高筒靴	4
马丁靴	6
小白鞋	3
雪地靴	9
总计	24

扩展

因为"销售数量"列中有两个文本类型的数字，当设置"销售数量"为值字段时，只能使用"计数"的计算方式。

图 9-19

再例如，数据源中包含无意义的空格，看似很小的一个问题，但对于数据透视表而言，它会把这样的数据当作两个不同的标签进行统计。如图9-20所示，"哑铃"与"哑铃"将作为两个统计项，显然这个统计结果是错误的。

品名	条码	数量	单价	销售金额
按摩椅	6971358500464	12	¥1,298.00	¥15,576.00
按摩椅	6971358500781	8	¥1,580.00	¥12,640.00
哑铃	6971358500402	8	¥139.00	¥1,112.00
按摩椅	6971358500414	2	¥8,900.00	¥17,800.00
健腹轮	6971358500078	8	¥239.00	¥1,912.00
哑铃	6971358500187	9	¥98.00	¥882.00
健腹轮	6971358500411	12	¥289.00	¥3,468.00
哑 铃	6971358500164	15	¥96.00	¥1,440.00
健腹轮	6971358500521	11	¥128.00	¥1,408.00

行标签	求和项:销售金额
按摩椅	46016
健腹轮	6788
哑 铃	1440
哑铃	1994
总计	56238

图 9-20

另外，如果数据表中使用的日期不规范，那么在进行数据透视统计时则会导致无法按年、月、日进行分组统计。（关于日期数据的分组统计，在后面的内容中也会着重介绍。）

5. 数据应具有连续性

数据应具有连续性，不要使用合计行、空白行等进行中断。例如，图9-21所示的表格中添加了"合计"行，那么在建立数据透视表时，统计结果显示是错误的（注意看图中画框部分）。

月份	费用类别	支出金额
10月	办公用品采购费	￥2,000
10月	差旅费	￥7,500
10月	福利品采购费	￥2,200
10月	业务拓展费	￥1,400
10月	招聘培训费	￥4,200
10月	交通费	￥3,650
	合计	￥20,950
11月	会务费	￥5,560
11月	差旅费	￥5,400
11月	招聘培训费	￥2,800
11月	业务拓展费	￥1,400
11月	办公用品采购费	￥1,600
11月	福利品采购费	￥5,200
11月	交通费	￥2,500
	合计	￥24,460

费用类别	求和项:支出金额
办公用品采购费	3600
差旅费	12900
福利品采购费	7400
会务费	5560
交通费	6150
业务拓展费	2800
招聘培训费	7000
(空白)	45410
总计	90820

图 9-21

如果不是要打印这样的明细表，在表格中添加这样的合计行则是没有必要的。如图9-22所示，建立了数据透视表之后，要想分月统计支出金额，只要拖动添加两个字段即可，是极其简单的事情。

月份	费用类别	支出金额
10月	办公用品采购费	￥2,000
10月	差旅费	￥7,500
10月	福利品采购费	￥2,200
10月	业务拓展费	￥1,400
10月	招聘培训费	￥4,200
10月	交通费	￥3,650
11月	会务费	￥5,560
11月	差旅费	￥5,400
11月	招聘培训费	￥2,800
11月	业务拓展费	￥1,400
11月	办公用品采购费	￥1,600
11月	福利品采购费	￥5,200
11月	交通费	￥2,500

行标签	求和项:支出金额
10月	20950
11月	24460
总计	45410

图 9-22

另外，数据表中也不要使用空行中断数据，否则程序无法获取完整的数据源，即使手动添加数据源，也会在统计结果中产生空白数据。

9.2 创建数据透视表

创建数据透视表之前要准备好数据源，明确自己的分析目的，然后通过添加字段、建立报表来达成统计目的。不同的字段组合可以获取不同的统计效果，因此可以随时调整字段位置进行多角度分析。

9.2.1 新建一个数据透视表

扫一扫，看视频

创建的数据透视表默认是空白状态，需要通过添加字段及进行相应的编辑才能得到需要的统计结果。下面以图9-23所示的出库数据表为例来创建数据透视表并添加字段，统计各类别商品的出库数量及出库金额。

出库日期	产品编号	产品类别	产品名称	产品型号	单位	出库数量	出库单价	出库金额
20/6/1	JD002	继电器、接触器类	接触器辅助触点	11DIL MC	个	23	45.00	1035.00
20/6/1	JD004	继电器、接触器类	固态继电器(带灯	三相40A/400V	个	25	49.80	1245.00
20/6/1	JC001	接插件类	研华接线端子(插	2.5mm²	片	550	0.80	440.00
20/6/1	JC002	接插件类	研华接线端子(插	4mm²	只	300	1.20	360.00
20/6/2	JC004	接插件类	研华接线端子(插	10mm²	片	120	2.25	270.00
20/6/2	JC006	接插件类	单相电源插头	橡皮 10A	个	220	0.90	198.00
20/6/2	AN001	按钮、开关类	空气开关	罗光穆勒L7-4/	个	28	11.60	324.80
20/6/2	AN002	按钮、开关类	空气开关	罗光穆勒L7-6/	个	250	12.10	3025.00
20/6/2	DX001	电线、电缆类	耐高温电线	6mm²	卷	32	165.00	5280.00
20/6/3	DX002	电线、电缆类	电线	0.75mm²	卷	40	99.50	3980.00
20/6/3	DX003	电线、电缆类	电线	2.5mm²	卷	20	112.50	2250.00
20/6/3	DX006	电线、电缆类	屏蔽线	2*0.3mm²	卷	25	119.50	2987.50
20/6/4	DX007	电线、电缆类	橡皮电线	3*4mm²+1*2.5	卷	38	139.00	5282.00
20/6/4	DX009	电线、电缆类	屏蔽线	6*0.3mm²	卷	18	139.50	2511.00
20/6/4	AN002	按钮、开关类	空气开关	罗光穆勒L7-6/	个	28	12.10	338.80
20/6/5	AN004	按钮、开关类	空气开关	罗光穆勒L7-2/	个	28	12.80	358.40
20/6/5	AN007	按钮、开关类	空气开关	罗光穆勒L7-40	个	12	11.00	132.00
20/6/6	AN011	按钮、开关类	空气开关	罗光穆勒L7-25	个	130	13.60	1768.00
20/6/6	DX003	电线、电缆类	电线	2.5mm²	卷	40	112.50	4500.00
20/6/7	DX007	电线、电缆类	橡皮电线	3*4mm²+1*2.5	卷	24	139.00	3336.00
20/6/7	DX009	电线、电缆类	屏蔽线	6*0.3mm²	卷	24	139.50	3348.00
20/6/7	DY001	电压、电流表类	电压表	0～25V	个	38	20.50	779.00
20/6/8	DY003	电压、电流表类	电流表(香港)	96*96 200A A	个	68	22.50	1530.00
20/6/8	DY007	电压、电流表类	电流表	香港 50*50 1(	个	48	58.50	2808.00
20/6/8	DY008	电压、电流表类	电流表	香港 50*50 5/	个	23	53.80	1237.40
20/6/9	BY001	电源、变压类	三相变压器	380/200V		15	315.00	4725.00
20/6/10	BY003	电源、变压类	开关电源	24V	个	13	21.00	273.00
20/6/10	BY004	电源、变压类	开关电源	10V	个	13	16.80	218.40
20/6/11	BY006	电源、变压类	磁粉离合器电源	DGPS-403B	个	13	55.80	725.40

图 9-23

❶ 选中数据源表格中的任意单元格，在【插入】选项卡中单击【数据透视表】按钮（见图9-24），打开【创建数据透视表】对话框。

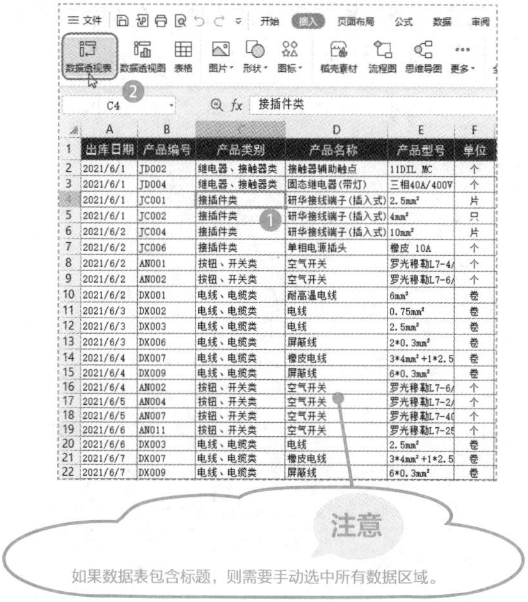

注意
如果数据表包含标题，则需要手动选中所有数据区域。

图 9-24

❷ 这时看到参与创建数据透视表的单元格区域默认为当前工作表的全部单元格区域，保持默认设置，如图9-25所示。

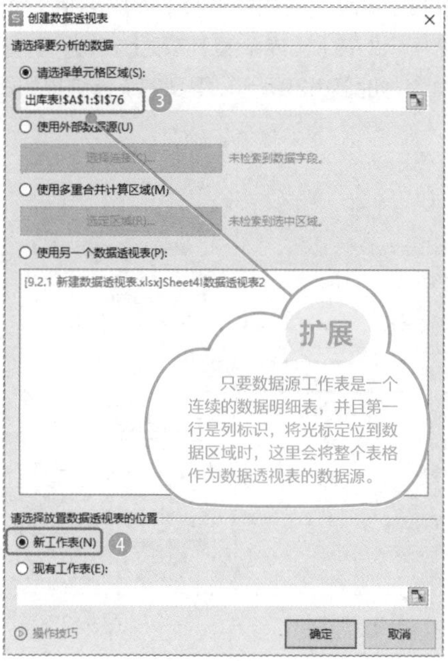

只要数据源工作表是一个连续的数据明细表，并且第一行是列标识，将光标定位到数据区域时，这里会将整个表格作为数据透视表的数据源。

图 9-25

❸ 单击【确定】按钮即可在新工作表中创建数据透视表，如图9-26所示。

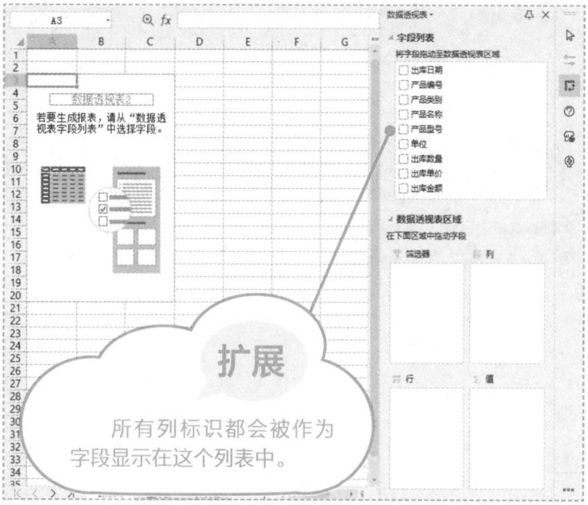

扩展
所有列标识都会被作为字段显示在这个列表中。

图 9-26

❹ 在【字段列表】中将光标指向【产品类别】字段，右击，选择【添加到行标签】命令(见图9-27)，【产品类别】字段被添加到行标签区域。按相同的方法，在【出库数量】字段上右击，选择【添加到值】命令，如图9-28所示；在【出库金额】字段上右击，选择【添加到值】命令，如图9-29所示，得到的统计结果如图9-30所示。

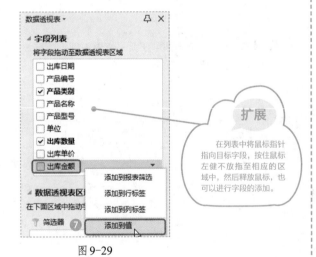

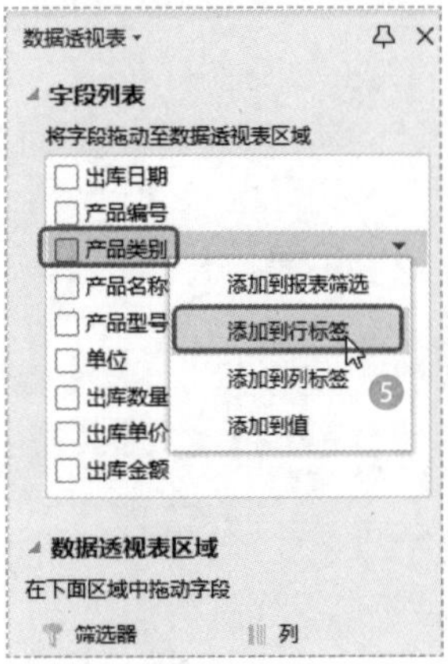

图 9-27

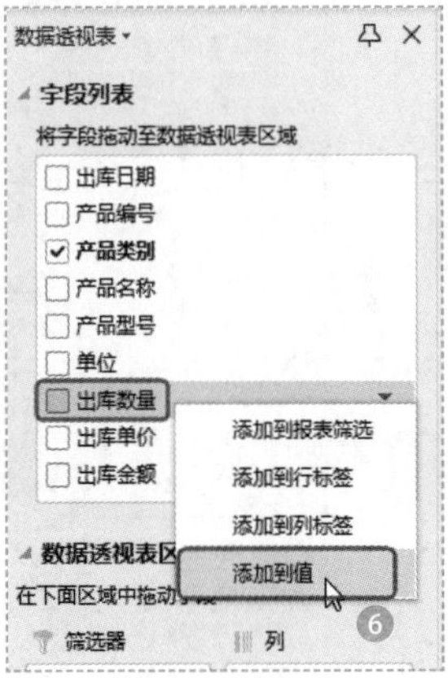

图 9-28

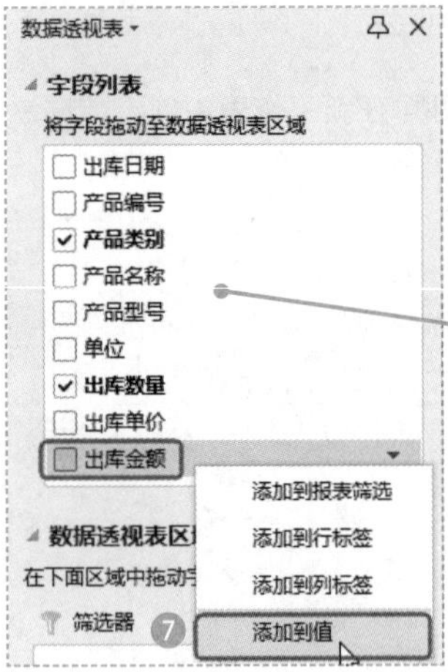

图 9-29

扩展

在列表中将鼠标指针指向目标字段，按住鼠标左键不放拖至相应的区域中，然后释放鼠标，也可以进行字段的添加。

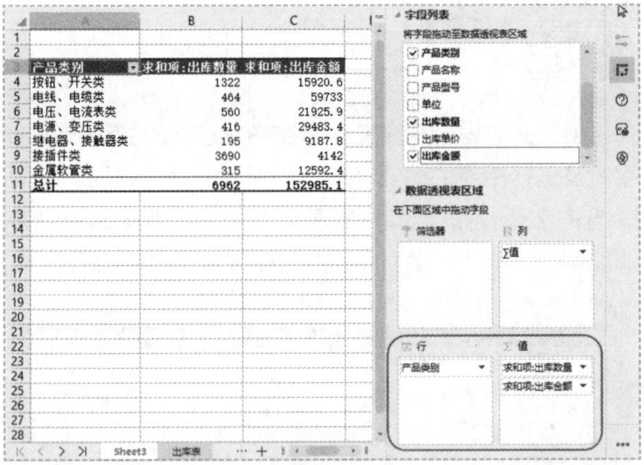

图 9-30

9.2.2 调整字段获取新统计报表

扫一扫，看视频

数据透视表具有灵活多变、可随时修改调试的特性，便于生成多个维度的统计报表。因此在数据透视表中添加字段后，并非只能获取当前这种统计结果，只要重新调整字段的位置，还可以获取其他的统计结果。例如，在本例中通过调整字段可以按日期统计出库总量。

沿用上一小节的例子(也可以把上一小节中的工作表复制一个)，在数据透视表的【字段列表】中，如果不需要原来设置的字段，可以取消勾选其前面的复选框。例如，此处取消勾选【产品类别】和【出库数量】前面的复选框，接着将【出库日期】字段拖入行标签，得到的统计结果如图9-31所示。

图 9-31

9.2.3 更改用于统计的数据源

扫一扫，看视频

关于更改数据源，本小节分3个方面进行讲解。

1. 数据表中添加了新数据

如果数据表中添加了新数据，则需要重新更改数据源，新数据才能参与统计。

选中数据透视表中的任意单元格，在【分析】选项卡中单击【更改数据源】按钮(见图9-32)，打开【更改数据透视表数据源】对话框，单击按钮(见图9-33)回到工作表中重新选择新的数据区域即可。

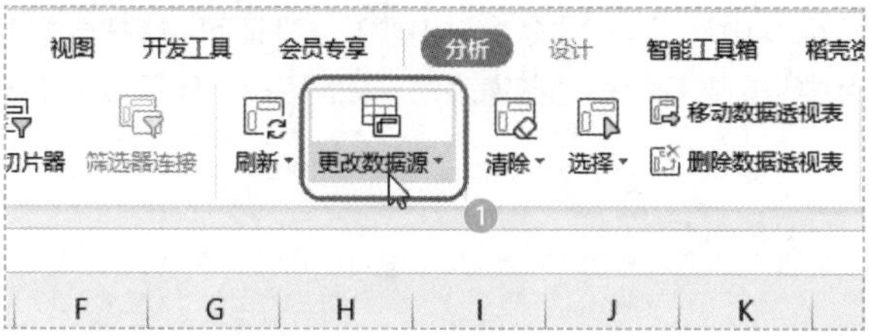

图 9-32

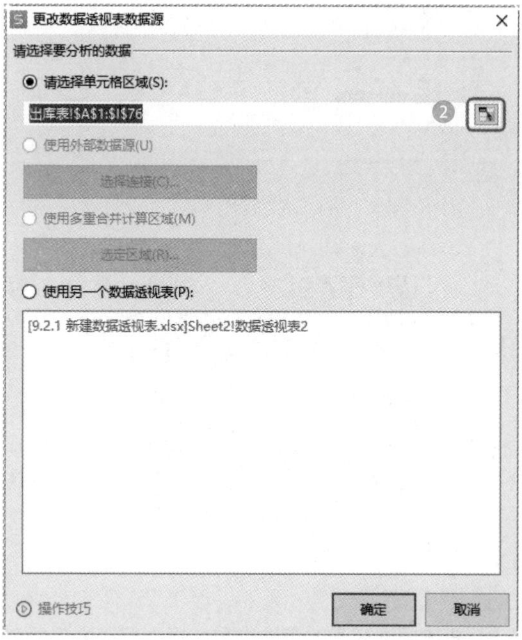

图 9-33

2. 只想使用部分数据来进行当前分析

在创建数据透视表时，不一定要使用所有数据，也可以根据分析目的只选中部分数据创建数据透视表。例如，在图9-34所示的表格中，只想对学历情况进行分析，因此选中F列和G列的数据(见图9-34)执行插入数据透视表的操作，可以看到数据透视表中只有两个字段，分别添加【学历】字段到行标签和值字段，得到各个学历的人数统计表，如图9-35所示。也可以添加【所属部门】和【学历】字段到行标签，添加【学历】字段到值字段，得到各个部门中各个学历的人数统计表，如图9-36所示。

注意

选择部分数据时，如果不只一列，注意选中部分需要是连续的。

图 9-34

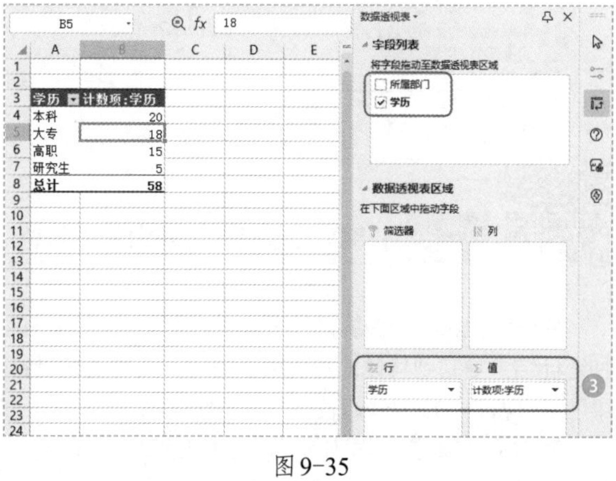

图 9-35

图 9-36

3. 数据表中有数据进行了更改

若原工作表中的数据进行了更改，通过刷新即可重新获取统计结果。

选中数据透视表中的任意单元格，在【分析】选项卡中单击【刷新】按钮（见图9-37）即可更新统计结果。

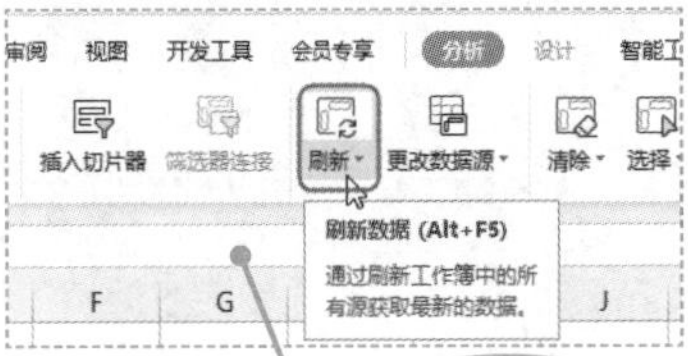

扩展

在刷新数据透视表后经常会出现原来的某个字段从数据透视表中消失的情况，这是因为更改了原数据表中的列标识，导致数据透视表的字段名称更改了，它就会被自动删除，这时需要重新添加字段。

图 9-37

9.2.4 将数据透视表转换为普通表格

扫一扫，看视频

数据透视表是一种统计报表，很多时候都需要将这种统计结果复制到其他地方使用。因此，在得到统计结果后可以将其转换为普通表格，以方便使用。

❶ 选中整张数据透视表，按快捷键Ctrl+C进行复制，如图9-38所示。

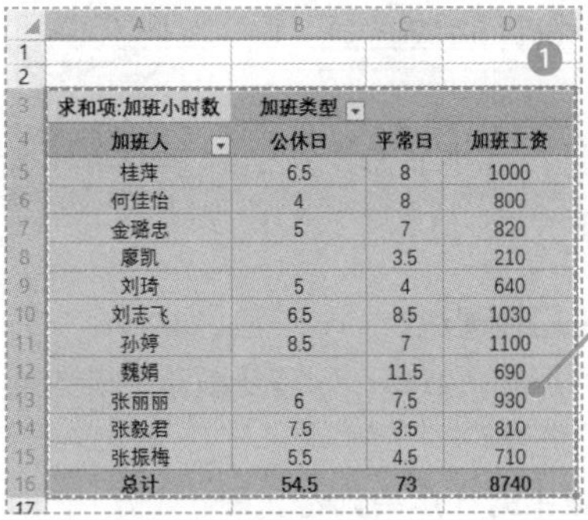

求和项:加班小时数	加班类型		
加班人	公休日	平常日	加班工资
桂萍	6.5	8	1000
何佳怡	4	8	800
金璐忠	5	7	820
廖凯		3.5	210
刘琦	5	4	640
刘志飞	6.5	8.5	1030
孙婷	8.5	7	1100
魏娟		11.5	690
张丽丽	6	7.5	930
张毅君	7.5	3.5	810
张振梅	5.5	4.5	710
总计	54.5	73	8740

注意

数据透视表是一个整体，不能单一地移动、复制或删除其中任意一个单元格的数据。如果需要进行这些操作，则需要一次性选中全部表格。

图 9-38

❷ 在当前工作表或新工作表中选中一个空白单元格，在【开始】选项卡中单击【粘贴】按钮，在打开的下拉列表中选择【值】命令（见图9-39）即可将数据透视表中当前数据转换为普通表格，如图9-40所示。

图 9-39

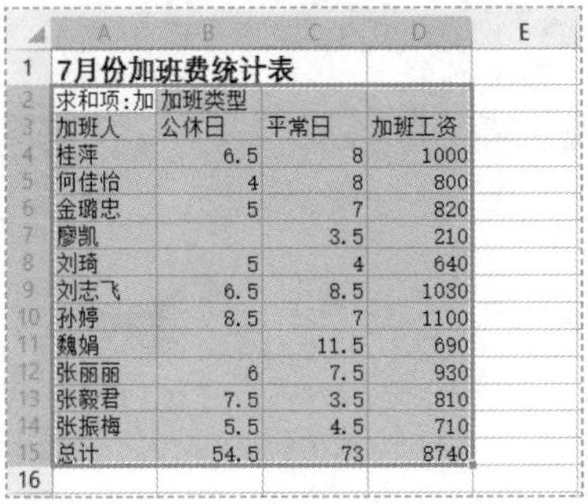

7月份加班费统计表			
求和项:加	加班类型		
加班人	公休日	平常日	加班工资
桂萍	6.5	8	1000
何佳怡	4	8	800
金璐忠	5	7	820
廖凯		3.5	210
刘琦	5	4	640
刘志飞	6.5	8.5	1030
孙婷	8.5	7	1100
魏娟		11.5	690
张丽丽	6	7.5	930
张毅君	7.5	3.5	810
张振梅	5.5	4.5	710
总计	54.5	73	8740

图 9-40

❸ 把数据透视表的统计结果转换为普通表格后就得到了想要的统计结果，接着可以删除不需要的数据并设置格式，得到如图9-41所示的普通报表。

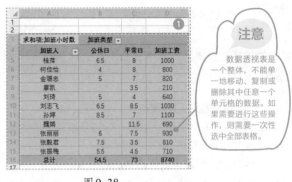

	A	B	C	D
1	7月份加班费统计表			
2	加班人	公休日	平常日	加班工资
3	桂萍	6.5	8	1000
4	何佳怡	4	8	800
5	金璐忠	5	7	820
6	廖凯		3.5	210
7	刘琦	5	4	640
8	刘志飞	6.5	8.5	1030
9	孙婷	8.5	7	1100
10	魏娟		11.5	690
11	张丽丽	6	7.5	930
12	张毅君	7.5	3.5	810
13	张振梅	5.5	4.5	710

图 9-41

9.3 更改汇总方式与值显示方式

9.3.1 根据分析目的更改汇总方式

扫一扫，看视频

当设置某个字段为值字段后，数据透视表会自动对数据字段中的值进行合并计算。根据字段的性质不同，默认有两种计算方式：如果字段下是数值数据，则会自动使用SUM函数进行求和运算；如果字段下是文本数据，则会自动使用COUNT函数进行计数统计。如果字段生成的汇总方式正是所需要的，就不需要进行更改；反之，如果想得到其他的计算结果，如求最大值、最小值、平均值等，则需要修改数值字段中值的合并计算类型。下面介绍更改汇总方式的两个实例。

（1）本例中对各个班级的成绩进行了求和汇总，这种数据统计结果没有任何意义，现在需要将“求和”更改为“计数”汇总方式，从而统计出各个班级中有多少人是年级前30名。

❶ 打开数据透视表，双击汇总字段所在的单元格（即G3单元格），如图9-42所示，打开【值字段设置】对话框。

❷ 在【值字段汇总方式】列表中选择【计数】，输入【自定义名称】为“入围人数”，如图9-43所示。单击【确定】按钮即可汇总出各个班级入围年级前30名的人数，效果如图9-44所示。

	A	B	C	D	E	F	G
1	年级前30名成绩统计表						
2	成绩排名	姓名	所属班级	总分			
3	1	陈治	高三（1）班	727		行标签	求和项:总分
4	2	霍晶晶	高三（2）班	726		高三（1）班	6127
5	3	王婷	高三（2）班	724		高三（2）班	4799
6	4	张泽宇	高三（5）班	711		高三（3）班	1719
7	5	范成煜	高三（1）班	701		高三（4）班	2353
8	6	高雨	高三（1）班	700		高三（5）班	3228
9	7	王义伟	高三（1）班	699		总计	18226
10	8	李伟伦	高三（5）班	687			
11	26	姚磊	高三（3）班	672			
12	9	张智志	高三（2）班	665			
13	23	王宏伟	高三（4）班	660			
14	10	宋云飞	高三（5）班	611			
15	11	李欣	高三（5）班	610			
16	12	周钦伟	高三（5）班	609			
17	13	张奎	高三（1）班	608			
18	20	袁梦晨	高三（4）班	605			
19	14	周明璐	高三（1）班	600			
20	15	周薇薇	高三（2）班	577			

扩展

当前的汇总方式为求和，很显然，对各个班级的总分进行求和没有什么意义。

图 9-42

图 9-43

	A	B	C	D	E	F	G
1	年级前30名成绩统计表						
2	成绩排名	姓名	所属班级	总分			
3	1	陈治	高三（1）班	727		行标签	入围人数
4	2	霍晶晶	高三（2）班	726		高三（1）班	10
5	3	王婷	高三（2）班	724		高三（2）班	8
6	4	张泽宇	高三（5）班	711		高三（3）班	3
7	5	范成煜	高三（1）班	701		高三（4）班	4
8	6	高雨	高三（1）班	700		高三（5）班	5
9	7	王义伟	高三（1）班	699		总计	30
10	8	李伟伦	高三（5）班	687			
11	26	姚磊	高三（3）班	672			
12	9	张智志	高三（2）班	665			
13	23	王宏伟	高三（4）班	660			
14	10	宋云飞	高三（5）班	611			

扩展

除了在【值字段设置】对话框中修改名称外，也可以选中单元格，把原名称删去，直接在编辑栏重新输入。

图 9-44

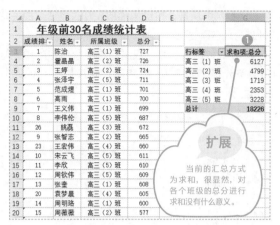

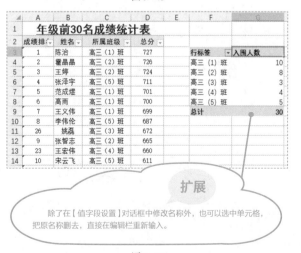

（2）本例中从各个班级中抽取6人的成绩组成抽样统计表，现在需要统计出各个班级的平均分。

❶ 打开数据透视表，双击汇总字段所在的单元格（即F2单元格），如图9-45所示，打开【值字段设置】对话框。

	A	B	C	D	E	F
1	班级	姓名	月考(抽样)			
2	九年级（1）班	周薇薇	486		班级	求和项：月考（抽样）
3	九年级（1）班	陆路	535.5		九年级（1）班	3229
4	九年级（1）班	林森	587		九年级（2）班	3171.5
5	九年级（1）班	李佳怡	529		九年级（3）班	3106
6	九年级（1）班	肖洁	504.5		九年级（4）班	3204
7	九年级（1）班	袁梦晨	587		总计	12710.5
8	九年级（2）班	杨佳	502			
9	九年级（2）班	刘勋	552			
10	九年级（2）班	王宏伟	498			
11	九年级（2）班	杨林林	597			
12	九年级（2）班	陈治	540.5			
13	九年级（2）班	霍晶晶	482			
14	九年级（3）班	王婷	589.5			
15	九年级（3）班	张泽宇	505			
16	九年级（3）班	范成煜	493.5			
17	九年级（3）班	高雨	493			
18	九年级（3）班	王义伟	538			
19	九年级（3）班	李伟伦	487			
20	九年级（4）班	张智志	508			
21	九年级（4）班	宋云飞	540			
22	九年级（4）班	李欣	493			
23	九年级（4）班	周钦伟	587.5			
24	九年级（4）班	张奎	503			
25	九年级（4）班	周明璐	572.5			

图9-45

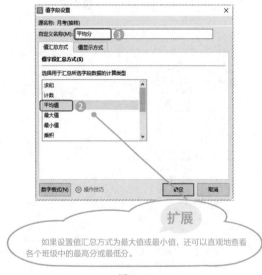

❷ 在【值字段汇总方式】列表中选择【平均值】，并输入【自定义名称】为“平均分”，如图9-46所示。单击【确定】按钮即可得到各个班级的平均分，效果如图9-47所示。

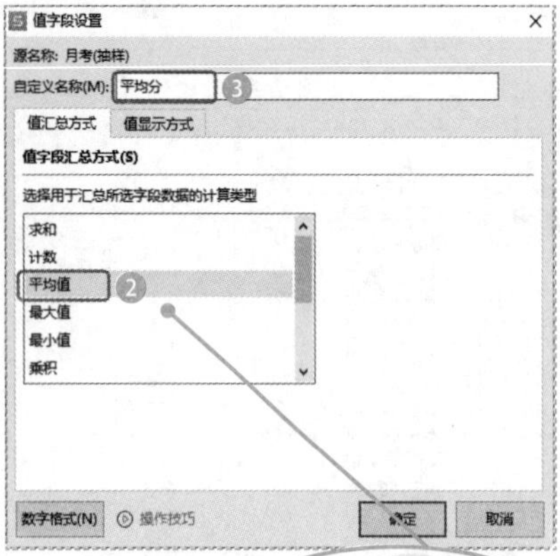

扩展

如果设置值汇总方式为最大值或最小值，还可以直观地查看各个班级中的最高分或最低分。

图9-46

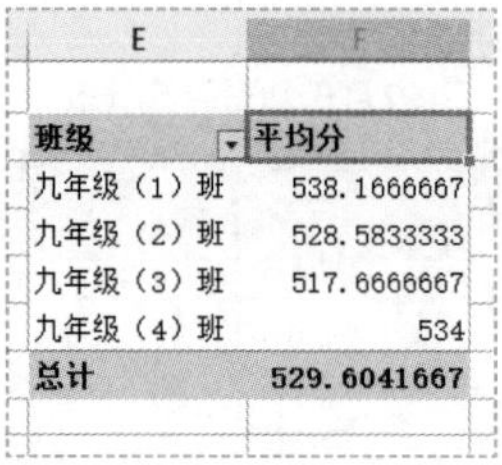

班级	平均分
九年级（1）班	538.1666667
九年级（2）班	528.5833333
九年级（3）班	517.6666667
九年级（4）班	534
总计	529.6041667

图9-47

扫一扫，看视频

9.3.2 几种百分比的显示方式

将数值字段添加到值字段中时，默认的汇总方式为求和，求和只是其中的一种显示方式。除此之外，还有占总和的百分比显示方式、占行汇总的百分比、累计显示等。下面举例介绍几种不同的百分比的显示方式。

例1：显示为总计的百分比

例如，在图9-48所示的数据透视表中统计了各个部门的总销售额，现在要求显示各个部门的销售额占总销售额的百分比。

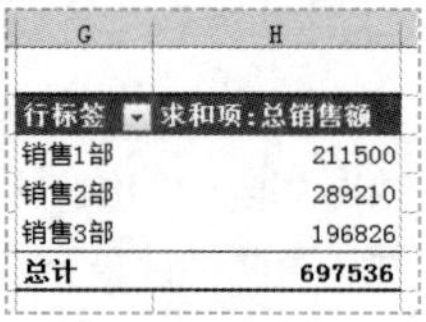

行标签	求和项：总销售额
销售1部	211500
销售2部	289210
销售3部	196826
总计	697536

图9-48

❶ 选中列标签下的任意单元格，右击，在弹出的快捷菜单中依次选择【值显示方式】→【总计的百分比】命令，如图9-49所示。

图9-49

❷ 按上述操作完成设置后，即可看到各部门的销售额占总销售额的百分比，效果如图9-50所示。

行标签	求和项:总销售额
销售1部	30.32%
销售2部	41.46%
销售3部	28.22%
总计	100.00%

扩展

更改值显示方式后，这个名称可以根据实际需要重新更改。

图9-50

例2：显示占行汇总的百分比

在有列标签的数据透视表中，可以设置值的显示方式为占行汇总的百分比。在此显示方式下横向观察报表，可以看到各项所占百分比的情况。图9-51所示的数据透视表为默认统计结果，需要查看每个系列产品在各个店铺中的销售额占总销售额的百分比情况。

求和项:销售金额	店铺			
系列	鼓楼店	步行街专卖	长江路专卖	总计
水能量系列	1160	3644	4226	9030
水嫩精纯系列	4194	1485	4283	9962
气韵焕白系列	2808	5548	384	8740
佳洁日化	800		1120	1920
总计	8962	10677	10013	29652

2月份销售记录单　各店铺销售分析

图9-51

❶ 选中列标签下的任意单元格，右击，在弹出的快捷菜单中依次选择【值显示方式】→【行汇总的百分比】命令，如图9-52所示。

图9-52

❷ 按上述操作完成设置后，即可看到各个系列在不同商场的销售额占比。例如，"水能量系列"产品鼓楼店占12.85%，步行街专卖占40.35%，长江路专卖占46.80%，如图9-53所示。

求和项:销售金额	店铺			
系列	鼓楼店	步行街专卖	长江路专卖	总计
水能量系列	12.85%	40.35%	46.80%	100.00%
水嫩精纯系列	42.10%	14.91%	42.99%	100.00%
气韵焕白系列	32.13%	63.48%	4.39%	100.00%
佳洁日化	41.67%	0.00%	58.33%	100.00%
总计	30.22%	36.01%	33.77%	100.00%

图9-53

例3：父行汇总的百分比

如果设置了双行标签，可以设置值的显示方式为【父行汇总的百分比】。在此显示方式下可以看到每一个父级下的各个类别所占的百分比。图9-54所示的数据透视表为默认统计结果，通过设置【父行汇总的百分比】显示方式可以直观地看到在每个月份中每一种支出项目所占的百分比情况，如图9-55所示。

日期	项目	求和项:金额
1月		12963
	差旅费	863
	办公用品	650
	餐饮费	5400
	福利	1500
	会务费	2200
	交通费	1450
	通信费	900
2月		9405
	差旅费	3800
	办公用品	200
	餐饮费	2350
	福利	500
	会务费	380
	交通费	1675
	通信费	500
3月		12300.5
	差旅费	2800
	办公用品	732
	餐饮费	4568.5
	福利	800
	会务费	2600
	交通费	800

图9-54

日期	项目	求和项:金额
1月		37.39%
	差旅费	6.66%
	办公用品	5.01%
	餐饮费	41.66%
	福利	11.57%
	会务费	16.97%
	交通费	11.19%
	通信费	6.94%
2月		27.13%
	差旅费	40.40%
	办公用品	2.13%
	餐饮费	24.99%
	福利	5.32%
	会务费	4.04%
	交通费	17.81%
	通信费	5.32%
3月		35.48%
	差旅费	22.76%
	办公用品	5.95%
	餐饮费	37.14%
	福利	6.50%
	会务费	21.14%
	交通费	6.50%

图9-55

❶ 选中列标签下的任意单元格，右击，在弹出的快捷菜单中依次选择【值显示方式】→【父行汇总的百分比】命令，如图9-56所示。

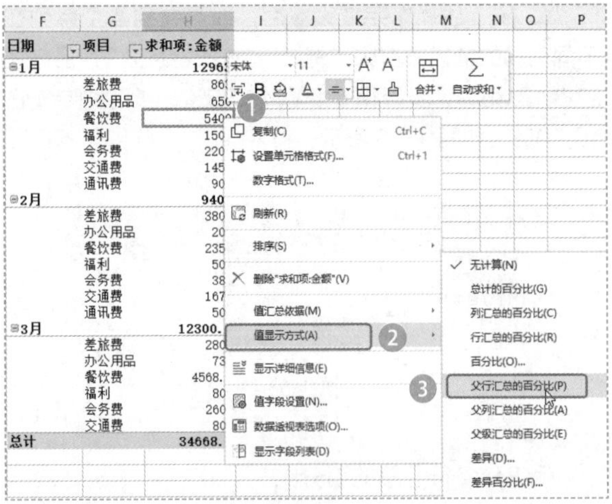

图 9-56

② 按上述操作完成设置后，即可看到每个月份下各个不同的支出项目所占的百分比，同时也显示出一季度中各个月份支出额占总支出额的百分比。

9.4 统计结果的分组

对字段进行分组是指对过于分散的统计结果进行分段、分类等统计，从而获取某一个阶段(如年龄段、日期段)一类数据的统计结果。

扫一扫，看视频

9.4.1 为什么要进行组合统计

在学习分组前需要了解在什么情况下需要对数据进行分组。概括地说，就是当统计结果比较分散时，可以通过分组的办法让统计结果分段显示。例如，在图9-57所示的数据透视表中，想达到的统计目的是统计出“三星以上商务酒店”的数量，但是默认的统计结果可以说毫无意义。通过分组则可以得到如图9-58所示的统计表，在这张统计表中可以直观地看到各个数量区间各对应多少个城市。

① 选中要分组的字段下的任意单元格，在【分析】选项卡中单击【组选择】按钮(见图9-59)，打开【组合】对话框。根据分析需求设置步长，如本例中设置为100，表示以100为间隔来统计数量，如图9-60所示。

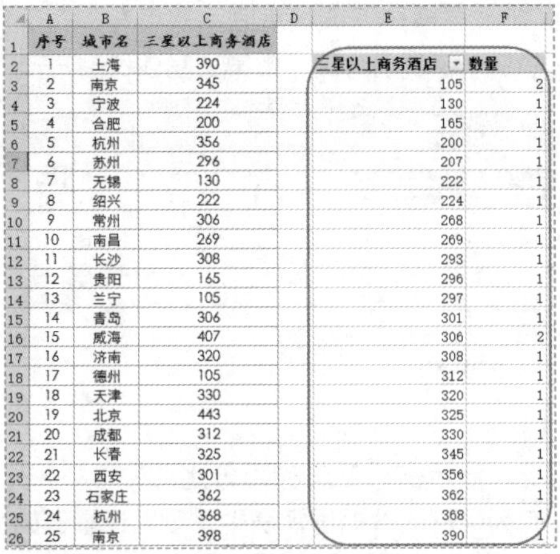

图 9-57

图 9-58

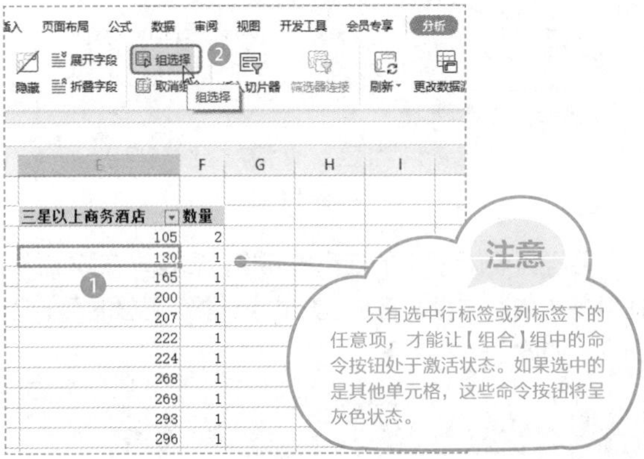
注意
只有选中行标签或列标签下的任意项，才能让【组合】组中的命令按钮处于激活状态。如果选中的是其他单元格，这些命令按钮将呈灰色状态。

图 9-59

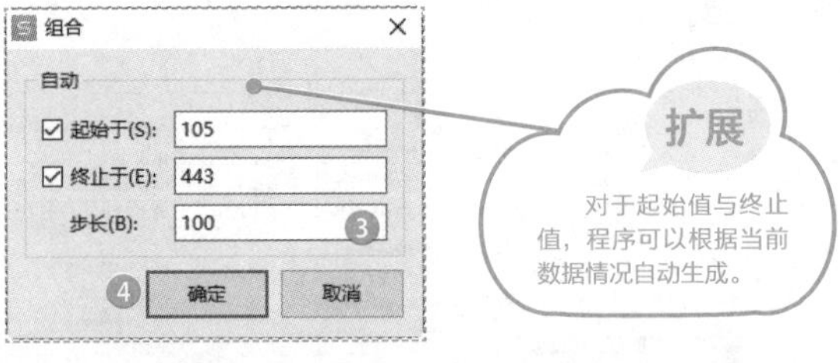
组合
自动
起始于(S): 105
终止于(E): 443
步长(B): 100
确定
取消
扩展
对于起始值与终止值，程序可以根据当前数据情况自动生成。

图 9-60

② 单击【确定】按钮即可得到如图9-58所示的分组统计效果。

9.4.2 自动分组

扫一扫，看视频

自动分组包括按上一小节中设定的步长分组，很多时候也会对日期数据进行分组，如按月进行分组统计、按季度进行分组统计、按年进行分组统计等。

❶ 选中要分组的字段下的任意单元格，在【分析】选项卡中单击【组选择】按钮（见图 9-61），打开【组合】对话框。根据当前数据的性质，可以看到在【步长】列表中显示了【月】【季度】【年】等选项，本例选择【月】，如图 9-62 所示。

❷ 单击【确定】按钮即可得到如图 9-63 所示的按月进行分组统计的结果。

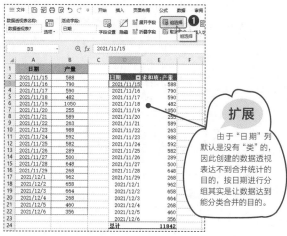

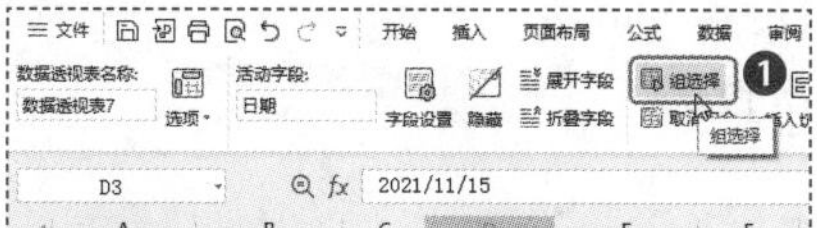

日期	产量		日期	求和项:产量
2021/11/15	588		2021/11/15	588
2021/11/16	790		2021/11/16	790
2021/11/17	590		2021/11/17	590
2021/11/18	482		2021/11/18	482
2021/11/19	1050		2021/11/19	1050
2021/11/20	255		2021/11/20	255
2021/11/21	589		2021/11/21	589
2021/11/22	263		2021/11/22	263
2021/11/23	988		2021/11/23	988
2021/11/24	592		2021/11/24	592
2021/11/25	582		2021/11/25	582
2021/11/26	289		2021/11/26	289
2021/11/27	500		2021/11/27	500
2021/11/28	648		2021/11/28	648
2021/11/29	268		2021/11/29	268
2021/12/1	962		2021/12/1	962
2021/12/2	658		2021/12/2	658
2021/12/3	664		2021/12/3	664
2021/12/4	268		2021/12/4	268
2021/12/5	460		2021/12/5	460
2021/12/6	356		2021/12/6	356
			总计	11842

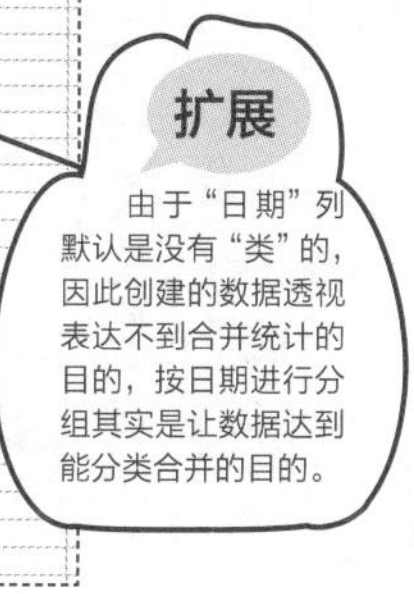

图 9-61

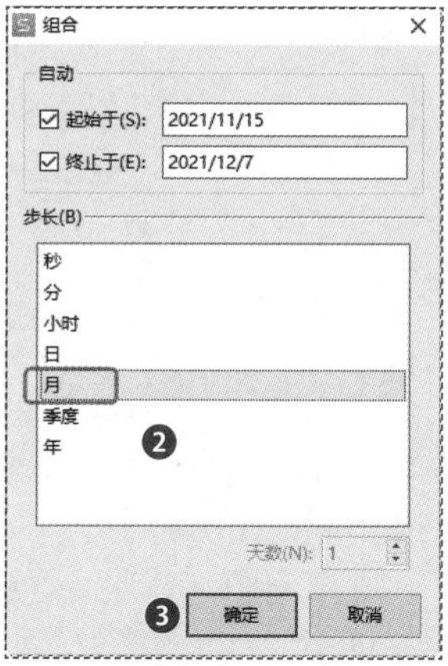

图 9-62

日期	求和项:产量
11月	8474
12月	3368
总计	11842

图 9-63

如果想以指定的天数为步长进行分组，操作方法如下：

❶ 按相同的方法打开【组合】对话框。在【步长】列表中选择【日】，设置【天数】为 7，如图 9-64 所示。

❷ 单击【确定】按钮即可得到如图 9-65 所示的按 7 日进行分组统计的结果。

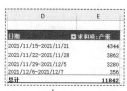

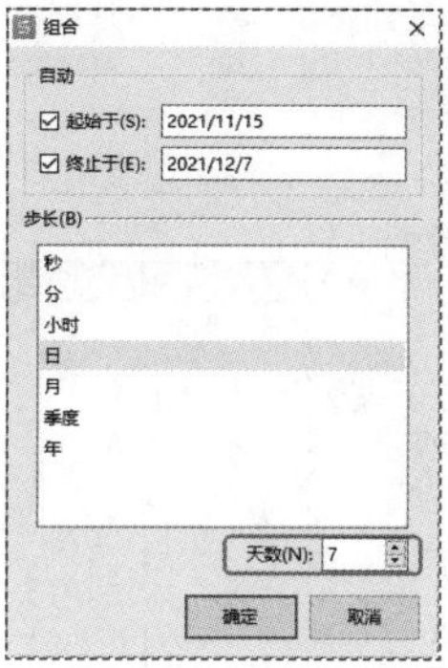

图 9-64

日期	求和项:产量
2021/11/15-2021/11/21	4344
2021/11/22-2021/11/28	3862
2021/11/29-2021/12/5	3280
2021/12/6-2021/12/7	356
总计	11842

图 9-65

9.4.3 手动分组

扫一扫，看视频

在进行数据分组时，除了按统一步长进行分组、按日期划分进行分组外，为完成更加灵活的分组需要，还可以应用手动分组，下面通过几个实例进行讲解。

例 1：数值按任意区间手动分组

图 9-66 所示的数据透视表想达到的目的是统计各个提成金额区间的人数有多少，但是当设置“提成金额”为行标签，“姓名”为值字段时，默认统计结果就很分散。下面要对此统计结果进行手动分组。

销售工号	姓名	部门	总销售额	提成金额		提成金额	计数项:姓名
PL_001	周文玉	销售1部	95088	7607.04		1760	1
PL_002	夏慧	销售2部	62817	5025.36		1832	1
PL_003	柏家国	销售1部	65004	5200.32		2636.8	1
PL_004	姚金年	销售2部	57542	4603.36		2864	1
PL_005	何丽丽	销售3部	78906	6312.48		3602.32	1
PL_006	陈建	销售2部	45675	3654		3654	1
PL_007	唐敏	销售1部	101500	12180		4000	2
PL_008	苏红红	销售3部	22900	1832		4603.36	1
PL_009	韩燕	销售1部	22000	1760		4696	1
PL_010	王磊	销售2部	50000	4000		5025.36	1
PL_011	李家强	销售3部	50000	4000		5200.32	1
PL_012	谢娟	销售2部	107200	12864		5280	1
PL_013	崔国丽	销售3部	45029	3602.32		6312.48	1
PL_014	刘洁	销售1部	66000	5280		7607.04	1
PL_015	林成杰	销售2部	58700	4696		12180	1
PL_016	崔红	销售1部	32960	2636.8		12864	1
PL_017	许利杰	销售2部	35800	2864		总计	17

图 9-66

❶ 选中“提成金额”字段下的任意单元格，在【数据】选项卡中单击【排序】按钮，在打开的下拉列表中选择【升序】命令，将数据按从小到大的顺序进行排列，如图9-67所示。

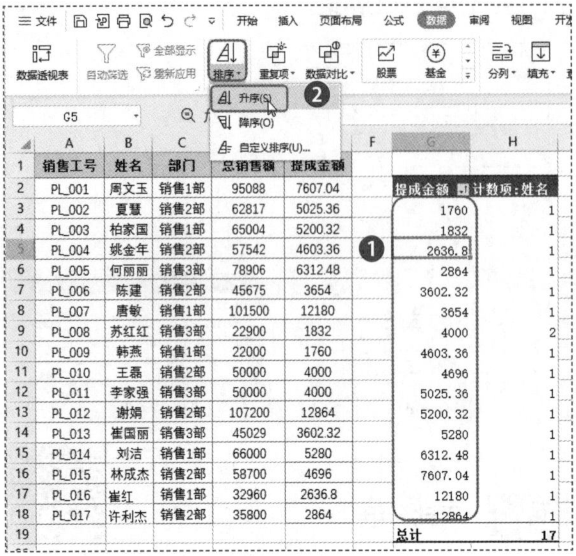

图9-67

❷ 选中要分为一组的多个项（本例为5000以下的所有项），在【分析】选项卡中单击【组选择】按钮（见图9-68）即可建立“数据组1”，如图9-69所示。

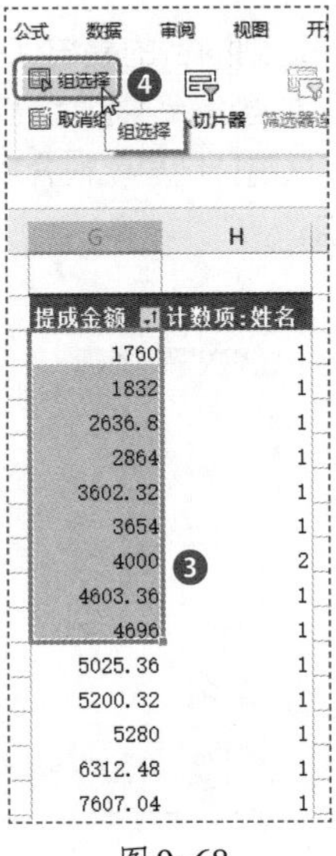

图9-68

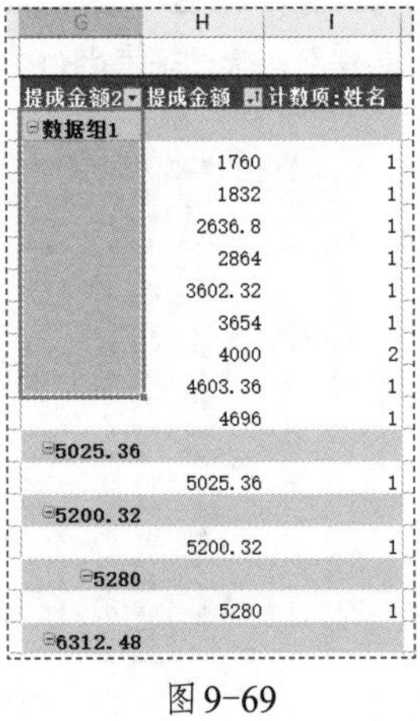

图9-69

❸ 选中“数据组1”单元格，重命名为“5000元以下”，如图9-70所示。

❹ 在数据透视表中选中要分为第2组的多个项（本例为5000以上7000以下的所有项），在【分析】选项卡中单击【组选择】按钮（见图9-71）即可建立“数据组2”，如图9-72所示。

❺ 选中“数据组2”单元格，重命名为“5000~7000元”，如图9-73所示。

注意

重命名这个名称时，可以选中单元格直接输入，也可以在编辑栏中输入。

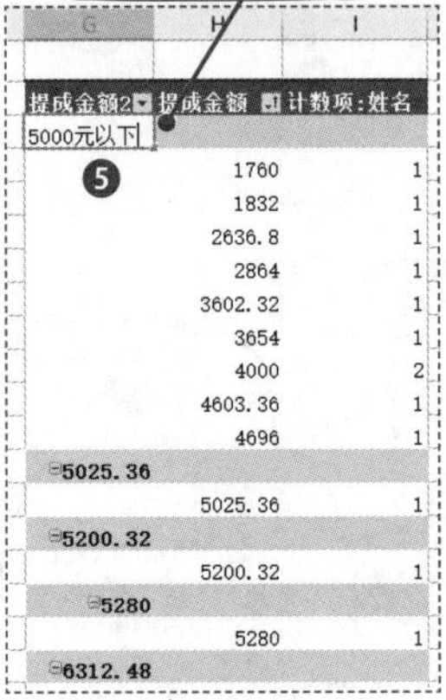

图9-70

图9-71

图9-72

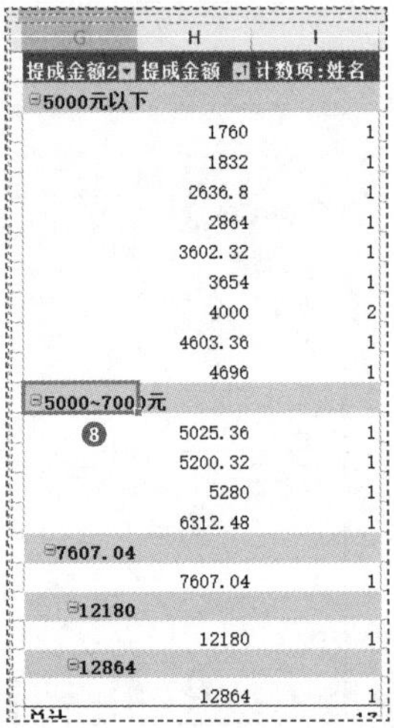

图9-73

❻ 按相同的方法建立第3组，重命名为“7000元以上”，如图9-74所示。在【字段列表】中取消勾选【提成金额】复选框，这时可以看到数据透视表显示的是分组后的统计表，如图9-75所示。

扩展

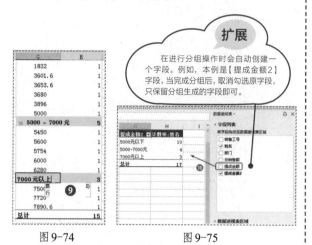

在进行分组操作时会自动创建一个字段。例如，本例是【提成金额2】字段，当完成分组后，取消勾选原字段，只保留分组生成的字段即可。

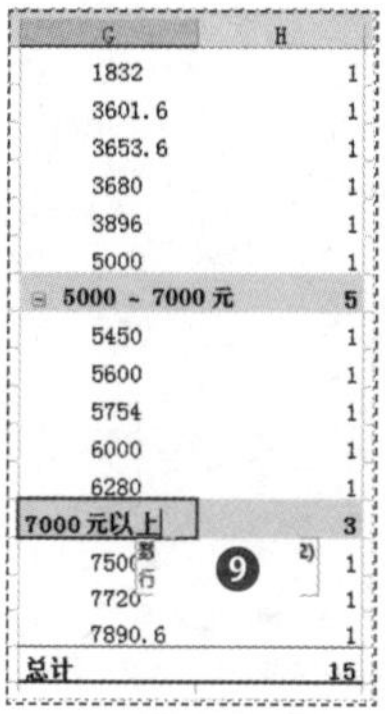

图9-74

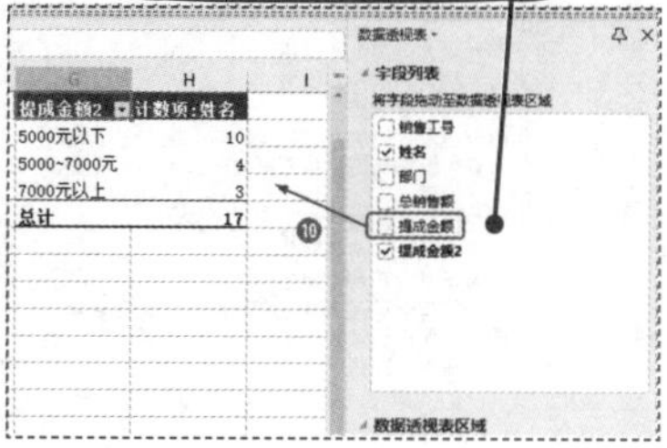

图9-75

例2：统计同一城市的销量合计值

针对文本字段，如果想从文本中寻找相应规律实现分组统计，则需要进行手动分组。

本例的数据透视表中统计了某中药系列销往各省的各不同药店的统计数据，如图9-76所示。由于同一城市中有多个不同的药店名称，现在要求以同一城市为单位统计出总销售数量，即得到如图9-77所示的统计结果。

药店GSP名称	求和项:9月销售合计（盒）	求和项:10月销售合计（盒）
白山市百姓缘医药连锁	70	98
白山市宝丰医药连锁有限公司建国店	60	328
白山市海晖医药连锁有限公司延福店	20	102
白山市为民大药房旗舰店	30	80
白山市义和堂大药房	73	67
白山市义善堂大药房连锁有限公司	348	70
白山市永新大药房连锁有限公司	69	235
白山市永新大药房连锁有限公司红旗街店	20	65
四平市春天大药房旗舰店	82	77
四平市光明大药房旗舰店	68	67
四平市绿怡居大药房有限公司	68	70
四平市泰康医药连锁兴达药店	70	198
四平市中兴大药房有限公司	100	40
通化市光明大药房贵池路店	73	75
通化市光明大药房和平路店	68	70
通化市桥西区君康药房	100	98
通化市省恒爱大药房连锁有限公司春城大街连	60	105
通化市省恒爱大药房连锁有限公司杭州路连锁	80	90
长春市福百草大药房有限公司农大连锁店	64	106
长春市福为民大药房有限公司	70	44
长春市康乐堂大药房有限公司	126	100
长春市乐仁堂医药连锁有限责任公司怀安店	90	70
长春市为民医药连锁店	70	100
长春市幸福草大药房	89	106
总计	1968	2461

图9-76

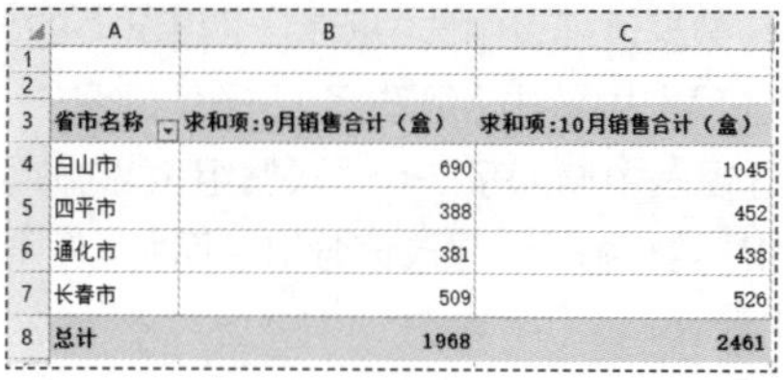

省市名称	求和项:9月销售合计（盒）	求和项:10月销售合计（盒）
白山市	690	1045
四平市	388	452
通化市	381	438
长春市	509	526
总计	1968	2461

图9-77

❶ 在数据透视表中选中所有“白山市”的数据，在【分析】选项卡中单击【组选择】按钮(见图9-78)，此时数据透视表中增加了一个“数据组1”的分组。选中“数据组1”这个名称，更改该分组名称为“白山市”，如图9-79所示。

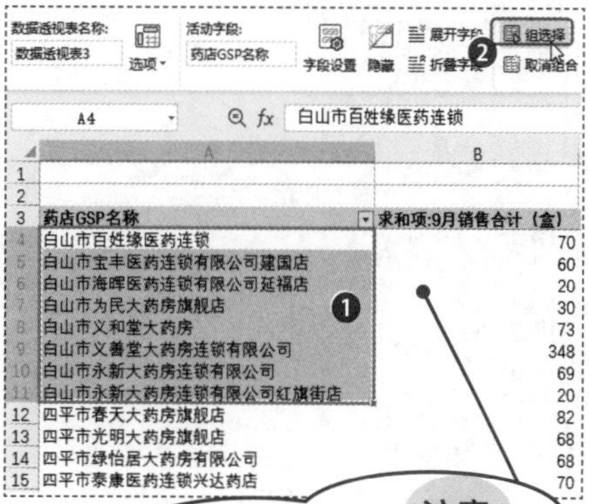

注意

在建立了数据透视表后，默认文本已被排序，若出现未排到一起的情况，可以手动执行排序命令。

图9-78

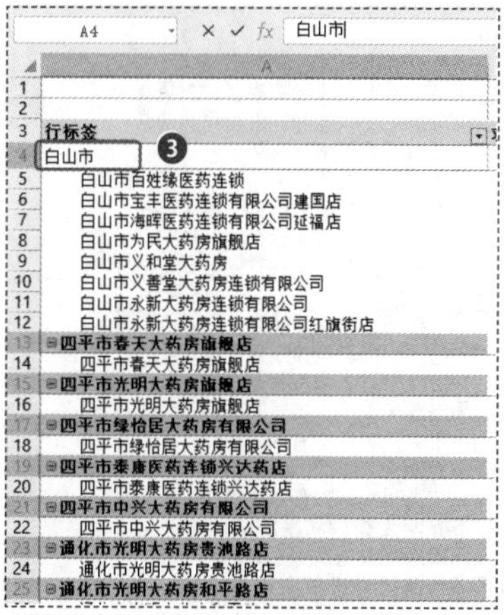

图9-79

❷ 在数据透视表中选中所有“四平市”的数据，在【分析】选项卡中单击【组选择】按钮(见图9-80)，此时数据透视表中增加了一个“数据组2”的分组。选中“数据组2”这个名称，更改该分组名称为“四平市”，如图9-81所示。

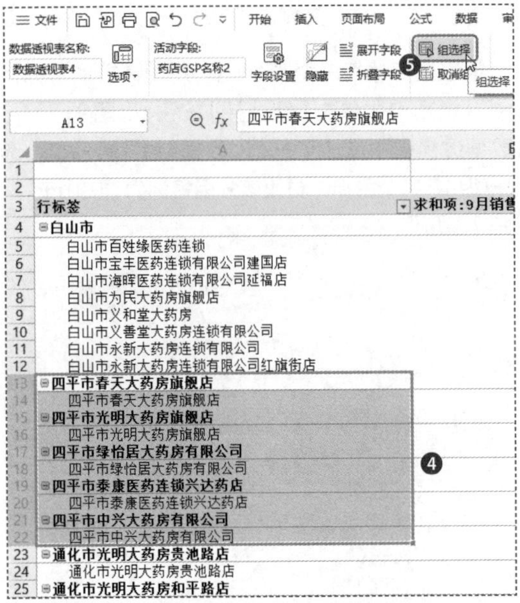

图9-80

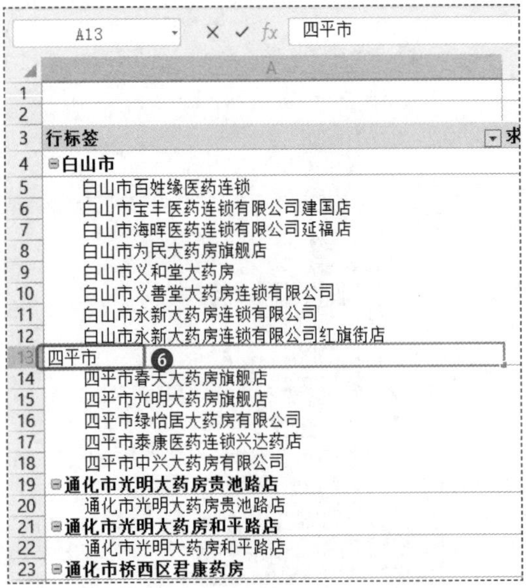

图9-81

❸ 重复相同的步骤，根据省市名称共建立了4个分组，如图9-82所示。

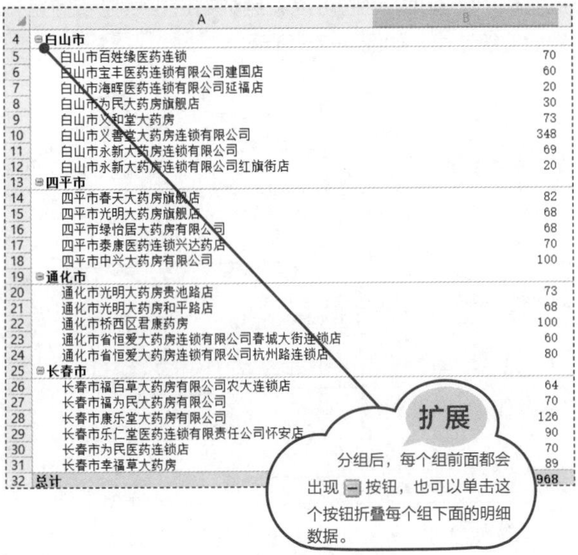

图9-82

❹ 在【字段列表】中取消勾选【药店GSP名称】复选框，这时可以看到数据透视表显示的是分组后的统计表，如图9-83所示。

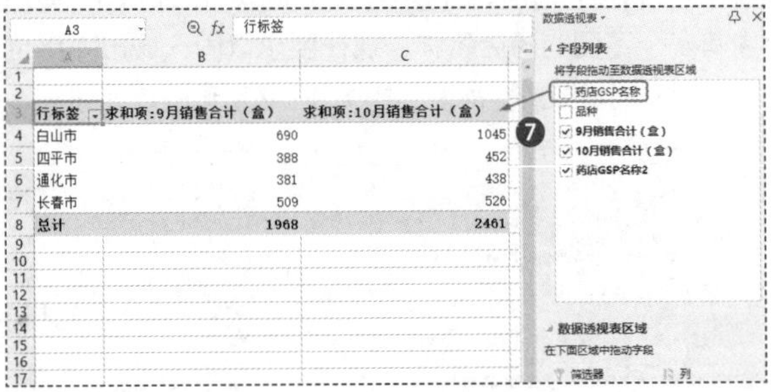

图9-83

9.5 统计结果的图表展示

数据透视图是以图形的方式直观、动态地展现数据透视表的统计结果的，当数据透视表的统计结果发生变化时，数据透视图也会有相应的变化。

9.5.1 创建数据透视图

扫一扫，看视频

数据透视图的类型与普通图表类型一样，不同的图表类型所表达的重点不同，针对要分析的数据的重点，应当选择合适的图表类型。在第10章中将对图表进行更加系统的介绍，也会对图表类型的选择做出相关分析。本例中的数据透视表统计了某月份各产品的总出货量，现在要比较各品种产品总出货量的大小，通常使用柱形图和条形图。

❶ 选择数据透视表中的任意单元格，在【插入】选项卡中单击【数据透视图】按钮，如图9-84所示。

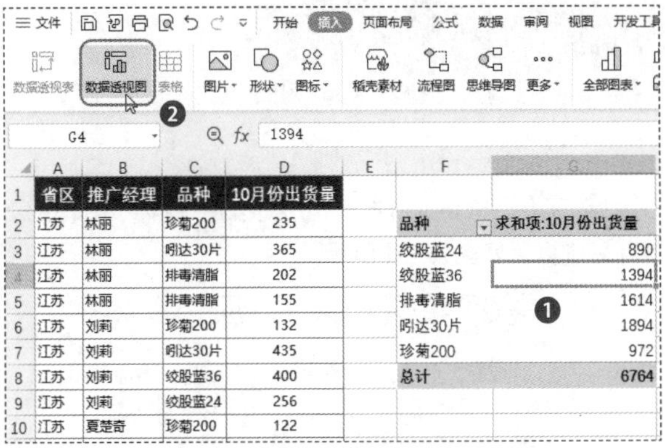

图9-84

❷ 打开【图表】对话框，可以先从左侧选择图表分类，然后选择合适的图表。根据数据情况，这里选择【簇状柱形图】，如图9-85所示。

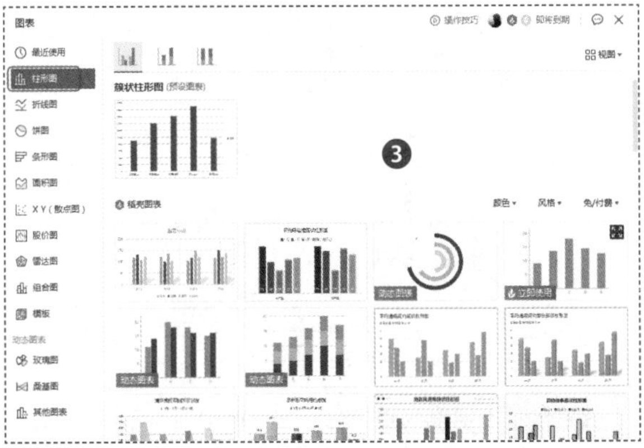

图9-85

❸ 单击图表，则立即在当前工作表中插入柱形图。选中数据透视图，通过拖动四周的调节按钮调整图表的大小，如图9-86所示。

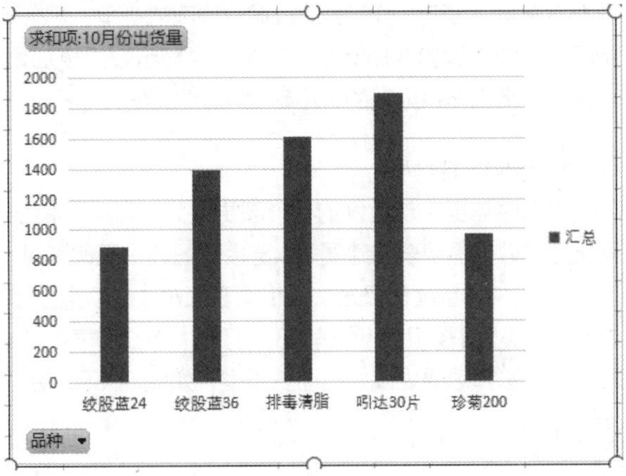

图9-86

❹ 创建图表后可以通过套用图表样式快速美化图表。选中图表，在【图表工具】选项卡中可以看到样式列表，鼠标指针指向时显示预览效果，单击即可应用，如图9-87所示。

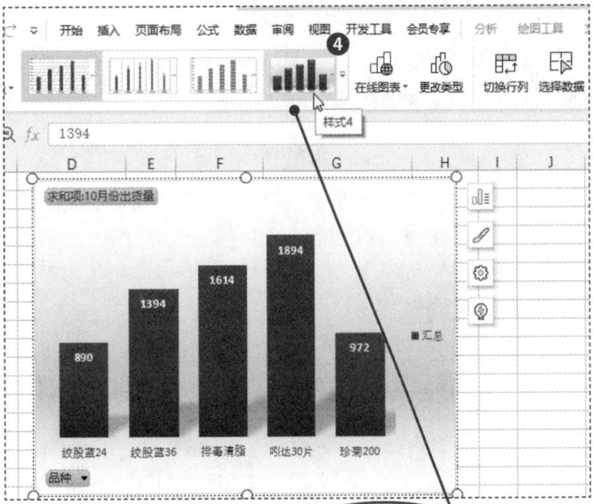

扩展

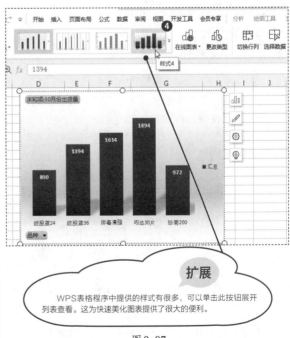

WPS表格程序中提供的样式有很多，可以单击此按钮展开列表查看。这为快速美化图表提供了很大的便利。

图9-87

9.5.2 优化数据透视图的显示效果

扫一扫，看视频

插入数据透视图之后，如果对创建好的图表不满意，则可以重新更改数据透视图的类型。另外，还可以为图表添加数据标签，让图表的显示效果更加直观，如日常工作中见到的饼图都会使用数据标签。

1. 更改图表类型

本例中需要将创建好的柱形图更改为饼图，不需要重新选择数据透视表创建图表，直接在图表中更改即可。

❶ 选中已创建的图表，在【图表工具】选项卡中单击【更改类型】按钮（见图9-88），打开【更改图表类型】对话框，选择想要更改为的图表类型，如图9-89所示。

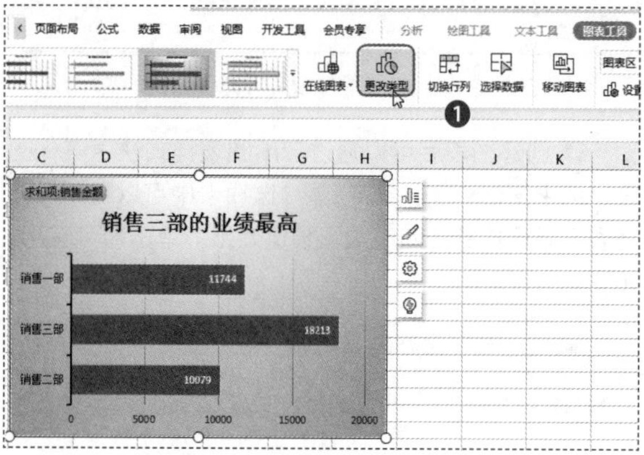

图 9-88

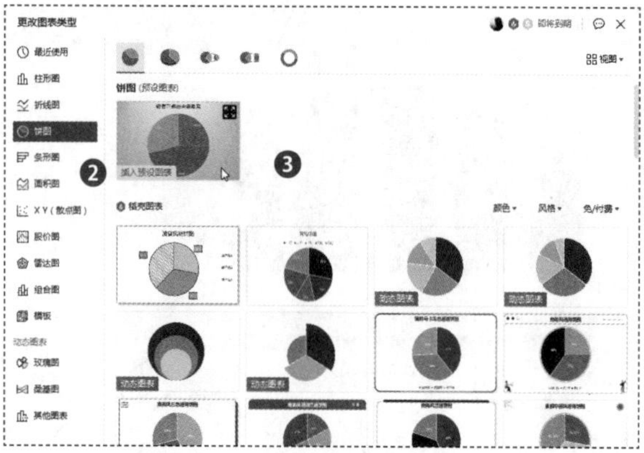

图 9-89

❷ 单击图表后，可以看到图表类型已经被更改。

2. 添加数据标签

本例中需要为饼图添加数据标签，其操作方法如下：

❶ 选中数据透视图，单击其右上角的按钮，在展开的列表中单击【数据标签】右侧的三角形，在子列表中选择【更多选项】（见图9-90），打开【属性】右侧窗格。

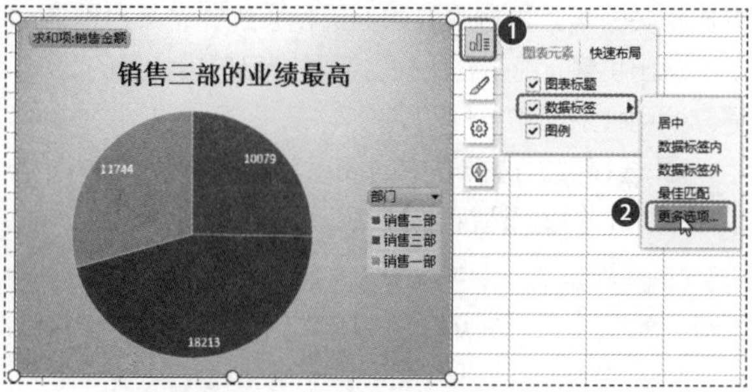

图 9-90

❷ 在【标签选项】栏中勾选【类别名称】和【百分比】复选框，如图9-91所示。

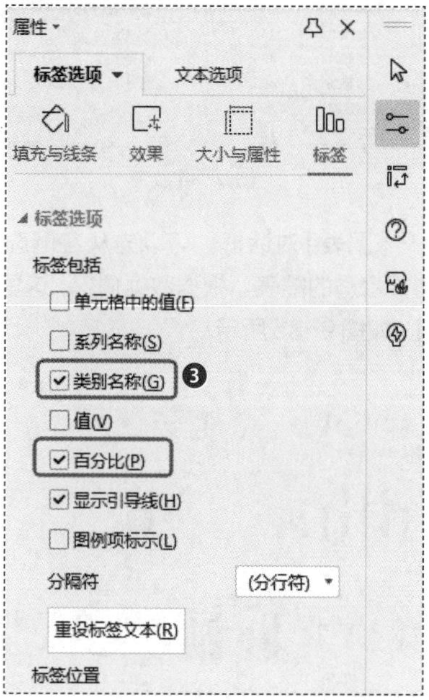

图 9-91

❸ 执行上述命令后，可以看到图表中已添加了相应的标签，如图9-92所示。

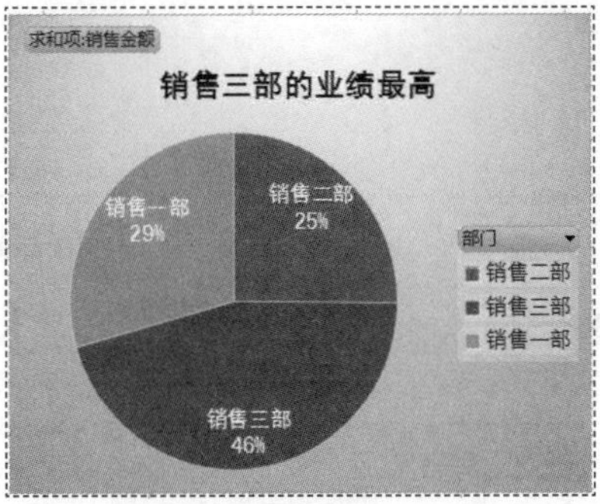

图9-92

9.6 过关练习：销售数据统计分析报表

销售数据是日常工作中常见的数据之一，无论是何种领域产生的销售数据，都可以在WPS表格中进行统计分析，最终形成总结报表。而数据透视表在销售数据统计分析报表的生成中扮演着极其重要的角色。通过此工具可以从多个角度分析数据并快速生成分析报表。

9.6.1 原始表格与分析表格

扫一扫，看视频

某月份的原始销售记录表如图9-93所示(部分数据)。

11月份销售记录表

票号	销售时间	销售单价	销售数量	销售金额	运输金额	产品名称	销售员	收货方
20148000	2020/11/2	5.17	760	3,929.20	408.70	背胶光膜	吴洪亮	涵行贸易集团
20148001	2020/11/2	24.95	430	10,728.50	2,584.50	背胶光膜	吴洪亮	涵行贸易集团
20148002	2020/11/2	28.49	550	15,669.50	2,973.90	光膜	吴万军	雪之源印务
20148003	2020/11/2	25.71	350	8,998.50	1,125.50	收缩膜	周杰宇	霍山世华印务
20148004	2020/11/2	21.81	350	7,633.50	2,021.00	收缩膜	李莹莹	苏州中联印务
20148005	2020/11/2	29.06	350	10,171.00	3,036.60	收缩膜	林艳	贵州大洋科技
20148006	2020/11/2	17.51	350	6,128.50	1,591.00	收缩膜	李莹莹	苏州中联印务
20148007	2020/11/2	18.06	162	2,925.72	326.60	背胶光膜	吴洪亮	涵行贸易集团
20148008	2020/11/3	22.35	430	9,610.50	2,298.50	亚膜	唐毅	南京中汽出口贸易公司
20148009	2020/11/3	22.37	350	7,829.50	2,077.00	收缩膜	李莹莹	苏州中联印务
20148010	2020/11/3	23.15	350	8,102.50	2,155.00	收缩膜	李莹莹	苏州中联印务
20148011	2020/11/3	28.62	760	21,751.20	2,988.20	包装膜	陈泽文	武汉华联贸易有限公司
20148012	2020/11/3	20.48	350	7,168.00	1,888.00	收缩膜	李莹莹	苏州中联印务
20148013	2020/11/3	23.32	430	10,027.60	2,405.20	亚膜	林艳	贵州大洋科技
20148014	2020/11/3	41.68	270	11,253.60	4,008.00	缠绕膜	李莹莹	苏州中联印务
20148015	2020/11/3	23.09	270	6,234.30	2,379.90	缠绕膜	杨尚勇	贵州品威贸易有限公司
20148016	2020/11/3	26.55	350	9,292.50	2,229.50	收缩膜	陈泽文	通达包装有限公司
20148017	2020/11/3	28.18	350	9,863.00	2,376.20	收缩膜	陈泽文	通达包装有限公司
20148018	2020/11/3	22.46	350	7,861.00	1,861.40	收缩膜	陈泽文	通达包装有限公司
20148019	2020/11/3	28.58	160	4,572.80	2,983.80	背胶光膜	吴洪亮	涵行贸易集团
20148020	2020/11/3	22.38	350	7,833.00	2,301.80	收缩膜	唐毅	南京中汽出口贸易公司
20148021	2020/11/3	26.96	550	14,828.00	2,805.60	光膜	唐毅	南京中汽出口贸易公司
20148022	2020/11/3	35.95	550	19,772.50	3,794.50	光膜	唐毅	南京中汽出口贸易公司
20148023	2020/11/3	34.00	550	18,700.00	3,580.00	光膜	唐毅	南京中汽出口贸易公司
20148024	2020/11/4	10.26	550	5,643.00	763.40	光膜	林艳	贵阳贵丰贸易有限公司
20148025	2020/11/4	21.51	350	7,528.50	2,206.10	收缩膜	杨尚勇	贵州品威贸易有限公司
20148026	2020/11/4	27.12	270	7,322.40	2,823.20	缠绕膜	杨尚勇	贵州品威贸易有限公司

图9-93

使用该表可建立如下多个统计分析报表。

(1)各类别货品的总交易金额统计表，如图9-94所示。

(2)重点客户分析报表，如图9-95所示。

各类别货品的总交易金额统计表

产品名称	本月购买金额
背胶光膜	386384.88
光膜	558794.5
收缩膜	402962
亚膜	166341.2
包装膜	702072.04
缠绕膜	199428.1
总计	2415982.72

图9-94

重点客户分析报表

收货方	本月购买金额
涵行贸易集团	930378.82
南京中汽出口贸易公司	236422.5
扬州中科贸易	207852.4
武汉华联贸易有限公司	175990.6
苏州中联印务	133732.8
雪之源印务	131950.5
霍山世华印务	117060.5
贵州品威贸易有限公司	100304.1
贵州大洋科技	76806.9
贵阳贵丰贸易有限公司	57162.5
通达包装有限公司	55958
大方县煤炭经营有限公司	51944.6
贵州永振贸易有限公司	48129.9
弘扬科技有限公司	39225.6
镇江兰苑包装有限公司	37918.7
武汉建林包装公司	15144.3
总计	2415982.72

图9-95

(3)各产品销售额占比分析图，如图9-96所示。

(4)单日销售额排序报表，如图9-97所示。

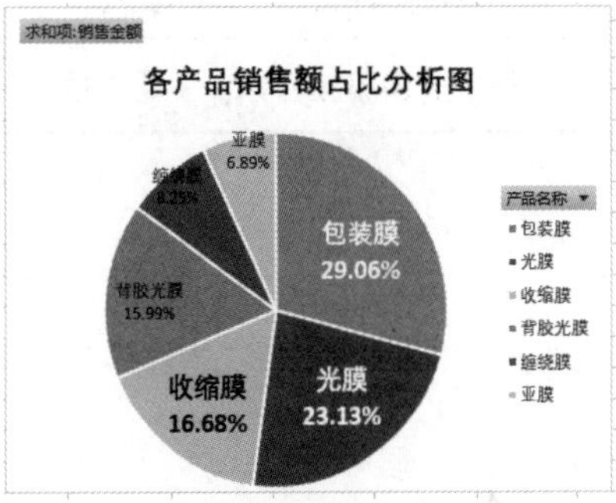

图9-96

单日销售额排序报表

销售时间	销售金额
2020/11/23	215454.3
2020/11/3	174700
2020/11/8	171798.58
2020/11/7	166329.16
2020/11/10	151687.1
2020/11/13	133876.4
2020/11/12	133669.3
2020/11/5	130717
2020/11/19	123576.8
2020/11/11	115148.6
2020/11/6	108276.76
2020/11/18	105099
2020/11/9	94286.8
2020/11/14	88705
2020/11/24	87625.2
2020/11/28	77454.3
2020/11/21	69027.8
2020/11/2	66184.42
2020/11/22	57817
2020/11/15	52497.3
2020/11/4	34731.9
2020/11/1	16665
2020/11/17	14490

图9-97

扫一扫，看视频

9.6.2 制作与编排要点

要创建这样一张表格，其制作与编排要点如下。

序号	制作与编排要点	知识点对应
1	创建数据透视表。设置“产品名称”为行标签，设置“销售金额”为值字段，生成“各类别货品的总交易金额统计表”分析报表。	9.2.1 小节 9.2.2 小节
2	创建数据透视表。设置“收货方”为行标签，设置“销售金额”为值字段，生成“重点客户分析报表”分析报表。	9.2.1 小节 9.2.2 小节
3	复制“各类别货品的总交易金额统计表”分析报表。对“销售金额”列按降序排列，创建数据透视图，添加“类别名称”和“百分比”数据标签，生成“各产品销售额占比分析图”。	9.2.1 小节 9.2.2 小节
4	创建数据透视表。设置“销售时间”为行标签，设置“销售金额”为值字段，生成“单日销售额排序报表”分析报表。	9.2.1 小节 9.5 节
5	为每个报表添加名称，设置边框，并进行值字段名称的修改。	9.3.1 小节

第 10 章 办公中的专业图表

10.1 学会选用正确的图表

扫一扫，看视频

图表可以直观地展示数据的特性，如数据的大小比较、数据的变化趋势等。图表在日常工作中的使用是非常频繁的，普通图表的建立本身并不复杂，复杂的是将图表修饰得更加专业、更加商务。

新用户在初次创建图表时常会陷入困境，不清楚一组数据到底应该选择哪种类型的图表才合适。其实不同类型的图表在表达数据方面是有讲究的，有些适合做对比，有些适合用来表现趋势，那么具体该如何选择呢?

首先需要知道数据通常有5种关系——构成、比较、趋势、分布及联系。

（1）“构成”主要是关注每个部分占整体的百分比。例如，要表达的信息包括“份额”“百分比”以及“预计将达到百分之多少”，这些情况下都可以使用饼图图表。

（2）“比较”可以展示事物的排列顺序，是差不多，还是一个比另一个更多或更少。柱形图与条形图可以通过柱子的长短表达数据的多与少。

（3）“趋势”是最常见的一种时间序列关系，它可以展示一组数据随着时间的变化而变化。每周、每月、每年的变化趋势是增长、减少、上下波动或基本不变，这时可以使用折线图表达数据指标随时间呈现的趋势。

（4）“分布”是表示各数值范围内各包含了多少项目。典型的信息包含“集中”“频率”“分布”等，这类数据分析可以使用面积图、直方图等来展示。

（5）“联系”是判断一个因素是否对另一个因素造成影响，即两组数据间是否存在相关性。一般使用散点图、气泡图展示这种数据关系。

10.2 数据大小比较的图表

柱形图和条形图是用来比较数据大小的图表，将数据创建为图表后，对数据的大小比较就转换成了对柱子的高度或长度的比较，因此相对于数据的大小比较就更加直观了。

10.2.1 创建数据比较的柱形图

扫一扫，看视频

图表是对数据的图示化呈现，因此在创建图表前一定要准备好数据源，同时注意数据应该是连续的，不应当有空行和空数据。

❶ 在本例中选中A1:C7单元格区域，在【插入】选项卡中单击【插入柱形图】按钮，在弹出的下拉列表中选择【簇状柱形图】（见图10-1），单击即可创建新图表，如图10-2所示。

图 10-1

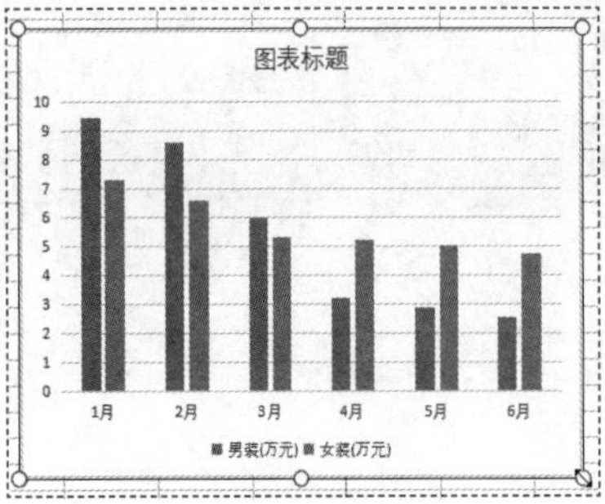

图 10-2

WPS表格程序也可以在【稻壳图表】列表中选择图形样式，如本例选用了一种样式，应用后的效果如图 10-3 所示。

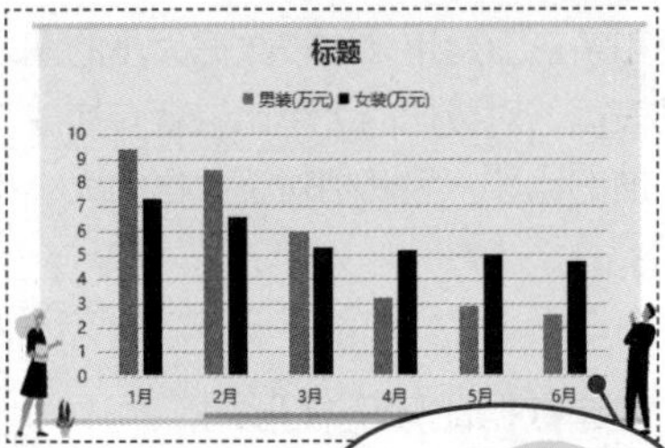

扩展

【稻壳图表】列表中提供了非常多的样式，在这里选择样式创建新图表可以省去多步美化设置的操作，或者只做少量补充即可投入使用。对于创建专业的图表而言，WPS表格程序相较于其他软件更加便利。

图 10-3

❷ 将光标定位到图表的标题框中，重新输入标题，最终效果如图 10-4 所示。

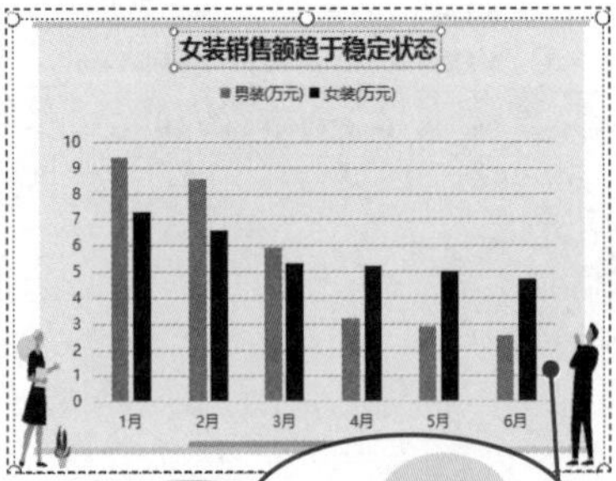

注意

输入图表标题时，建议把图表想表达的信息简洁明了地写入标题，因为标题明确的图表通常能够更快速地引导阅读者理解图表含义，读懂分析目的。例如，"A、B两种产品库存不足""新包装销量明显提升"等都是能直达主题的标题。

图 10-4

10.2.2 将柱形图快速转换为条形图

扫一扫，看视频

条形图也可以用于对数据大小进行比较，它与柱形图几乎能达到相同的表达效果，可以看作横向的柱形图。对于创建完成的簇状柱形图也可以快速转换为条形图。

❶ 选择图表后，在【图表工具】选项卡中单击【更改类型】按钮(见图 10-5)，打开【更改图表类型】对话框。在左侧列表中选择【条形图】类型，然后在右侧选择图表样式，如图 10-6 所示。

❷ 单击选中的图表样式后，其应用效果如图 10-7 所示(本例选用了稻壳图表样式)。通过图 10-5 所示的簇状柱形图和图 10-7 所示的簇状条形图都可以很直观地比较各个月份中女装销售额和男装销售额的高低关系。

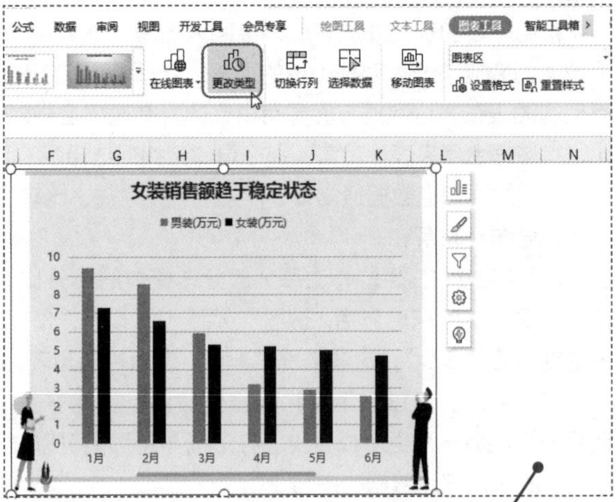

扩展

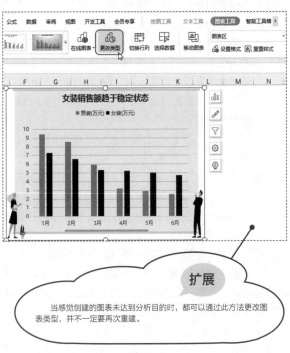

当感觉创建的图表未达到分析目的时，都可以通过此方法更改图表类型，并不一定要再次重建。

图 10-5

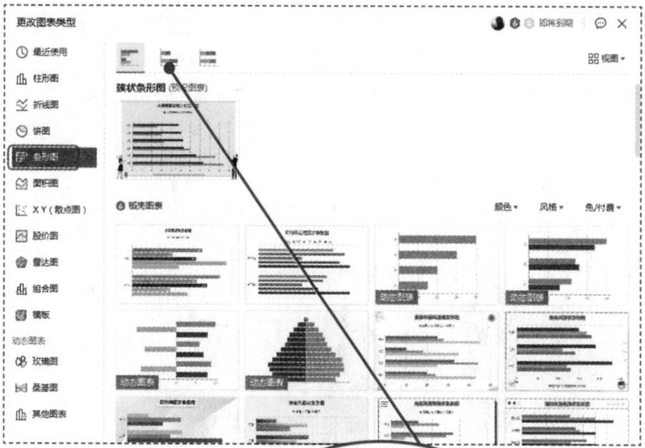

注意

如果不选择稻壳图表样式，则更改类型后的图表仍然保持原图表的所有外观样式。

图 10-6

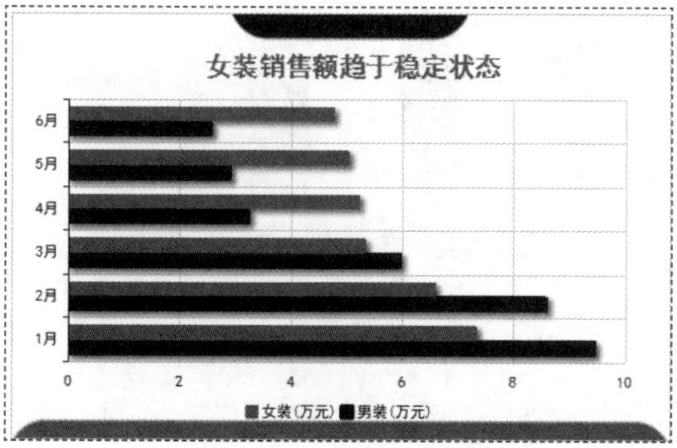

图 10-7

技巧点拨

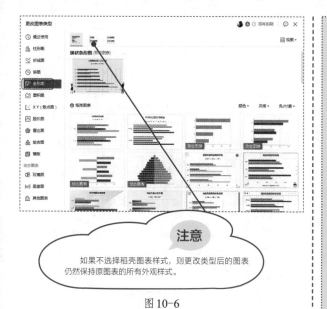

除了簇状柱（条）形图外，有时也会使用堆积柱形图，堆积柱形图的表达重点在于总和的比较。图10-8所示为簇状柱形图，图10-9所示为堆积柱形图。图10-8所示的簇状柱形图明确地表达了在1月到4月这个时段，每个月中金鹰店的销售额都高于西都店，重点在于店铺间的比较。在图10-9所示的堆积柱形图中，更直观的表达意思是两个店铺的总销售额在1月与2月较高，重点在于总销售额的比较。由此可见，选择正确的图表类型对准确传递信息至关重要。

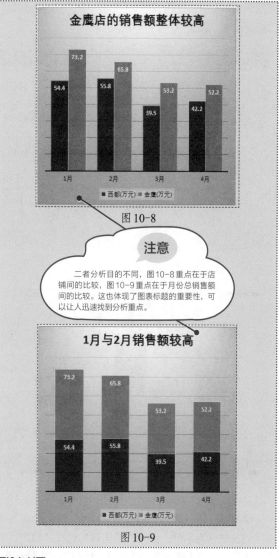

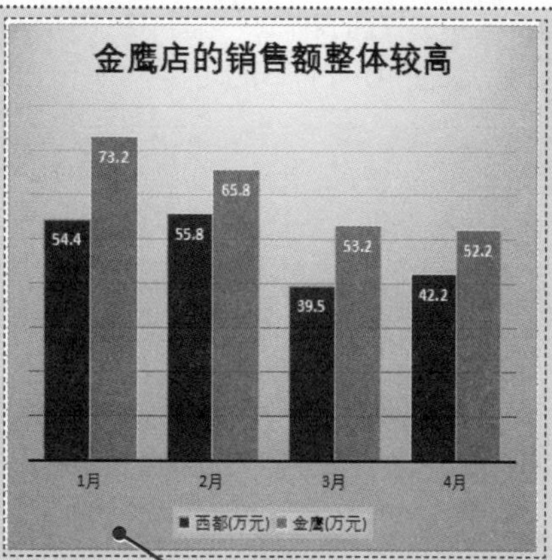

图 10-8

注意

二者分析目的不同，图10-8重点在于店铺间的比较，图10-9重点在于月份总销售额间的比较。这也体现了图表标题的重要性，可以让人迅速找到分析重点。

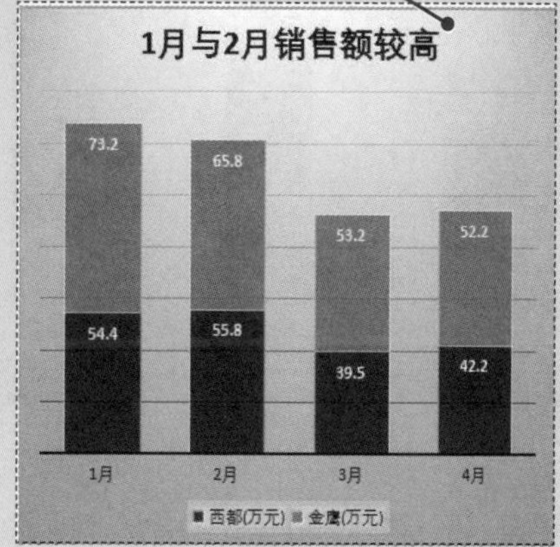

图 10-9

扫一扫，看视频

10.2.3　百分比堆积柱（条）形图

百分比堆积柱（条）形图用于比较各个值占总计的百分比，同时展示出每个值的百分比随时间的变化情况。因此，使用该图表类型可以衡量一个时段内销售收入结构变化的数据。

❶ 在本例中选中A1:D5单元格区域，在【插入】选项卡中单击【插入柱形图】按钮，弹出下拉列表，在【稻

壳图表】列表中选择图表样式（见图10-10），单击即可创建新图表，如图10-11所示。

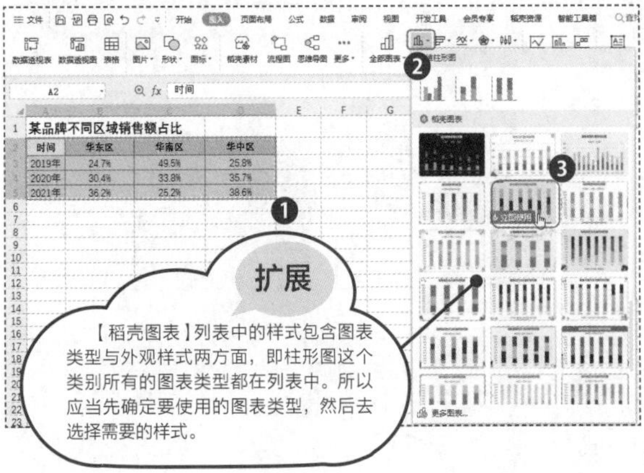
扩展
【稻壳图表】列表中的样式包含图表类型与外观样式两方面，即柱形图这个类别所有的图表类型都在列表中。所以应当先确定要使用的图表类型，然后去选择需要的样式。

图 10-10

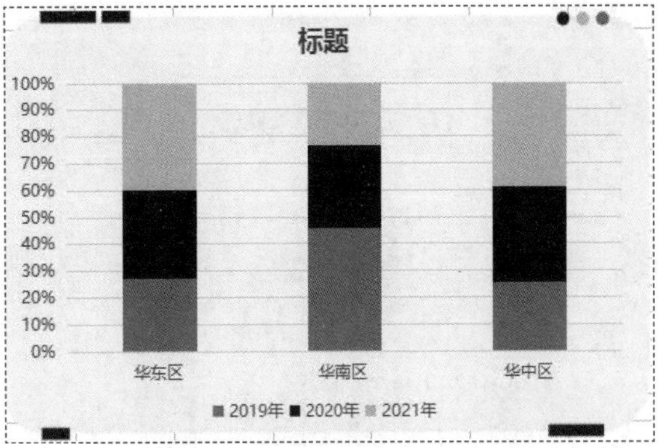

图 10-11

❷ 该图表默认将时间识别为系列，而实际需要将不同的区域作为系列。因此，每当遇到这样的情况，需要选中图表，在【图表工具】选项卡中单击【切换行列】按钮即可让图表的系列与类别进行转换，如图10-12所示。

❸ 选中图表，单击右上角的按钮，在展开的列表中勾选【数据标签】复选框，为各个系列添加数据标签，如图10-13所示。

❹ 默认的数据标签是黑色的文字，当文字颜色与系列颜色发生冲突时，可以选中标签，然后在【开始】选项卡中修改文字的颜色、字号、字形等，如图10-14所示。

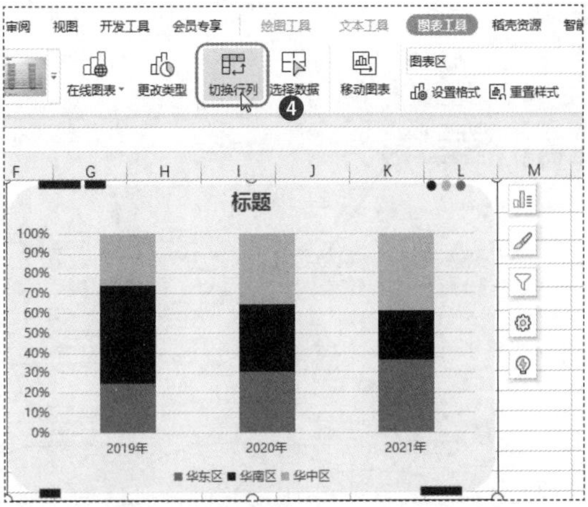

图 10-12

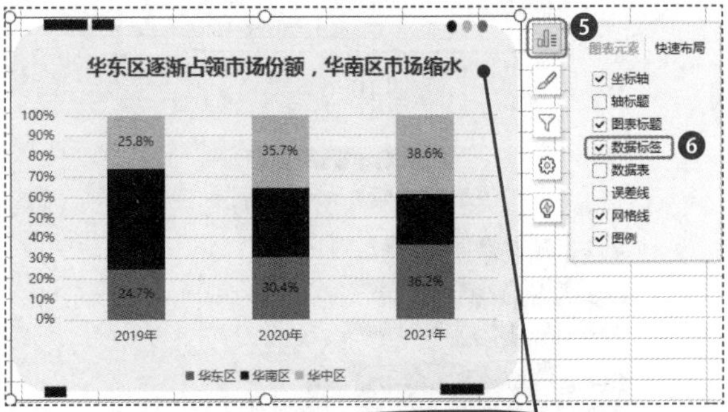

注意

因为图表中有多个系列，需要一次性添加数据标签，注意一定要选中图表区，不要选中其他某个元素。

图 10-13

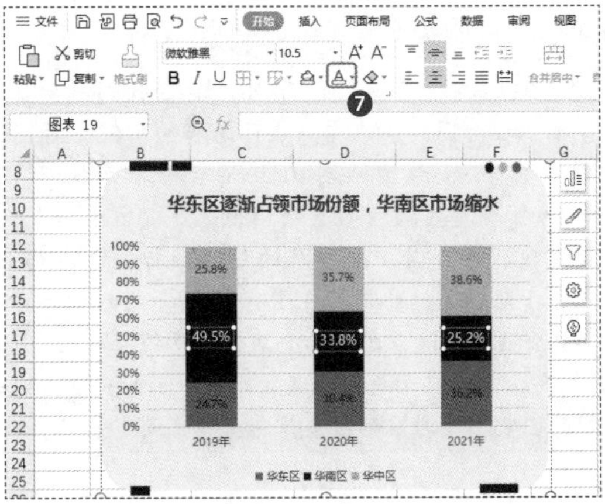

图 10-14

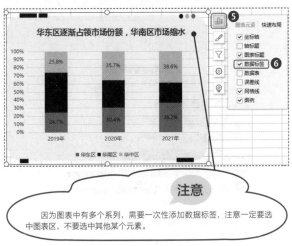

❺ 选中图表，在【图表工具】选项卡中单击【添加元素】按钮，在弹出的下拉列表中将鼠标指针指向【线条】，在子列表中选择【系列线】(见图10-15)，这时图表的系列间添加了连接线，如图10-16所示。通过连接线可以更加直观地看到每个系列随着时间的变化情况。

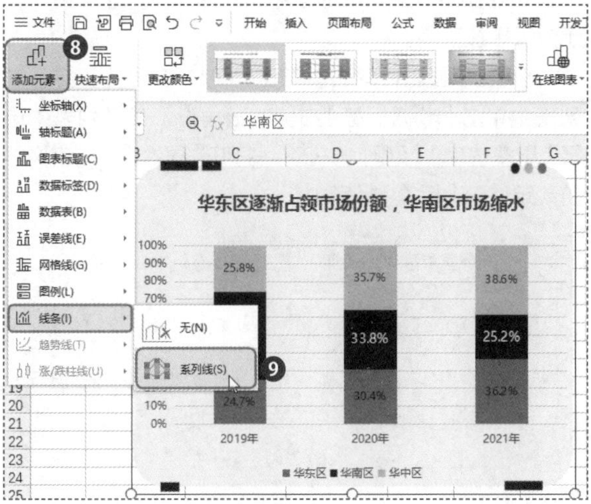

图 10-15

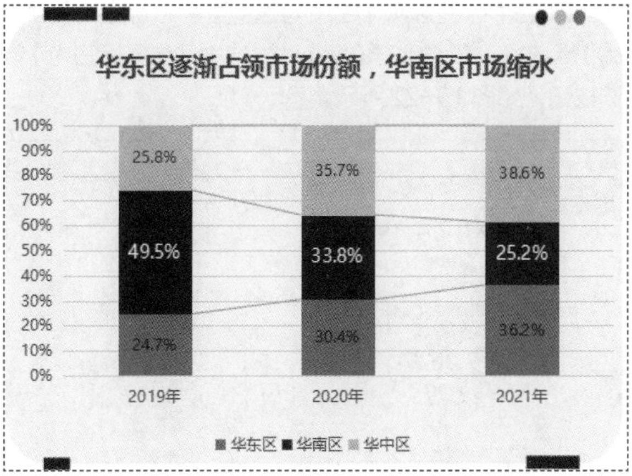

图 10-16

❻ 为了让图表更加简洁美观，可以删除此图表的垂直轴标签和网格线。同时还可以为连接线重新设置线条颜色与线条样式，如图10-17所示。

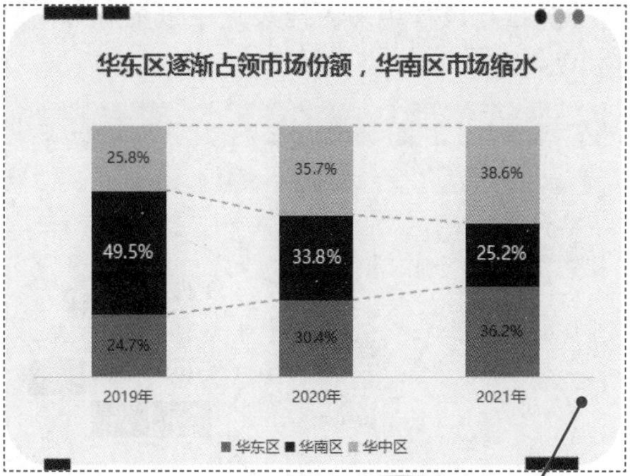

扩展

对于图表中的对象，不需要显示时，可以准确选中对象后按Delete键删除。如果想重新显示出这些对象该如何操作呢？可以在图10-15所示的【添加元素】下拉列表中重新启用项目，也可以选中图表后到 按钮的下拉列表中重新开启。

图 10-17

10.3 部分占整体比例的图表

在日常办公中，经常要表达局部和总体的比例关系。例如，计算各个店铺的销售额占总销售额的百分比值、各年龄段人员占总人数的百分比、本月支出金额占全年支出金额的百分比等。部分占整体的比例关系通常使用饼图来表达。

10.3.1 创建显示比例的饼图

扫一扫，看视频

❶ 在本例中选中A1:B5单元格区域，在【插入】选项卡中单击【插入饼图或圆环图】按钮，在弹出的下拉列表中选择【饼图】，或在【稻壳图表】列表中选择图表样式(见图10-18)，单击即可创建新图表，如图10-19所示。

❷ 在标题框中输入能表达主题的标题，如图10-20所示。

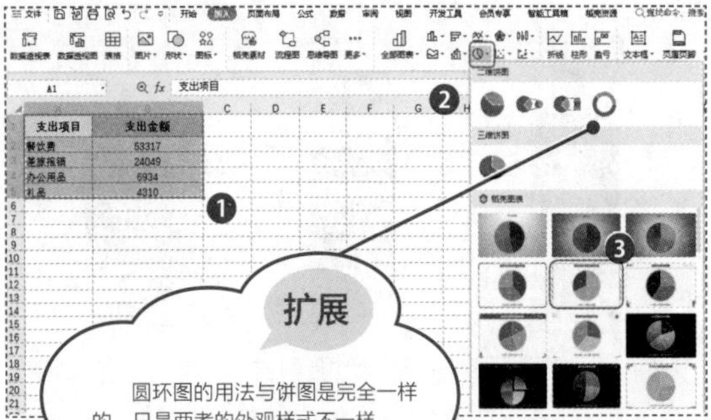

扩展

圆环图的用法与饼图是完全一样的，只是两者的外观样式不一样。

图 10-18

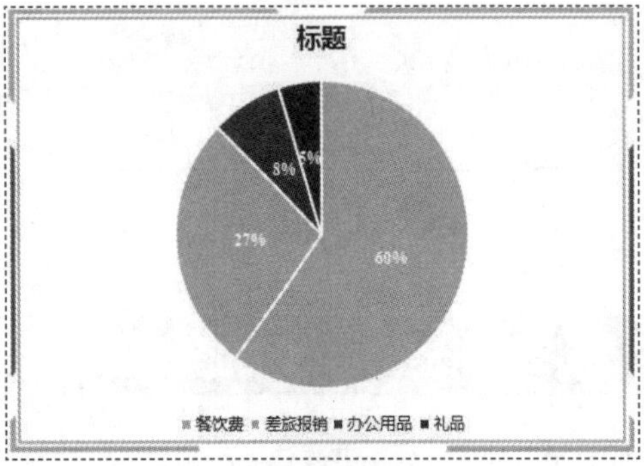

图 10-19

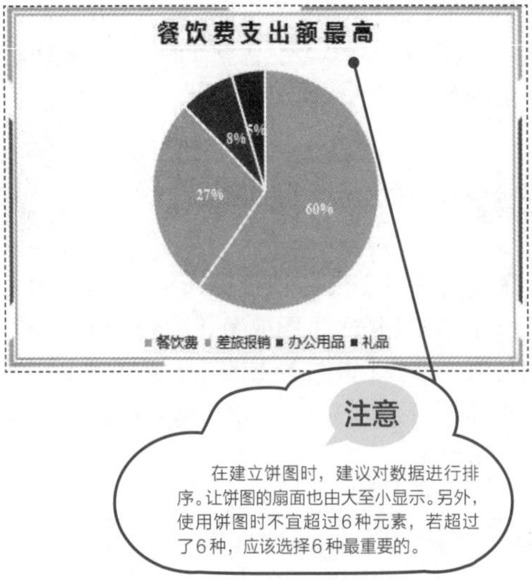

注意

在建立饼图时，建议对数据进行排序。让饼图的扇面也由大至小显示。另外，使用饼图时不宜超过6种元素，若超过了6种，应该选择6种最重要的。

图 10-20

10.3.2 在扇面上添加数据标签

扫一扫，看视频

数据标签指的是系列的值、系列名称、类别名称等，很多时候在创建图表后都会添加数据标签，这样会让显示效果更加直观。

❶ 选中图表，单击其右上角的按钮，在展开的列表中单击【数据标签】右侧的三角形，在子列表中选择【更多选项】（见图10-21），打开【属性】右侧窗格并自动定位到【标签】标签中。

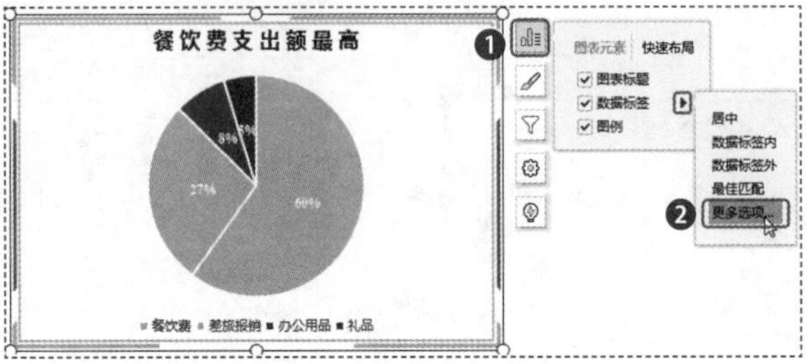

图 10-21

❷ 在【标签选项】栏中勾选【类别名称】和【百分比】复选框，在【标签位置】栏中选中【数据标签内】单选按钮，如图10-22所示。

扩展

因为饼图只有一个系列且没有分类轴，因此一般会使用【类别名称】这个标签，同时饼图也经常使用百分比数据标签。其他图表一般只会显示【值】数据标签。

图 10-22

❸ 执行上述操作后，图表会立即显示数据标签，此时可以看到有的标签位置并不合适，可以使用鼠标移动调整。在数据标签上单击，此时会选中所有数据标签，接着在要移动的那个标签上单击即可只选中这个标签。将鼠标指针指向标签边缘，当出现黑色四向箭头时，按住鼠标左键拖动即可移动。如图 10-23 所示，可以看到当将数据标签移至扇面外时会出现引导线。

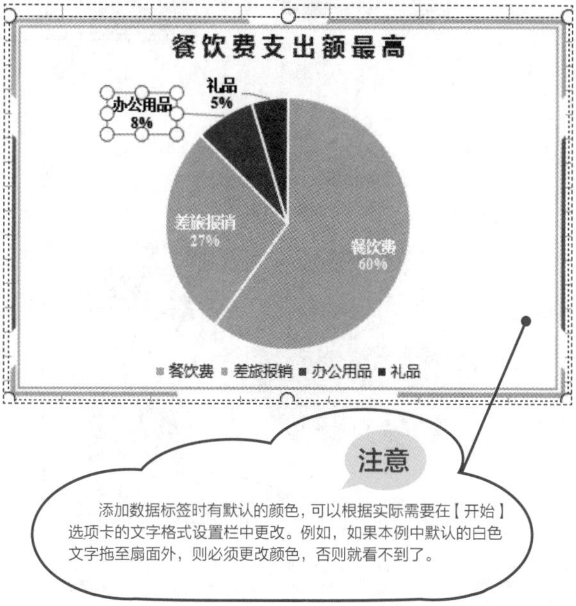

图 10-23

10.3.3　复合饼图

扫一扫，看视频

在饼图这种图表类型中还有一种复合饼图，它用于展现大分类中的小分类细分情况。例如，在本例的数据表中，只想将数据分为两类，一类是“服装收入”，另一类是“其他收入”，而在“其他收入”中再展示细分情况，这时就需要建立复合饼图。

❶ 在本例中选中A1:B7单元格区域，在【插入】选项卡中单击【插入饼图或圆环图】按钮，打开下拉列表，在【稻壳图表】列表中选择图表样式（见图10-24），单击即可创建新图表，如图10-25所示。

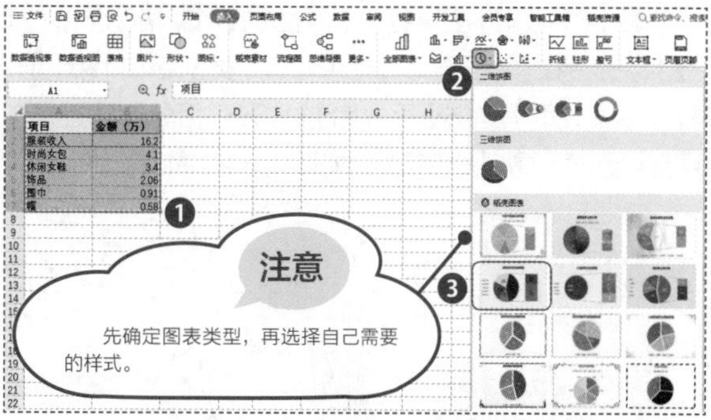

图 10-24

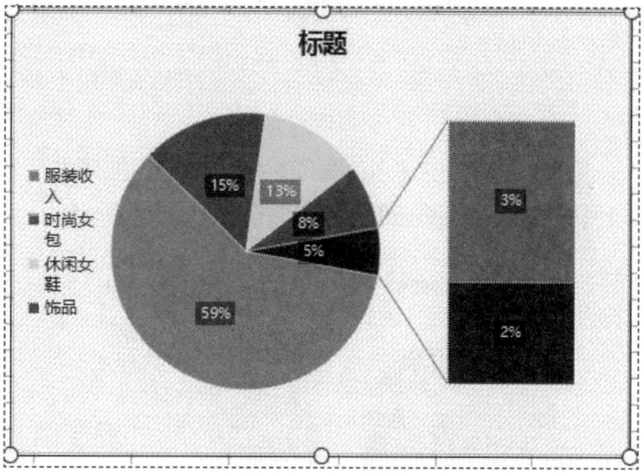

图 10-25

❷ 默认的图表显然不符合分析目的，在右侧的第二绘图区中双击任意图形，打开【属性】右侧窗格，单击【系列】标签，将【第二绘图区中的值】设置为5（因为需要包含5个分类），设置后图表也会做出相应的变化，如图10-26所示。

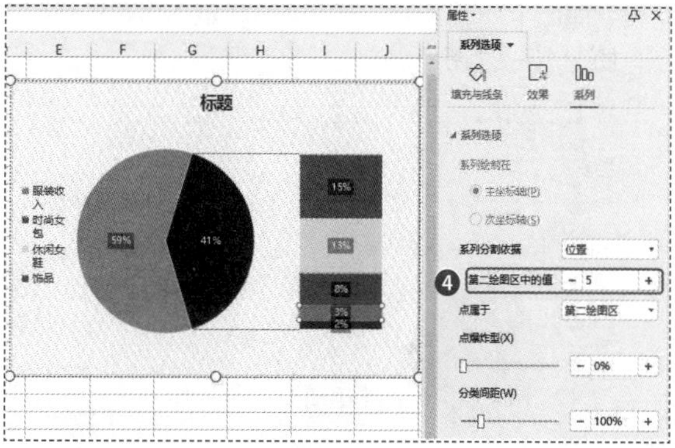

图 10-26

❸ 选中数据标签，打开【属性】右侧窗格，选择【标签】标签。在【标签选项】栏中勾选【类别名称】和【值】复选框，并取消勾选【百分比】复选框（百分比标签是创建这个图表时默认自带的），如图10-27所示。

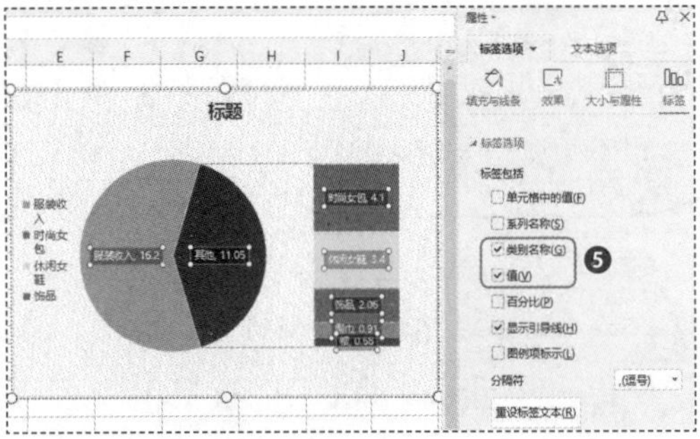

图 10-27

❹ 在标题框中输入图表的标题，并选中图例框，按Delete键将其删除，图表效果如图10-28所示。

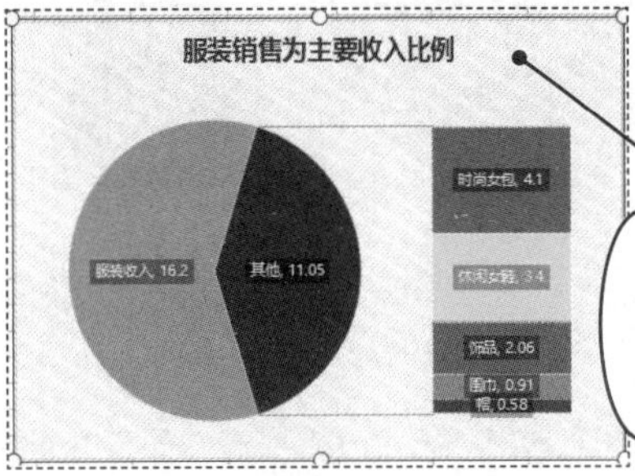

扩展

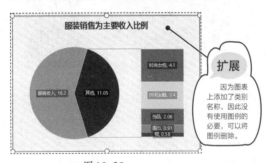

因为图表上添加了类别名称，因此没有使用图例的必要，可以将图例删除。

图 10-28

❺ 在【插入】选项卡中单击【文本框】按钮，在打开的列表中选择【横向文本框】命令（见图10-29），接着将鼠标指针移至图表中，按住鼠标左键拖动，绘制文本框，如图10-30所示。在文本框中输入金额的单位文字，如图10-31所示。

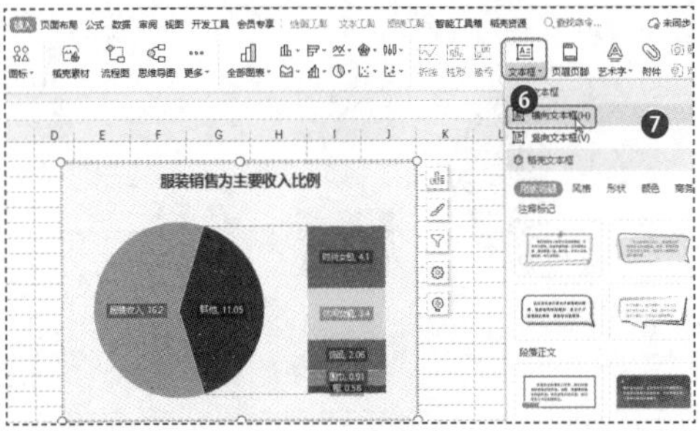

图 10-29

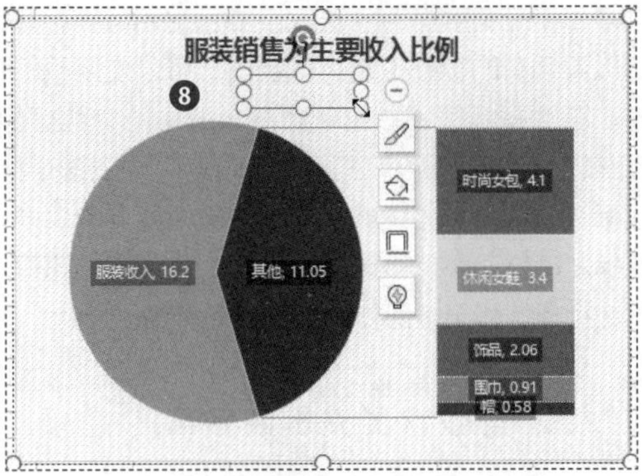

图 10-30

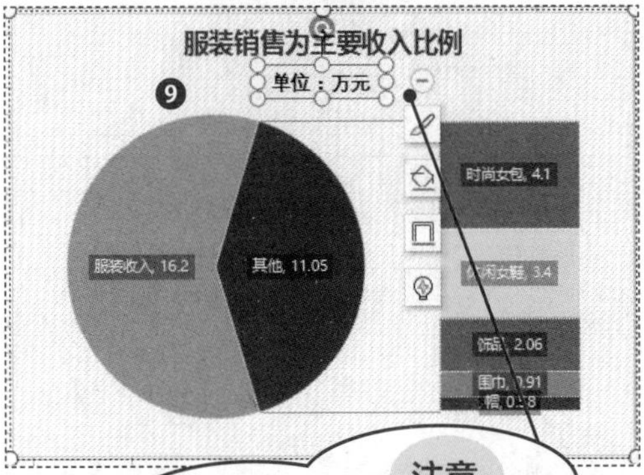

注意

对于图表中的数值数据，如果没有任何地方能体现出其使用的单位，则一定要用文本框来补充单位，否则差距就太大了。这是图表创建过程中的关键细节。

图 10-31

10.4 显示变化趋势的图表

如果要显示出一段时间内数据的波动趋势，应该使用折线图。折线图是以时间序列为依据，表达一段时间里事物的走势情况。

扫一扫，看视频

10.4.1 创建折线图

❶ 在本例中选中A1:C11单元格区域，在【插入】选项卡中单击【插入折线图】按钮，弹出下拉列表，在【稻壳图表】列表中选择图表样式，如图10-32所示。

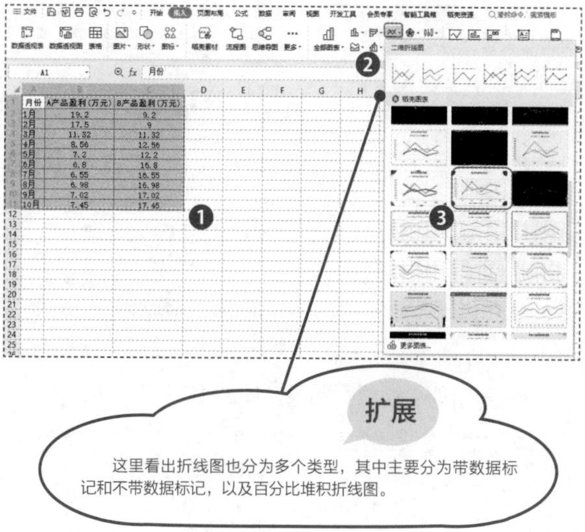

扩展
这里看出折线图也分为多个类型，其中主要分为带数据标记和不带数据标记，以及百分比堆积折线图。

图 10-32

❷ 单击即可创建新图表，如图 10-33 所示。从图表中可以直观地看到随着时间的变化，A产品的盈利呈下降趋势，B产品的盈利呈上升趋势。

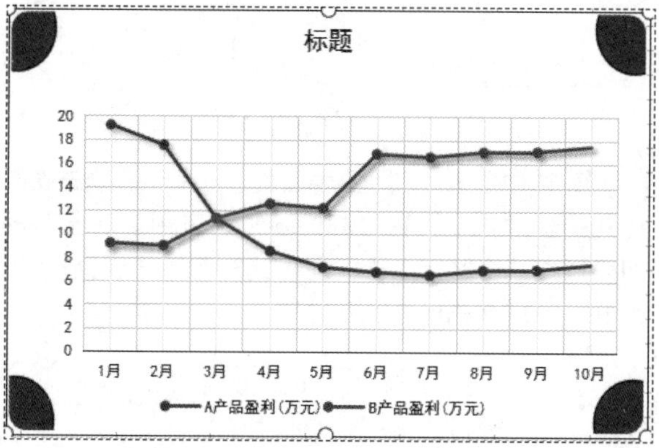

图 10-33

10.4.2　在图表中随意查看部分数据

扫一扫，看视频

在其他一些办公软件中，对于有些图表类型，建议不要一次性绘制过多的数据，这样会让图表失去表达重点，同时也不便于数据比较。但是在WPS表格的图表中设计了一个▽（图表筛选器）按钮，利用该按钮可以通过筛选查看来控制图表只展示部分数据，这类似于达到一种动态显示效果。所以在建立图表时即使数据较多也没有大碍，建立图表后可以通过使用筛选绘制的方式让图表只显示自己想查看的结果。

❶ 沿用上一小节的例子，选中图表，单击右侧出现的▽，打开列表，在【系列】和【类别】两个分类中通过勾选前面的复选框来确定图表的绘制结果（默认是全选状态），如图 10-34 所示。例如，取消勾选【B产品盈利（万元）】复选框，单击【应用】按钮，图表则只绘制【A产品盈利（万元）】系列，如图 10-35 所示。

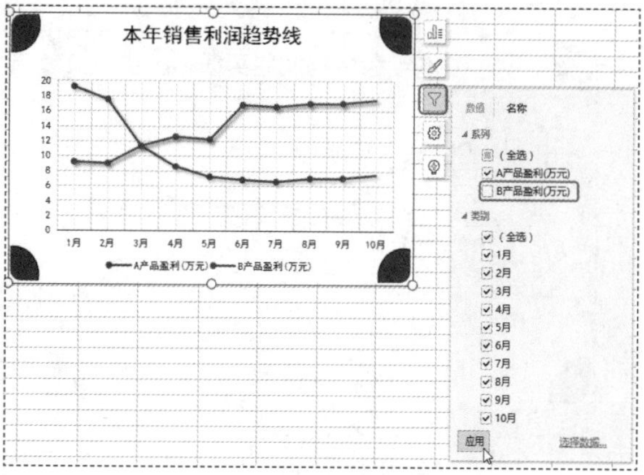

图 10-34

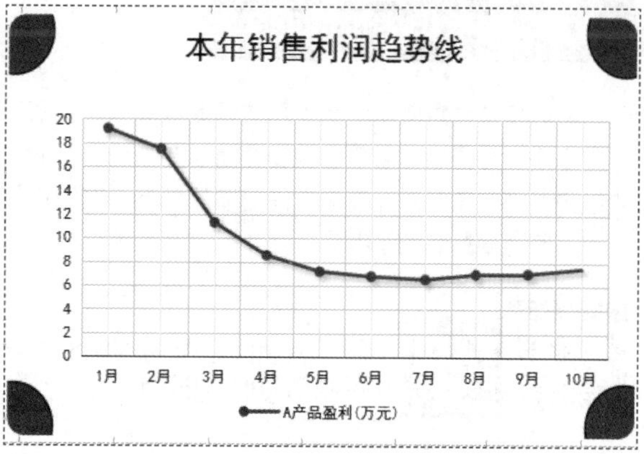

图 10-35

❷ 取消勾选【7月】【8月】【9月】【10月】复选框，单击【应用】按钮（见图 10-36），图表则只绘制两个系列前半年的利润趋势线，如图 10-37 所示。

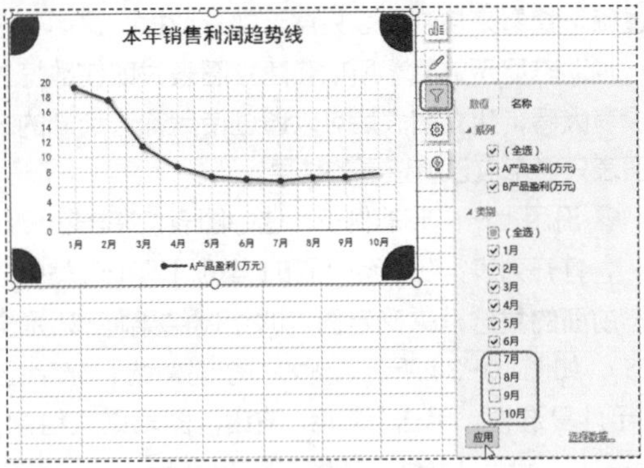

图 10-36

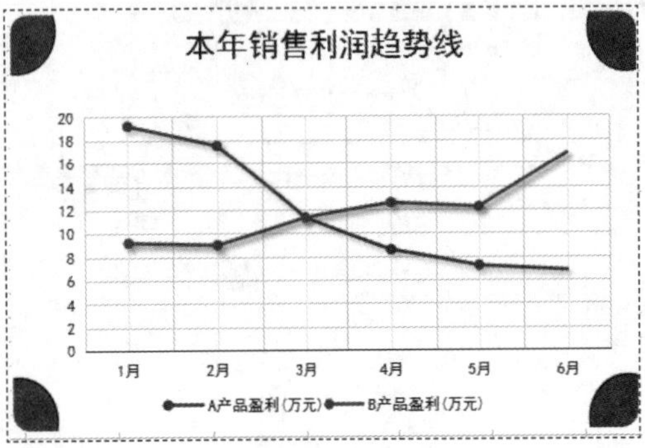

图 10-37

10.5 表达相关性的图表

表达相关性最典型的图表形式是散点图，散点图更偏向于研究型图表，展现出因变量随自变量而变化的大致趋势，能让用户发现变量之间隐藏的关系，对用户的决策有着重要的引导作用。

扫一扫，看视频

10.5.1 创建散点图分析月网购消费额与月收入的相关性

图 10-38 所示是一组月收入与月网购消费额的抽样统计数据，现在需要绘制出散点图，并确定二者之间的关系。

❶ 选中数据区域，在【插入】选项卡中单击【插入散点图】按钮，打开下拉列表，选择【散点图】样式。

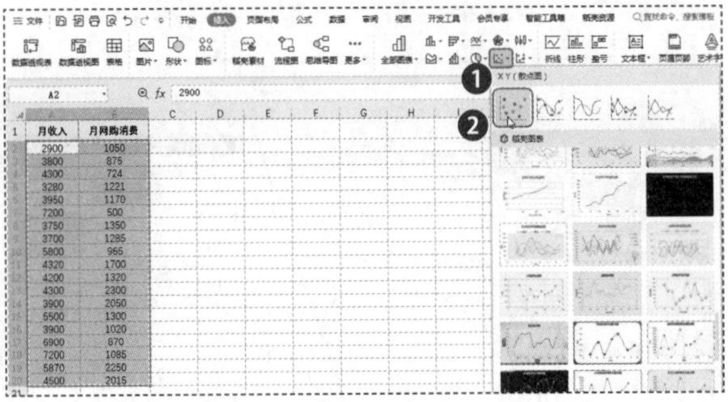

图 10-38

❷ 单击即可创建新图表，如图 10-39 所示。

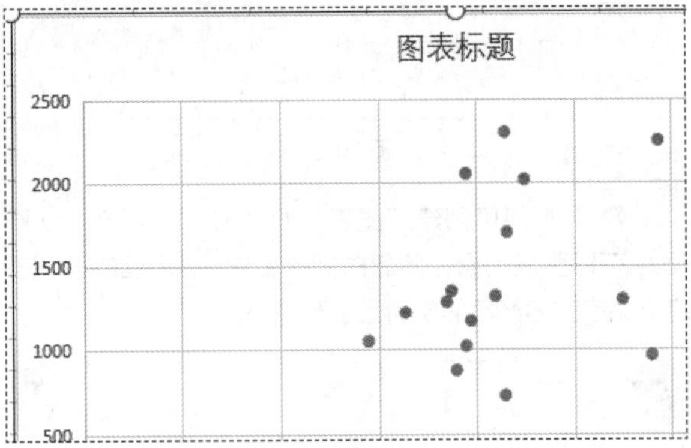

图 10-39

❸ 选中图表，在【图表工具】选项卡中单击图表样式的扩展按钮，在打开的下拉列表中呈现出多种图表样式，将鼠标指针指向样式时可以显示预览(见图 10-40)，单击即可应用。

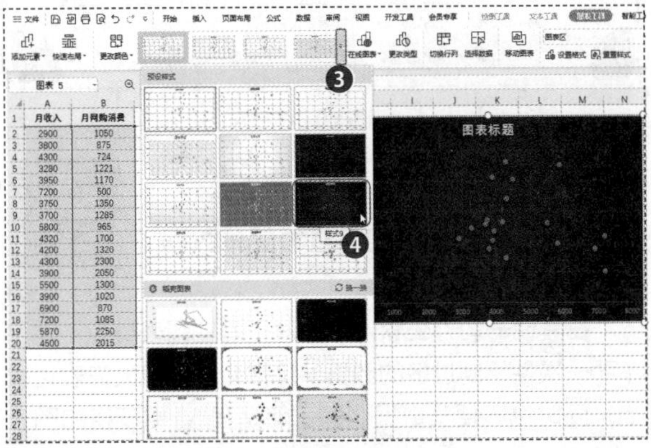

图 10-40

10.5.2 添加趋势线判断数据的相关性

扫一扫，看视频

建立散点图后有一个非常重要的操作就是添加趋势线，并通过R^2值来判断两个数据组的关联程度。R^2值是趋势线拟合程度的指标，它的数值大小可以反映趋势线的估计值与对应的实际数据之间的拟合程度，拟合程度越高，趋势线的可靠性就越高。R^2值的取值范围为0～1，当该值等于1或接近1时，其可靠性最高，反之可靠性较低。

❶ 选中图表，单击右上角的按钮，在展开的列表中单击【趋势线】右侧的三角形，在子列表中选择【更多选项】(见图10-41)，打开【属性】右侧窗格并自动定位到【趋势线】标签中。

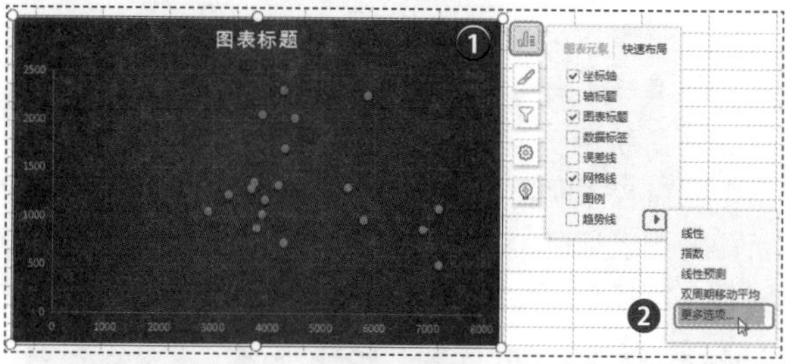

图 10-41

❷ 选中【线性】单选按钮，勾选【显示R平方值】复选框，如图10-42所示。

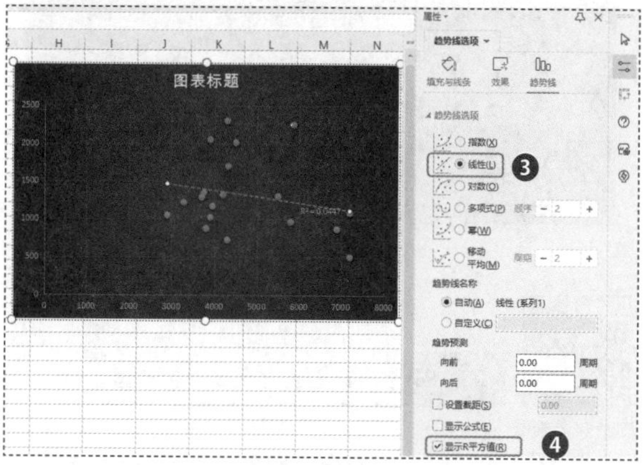

图 10-42

❸ 执行上述操作后，可以看到R^2=0.0447，从这个数值可以判断月收入和月网购消费额没有直接相关性，即并非收入越高月网购消费额就越高，月收入和月网购消费额并没有直接的决定性关系。按这个结论为图表添加标题，如图10-43所示。

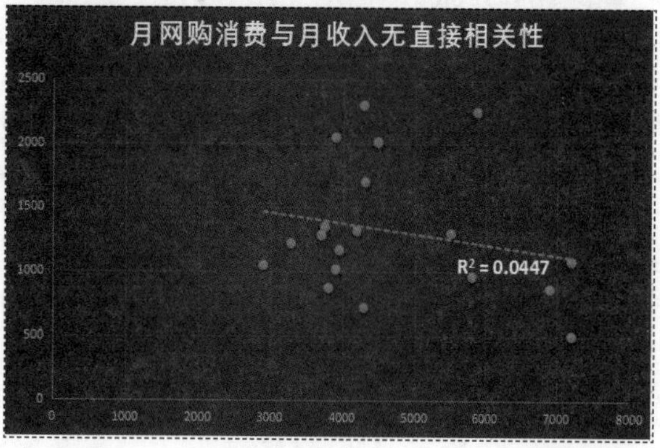

图 10-43

10.5.3 添加水平轴与垂直轴的标题

扫一扫，看视频

添加水平轴与垂直轴的标题可以让图表更易于阅读，尤其是在散点图中，若没有坐标轴标题，无法根据水平轴与垂直轴上的数据判断其代表哪个数据组。

❶ 选中图表，单击其右上角的按钮，在展开的列表中单击【轴标题】右侧的三角形，在子列表中勾选【主要横坐标轴】和【主要纵坐标轴】复选框(见图10-44)，这时图表中会添加标题编辑框。

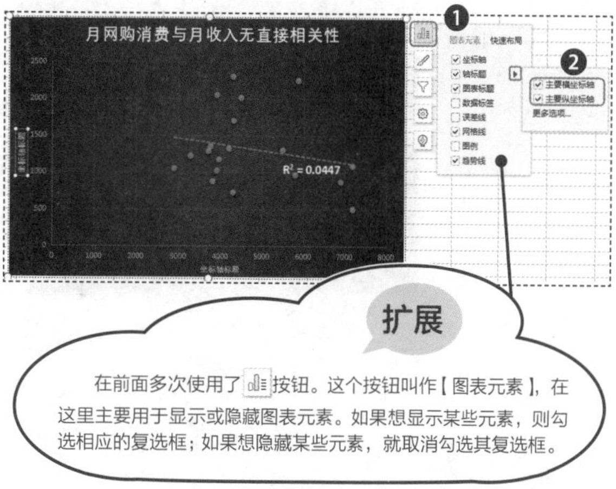

扩展

在前面多次使用了按钮。这个按钮叫作【图表元素】，在这里主要用于显示或隐藏图表元素。如果想显示某些元素，则勾选相应的复选框；如果想隐藏某些元素，就取消勾选其复选框。

图 10-44

❷ 按实际情况输入标题文字，图表效果如图10-45所示。

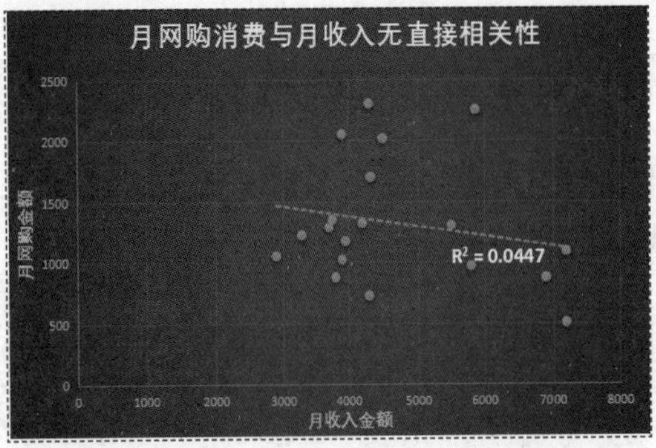

图 10-45

10.5.4 创建散点图分析月网购消费额与年龄的相关性

扫一扫，看视频

创建散点图分析月网购消费额与年龄的相关性，只要复制上一小节中创建的散点图，然后直接在图表上更改数据源即可。

❶ 复制上一小节中建立的分析月网购消费额与月收入的相关性的散点图到当前表格中（当前表格中已准备好创建图表的数据），在图表上右击，在弹出的快捷菜单中选择【选择数据】命令（见图10-46），打开【编辑数据源】对话框。

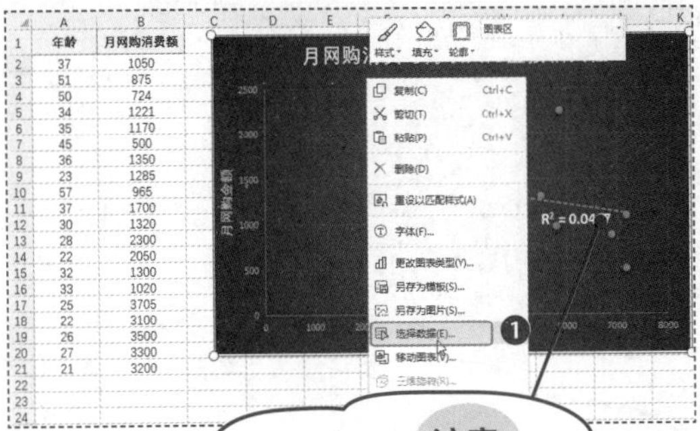

注意

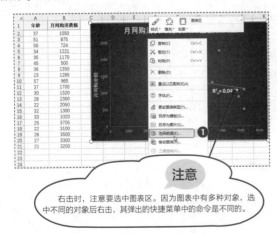

右击时，注意要选中图表区。因为图表中有多种对象，选中不同的对象后右击，其弹出的快捷菜单中的命令是不同的。

图 10-46

❷ 单击【图表数据区域】编辑框右侧的拾取器按钮，回到工作表中重新选择新数据区域，如图10-47所示。

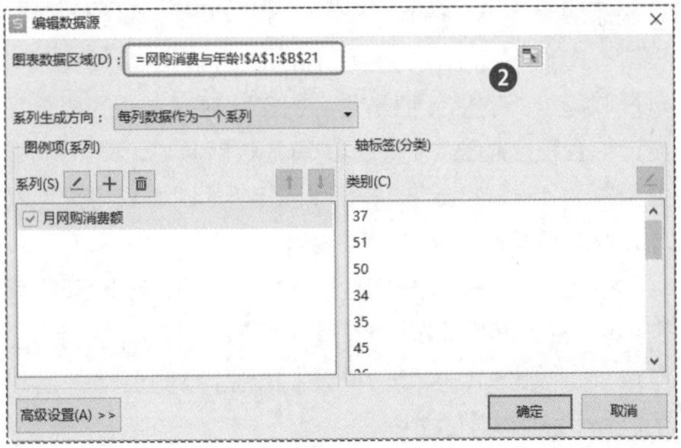

图 10-47

❸ 单击【确定】按钮，可以看到图表已经根据新数据重新绘制了。当前的R2值是0.4964，表示这两组数据有较为明显的相关性。根据图表的实际情况重新命名图表标题，并重新输入水平坐标轴的名称，如图10-48所示。

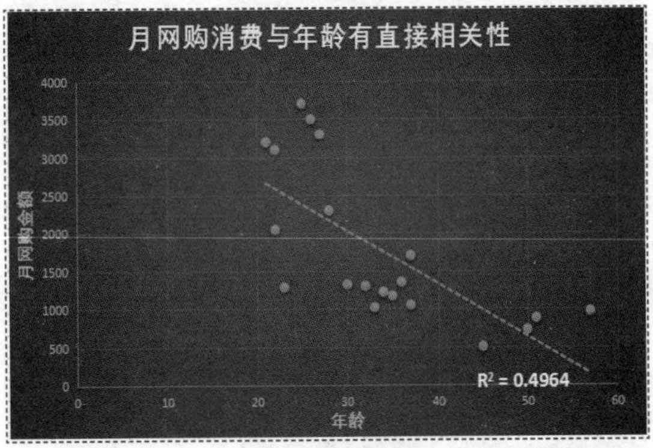

图 10-48

10.5.5 修改坐标轴的起始值

扫一扫，看视频

在建立图表时，程序会根据当前数据自动计算刻度的最大值、最小值及刻度单位，一般情况下不需要去更改。但是有时为了改善图表的表达效果，可以重新更改坐标轴的刻度。

❶ 在图表的水平轴上双击，打开【属性】右侧窗格，选择【坐标轴】标签，展开【坐标轴选项】栏，在【最小值】框中设置最小值为20，如图10-49所示。

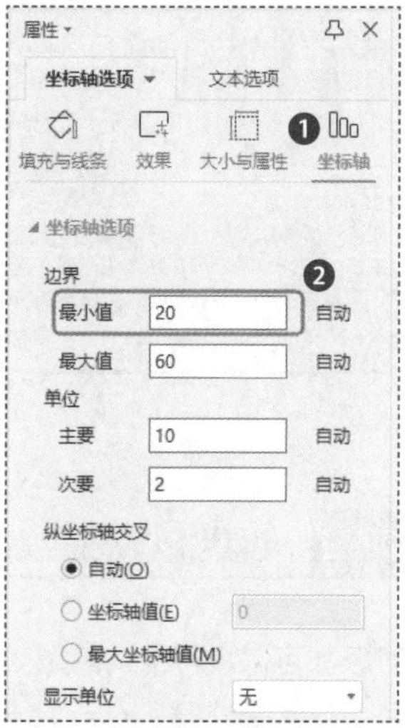

图 10-49

❷ 执行上述操作后，可以看到图表减小了左侧的空白(见图10-50)，这是因为重新设置了刻度的起始值。

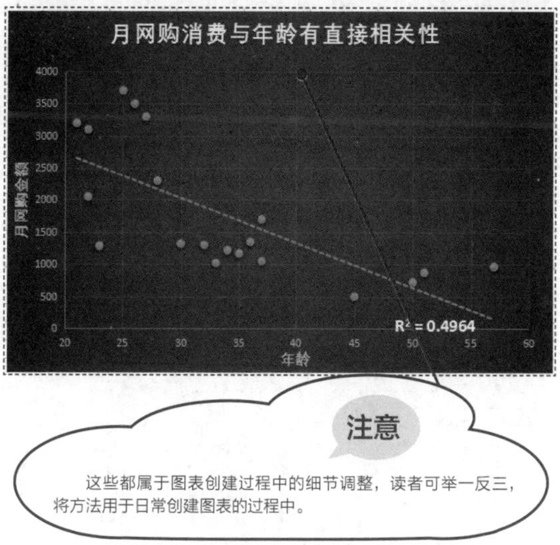

图 10-50

技巧点拨

图10-51所示的图表是一个折线图，因为整体数据只在50000 ~ 60000变化，这时可以看到数据的变动趋势在这个默认图表中展现得非常不明显，因此调整坐标轴的刻度就非常必要。

图10-52所示的图表是将最小值调整为50000，最大值更改为60000后的效果，刻度的单位也根据实际情况自动重新生成。从调整后的图表中可以看到两个城市的房价呈微下降与微上升的趋势。

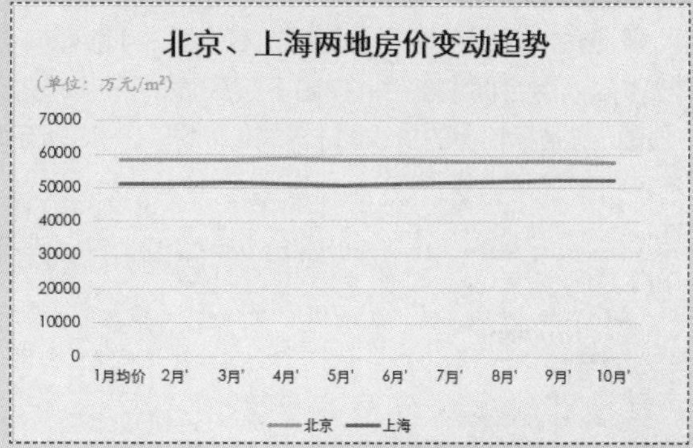

图 10-51

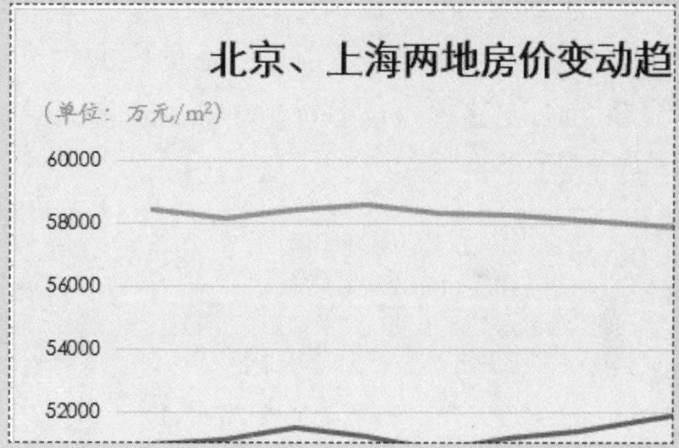

图 10-52

10.6 组合图表

在一些商务图表中经常会看到折线图与柱形图混用的例子，这样的图表称为组合图表。创建组合图表的一个关键点是，需要设置某个数据系列沿次坐标轴绘制，因为两种不同的图表类型经常表达的不是同一种数据类型，如一个是销售额，另一个是百分比，显然这两种数据是无法使用同一坐标轴来体现的。

扫一扫，看视频

10.6.1 创建“柱形图－折线图”组合图

对于建立组合图，WPS表格程序提供了一个“插入组合图”按钮，其中有3种组合图，分别为“簇状柱形图–折线图”“簇状柱形图–次坐标轴上的折线图”“堆积面积图–簇状柱形图”。这里举例介绍“簇状柱形图–次坐标轴上的折线图”。

❶ 选中A2:C10单元格区域，在【插入】选项卡中单击【插入组合图】按钮，弹出下拉列表，选择【簇状柱形图–次坐标轴上的折线图】样式，如图10–53所示。

图 10–53

❷ 执行上述操作后即可创建默认的图表，如图10–54所示。

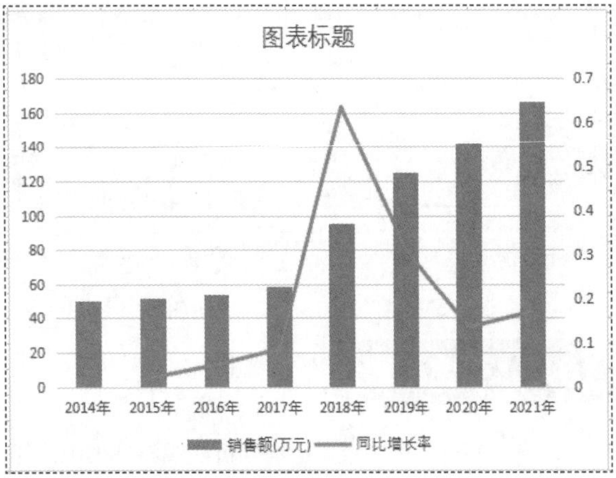

图 10–54

❸ 在图表中选中折线图，单击右上角的按钮，在展开的列表中勾选【数据标签】复选框，为折线图添加数据标签，如图10–55所示。

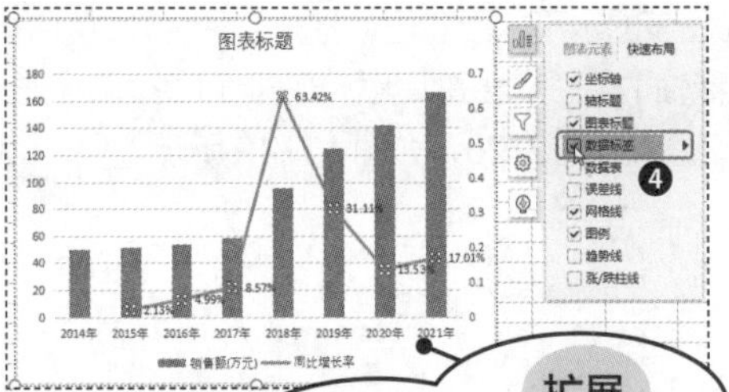

扩展

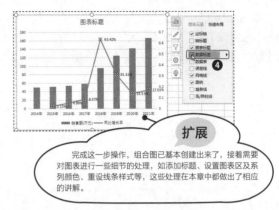

完成这一步操作，组合图已基本创建出来了，接着需要对图表进行一些细节的处理，如添加标题、设置图表区及系列颜色、重设线条样式等，这些处理在本章中都做出了相应的讲解。

图 10–55

扫一扫，看视频

10.6.2 设置折线图的线条样式

图表中的对象都可以进行格式的重新设置，如文字格式、填充颜色、线条样式等，对于折线图，可以重新对线条的格式进行美化设置。下面沿用上一小节的实例进行讲解。

❶ 在图表中双击折线，打开【属性】右侧窗格，选择【填充与线条】标签，在【线条】栏中选中【实线】单选按钮，依次设置颜色、宽度、短划线类型以及末端箭头，如图10–56所示。

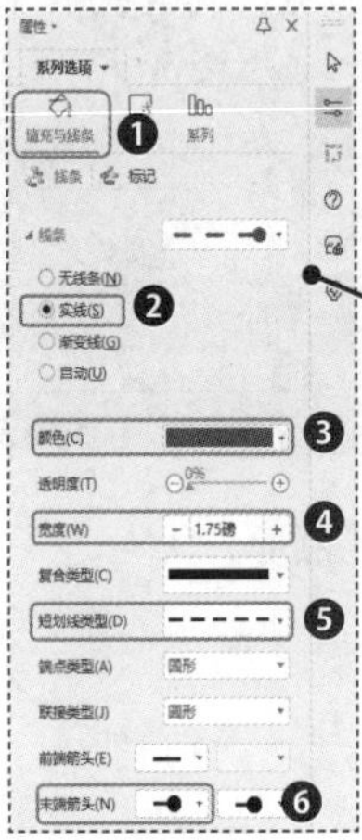

扩展

图表中的其他线条都可以进行相同的格式设置，如坐标轴线条、网格线、柱形的边框等。但是有两点要注意，一是设置前准确选中目标对象；二是一定要依据设计思路合理地进行美化。

图 10–56

❷ 执行上述一系列设置后，图表中折线的线条呈现出如图10–57所示的效果。

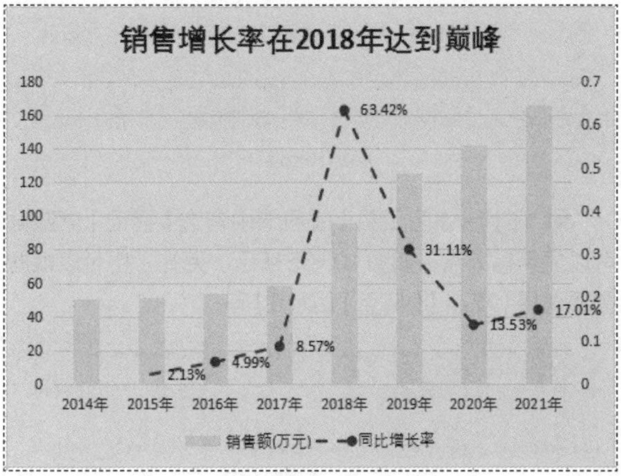

图 10-57

另外，再对该图表进行两处细节处理，具体如下：

（1）在图表中添加一个文本框，输入金额单位（此操作在10.3节中已经介绍，这里不再赘述）。

（2）因为在图表中已经为折线图添加了数据标签，为了让图表更加简洁，垂直轴上的刻度是可以不显示的。很多用户会直接选中标签，然后按Delete键删除，这时会发现这实际上是删除了次坐标轴，折线图变为沿主坐标轴绘制了，成了一条直线（见图10-58）。因此这里只能隐藏坐标轴而不能直接删除坐标轴，其操作方法为：在次坐标轴上双击，打开【属性】右侧窗格，选择【坐标轴】标签，展开【标签】栏，将【标签位置】设置为【无】（见图10-59），这样设置便达到了保留坐标轴且只隐藏坐标轴标签的目的，如图10-60所示。

图 10-58

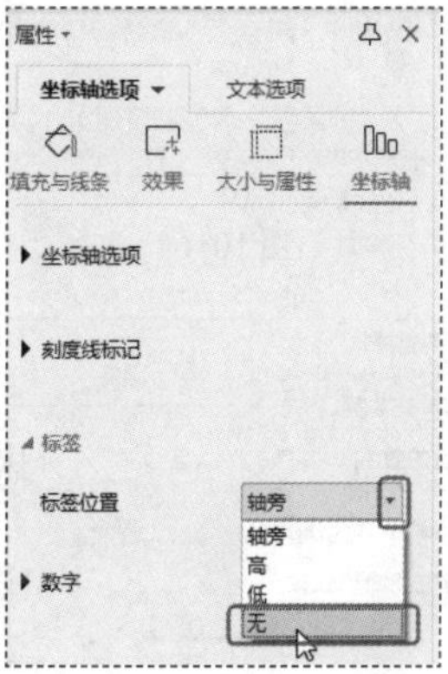

图 10-59

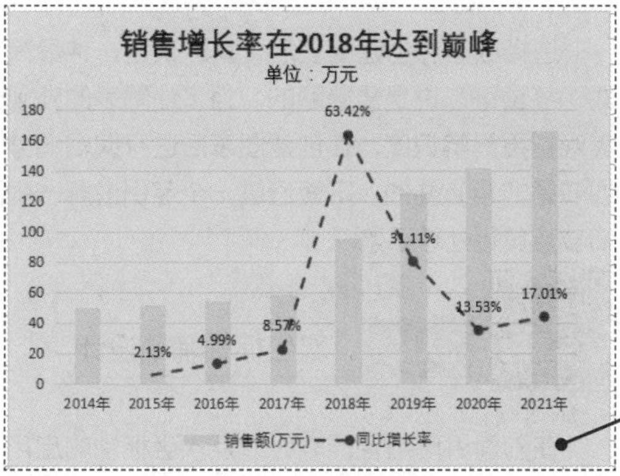

图 10-60

扩展

在这个图表中还进行了几项美化，分别为输入图表标题并设置文字格式、重新设置图表区的颜色、设置柱形图的填充颜色。

10.7 迷你图

扫一扫，看视频

迷你图是呈现于单元格中的一种微型图表，可以将一个数据序列描述为一个简洁的图表。使用迷你图可以比较一组数据的大小、显示数值系列中的趋势，还可以突出显示一组数据中的最大值和最小值。

❶ 选中要显示迷你图的单元格，在【插入】选项卡中单击【折线】按钮（见图10-61），打开【创建迷你图】对话框，如图10-62所示。

❷ 单击【数据范围】右侧的拾取器按钮，回到表格中选择数据源，选择后再返回对话框，如图10-63所示。

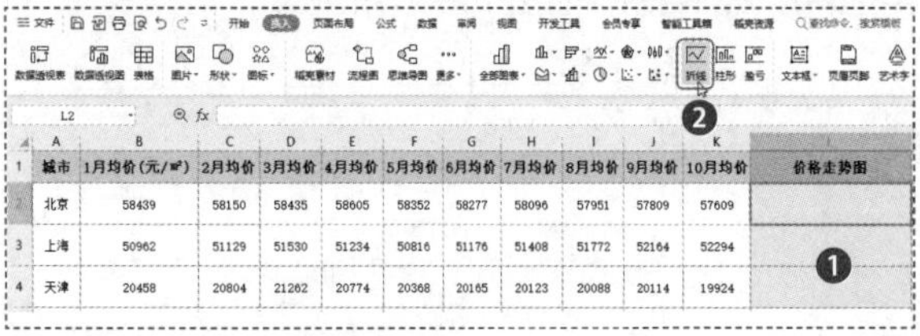

城市	1月均价（元/㎡）	2月均价	3月均价	4月均价	5月均价	6月均价	7月均价	8月均价	9月均价	10月均价	价格走势图
北京	58439	58150	58435	58605	58352	58277	58096	57951	57809	57609	
上海	50962	51129	51530	51234	50816	51176	51408	51772	52164	52294	
天津	20458	20804	21262	20774	20368	20165	20123	20088	20114	19924	

图 10-61

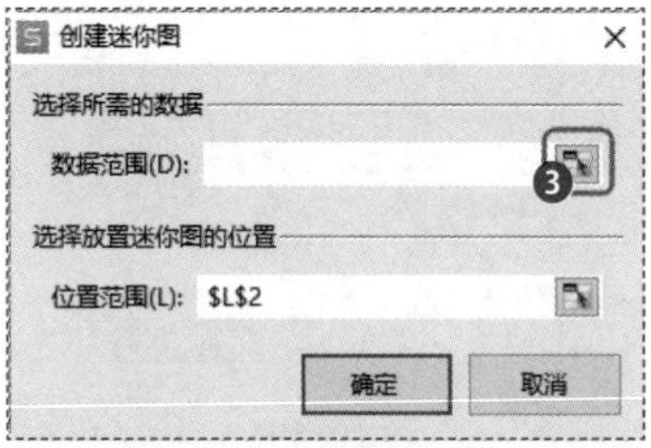

图 10-62

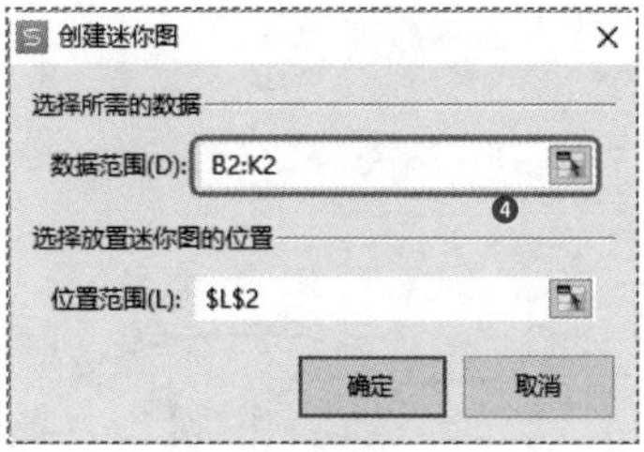

图 10-63

❸ 单击【确定】按钮即可在选中的单元格内创建折线迷你图，如图10-64所示。

城市	1月均价（元/㎡）	2月均价	3月均价	4月均价	5月均价	6月均价	7月均价	8月均价	9月均价	10月均价	价格走势图
北京	58439	58150	58435	58605	58352	58277	58096	57951	57809	57609	
上海	50962	51129	51530	51234	50816	51176	51408	51772	52164	52294	
天津	20458	20804	21262	20774	20368	20165	20123	20088	20114	19924	

图 10-64

❹ 在【迷你图工具】选项卡中勾选【标记】复选框可以显示标记点，如图10-65所示。另外，也可以根据需要选择【高点】【低点】【负点】等。

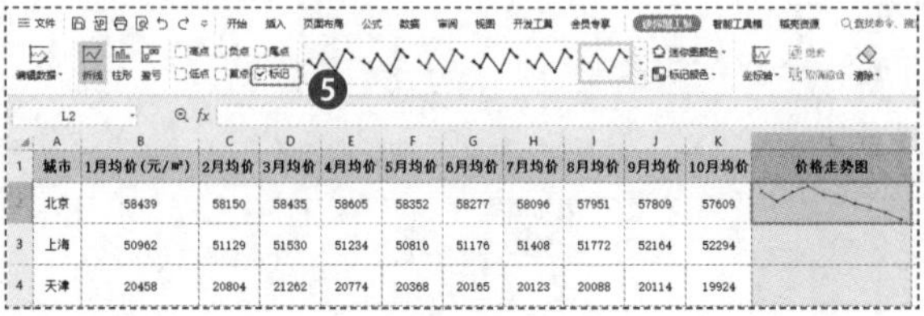

城市	1月均价（元/㎡）	2月均价	3月均价	4月均价	5月均价	6月均价	7月均价	8月均价	9月均价	10月均价	价格走势图
北京	58439	58150	58435	58605	58352	58277	58096	57951	57809	57609	
上海	50962	51129	51530	51234	50816	51176	51408	51772	52164	52294	
天津	20458	20804	21262	20774	20368	20165	20123	20088	20114	19924	

图 10-65

❺ 按相同的方法在其他单元格中创建折线迷你图，如图10-66所示。该迷你图以月份呈现了房价的变化趋势，通过图表可以非常直观地看到哪些数据呈上升形态，哪些数据呈下降形态。

城市	1月均价（元/㎡）	2月均价	3月均价	4月均价	5月均价	6月均价	7月均价	8月均价	9月均价	10月均价	价格走势图
北京	58439	58150	58435	58605	58352	58277	58096	57951	57809	57609	
上海	50962	51129	51530	51234	50816	51176	51408	51772	52164	52294	
天津	20458	20804	21262	20774	20368	20165	20123	20088	20114	19924	

图 10-66

10.8 学习图表的细节及美化

选择数据源创建图表后，其默认是一种最简易的格式，甚至可以说是最简陋的。为了让图表的外观效果更美观、更具辨识度，在创建图表后进行编辑调整、美化细节是非常必要的。下面通过一个范例讲解一张图表的细节及美化处理要素。

10.8.1 次坐标轴辅助设计

扫一扫，看视频

在前面讲解组合图表时涉及次坐标轴的启用，但有时启用次坐标轴并不是为了使用组合图表，而是为了让图表达到某种特定的效果，起到辅助的作用。本例中启用次标轴的目的是实现系列的重叠显示效果。

❶ 在本例中选中A1:C7单元格区域，在【插入】选项卡中单击【插入柱形图】按钮，在打开的下拉列表中选择【簇状柱形图】(见图10-67)，单击即可创建新图表，如图10-68所示。

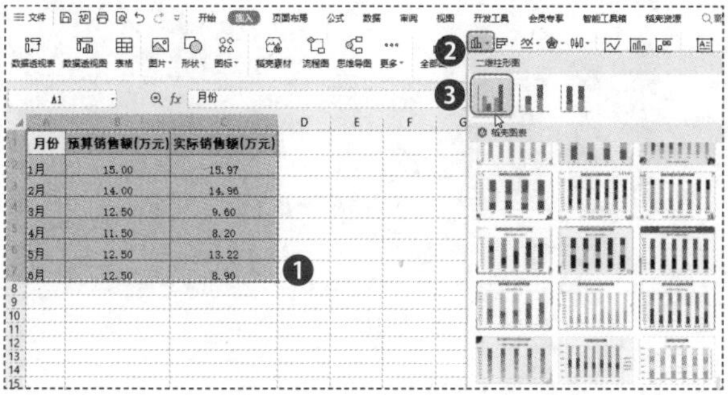

图 10-67

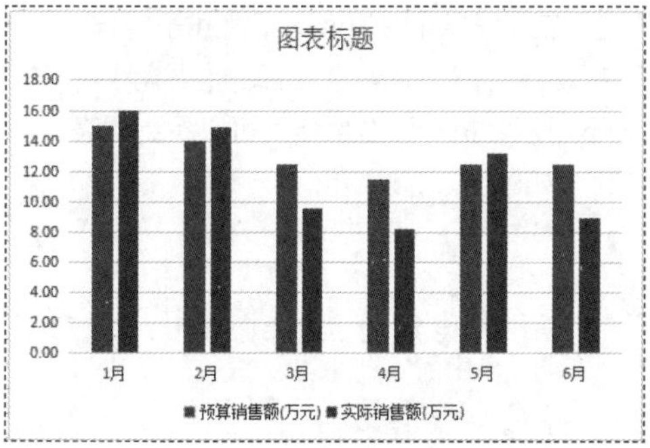

图 10-68

❷ 双击“预算销售额(万元)”系列，打开【属性】右侧窗格，选择【系列】标签，选中【次坐标轴】单选按钮，这时可以看到图表发生了变化，如图10-69所示。

❸ 启用次坐标轴后，可以看到次坐标轴生成的最大值与左侧不匹配，这导致两个系列在图表中不具备统一的量纲，因此无法比较。这时必须让次坐标轴与主坐标轴刻度的最大值和最小值保持一致。在次坐标轴上双击，打开【属性】右侧窗格，选择【坐标轴】标签，在【最大值】框中设置最大值为18（见图10-70），这时观察图表发生的变化，如图10-71所示。

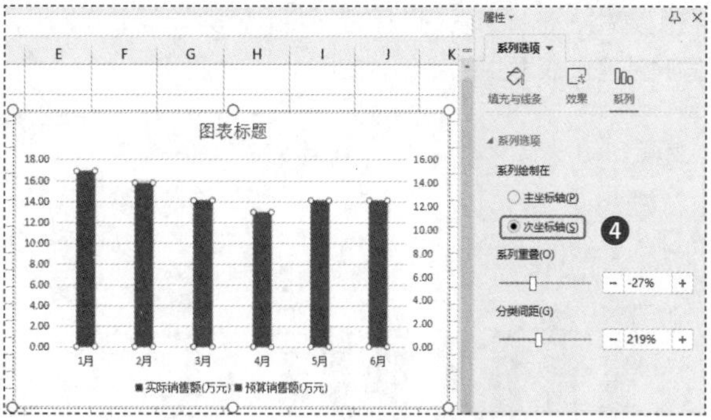

图 10-69

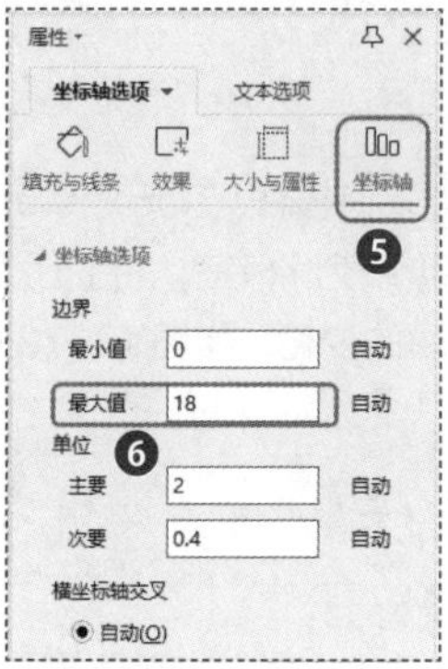

图 10-70

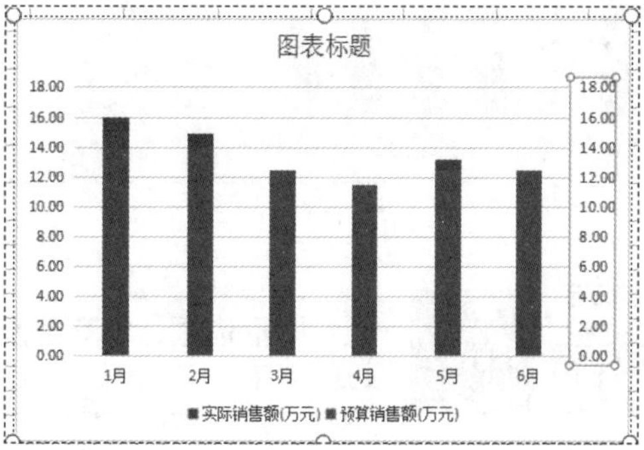

图 10-71

10.8.2　调整分类间的间距宽度

扫一扫，看视频

由于图表的两个系列分别绘制于不同的坐标轴上，因此可以设置不同的分类间距。

❶ 双击“预算销售额(万元)”系列，打开【属性】

右侧窗格，选择【系列】标签，将【分类间距】值调小，同时注意图表发生的变化，如图10-72所示。

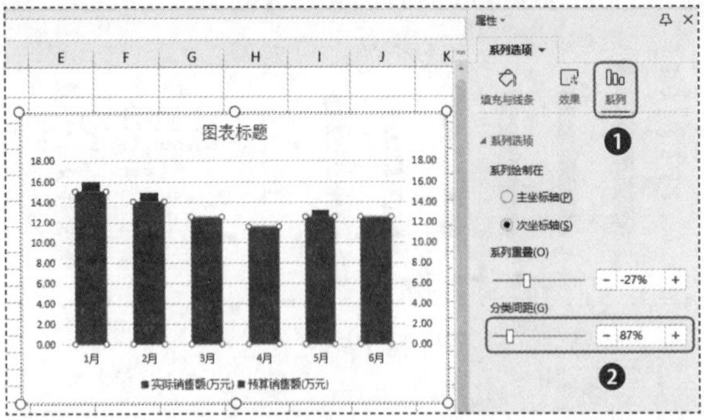

图 10-72

❷ 双击“实际销售额(万元)”系列，打开【属性】右侧窗格，选择【系列】标签，将【分类间距】值调大，同时注意图表发生的变化，如图10-73所示。

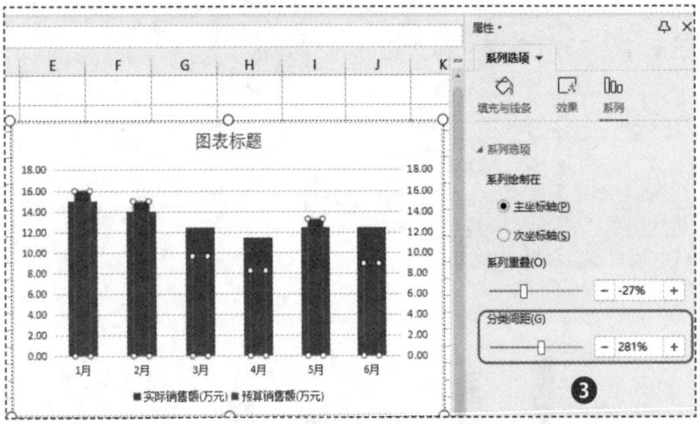

图 10-73

10.8.3 重设图形边框、填充色及半透明效果

扫一扫，看视频

图表中的每个对象都可以进行填充颜色及边框样式的设计，但注意要依据合理的设计方案进行，避免追求过于花哨和颜色太过丰富的设计，尽量以简约整洁为设计原则。在本例中重新更改“预算销售额(万元)”系列为半透明填充色，同时设置图表区的边框线条。

❶ 双击“预算销售额(万元)”系列，打开【属性】右侧窗格，选择【填充与线条】标签，在【填充】栏中拖动标尺调整透明度，如图10-74所示。此时可以看到图表中的“实际销售额(万元)”系列不再完全被“预算销售额(万元)”系列遮住，可以直观地看到未达到预算或超出预算的数据。

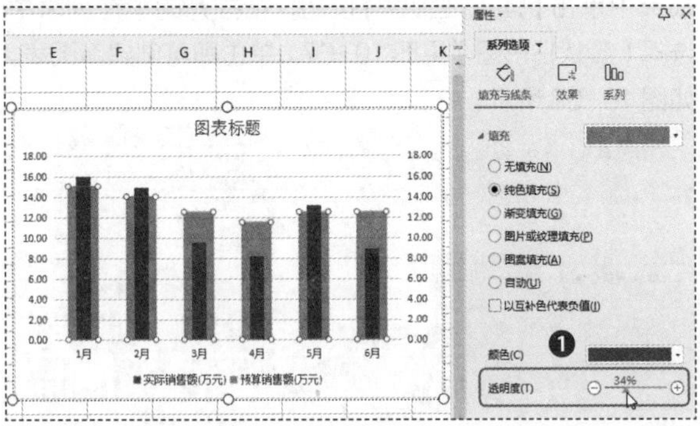

图 10-74

❷ 选中图表区(注意一定要准确选择待设置的对象)，双击，打开【属性】右侧窗格，选择【填充与线条】标签，在【线条】栏中依次设置线条的样式、颜色、宽度和短划线类型，并勾选底部的【圆角】复选框，如图10-75所示。执行这些操作后可以看到图表的边框发生了变化，如图10-76所示。

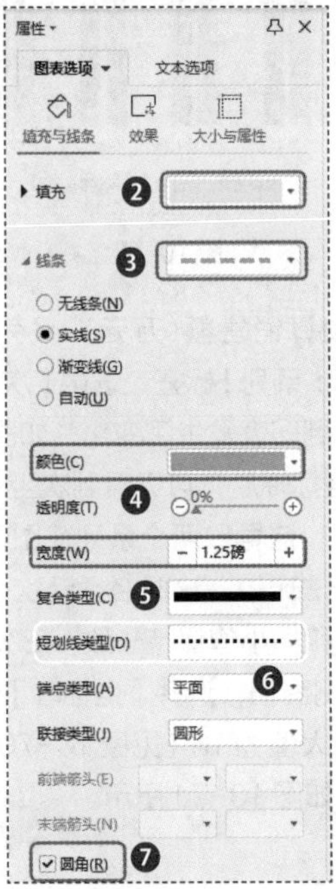

图 10-75

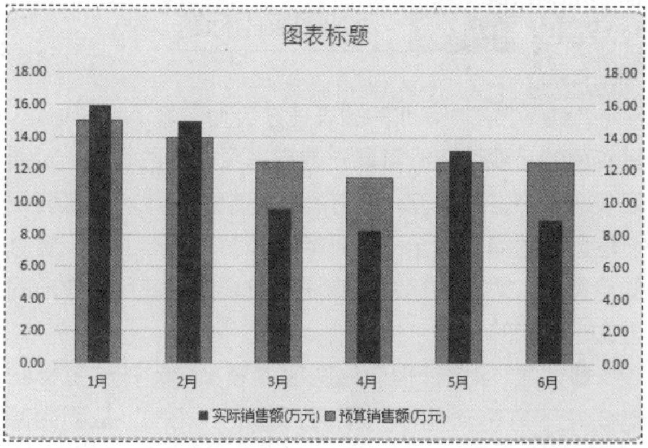

图 10-76

10.8.4　强调数据元素弱化非数据元素

扫一扫，看视频

强调数据元素弱化非数据元素可以理解为最大化数据墨水比的设计原则，该原则应用于图表设计中，是指应增强和突出数据元素，减少和弱化非数据元素。在一幅图表中，像柱形、条形、扇面等代表的是数据信息，像网格线、坐标轴、图例等都称为非数据信息。当然也并不是说要把所有非数据元素都删除，这样的图表会过于简陋。非数据元素也有其存在的理由，它用于辅助显示、美化修饰，让图表富有个性色彩，具有较好的视觉效果。减少和弱化非数据元素可以从以下几个方面进行处理。

（1）背景填充色因图而异，需要时使用淡色。

（2）有时不需要使用网格线，需要时使用淡色。

（3）有时不需要使用坐标轴，需要时使用淡色。

（4）有时不需要使用图例。

（5）慎用渐变色。

（6）一张图表中颜色数量不宜过多。

（7）非数据元素使用浅色，数据元素使用亮色或突出色。

（8）不需要应用3D效果。

❶ 在“实际销售额（万元）”系列上单击（选中的是整个系列），接着在“1月”这个数据点上单击（单独选中该数据点），单击右上角的按钮，在展开的列表中勾选【数据标签】复选框，单独为这个数据点添加数据标签，如图 10-77 所示。

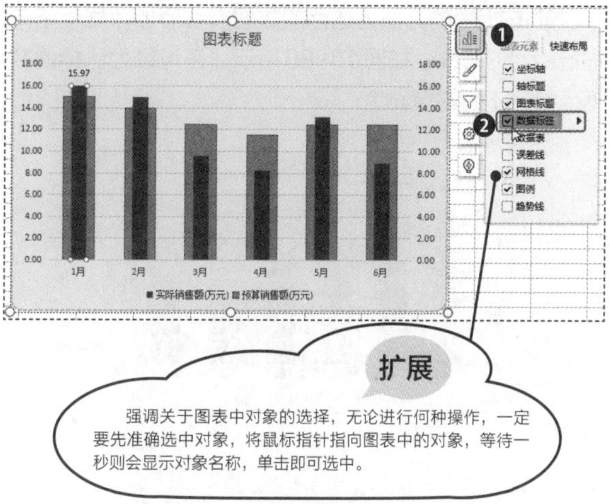

图 10-77

❷ 在数据标签上右击，在弹出的快捷菜单中选择【编辑文字】命令（见图 10-78），此时进入文字编辑状态，可以为图表补充添加文字，如图 10-79 所示。

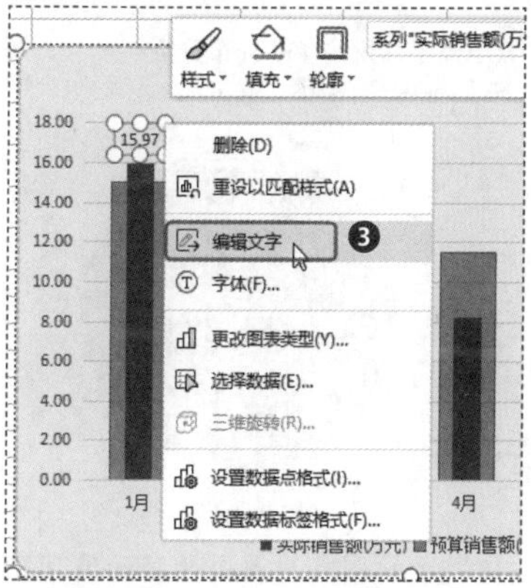

图 10-78

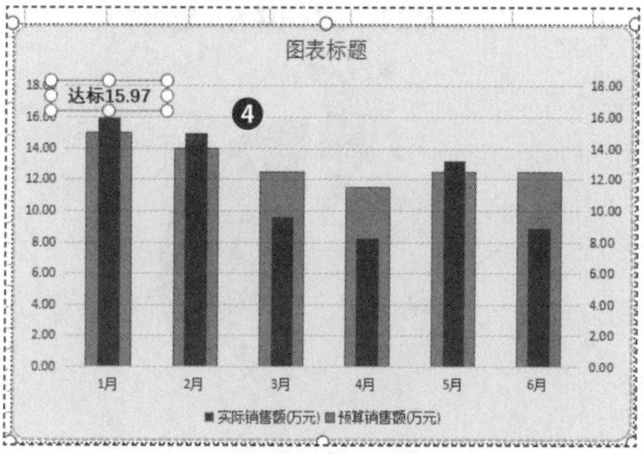

图 10-79

❸ 按相同的方法为达标的数据点都添加数据标签并进行相同的修改，如图 10-80 所示。还可以为达标的数据点设计不同的填充色。

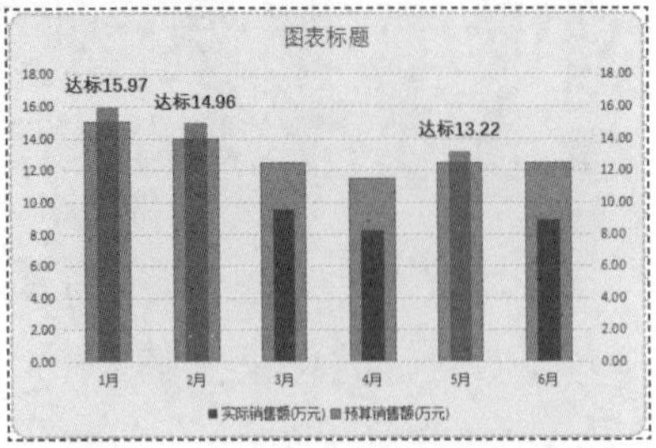

图 10-80

技巧点拨

关于对数据元素的强化，这里再举两个例子。图 10-81 所示的图表对最大的扇面使用了分离式的强调(但注意不要整体使用爆炸型图表)，并对标签文字加大处理，同时添加副标题辅助说明。

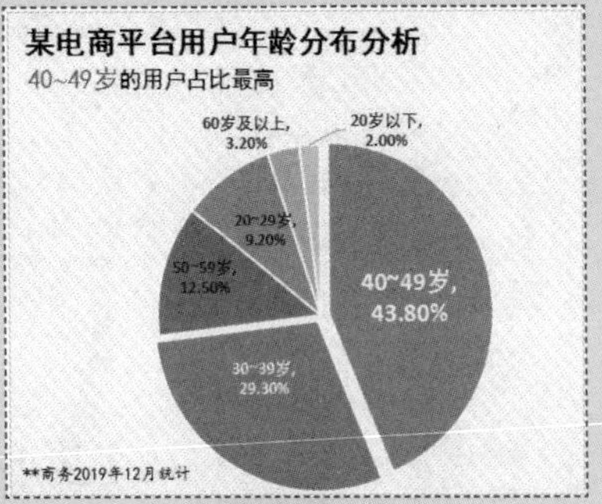

图 10-81

图 10-82 所示的图表对最小的扇面使用了色调的强调，让此图表的表达重点非常明确。

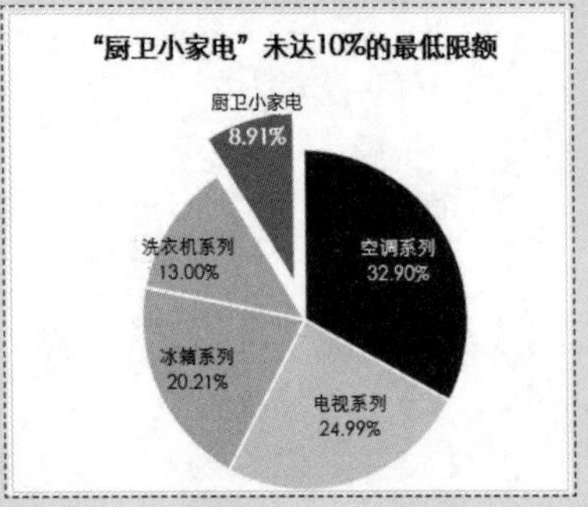

图 10-82

10.8.5 添加图表副标题

扫一扫，看视频

专业的图表往往会为图表添加副标题，其应用的必要性在于可以对数据来源进行说明或是对图表表达观点进行补充，能弥补主标题的不足。将这些细节信息表达得更加全面，更能提升图表的专业性及信息的可靠度。对于副标题或脚注信息，都是使用文本框的方式来添加的。

❶ 将鼠标指针指向绘图区的右上角，按住鼠标左键向左下方拖动缩小绘图区(见图 10-83)，从而为绘制文本框预留出位置，然后在标题框中输入主标题，如图 10-84 所示。

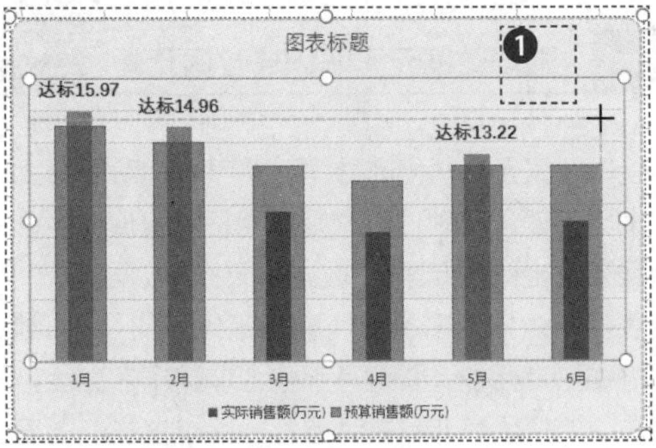

图 10-83

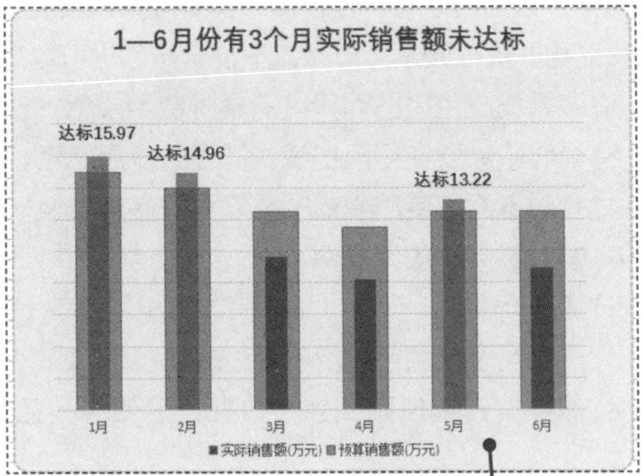

注意

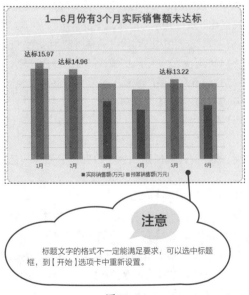

标题文字的格式不一定能满足要求，可以选中标题框，到【开始】选项卡中重新设置。

图 10-84

❷ 在【插入】选项卡中单击【文本框】按钮，在打开的下拉列表中选择【横向文本框】命令，接着将鼠标指针移至图表中，按住鼠标左键拖动（见图 10-85），绘制出文本框。在文本框中输入副标题，如图 10-86 所示。

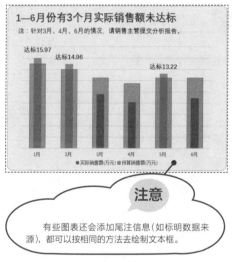

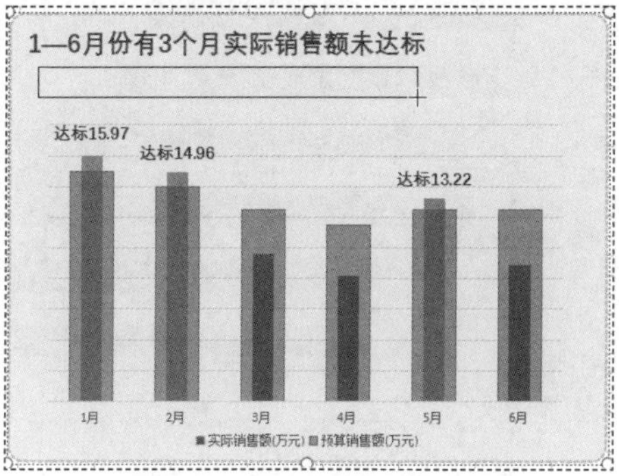

图 10-85

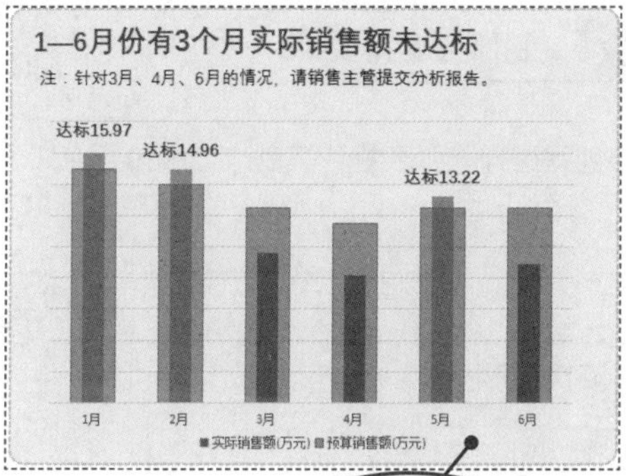

注意

有些图表还会添加尾注信息（如标明数据来源），都可以按相同的方法去绘制文本框。

图 10-86

10.8.6 图形辅助修饰

扫一扫，看视频

如果是用于商务场合的图表，那么其对外观的要求会更高。除了图表本身的元素外，还可以充分利用图形、图片等辅助对图表的设计。例如，本例中绘制指引箭头。

❶ 在【插入】选项卡中单击【形状】按钮，在打开的下拉列表中单击【等腰三角形】形状，如图 10-87 所示。

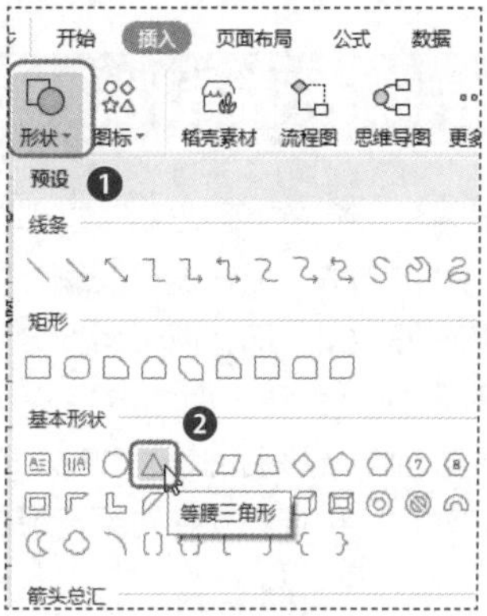

图 10-87

❷ 在“1 月”数据点上绘制图形，然后在【绘图工具】选项卡中单击【填充】按钮为其设置与“1 月”数据点相同的颜色，接着单击【轮廓】按钮，在打开的下拉列表中选择【无边框颜色】命令，如图 10-88 所示。

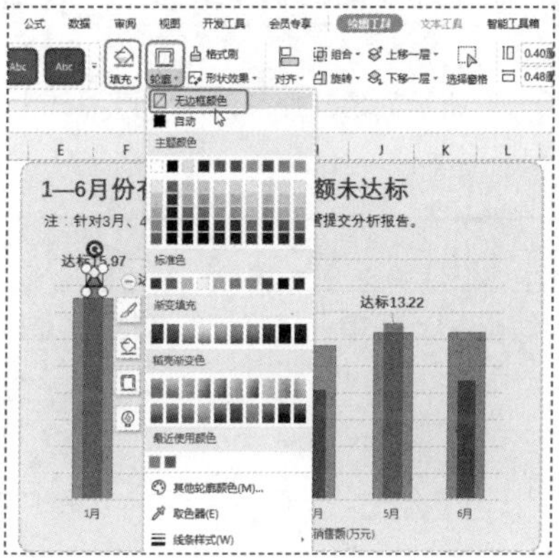

图 10-88

❸ 将该图形分别复制到“2 月”和“3 月”这两个数据点顶部使用，如图 10-89 所示。

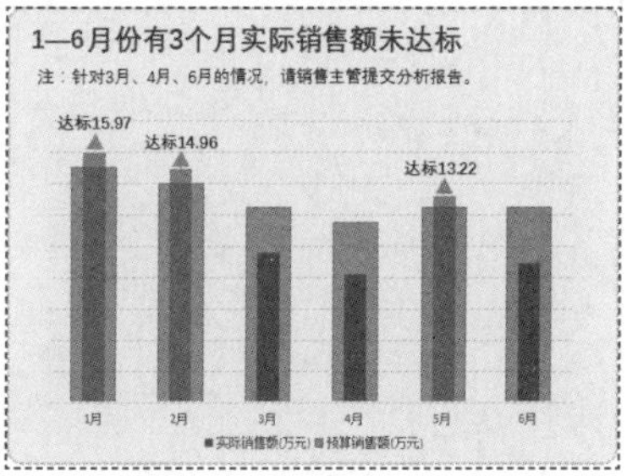

图 10-89

10.9 过关练习：左右对比的条形图

建立条形图时，无论是簇状条形图还是堆积条形图，图形都是朝一个方向的。但通过一些编辑技术可以建立左右对比的条形图效果，即将两个系列分别显示于左侧和右侧。这种形式更有利于两组数据的比较效果。例如，某产品升级前与升级后的销量对比、商品线上销售与线下销售的对比、男性与女性对某产品的购买情况分析等。

在制作这种图表时有3个关键点。

（1）要启用次坐标轴。

（2）对坐标轴刻度重新进行设置。

（3）分类间隔设置为100%。

10.9.1 制作完成的图表效果图

扫一扫，看视频

图10-90所示为建立完成的展示产品线上销售与线下销售变动趋势的分析图。

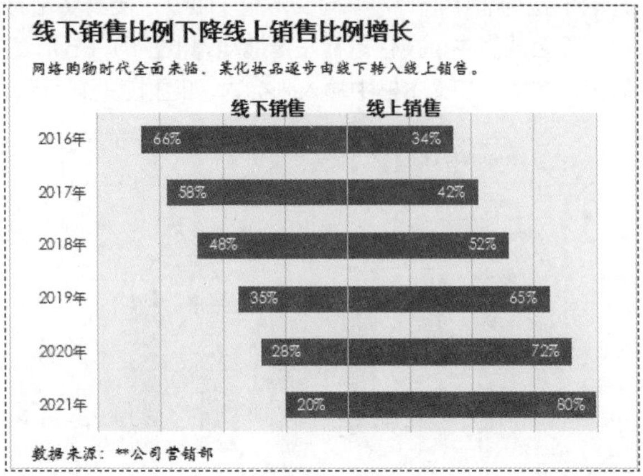

图 10-90

10.9.2 制作与编排要点

扫一扫，看视频

要创建这样一张表格，其制作与编排要点如下。

<table>
<tr><th>序号</th><th>制作与编排要点</th><th>知识点对应</th></tr>
<tr><td>1</td><td>使用A1:C7单元格区域的数据（见图10-91）建立默认的簇状条形图。
<table>
<tr><th></th><th>A</th><th>B</th><th>C</th></tr>
<tr><td>1</td><td></td><td>线下销售</td><td>线上销售</td></tr>
<tr><td>2</td><td>2021年</td><td>20%</td><td>80%</td></tr>
<tr><td>3</td><td>2020年</td><td>28%</td><td>72%</td></tr>
<tr><td>4</td><td>2019年</td><td>35%</td><td>65%</td></tr>
<tr><td>5</td><td>2018年</td><td>48%</td><td>52%</td></tr>
<tr><td>6</td><td>2017年</td><td>58%</td><td>42%</td></tr>
<tr><td>7</td><td>2016年</td><td>66%</td><td>34%</td></tr>
</table>
图 10-91</td><td>10.2.2小节</td></tr>
<tr><td>2</td><td>在“线上销售”这个系列上双击，为其启用次坐标轴，如图10-92所示。</td><td>10.8.1小节</td></tr>
</table>

续表

<table>
<tr><th>序号</th><th>制作与编排要点</th><th>知识点对应</th></tr>
<tr><td>3</td><td>双击次要水平坐标轴（上方的），修改其默认的边界刻度：最小值为-0.8，最大值为0.8，如图10-93所示。双击主要水平坐标轴（下方的），修改其默认的边界刻度：最小值为-0.8，最大值为0.8。
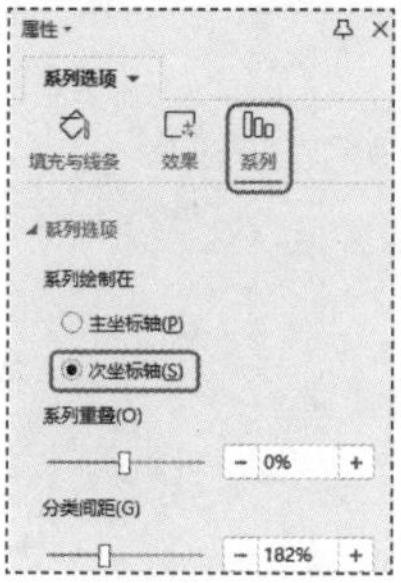

图 10-92
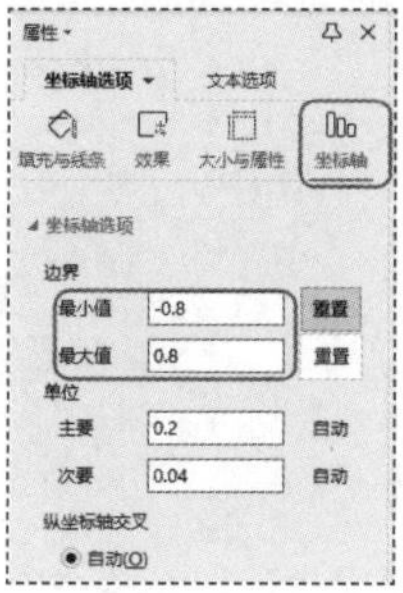

图 10-93</td><td>10.8.1小节</td></tr>
<tr><td>4</td><td>在“线上销售”系列上双击，设置【分类间距】为100%；“线下销售”系列也采用相同的设置。</td><td>10.8.2小节</td></tr>
<tr><td>5</td><td>添加数据标签：【数据标签】→【数据标签内】。</td><td>10.3.2小节</td></tr>
<tr><td>6</td><td>有了数据标签后可隐藏坐标轴的标签，让图表更加简洁（注意是隐藏而不是删除）。先双击上方的水平坐标轴，进行如图10-94所示的设置；下方的水平坐标轴也采用相同的设置。
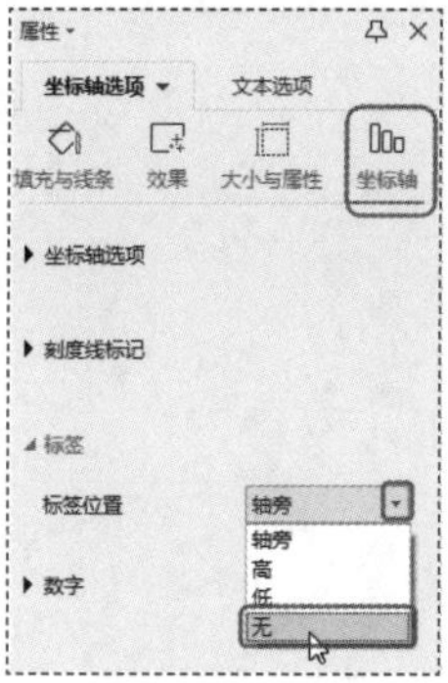

图 10-94</td><td>10.6.2小节</td></tr>
</table>

第3篇
WPS演示

第 11 章 用好 PPT 模板与母版

11.1 WPS强大的模板库

随着办公自动化的普及，PowerPoint（PPT）的应用范围也越来越广。对于创建PPT，软件的不断迭代更新给我们带来了越来越多的便利，如WPS演示程序较之其他软件，在模板方面做出了极大的提升，它拥有强大的模板库，让即使不懂设计的用户也能制作出专业的、精美的、商务的PPT。

11.1.1 寻找好模板

扫一扫，看视频

当进入WPS演示程序的"新建"界面时，在窗口左侧单击【新建演示】标签，右侧则出现众多精美的设计模板，可以通过分类标签去浏览模板，如图11-1所示。

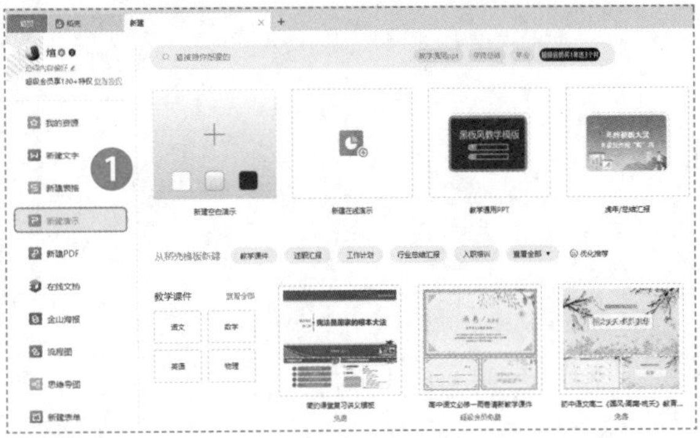

图 11-1

单击【查看全部】右侧的下拉按钮，可以显示出更多的分类及分类明细，如图11-2所示。

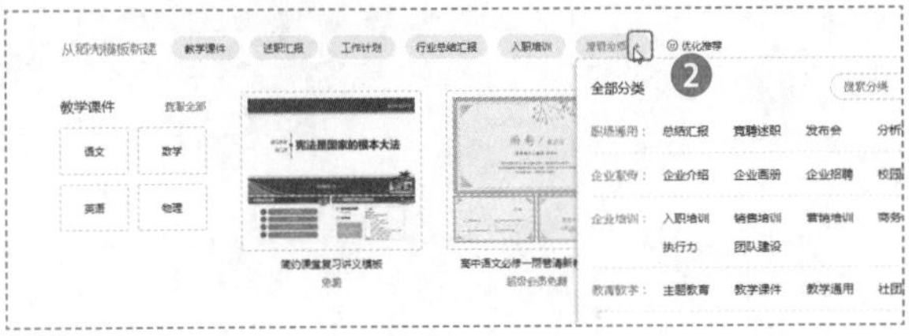

图 11-2

例如，单击【营销培训】这个分类，则会进入【企业培训-营销培训】目录中，从而更加具向地寻找目标模板，如图11-3所示。如果要返回到上一页，则单击【返回首页】链接按钮。

图 11-3

同时也可以通过搜索关键词的方式从模板库中快速筛选查找目标模板。例如，在搜索框中输入"服装"，按Enter键即可得到搜索结果，如图11-4所示。

图 11-4

11.1.2 按模板创建演示文稿

扫一扫，看视频

当确定自己要使用的模板后，则可以按模板创建演示文稿。

❶ 找到要使用的模板后，在模板上单击可对该模板进行预览，如图 11-5 所示。

图 11-5

❷ 确定要使用该模板时，单击【立即下载】按钮则可以使用此模板创建演示文稿，如图 11-6 所示。

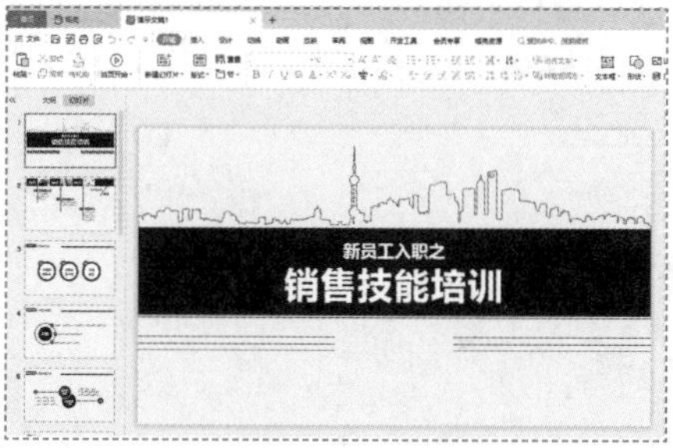

图 11-6

11.2 适当修改模板

使用模板时，所借鉴的是它的整体设计风格以及版式版面，对于具体内容则需要进行处理与编辑，包括重新编辑和排版自定义文本；修改装饰图片或插入自己的产品图片、解说图片等；对版面中设计元素的样式进行调整或移动位置调整布局等，关于这些操作在后面的章节中会讲解文本的排版编辑及图形图片的排版处理。在本节中主要讲解统一修改模板的字体，统一修改模板的配色方案，创建、移动、删除新幻灯片等的操作。

11.2.1 下载安装云字体

扫一扫，看视频

当使用模板创建新演示文稿后，有的模板中有一些字体是当前计算机中并未安装的，这时如果想使用模板中的那些字体，则可以下载安装云字体。

❶ 将光标定位到任意幻灯片的任意文本编辑框中，在【开始】选项卡中单击字体设置框右侧的下拉按钮，在下拉列表的【云字体】一栏中可以看到【查看未安装字体】链接，如图 11-7 所示。

图 11-7

❷ 单击该链接，在弹出的对话框中会显示所有未安装的字体，将鼠标指针指向字体，单击【立即使用】按钮即可安装字体，如图 11-8 所示。

图 11-8

❸ 安装后，在字体列表中就能看到该字体了，如图11-9所示，同时幻灯片中因为之前未安装而被替换的字体就全部恢复了。

图 11-9

11.2.2 新建、移动、复制、删除幻灯片

扫一扫，看视频

如果需要在某个位置插入一张新幻灯片，那么选中上一张幻灯片，单击底边出现的+按钮(见图11-10)，会弹出【新建幻灯片】窗口(见图11-11)，可以选择不同的版式来创建新幻灯片，如图11-12所示。

如果要移动幻灯片，则选中目标幻灯片，按住鼠标左键将其拖动到目标位置(见图11-13)，释放鼠标即可看到已经把幻灯片移到了新位置，如图11-14所示。

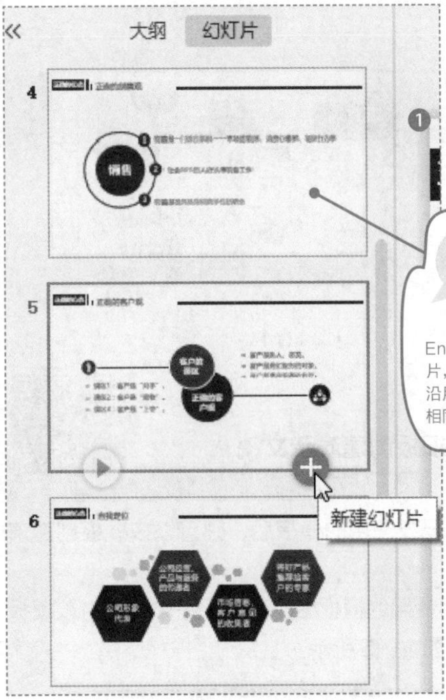

扩展

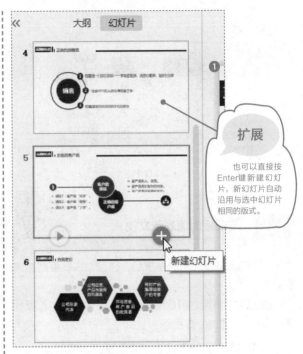

也可以直接按Enter键新建幻灯片，新幻灯片自动沿用与选中幻灯片相同的版式。

图 11-10

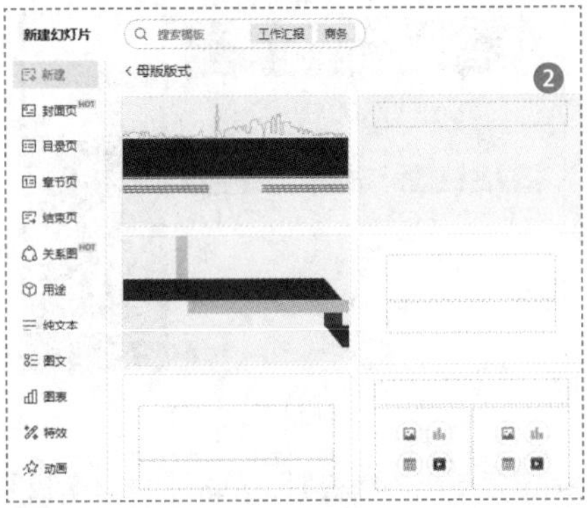

图 11-11

图 11-12

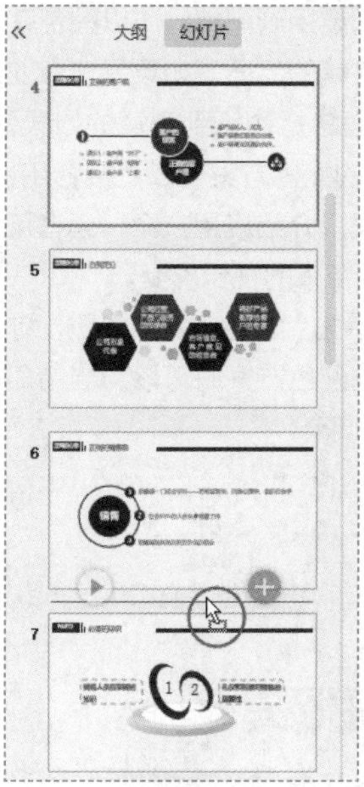

图 11-13

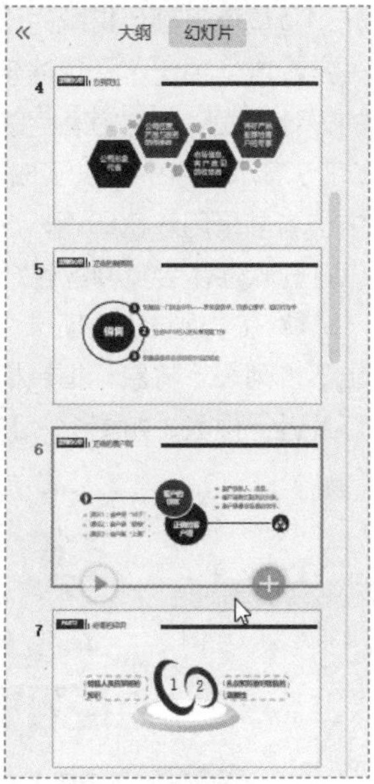

图 11-14

如果要复制幻灯片，则选中幻灯片，按快捷键Ctrl+C进行复制，再将鼠标光标定位到目标位置，按快捷键Ctrl+V进行粘贴，如图11-15所示。

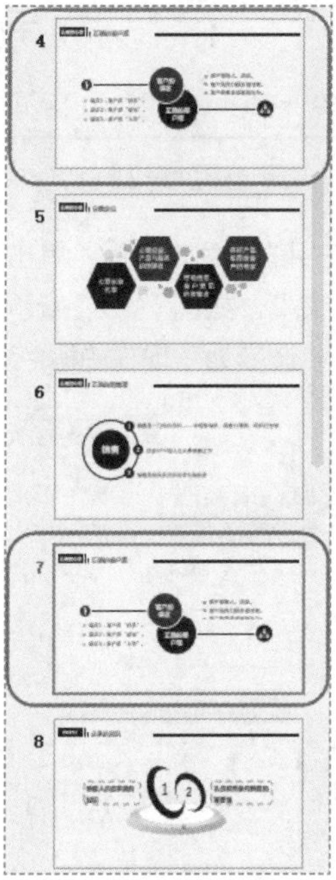

图 11-15

11.2.3 统一修改模板字体

扫一扫，看视频

如果要删除幻灯片，则选中目标幻灯片，按Delete键删除。

WPS演示程序的【设计】选项卡中提供了【统一字体】这项功能，可以通过此功能一次性更换幻灯片中文字的字体。

❶ 将鼠标光标定位到任意幻灯片中，在【设计】选项卡中单击【统一字体】按钮，弹出下拉列表，每种字体分为3行，第1行是标题框的字体，第2行是正文框的字体，第3行是英文字体，用鼠标指针指向时会放大预览，如图11-16所示。

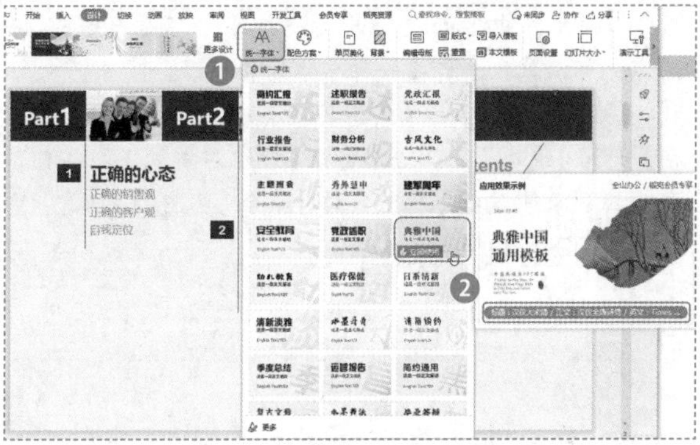

图 11-16

❷ 如果确定使用某种字体，单击即可应用。图11-17所示为原字体，图11-18所示为应用后的字体，这里可以进行对比。

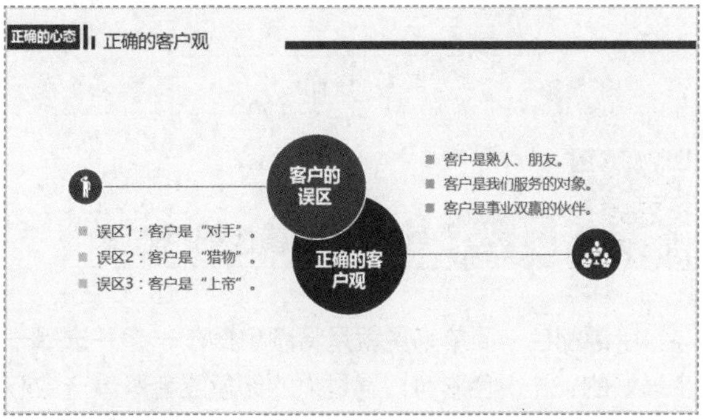

图 11-17

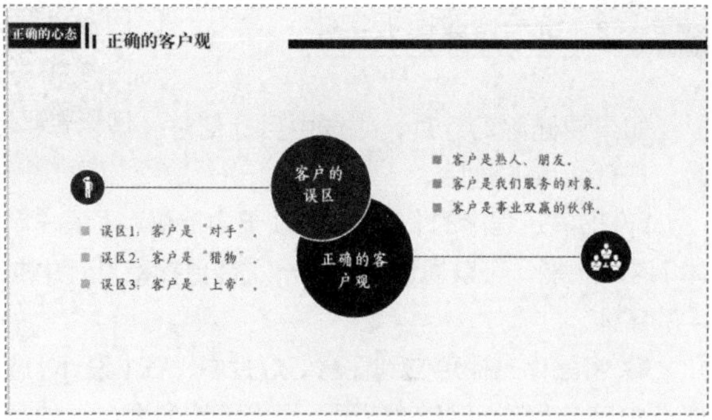

图 11-18

技巧点拨

如果文本中多处使用的某一种字体不是自己需要的，也可以单独进行某一种字体的替换。

❶ 将鼠标光标定位到想替换其中字体的文本框中，在【开始】选项卡中单击【替换】按钮右侧的下拉按钮，在下拉列表中选择【替换字体】命令(见图11-19)，打开【替换字体】对话框。

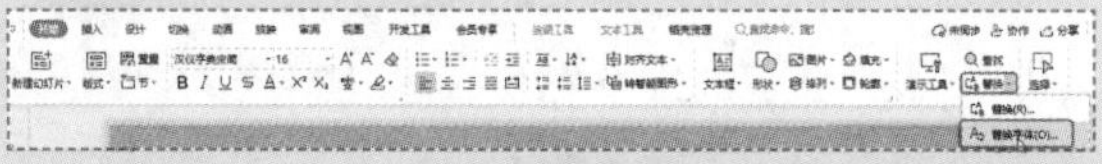

图 11-19

❷【替换】框中显示的就是鼠标光标定位处的字体，单击【替换为】框右侧的下拉按钮，在列表中选择想替换为的字体(见图11-20)，单击【替换】按钮即可一次性完成整篇演示文稿中相应字体的替换。

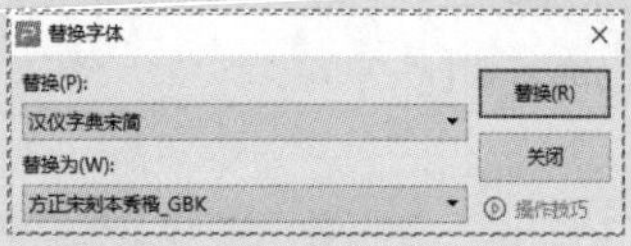

图 11-20

扫一扫，看视频

11.2.4 统一修改模板配色方案

所谓配色，简单来说就是将颜色摆在一起并选择一个最好的安排。色彩可以通过人的印象或者联想产生心理上的影响，而配色的作用就是通过合理的搭配表达气氛、获取舒适的心理感受。

在制作幻灯片的过程中，进行文字颜色、形状填充、背景色等颜色搭配时，都要用到配色，所以配色在一定程度上决定了一篇演示文稿的品质。如果是非专业的设计人员，往往在配色方面总是达不到满意的效果。WPS演示程序中提供了成熟的配色方案可以直接套用，由于本书采用双色印刷，这里只介绍应用方案，读者可以打开软件体会多种配色方案带来的视觉感受。

❶ 在【设计】选项卡中单击【配色方案】按钮，弹出下拉列表，将鼠标指针指向配色方案时可以对当前幻灯片进行预览，如图11-21所示。

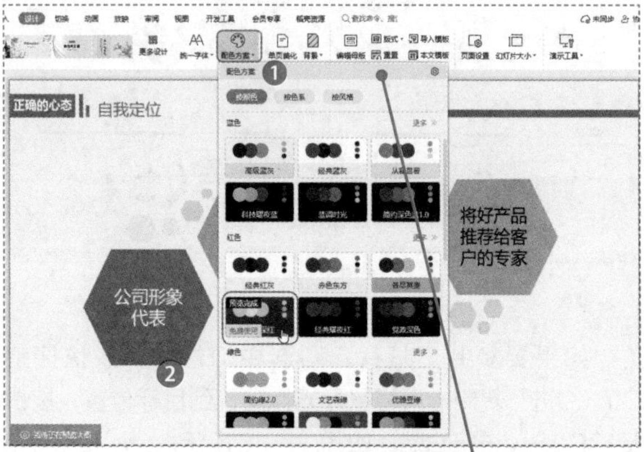

扩展

这里还有其他分类可以选择，读者操作软件时可以自行尝试操作。

图 11-21

❷ 确定要使用的配色方案后，单击即可将配色方案应用于整篇演示文稿。如图11-22所示，可以看到原来的演示文稿的蓝色调变为了现在的橙色调。

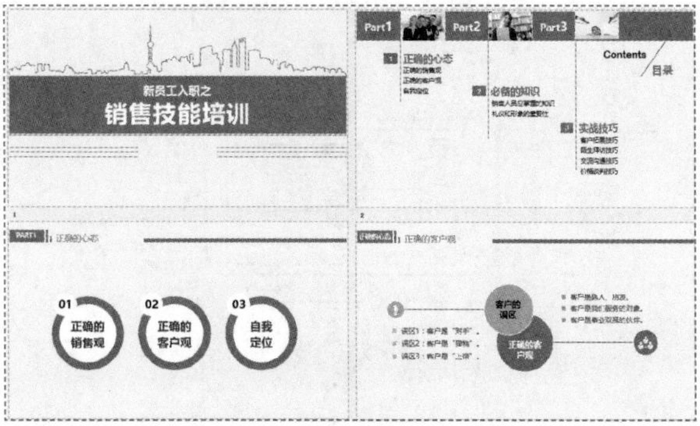

图 11-22

有一点需要注意，有些用户先下载了模板，然后在更改配色方案时发现，演示文稿中的色调没有发生变化或者只有部分图形和文字发生了变化，为什么会这样呢？这是因为配色方案可以更改当前演示文稿的主题色，而不能更改非主题色。更加直白地说，如果模板或演示文稿中的图形及文字的配色都是从主题色中选择的，那么在更改配色方案时配色都会随之更改；如果使用的是除主题色之外的其他自定义颜色，则不会自动发生变化。

当更改了配色方案后，只要进入可以设置颜色的设置按钮下，就可以看到【主题颜色】栏中的主题色会与选择的配色方案保持一致。图 11–23 所示为设置字体颜色的按钮，图 11–24 所示为设置形状填充颜色的按钮。

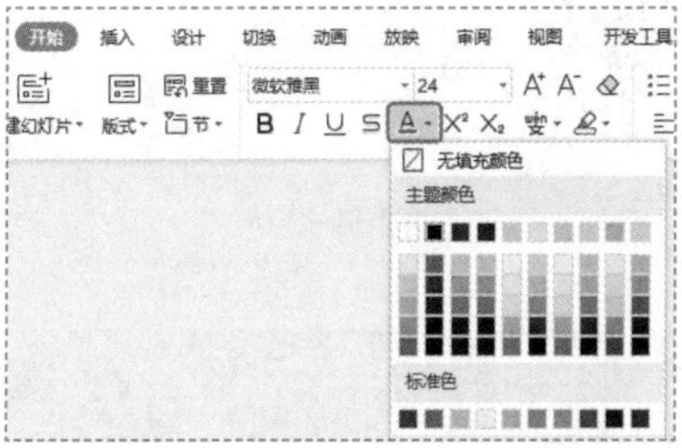

图 11–23

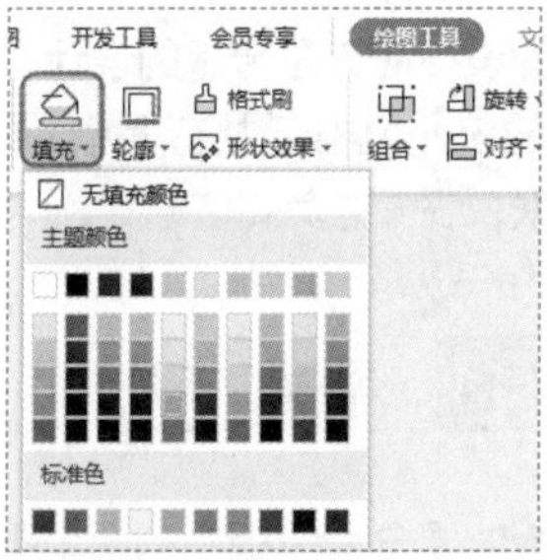

图 11–24

技巧点拨

配色原则的总结：

色彩是人的视觉最敏感的东西，色彩总的应用原则应该是“总体协调，局部对比”，即主页的整体色彩效果应该是和谐的，只有局部的、小范围的地方可以有一些强烈色彩的对比，让幻灯片在整体上具备统一的色感。避免整篇配色过于复杂，求多求艳，往往会让人感到搭配不协调，甚至俗气。像同色系不同明暗度的搭配（主题颜色中的同一列的颜色为同一色系的不同明暗度），邻近色搭配都不失为配色方面较为稳妥的方案。

另外，在【配色方案】下拉列表中可以看到很多方案都是遵循了同色系或邻近色的搭配。因此，当我们选择了合适的配色方案后，在主题颜色列表中就可以比较放心地使用颜色了。

11.2.5 统一模板背景

扫一扫，看视频

无论是下载的模板还是自己创建的新演示文稿，都可以根据当前的设计要求对模板的背景进行更改。可以更改单张幻灯片的模板，也可以一次性将整篇演示文稿更改为统一的背景。

❶ 在【设计】选项卡中单击【背景】按钮，弹出下拉列表，在列表中有一些渐变背景可以选择，也可以在【稻壳背景图片】栏中选择一些图片。本例定位到【简约】标签，选择图片，如图 11–25 所示。

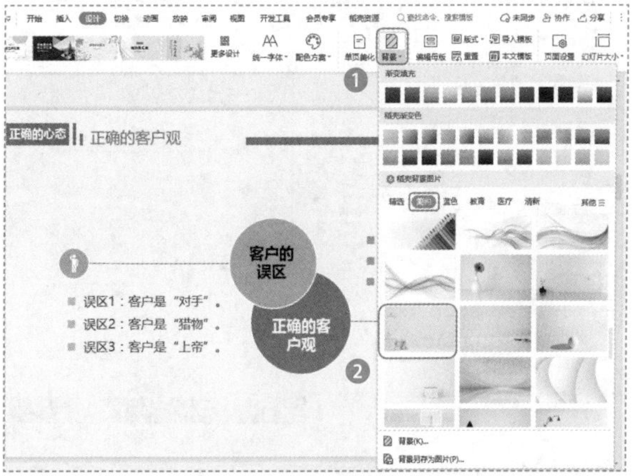

图 11–25

❷ 单击将选择的图片应用于当前幻灯片作为背景。如果需要将该背景应用于所有幻灯片，则在幻灯片的空白处右击，在弹出的快捷菜单中选择【设置背景格式】命令（见图 11–26），打开【对象属性】右侧窗格，在底部单击【全部应用】按钮（见图 11–27）即可为所有幻灯片应用统一的背景，如图 11–28 所示。

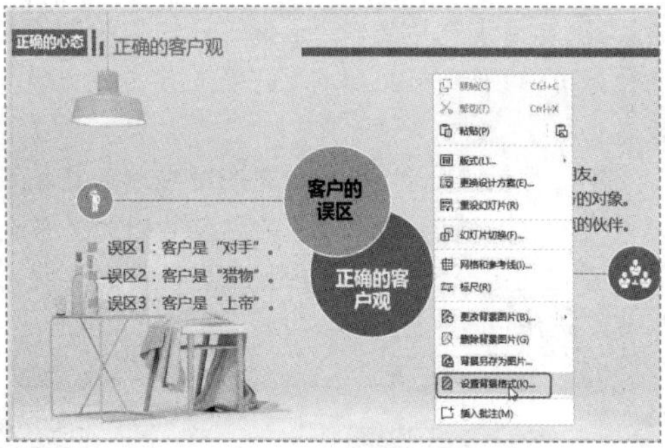

图 11-26

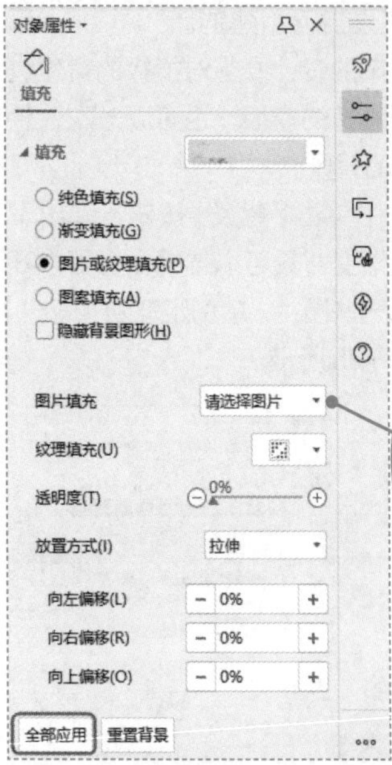

图 11-27

扩展

如果要使用计算机中已保存的图片作为背景，则需要在这里单击下拉按钮，选择【本地文件】，打开对话框去选择自己的图片。

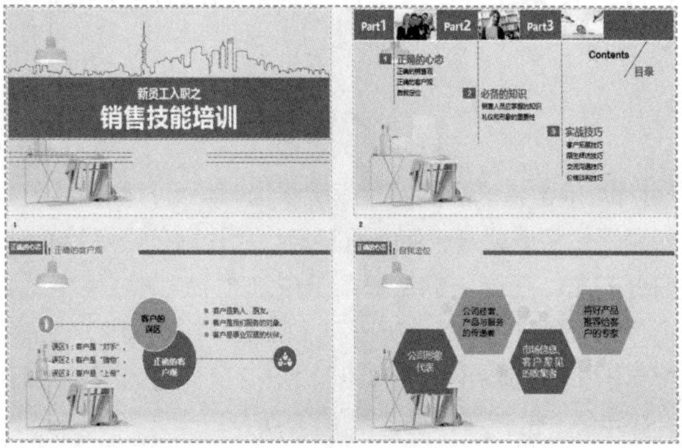

图 11-28

技巧点拨

在设计幻灯片的背景时，经常看到标题幻灯片、节标题幻灯片使用与正文幻灯片不同的背景或不一样的设计，那么这时则可以在全部应用背景后，在需要进行特殊设计的幻灯片上右击，在弹出的快捷菜单中选择【删除背景图片】命令(见图 11-29)，然后再对该幻灯片进行特殊设计。

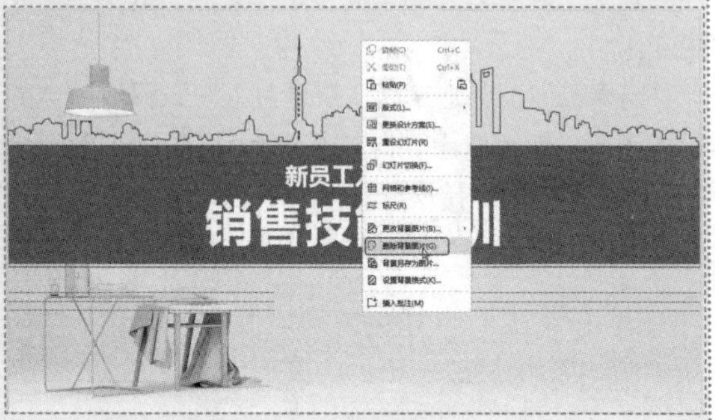

图 11-29

11.3 利用母版统一布局幻灯片

在演示文稿的设计中，除了每张幻灯片的单独编辑制作外，最初的设计应该是母版的设计，因为它决定了整篇演示文稿的统一风格及共有信息，如统一的背景、统一的装饰元素、统一的页脚信息等。

11.3.1 母版的作用

扫一扫，看视频

在编辑母版时要分清母版中的两个概念：主母版与版式母版。

“主母版”可以看作对整篇演示文稿的共性设置，如统一的背景、统一的标志图、统一的宣传标语等。(后面小节会通过范例进行讲解。)

“版式母版”就是演示文稿中某些幻灯片个性的设置，如转场页使用统一的设计风格，正文页使用统一的标识装饰元素等。(后面小节会通过范例进行讲解。)

在【视图】选项卡中单击【幻灯片母版】按钮(见图11-30)即可进入母版视图，左侧窗格中显示的是主母版与各个版式母版，如图11-31所示。

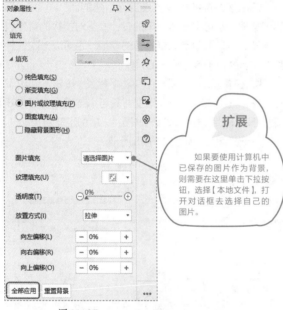

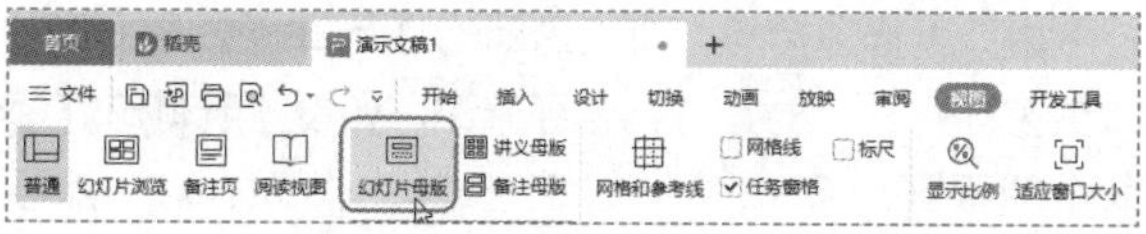

图 11-30

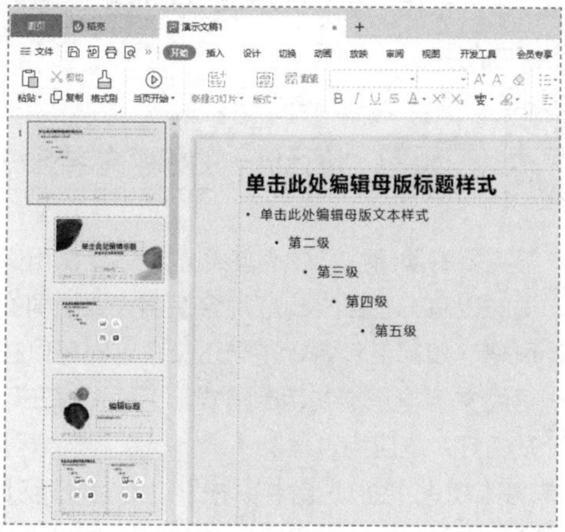

图 11-31

1. 版式

母版左侧显示了多种版式，一般包括“标题幻灯片”“标题和内容”“图片和标题”“空白”“比较”等11种版式，这些版式都是可以进行修改与编辑的。例如，此处选中“标题和内容”版式，可以看到默认版式如图11-32所示。

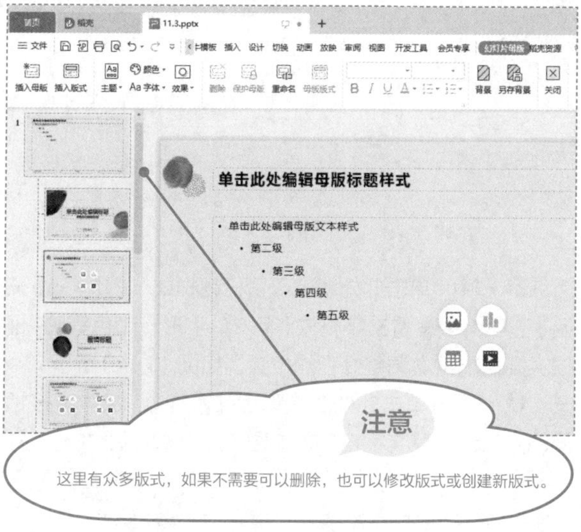

图 11-32

如果想让这个版式具有某一种格式，则需要在这里进行编辑。例如，在该版式的标题框左侧添加装饰图片，那么当以此版式创建新幻灯片时，都会显示此装饰，如图11-33所示。

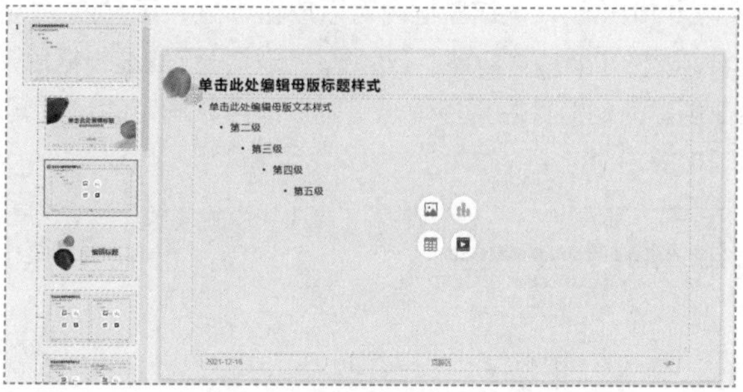

图 11-33

退出母版，此时在【开始】选项卡中单击【新建幻灯片】按钮(列表中显示出多种版式)，在列表中可以看到“标题和内容”版式的标题框前拥有了在母版中添加的装饰图片(见图11-34)，单击“标题和内容”版式即可基于此版式新建幻灯片，如图11-35所示。

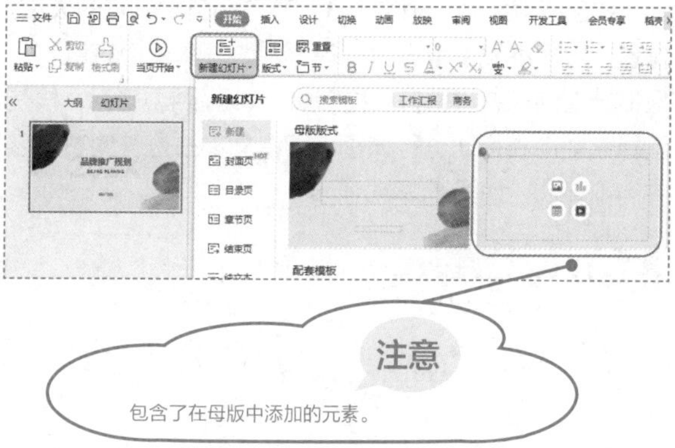

图 11-34

图 11-35

2. 占位符

占位符，顾名思义，是指先占住一个固定的位置，表现为一个虚框。虚框内部有“单击此处编辑母版标题样式”“单击此处编辑母版文本样式”之类的提示文字（见图11-36），在这些框内可以放置标题、正文或者图表、表格和图片等对象。在版式中安排好这些虚线框后，在创建新幻灯片后直接单击这些框即可在固定的位置编辑相应内容。

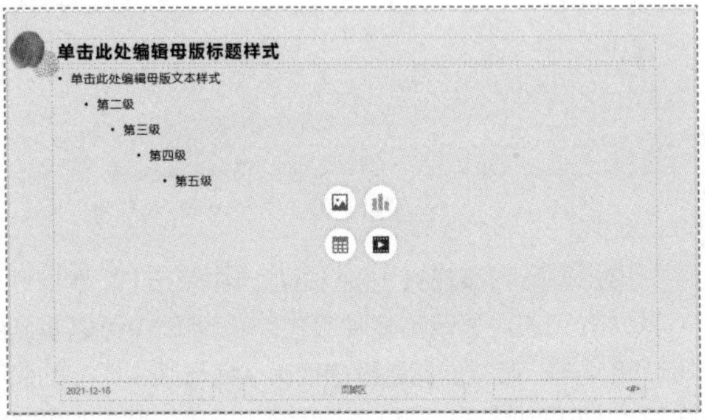

图 11-36

占位符就如同一个文本框，还可以自定义它的大小、位置、边框样式、填充效果等。例如，本例中可以将鼠标指针指向标题占位符的控制点上（见图11-37），按住鼠标左键向右拖动进行调整，再将文本占位符向右调整并向下移动，如图11-38所示。

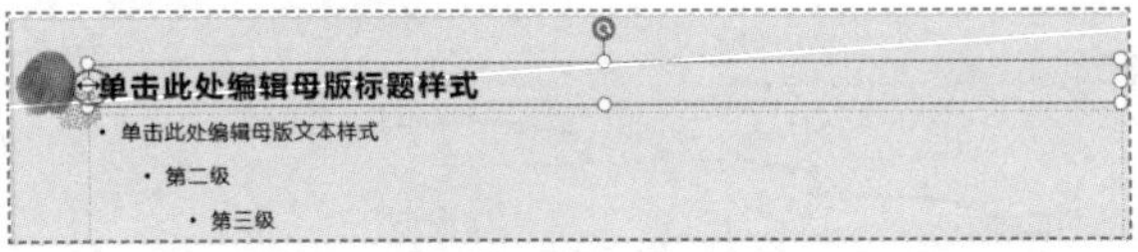

图 11-37

图 11-38

由以上描述可见，可以借助幻灯片母版来统一幻灯片的整体样式，对其进行全局修改，如设置所有幻灯片统一的背景、统一的字体、统一的页脚以及标志，都可以借用母版统一设置。在下面的内容中会更加详细地介绍在母版中的操作，深入了解母版中的编辑给整篇演示文稿带来的改变。

扫一扫，看视频

11.3.2 设计统一的标题文字格式

一篇完整的演示文稿中有些幻灯片需要拿出来单独设计，同时也有一些正文幻灯片会使用大致相同的版面与设计风格，如都会包含标题与正文，这时可以在母版中统一标题文字与正文文字的格式。下面讲解在母版中的设计及幻灯片的应用过程。

❶ 在【视图】选项卡中单击【幻灯片母版】按钮进入母版视图，在左侧窗格中选中“标题和内容”版式，然后通过更改占位符的位置、调整占位符的大小、添加修饰图形几步操作更改该版式的页面布局，如图11-39所示。

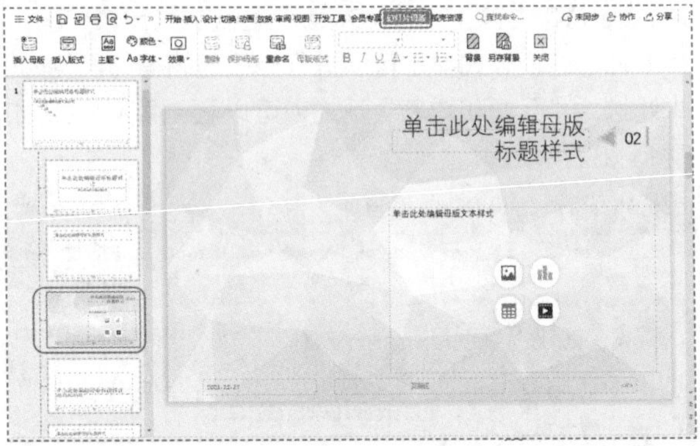

图 11-39

❷ 选中“单击此处编辑母版标题样式”文本，在【开始】选项卡中设置文字格式（字体、字形、颜色等）并根据实际情况再次调整好它的位置，如图11-40所示。

❸ 选中“单击此处编辑母版文本样式”文本，按相同的方法设置其文字格式，如图11-41所示。

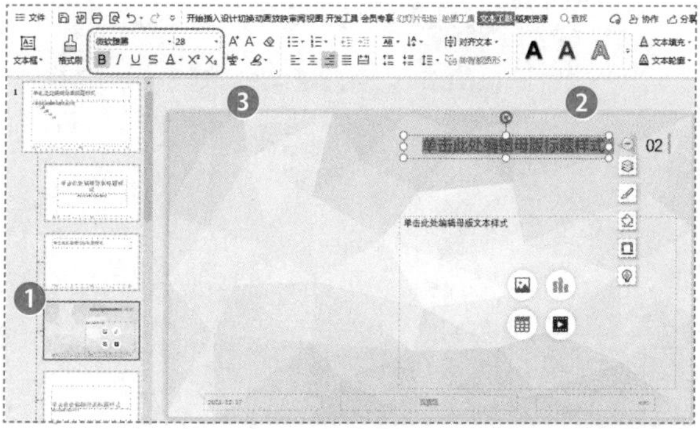
单击此处编辑母版标题样式
02
单击此处编辑母版文本样式

图 11-40

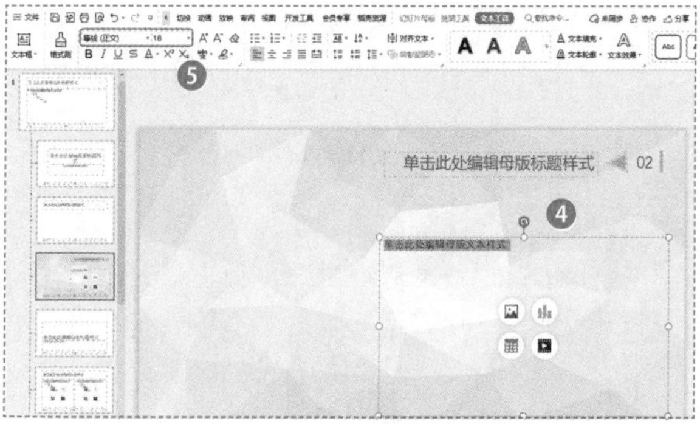
单击此处编辑母版标题样式
02

图 11-41

❹ 在【幻灯片母版】选项卡中单击【关闭】按钮回到幻灯片中。在【开始】选项卡中单击【新建幻灯片】按钮，在打开的【新建幻灯片】下拉列表中选择“标题和内容”版式（见图 11-42），新建的幻灯片如图 11-43 所示。

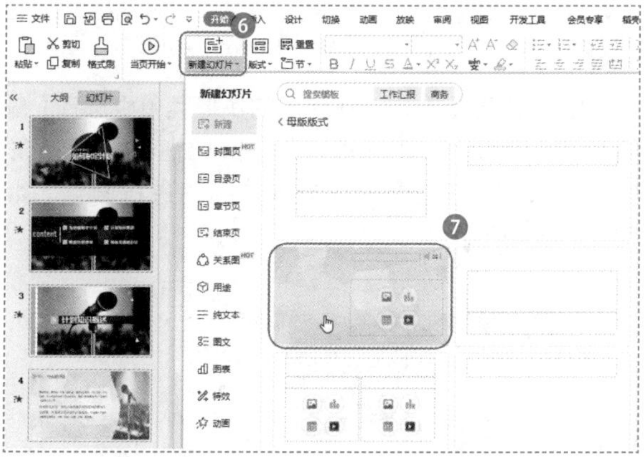
新建幻灯片
母版版式

图 11-42

单击此处添加标题
02
单击此处添加文本

图 11-43

❺ 在占位符上单击后输入标题及文本，然后对幻灯片进行其他补充设计，得到的幻灯片如图 11-44 和图 11-45 所示。

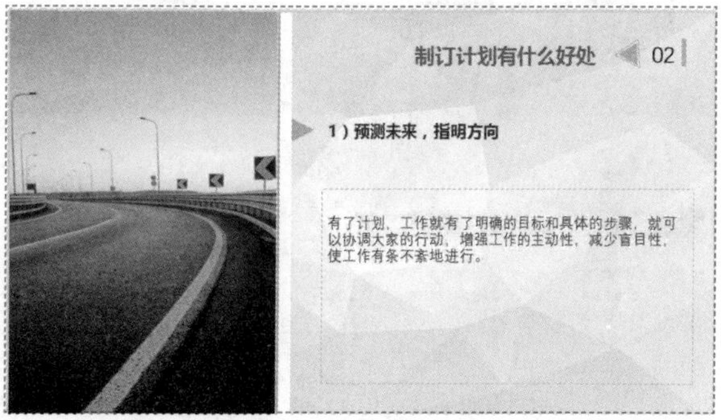
制订计划有什么好处
02
1）预测未来，指明方向
有了计划，工作就有了明确的目标和具体的步骤，就可以协调大家的行动，增强工作的主动性，减少盲目性，使工作有条不紊地进行。

图 11-44

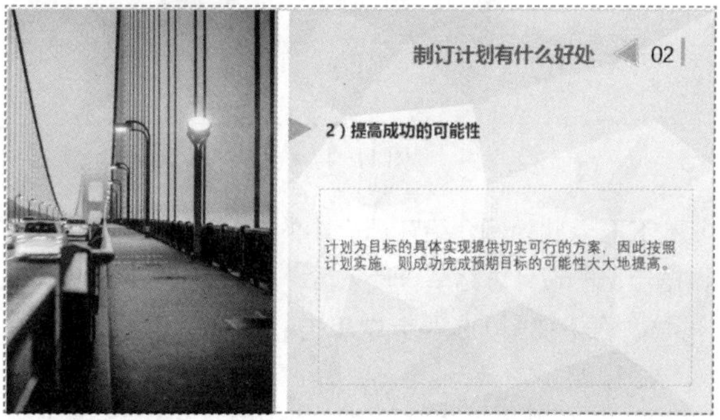
制订计划有什么好处
02
2）提高成功的可能性
计划为目标的具体实现提供切实可行的方案，因此按照计划实施，则成功完成预期目标的可能性大大地提高。

图 11-45

11.3.3 设计统一的页面装饰元素

扫一扫，看视频

一篇演示文稿的整体风格一般由背景样式、图形配色、页面顶部及底部的修饰元素等决定。因此，在设计幻灯片时，一般都会为整体页面使用统一的页面元素进行布局和设计。即使是下载的主题，有时也需要进行一些类似的补充设计。当然，只要掌握了操作方法，设计思路可谓是创意无限。

图11-46和图11-47所示的一组幻灯片就使用图形定义了统一的页面元素(左侧顶部位置)。

图 11-46

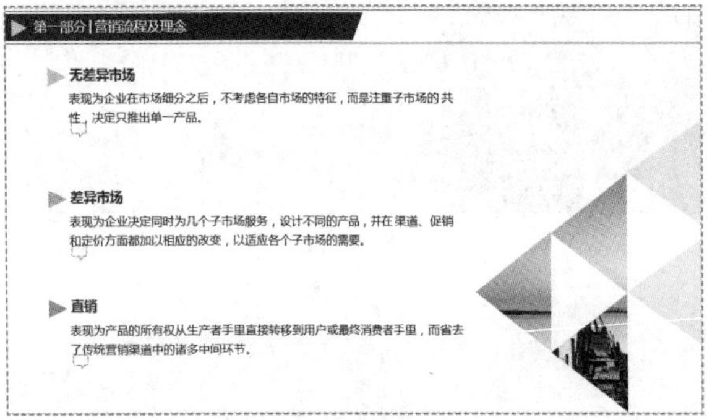

图 11-47

下面以此为例介绍在母版中的编辑方法，读者可以根据自己的设计思路举一反三。

❶ 在【视图】选项卡中单击【幻灯片母版】按钮进入母版视图。

❷ 在左侧窗格中选中“标题和内容”版式(因为标题幻灯片、节标题幻灯片等一般都需要特殊的设计，因此在设计时可以选中部分版式进行设计)，在【插入】选项卡中单击【形状】按钮，在打开的下拉列表中选择【矩形】图形(见图11-48)，此时光标变成十字形状，按住鼠标左键拖动绘制图形，如图11-49所示。

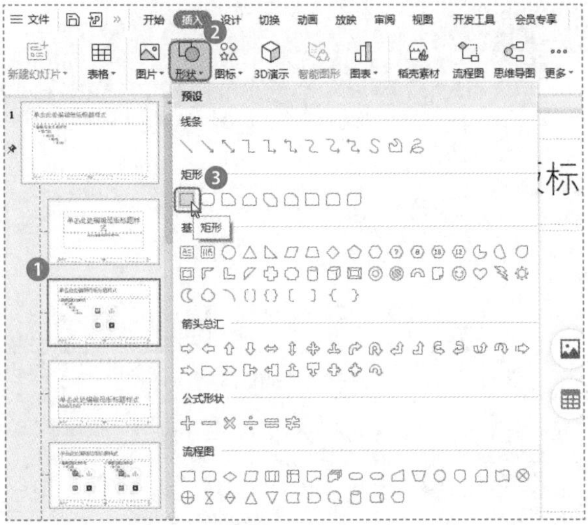

图 11-48

图 11-49

❸ 按相同的方法在矩形的上方和下方分别绘制直线，如图11-50所示。

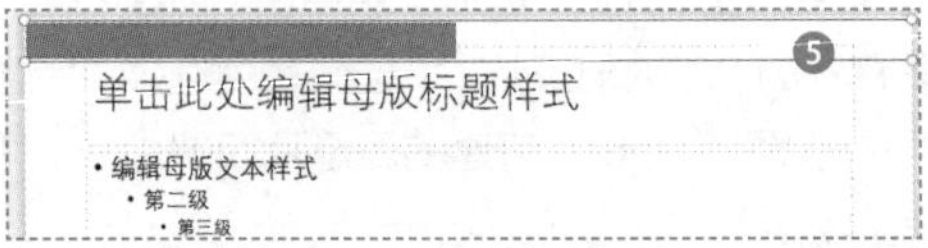

图 11-50

❹ 在矩形上右击，在弹出的快捷菜单中选择【编辑顶点】命令(见图11-51)，将鼠标指针指向矩形右下角顶点，按住鼠标左键向左拖动进行调整，如图11-52所示。

图 11-51

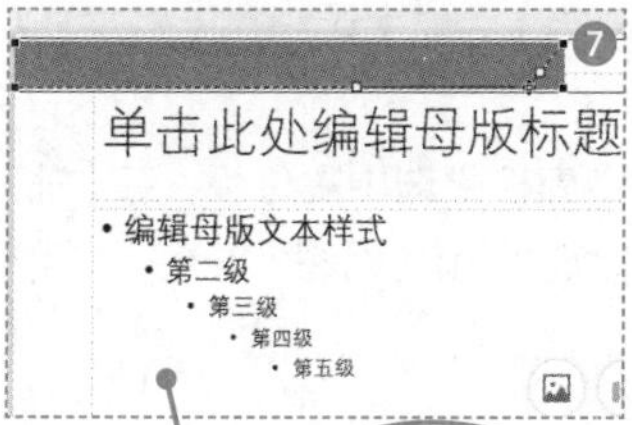

扩展

关于图形的多种编辑操作及调节顶点变换图形，在第 13 章中会详细介绍。

图 11-52

❺ 按设计思路继续添加图形，最后将标题框移至所绘制的图形上并对文字格式重新进行设置，如图 11-53 所示。

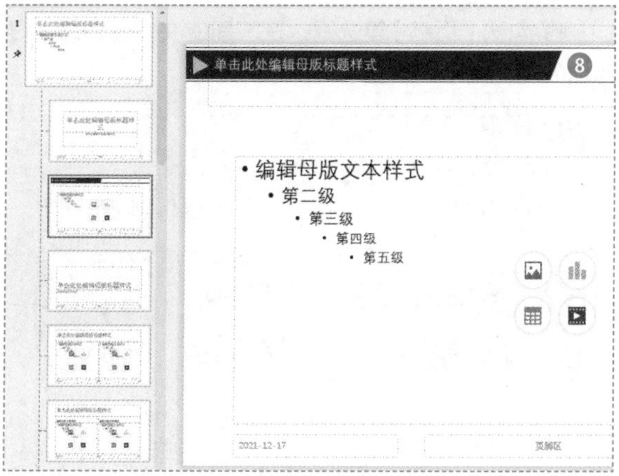

图 11-53

❻ 完成设置后退出母版视图，可以看到所有应用该版式的幻灯片都包含了所设计的元素。

11.3.4　在母版中定制统一的标志图片

扫一扫，看视频

在一些商务性的幻灯片中经常会将公司标志图片显示在每张幻灯片中，一方面体现公司企业文化，同时也起到修饰布局版面的作用。

如图 11-54 所示，在所有幻灯片中应用了该公司标志的图片。

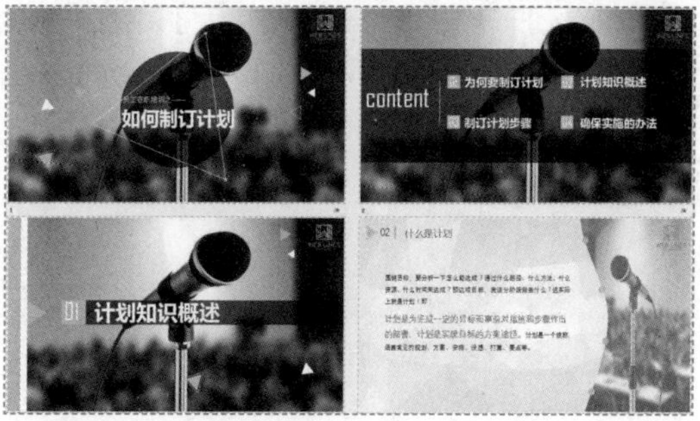

图 11-54

❶ 在【视图】选项卡中单击【幻灯片母版】按钮进入母版视图。

❷ 在左侧窗格中选中主母版，在【插入】选项卡中单击【图片】按钮，在打开的下拉列表中单击【本地图片】按钮（见图 11-55），打开【插入图片】对话框，选择要使用的标志图片，如图 11-56 所示。

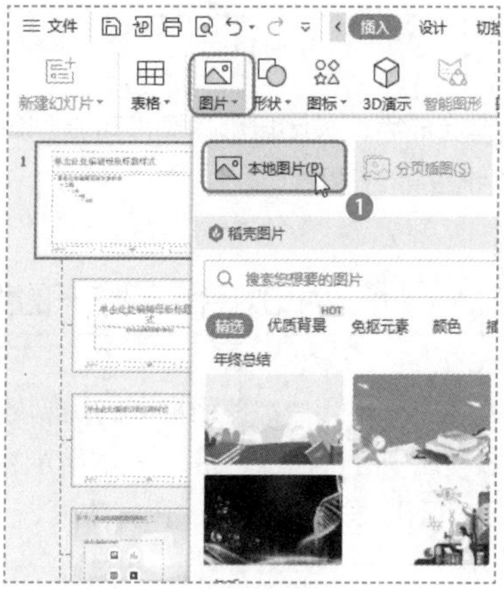

图 11-55

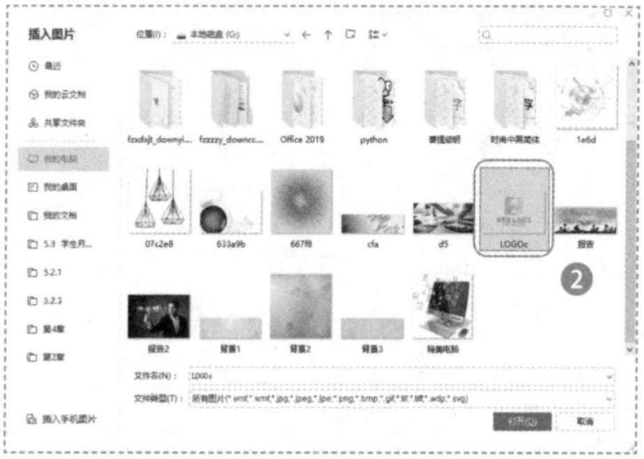

图 11-56

❸ 单击【打开】按钮，调整图片大小并移动图片到合适的位置，如图11-57所示。此时在左侧窗格中也可以看到各个版式中都添加了标志图片。

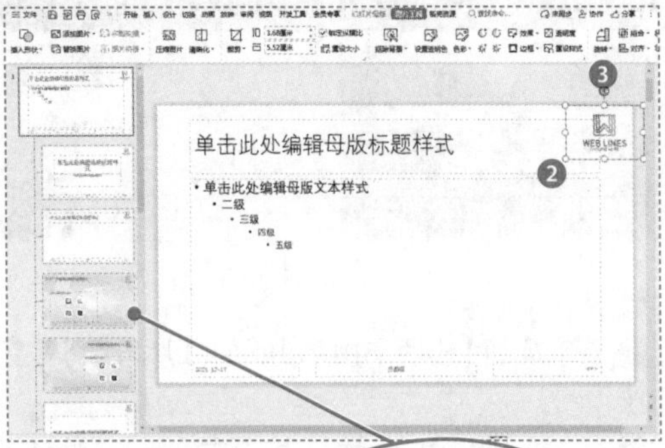

注意

如果不想在标题幻灯片中添加标志图片，则不能选中主母版进行添加图片的操作，可以逐一为除“标题幻灯片”版式之外的其他所有版式插入标志图片。

图 11-57

❹ 设置完成后，关闭母版视图即可看到每张幻灯片都显示了相同的标志图片。

11.3.5 为幻灯片定制统一的页脚效果

扫一扫，看视频

如果希望所有幻灯片都使用相同的页脚效果，也可以进入母版视图中进行编辑。图11-58所示为所有幻灯片都使用了“低碳·发展·共存”的页脚效果。

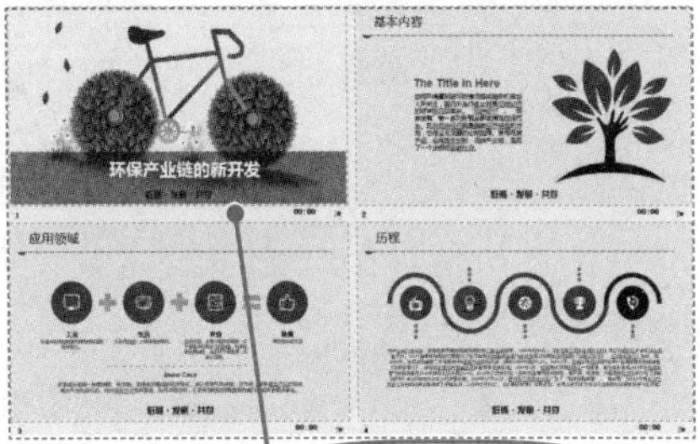

注意

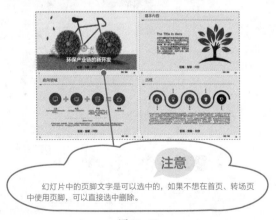

幻灯片中的页脚文字是可以选中的，如果不想在首页、转场页中使用页脚，可以直接选中删除。

图 11-58

❶ 在【视图】选项卡中单击【幻灯片母版】按钮进入母版视图。

❷ 在左侧窗格中选中主母版，在【插入】选项卡中单击【页眉页脚】按钮(见图11-59)，打开【页眉和页脚】对话框。

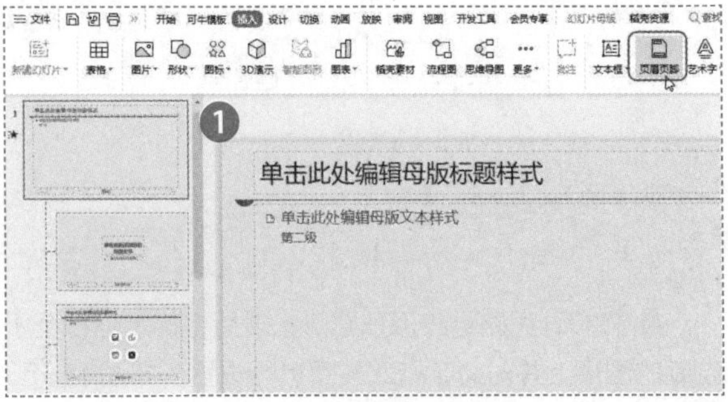

图 11-59

❸ 勾选【页脚】复选框，在下面的文本框中输入要添加的页脚文字，如图11-60所示。

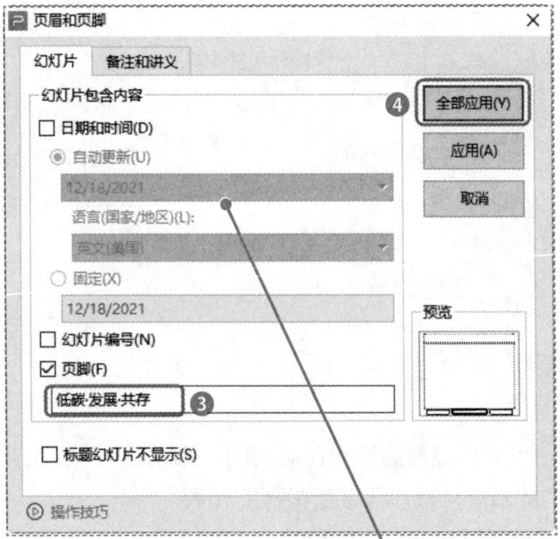

扩展

页脚除了显示为特定的文字外，日期、时间及幻灯片编号等也通常会作为页脚显示。

图 11-60

❹ 单击【全部应用】按钮，即可在母版中看到添加的页脚文字，如图11-61所示。

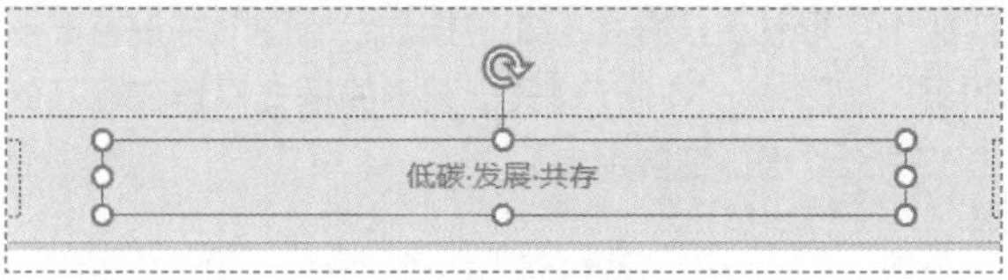

图 11-61

❺ 对文字进行格式设置，可以设置字体、字号、字形或艺术字等，效果如图 11-62 所示。

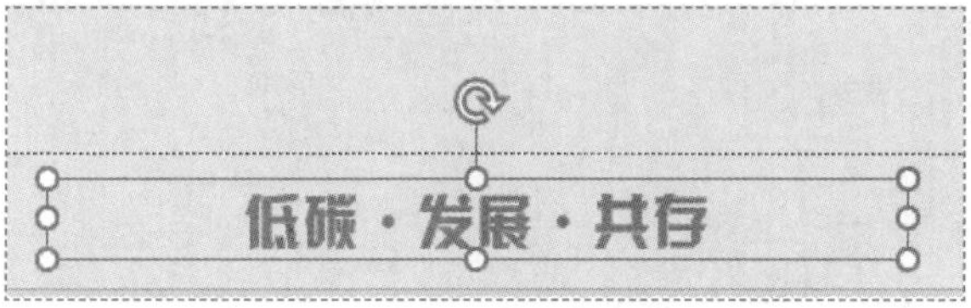

图 11-62

❻ 设置完成后，关闭母版视图即可看到每张幻灯片都显示了相同的页脚。

11.3.6 自定义可多次使用的幻灯片版式

扫一扫，看视频

母版中的默认版式有 11 种，这些版式可以在原来的基础上重新编辑修改(包括文字格式、占位符位置、占位符样式、添加图形布局等)，另外也可以自定义新的版式。当多张幻灯片需要使用某一种结构，而这种结构的版式在程序默认的版式中又无法找到时就可以自定义设计。当然，无论是自定义修改原版式，还是创建新的版式，其操作方法基本是相同的。

下面以修改“节标题”版式为例介绍操作方法。图 11-63 所示为统一定制了背景的“节标题”版式，现在想重新自定义版式达到如图 11-64 所示的效果。

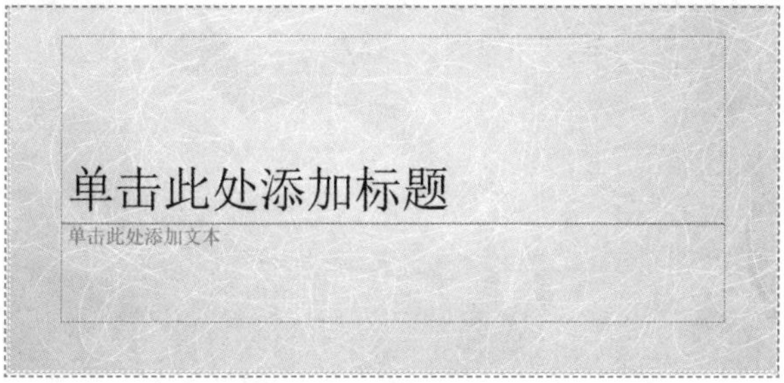

图 11-63

图 11-64

使用自定义的“节标题”版式创建幻灯片并编辑内容，得到的幻灯片如图 11-65 所示。

图 11-65

❶ 进入母版视图中，在左侧选中“节标题”版式，默认版式如图 11-66 所示。

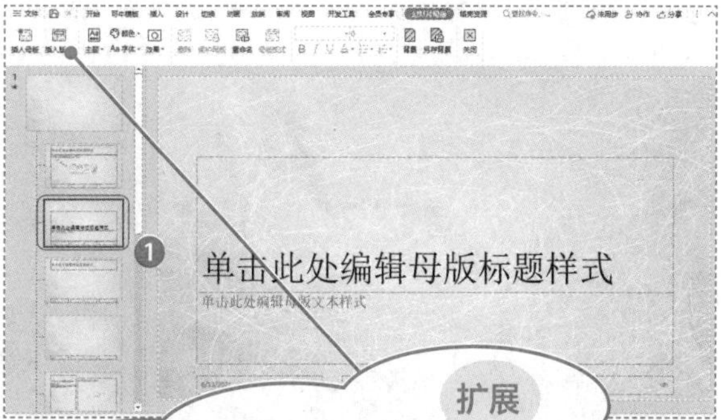

扩展

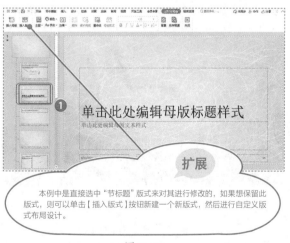

本例中是直接选中“节标题”版式来对其进行修改的，如果想保留此版式，则可以单击【插入版式】按钮新建一个新版式，然后进行自定义版式布局设计。

图 11-66

❷ 添加图片作为背景，然后在图片上绘制矩形，并设置半透明效果，如图 11-67 所示。

图 11-67

❸ 同时选中图片与图形，右击，在弹出的快捷菜单中选择【置于底层】命令，如图 11-68 所示。

图 11-68

❹ 调整两个默认占位符的位置，并设置占位符的文字格式，如图 11-69 所示。

图 11-69

❺ 在【插入】选项卡中单击【形状】按钮，在下拉列表中选择【椭圆】图形样式（见图 11-70），此时光标变成十字形状，按住鼠标左键拖动绘制图形并设置图形效果，如图 11-71 所示（关于图形的格式设置在后面的章节中会给出详细的讲解）。

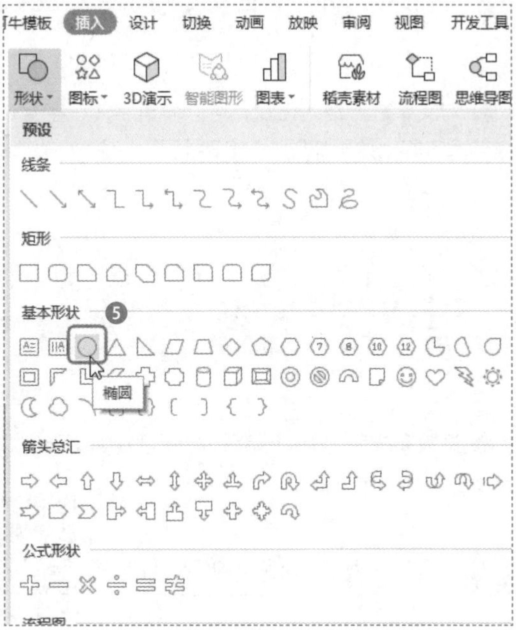

图 11-70

扩展

图形格式设置中有一个【三维格式】的设置，可以让图形呈现立体效果。

图 11-71

❻ 在其他版式中找到一个图片占位符，选中并按快捷键Ctrl+C复制(见图11-72)，切换到当前编辑的版式中，按快捷键Ctrl+V粘贴，将图片占位符调整到适当大小并放置于上一步绘制的图形上，如图11-73所示。

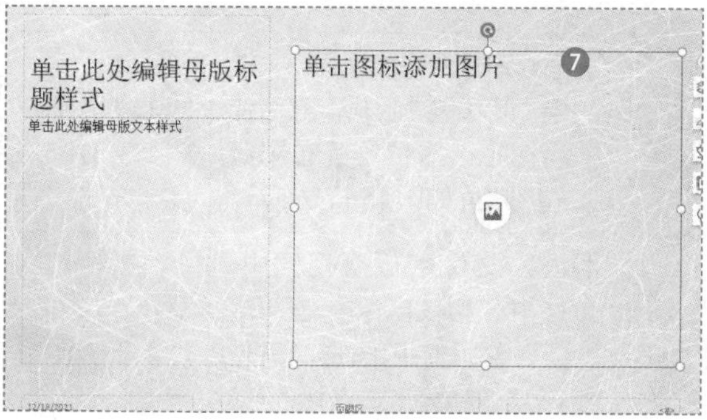

图 11-72

图 11-73

❼ 完成上面的操作后，退出幻灯片母版视图。在【开始】选项卡中单击【版式】按钮，在打开的列表中可以看到所设计的版式，如图11-74所示。有了这样一个版式后，当需要创建节标题幻灯片时，则都以此版式来创建，然后按实际需要重新编辑内容就能得到如图11-65所示的幻灯片。

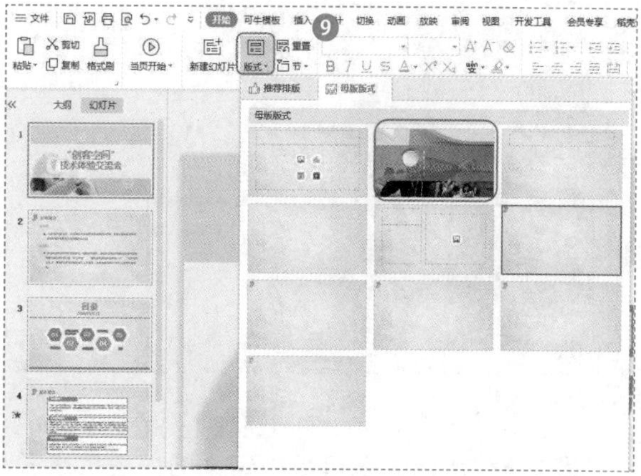

图 11-74

11.4 过关练习：自定义一套商务演示文稿主题

由本章内容可见，为了保持一篇演示文稿整体布局的统一协调，可在幻灯片母版中操作完成，通常根据幻灯片的类型确定主题色调及背景特色等。另外，还可以根据当前演示文稿的特性建立几个常用的版式，以便在创建幻灯片时快速套用。

11.4.1 自定义的版式与应用幻灯片

扫一扫，看视频

图11-75所示为在母版中定义的过渡页版式，图11-76所示为使用该版式创建的过渡页幻灯片。

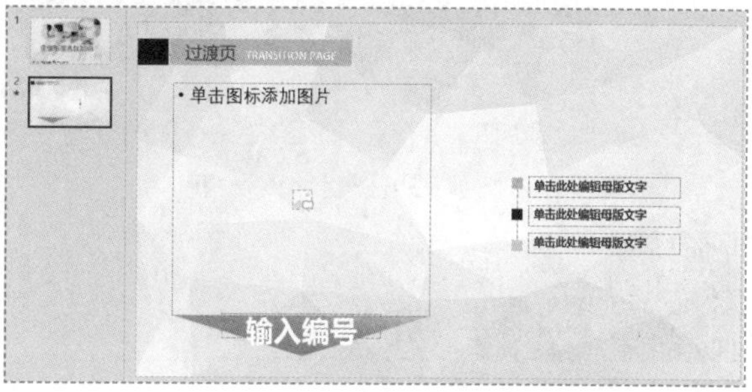

图 11-75

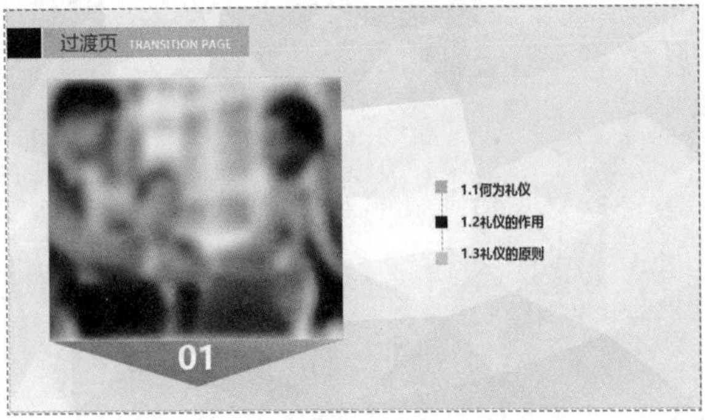
过渡页 TRANSITION PAGE
1.1何为礼仪
1.2礼仪的作用
1.3礼仪的原则
01

图 11-76

图11-77所示为在母版中定义的内容页版式，图11-78所示为使用该版式创建的内容页幻灯片。

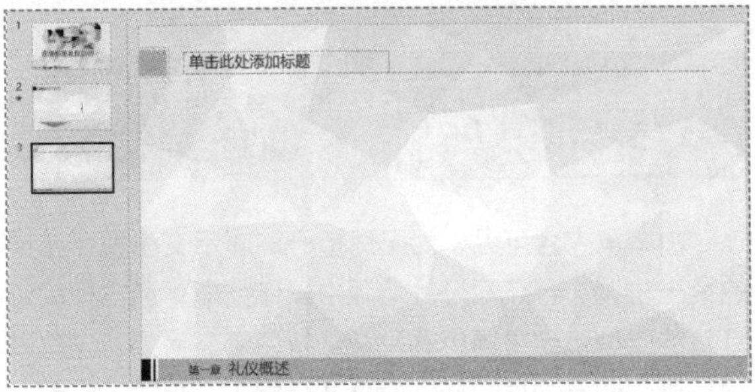
单击此处添加标题
第一章 礼仪概述

图 11-77

1.1 何为礼仪
礼仪就是尊重他人的一种观念，其本质就是：
尊重
与人为善
待人以诚
第一章 礼仪概述

图 11-78

扫一扫，看视频

11.4.2 制作与编排要点

下面以上面给出的制作范例为例，罗列出该演示文稿主题的制作与编排要点。

序号	制作与编排要点	知识点对应
1	选择一张适合作为背景使用的图片，将其设置为幻灯片的背景并应用于全部幻灯片。	11.2.5小节
2	进入幻灯片母版视图中，选中“节标题”版式，然后使用图形、占位符等布局版式，版面如图11-75所示。	11.3.3小节 11.3.6小节
3	进入幻灯片母版视图中，选中“标题和内容”版式，然后使用图形、占位符等布局版式，版面如图11-77所示。	11.3.6小节
4	当需要使用所创建的版式来新建幻灯片时，在“新建幻灯片”下拉列表中选择创键的版式创建新幻灯片。	11.2.2小节

第 12 章 文本型 PPT 的编排操作

12.1　文案是幻灯片的必备元素

一篇成功的演示文稿在信息传递上，文字功不可没。用于幻灯片中的文案首先需要整理，理好层级关系、逻辑关系并进行精简处理。当准备好文案后，需要将其输入幻灯片，之后再进行排版设计。一般可以在占位符中输入文本，或者使用文本框来设计文本。

12.1.1　占位符辅助文案编辑

扫一扫，看视频

在第 11 章介绍母版的时候已经接触了占位符，在母版中创建好一些版式后，当依据版式创建幻灯片时，则会看到一些安排好的占位符，只需要输入相应的信息即可，同时也可以根据实际排版需要重新调整占位符的位置。

1. 向占位符中输入文本

图 12-1 中显示的“编辑标题”“单击此处添加文本”的虚线框都是占位符。

图 12-1

在占位符上单击即可进入文字编辑状态(见图 12-2)，这时则可以输入文本，如图 12-3 所示。

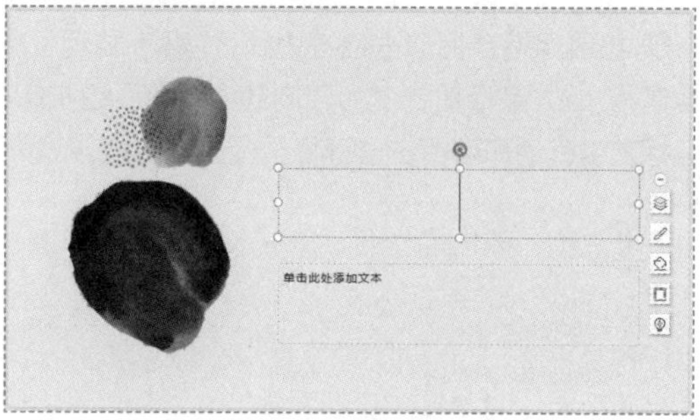

图 12-2

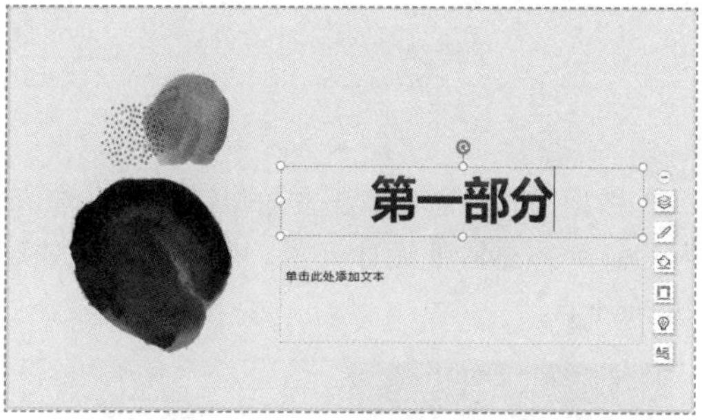

图 12-3

2. 按设计思路调整占位符

占位符能起到布局幻灯片版面结构的作用，但并非所有的幻灯片都会使用相同的版式，很多时候是整体设计风格保持一致，版面布局会有调整。因此，根据当前幻灯片排版的需要，可以重新调整占位符的大小和位置等。

❶ 图 12-4 所示为使用默认版式输入了标题文本与正文文本的幻灯片。选中标题占位符，将鼠标指针指向

占位符边框的控制点上（见图12-4），按住鼠标左键拖动即可调整大小。

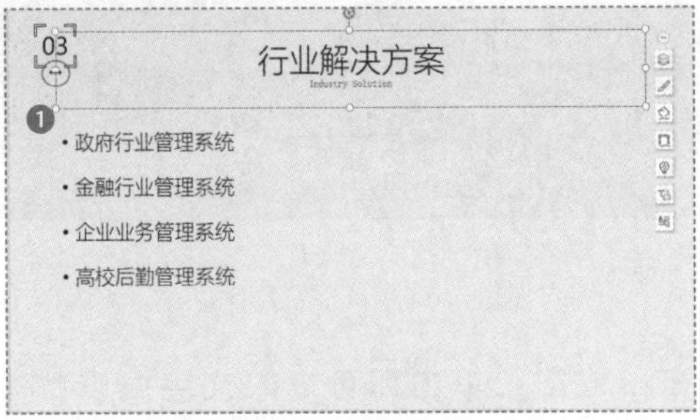

图 12-4

❷ 将鼠标指针指向占位符边线（注意不要定位在调整控制点上），鼠标指针变为四向箭头（见图12-5），按住鼠标左键拖动即可将占位符移至合适的位置。

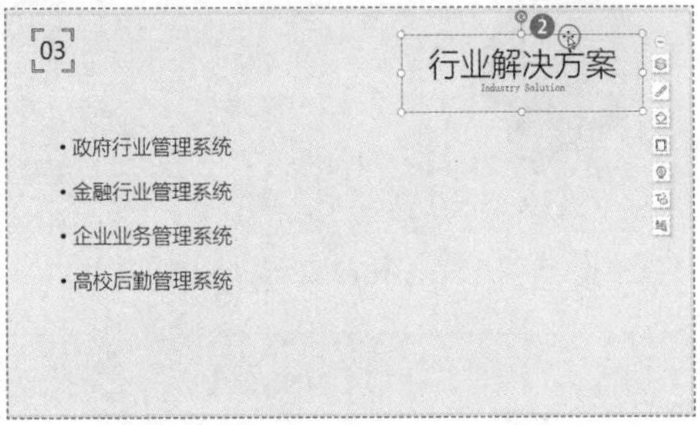

图 12-5

❸ 按相同的方法调整正文占位符的大小与位置，并为幻灯片补充其他设计元素，得到的排版效果如图12-6所示。

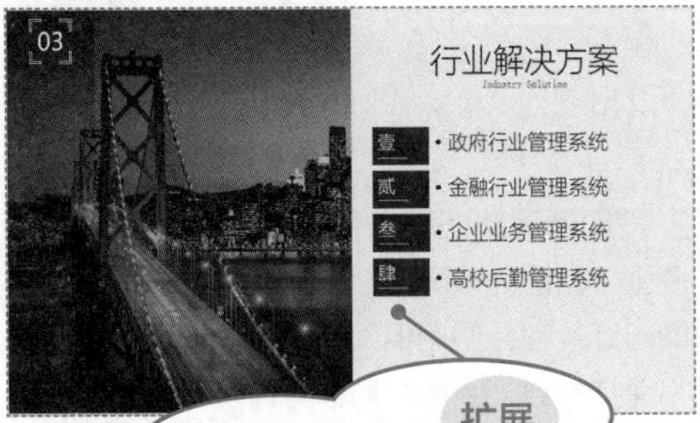

扩展

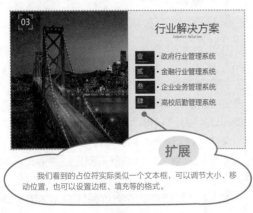

我们看到的占位符实际类似一个文本框，可以调节大小、移动位置，也可以设置边框、填充等的格式。

图 12-6

12.1.2 文本框辅助文案编辑

扫一扫，看视频

在设计幻灯片时，除了使用模板中的默认版式外，更多的时候无论是新建幻灯片还是补充编辑幻灯片，都无时无刻不在使用着文本框。因为文本框可以随时使用、随时绘制并且可以自由地放置在任何位置。

1. 绘制文本框添加文本

当幻灯片的某个位置需要添加文本时，可以随时绘制文本框。

❶ 选中目标幻灯片，在【插入】选项卡中单击【文本框】按钮，打开下拉列表，选择【横向文本框】命令，如图12-7所示。

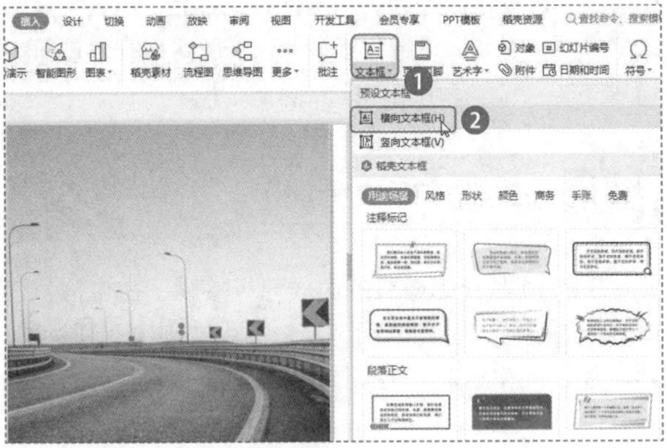

图 12-7

❷ 在需要的位置按住鼠标左键拖动即可绘制文本框（见图12-8），释放鼠标时可以看到光标在文本框内闪烁，此时即可输入文本，如图12-9所示。

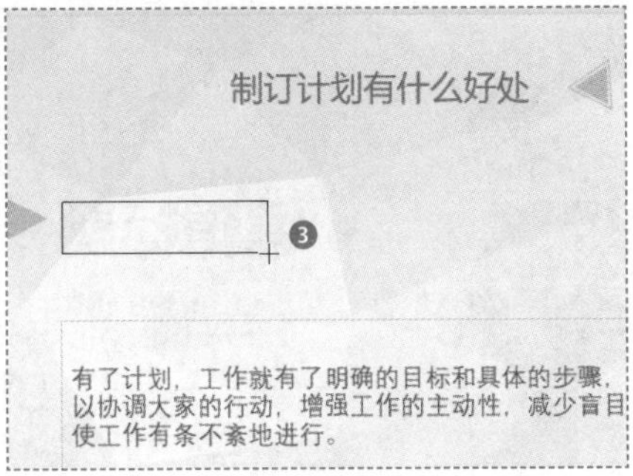

图 12-8

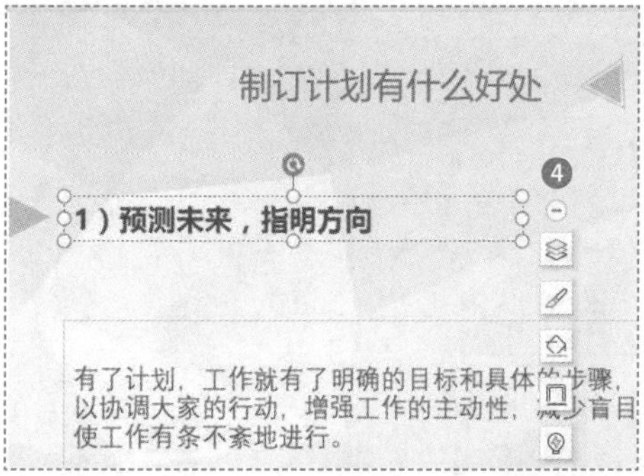

图 12-9

❸ 绘制文本框并编辑文字后，可以选中文字进行格式设置，同时将鼠标指针指向边框，出现四向箭头时按住鼠标左键可将其移至任意需要的位置。

通过图 12-10 所示的幻灯片来体会一下文本框的使用，content文本及各个标题都使用了单独的文本框。在设计序号时，先绘制图形作为底图，接着在图形上绘制文本框来输入序号。由此可见，要完成一项设计实际上会多次使用文本框。

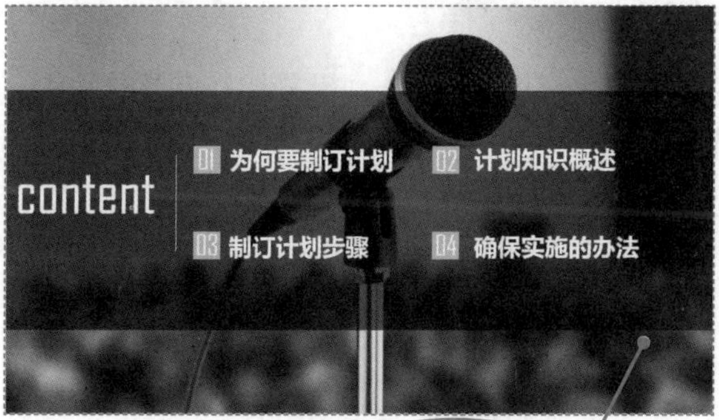

扩展

文本框可以复制使用，尤其是在其他位置需要使用经过格式设计的文本框时，不必重复进行格式设置。在复制后移到相应位置，重新编辑其中的文本即可。

图 12-10

2. 应用稻壳商城的艺术文本框

除了默认的最简易的文本框外，WPS演示程序中还提供了来自稻壳商城的多种艺术文本框。使用艺术文本框可以快速对幻灯片进行补充设计。

❶ 选中目标幻灯片，在【插入】选项卡中单击【文本框】按钮，在打开的下拉列表中可以看到【稻壳文本框】栏，其中有多种明细分类，如图 12-11 所示。

图 12-11

❷ 找到想使用的文本框样式，单击即可在幻灯片中插入文本框，如图 12-12 所示。

图 12-12

这种艺术文本框实际是图形与文本框相组合的一些设计方案，因此对于其中的图形可以更改填充色、边框等格式，同时文本框内的文本可重新编辑为自己所需要的并设置文字格式。本例通过调整可以得到如图 12-13 所示的排版效果。

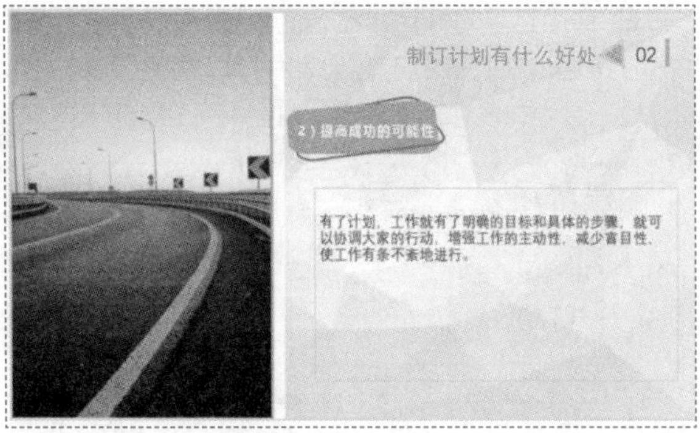

图 12-13

艺术文本框的使用在于使用者的设计思路，只要拥有设计思路，各种文本框都能辅助幻灯片的创建与排版。例如，在【文本框】下拉列表中选择如图12-14所示的艺术文本框，单击后插入幻灯片，如图12-15所示，经排版可得到如图12-16所示的目录幻灯片。

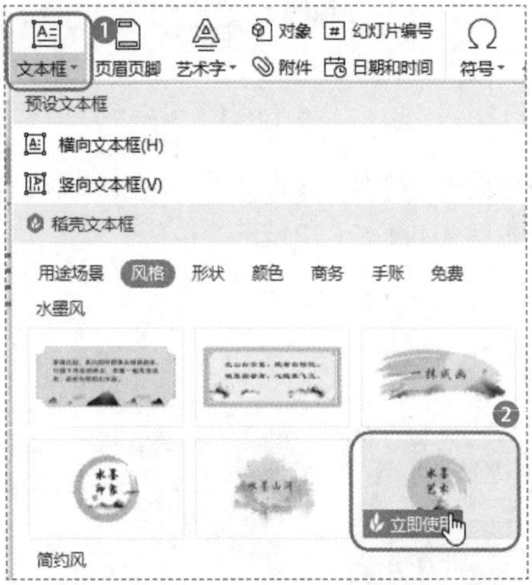

图 12-14

图 12-15

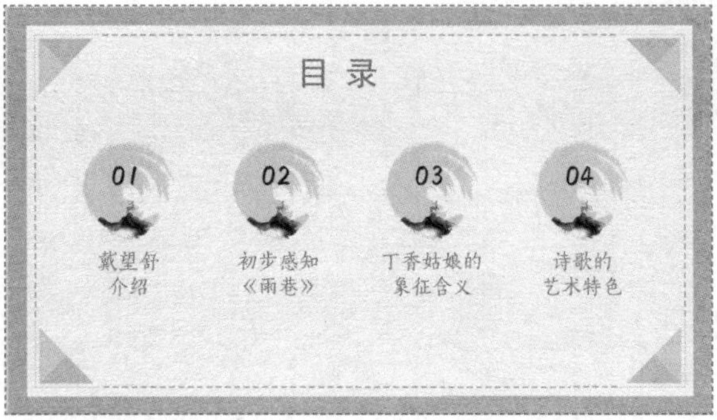

图 12-16

12.1.3 目录文本与幻灯片的链接

扫一扫，看视频

将目录文本与对应的幻灯片相链接也是文本处理中的一个常见做法，进行此操作后，在放映幻灯片时可以实现单击目录即可立即跳转到对应内容的幻灯片中。

❶ 在目录幻灯片中，选中目录文本，右击，在弹出的快捷菜单中选择【超链接】命令（见图12-17），打开【插入超链接】对话框。

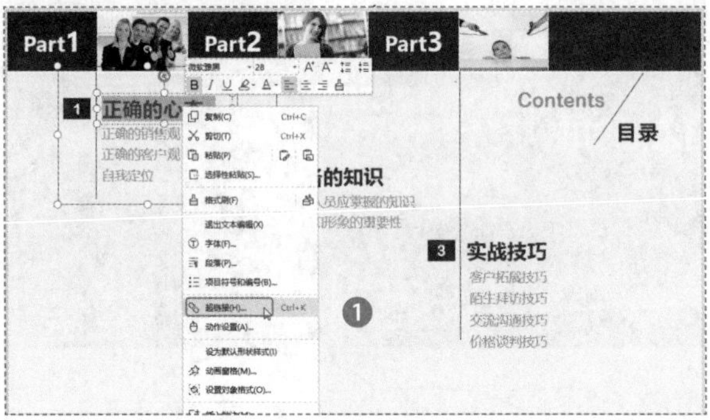

图 12-17

❷ 在左侧选中【本文档中的位置】标签，然后在中间的【请选择文档中的位置】列表框中选中要链接到的幻灯片，如图12-18所示。

❸ 单击【确定】按钮即可完成此超链接的建立，如图12-19所示。

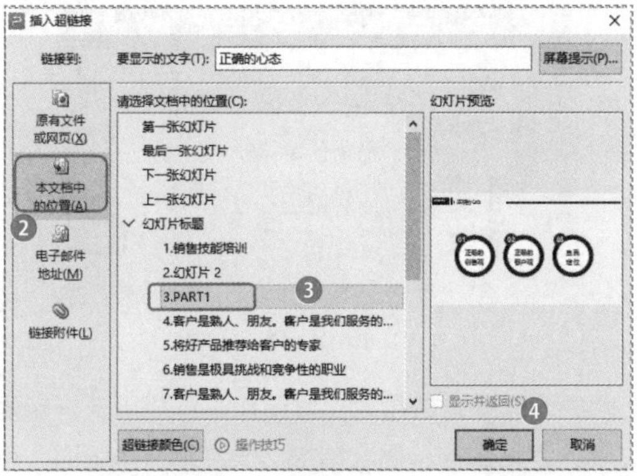

图 12-18

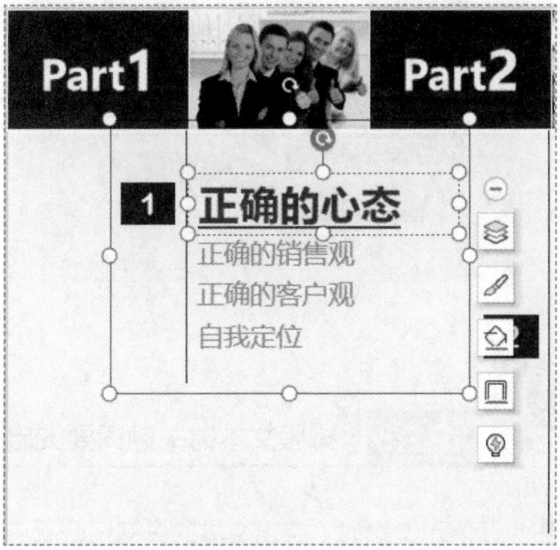

图 12-19

❹ 按相同的方法依次完成对其他目录超链接的建立。

❺ 在播放幻灯片时，如果单击设置了超链接的文本（见图 12-20），则会立即跳转到与其链接的幻灯片，如图 12-21 所示。

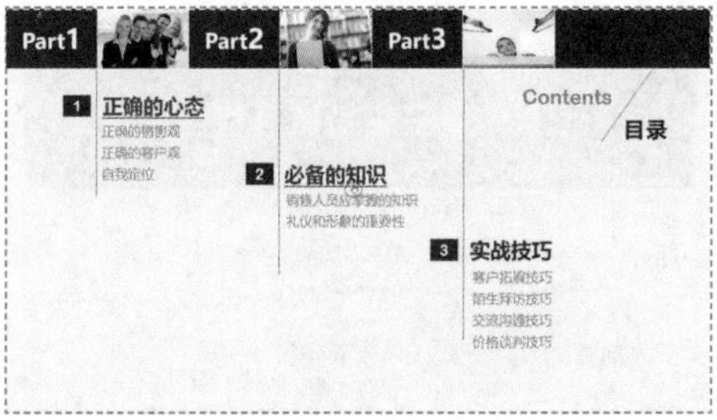

图 12-20

图 12-21

对于已经建立的超链接，在其快捷菜单中可以将鼠标指针指向【超链接】命令，然后在子菜单中进行【编辑超链接】【超链接颜色】【取消超链接】等几项操作，如图 12-22 所示。

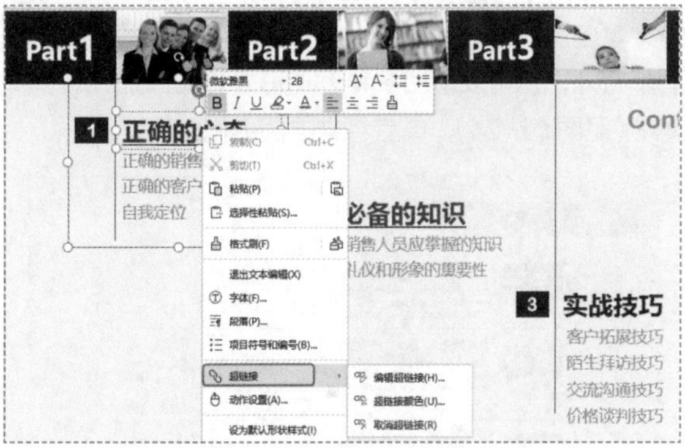

图 12-22

12.2 文字排版的禁忌

在 12.1 节中，我们强调过文案是幻灯片的必备元素，同时文字的排版也是非常重要的。文字排版的一个宗旨就是要突出文案中的关键信息。总结来说就是，文字排版要有 4 个层次：便于识别、准确传达、阅读顺畅、兼顾美感。

12.2.1 文本忌堆砌效果

扫一扫，看视频

在建立文本型幻灯片时，有的设计者为了区分各项不同内容，会为不同的文本设置不同的格式。如图12-23所示，不但使用了不同的填充色调，还使用了各种不同的字体，表现形式比较混乱，这样的幻灯片可识别度自然很差，不便于阅读。

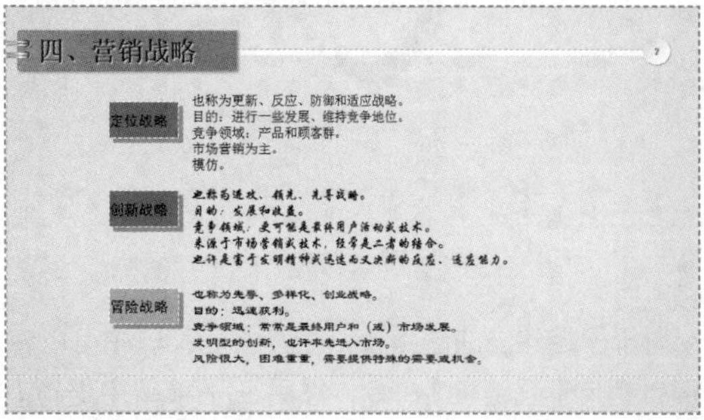
四、营销战略
定位战略
也称为更新、反应、防御和适应战略。
目的：进行一些发展、维持竞争地位。
竞争领域：产品和顾客群。
市场营销为主。
模仿。
创新战略
也称为进攻、领先、先导战略。
目的：发展和收益。
竞争领域：更可能是最终用户活动或技术。
来源于市场营销或技术，经常是二者的结合。
也许是富于发明精神或迅速而又决断的反应、适应能力。
冒险战略
也称为先导、多样化、创业战略。
目的：迅速获利。
竞争领域：常常是最终用户和（或）市场发展。
发明型的创新，也许率先进入市场。
风险很大，困难重重，需要提供特殊的需要或机会。

图 12-23

设置文本时要注意避免使用过多的颜色，同一级别的文本应使用同一种效果，这样就可以避免画面过于凌乱。另外，也可以增加多种表现形式，如添加线条间隔文本（见图12-24），或者将文本图形化处理。

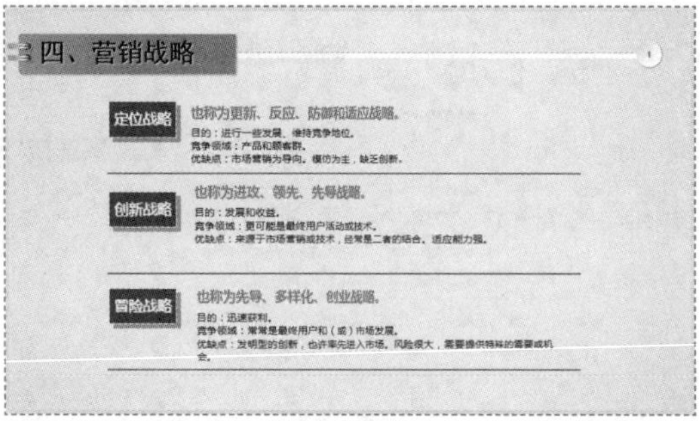
四、营销战略
定位战略
也称为更新、反应、防御和适应战略。
目的：进行一些发展、维持竞争地位。
竞争领域：产品和顾客群。
优缺点：市场营销为导向。模仿为主，缺乏创新。
创新战略
也称为进攻、领先、先导战略。
目的：发展和收益。
竞争领域：更可能是最终用户活动或技术。
优缺点：来源于市场营销或技术，经常是二者的结合。适应能力强。
冒险战略
也称为先导、多样化、创业战略。
目的：迅速获利。
竞争领域：常常是最终用户和（或）市场发展。
优缺点：发明型的创新，也许率先进入市场。风险很大，需要提供特殊的需要或机会。

图 12-24

另外，在使用字体时应尽量选用容易识别的字体，尤其是当文字数量多、字号小的时候。如果不知道选用何种字体，可以选择【微软雅黑】这种百搭的字体。其他一些艺术字体可以根据演示文稿的属性选择性使用。

12.2.2 文字排版忌结构凌乱

扫一扫，看视频

有些幻灯片中本身包含的元素没有任何问题，但由于文字在排版时不考虑结构，文本框随意放置，导致结构显示比较凌乱，非常不易于阅读，如图12-25所示。

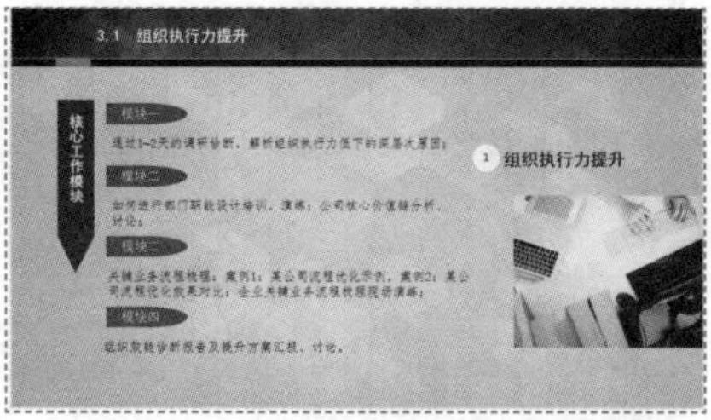
3.1 组织执行力提升
核心工作模块
1 组织执行力提升

图 12-25

解决问题的方法是对文本重新进行排版，一定要注意文本的逻辑结构、层次结构，通过重新排版后，可以得到如图12-26所示的效果。

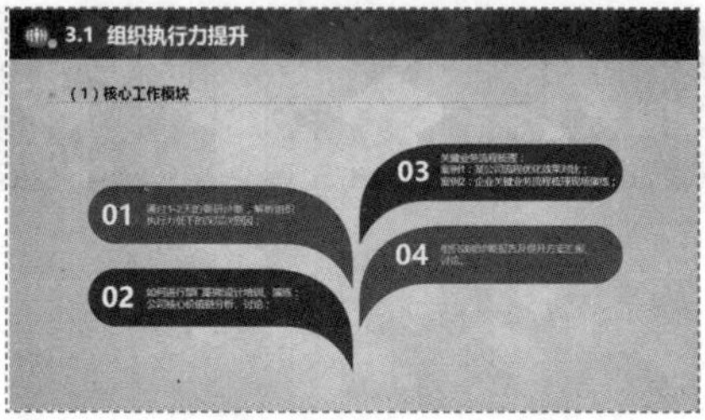
3.1 组织执行力提升
（1）核心工作模块
01
02
03
04

图 12-26

12.2.3 排版文本时关键词要突出

扫一扫，看视频

在阅读演示文稿时，突出文本的关键词，就容易让人抓住重点。因此在设计幻灯片时，要注意对关键词进行有别于其他文本的特殊化设计。一般可以通过以下几种方式来突出关键词。

1. 加大字号及更改颜色

通过加大字号及更改颜色造成视觉上的色差，极易突出关键词，如图12-27所示。

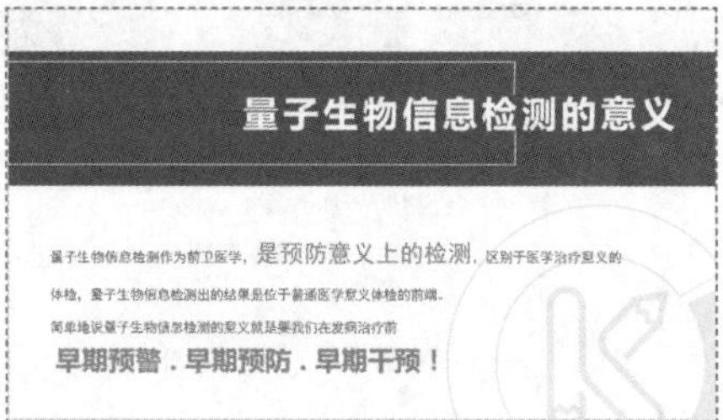
量子生物信息检测的意义
早期预警．早期预防．早期干预！

图 12-27

2. 图形反衬

通过图形反衬指向关键词，更能加深阅读者的印象，同时让版面更具设计感，如图 12-28 所示。

图 12-28

3. 文字用色合理

要突显幻灯片中的一些关键词，文字用色也要合理，浅色背景不用浅色字，深色背景不用深色字。要形成一个反差，突显出文字，才能够更清晰地看到。图 12-29 所示的幻灯片文字颜色及效果不够理想；图 12-30 所示的幻灯片对文字颜色进行了更改，效果达标。

图 12-29

图 12-30

12.2.4 调整文本的行间距、字符间距

扫一扫，看视频

当文本包含多行时，行与行之间的间距是紧凑显示的，这样的文本在阅读时会显得很吃力，根据排版要求，一般都需要调整行距缓解文字的紧张压迫感，让阅读能更加顺畅。图 12-31 所示为排版前的文本，图 12-32 所示为增加行距后的效果。

图 12-31

图 12-32

❶ 选中文本，在【文本工具】选项卡中单击【行距】按钮，在打开的下拉列表中提供了几种行距，本例中选择 2.0（默认为 1.0），如图 12-33 所示。

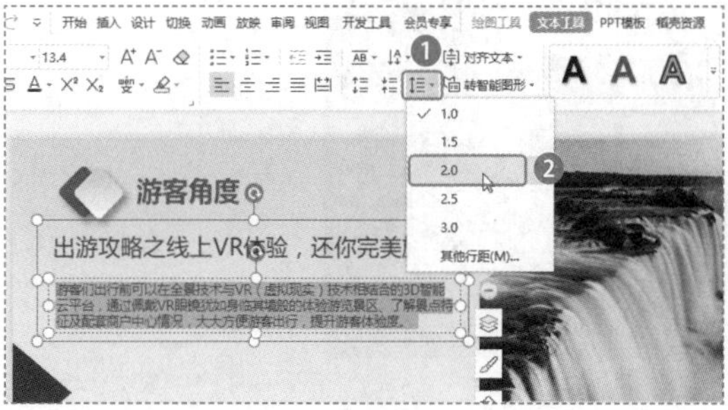

图 12-33

❷ 如果希望使用更加精确的行距，那么可以在下拉列表中选择【其他行距】命令，打开【行距】对话框，从而非常精确地设置行距值。如果此处使用1.5行距感觉小了，使用2.0行距又感觉大了，那么可以设置为【1.7行】，如图12-34所示。

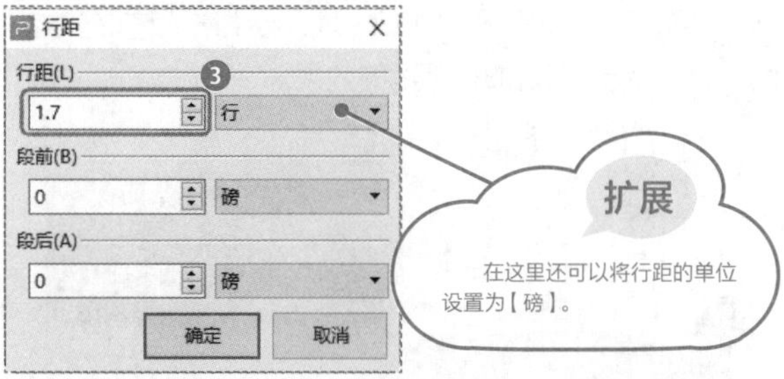

图 12-34

扫一扫，看视频

12.2.5 为条目文本添加项目符号和编号

在幻灯片中编辑文本时，对于条目性的文本经常进行添加项目符号与编号的处理，从而让文本条理更加清楚，更加易于阅读。

1. 添加项目符号

❶ 选择要添加项目符号的文本，在【开始】选项卡中单击【项目符号】下拉按钮，在打开的下拉列表中选择【其他项目符号】命令(见图12-35)，打开【项目符号与编号】对话框。

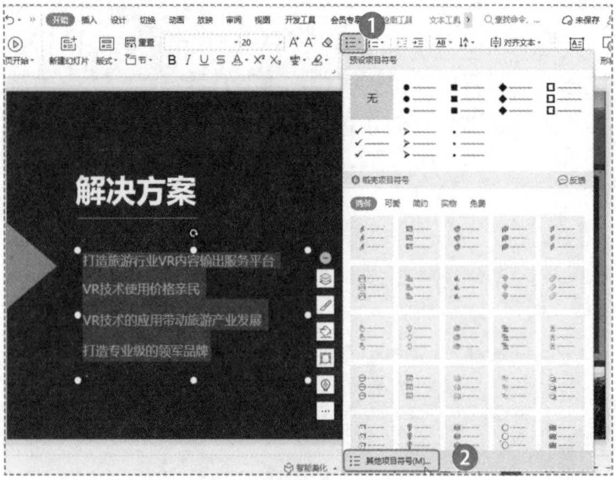

图 12-35

❷ 选择项目符号样式并在下方设置项目符号的颜色，如图12-36所示。

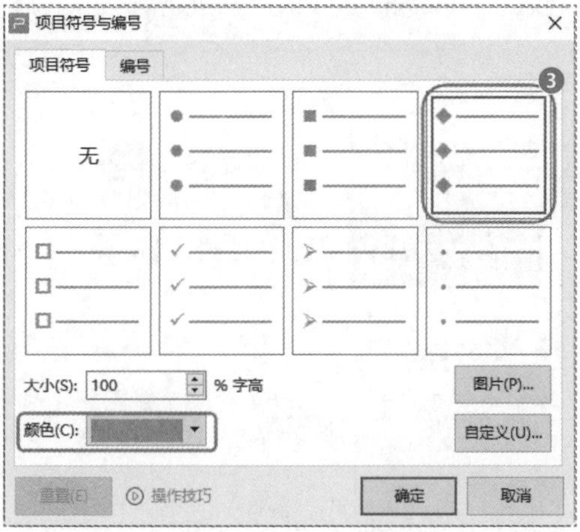

图 12-36

❸ 单击【确定】按钮可以看到添加的项目符号，如图12-37所示。

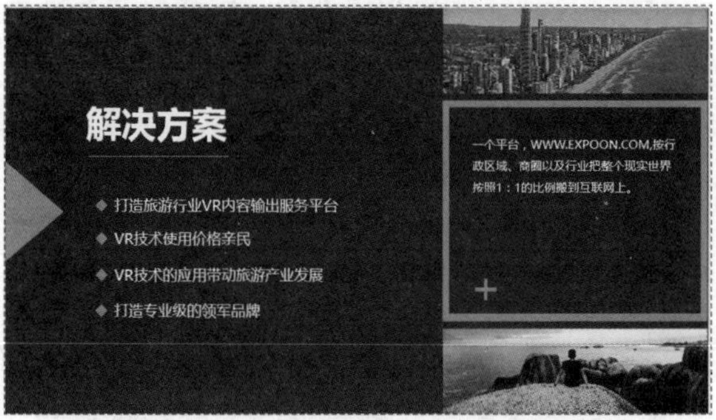

图 12-37

也可以在【项目符号】下拉列表的【稻壳项目符号】栏中选择一些小图标作为项目符号(见图12-38)，应用图标后，再执行【其他项目符号】命令，打开【项目符号与编号】对话框，重新更改其大小，如图12-39所示。应用后的效果如图12-40所示。

图 12-38

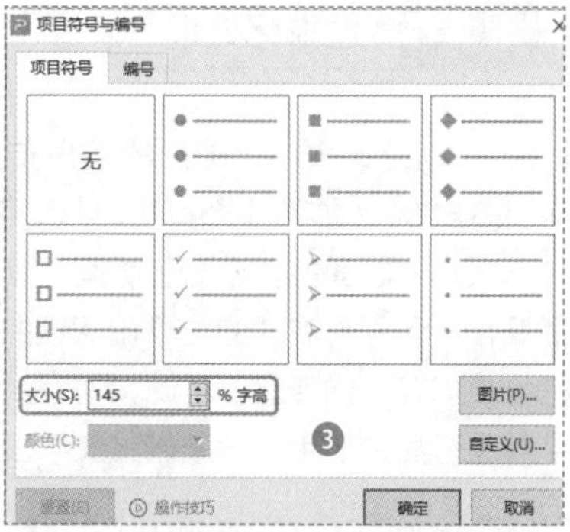

图 12-39

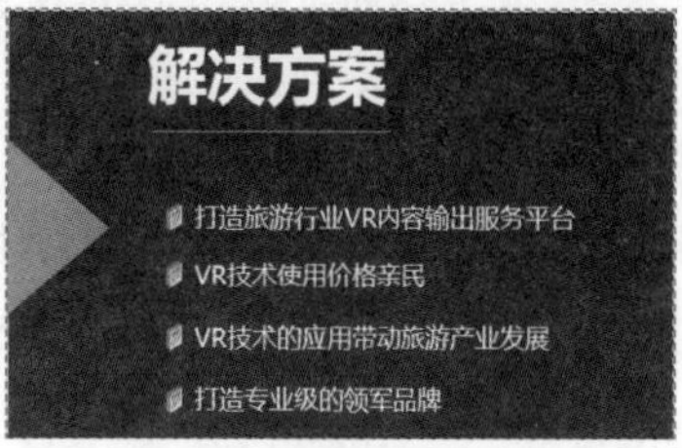

图 12-40

2. 添加编号

选取要添加编号的文本，在【文本工具】选项卡中单击【编号】下拉按钮，在打开的下拉列表中可以选择编号样式，如图 12-41 所示。

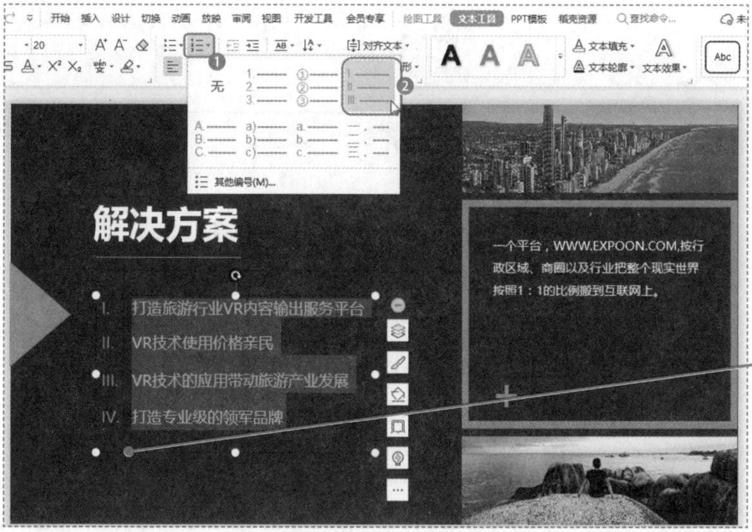

图 12-41

扩展

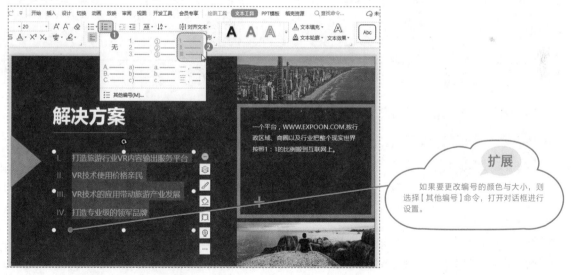

如果要更改编号的颜色与大小，则选择【其他编号】命令，打开对话框进行设置。

12.2.6 图形化处理

扫一扫，看视频

据统计表明，图形的信息传递能力比繁杂的文字要高80%，文字图形化的设计运用让文字具备了形象性、大众化的面貌，丰富了版面，使画面效果趋于轻松活跃，从而引起观众的注意和阅读的兴趣，使信息能够得到更加有效的传递。因此，幻灯片的设计中总是将文字与图形配合使用，形成兼具文字表意性与图形具象性的新的文字面貌。

图12-42所示的幻灯片想表达的是关于公司经营的几项主体内容，图12-43所示的幻灯片经过简易的图形化处理，既强化了主题，又丰富了版面。

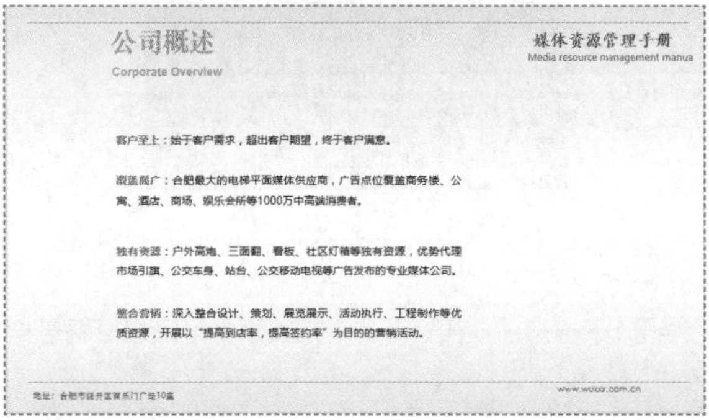
公司概述
Corporate Overview
媒体资源管理手册
Media resource management manua
客户至上：始于客户需求，超出客户期望，终于客户满意。
覆盖面广：合肥最大的电梯平面媒体供应商，广告点位覆盖商务楼、公寓、酒店、商场、娱乐会所等1000万中高端消费者。
独有资源：户外高炮、三面翻、看板、社区灯箱等独有资源，优势代理市场引旗、公交车身、站台、公交移动电视等广告发布的专业媒体公司。
整合营销：深入整合设计、策划、展览展示、活动执行、工程制作等优质资源，开展以"提高到店率，提高签约率"为目的的营销活动。
www.wuxxx.com.cn

图 12-42

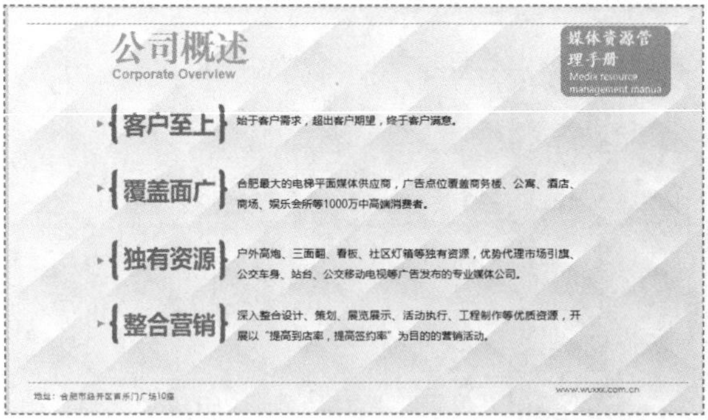
公司概述
Corporate Overview
媒体资源管理手册
Media resource management manua
客户至上
始于客户需求，超出客户期望，终于客户满意。
覆盖面广
合肥最大的电梯平面媒体供应商，广告点位覆盖商务楼、公寓、酒店、商场、娱乐会所等1000万中高端消费者。
独有资源
户外高炮、三面翻、看板、社区灯箱等独有资源，优势代理市场引旗、公交车身、站台、公交移动电视等广告发布的专业媒体公司。
整合营销
深入整合设计、策划、展览展示、活动执行、工程制作等优质资源，开展以"提高到店率，提高签约率"为目的的营销活动。
www.wuxxx.com.cn

图 12-43

图12-44所示的幻灯片和图12-45所示的幻灯片都是多处运用了图形辅助文字信息的表达，让整个画面活跃又具美感，让文字信息能最大限度地传递。

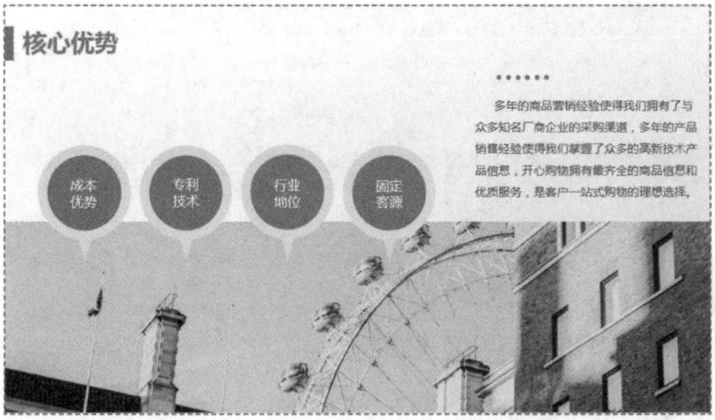
核心优势
多年的商品营销经验使得我们拥有了与众多知名厂商企业的采购渠道，多年的产品销售经验使得我们掌握了众多的高新技术产品信息，开心购物拥有最齐全的商品信息和优质服务，是客户一站式购物的理想选择。
成本优势
专利技术
行业地位
固定客源

图 12-44

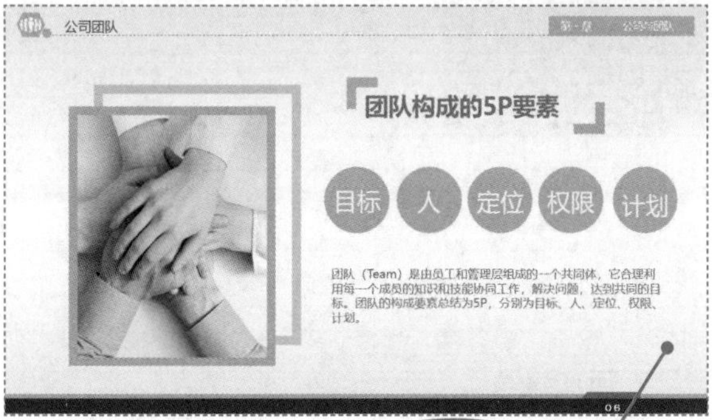
公司团队
团队构成的5P要素
目标
人
定位
权限
计划
团队（Team）是由员工和管理层组成的一个共同体，它合理利用每一个成员的知识和技能协同工作，解决问题，达到共同的目标。团队的构成要素总结为5P，分别为目标、人、定位、权限、计划。
06

扩展

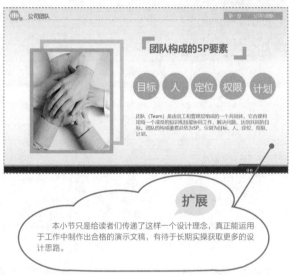

本小节只是给读者们传递了这样一个设计理念，真正能运用于工作中制作出合格的演示文稿，有待于长期实操获取更多的设计思路。

图 12-45

12.2.7 文本框的一键速排

扫一扫，看视频

文本框的一键速排功能是WPS演示程序中一项非常实用的功能，可以一键美化文本框，提升幻灯片的版面效果。

❶ 选中目标文本框，其右侧出现一列功能按钮（见图12-46），单击【WPS极墨智能一键速排】功能按钮，在打开的列表中都是可以套用的文本框样式，使用鼠标指针指向时显示预览（见图12-47），单击即可应用。

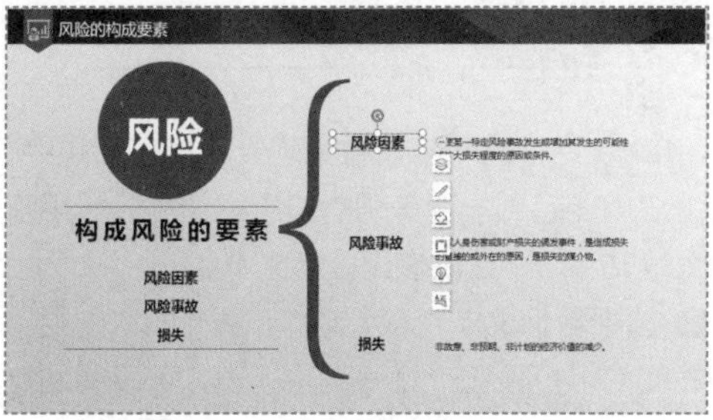

图 12-46

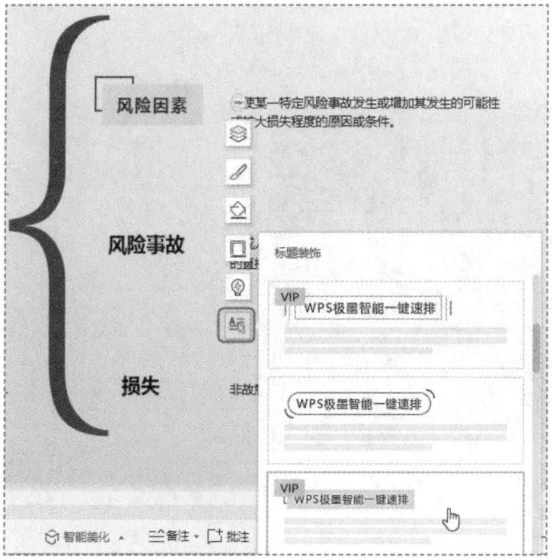

图 12-47

❷ 为同一层次的文本框应用相同的样式，效果如图 12-48 所示。

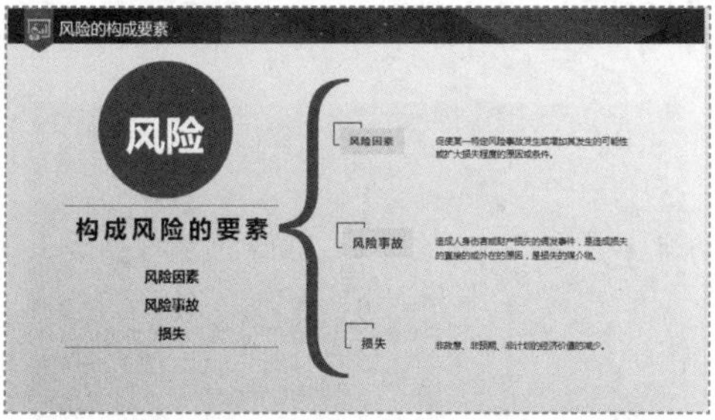

图 12-48

文本框的速排样式只要应用得当，其表现效果都是非常不错的，但是要注意同级别、同类型的文本框应采用相同的样式，而不能漫无目的地随意使用。图 12-49 所示为另一种应用效果的参考范例。

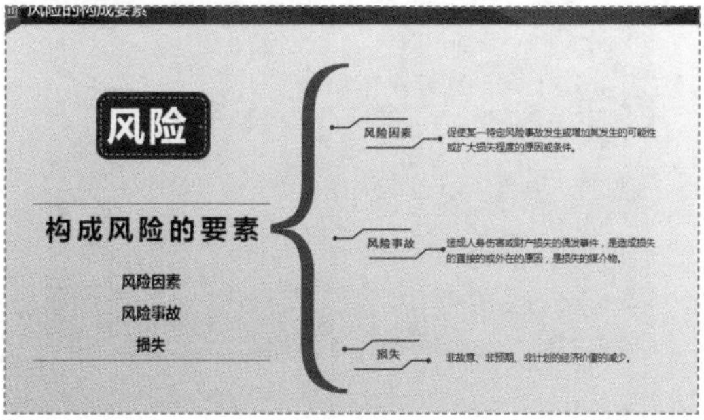

图 12-49

12.2.8 文本转换为图示

扫一扫，看视频

文本框内的文本除了可以一键速排之外，还有一个功能比较实用，就是可以快速将文本转换为图示样式，从而可以节约设计时间，也可以丰富版面效果。

❶ 选中目标文本框，其右侧出现一列功能按钮，单击【转换为图示】功能按钮，在打开的列表中都是可以套用的图示样式，使用鼠标指针指向时显示预览，单击即可应用。图 12-50 所示为应用一种图示后的效果。

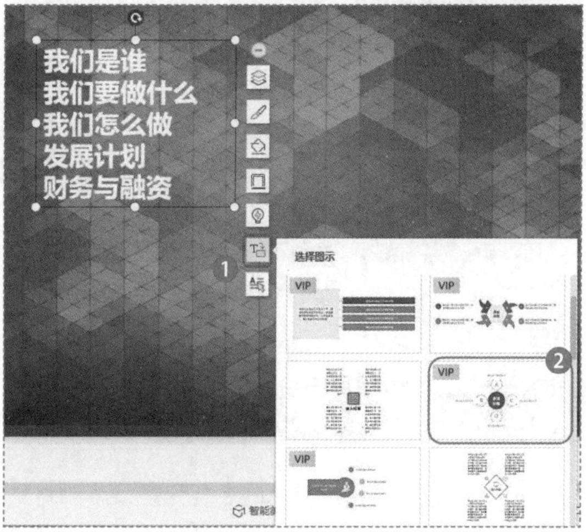

图 12-50

❷ 从图 12-51 中可以看到默认的图示与幻灯片的排版是不协调的，因此在应用图示后，需要根据版面情况对图示进行调整，如放大字体、修改图形轮廓等。图 12-52 所示为修改后应用于幻灯片中的效果。

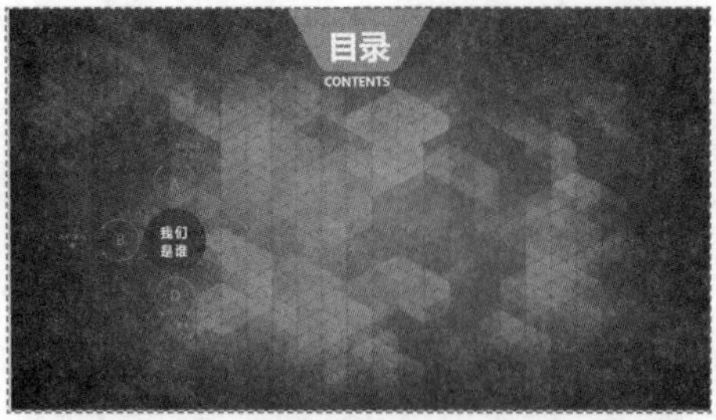

图 12-51

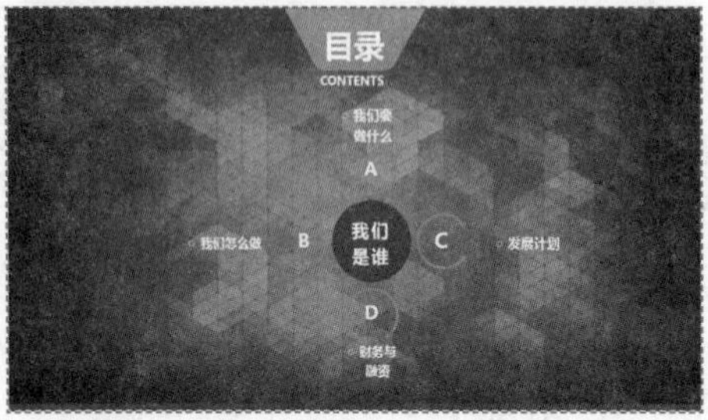

图 12-52

❸ 按相同的方法还可以选择其他图示方案。图 12-53 所示为另一种应用效果的参考范例。

图 12-53

12.3 大号文字的艺术效果

PPT中的文字是传递信息的主要元素，所以对文字的首要要求是其能够很好地传递信息。那么文字怎样才能发挥好传递信息的功能呢？除了在 12.2 节中讲到的幻灯片中的文字首先要便于识别、准确传递，从而让人阅读顺畅外，那么在适当的时候对大号文字进行艺术效果的美化，则可以做到兼顾美感和吸引眼球，更有利于主题信息的传达。

12.3.1 应用艺术字一键美化

扫一扫，看视频

艺术字在各个软件中一直都是存在的，合理地应用能起到一键美化的作用。但是一般用于标题类的大号文字，不建议使用普通文本。

❶ 选中目标文本，在【文本工具】选项卡中单击艺术字右侧的下拉按钮，打开下拉列表，可以看到这里有多种艺术字效果，当然绝大多数来自稻壳商城，可以根据预览效果选择使用，如图 12-54 所示。

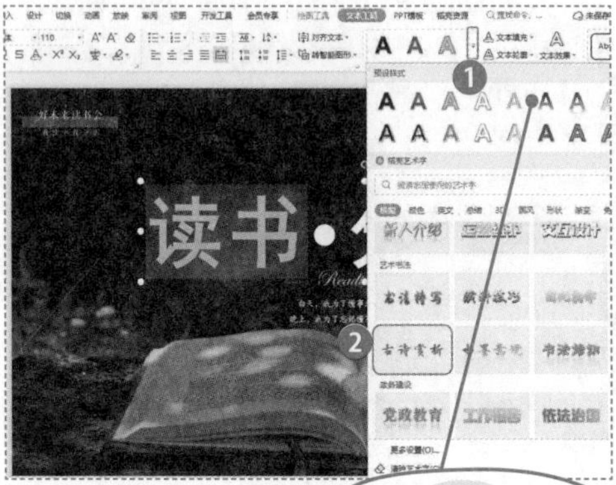

注意

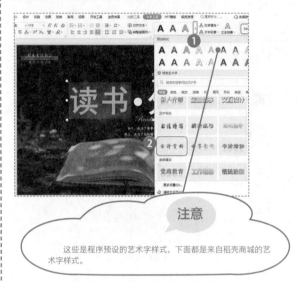

这些是程序预设的艺术字样式，下面都是来自稻壳商城的艺术字样式。

图 12-54

❷ 单击选择的艺术字之后，可以看到选中的文本已经转换成艺术字，如图 12-55 所示。

扩展

应用艺术字后，可以重新更改它们的颜色。

图 12-55

12.3.2　多种填充效果

扫一扫，看视频

文字除了纯色填充外，还可以有其他的填充方式，如渐变填充，图片填充等，本小节讲解操作方法，读者可以根据实际设计需求合理运用。

1. 色彩渐变

❶ 选中目标文本框，在【文本工具】选项卡中单击【文本填充】下拉按钮，在打开的下拉列表中可以看到有【渐变填充】的分类，如图 12-56 所示。

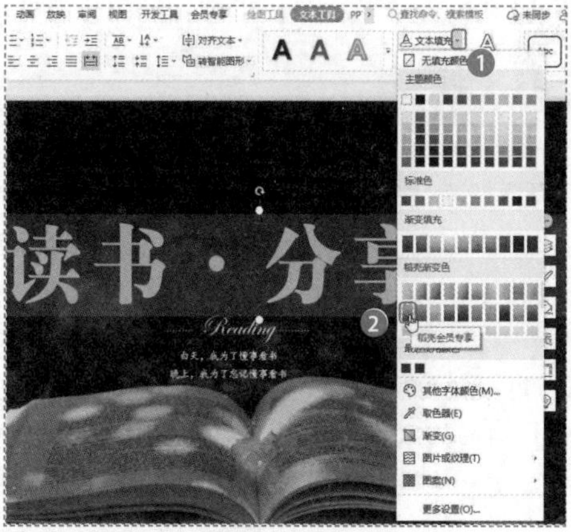

图 12-56

❷ 单击要应用的渐变样式即可为选中的文字应用渐变效果，如图 12-57 所示。

图 12-57

❸ 对于应用的渐变效果，还可以对其渐变样式进行参数设置。在【文本填充】下拉列表中选择【更多设置】命令，打开【对象属性】右侧窗格，如图 12-58 所示。可以看到当前已选中了【渐变填充】单选按钮，可以根据设计需求对当前的渐变参数进行调整，设置渐变样式、渐变角度、色标颜色等。

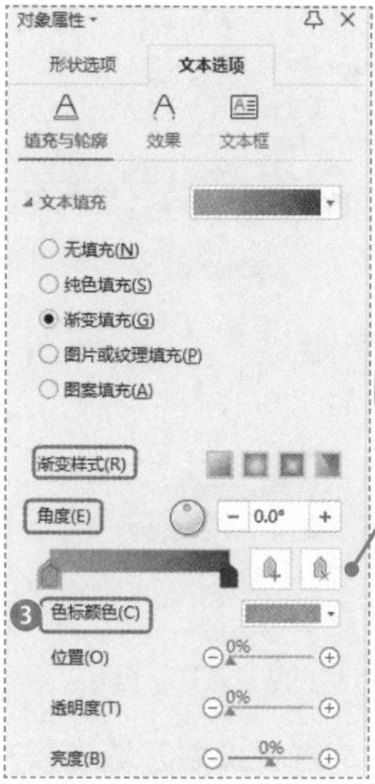

图 12-58

扩展

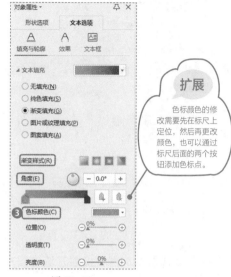

色标颜色的修改需要先在标尺上定位，然后再更改颜色，也可以通过标尺后面的两个按钮添加色标点。

2. 字说图话

将文字图形化或者为文字叠加图片化的剪影即可达到“字说图话”的效果，往往可以获得不一样的视觉效果。

❶ 选中目标文本框，在【文本工具】选项卡中单击【文本填充】下拉按钮，在打开的下拉列表中选择【更多设置】命令（见图 12-59），打开【对象属性】右侧窗格。

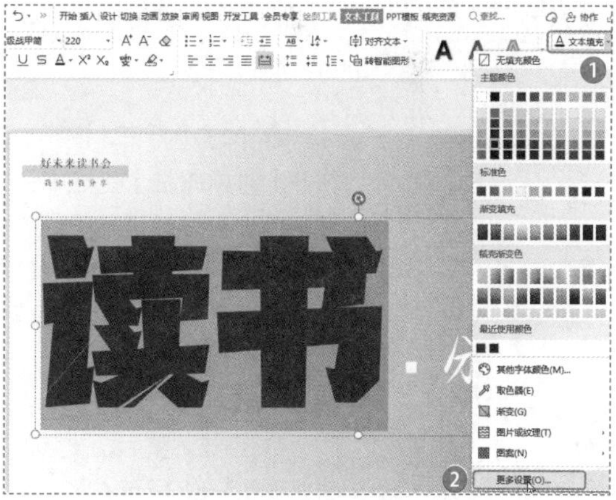

图 12-59

❷ 选中【图片或纹理填充】单选按钮，单击【图片填充】右侧的下拉按钮，在下拉列表中选择【本地文件】（见图 12-60），打开【选择纹理】对话框。

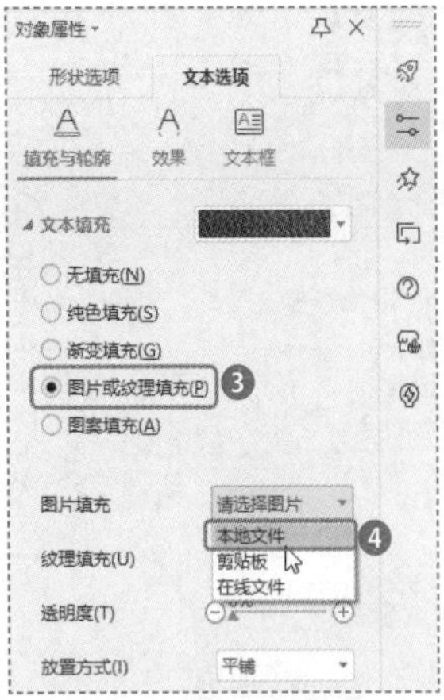

图 12-60

❸ 定位要使用图片的保存位置并选中图片，如图12-61所示。

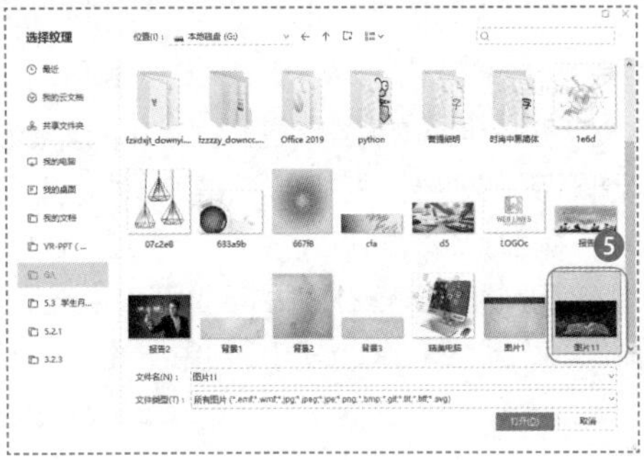

图 12-61

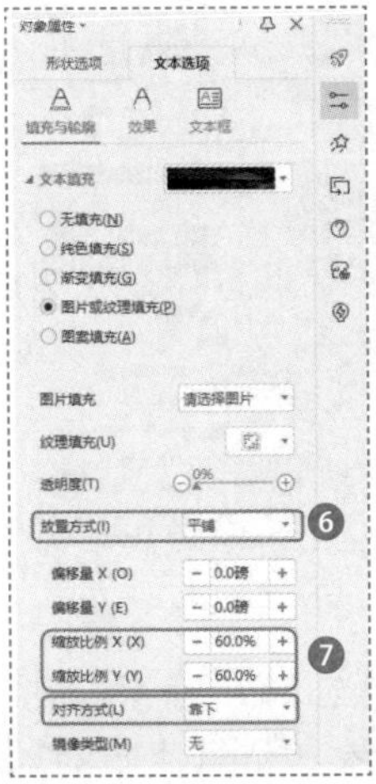

图 12-62

❹ 单击【打开】按钮，这时在【对象属性】窗格中还需要对填充的参数进行设置，将【放置方式】设置为【平铺】（默认为【拉伸】），然后对缩放比例、对齐方式等进行调整，如图12-62所示。

❺ 完成调整后，文字的效果如图12-63所示。

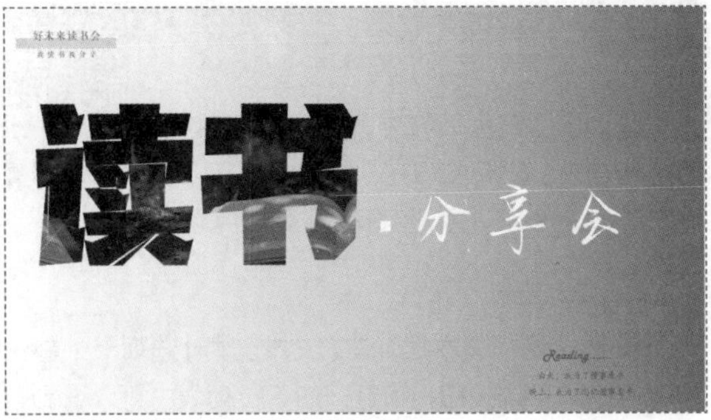

图 12-63

12.3.3 文本的轮廓线

扫一扫，看视频

对文本轮廓线的设置属于一种细节的美化，有些文本添加上轮廓线后可以突显精致感。为了能让读者感受到是设置后的效果，下面的操作使用了较粗的轮廓线，实际操作中读者可以一边调整，一边比较，一边体会。

❶ 选中目标文本，在【文本工具】选项卡中单击【文本轮廓】下拉按钮，在打开的下拉列表中选择【更多设置】命令（见图12-64），打开【对象属性】右侧窗格。

图 12-64

❷ 在【文本轮廓】栏中选中【实线】单选按钮，在【颜色】下拉列表框中选择【白色】，将【宽度】设置为【2.75磅】，如图12-65所示。

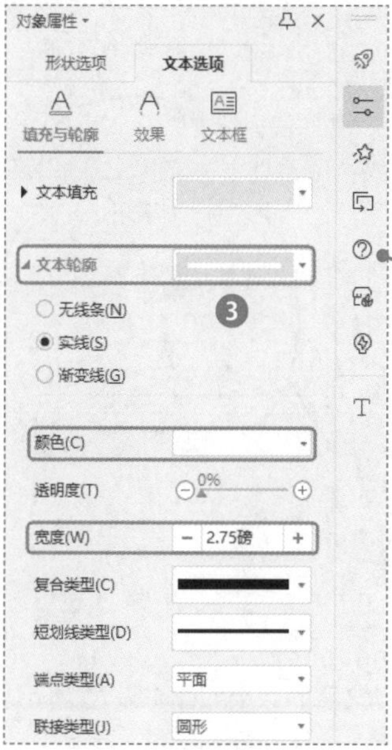

图 12-65

注意

凡是有这个下拉按钮的都可以单击打开下拉列表进行选择。例如，这里可以选择不同的轮廓线的线型。

❸ 完成上述操作后，文字的效果如图 12-66 所示。

图 12-66

12.3.4 文字倒影、发光、阴影特效

扫一扫，看视频

倒影、发光、阴影都属于文字的特效，在适当的场合合理运用也是修饰文本的方式。

❶ 选中目标文本，在【文本工具】选项卡中单击【文本效果】下拉按钮，在打开的下拉列表中将鼠标指针指向【倒影】，在子列表中可以选择倒影样式，如图 12-67 所示。

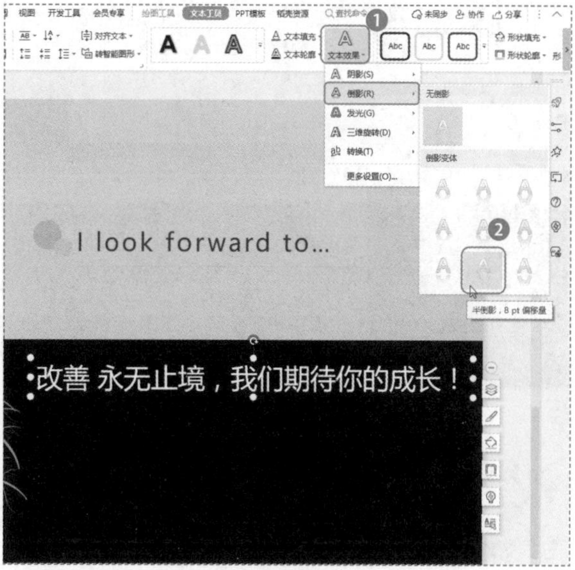

图 12-67

❷ 如果需要对倒影效果进一步调整，则在【文本效果】下拉列表中选择【更多设置】命令，打开【对象属性】右侧窗格。在【倒影】栏中设置倒影的大小、透明度、距离等，如图 12-68 所示。

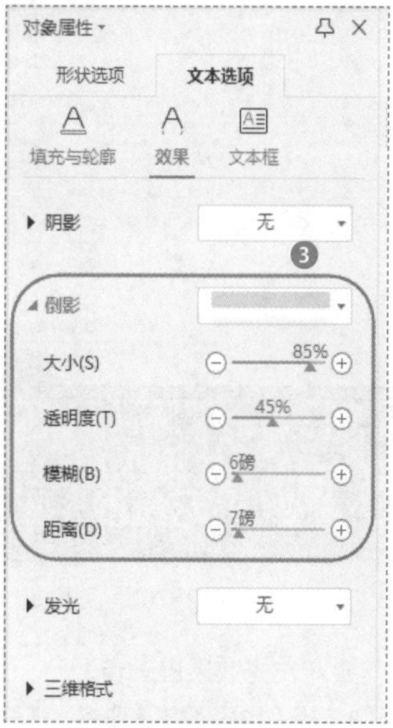

图 12-68

❸ 完成上述操作后，文字的效果如图 12-69 所示。

图 12-69

如果要设置文字发光效果，其操作方法如下：

❶ 选中目标文本，在【文本工具】选项卡中单击【文本效果】下拉按钮，在打开的下拉列表中将鼠标指针指向【发光】，在子列表中可以选择发光样式，如图 12-70 所示。

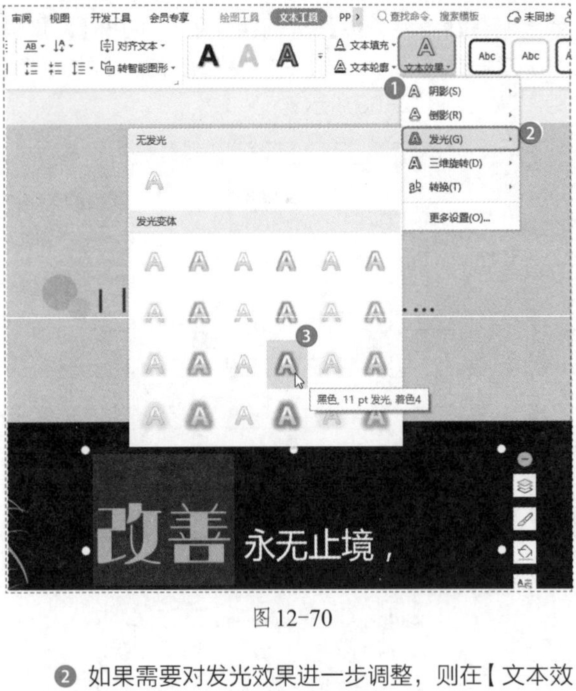

图 12-70

❷ 如果需要对发光效果进一步调整，则在【文本效果】下拉列表中选择【更多设置】命令，打开【对象属性】右侧窗格。在【发光】栏中设置发光的颜色、大小、透明度，如图 12-71 所示。

图 12-71

注意

发光颜色一般都需要重新设置，因为它需要考虑背景色与当前文字的颜色，从而选择合适的发光色。

❸ 完成上述操作后，文字的效果如图 12-72 所示。

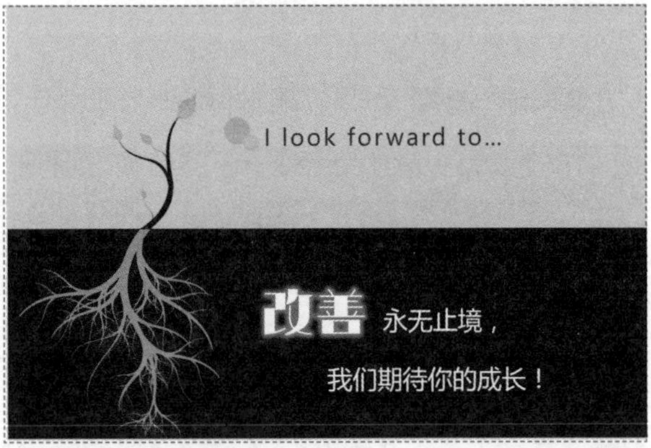

图 12-72

技巧点拨

如果文本已经设置了满意的格式，当其他文本需要使用相同的格式时，可以使用一个非常实用的工具来实现，而不必每次都去重新设置。

❶ 选中设置了格式的文本，在【开始】选项卡中单击【格式刷】按钮，如图 12-73 所示。

制订计划有什
1）预测未来，指明方向
有了计划，工作就有了明确的
就可以协调大家的行动，增强
少盲目性，使工作有条不紊地
图 12-73

❷ 此时光标变成小刷子形状（见图 12-74），在需要引用格式的文本框中单击即可应用相同的格式，如图 12-75 所示。

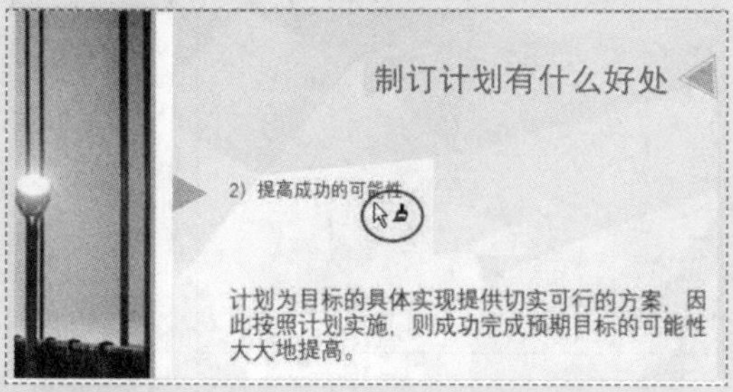
制订计划有什么好处
2）提高成功的可能性
计划为目标的具体实现提供切实可行的方案，因此按照计划实施，则成功完成预期目标的可能性大大地提高。
图 12-74

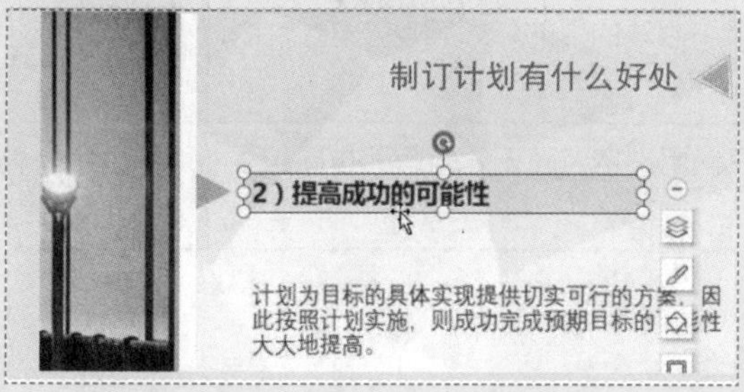
制订计划有什么好处
2）提高成功的可能性
图 12-75

12.4 过关练习：技能培训演示文稿页面范例

技能培训类的PPT是较为常见的PPT类别，无论是新员工入职，还是工作中某阶段针对某项业务的技能培训工作安排。如果希望培训能有一个良好的效果，设计一份优秀的PPT培训文稿是非常必要的，好的培训文稿可以让员工在轻松的环境中学习较枯燥的培训内容，提升培训效果。

12.4.1 部分页面效果图

扫一扫，看视频

图 12-76 所示的组图为一篇技能培训演示文稿的部分幻灯片。

沟通 技能培训
1.1 沟通的定义
1.1 沟通的作用
1.2 沟通的重要性
沟通
图 12-76

12.4.2 制作与编排要点

扫一扫，看视频

要完成本例的幻灯片制作，可参照如下制作与编排要点。

<table>
<tr><th>序号</th><th>制作与编排要点</th><th>知识点对应</th></tr>
<tr><td>1</td><td>将第1张幻灯片中的标题文字字号设置为120号并设置轮廓线，参数如图12-77所示。
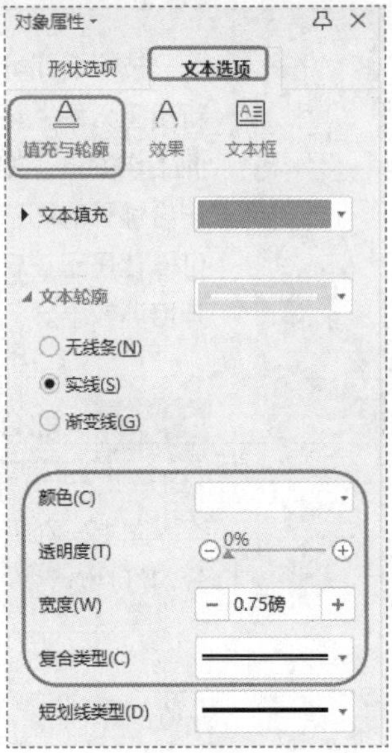

图 12-77</td><td>12.3.3小节</td></tr>
<tr><td>2</td><td>文本的图形化处理，如第2张幻灯片的处理方式。</td><td>12.2.6小节</td></tr>
<tr><td>3</td><td>排版时将关键词放至非常大，以达到突出显示、吸引眼球的目的，如第4张幻灯片的处理方式。</td><td>12.2.3小节</td></tr>
<tr><td>4</td><td>文字排版注意灵活性，尽量不要在一张幻灯片中只使用文字，而无任何版面布局和图形修饰。</td><td>12.2节</td></tr>
</table>

第 13 章 图文混排型 PPT 的编排操作

13.1 学习图片辅助页面排版的思路

众所周知，在幻灯片的设计过程中离不开图片的参与，首先来了解一些图片辅助页面排版的思路。

13.1.1 全图型幻灯片

扫一扫，看视频

全图型幻灯片一般是指图片铺满整个页面，可以以背景的形式插入，也可以直接插入，然后调整为与幻灯片页面相同的比例。在这样的幻灯片中，图片是主体，文字在图片上具有画龙点睛的作用，这种设计效果是十分常见的，范例如图 13-1 和图 13-2 所示。

这种图片在选择时有两个要求：一是要使用高清图片，二是注意图片横纵比例要与幻灯片页面的横纵比例保持大致相同，从而在铺满页面时不会失真。

01 计划知识概述

图 13-1

2.宣传篇
科技创新
引领生活

图 13-2

13.1.2 图片主导型幻灯片

扫一扫，看视频

图片主导型幻灯片是指图片与文字各占差不多的比例，图片一般使用的是中图，较多的时候会进行贴边的处理。这种排版方式在幻灯片设计中也十分常见，范例如图 13-3 和图 13-4 所示。

Chapter.4
服务方式
一对一心理辅导
布置一个温馨、安静的私密空间
有水果茶点，真诚倾听员工的倾诉
为员工提供心理辅导服务
条件允许，也可以邀请外部专家

图 13-3

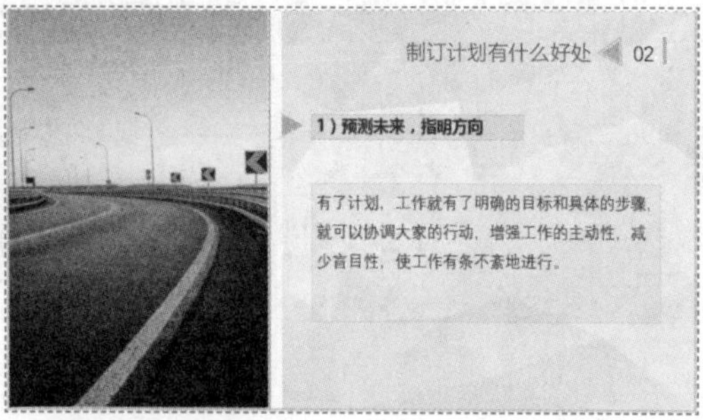
制订计划有什么好处 02
1）预测未来，指明方向
有了计划，工作就有了明确的目标和具体的步骤，就可以协调大家的行动，增强工作的主动性，减少盲目性，使工作有条不紊地进行。

图 13-4

扫一扫，看视频

13.1.3 多小图幻灯片

多小图幻灯片一般是在一个版面中应用多个小图，这些小图是一个有联系的整体，具有形象说明同一个对象或者同一个事物的作用。制作多小图幻灯片时注意不能只是图片的堆砌，而是要注意设计统一的外观或合理的摆放方式。图 13-5 所示的幻灯片中利用了图形辅助图片的排列，图 13-6 所示的幻灯片为图片设置了统一的外观并对齐放置。

2021 年终总结工作汇报

图 13-5

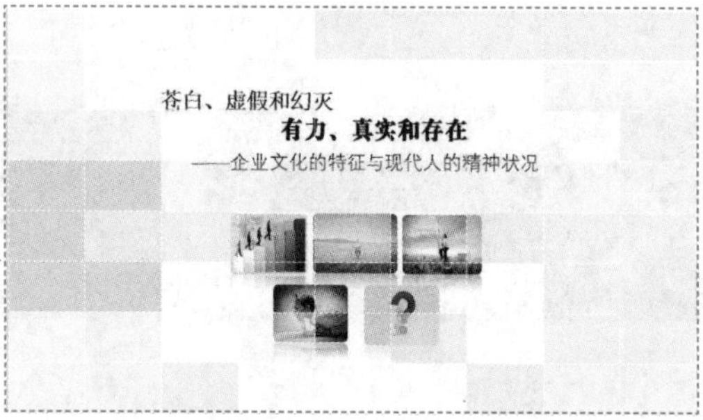
苍白、虚假和幻灭
有力、真实和存在
——企业文化的特征与现代人的精神状况

图 13-6

13.2 学习图形辅助页面排版的思路

图形是一种艺术表现形式，是平面设计中的重要元素，在平面设计中起着非常重要的作用，创造性地运用图形可以极大地提升作品的内在品质。本节介绍学习图形辅助页面排版的思路。

扫一扫，看视频

13.2.1 图形常用于反衬文字

图形是幻灯片设计中最为常用的一个元素，它常用来设计文字，即用图形来反衬文字，既布局了版面又突出了文字。图 13-7 所示的幻灯片中使用了大量图形，实现了对多处文字的反衬。

1
影响大客户 购买决策的因素
1 购买的重要性
2 购买金额
3 产品的技术含量
4 客户组织中的人际关系
5 个人利益与组织利益的协调
6 销售员的推动力度

图 13-7

在使用全图幻灯片时，如果背景复杂或色彩过多，直接输入文字的视觉效果很不好，此时常会使用图形绘制文字编辑区，达到突出显示的目的。图 13-8 所示的幻灯片为文字编辑区添加了图形底衬；图 13-9 所示的幻灯片为文字编辑区添加了图形底衬，同时为序号添加了图形底衬使之更加醒目。

公司与团队
我们是谁

图 13-8

content
01 为何要制订计划
02 计划知识概述
03 制订计划步骤
04 确保实施的办法

图 13-9

13.2.2　图形常用于提升页面设计效果

扫一扫，看视频

版面布局在幻灯片的设计中是极为重要的，合理的布局能瞬间给人设计感，提升观众的视觉享受。而图形是版面布局中最重要的元素，一张空白的幻灯片，经过图形布局可立即呈现不同的布局。图 13-10 所示的幻灯片多处使用了图形设计布局整个版面。

2022年终总结汇报
（人力资源中心）

图 13-10

因为图形的种类多样，并且还可以自定义绘制多种不同的图形，因此其应用是非常广泛的。合理地应用图形可以提升页面的设计效果，只要有设计思路，就可以获取满意的版面效果。图 13-11 所示的幻灯片在标题处、页面左侧都使用了图形设计。

03 为什么做公益

图 13-11

图 13-12 所示的幻灯片中应用了图形来布局版面，让版面变得更有设计感与灵活性。

发现“新事物”

图 13-12

13.2.3　图形常用于表达数据关系

扫一扫，看视频

除了程序自带的SmartArt图之外，还可以利用图形的组合设计来表达数据关系，这也是图形的重要功能之一。图 13-13 所示的幻灯片表达的是一种流程关系。

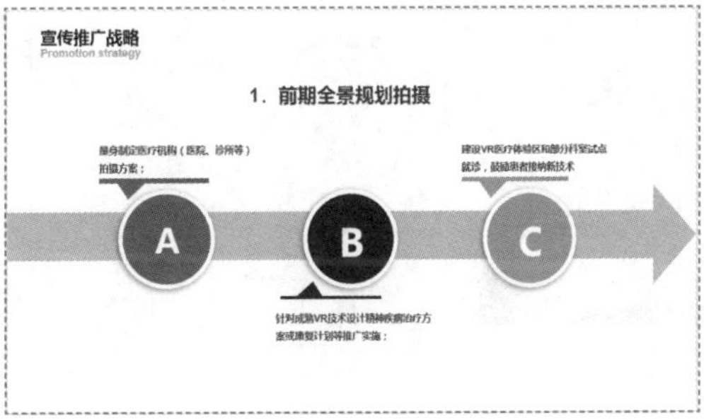
宣传推广战略
Promotion strategy
1. 前期全景规划拍摄
A
B
C

图 13-13

图 13-14 所示的幻灯片表达的是一种列举关系。

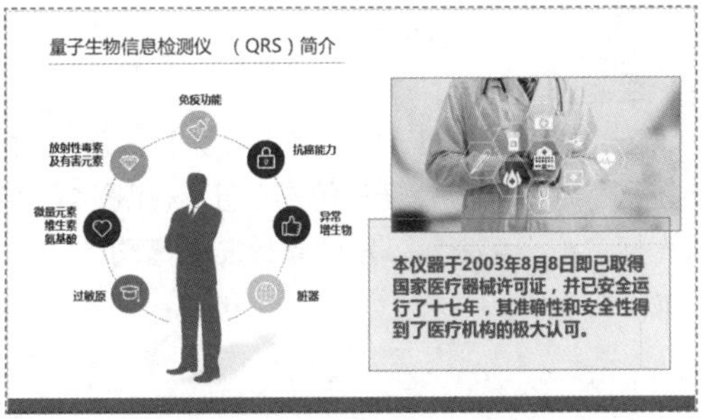
量子生物信息检测仪　（QRS）简介
免疫功能
抗癌能力
本仪器于2003年8月8日即已取得国家医疗器械许可证，并已安全运行了十七年，其准确性和安全性得到了医疗机构的极大认可。

图 13-14

13.3 使用有设计感的图形

图形凭借其自身独特的形象性，在作品的版面构成中展示着独特的魅力。因此，图形是平面设计中最基础的构成元素。图形的设计和整合能提升作品的受关注度，能够在很大程度上左右设计作品最终传递的视觉效果。

图形作为一种设计语言，其形式风格及表现形式都会受到设计者理念的影响，不同设计者的审美观念、思维方式、认知角度、惯用手法都存在差异。因此，图形也就随之具有了非常个性化的创意特征。作为初级用户，首先要学习图形的绘制及编辑调整的一些基本操作方法，从模仿开始，不断积累自己的创意思维。

关于图形的基本编辑，我们以图13-15所示的一张制作完成的幻灯片为例来讲解图形的绘制、调整、旋转、填充、框线等多个知识点。

图 13-15

13.3.1 按设计思路绘制图形并设计图形

扫一扫，看视频

1. 绘制图形

❶ 在【插入】选项卡中单击【形状】按钮，在打开的下拉列表中选择【等腰三角形】图形（见图13-16），此时光标变成十字形状，按住鼠标左键拖动绘制图形，如图13-17所示。

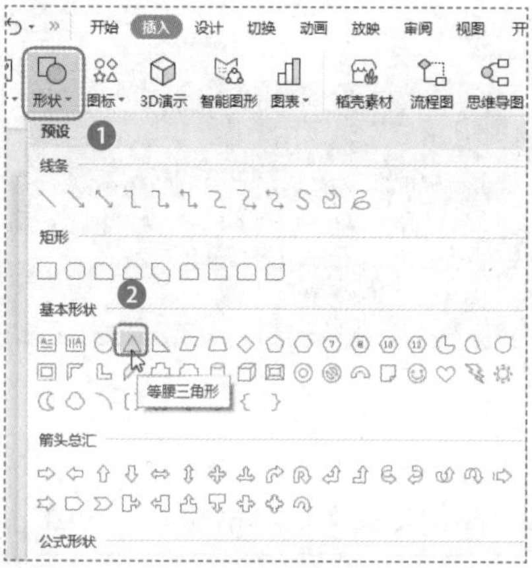

图 13-16

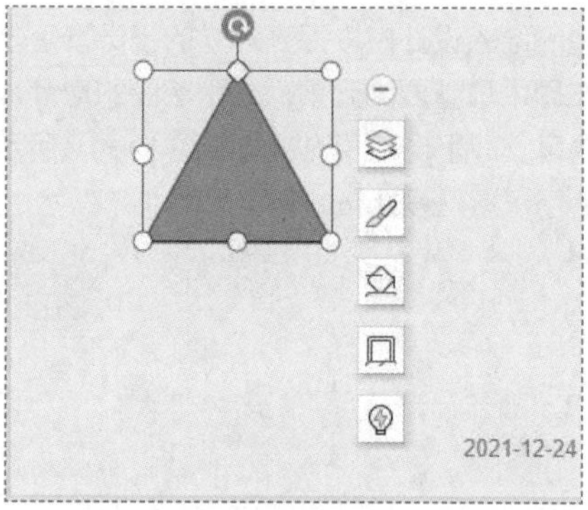

图 13-17

❷ 绘制完成后，可以通过图形四周的调节按钮来调整大小，也可以在【绘图工具】选项卡中通过尺寸数值进行精确的调整，如图13-18所示。

注意

在利用鼠标拖动调整图形大小时，如果想让图形能保持横纵同比例增大或缩小，需要按住Shift键不放，再拖动图形拐角的控制点进行调整。

图 13-18

技巧点拨

如果需要向图形中添加文本，则选中图形，右击，在弹出的快捷菜单中选择【编辑文字】命令(见图13-19)，此时图形中出现闪烁光标，输入文字即可，如图13-20所示。有一点值得注意的是，如果图形上要应用多行、多个层次的文本，建议在图形上绘制文本框，因为这样更加便于文字的排版。

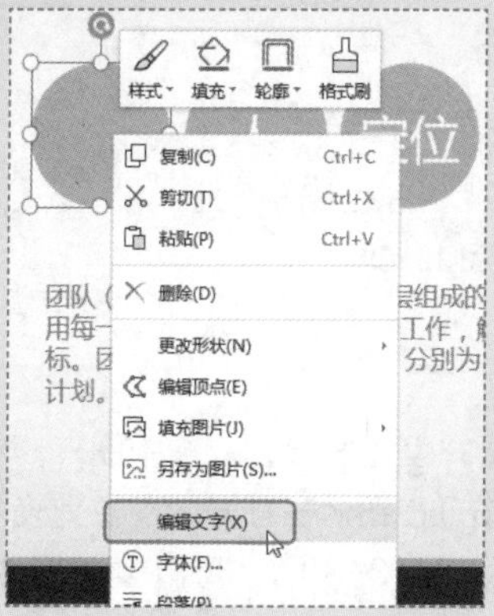

图13-19

图13-20

2. 复制图形、旋转图形

❶ 选中图形，按快捷键Ctrl+C复制，按快捷键Ctrl+V粘贴，然后将新图形移至目标位置。选中图形，在【绘图工具】选项卡中单击【旋转】按钮，在打开的下拉列表中选择【垂直翻转】命令(见图13-21)，可以垂直翻转图形，如图13-22所示。

❷ 有的图形需要旋转任意的角度，将鼠标指针指向图形顶部的旋转按钮，按住鼠标左键拖动即可实现任意角度的旋转，如图13-23所示。

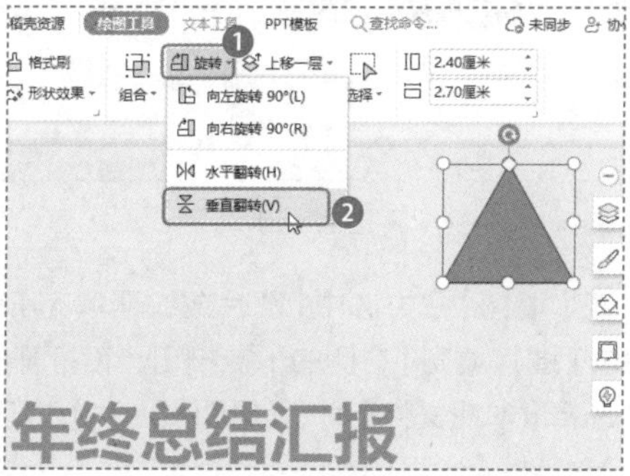

图13-21

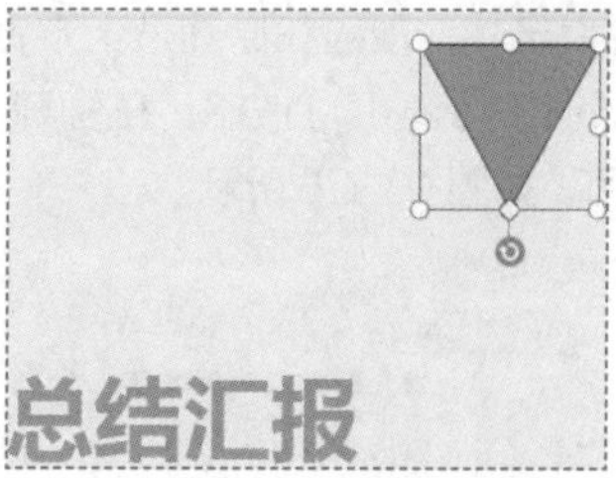

图13-22

图13-23

3. 图形的填充及边框

❶ 选中图形，单击右侧出现的【形状填充】按钮，在打开的列表中可以选择需要的填充颜色，如图13-24所示。

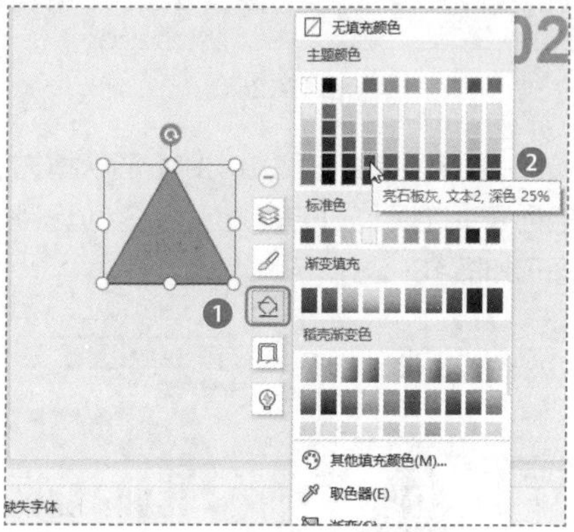

图13-24

❷ 选中图形，单击右侧出现的【形状轮廓】按钮，在打开的列表中可以选择需要的轮廓颜色，本例设置为【无边框颜色】，如图13-25所示。

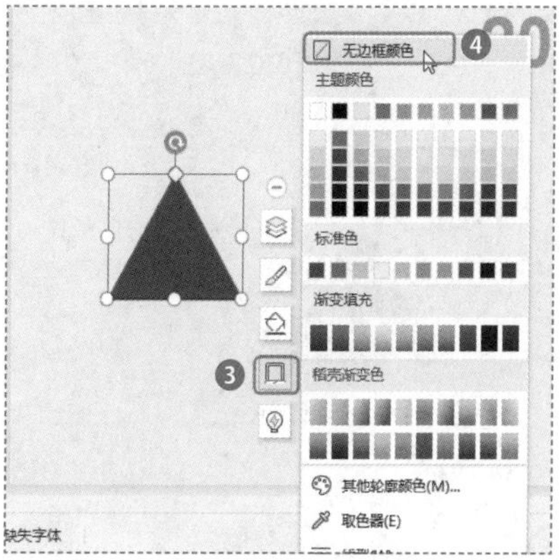

图13-25

❸ 再次复制图形并放大尺寸，覆盖在原图形上方，选中图形，单击右侧出现的【形状轮廓】按钮，在打开的下拉列表中选择轮廓颜色，如图 13-26 所示。

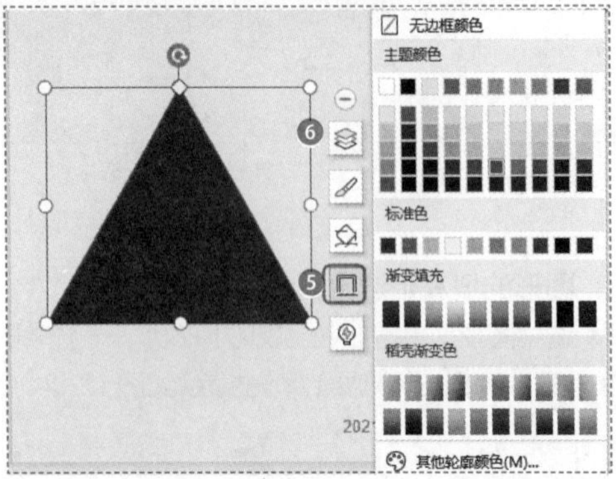

图 13-26

❹ 选中图形，单击右侧出现的【形状填充】按钮，在打开的列表中选择【无填充颜色】命令(见图 13-27)，得到的图形如图 13-28 所示。

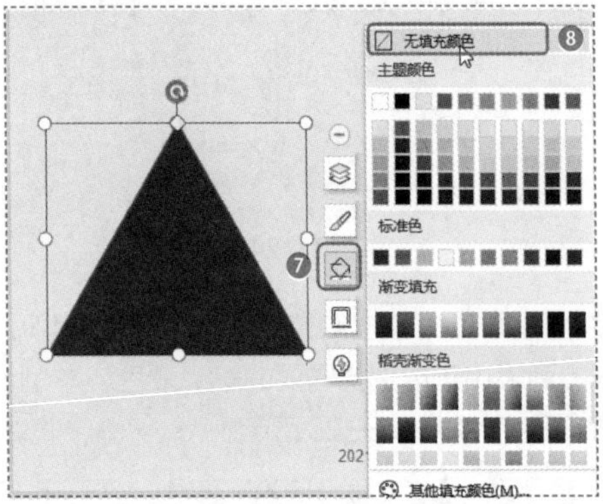

图 13-27

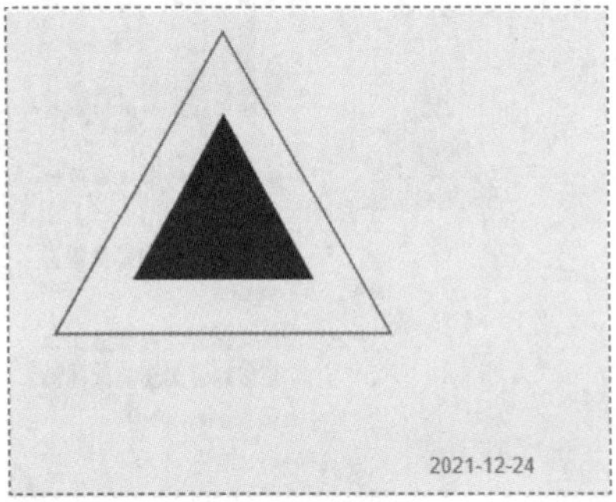

图 13-28

❺ 按相同的方法使用多个等腰三角形对幻灯片的页面进行布局，达到如图 13-29 所示的页面效果。

图 13-29

4. 图形的图片填充

❶ 复制等腰三角形并设置好尺寸，选中图形，单击右侧出现的【形状填充】按钮，在打开的下拉列表中选择【更多设置】命令(见图 13-30)，打开【对象属性】右侧窗格。

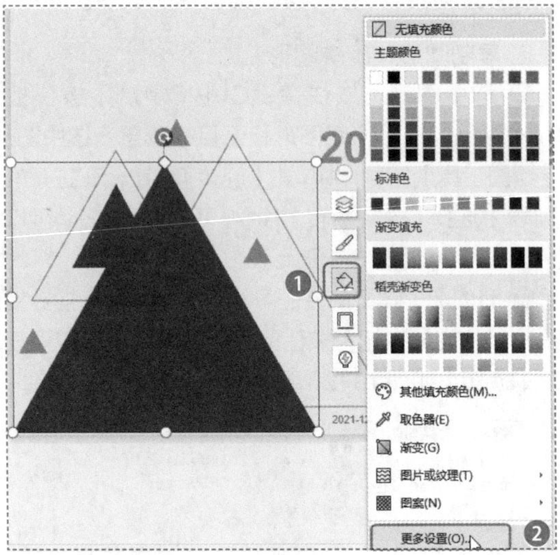

图 13-30

❷ 在【填充】栏中选中【图片或纹理填充】单选按钮，单击【图片填充】右侧的下拉按钮，在打开的下拉列表中选择【本地文件】命令(见图 13-31)，打开【选择纹理】对话框。

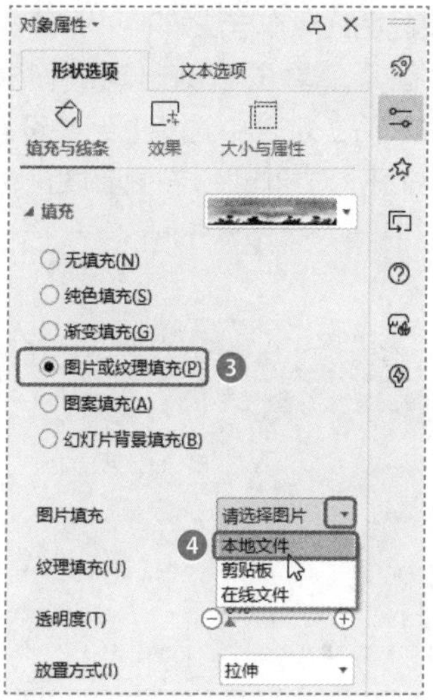

图 13-31

❸ 定位要使用的图片的保存位置并选中图片（见图13-32），单击【打开】按钮，则可以看到图形的图片填充效果，如图13-33所示。

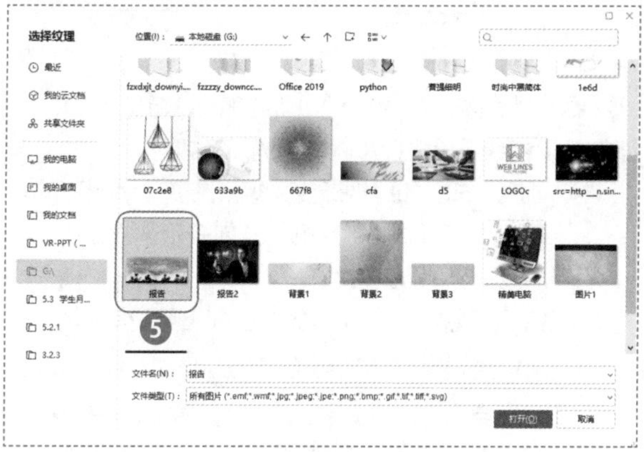

图 13-32

图 13-33

> **技巧点拨**
>
> 半透明的图形效果也是图形处理中常用的一种美化方式，要设置图形的填充颜色，打开【对象属性】右侧窗格，在填充栏中只要拖动【透明度】的调节按钮（见图13-34）即可进行透明度的设置。如图13-35所示，选中的图形即为半透明的效果。

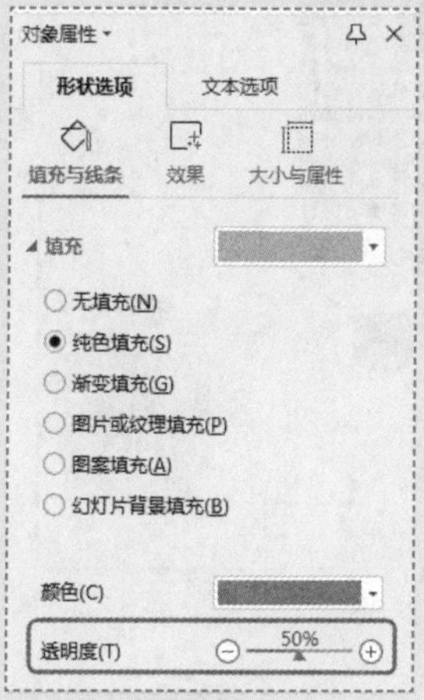

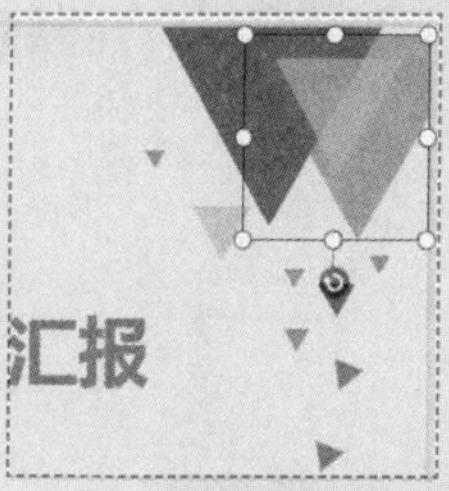

图 13-34　　图 13-35

13.3.2 精细化颜色与边框线条

扫一扫，看视频

美化图形时，有些设计方案对色彩的精确度要求很高，这时可以更加精细地使用颜色，如指定RGB的颜色、渐变色等。另外，线条设置也可以使用虚线、加粗线等。

1. 自定义填充色彩

在【形状填充】按钮的下拉列表中选择【其他填充颜色】命令，打开【颜色】对话框，在【标准】选项卡下有按渐变方式排序的色块（见图13-36），可以按需要选择。切换到【自定义】选项卡下，可以直接输入颜色的RGB值来确定颜色，如图13-37所示。

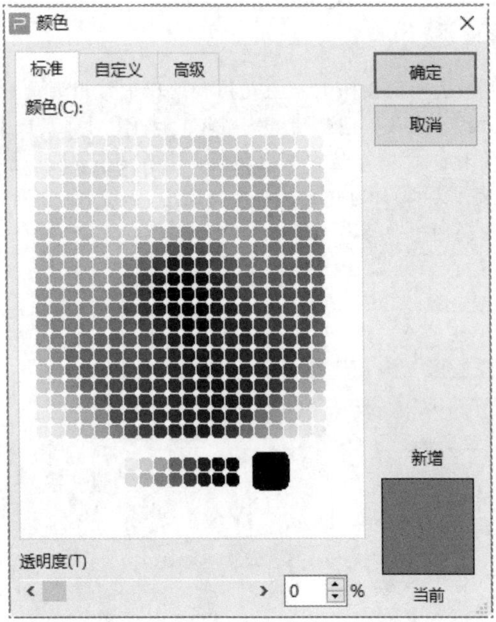

图 13-36

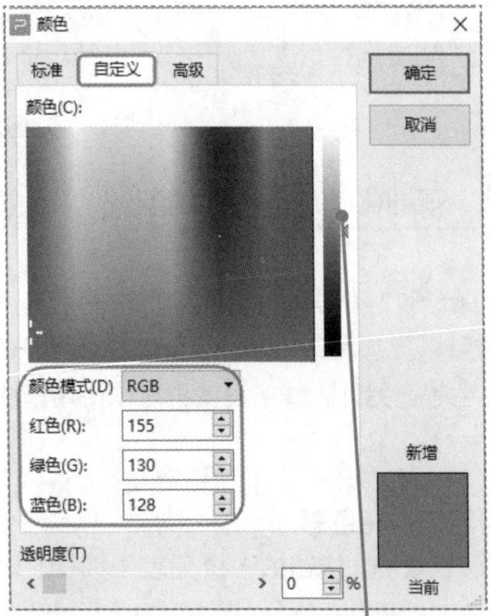

扩展

对任意对象设置色彩时，都可以看到一个【颜色】栏，这是根据当前选用的配色方案给出的色彩，是比较稳妥的配色。如果对色彩没有特殊要求，建议选择主题配色。

图 13-37

应用渐变颜色的操作方法如下：

❶ 选中图形，单击右侧出现的【形状填充】按钮，在打开的下拉列表中选择【更多设置】命令（见图 13-38），打开【对象属性】右侧窗格。

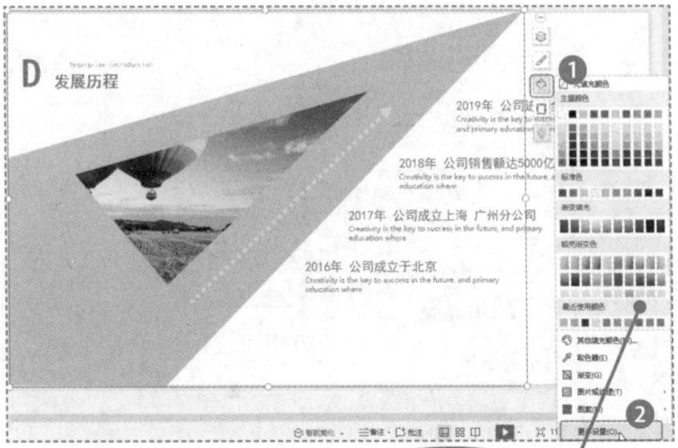

扩展

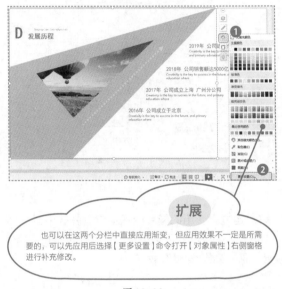

也可以在这两个分栏中直接应用渐变，但应用效果不一定是所需要的，可以先应用后选择【更多设置】命令打开【对象属性】右侧窗格进行补充修改。

图 13-38

❷ 在【填充】栏中选中【渐变填充】单选按钮，下面的各项参数设置将会影响最终的渐变效果。

- 渐变样式：如线性渐变、矩形渐变，每一种渐变样式下还可以决定从哪个方向开始进行渐变。
- 角度：改变渐变的角度。
- 色标颜色：要完成渐变，色标上至少有两个点，可以通过 按钮添加色标点，通过 按钮减少色标点。可以根据设计需求对当前的渐变参数进行调整，还可以设置渐变样式、渐变角度、色标颜色。色标的颜色决定了从什么颜色向什么颜色渐变。所以改变颜色时，需要先用鼠标选中色标点，然后再在下面的颜色框中改变颜色。
- 位置：首个色标位置是0%，最后一个色标位置是100%，改变色标位置可以控制从一种颜色到另一种颜色的变化过渡幅度，读者可以自己尝试一边拖动色标，一边观察变化效果。

例如，图 13-39 中所设置的参数，得到的渐变效果如图 13-40 所示。

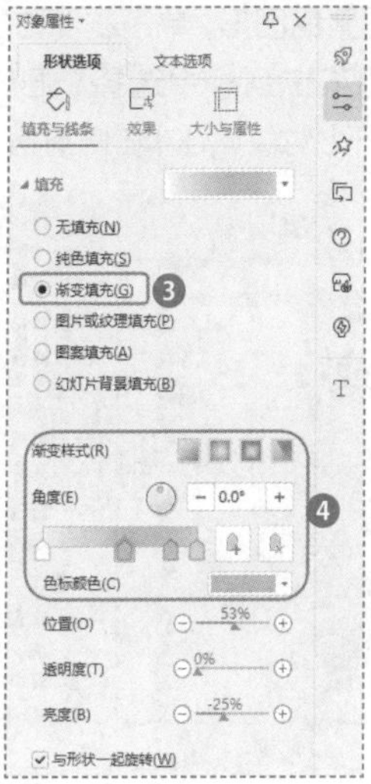

图 13-39

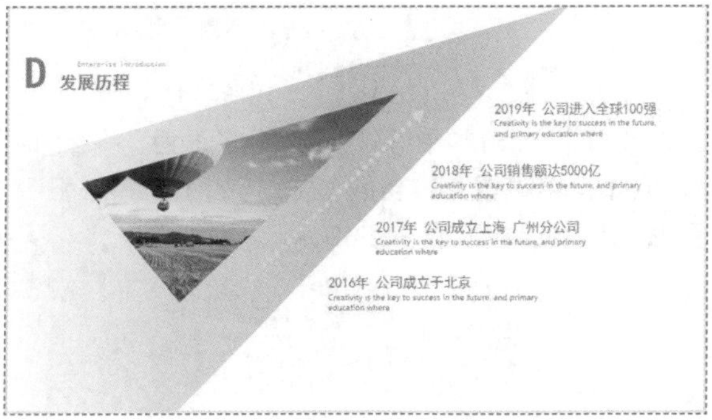

图 13-40

多图形的渐变叠加可以营造多种设计效果，图13-41所示的效果图则是使用两个渐变图形的叠加形成了立体图形的效果。

图 13-41

另外，WPS演示程序提供了取色器工具，当不知道该如何配色时，可以使用该工具去引用其他较好的配色方案。

❶ 将所需要引用其色彩的图片复制到当前幻灯片中(先暂时放置，用完之后再删除)，如图13-42所示。

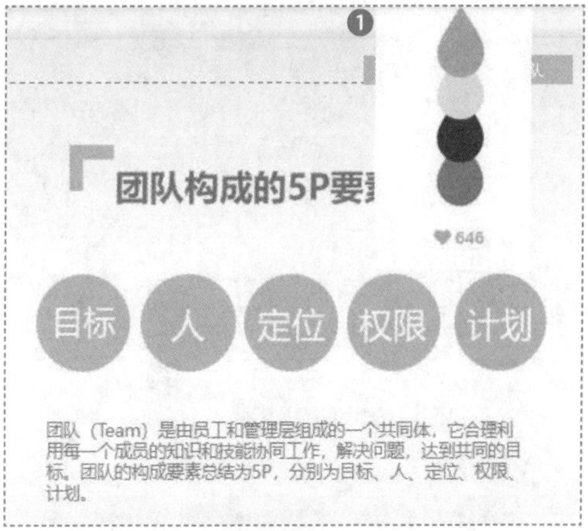

图 13-42

❷ 选中需要更改色彩的图形，在【形状填充】下拉列表中选择【取色器】命令，如图13-43所示。

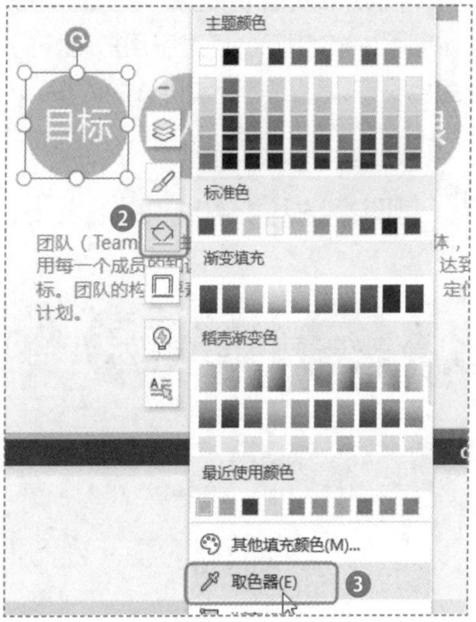

图 13-43

❸ 此时光标箭头变为类似于笔的形状，将取色笔移到想取其颜色的位置(见图13-44)，单击就会拾取该位置下的色彩为选中的图形填充颜色，如图13-45所示。

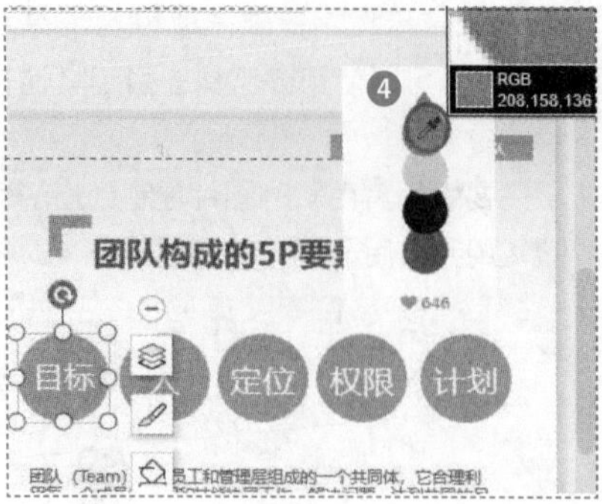

图 13-44

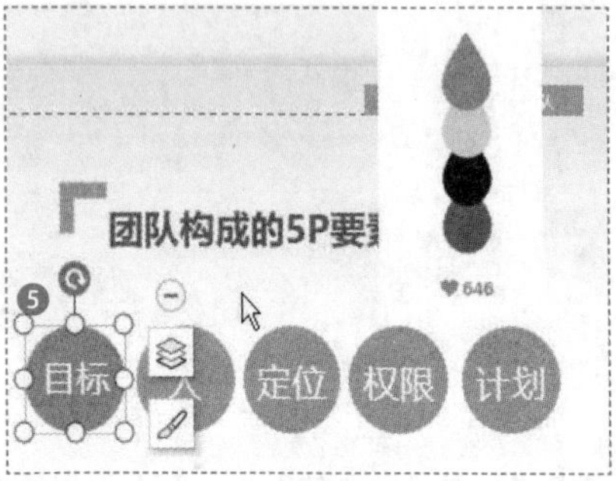

图 13-45

❹ 按相同方法依次拾取颜色，本例的图形更改颜色后的效果如图 13-46 所示。通过引用搭配好的色彩为自己的图形配色，可以达到美观、协调的效果。

图 13-46

2. 个性化的边框效果

图形的边框不仅仅是默认的实线条，还可以根据设计需求设置线条的粗细程度、是否使用虚线以及线条的透明度等。

❶ 选中要设置的图形，单击右侧出现的【形状轮廓】按钮，在打开的下拉列表中选择【更多设置】命令（见图 13-47），打开【对象属性】右侧窗格。

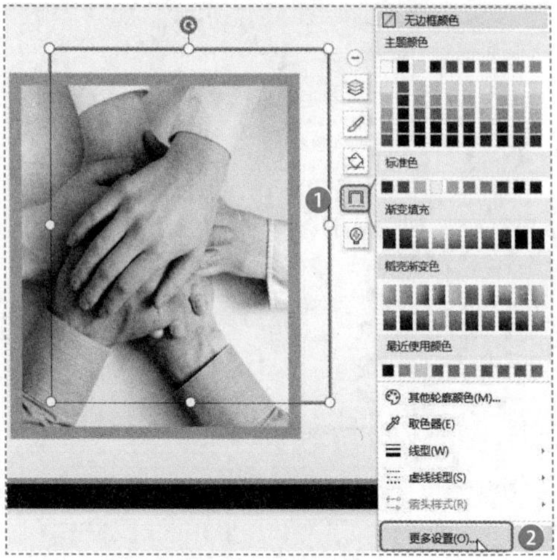

图 13-47

❷ 在【线条】栏中可以更改线条的颜色、线条的粗细值（本例中设置为较粗的12磅），如图 13-48 所示。图形应用后的效果如图 13-49 所示。

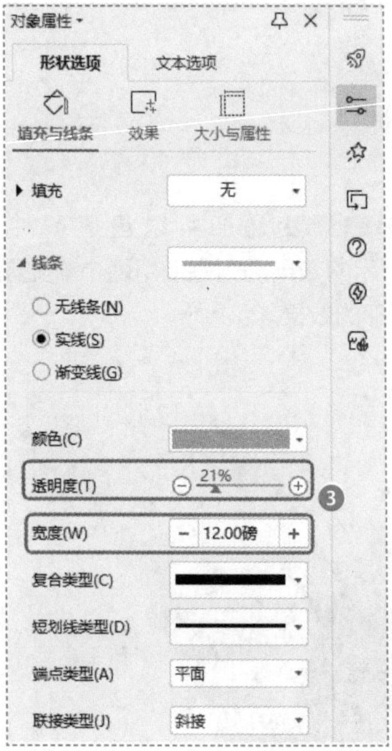

图 13-48

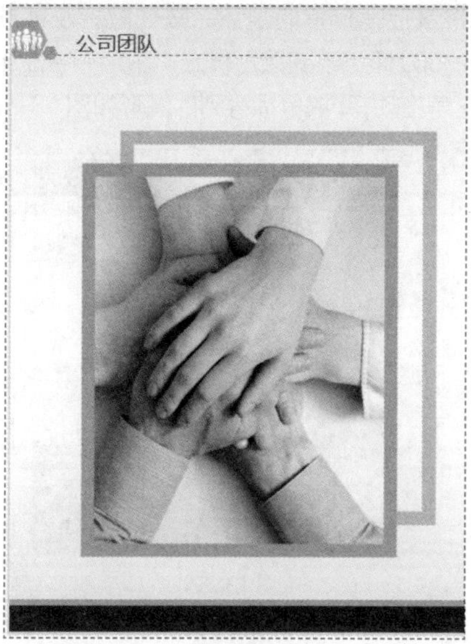

图 13-49

❸ 选中圆形，打开【对象属性】右侧窗格，在【线条】栏中将【短划线类型】更改为虚线样式（见图 13-50），图形应用后的效果如图 13-51 所示。

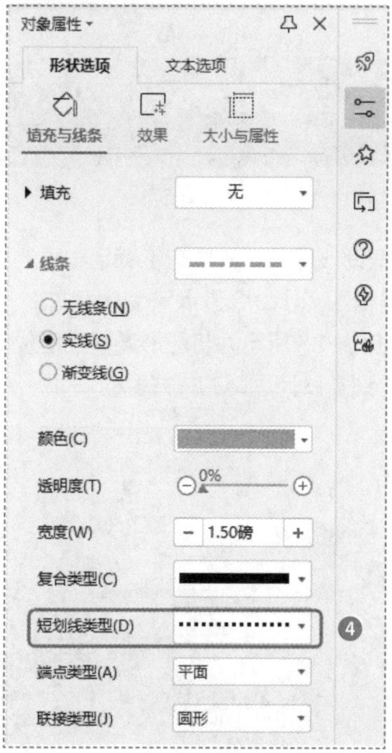

图 13-50

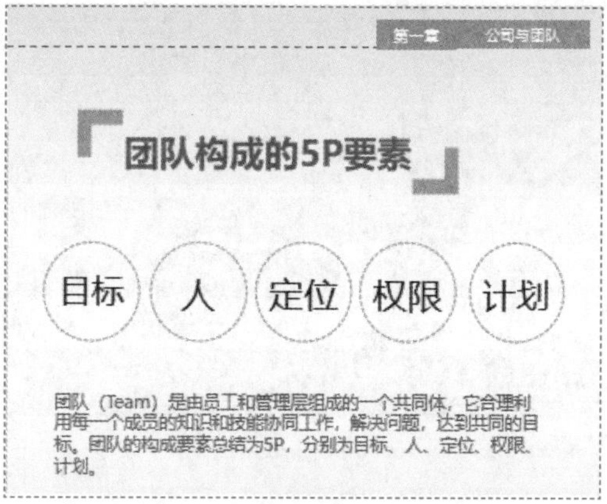

图 13-51

技巧点拨

在设置多图形格式时，格式刷是一个非常有用的工具。当设置了一个图形的格式后，选中图形，在【开始】选项卡中双击按钮启用格式刷，然后依次在需要应用相同格式的图形上单击（见图 13-52）即可。

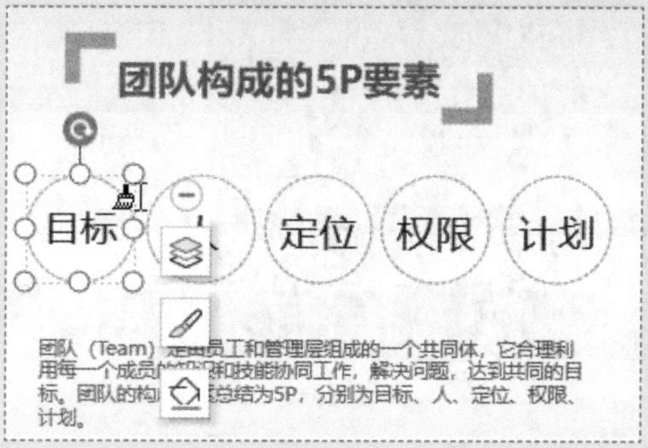

图 13-52

13.3.3　调整图形顶点变换图形

扫一扫，看视频

在程序的【形状】列表中提供了众多形状，但是在布局幻灯片时，有时还需要一些其他不规则的图形或者更具设计感的图形，这时则需要进行图形顶点的调整。例如，在图 13-53 所示的幻灯片中，幻灯片右侧的图形就是一个不规则的图形，下面以此图形为例讲解如何调整图形的顶点来任意变换图形。

图 13-53

❶ 绘制一个矩形图形，在图形上右击，在弹出的快捷菜单中选择【编辑顶点】命令（见图13-54），此时图形的4个顶点会进入可编辑状态，如图13-55所示。

图 13-54

图 13-55

❷ 将鼠标指针指向顶点，按住鼠标左键进行拖动（见图13-56）即可改变图形样式。本例中将左下角的顶点向右下角拖动，释放鼠标得到的图形如图13-57所示。

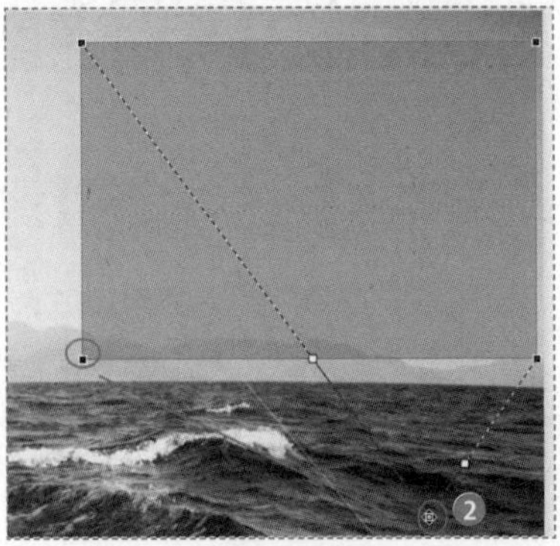

图 13-56

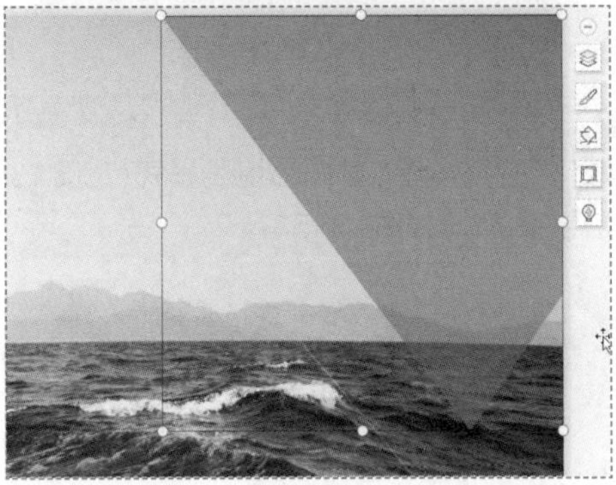

图 13-57

❸ 根据设计思路，如果有不满足要求的地方，则再次执行【编辑顶点】命令进入可编辑状态，按相同的方法调整。图13-58所示为将图形调整完后放大图形的效果，基本达到了设计思路的样式。

图 13-58

图 13-59 所示的幻灯片中的图形的基本图形其实就是图 13-60 所示的图形。这些图形也是通过调整图形顶点变换而来的，后面再对图形设置不同的渐变填充和边框，从而达到图 13-59 所示的设计效果。

图 13-59

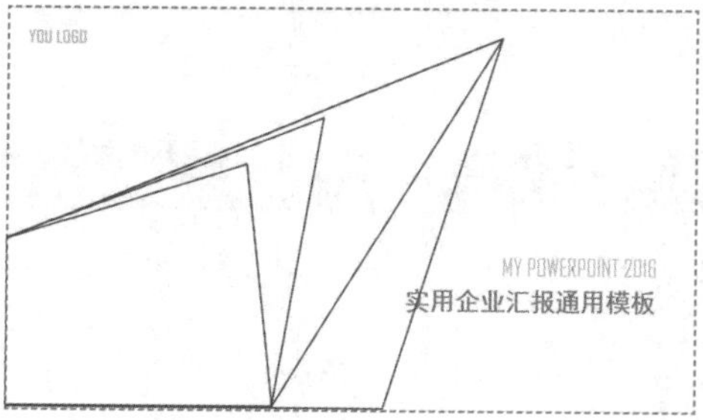

图 13-60

13.3.4　合并形状获取创意造型

扫一扫，看视频

合并形状的功能也属于一个创意图形的功能项，当基本图形不满足设计需求时，很多时候可以使用该功能来获取一些特殊的图形。下面给出几个应用与设计思路。

1. 剪除（以图 13-61 为例图）

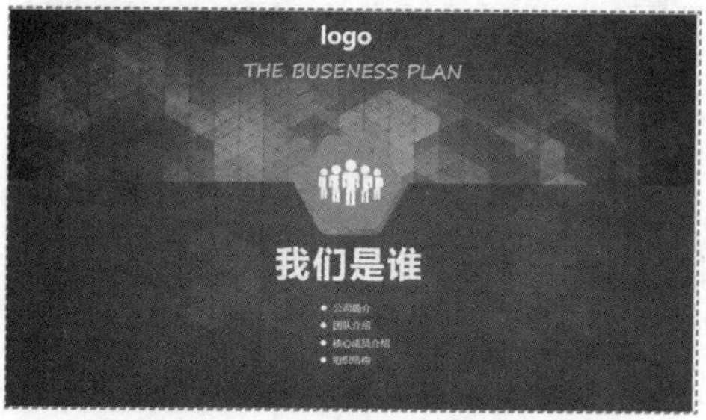

图 13-61

❶ 绘制一个六边形图形，以上下平分的方式放置在矩形图形的上方，先选中下面的矩形图形，再选中上面的六边形图形，在【绘图工具】选项卡中单击【合并形状】按钮，在打开的下拉列表中选择【剪除】命令（见图 13-62），此时可以看到剪除后的图形如图 13-63 所示。

注意

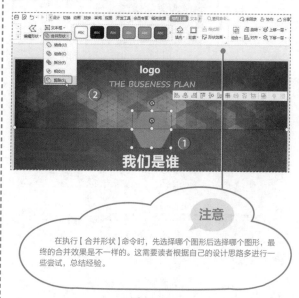

在执行【合并形状】命令时，先选择哪个图形后选择哪个图形，最终的合并效果是不一样的。这需要读者根据自己的设计思路多进行一些尝试，总结经验。

图 13-62

图 13-63

❷ 绘制一个与原来相同的六边形，稍微缩小（也可以在合并前将原图表复制一个备用）放置在剪除的空位上即可得到想要的创意图形，如图 13-64 所示。

图 13-64

2. 结合（以图 13-65 为例图）

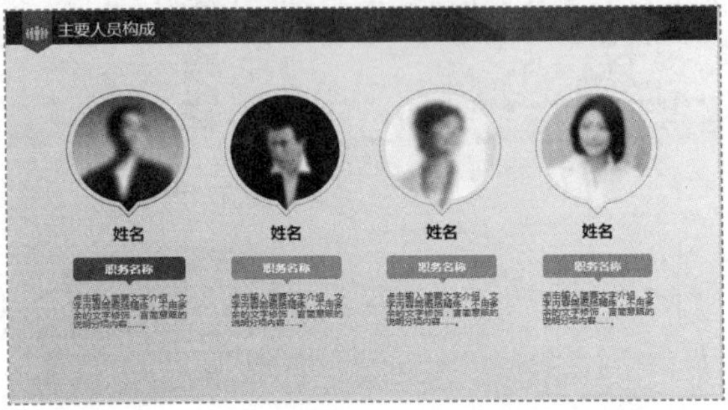

图 13-65

❶ 绘制一个正圆形和一个等腰三角形（注意等腰三角形需要垂直翻转一次），二者按图 13-66 所示的样式重叠放置。

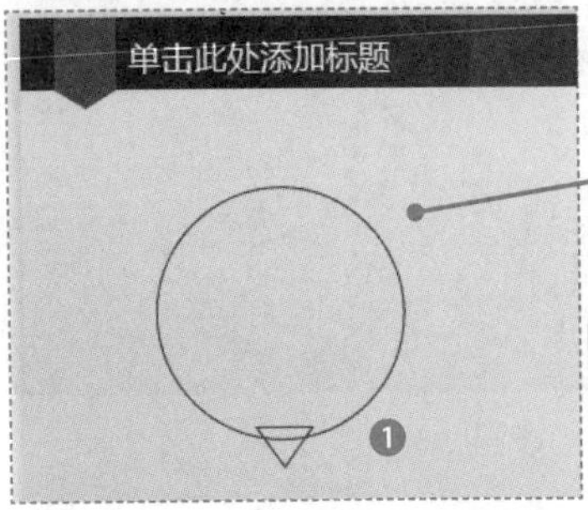

图 13-66

扩展

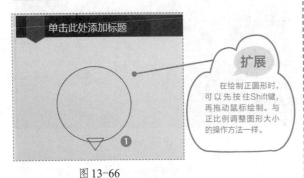

在绘制正圆形时，可以先按住Shift键，再拖动鼠标绘制。与正比例调整图形大小的操作方法一样。

❷ 先选中圆形，再选中三角形，在【绘图工具】选项卡中单击【合并形状】按钮，在打开的下拉列表中选择【结合】命令（见图 13-67），此时可以看到结合后的图形，如图 13-68 所示。

❸ 复制结合的图形，将其中一个稍微缩小，并将二者重叠放置，得到的本例中的创意图形如图 13-69 所示。

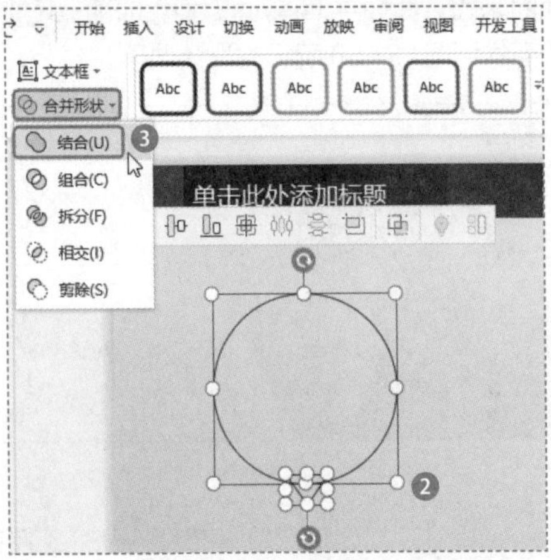

图 13-67

图 13-68

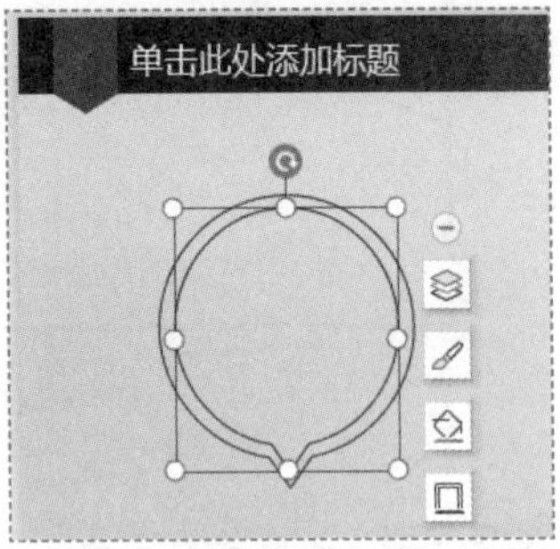

图 13-69

❹ 选中内部的图形，为其设置图片填充，并取消其轮廓线条，完成例图中第一个图形的创建，如图 13-70 所示。

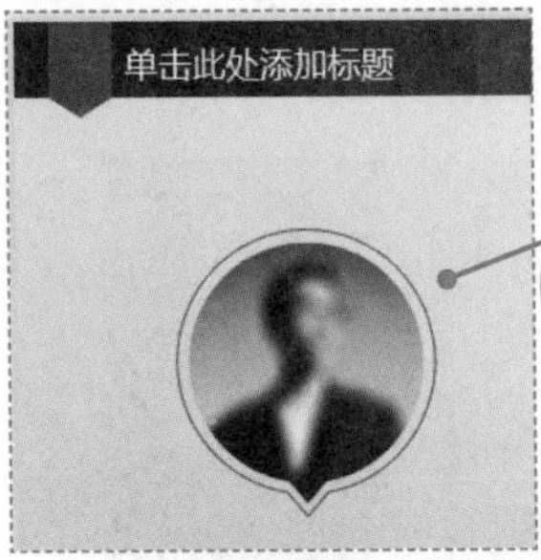

图 13-70

扩展

创建了第一个图形后，例图中其他图形可以通过复制得到，然后再更改其填充图片即可。

3. 拆分

图 13-71 所示的幻灯片中使用了正方形来布局版面，但是贴边的图形超出了幻灯片的边界，现在需要通过处理达到如图 13-72 所示的效果。

图 13-71

图 13-72

❶ 绘制一个矩形叠加在正方形超出幻灯片边线的部分上，先选中正方形，再选中矩形，在【绘图工具】选项卡中单击【合并形状】按钮，在打开的下拉列表中选择【拆分】命令（见图 13-73），此时可以得到多个拆分后的图形，如图 13-74 所示。

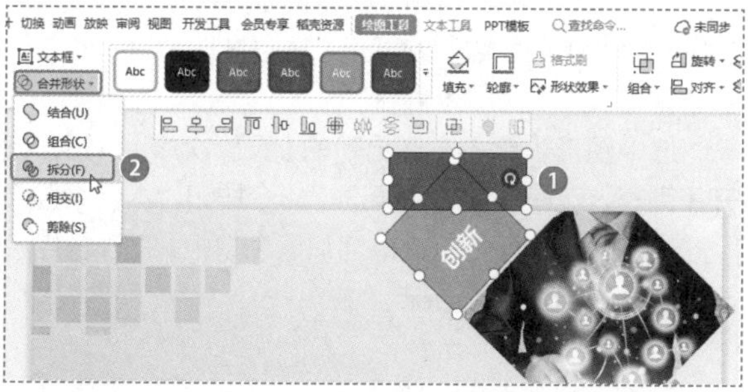

图 13-73

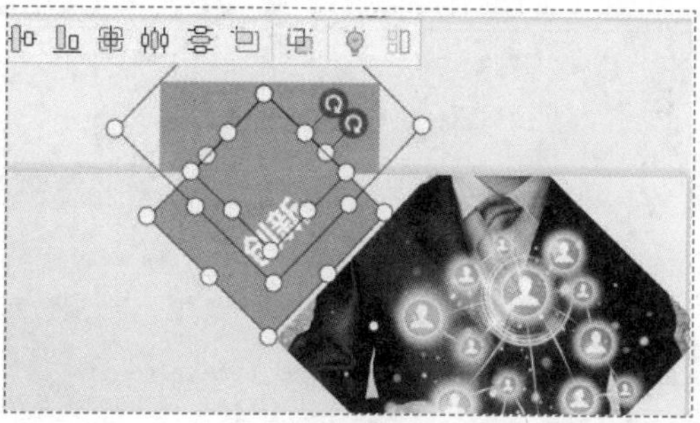

图 13-74

❷ 将拆分后的不需要的图形删除，只保留需要的，删除后的效果如图 13-75 所示。

图 13-75

❸ 按相同的方法将所有超出幻灯片边线的部分都删除即可得到例图中要求的效果。

13.3.5 多对象对齐、叠放次序、组合

扫一扫，看视频

一篇演示文稿一般都会包含多个元素，甚至元素之间会相互叠加。因此，在布局幻灯片元素时就要考虑到元素之间的对齐格式、叠放次序以及组合使用等情况。

1. 让多对象按规则对齐

对齐是一种强调，能增强元素间、页面间的结构性；对齐还能够调整画面的秩序和方向。在使用多图形时也要遵循对齐的原则，切勿凌乱地放置。

要实现多对象按指定的规则迅速对齐（如左对齐、底端对齐、垂直居中等），单凭肉眼判断和手动拖动是很难做到精确对齐的。例如，在图 13-76 所示的幻灯片中（注意各元素间未做到精确对齐），可以利用命令操作来实现 5 个六边形对象在水平方向对齐，并且各对象间的间距保持一致。

图 13-76

❶ 同时选中5个对象，这时可以看到上方出现一排功能按钮，单击【靠上对齐】按钮(见图13-77)即可让图形保持水平方向对齐，如图13-78所示。

图 13-77

图 13-78

❷ 保持图形的选中状态，单击【横向分布】按钮即可让图形保持水平方向对齐，如图13-79所示。经过这两步操作则实现了多对象快速地按指定的规则对齐的目标。

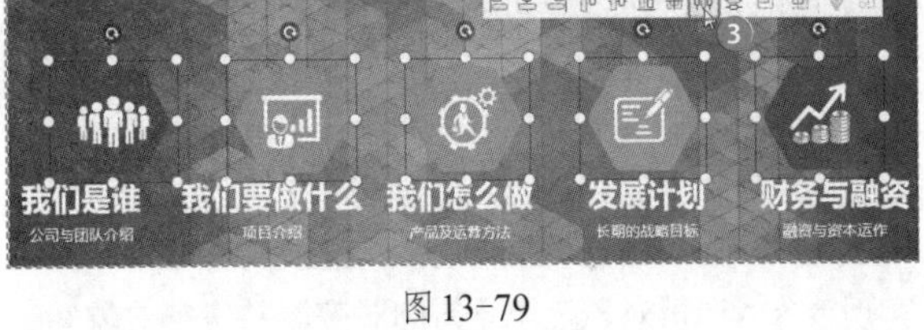

图 13-79

技巧点拨

各种对齐方式都有其特定的用途，可以根据自己想排列的样式做决定。如图13-80所示的图形，在全选对象后，经历【左对齐】和【纵向分布】两步操作，达到了如图13-81所示的对齐效果。

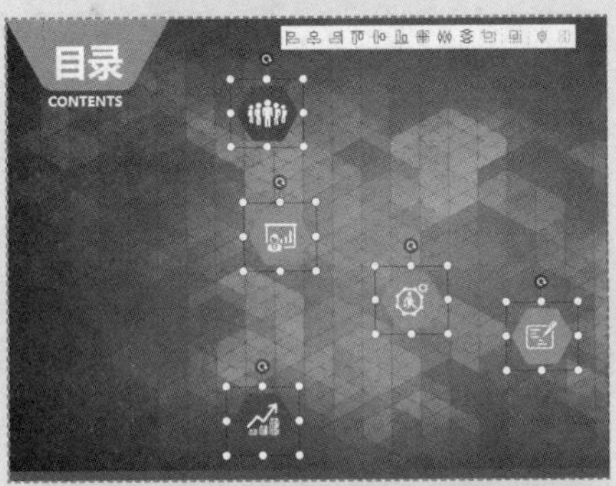

图 13-80

图 13-81

2. 叠放次序

在使用多对象时，由于绘制的顺序不同，后面绘制的图形会覆盖前面绘制的图形，在设计图形时有时需要重新调整次序。

选中图形，单击右侧出现的【叠放次序】按钮，打开子列表，可根据实际需要选择命令按钮，本例中选择【置于底层】(见图13-82)，可以看到选中的图形已经移至底层，如图13-83所示。

图 13-82

图 13-83

技巧点拨

如果要为多对象应用同一操作(如排列、统一移动位置等)，在操作前需要准确地选中对象。很多人会使用Ctrl键配合鼠标的选取方式，如果选择的对象数量不多且不重叠，使用此方法当然可行，但如果对象数量众多且叠加显示，这样选择就会不准确且操作耗时，此时可以使用鼠标框选多对象。

操作方法为：从一个没有任何对象的位置开始，按住鼠标左键拖动框选所有需要选择的对象(见图13-84)，释放鼠标即可将框选的所有对象都选中，如图13-85所示。

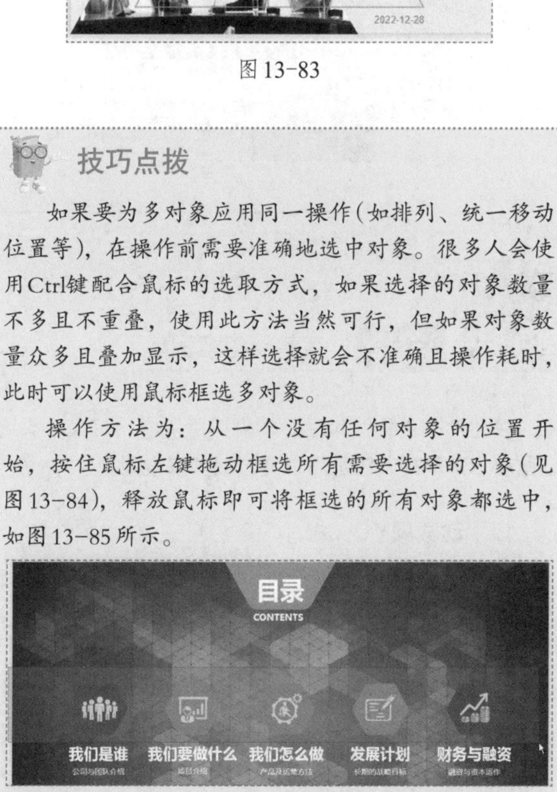

图 13-84

图 13-85

这种框选方式也适用于选取被外层图形覆盖住的下层图形，但在操作时注意不要将外层图形也全部框选在内，这样就会连同外层图形一起被选中。如果外层图形一起被选中了，按住Ctrl键，单击不需要选中的图形的边框即可取消对该图形的选中。

3. 将设计好的图形组合成一个对象

设计好的多个对象可以组合成一个对象，从而方便执行整体移动、复制、调整等操作。

同时选中需要组合的多个对象，在顶部出现的功能按钮中单击【组合】按钮(见图13-86)，这时可以看到多个对象被组合成了一个对象，如图13-87所示。

图 13-86

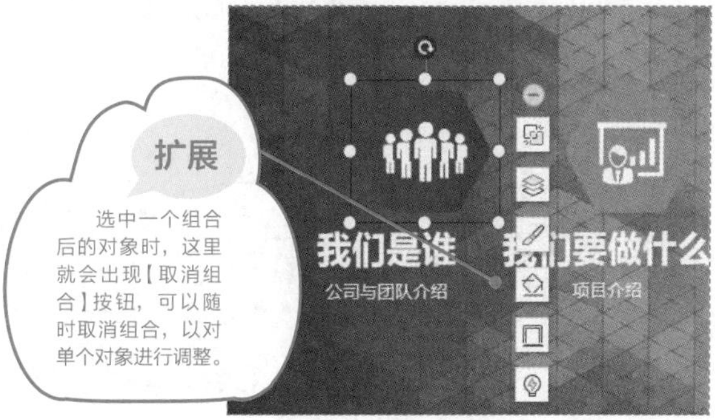

扩展
选中一个组合后的对象时，这里就会出现【取消组合】按钮，可以随时取消组合，以对单个对象进行调整。
我们是谁
公司与团队介绍
我们要做什么
项目介绍

图 13-87

13.4 使用高品质的图片

图片处理逐渐成为办公过程中不可或缺的技能之一，对于绝大多数用户而言，一款好用且全面的图片处理软件绝对会是一个强有力的助手。WPS演示程序内置了丰富的图片处理功能，力争为用户提供一站式的办公体验。图片裁剪、抠图、水印添加、马赛克涂抹、文字添加、色彩调整等功能可以帮助用户轻松解决日常的图片处理需求，再也不需要额外安装并使用其他软件。

13.4.1 快速应用手机中的图片

扫一扫，看视频

在WPS演示程序中，可以将程序直接与手机相连接，从而快速提取并应用手机中的图片。

❶ 将光标定位到文档中，在【插入】选项卡中单击【图片】下拉按钮，打开下拉列表，单击【手机传图】按钮(见图13-88)，打开【插入手机图片】对话框，如图13-89所示，使用手机微信扫描生成的二维码。

❷ 在手机中选择想要传输到计算机中的图片，选择后显示出已接收的列表，如图13-90所示。

扩展
如果要插入本地的图片，则单击该按钮，打开对话框去选择。

图13-88

图13-89

图13-90

❸ 双击目标图片则可以将图片插入文档，本例中在每张图片上单击将它们都插入幻灯片，如图13-91所示。

图13-91

13.4.2 裁剪及创意裁剪

扫一扫，看视频

将图片插入幻灯片后，根据排版需求，其大小、周边留白、外观样式等都可以通过裁剪来设置。

1. 手动裁剪

❶ 选中图形，单击右侧出现的【裁剪图片】按钮(见图13-92)，此时图片的四周及拐角都出现了可调整的控制点。

❷ 本例想从底部调整图片，则将鼠标指针指向图片底部中间的控制点上，按住鼠标左键向上拖动，如图13-93所示。

图 13-92

扩展

当启动【裁剪图片】按钮时，可以看到自动弹出【按形状裁剪】下拉列表，如果选择形状则可以将图片裁剪为形状。

图 13-93

❸ 调整到需要的位置后释放鼠标，然后在图片之外的任意位置单击完成裁剪，如图 13-94 所示。

图 13-94

2. 创意裁剪

WPS演示程序提供的对图片进行创意裁剪的功能非常实用，可以通过一键操作让一张普通的图片具有设计感。如果是在过去的PPT程序中，这样的效果需要使用专用的图形制作软件来处理，或者经过多步操作才能实现。

❶ 选中图形，单击右侧出现的【图片处理】按钮，打开子列表，该列表中分为多个标签，都是用于图片处理的功能项（在后面的内容中会陆续介绍），单击【创意裁剪】标签，可以看到其中有众多的创意图形样式可供选择（见图 13-95），使用鼠标指针指向时可即时预览。

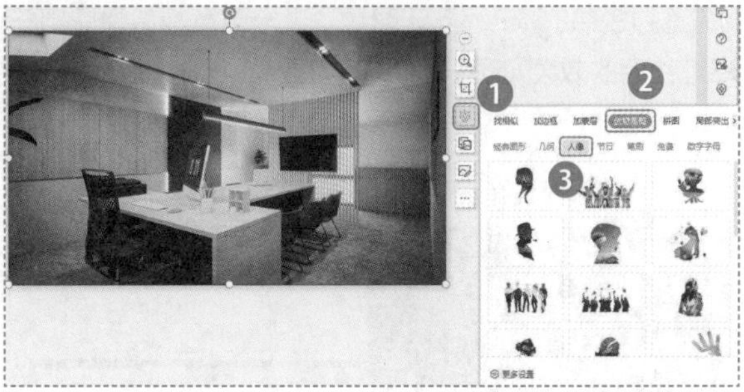

图 13-95

❷ 本例中选择一种样式，应用效果如图 13-96 所示。

图 13-96

❸ 对幻灯片进行补充编辑，完成该幻灯片的设计，如图 13-97 所示。

图 13-97

❹ 按相同的方法还可以选择其他创意裁剪方案。例如，图 13-98 所示为默认图片，进行创意裁剪并应用于幻灯片后的效果如图 13-99 所示。

图 13-98

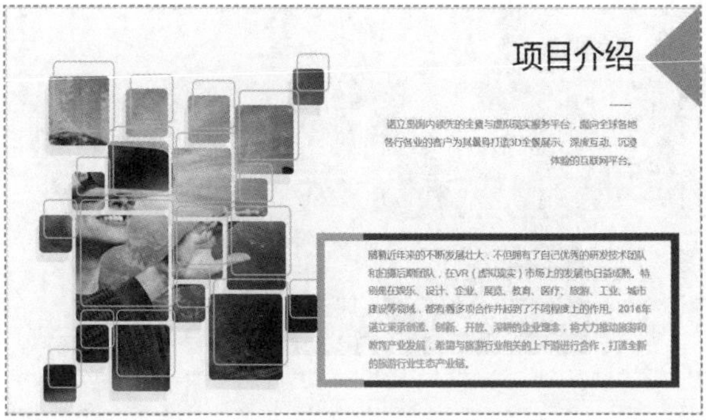

图 13-99

13.4.3 图片处理

扫一扫，看视频

WPS演示程序中将图片的处理分为【图片处理】和【图片编辑】两个模块，其中【图片处理】模块包括找相似图、加边框、加蒙层、创意裁剪、拼图、局部突出等几项功能。

1. 找相似图

找相似图是根据当前图片的类型快速找到同类型的图片，让设计者无须借助其他工具去寻找并下载图片，这仍然是WPS演示程序的一大亮点。

❶ 选中图片，单击右侧出现的【图片处理】按钮，打开子列表，单击【找相似】标签，会显示与当前选中图片相似的同类型图片列表，如图 13-100 所示。

❷ 将鼠标指针指向图片时即时预览，单击即可应用，如图 13-101 所示。

图 13-100

图 13-101

对于幻灯片中的小图标，也可以利用搜图的方式进行插入。

❶ 选中图标，单击右侧出现的【图标处理】按钮，打开子列表，在这里可以选择风格类似的图标，如图 13-102 所示。单击图标即可插入幻灯片，如图 13-103 所示。

图 13-102

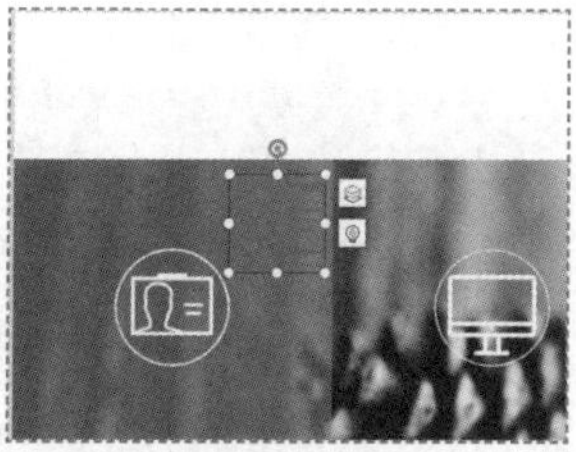

图 13-103

❷ 由于插入图标的色调可能与当前幻灯片的色调不匹配，这时可以在【图形填充】下拉列表中重新更改图标的颜色，如图 13-104 所示。

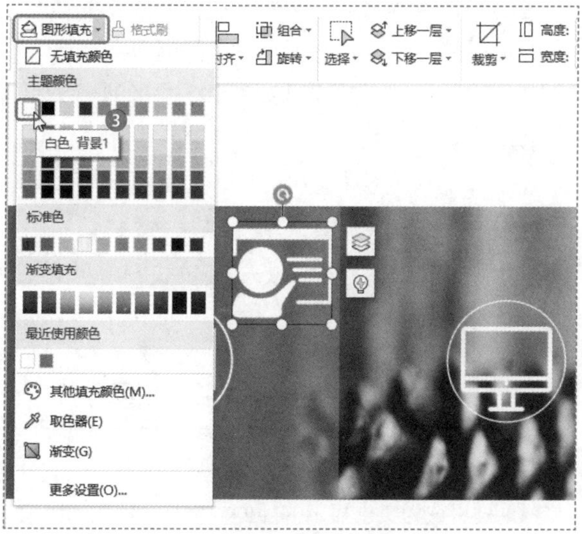

图 13-104

技巧点拨

在软件的【插入】选项卡下有一个【图标】按钮，单击此按钮也可以选择使用图标。另外，还对图标的风格进行了细致的分类，如图 13-105 所示。当在设计幻灯片的过程中需要使用一些风格相同的小图标时，在这里选用是非常方便的。

图 13-105

2. 加蒙层

加蒙层一般是在背景较复杂的图片上添加一个图形并设置半透明的样式，从而为其他设计元素留出空间。在以前的软件中都是通过手动添加一个与图片相同大小的图形并设置为半透明状态来实现此效果的，而在 WPS演示程序中则可以一键操作。

❶ 选中图片，单击右侧出现的【图片处理】按钮，打开子列表，单击【加蒙层】标签，则可以显示众多蒙层样式列表（还可以通过子标签选择蒙层颜色），如图 13-106 所示。

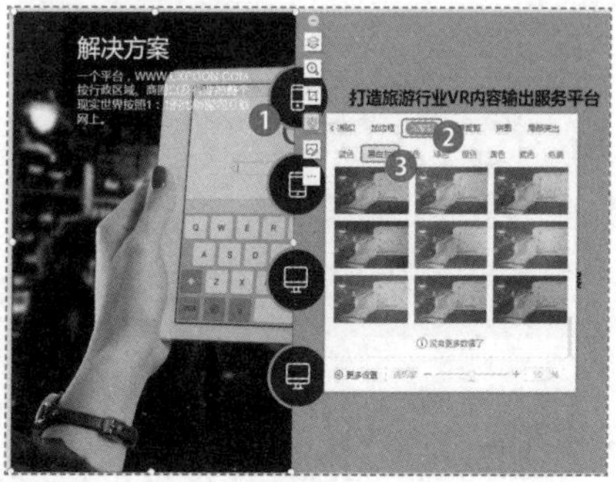

图 13-106

❷ 将鼠标指针指向时可以即时预览，单击即可应用。

❸ 在应用蒙层后可以看到有些元素被遮盖，此时需要选中图片并单击右侧出现的【叠放次序】按钮，然后选择【置于底层】功能按钮，如图13-107所示。经过重新调整后，幻灯片效果如图13-108所示。

图 13-107

图 13-108

3. 局部突出

局部突出属于图片处理中的一个特效功能，可以让图片中某个部分像放大镜效果一样突出显示出来。

❶ 选中图片，单击右侧出现的【图片处理】按钮，打开子列表，单击【局部突出】标签，接着单击底部的【更多设置】按钮，打开【图片处理】右侧窗格，如图13-109所示。

图 13-109

❷ 选择需要的突出样式，在图片中会出现一个默认的突出部位(见图13-110)，单击【重置区域】按钮，则可以在图片中重新框选想要突出显示的部位，如图13-111所示。

图 13-110

图 13-111

❸ 重新选择区域后，单击✓按钮，接着在右侧窗格中可以拖动放大倍率的标尺，也可以选择动画样式，如图13-112所示。这时可以观察到幻灯片中的显示效果。

图 13-112

❹ 被设置为突出显示的部位成了一个独立的对象，可以通过拖动调整到最合适的部位，如图13-113所示。

图 13-113

通过突出图片局部的设置，也可以让图片更具有设计感，图13-114所示为另一个应用参考范例（上图为原图，下图为应用后的效果）。

图 13-114

13.4.4　图片编辑

扫一扫，看视频

WPS演示程序中对图片处理的另一个模块是【图片编辑】模块，包括处理图片清晰度、添加文字、添加水印、马赛克涂抹等几项功能。

1. 转换为高清图片

❶ 选中图片，单击右侧出现的【图片编辑】按钮（见图13-115），打开【WPS图片编辑】编辑框，在右侧单击【修复】标签按钮，这时可以看到有【照片修复】【文本修复】【高清修复】3个选项，如图13-116所示。

❷ 本例执行【画质修复】和【2倍放大】两项处理，通过对比可以看到图片在清晰度与画质方面得到了很大的提升，如图13-117所示。

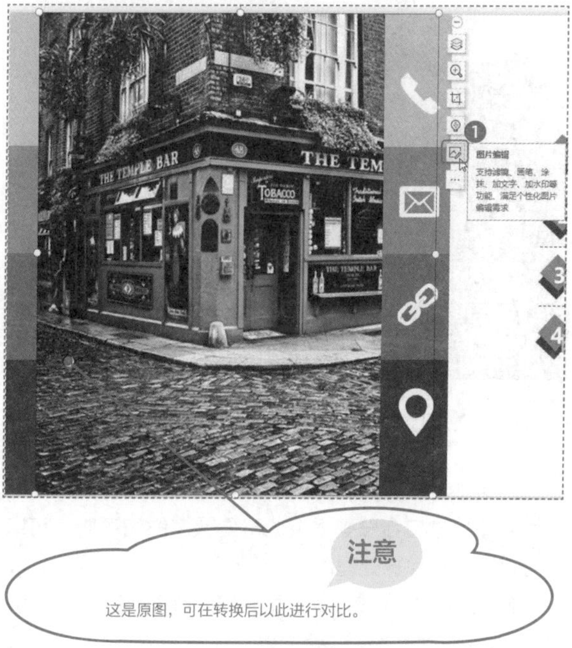

图 13-115

扩展

关于图片的处理有多个调整项目，读者在使用时可以根据图片的实际情况选择修复选项。

图 13-116

图 13-117

2. 涂抹、马赛克

当图片中包含一些重要的不便透露的信息时，可以进行马赛克或涂抹处理。

❶ 选中图片，单击右侧出现的【图片编辑】按钮，打开【WPS图片编辑】编辑框，在右侧单击【消除】标签按钮，可以看到有【高级消除】【马赛克】【渐变模糊】【橡皮擦】4个选项，如图13-118所示。

❷ 设置好画刷的大小，将鼠标指针指向图片需要涂抹的位置，按住鼠标左键进行涂抹，如图13-119所示。

扩展

这几个选项都用于对图片保密信息的处理，只是涂抹后留下的痕迹不一样，在应用时可按需要进行选择。

图 13-118

图 13-119

3. 添加文字、添加水印

添加文字是指在图片上添加说明文字，添加水印主要对图片的所有权起到了保护作用。

❶ 选中图片，单击右侧出现的【图片编辑】按钮，打开【WPS图片编辑】编辑框，在右侧单击【标注】标签按钮，如图13-120所示。

❷ 可以先选择一个绘画标记，然后在下方设置标记颜色、文字的字体和字号，再将鼠标指针移至图片中单击即可添加文字编辑框，在其中输入想添加的标记文字（本例将建立在画面右下角的位置），如图13-121所示。

图 13-120

图 13-121

❸ 单击【替换原图】按钮，可以看到应用于幻灯片中的效果，如图 13-122 所示。

图 13-122

添加水印的操作如下：

❶ 在【版权水印】栏中单击【自定义文字水印】按钮，这时图片上已经出现文字编辑框，如图 13-123 所示。

图 13-123

❷ 在底部设置好水印的颜色，并调整【透明度】滑块，然后在图片上的文本框中输入水印文字。输入文字后可以利用拐角的控制点调整水印文字的大小，利用顶部的旋转控制点调整文字的方向，如图 13-124 所示。

扩展
这里有几种常用的水印图标，选择后仍然可以设置颜色及调整透明度。另外，如果不需要满图水印，取消勾选【平铺多个水印】复选框即可。

图 13-124

❸ 单击【替换原图】按钮，可以看到应用于幻灯片中的水印效果，如图 13-125 所示。

图 13-125

13.5 多图片的批量处理

WPS演示程序具有处理多图片的功能，如对多图片快速进行拼图版式、批量添加水印、批量导出图片等。

13.5.1 玩转拼图版式

扫一扫，看视频

当一张幻灯片中插入了多张图片时，可以使用【图片拼接】功能瞬间排版图片。

❶ 同时选中需要排版的几张图片，单击顶部出现的【图片拼接】按钮（见图13-126），在打开的列表中可以根据当前选中的图片张数选择版式，如图13-127所示。

图 13-126

图 13-127

❷ 单击想应用的版式即可得到图13-128所示的排版效果。

图 13-128

13.5.2 批量添加水印

扫一扫，看视频

批量添加水印功能可以实现一次性为幻灯片添加图片水印。如果某些辅助设计的图片不需要添加水印，也可以选择性地取消。

❶ 选中任意图片，在【图片工具】选项卡中单击【批量处理】按钮，在打开的下拉列表中选择【批量加图片水印】命令（见图13-129），打开【图片批量处理】窗口。

❷ 首先在【文字水印】框中输入水印文字，接着可以更改文字的字体、字号、颜色，设置旋转角度和透明度，如图13-130所示。

图 13-129

LOGO
公司标志替代位置
注意
这里会识别到当前演示文稿中的所有图片，如果有些图片不需要添加水印，可以在这里将其删除。
扩展
这里可以选择让水印显示在什么位置。如果选中【平铺】单选按钮，则会满图显示水印。

图 13-130

❸ 设置完成后单击【批量替换原图】按钮，弹出提示框提示共替换了多少张图片，如图 13-131 所示。

❹ 单击【确定】按钮可以看到所有图片中都添加了水印文字，如图 13-132 和图 13-133 所示。

替换成功
扩展
如果要批量添加图片水印，选择【图片水印】标签，然后添加图片并设置相关参数即可。

图 13-131

图 13-132

图 13-133

13.5.3 批量导出

扫一扫，看视频

在WPS演示程序中，幻灯片中的所有图片可以一次性导出并保存到文件夹中。

❶ 选中幻灯片中的任意图片，在【图片工具】选项卡中单击【批量处理】按钮，在打开的下拉列表中选择【批量导出图片】命令(见图13-134)，打开【批量导出图片】窗口。

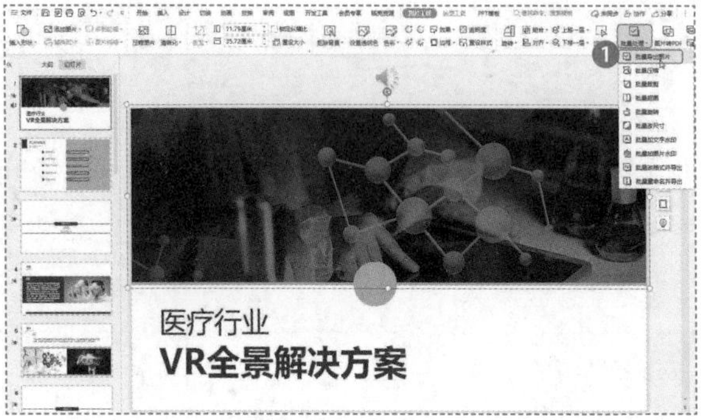

图 13-134

❷ 这时演示文稿中的所有图片都被识别了出来，重新设置导出图片的保存位置，然后单击【导出图片】按钮(见图13-135)，进入所设置的保存位置可以看到被逐一保存下来的图片，如图13-136所示。

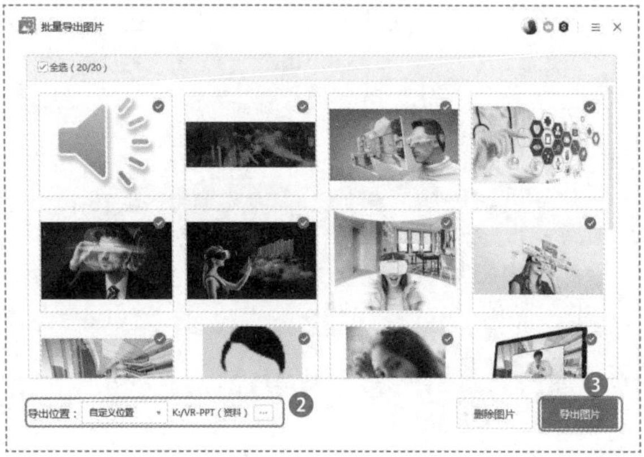

图 13-135

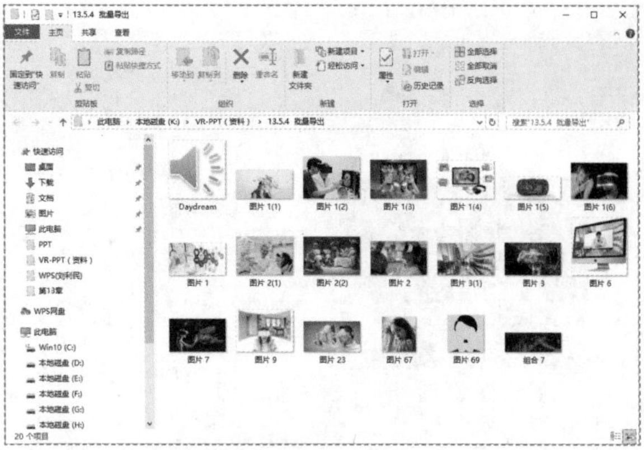

图 13-136

13.6 过关练习：企业宣传演示文稿页面范例

宣传类的演示文稿通常用于企业或公司向外界宣传新产品、新项目或服务项目等。制作这类演示文稿不仅需要丰富的内容，同时还要使幻灯片页面保持美感，达到吸引眼球、引起关注，甚至彰显企业专业态度的目的。

13.6.1 部分页面效果图

扫一扫，看视频

图13-137所示的组图是一篇企业宣传演示文稿的部分幻灯片。

产品介绍
专注●品质●诚信
诺立传媒有限责任公司
懂电商 更懂品牌
6年专注电商品牌策划积累，……
01
电商品牌策划
02
产品营销策划
03
视觉营销设计
04
网络传播推广
让品牌赢得核心价值
如今，品牌的消费者选择倾向已经发生了深刻变化，我们的品牌创建方式已经超越简单的视觉包装，而全面向产品性格、品牌基因、公共关系行销延展开去，只有更大的品牌格局、更全面的品牌创建智慧，才能迎战更多挑战！
大创意
大智慧
大格局
品牌核心
价值提升
电商品牌策划（一）
新品牌创建
老品牌提升
互联网时代，产品迭代速度越来越快，消费观念也在不断的升级，老品牌需要赋予新价值。为老品牌注入新的品牌理念，重塑品牌形象。

图 13-137

13.6.2 制作与编排要点

扫一扫，看视频

要完成本例的幻灯片制作，可参照以下制作与编排要点。

序号	制作与编排要点	知识点对应
1	整体色调保持为蓝色色调。图片的选择、图形的布局、文字的色彩注意使用同一种色调。	
2	图形对文字的反衬。绘制图形并在图形上使用文本框输入文本。	12.1.2 小节 13.2.1 小节
3	第 3 张幻灯片中双大括号的调整操作如下： 绘制默认图形（见图 13-138），先设置 15 磅的宽度（见图 13-139），将鼠标指针指向黄色控制点（见图 13-140），按住鼠标左键向右侧拖动（见图 13-141），调整后得到如图 13-142 所示的图形。	13.3.1 小节

续表

<table>
<tr><th>序号</th><th>制作与编排要点</th><th>知识点对应</th></tr>
<tr><td>3</td><td>
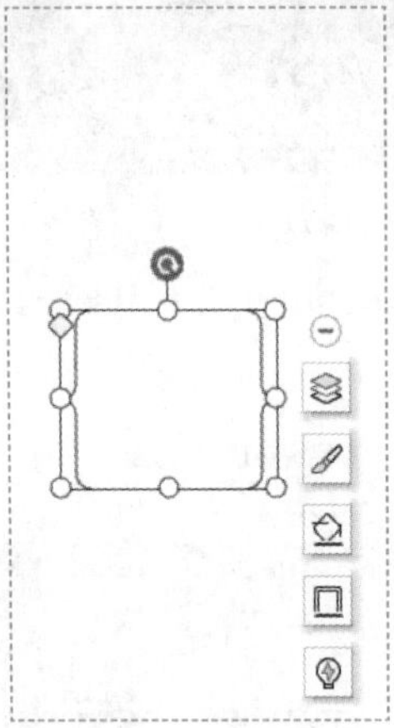

图 13-138

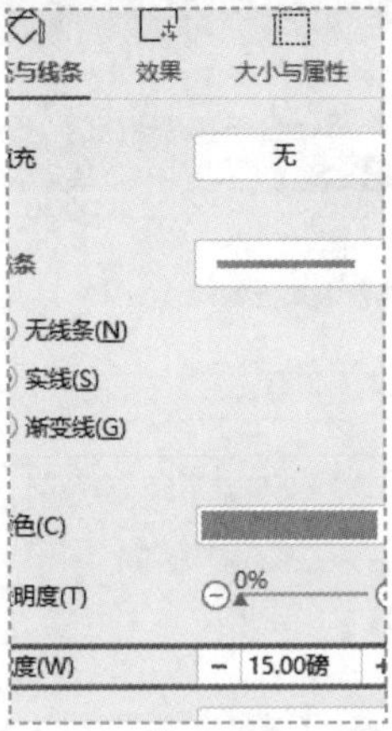

图 13-139

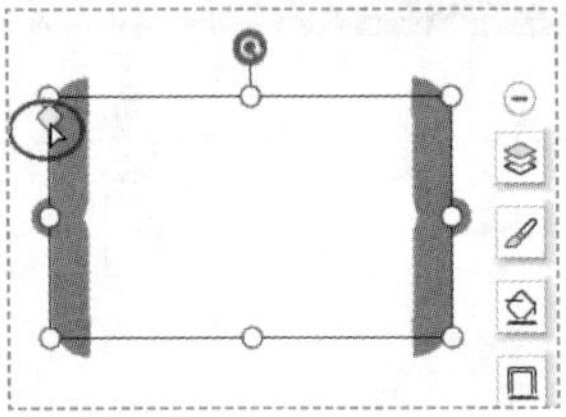

图 13-140

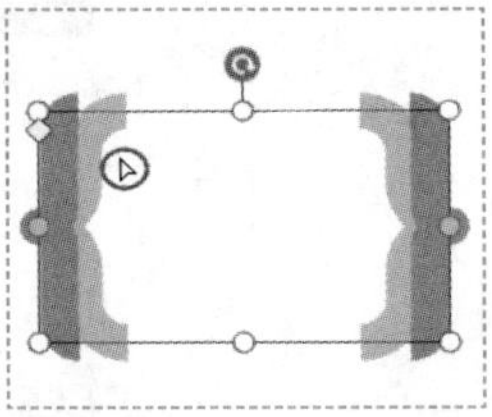

图 13-141

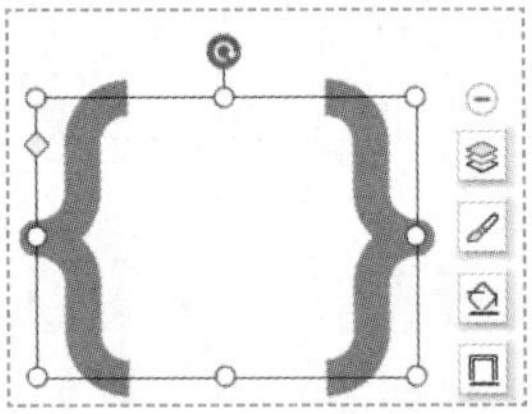

图 13-142
</td><td></td></tr>
<tr><td>4</td><td>
在第3张幻灯片中自定义绘制曲线。在【形状】下拉列表中还有几个可以自由绘制线条的按钮(见图13-143)。本例选择【任意多边形】，单击定位一个顶点，拖动绘制线条(见图13-144)，再次单击定位一个顶点，需要结束时双击。

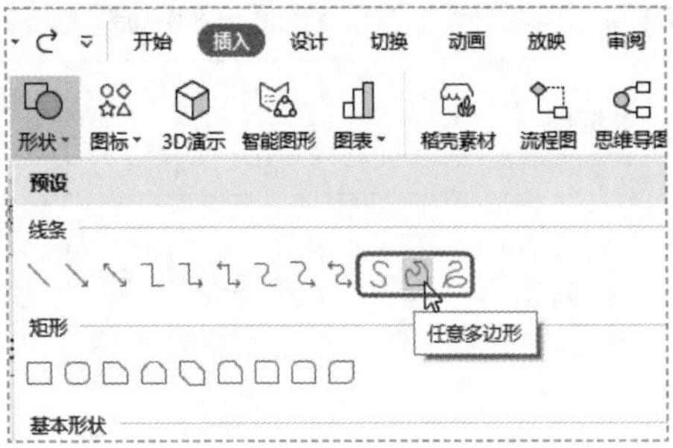

图 13-143

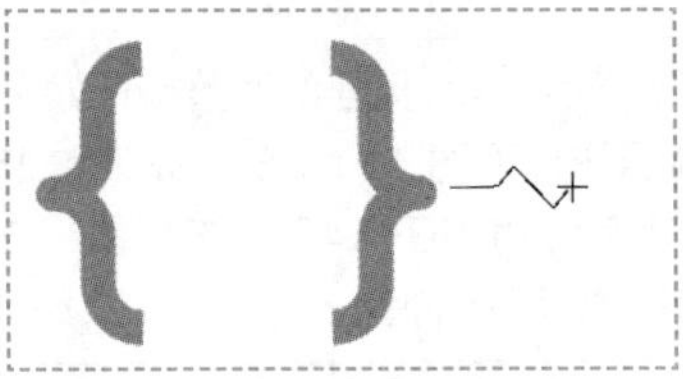

图 13-144
</td><td>13.3.1 小节</td></tr>
</table>

续表

<table>
<tr><th>序号</th><th>制作与编排要点</th><th>知识点对应</th></tr>
<tr><td>5</td><td>
第 4 张幻灯片中的两幅图片使用了不同方向的阴影效果。
双击左上角图片打开【对象属性】右侧窗格，选择阴影样式为【内部左上角】(见图 13-145)，设置阴影的颜色为深灰色，距离为 10 磅(见图 13-146)；双击右下角图片，选择阴影样式为【内部右下角】(见图 13-147)，其他参数保持相同。

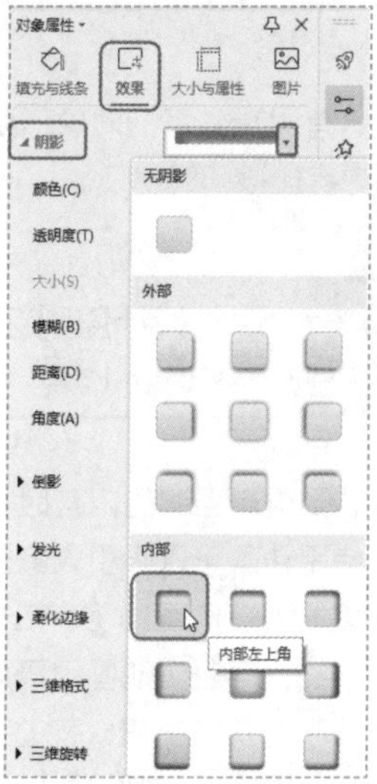

图 13-145

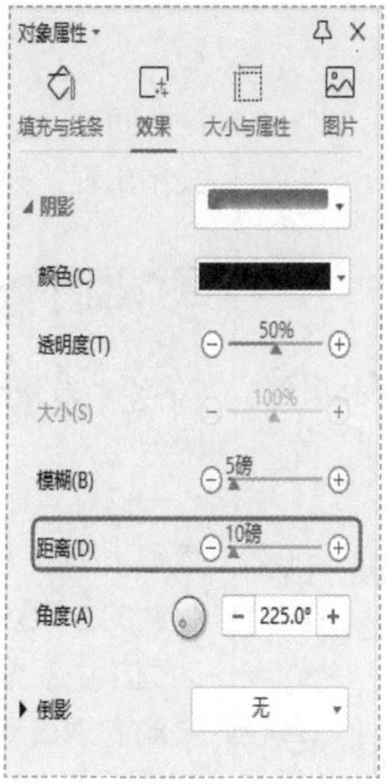

图 13-146

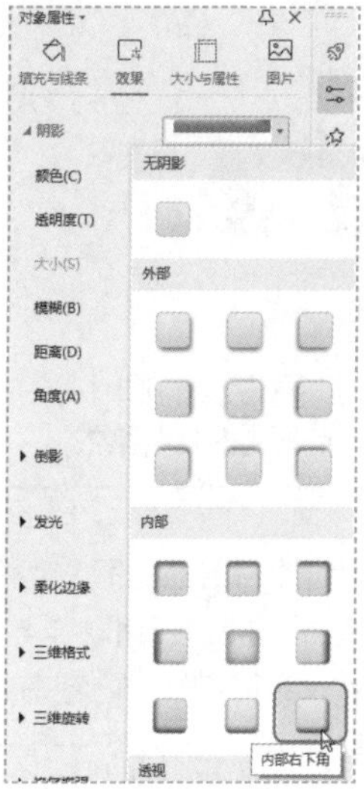

图 13-147
</td><td></td></tr>
</table>

第 14 章 动感 PPT 的动画设计与播放效果设置

14.1 动画设计原则

14.1.1 动画设计原则 1——全篇动作要有顺序且自然

扫一扫，看视频

所谓全篇动作要有顺序且自然，即文字、图形元素执行的任何动作都是有原因的，任何动作与前后动作、周围动作都是有关联的。为将幻灯片内容有条理、清晰地展现给观众，一般都遵循从上到下、一条一条地按顺序出现的原则。

例如，以图 14-1 所示的幻灯片为例，可以通过幻灯片的动画序号看到动画的出现是按目录顺序逐一呈现的。试想一下，如果先出现序号1，而其后没有接着出现与其对应的内容，这肯定是不合理的。

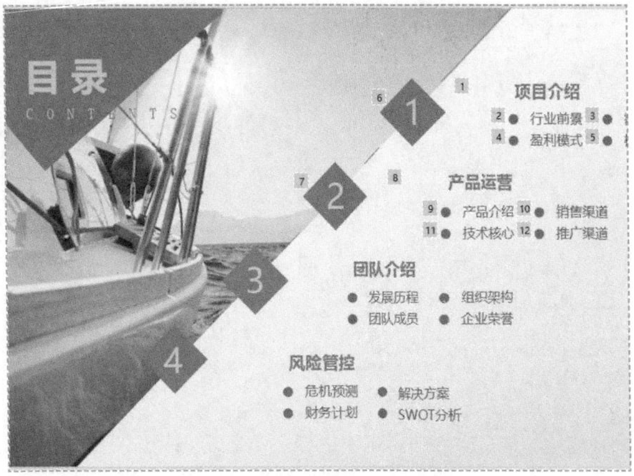

图 14-1

同时，对于具有逻辑关系的对象，要注意根据逻辑关系出现，并列内容应该同时出现。

14.1.2 动画设计原则 2——用动画强调重点内容

扫一扫，看视频

幻灯片中有需要重点强调的内容时，动画就可以发挥很大的作用。使用动画可以吸引大家的注意力，达到强调的效果。其实，PPT动画的初衷在于强调，用片头动画集中观众的视线，用逻辑动画引导观众的思路，用生动的情景动画调动观众的热情，在关键处用夸张的动画引起观众的重视。因此，在制作动画时，要强调该强调的，突出该突出的。

如图 14-2 所示，右上方图片下浮，几秒后文本从左侧飞入，然后设置文本标题的波浪形强调效果，此时可作文本的解说；一段时间后左下方图片上浮，文本从右侧飞入，图片与文本说明一一对应。整个过程有条不紊，依然设置文本标题的波浪形强调效果。如果不采用动画效果层层递进，在观看时就显得有些杂乱，不知从何看起。

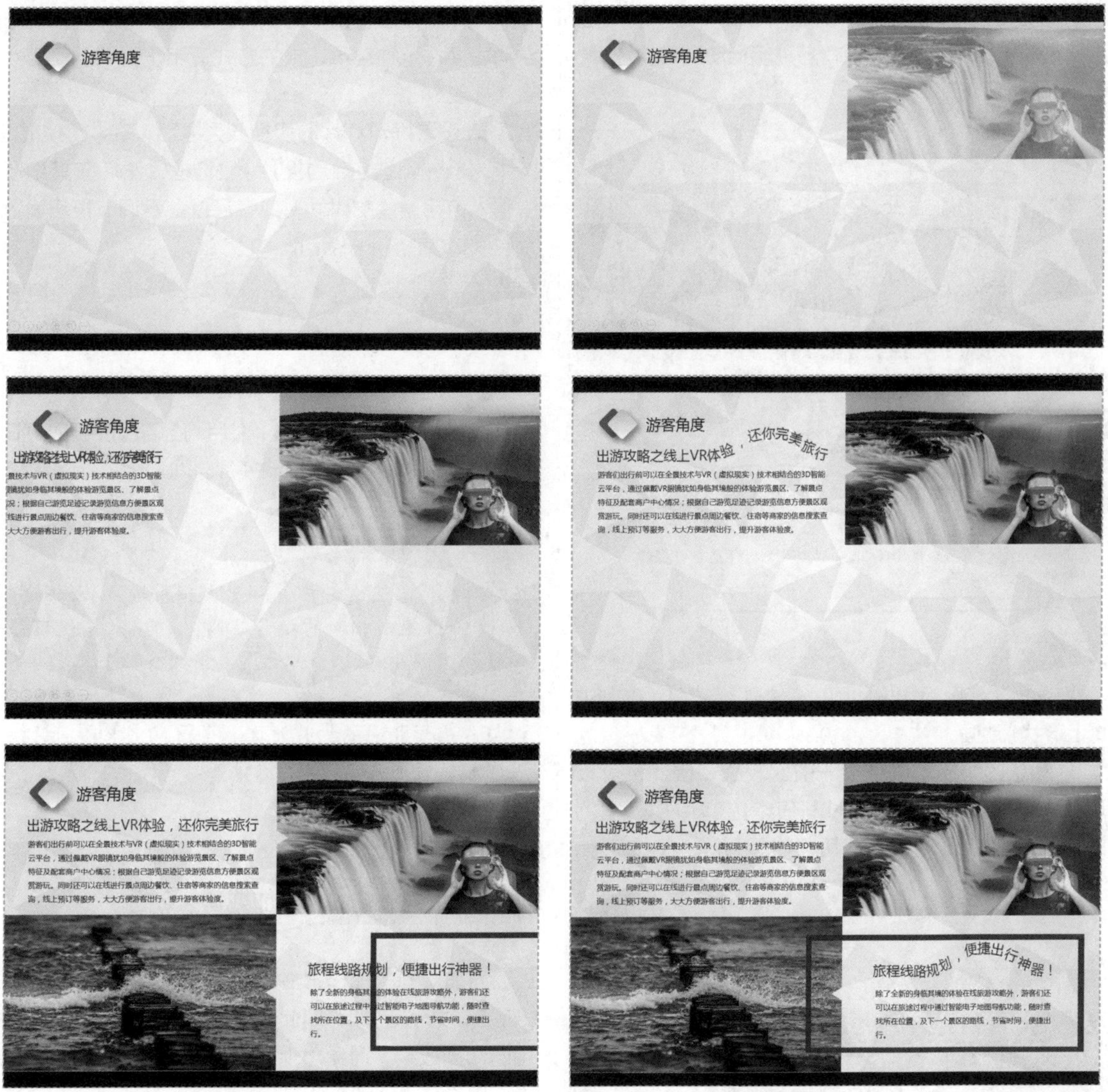
游客角度
出游攻略之线上VR体验，还你完美旅行
旅程线路规划，便捷出行神器！

图 14-2

14.2　自定义动画

14.2.1　统一设置所有幻灯片的切换动画

扫一扫，看视频

在放映幻灯片时，当前一张放映完并进入下一张放映时，可以设置不同的切换方式。如果想整篇演示文稿使用统一的切换动画，操作方法如下：

❶ 在幻灯片缩略图窗格中，选中全部幻灯片，单击【切换】选项卡，此时可以看到有多种切换动画可供选择，如图14-3所示。

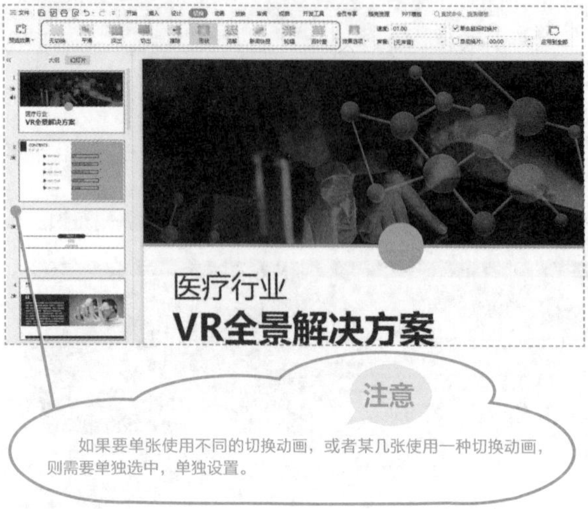

图14-3

❷ 选择想使用的切换动画，单击即可应用，本例中选择【形状】动画。

❸ 默认的切换动画速度一般比较快，因此也可以在后面的【速度】框中设置时间值来控制切换动画的播放速度；同时还可以设置切换时是否发出声音，如图14-4所示。

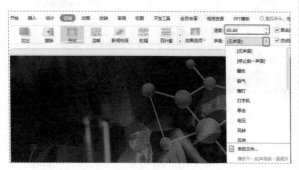

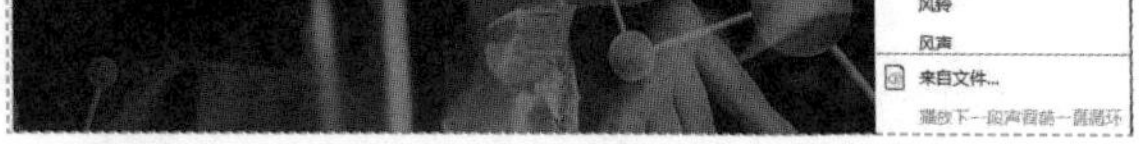

图14-4

14.2.2 设置自动切换

扫一扫，看视频

幻灯片在进行切换时，通常有两种方法，一种是通过单击，另一种是通过设置时间让幻灯片自动切换，这种自动切换的方式适用于浏览型幻灯片的自动播放。

❶ 设置好幻灯片的切换效果之后，在【切换】选项卡中，首先勾选【自动换片】复选框，然后在其设置框中输入自动换片的时间，或者通过上下调节按钮设置换片时间，如图14-5所示。

图14-5

❷ 设置完成后，单击【应用到全部】按钮即可让所有幻灯片都采用相同的自动换片时间。

技巧点拨

如果不是所有幻灯片都应用相同的自动换片时间（如前10张使用相同的换片时间，后10张又使用另一种换片时间），则不能单击【应用到全部】按钮，而是在左侧窗格中单独选中，单独设置，或者选中某几张幻灯片应用相同的换片时间。当出现要求不同的换片时间时，则再次选中，再次设置。

14.2.3 添加或替换动画

扫一扫，看视频

添加动画的操作方法是很简单的，但是一张幻灯片一般包含多个对象，因此建立完善的动画时需要考虑应用的动画效果、对象出现时的逻辑顺序等，然后依次选择对象为其添加动画效果。

1. 添加新动画

添加动画前需要准确地选中对象，然后再执行添加的操作。

❶ 本例选中文字对象，在【动画】选项卡中可以看到可应用的动画列表，如图14-6所示。

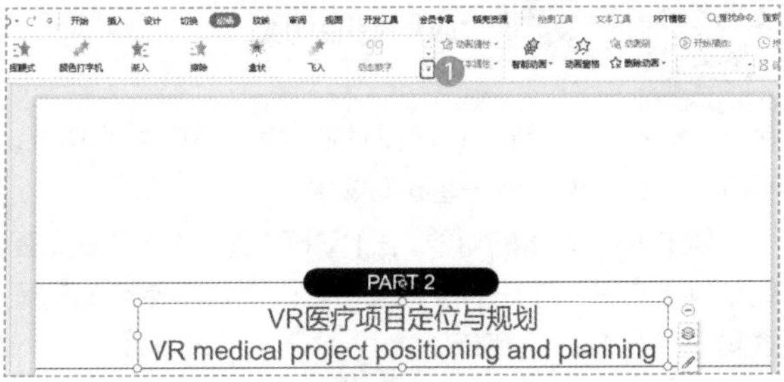

图 14-6

❷ 单击扩展按钮，在展开的列表中可以看到对动画的细致分类，有【进入】【强调】【退出】等分类，如图 14-7 所示。

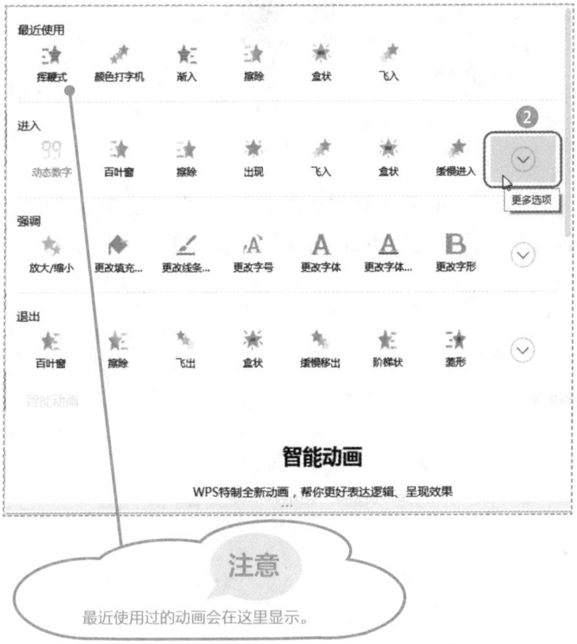

图 14-7

❸ 例如，当前要设置【进入】动画，还可以单击【更多选项】按钮，展开的列表中则对【进入】动画进行了众多细分，如图 14-8 所示。

❹ 本例应用的动画为【华丽型】分类中的【挥鞭式】动画，在功能区中单击【预览效果】按钮，可以查看演示动画效果。

❺ 按相同的方法依次为各个对象添加动画，在对象旁可以显示出动画的序号，如图 14-9 所示。

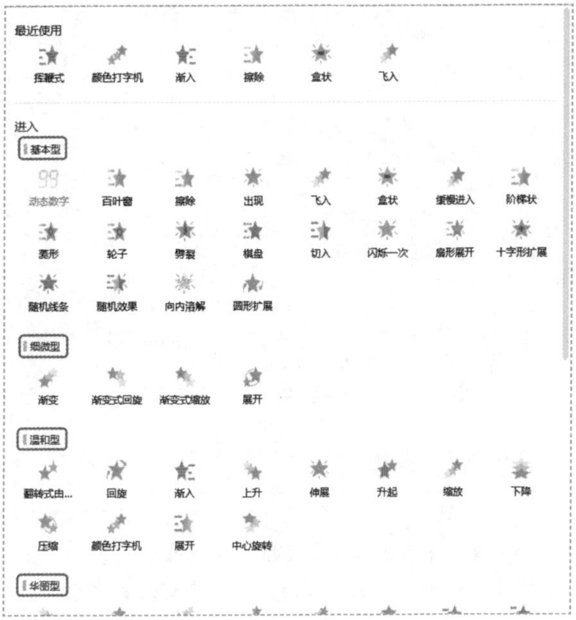

图 14-8

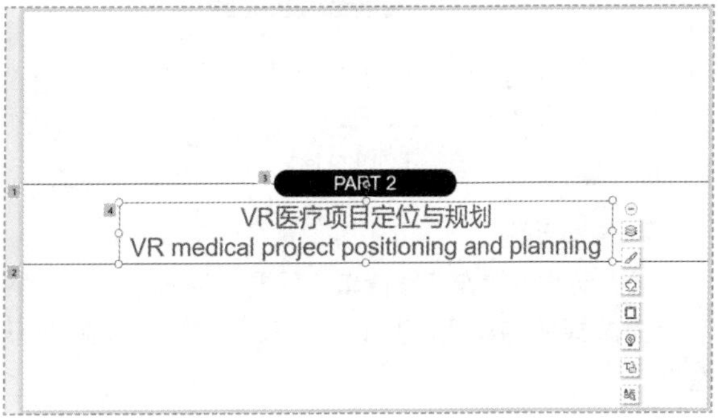

图 14-9

技巧点拨

一张幻灯片不是只能应用一个动画，如果有的对象需要强调处理，则可以添加两个或多个动画。

❶ 按上面讲解的方法添加第一个动画后，再次选中对象，在【动画】选项卡中单击【动画窗格】按钮，打开【动画窗格】右侧窗格，如图 14-10 所示。

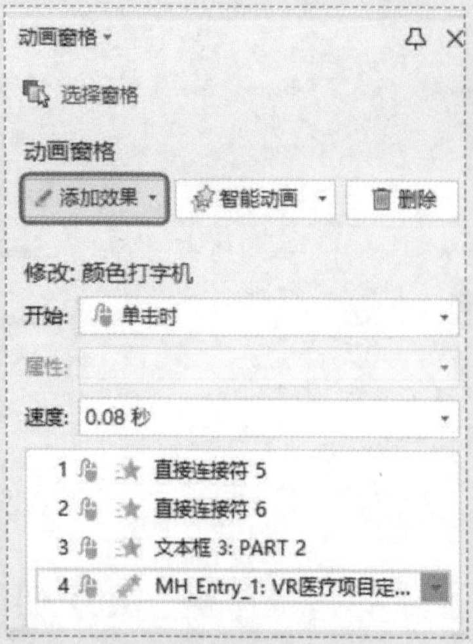

图 14-10

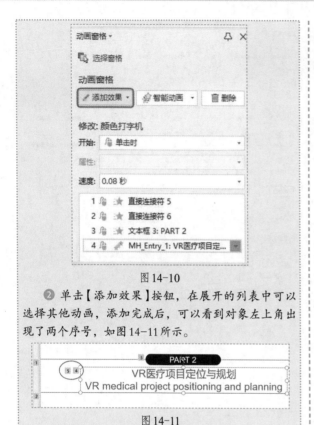

❷ 单击【添加效果】按钮，在展开的列表中可以选择其他动画，添加完成后，可以看到对象左上角出现了两个序号，如图14-11所示。

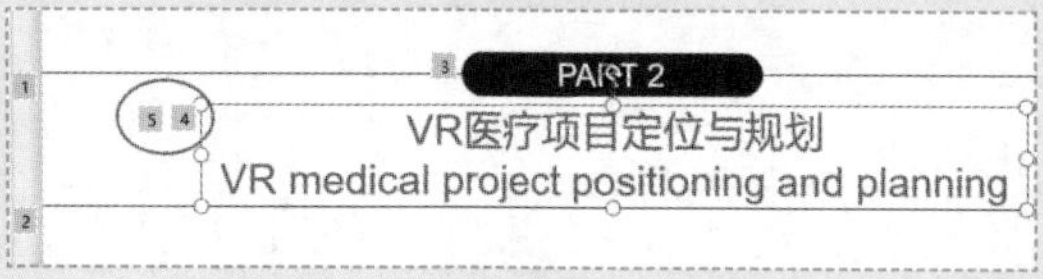

图 14-11

2. 替换动画

替换动画的操作非常简单，只要准确选中对象，然后重新选择新的动画（见图14-12）即可对原动画进行替换。

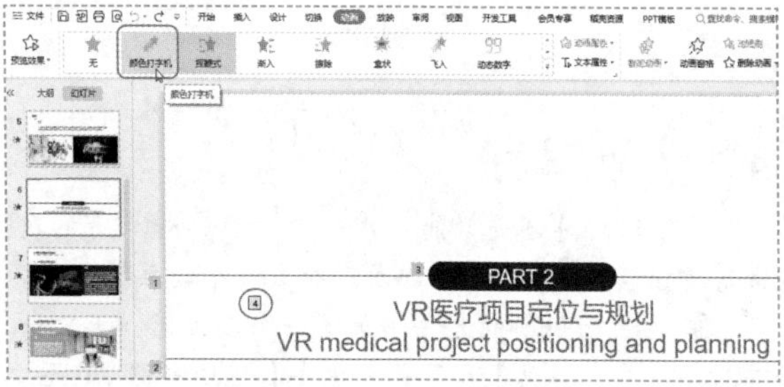

图 14-12

14.2.4 应用智能动画

扫一扫，看视频

智能动画是WPS演示程序中的功能，可以快速为对象应用一些动画效果。

❶ 选中要设置的对象，在【动画】选项卡中单击【智能动画】按钮，打开下拉列表，可以选择想使用的动画效果，如图14-13所示。

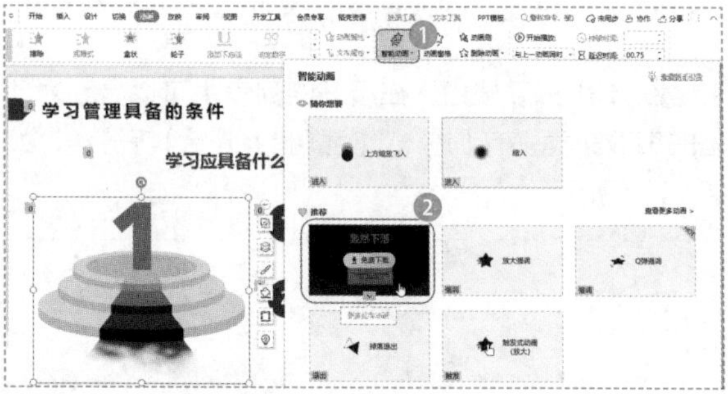

图 14-13

❷ 单击【查看更多动画】链接，还可以展开列表，这里会根据应用对象做出分类，如图14-14所示。

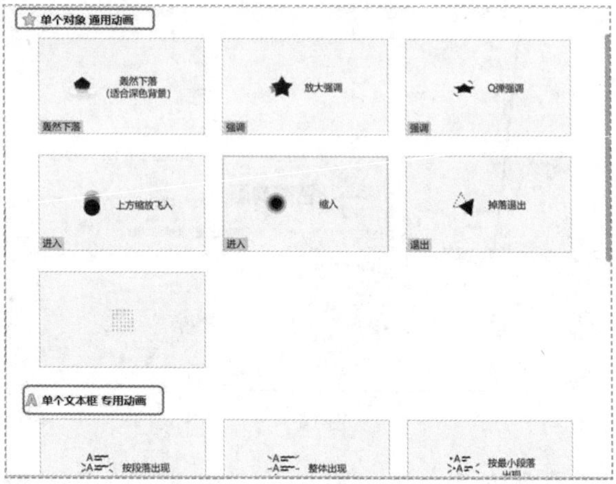

图 14-14

14.3　动画播放效果设置

14.3.1　自定义设置动画播放速度

扫一扫，看视频

在WPS演示程序中，当为一个对象添加动画时，都会有一个默认的播放速度，但是在实际放映时，默认的播放速度不一定满足要求，因此可以自定义动画的播放速度。

❶ 在【动画】选项卡中单击【动画窗格】按钮，打开【动画窗格】右侧窗格。

❷ 在【动画窗格】列表中选中目标动画（也可以在幻灯片中选中对象上的动画序号），此时在功能区中可以看到【持续时间】设置项，里面的时间为默认持续时间，如图14-15所示。

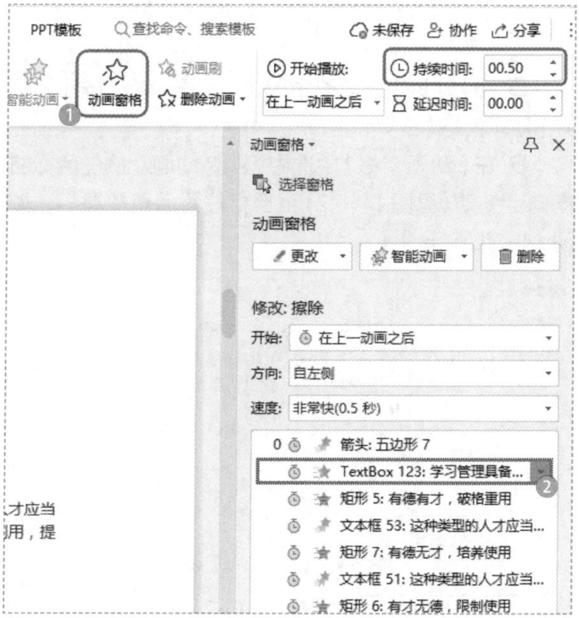

图 14-15

❸ 通过单击右侧的调节按钮可以进行调节，如图14-16所示。

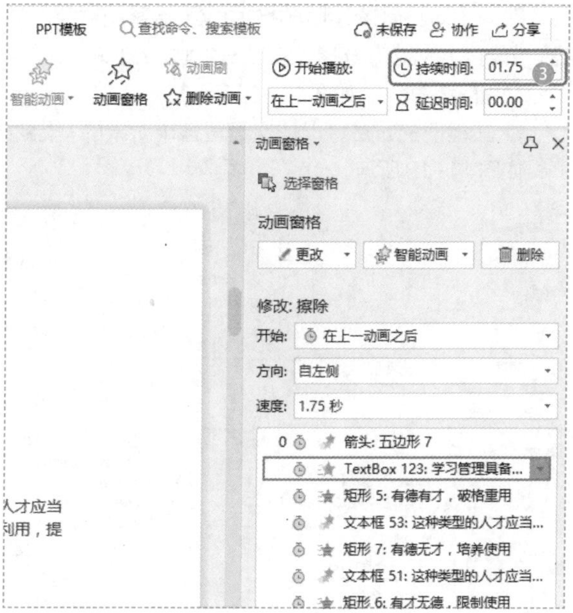

图 14-16

14.3.2　控制动画的开始时间

扫一扫，看视频

在添加多个动画时，默认情况下从一个动画进入下一个动画时需要进行单击，它们的序号都是从1开始向后依次排序的，如图14-17所示。如果有些动画需要自动播放，则可以重新设置其开始时间，并且也可以让其在延迟多长时间后自动播放。

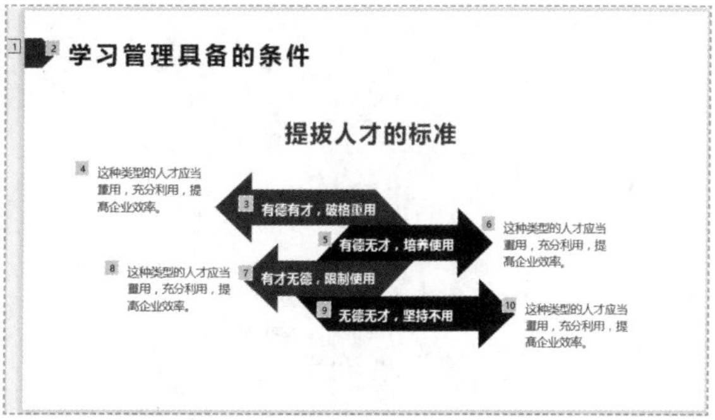

图 14-17

❶ 在【动画】选项卡中单击【动画窗格】按钮，打开【动画窗格】右侧窗格。

❷ 在【动画窗格】列表中选中需要调整的对象，单击右侧的下拉按钮，选择【在上一动画之后】命令（注意命令前面的小图标），如图 14-18 所示。

❸ 按相同的方法可以依次设置各个对象的开始时间，如图 14-19 所示。

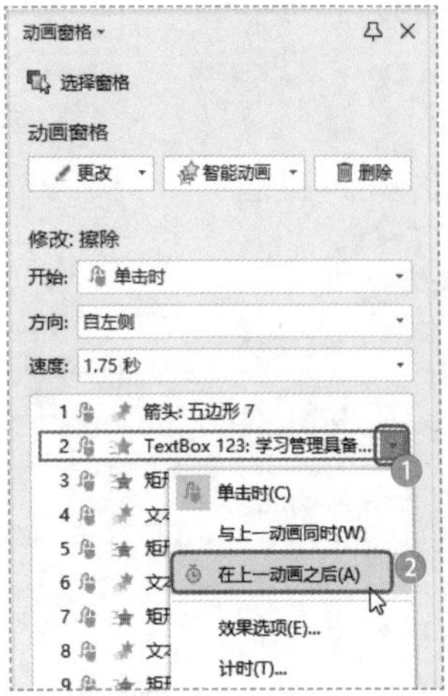

图 14-18

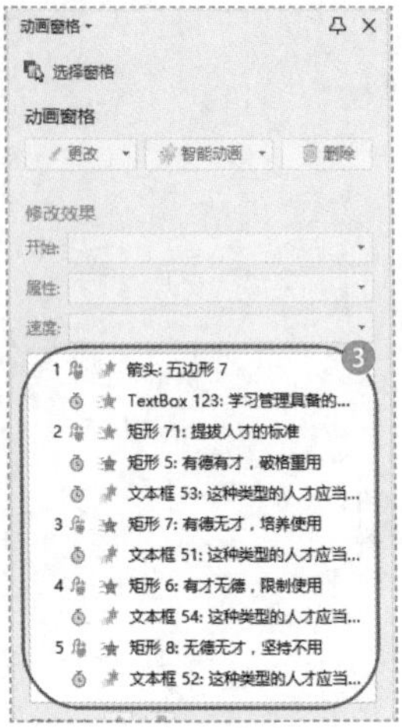

图 14-19

❹ 当设置对象的开始时间为【在上一动画之后】时，默认它会紧接着上一个对象插放，如果需要延迟一会儿再播放，则选中对象，在功能区的【延迟时间】框中进行设置，如图 14-20 所示。

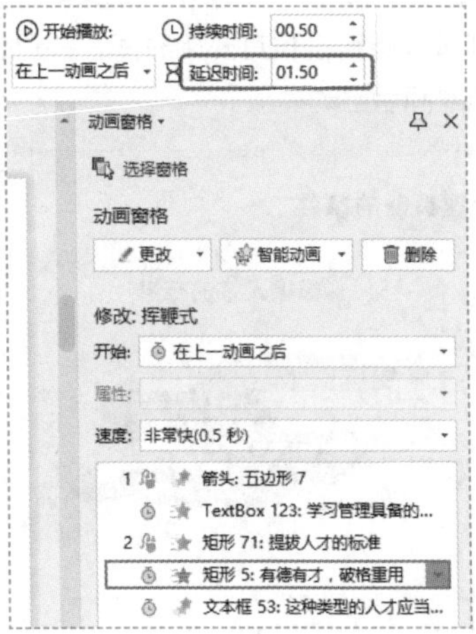

图 14-20

14.3.3 重新调整动画的播放顺序

扫一扫，看视频

在放映幻灯片时，默认情况下动画的播放顺序是按照设置动画时的先后顺序进行的。在完成所有动画的添加操作后，如果在预览时发现播放效果不理想，可以进行调整，而不必重新设置。

如图 14-21 所示，从动画窗格中可以看到画框的几个动画是后添加的，因此显示在最后面，现在需要对它们进行调整。

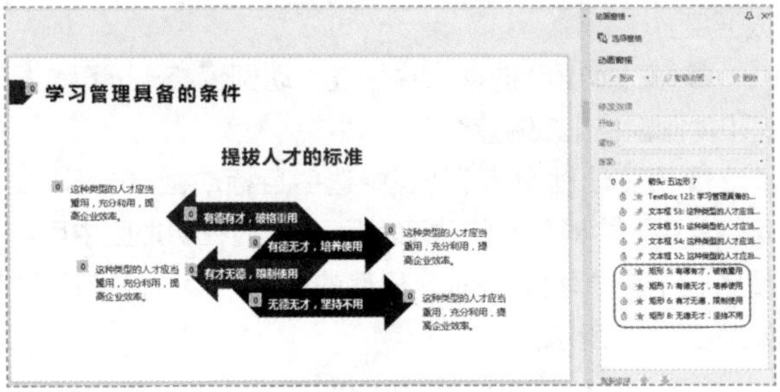

图 14-21

❶ 在【动画】选项卡中单击【动画窗格】按钮，打开【动画窗格】右侧窗格。

❷ 在【动画窗格】中选中第 7 个动画，按住鼠标左键向上拖动（见图 14-22）至目标位置后释放鼠标，如图 14-23 所示。

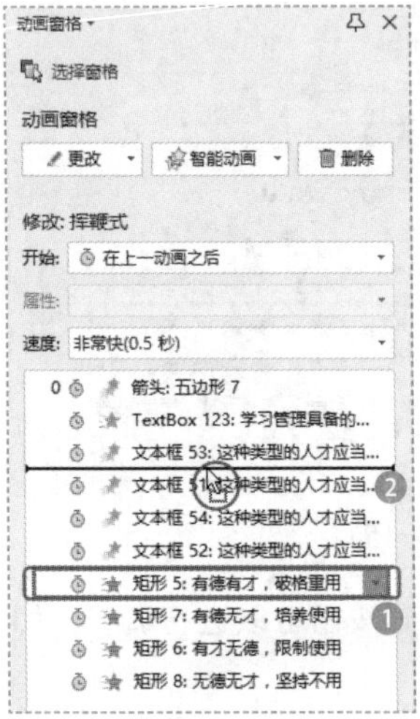

图 14-22

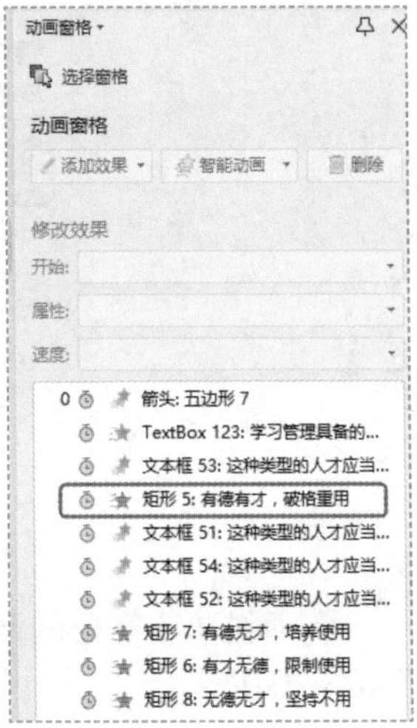

图 14-23

❸ 按相同的方法依次调整其他几个动画的位置，如图 14-24 所示。

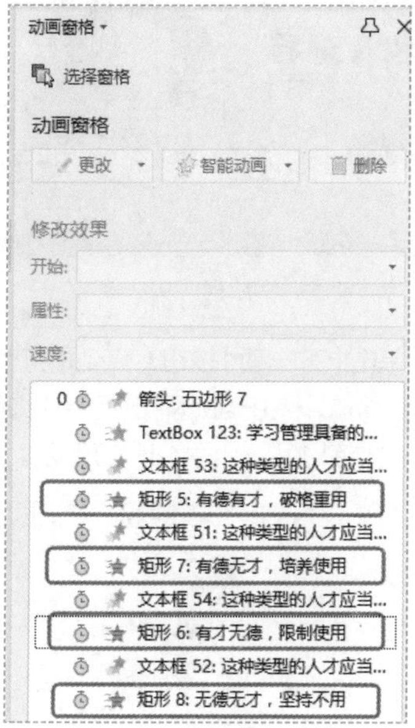

图 14-24

14.3.4　让某个对象始终是运动的

扫一扫，看视频

在播放动画时，动画播放一次后就会停止，为了突出幻灯片中的某个对象，可以设置让其始终保持运动状态。

❶ 选中目标对象，如果未添加动画，可以先添加动画。例如，本例中选中的对象已经添加了【轮子】动画。

❷ 在【动画窗格】中单击动画右侧的下拉按钮，在下拉列表中选择【效果选项】命令，如图 14-25 所示，打开【轮子】对话框。

❸ 选择【计时】选项卡，在【重复】下拉列表中选择【直到幻灯片末尾】命令，如图 14-26 所示。

❹ 单击【确定】按钮，当放映幻灯片时这个对象会一直播放轮子转动的动画，直到这张幻灯片放映结束。

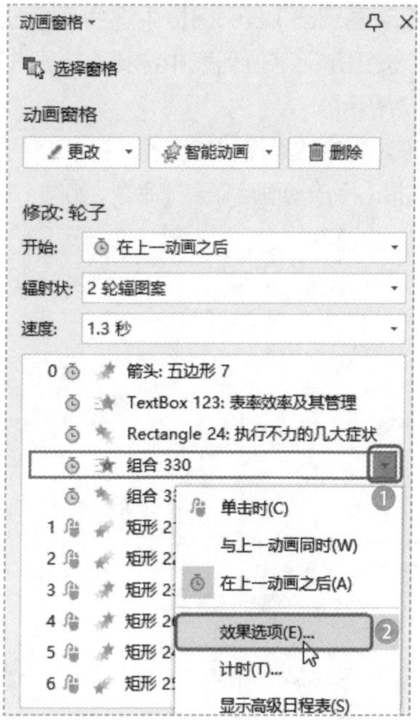

图 14-25

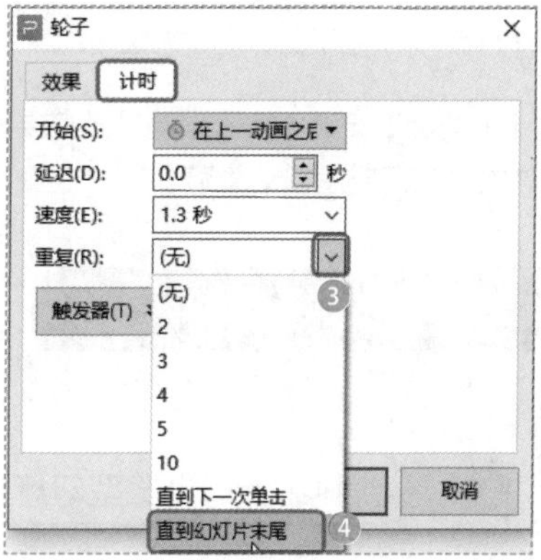

图 14-26

14.3.5　让对象在动画播放后自动隐藏

扫一扫，看视频

在播放动画时，动画播放后会显示出原始状态。如果希望对象在动画播放完成后自动隐藏起来，可以按以下步骤进行设置。

❶ 在【动画窗格】右侧窗格中选中目标动画，单击右侧的下拉按钮，在下拉列表中选择【效果选项】命令，如图 14-27 所示。

❷ 打开对应的效果设置对话框，在【动画播放后】下拉列表中选择【播放动画后隐藏】命令，如图 14-28 所示。

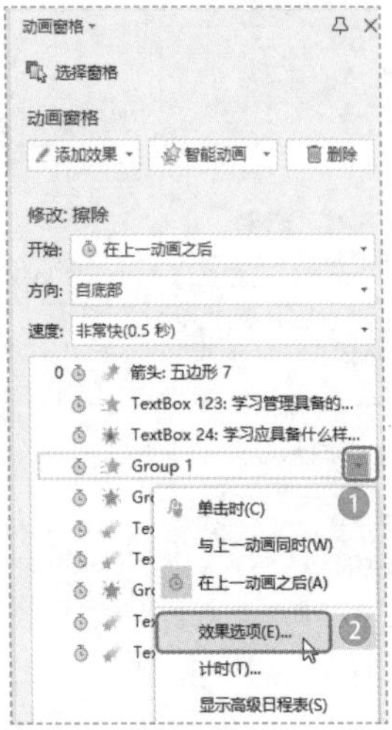

图 14-27

图 14-28

❸ 单击【确定】按钮，然后预览播放效果，即可让所设置的对象播放完成后自动隐藏。

14.4 幻灯片放映及文件输出

扫一扫，看视频

14.4.1 排练计时浏览型幻灯片

对于浏览型幻灯片，如果要根据每张幻灯片的内容合理安排放映时间，则可以对演示文稿进行排练计时，从而实现在放映时每张幻灯片的播放时间将根据排练计时所设置的时间来放映。

❶ 切换到第一张幻灯片，在【放映】选项卡中单击【排练计时】按钮，此时会切换到幻灯片放映状态，并在屏幕左上角出现一个【预演】对话框，其中显示出时间。

❷ 当时间到达预定的时间后，单击【下一项】按钮即可切换到下一个动作或者下一张幻灯片，开始对下一项进行计时，并在右侧显示总计时，如图 14-29 所示。

图 14-29

❸ 依次单击【下一项】按钮，直到幻灯片排练结束，按Esc键退出播放，系统自动弹出提示，询问是否保留此次幻灯片的排练时间，如图 14-30 所示。

图 14-30

❹ 单击【是】按钮，这时在每张幻灯片的下方都会显示其排练播放的时间，如图 14-31 所示。当插入幻灯片时，每张幻灯片上的停顿时长都会基于此时间，到时间后自动进入下一张幻灯片。

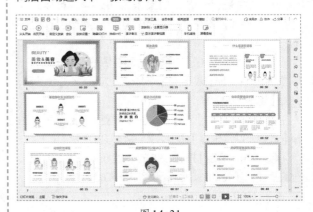

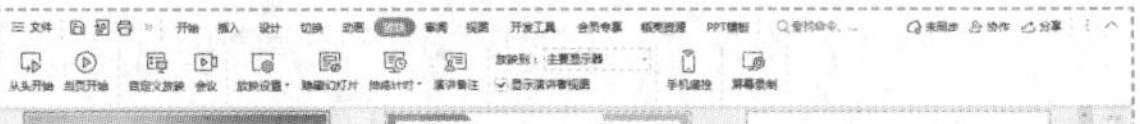

图 14-31

14.4.2　放映时的自由切换

扫一扫，看视频

在放映幻灯片时，默认是按顺序播放每张幻灯片的，如果在播放过程中需要跳转到某张幻灯片，可以按以下步骤实现。

❶ 在播放幻灯片时，右击，在弹出的快捷菜单中将鼠标指针依次指向【定位】→【按标题】，在打开的子列表中可以看到所有幻灯片序号，如图 14-32 所示。

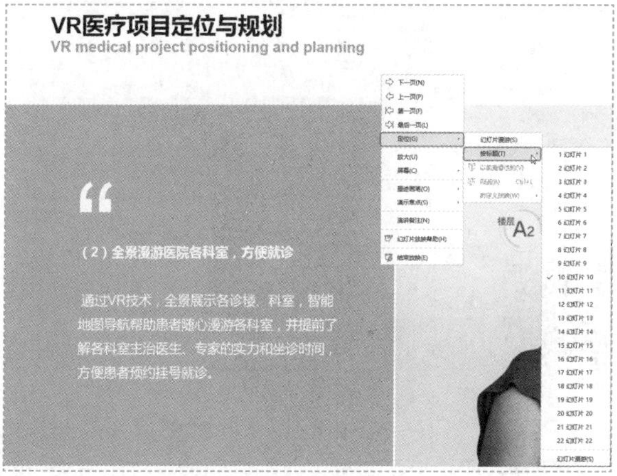

VR医疗项目定位与规划
VR medical project positioning and planning
（2）全景漫游医院各科室，方便就诊
通过VR技术，全景展示各诊楼、科室，智能地图导航帮助患者随心漫游各科室，并提前了解各科室主治医生、专家的实力和坐诊时间，方便患者预约挂号就诊。

图 14-32

❷ 选择需要切换的幻灯片，单击即可实现切换。

14.4.3　添加备注及查看

扫一扫，看视频

通过添加备注可以很好地辅助演讲，因为备注信息可以在放映时随时查看，因此在幻灯片中无法呈现的内容可以以备注的形式先记录到当前幻灯片下方的备注窗格中。

❶ 在程序窗口的底部单击【备注】按钮展开备注面板，接着在其中输入备注信息，如图 14-33 所示。

❷ 进入幻灯片的播放状态，右击，在弹出的快捷菜单中选择【演讲备注】命令（见图 14-34），弹出【演讲者备注】对话框并显示了备注信息，如图 14-35 所示。

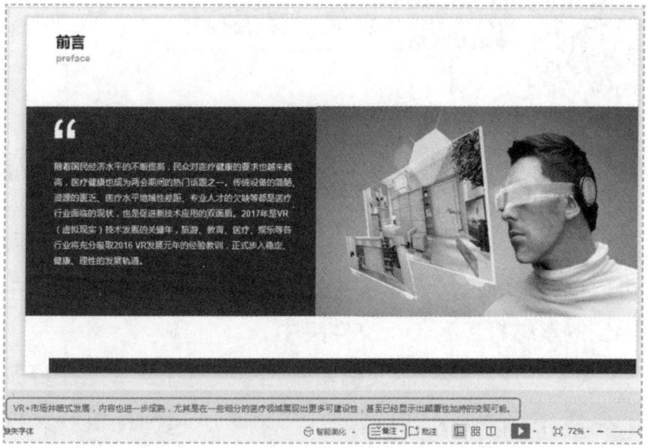

前言
preface

图 14-33

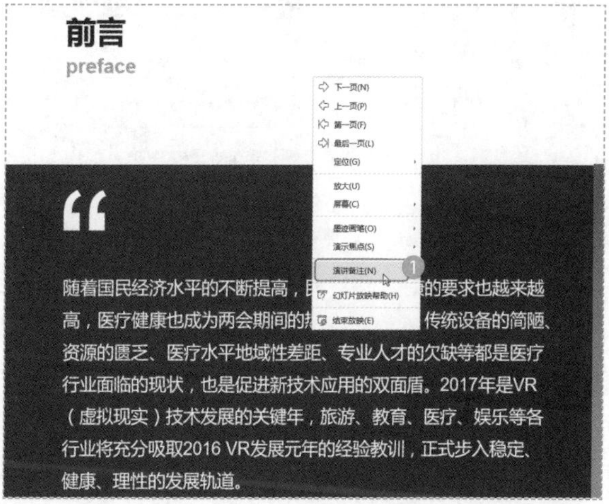

前言
preface
下一页(N)
上一页(P)
第一页(F)
最后一页(L)
定位(G)
放大(U)
屏幕(C)
墨迹画笔(O)
演示焦点(S)
演讲备注(N)
幻灯片放映帮助(H)
结束放映(E)
1

图 14-34

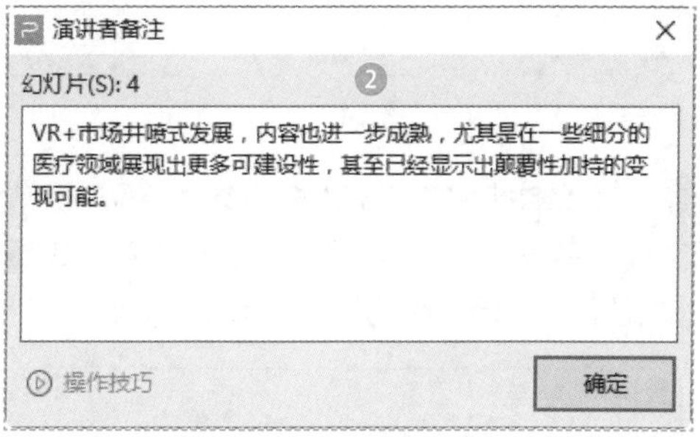

演讲者备注
幻灯片(S): 4
2
VR+市场井喷式发展，内容也进一步成熟，尤其是在一些细分的医疗领域展现出更多可建设性，甚至已经显示出颠覆性加持的变现可能。
操作技巧
确定

图 14-35

14.4.4 将演示文稿打包

扫一扫，看视频

许多用户都有过这样的经历，在自己的计算机中可以顺利放映的演示文稿，当复制到其他计算机中进行播放时，原来插入的声音和视频都不能播放了，或者字体也不能正常显示了。要解决这样的问题，可以使用WPS演示程序中的打包功能，将演示文稿中用到的素材打包到一个文件夹中。

❶ 打开目标演示文稿，单击【文件】菜单，在打开的菜单中执行【文件打包】→【将演示文档打包成文件夹】命令(见图14-36)，打开【演示文件打包】对话框。

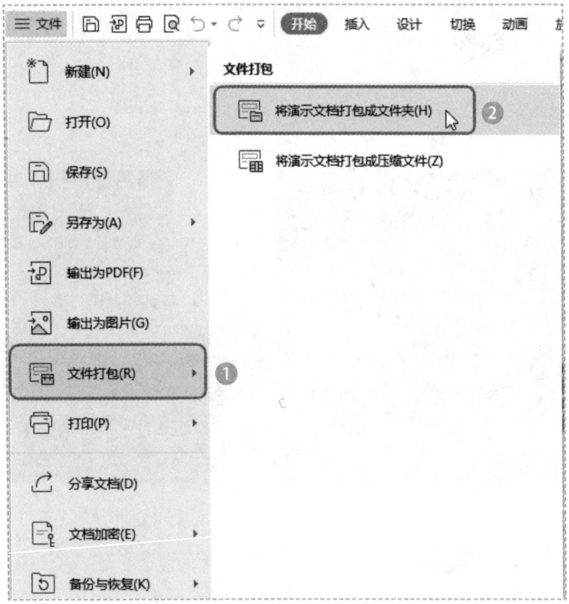

图 14-36

❷ 在【文件夹名称】文本框中输入名称(默认使用演示文稿的名称)，单击【浏览】按钮可以重新设置保存位置(默认使用演示文稿的保存位置)，如图14-37所示。

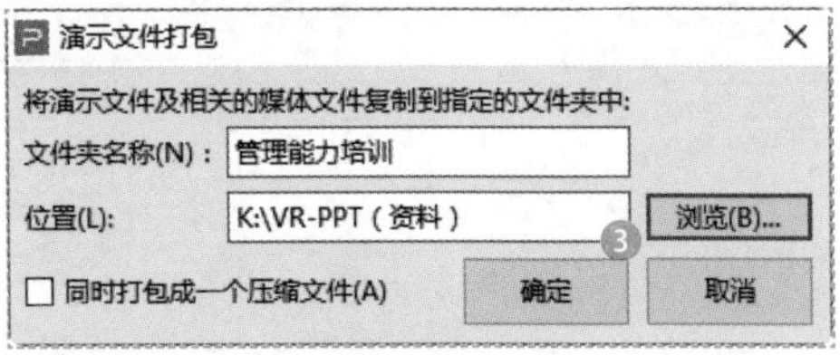

图 14-37

❸ 单击【确定】按钮即可对演示文稿进行打包处理，进入保存目录下可以看到打包好的文件夹，如图14-38所示。

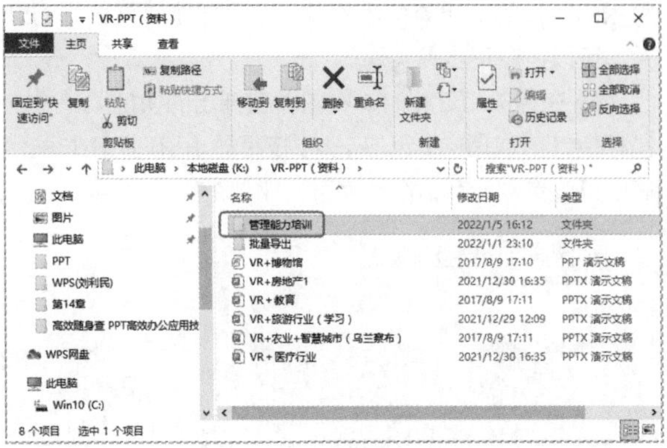

图 14-38

14.4.5 输出为 PDF 文件

扫一扫，看视频

PDF文件以PostScript语言图像模型为基础，无论在哪种打印机上都可确保以很好的效果打印出来，即PDF会再现原稿中的每一个字符、颜色以及图像。创建完成的演示文稿也可以保存为PDF格式。

❶ 打开目标演示文稿，单击【文件】菜单，在打开的菜单中执行【输出为PDF】命令(见图14-39)，打开【输出为PDF】对话框，如图14-40所示。

❷ 单击【添加水印】按钮打开【水印设置】对话框，选中【添加水印】单选按钮，如图14-41所示。在此对话框中可以重新定义水印文字、字号大小、字体颜色、不透明度等参数，如图14-42所示。

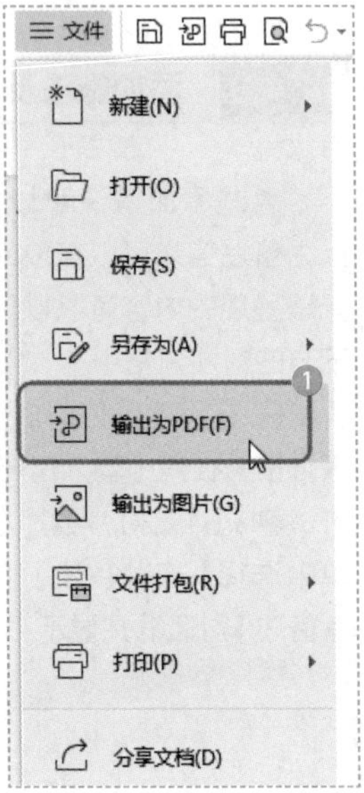

图 14-39

图 14-40

图 14-41

图 14-42

❸ 单击【确定】按钮回到【输出为PDF】对话框，单击【开始输出】按钮即可生成PDF文件并保存到指定的文件夹中，如图14-43所示。双击文件打开PDF文件，如图14-44所示。

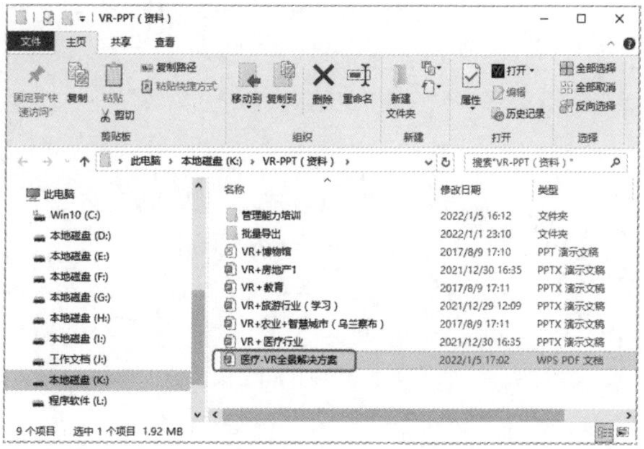

图 14-43

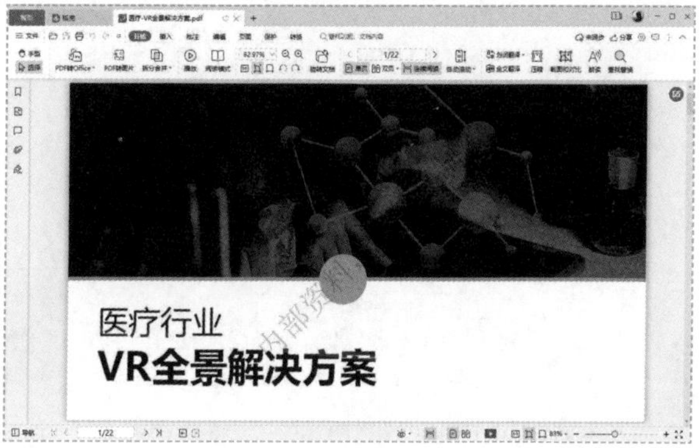

图 14-44

技巧点拨

在【会员专享】选项卡中单击【转图片PPT】按钮（见图14-45），会弹出对话框提示设置输出位置，单击【开始输出】按钮即可将演示文稿输出为图片PPT。

图 14-45

第4篇
WPS AI

第15章 生成式人工智能 WPS AI

15.1 唤起WPS AI

WPS AI是由金山办公发布的具备大语言模型能力的人工智能应用，具有为用户提供智能文档写作、阅读理解和问答、智能人机交互的能力。

WPS AI的功能主要分为3大类：知识分析、内容生成、文本处理。在办公领域，WPS AI可以进行帮助用户提高工作效率、减少人工干预、优化文档排版等方面的工作，有助于提高用户的满意度和工作效率。同时，随着技术的发展，WPS AI的功能也在不断升级，不断为用户带来更便捷、更高效的数据处理体验。

下载最新版本的WPS，登录WPS账户，单击【新建】按钮，在【在线智能文档】一栏中选择【智能文档】【智能表格】等，如图15-1所示。WPS AI发布于2023年4月，目前开启了智能办公体验官通道（图15-2），通过提交申请（图15-3）等待通过即可体验各种精彩的AI能力。

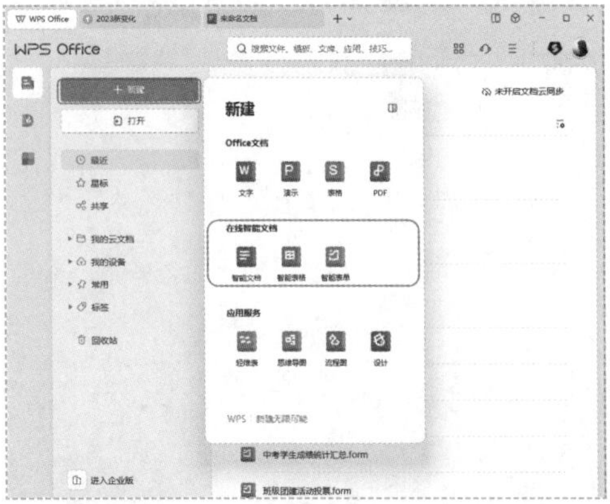

图15-1

图15-2

图15-3

15.2　智能文档

智能文档AI支持构建文章大纲、根据关键词和短语生成完整的段落或句子、文档内容的智能排序、文档摘要和关键词提取、表达优化、将文档中的文本翻译成多种语言等多种功能，能让用户拥有更轻松的创作体验。

❶ 启动WPS程序，单击【新建】按钮，在【在线智能文档】一栏中单击【智能文档】按钮，如图15-4所示。

图 15-4

❷ 单击【空白智能文档】按钮（图15-5）即可创建新文档，如图15-6所示。

图 15-5

图 15-6

15.2.1　场景1：内容生成

WPS AI能根据用户的意图及创建方向生成相关内容，以供用户参考、筛选以及选用。

❶ 单击WPS AI图标，根据需要创作的方向选择匹配的主题，如选择【广告文案】，如图15-7所示。

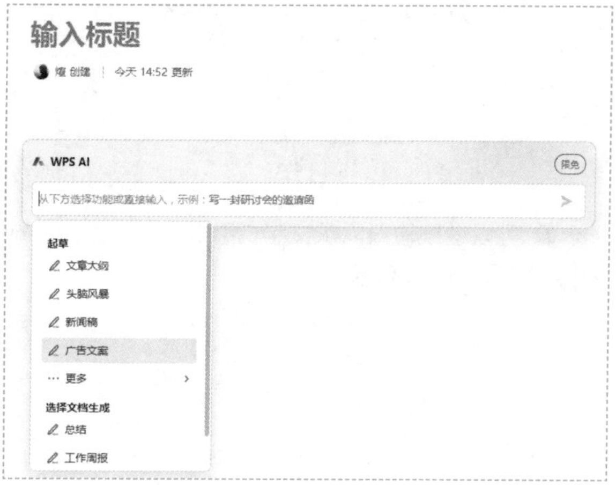

图 15-7

❷ 输入关键词（图15-8）后单击【发送】按钮 **>**，WPS AI就能根据输入的关键词生成内容，如图15-9所示。

图 15-8

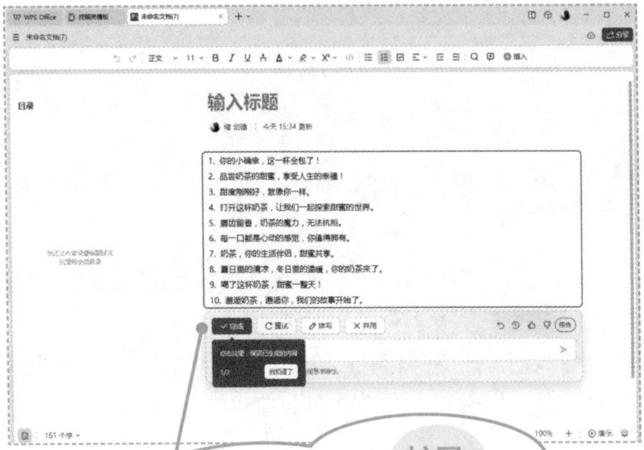

扩展

如果满意可以单击【完成】按钮；如果不满意可以单击【重试】【续写】【弃用】按钮。

图 15-9

❸ 可以继续输入需求文字（图 15-10），重新生成内容，如图 15-11 所示。

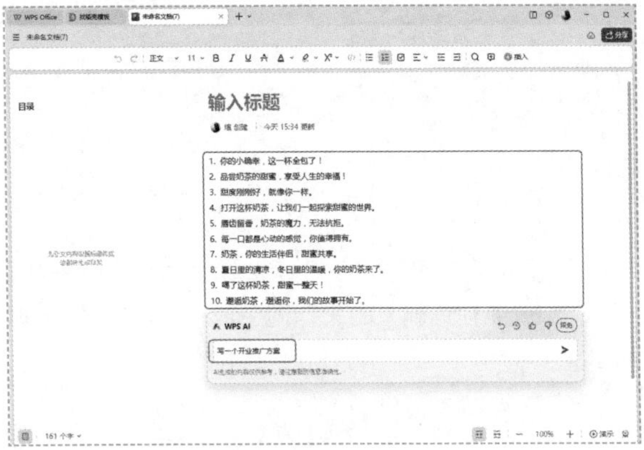

图 15-10

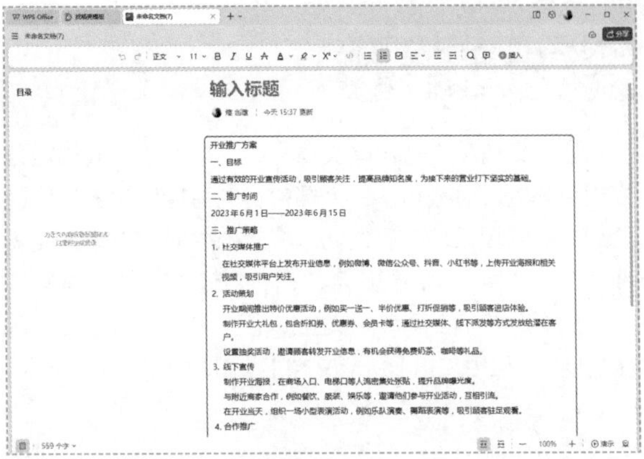

图 15-11

15.2.2 场景 2：内容处理

WPS AI在对文本内容的处理上可以续写场景、写总结、找到待办项、扩充篇幅等，下面举例讲解。

❶ 选中目标文字后，单击悬浮框中的WPS AI按钮，如图 15-12 所示。

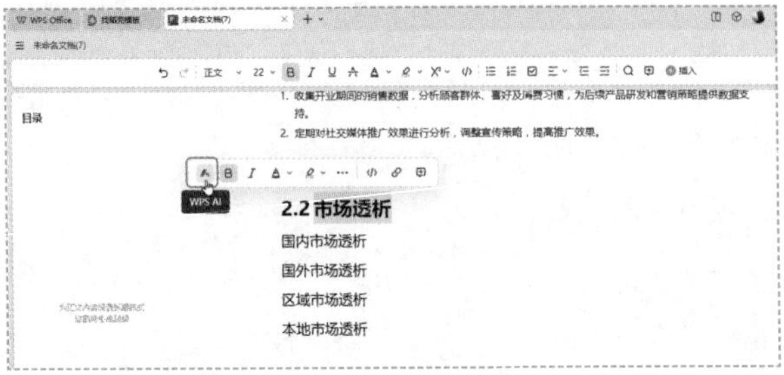

图 15-12

❷ 选择【扩充篇幅】功能项（图 15-13），稍等片刻，WPS AI就会针对选择的内容进行相关的篇幅扩充，如图 15-14 所示。

❸ 例如，选中“本地市场透析”文本，选择【待办事项】功能项，WPS AI则给出了根据此内容推荐的分析方向、调查内容等，如图 15-15 所示。

图 15-13

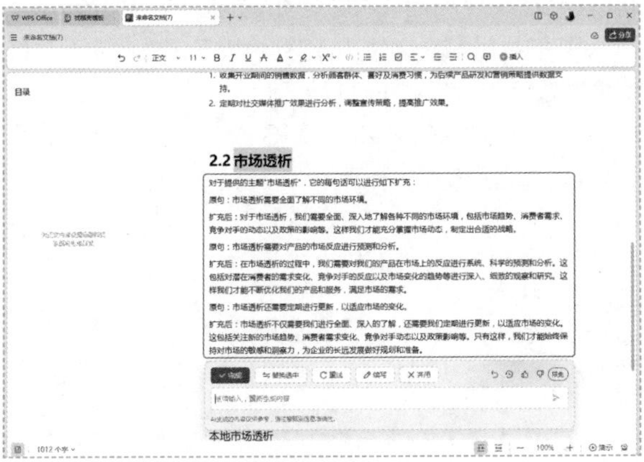

图 15-14

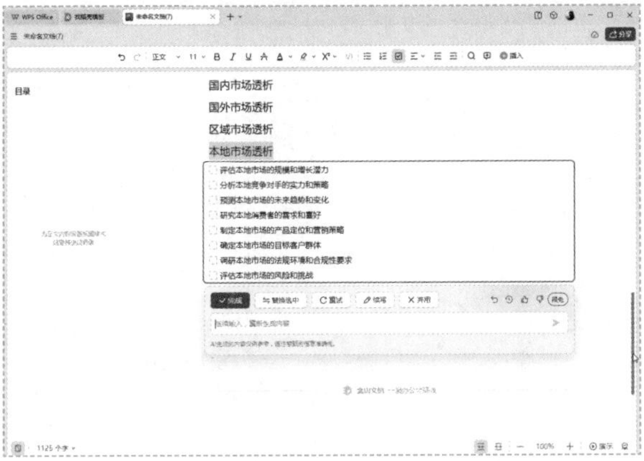

图 15-15

15.2.3 场景 3：多文档处理

WPS AI还可以根据文档内容或多文档内容生成总结性文档。

❶ 唤起WPS AI面板，选中目标文本，选择【总结】功能项(图15-16)，则可以看到WPS AI针对选择的文本生成的总结性文档，如图15-17 所示。

图 15-16

图 15-17

❷ 启用【总结】功能项后，也可以添加多个文档，同时生成总结内容，如图15-18 所示。

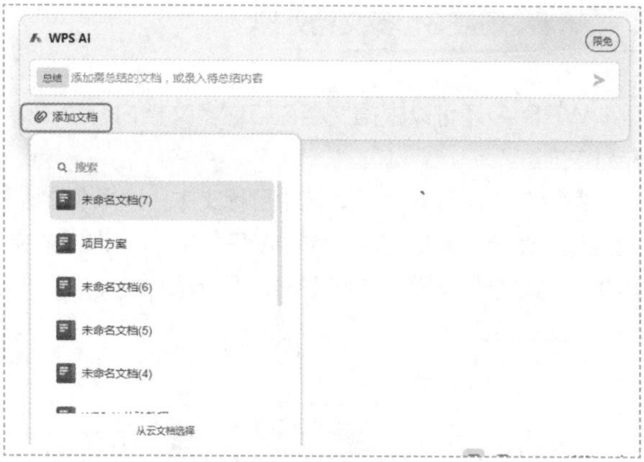

图 15-18

15.3 智能表格

WPS AI的智能表格可以帮助用户快速完成一些如调整行高列宽、调换行列位置、分列数据等快捷操作，也可以实现数据的特殊标记、筛选，还可以通过对话生成公式等，让数据处理的工作变得更便捷、更高效。

15.3.1 场景1：智能标记、筛选数据

表格数据多也无须担心毫无头绪，告诉WPS AI你想查看哪些数据，它就能自动帮你快速标记、筛选、排序。下面举几个例子。

例1：将库存大于200的记录突出标记出来

❶ 打开数据表，唤起WPS AI面板（图15-19），可以看到WPS AI提供的功能项，如图15-20所示。

❷ 描述需求文字为“把D列中大于200的单元格红色高亮显示”，如图15-21所示。

❸ 单击【发送】按钮，WPS AI 就能按需求特殊标记内容，如图15-22所示。

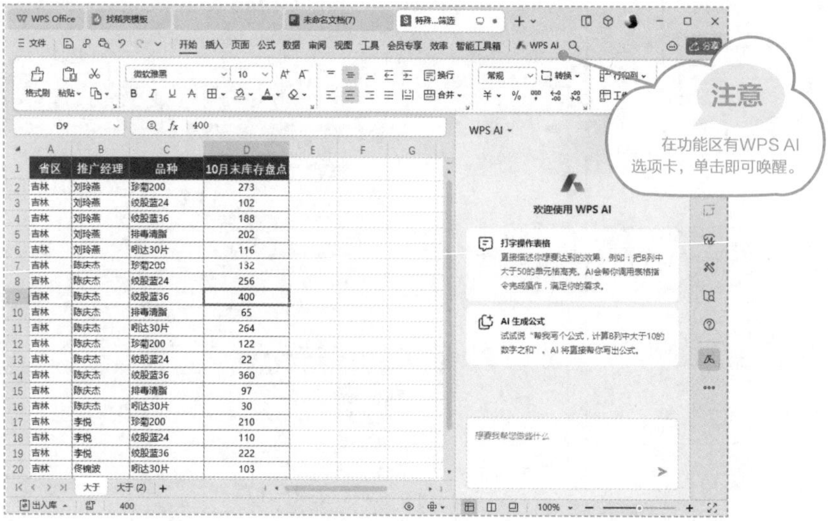

图 15-19

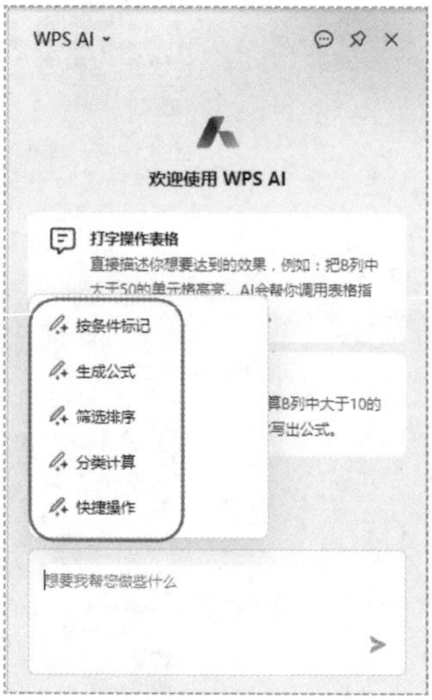

图 15-20

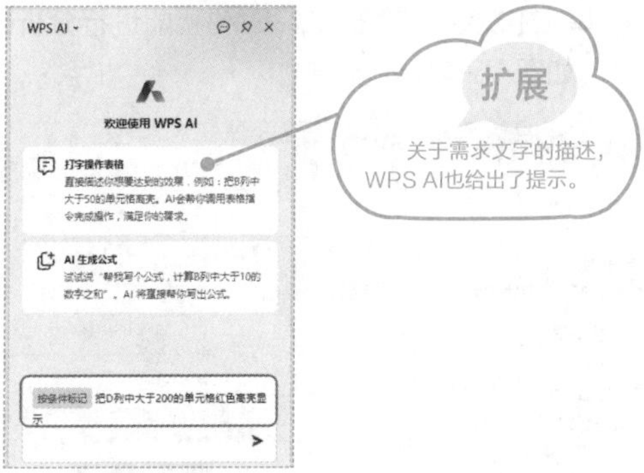
WPS AI
欢迎使用 WPS AI
打字操作表格
AI 生成公式
按条件标记 把D列中大于200的单元格红色高亮显示
扩展
关于需求文字的描述，WPS AI也给出了提示。

图 15-21

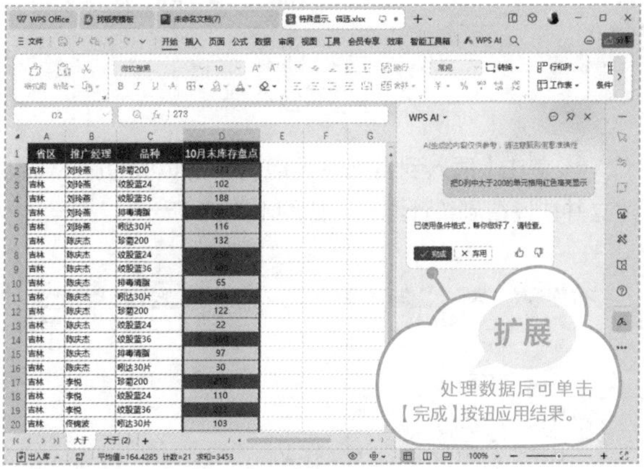
WPS AI
把D列中大于200的单元格红色高亮显示
已使用条件格式，帮你做好了，请检查。
扩展
处理数据后可单击【完成】按钮应用结果。

图 15-22

例 2：筛选出库存量小于 50 的记录

❶ 描述需求文字为“筛选出D列中数值小于50的记录”，如图15-23所示。

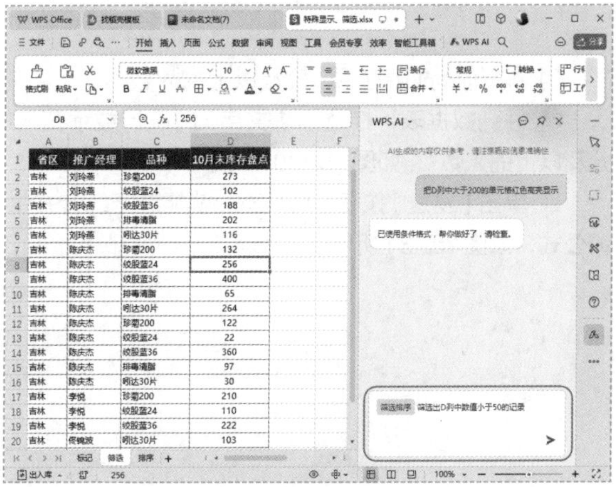
WPS AI
把D列中大于200的单元格红色高亮显示
已使用条件格式，帮你做好了，请检查。
筛选排序 筛选出D列中数值小于50的记录

图 15-23

❷ 单击【发送】按钮，WPS AI就能按需求筛选出满足条件的记录，如图15-24所示。

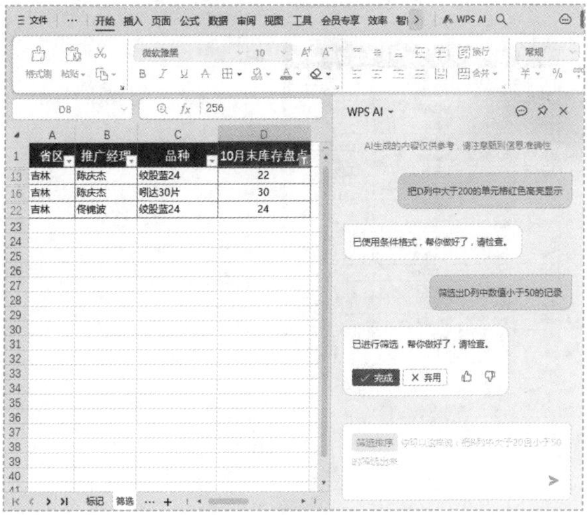
省区
推广经理
品种
10月末库存盘点
吉林 陈庆杰 蚊股蓝24 22
吉林 陈庆杰 明达30片 30
吉林 佟楠波 蚊股蓝24 24
WPS AI
AI生成的内容仅供参考，请注意甄别信息准确性
把D列中大于200的单元格红色高亮显示
已使用条件格式，帮你做好了，请检查。
筛选出D列中数值小于50的记录
已进行筛选，帮你做好了，请检查。
完成
弃用

图 15-24

例 3：将库存量从小到大排序

❶ 描述需求文字为“把D列的数据从小到大排列”，如图15-25所示。

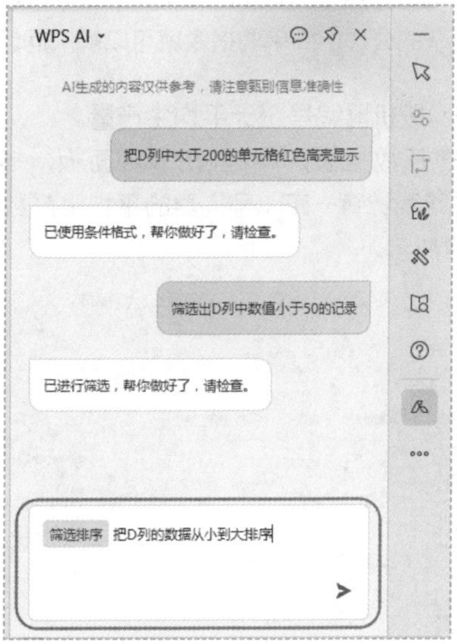
WPS AI
AI生成的内容仅供参考，请注意甄别信息准确性
把D列中大于200的单元格红色高亮显示
已使用条件格式，帮你做好了，请检查。
筛选出D列中数值小于50的记录
已进行筛选，帮你做好了，请检查。
筛选排序 把D列的数据从小到大排序

图 15-25

❷ 单击【发送】按钮，WPS AI就能针对目标数据进行排序，如图15-26所示。

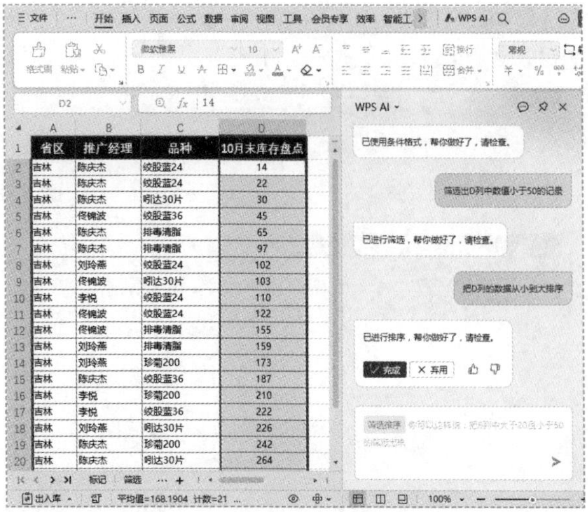
WPS AI
已使用条件格式，帮你做好了，请检查。
筛选出D列中数值小于50的记录
已进行筛选，帮你做好了，请检查。
把D列的数据从小到大排序
已进行排序，帮你做好了，请检查。
完成
弃用

图 15-26

15.3.2 场景 2：对话生成公式

大家都知道在表格中应用公式可以解决数据计算、统计、分析等一系列数据处理问题，但是否能做到输入正确的公式却经常让人感到头疼，WPS AI则让你不再纠结于复杂的公式，简单的指令就可以解决问题。

例 1：按机器编号统计平均生产量

❶ 打开数据表，唤起WPS AI面板，描述需求文字为“帮我计算一下1号机器的平均生产数量”，如图15-27所示。

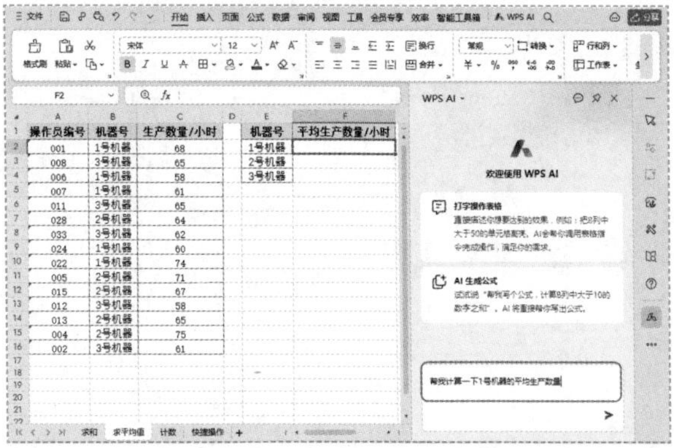
WPS AI
欢迎使用 WPS AI
帮我计算一下1号机器的平均生产数量

图 15-27

❷ 单击【发送】按钮，WPS AI就能进行分析并生成公式，如图15-28所示。

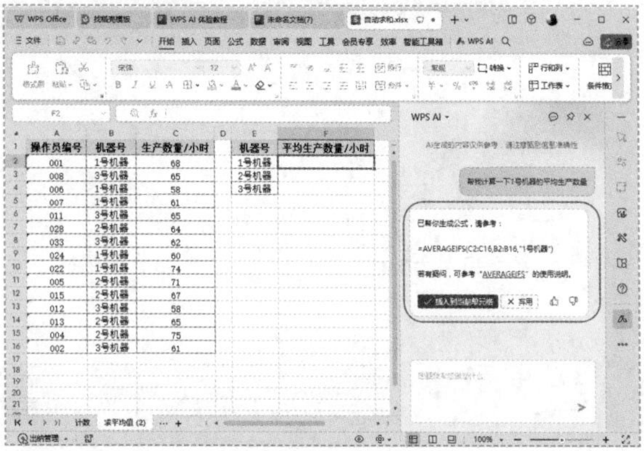
WPS AI
帮我计算一下1号机器的平均生产数量
=AVERAGEIFS(C2:C16,B2:B16,"1号机器")

图 15-28

❷ 单击【插入到当前单元格】按钮即可完成公式的建立并快速得到统计结果，如图15-29所示。

	A	B	C	D	E	F
1	操作员编号	机器号	生产数量/小时		机器号	平均生产数量/小时
2	001	1号机器	68		1号机器	64.2
3	008	3号机器	65		2号机器	
4	006	1号机器	58		3号机器	
5	007	1号机器	61			
6	011	3号机器	65			
7	028	2号机器	64			
8	033	3号机器	62			
9	024	1号机器	60			
10	022	1号机器	74			
11	005	2号机器	71			
12	015	2号机器	67			
13	012	3号机器	58			
14	013	2号机器	65			
15	004	2号机器	75			
16	002	3号机器	61			

图 15-29

例 2：统计成绩在 90 分及以上的人数

❶ 打开数据表，描述需求文字为“统计成绩在90分及以上的人数”，如图15-30所示。

❷ 单击【发送】按钮，WPS AI就能进行统计并生成公式，如图15-31所示。

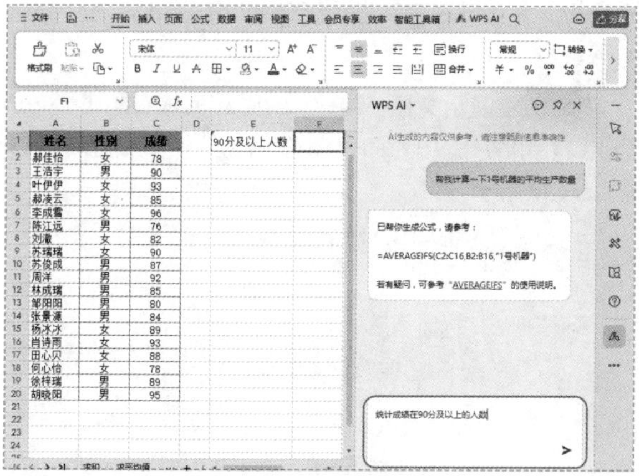
WPS AI
AI生成的内容仅供参考，请注意甄别信息准确性
帮我计算一下1号机器的平均生产数量
已帮你生成公式，请参考：
=AVERAGEIFS(C2:C16,B2:B16,"1号机器")
若有疑问，可参考"AVERAGEIFS"的使用说明。
90分及以上人数
统计成绩在90分及以上的人数

图 15-30

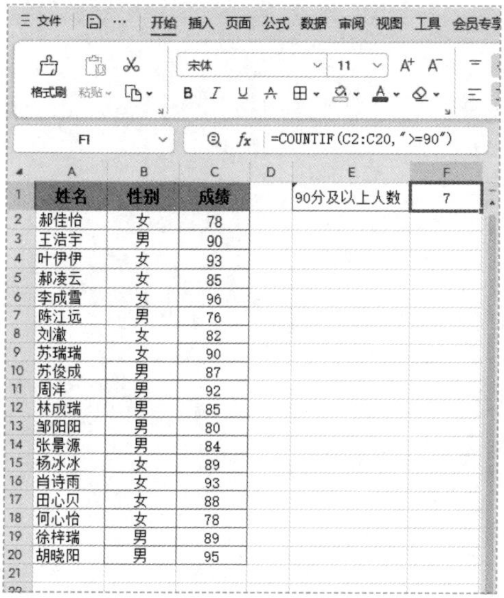
=COUNTIF(C2:C20,">=90")
90分及以上人数
7

图 15-31

15.3.3　场景 3：数据的快捷处理

数据表的快捷操作也可以通过给WPS AI发送指令要求它去完成。

例 1：调换列的位置

❶ 打开数据表，描述需求文字为“把D列调到第一列”，如图 15-32 所示。

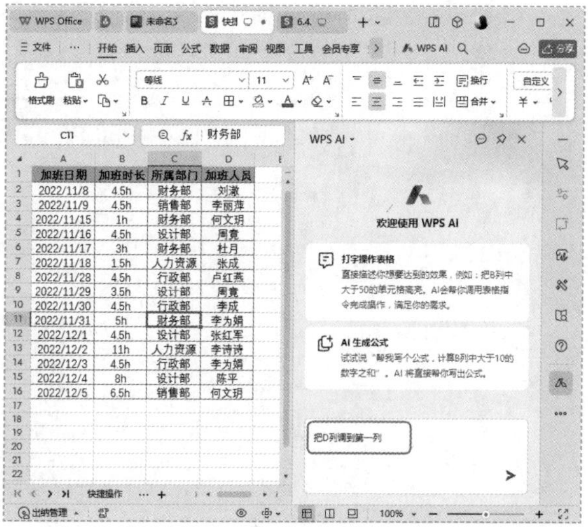
WPS AI
欢迎使用 WPS AI
打字操作表格
AI 生成公式
把D列调到第一列

图 15-32

❷ 单击【发送】按钮，可以看到WPS AI已按指令执行并等待确认结果，如图 15-33 所示。

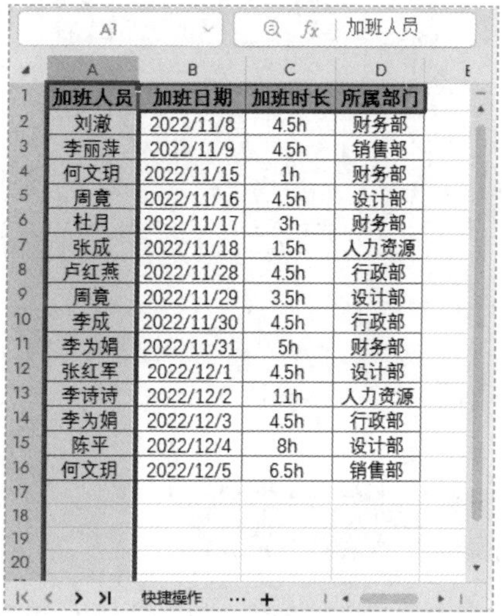
加班人员

图 15-33

例 2：将相同部门的记录排到一起

❶ 打开数据表，描述需求文字为“把相同的部门排到一起”，如图 15-34 所示。

❷ 单击【发送】按钮，可以看到WPS AI已按指令执行并等待确认结果，如图 15-35 所示。

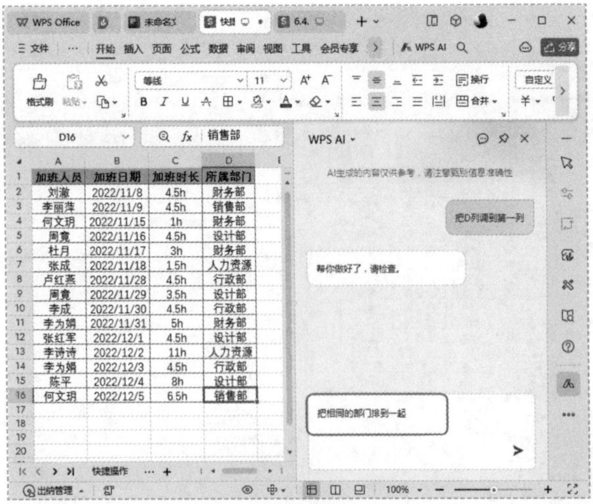

图 15-34

加班人员	加班日期	加班时长	所属部门
刘澈	2022/11/8	4.5h	财务部
何文玥	2022/11/15	1h	财务部
杜月	2022/11/17	3h	财务部
李为娟	2022/11/31	5h	财务部
卢红燕	2022/11/28	4.5h	行政部
李成	2022/11/30	4.5h	行政部
李为娟	2022/12/3	4.5h	行政部
张成	2022/11/18	1.5h	人力资源
李诗诗	2022/12/2	11h	人力资源
周竟	2022/11/16	4.5h	设计部
周竟	2022/11/29	3.5h	设计部
张红军	2022/12/1	4.5h	设计部
陈平	2022/12/4	8h	设计部
李丽萍	2022/11/9	4.5h	销售部
何文玥	2022/12/5	6.5h	销售部

图 15-35

15.4 智能PPT制作

WPS AI的智能PPT制作功能可以帮助用户一键生成全文/单页幻灯片、根据内容和主题自动美化排版、根据关键词生成内容、根据主题进行配色处理等，让你的PPT制作省时、省力。

15.4.1 场景 1：一键生成幻灯片

WPS AI可以根据用户想制作的幻灯片的主题一键生成文本大纲并生成一套PPT框架，给用户提供最初的思路参考。

❶ 创建演示文稿，唤起WPS AI面板(图15-36)，可以看到WPS AI为PPT创作所提供的功能项，如图15-37所示。

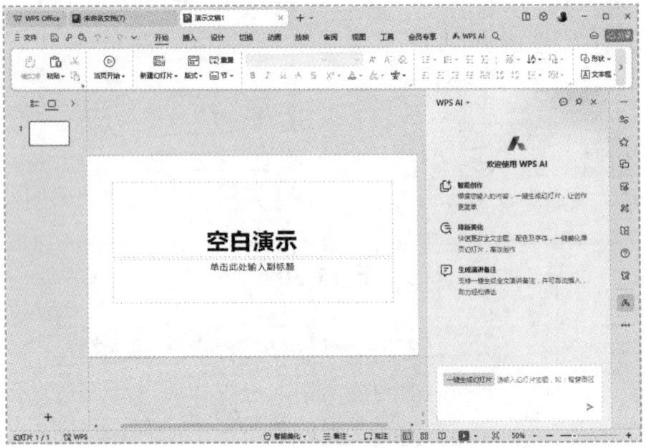

图 15-36

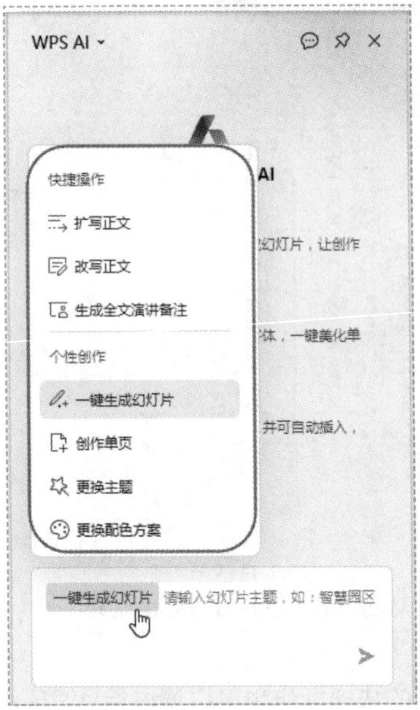

图 15-37

❷ 描述需求文字，如“钱塘湖春行鉴赏”，如图15-38所示。

❸ 单击【发送】按钮，稍等片刻WPS AI即可生成大纲，如图15-39所示。

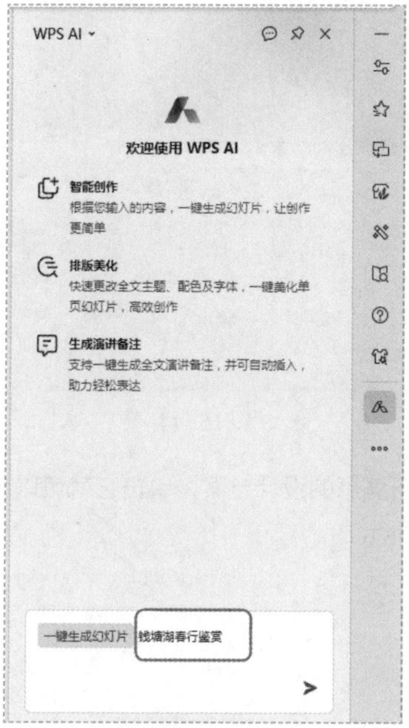

图 15-38

图 15-39

❹ 单击【生成框架】按钮，WPS AI即可生成一套PPT框架，如图15-40所示。同时WPS AI还提供了一些可以更换的模板，在模板上单击可以实现更换。

图 15-40

15.4.2　场景 2：扩写正文

生成幻灯片框架后，关于幻灯片的内容自然要进行补充处理，这时可以应用WPS AI的【扩写正文】功能项辅助编排。

❶ 选中文本，选择【扩写正文】功能项，如图15-41所示。

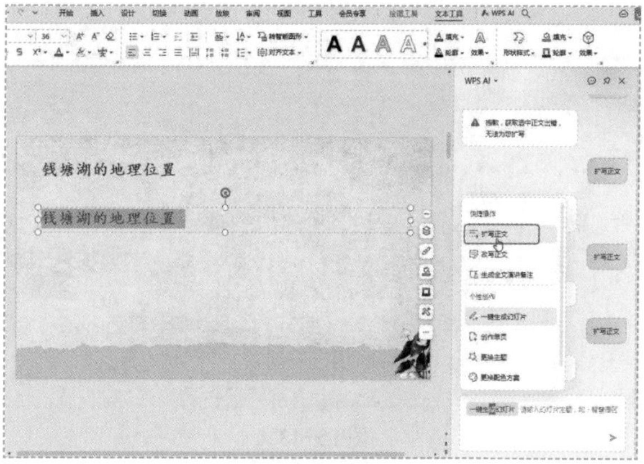

图 15-41

❷ 此时WPS AI就创作出与标题相关的正文内容，如果内容满意则单击【应用】按钮，如果不满意则单击【重试】按钮重新扩充，如图15-42所示。

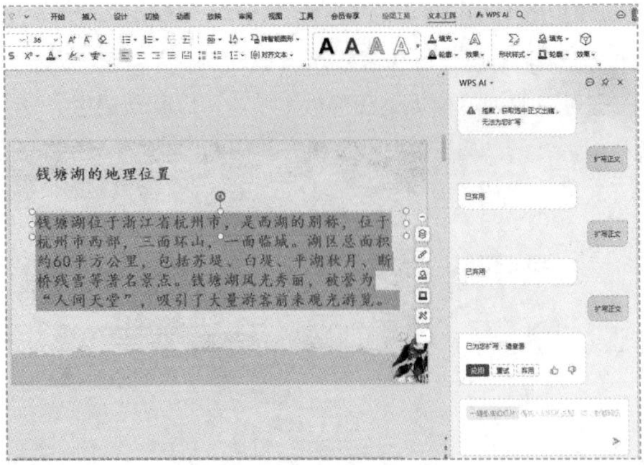
钱塘湖的地理位置
钱塘湖位于浙江省杭州市，是西湖的别称，位于杭州市西部，三面环山，一面临城。湖区总面积约60平方公里，包括苏堤、白堤、平湖秋月、断桥残雪等著名景点。钱塘湖风光秀丽，被誉为“人间天堂”，吸引了大量游客前来观光游览。
扩写正文

图 15-42

15.4.3 场景 3：单页创作与设计

如果每张幻灯片都是标题加正文的样式，难免显得枯燥乏味，图文并茂的幻灯片才能够增强阅读体验，提高内容的吸引力和理解度，因此幻灯片的排版设计必不可少。对单页幻灯片进行快速排版设计，可以应用WPS AI的【创作单页】功能项。

❶ 选中幻灯片，选择【创作单页】功能项，如图15-43所示。

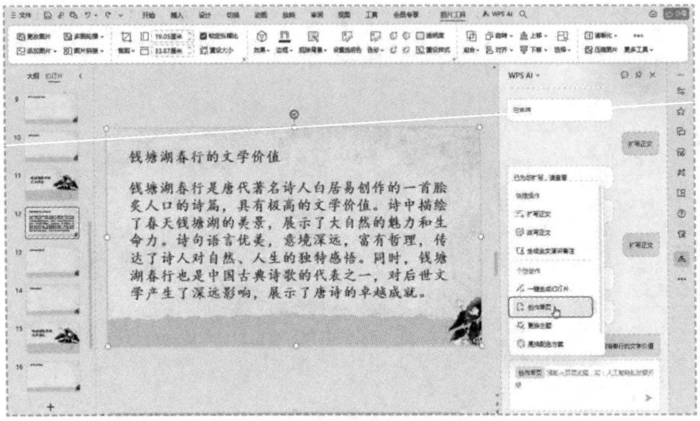
钱塘湖春行的文学价值
钱塘湖春行是唐代著名诗人白居易创作的一首脍炙人口的诗篇，具有极高的文学价值。诗中描绘了春天钱塘湖的美景，展示了大自然的魅力和生命力。诗句语言优美，意境深远，富有哲理，传达了诗人对自然、人生的独特感悟。同时，钱塘湖春行也是中国古典诗歌的代表之一，对后世文学产生了深远影响，展示了唐诗的卓越成就。

图 15-43

❷ WPS AI可以生成多种关于该幻灯片的排版方案，如图15-44所示。

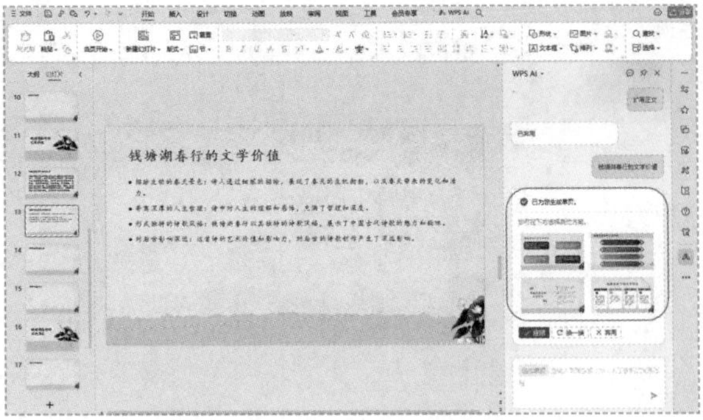
钱塘湖春行的文学价值

图 15-44

❸ 对于满意的设计方案，单击它就可以应用了，如图15-45所示。

钱塘湖春行的文学价值

图 15-45

15.5 智能表单

WPS AI智能表单在办公场景中具有重要的作用。它们可以帮助企业、组织和个人收集各种数据，如用户反馈、调查结果、销售数据等。通过这些数据可以了解用户需求、市场趋势和业务状况，从而作出更明智的决策。同时，智能表单可以分析收集到的数据，提供有关业务的洞察。例如，可以使用表单跟踪销售趋势、客户满意度和员工绩效等指标。通过数据分析，可以发现问题、优化流程并制定更好的策略。另外，智能表单支持多人协作，让团队之间可以共同处理数据和任务。

15.5.1 场景 1：创建智能表单

❶ 启动WPS程序，单击【新建】按钮，在【在线智能文档】一栏中单击【智能表单】按钮，接着单击【新建空白】按钮，则可以选择想要创建的表单类型，如图15-46所示。

扩展
如果创建的表单是一些常用话题或公共话题，则可以在这里搜索一些能够直接套用的模板。当然模板应用后也可以进行局部编辑以满足个人需求。

图 15-46

❷ 输入表单的名称(图15-47)，WPS AI会根据题目猜测一些基本题目，展开后可以选择性使用，如果不满足也可以不用。

科技创新竞赛报名登录表

图 15-47

❸ WPS AI在左侧的面板中提供了一些题型及模板(图15-48)，如“姓名”“性别”，单击即可将其添加为表单题目。

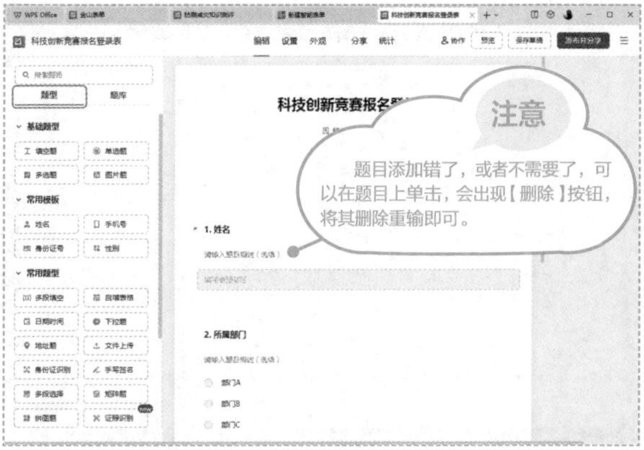
注意
题目添加错了，或者不需要了，可以在题目上单击，会出现【删除】按钮，将其删除重输即可。

图 15-48

❹ WPS AI在左侧的面板中还提供了一些题库(图15-49)并进行了分类，可以展开查找。如果有需要使用的，直接在题目上单击即可将其添加为表单题目。

科技创新竞赛报名登录表

图 15-49

❺ 当然，题库并不符合每个人创建表单的需求，这时就需要添加自己的题目。单击【题库】标签，单击【我的题库】下的蓝色【添加】链接，即可创建自己的题目，如图15-50所示。在【添加题目】面板左侧选择题目类型，在中部编辑题目，在右侧对题目的相关参数进行设置。

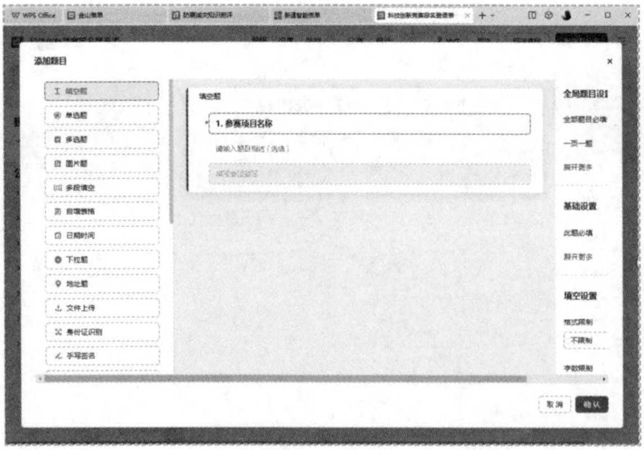

图 15-50

⑥ 题目编辑后单击【确认】按钮即可将其添加到自己的题库中，想使用就在相应题目上单击将其添加到表单中，如图 15-51 所示。

图 15-51

15.5.2 场景 2：表单优化及分享

为获取更好的视觉体验，也可以对表单进行外观优化。

① 单击【外观】标签，可以选择主题进行快速优化，如图 15-52 所示。

图 15-52

② 表单创建完成后，单击右上角的【发布并分享】按钮，进入分享界面，可选择多种形式的分享，如图 15-53 所示。

注意
这里有一个【统计】标签，当完成数据的收集后可以在此进行数据的汇总统计，可以生成智能表格，也可以生成Excel表格，便于对调查结果的统计与分析。

图 15-53

15.5.3 场景 3：自动出题

智能表单支持将教学资料、培训材料等文档(目前仅支持智能文档类型)内容上传后，智能生成对应的考试题目。生成完成后可发布并分享给员工、学生进行在线考试，并且支持自动统计分数。

① 在【智能表单】的创建界面中可以看到有一个【极速创建】功能项，如图 15-54 所示。

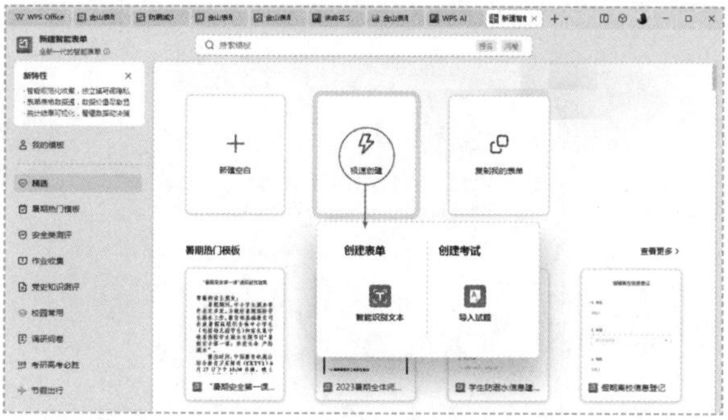

图 15-54

② 单击【智能识别文本】按钮即可实现根据提供的文本智能出题，如图 15-55 所示。

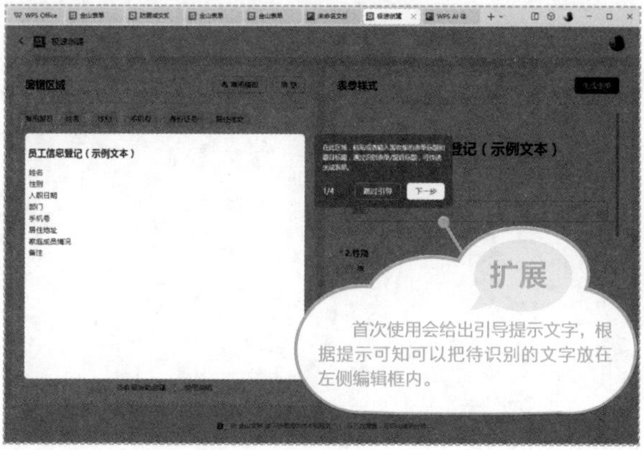

图 15-55